Animal Biochemistry

动物生物化学

（第2版）

李留安　袁学军　主编

清华大学出版社

北京

内 容 简 介

全书共计十七章。本书主要包括三个部分内容：第一部分介绍动物机体的生物分子，包括蛋白质、酶、维生素、核酸、糖类、脂类；第二部分介绍了动物机体的物质代谢，包括生物氧化、糖代谢、脂类代谢、氨基酸代谢、核苷酸代谢、物质代谢的联系与调节；第三部分阐述动物机体的遗传信息传递与调控，包括DNA的生物合成、RNA的生物合成、蛋白质的生物合成、基因表达与调控。本书可供高等农业、林业、水产院校中动物科学、动物医学、动物药学、水产养殖、动植物检疫、水族科学与技术、野生动物与自然保护区管理和生物技术等专业学生使用，也可供综合性大学生命科学专业学生使用，还可作为科研工作者的参考书。

图书在版编目（CIP）数据

动物生物化学/李留安，袁学军主编. —2 版. —北京：清华大学出版社，2022.8
ISBN 978-7-302-60604-8

Ⅰ．①动…　Ⅱ．①李…②袁…　Ⅲ．①动物学－生物化学－高等学校－教材　Ⅳ．①Q5

中国版本图书馆 CIP 数据核字（2022）第 064784 号

责任编辑：罗　健
封面设计：常雪影
责任校对：李建庄
责任印制：杨　艳

出版发行：清华大学出版社
　　　　　网　　　址：http://www.tup.com.cn，http://www.wqbook.com
　　　　　地　　　址：北京清华大学学研大厦 A 座　　　邮　　编：100084
　　　　　社 总 机：010-83470000　　　　　邮　　购：010-62786544
　　　　　投稿与读者服务：010-62776969，c-service@tup.tsinghua.edu.cn
　　　　　质量反馈：010-62772015，zhiliang@tup.tsinghua.edu.cn
印 装 者：北京嘉实印刷有限公司
经　　销：全国新华书店
开　　本：185mm×260mm　　　印　　张：28.25　　彩插：2　　字　　数：769 千字
版　　次：2013 年 8 月第 1 版　　2022 年 8 月第 2 版　　　印　　次：2022 年 8 月第 1 次印刷
定　　价：99.80 元

产品编号：073719-01

编委会名单

第 2 版

前言

　　为了不断提升《动物生物化学》教材质量,满足新形势需要,努力打造精品,建设融媒体精品教材,更好地发挥课程育人作用,第 2 版编委会开展了为期两年的教材再版工作。在编写过程中,在保持第 1 版教材整体框架、思路的前提下,主要做了以下工作:

　　(1)修正错误。对第 1 版教材进行认真检查核对,对书中的错误、疏漏之处以及语言表达不严谨、不规范等问题进行了修改,进一步强化了教材的科学性、专业性、规范性。

　　(2)更新教材内容,强化教材内容的逻辑性、可读性和连贯性。第 2 版教材中各章内容,前后均设有导读和知识点小结,便于读者从整体和细节上把握章节内容;对章节内容进行了全面修订、更新,更加注重各章节相关内容的一致性和连贯性。保持第 1 版"知识卡片"特色,及时将学科的最新进展、成果及生产实践案例引入教材,强化教材的先进性及趣味性。

　　(3)突出课程思政。依托主编主持的教育部新农科研究与改革实践课程思政项目,根据本课程特点,围绕"重大科学发现""科学家故事""生物化学学科重大科技成就""科学伦理规范""科学健康的生活方式""新发展理念"等主题,深入挖掘课程蕴含的思政元素,以卡片形式在重要章节进行思政元素全覆盖,课程思政与专业知识传授无缝衔接,做到课程思政引导、知识传授和思政理论课同向同行,实现价值引领、知识教育和学生综合能力培养的有机统一。

　　(4)压缩纸质书本体量,减量不减质。依据现行培养方案适当压缩学时的要求,删掉了第 1 版教材中"基因工程与蛋白质工程"一章;书中部分进展性和趣味性内容将以数字化形式出版(二维码链接),既可减少纸质教材体量,又方便学生课后通过链接阅读。

　　本书的编写具体分工如下:李留安老师负责第一章绪论、第五章核酸、第七章脂类以及中英文索引;袁学军老师负责第十四章 DNA 的生物合成、第十七章基因表达与调控;李淑梅老师负责第八章生物氧化;徐军老师负责第十三章物质代谢的联系与调节;庞坤老师负责第十一章氨基酸代谢;崔明勋老师负责第十章脂类代谢;杜改梅老师负责第二章蛋白质、第六章糖类;赵素梅老师负责第十二章核苷酸代谢;白靓老师负责第十六章蛋白质的生物合成;于晓雪老师负责第三章酶;宋淇淇老师负责第九章糖代谢;王松老师负责第四章维生素;李海芳老师负责第十五章 RNA 的生物合成。李留安、袁学军两位主编负责全书统稿工作。

本次编写工作由全国 8 家高校的 13 位编委共同完成,编委全部具有研究生学历,都是各高校的学科带头人或教学骨干,均有多年本课程教学经验,教学科研成果显著,这些都为高质量完成再版工作奠定了基础。由于年龄等原因,参与第 1 版编写的杨文、邝雪梅、马盛群、万善霞等老师均未能参加再版工作,在此表示感谢!

清华大学出版社、天津农学院、山东农业大学等单位对再版工作给予了大力支持;天津农学院的潘虹、王俊斌两位老师对本书的分子结构式和化学方程式进行了精心校对,在此一并表示感谢!

在再版过程中,虽然各位编委都认真严谨,但书中错误之处在所难免,敬请同行不吝赐教,以便后续修订。

李留安　袁学军

2022 年 3 月 1 日

目 录

第一章　绪论

本章导读

　　生物化学是研究生命的化学,是从分子水平上阐明生物机体化学变化规律,进而揭示生命现象本质的一门科学。本章重点阐述了生物化学的分类、研究内容及其发展简史,列举了生物化学在动物生产实践中的应用,总结了动物生物化学课程的特点及学习方法。通过本章学习要弄明白以下 4 个问题:①生物化学是什么?其研究内容包括哪些方面?②生物化学的发展经历了哪些阶段?分别有哪些代表性事件?③生物化学在动物生产实践中有哪些应用?④如何学好动物生物化学这门课?

　　生物化学(biochemistry)是应用化学与分子生物学的基本理论和方法研究生命现象本质的科学,其特点是在分子水平上探讨生命现象的化学机制。生物化学已成为生命科学各分支学科的共同语言,尤其是遗传信息传递、基因表达调控、生物工程及组学研究等知识已成为生命科学研究的前沿。生物化学在农业、医学、工业和国防等方面发挥的作用越来越大。

第一节　生物化学的内涵与研究内容

　　生物化学,简称生化,是介于生物学与化学之间的边缘科学。传统的定义认为:生物化学是用物理、化学及生物学的技术研究生物体的物质组成和结构,物质在生物体内发生的化学变化,以及这些物质的结构、变化与生物的生理机能之间关系的科学。现代的定义认为:生物化学是从分子水平上阐明生命有机体化学变化规律以揭示生命现象本质的一门科学。因此,可以认为生物化学是研究生命的化学,即以化学的观点解释生命活动、探索生命的奥秘。

一、　生物化学的分类

　　生物化学因分类标准不同而不同。若以生物研究对象的不同来划分,生物化学可分为动物生物化学、植物生物化学、微生物生物化学等；若以生物体的不同组织或过程为研究对象,则生物化学可分为肌肉生物化学、神经生物化学和免疫生物化学等；若以研究的物质不同来划分,生物化学又可分为蛋白质化学、核酸化学和酶化学等。另外,研究各种天然物质的化学称为生物有机化学,研究各种无机物生物功能的学科则称为生物无机化学或无机生物化学。根据生物化学知识应用领域的不同来划分,可将生物化学分为农业生物化学、医学生物化学、工业生物化学和国防生物化学等。

二、 生物化学的研究内容

生物化学的研究内容主要包括生物机体的生物大分子、物质在生物体内的代谢变化以及生物信息的传递与调控等方面。

（一）生物机体的化学组成与生物大分子

1. 生物机体的化学组成

除水和无机盐外,活细胞中的有机物主要由碳原子与氢、氧、氮、磷、硫等原子结合而成,可分为大分子和小分子有机物两类：前者主要包括蛋白质、核酸、多糖和以结合状态存在的脂质；后者主要包括维生素、激素、多种代谢中间产物以及合成生物大分子所需的氨基酸、核苷酸、单糖、脂肪酸和甘油等。在不同种生物体内,还有各种次生代谢产物,如萜类、生物碱、毒素和抗生素等。

2. 生物大分子的结构与功能

生物大分子功能的多样性与它们特定的结构有直接关系。蛋白质的主要功能包括催化、运输、贮存、结构支持、运动、免疫防御、接受和传递信息、调节机体代谢和调控基因表达等多个方面。由于结构生物学的快速发展,科研人员已经能够在分子水平上深入研究生物大分子的各种功能,酶催化机制的研究是这方面典型的例子。蛋白质分子的结构大体上分为 4 个层次,其中二级和三级结构之间还有超二级结构、结构域。结构域是在二级结构或超二级结构基础上,多肽链进一步卷曲折叠形成的相对独立、近似球形的组装体,是三级结构的局部折叠区。连接各结构域之间的肽链有一定的柔性,允许各结构域之间发生某种程度的相对运动。蛋白质侧链时刻处于快速运动之中,蛋白质分子内部的运动是它们执行多种功能的重要基础。20 世纪 80 年代初出现的蛋白质工程,就是通过改变蛋白质的结构基因获得特定部位经过改造的蛋白质分子。这一技术不仅为研究蛋白质结构与功能的关系提供了新途径,也为按一定要求合成具有特定功能的新型蛋白质分子提供了广阔前景。

核酸结构与功能研究为阐明基因本质,了解生物机体遗传信息的流动做出了重要贡献。碱基配对是核酸分子间相互作用的主要形式,也是核酸作为信息分子的结构基础。脱氧核糖核酸（DNA）双螺旋结构有不同的构象,沃森和克里克发现的是 B 型结构的右手螺旋,后来又发现了 Z 型结构的左手螺旋。此外,DNA 还有超螺旋结构。这些不同构象均有其功能上的生物学意义。核糖核酸（RNA）包括信使核糖核酸（mRNA）、转移核糖核酸（tRNA）和核糖体核糖核酸（ribosomal RNA,rRNA）等,它们在蛋白质生物合成中分别起重要作用。

生物体的糖类物质包括单糖、寡糖和多糖。单糖是生物体能量的主要来源。寡糖在结构和功能上的重要性直到 20 世纪 70 年代才为人们所认识。寡糖可以和蛋白质或脂质结合形成糖蛋白、蛋白聚糖和糖脂。糖链结构的复杂性使其具有很大的信息容量,能对细胞进行专一性识别并影响细胞的代谢活动。在多糖中,纤维素和甲壳素分别是植物和动物的结构性物质,淀粉和糖原等则是机体的贮能物质。

脂类是由脂肪酸和醇作用生成的酯及其衍生物的统称,它是一类一般不溶于水而溶于脂溶性溶剂的化合物。它具有参与结构组成、代谢和免疫以及储能等多种生物学功能。按其组成可分为单纯脂类、复合脂类和衍生脂类等。单纯脂类是指由脂肪酸与各种醇形成的酯,主要包括脂酰甘油和蜡。复合脂类是指其分子中除含有醇类、脂肪酸外,还含有磷酸、含氮化合物、糖基及其衍生物等。常见的复合脂类有磷脂、糖脂及其衍生物。衍生脂类是由单纯脂类和复合脂类衍生而来的脂质,如类固醇、前列腺素、萜类等。

(二)物质在生物体内的代谢变化

1. 生物机体的新陈代谢及其调控

新陈代谢是指生物体与其外环境之间进行物质与能量交换的过程,包括物质代谢与能量代谢,其基本过程主要包括三个阶段:消化吸收→中间代谢→排泄。中间代谢过程是在细胞内进行的极为复杂的化学变化过程,包括合成代谢、分解代谢以及伴随的能量代谢等内容。合成代谢是指生物机体从环境中摄取营养物质,转化为体内的新物质的过程,这个过程也叫同化作用。分解代谢是指生物体内原有的物质转化为外界环境中的物质的过程,此过程也叫异化作用。同化作用和异化作用均由一系列中间代谢途径组成。如糖原、脂肪和蛋白质的异化就是各自通过不同的途径分解成葡萄糖、脂肪酸和氨基酸的过程,然后再氧化生成乙酰辅酶 A,进入三羧酸循环,最后生成二氧化碳和水。

物质代谢过程中还伴随能量的变化。生物体内化学能、机械能、热能以及光能、电能的相互转化和变化称为能量代谢。在此过程中,ATP 起关键作用。以能量转换为例,在生物氧化中,代谢物通过呼吸链的电子传递进行氧化,产生的能量通过氧化磷酸化作用贮存于高能化合物 ATP 中,以供应肌肉收缩及其他耗能反应的需要。线粒体内膜是呼吸链氧化磷酸化酶系所在部位,在细胞内发挥“发电站”的作用。在光合作用中,通过光合磷酸化生成 ATP 的反应是在叶绿体膜中进行的。

新陈代谢是在机体调控下有条不紊地进行的。细胞中几乎所有的化学反应都是由酶催化的,因此代谢调控的核心就是对细胞中的酶活性和含量进行调节,一些中间代谢物、代谢产物及激素等都参与了代谢调节。激素是机体新陈代谢的重要调节因子。许多激素的化学结构已经确定,它们大多是多肽和甾体类化合物。一些激素的作用机制已经清楚,有些能改变膜的通透性,有些能激活细胞内的相应酶系,还有些能影响某些基因的表达。

2. 酶学研究

生物体内几乎所有的化学反应都是在酶催化下发生的。酶的作用具有高效性、专一性等特点。这些特点取决于酶的空间结构。酶结构与功能的关系、酶反应动力学及其作用机制、酶活性的调节等是酶学研究的基本内容。通过 X 射线晶体衍射分析、化学修饰和动力学分析等研究,一些具有代表性的酶的作用机制已经被弄清楚。多酶复合体中各种酶的协同作用,酶与蛋白质、核酸等生物大分子的相互作用,以及应用蛋白质工程研究酶的结构与功能等已成为酶学研究的重要方向。维生素作为酶的重要组成成分,也是动物生物化学研究的重要内容之一。维生素可分为水溶性与脂溶性维生素两大类,它们大多作为酶的辅基或辅酶,通过影响相关酶的活性调节机体的代谢、生长和发育等生理功能。

(三)生物信息的传递与调控

1. 生物信息的传递

DNA 是主要的遗传物质,细胞通过 DNA 复制将遗传信息由亲代传递给子代。在后代发育过程中,遗传信息自 DNA 传递给 RNA,即按需要以特定的一段 DNA 为模板,在 RNA 聚合酶作用下,合成出与之互补的 RNA。以 mRNA 为模板,在核糖体、tRNA 和多种蛋白因子的共同参与下,将 mRNA 中由核苷酸序列决定的遗传信息转变为由氨基酸组成的各种蛋白质,并由蛋白质来执行各种生命活动。20 世纪 50 年代,科学家提出了遗传信息的传递方向:从 DNA 到 RNA 再到蛋白质。后来又加以补充:某些生物以 RNA 贮存遗传信息,该 RNA 也具备复制能力,还可作为模板逆转录合成 DNA。这就是所谓的"中心法则"。

2. 基因表达与调控

基因表达与调控是核酸结构与功能研究的一个重要内容。目前,对原核生物的基因调控已有较深入了解;真核生物基因表达调控较为复杂,内容涉及异染色质化与染色质活化、DNA 构象变化与化学修饰、DNA 调节序列(如增强子和沉默子)的作用、RNA 加工以及翻译过程中的调控等多个方面,其中转录因子的调控作用成为研究基因表达调控的重要方面。

三、 生物化学的研究方法

在生物化学发展过程中,许多重大的研究进展均得益于研究方法的突破。20 世纪 20 年代,微量分析技术使得维生素、激素和辅酶等生物活性物质的发现成为可能。30 年代,电子显微镜技术打开了细胞的微观世界,使人们能够看到细胞内的结构和生物大分子的空间构象。40 年代,层析技术快速发展,成为分离活性物质的关键技术。50 年代,放射性同位素示踪技术有了较快发展,为各种生物化学代谢过程的阐明发挥了重要作用。60 年代,多种仪器分析方法用于生物化学研究,如**高效液相色谱**(high performance liquid chromatography,HPLC)技术、红外光谱、紫外光谱、圆二色光谱、**核磁共振**(nuclear magnetic resonance,NMR)技术等均取得较大进展。70 年代,基因工程技术取得了突破性进展,与此同时,多种仪器分析手段进一步向前发展,科研人员发明了 DNA 序列测定仪、DNA 合成仪。另外,**高效毛细管电泳**(high performance capillary electrophoresis,HPCE)技术由于其高效、快速、经济等优点,非常适合生物大分子的分析,因而受到生命科学、医学和化学等学科研究人员的重视,发展迅速,成为生物化学实验技术和仪器分析领域的重大技术突破。70 年代,单克隆抗体技术的发明,完善了微量蛋白质的检测技术。80 年代,**PCR 技术**(polymerase chain reaction,PCR)(即用于 DNA 扩增的聚合酶链式反应)的出现,对生物化学的研究工作具有划时代的意义,开创了分子生物学实验技术研究的新时代。进入 21 世纪,高通量测序技术、组学、大数据分析及基因编辑技术等的发展与完善,更加快速地促进了生命科学研究的发展。

四、 生物化学对相关学科发展的作用

生物化学对多门生物学科发展有重要影响,是生理学、细胞生物学、遗传学、微生物学、免疫学、病毒学和分类学等学科的基础,农学、林学、畜牧、兽医、水产、食品、营养、药学等学科的深入研究也离不开生物化学的理论和方法。比如,生物大分子结构与功能的深入研究有助于揭示生物体物质代谢、能量转换、遗传信息传递、光合作用、神经传导、肌肉收缩、免

疫识别和细胞间通信等生命机制,人们对生命本质的认识提升到了一个新高度。

生物学中一些看起来与生物化学关系不大的学科,如分类学和生态学,甚至在探讨世界食品供应、人口控制、环境保护等社会性问题时,也都需要从生物化学的角度加以考虑和分析。

20 世纪 60 年代以来,生物化学与其他学科的融合产生了一些边缘学科,如生化药理学、古生物化学、化学生态学等。此外,生物化学作为生物学和物理学之间的桥梁,将生命世界研究中提出的某些重大问题呈现在物理学面前,进而产生了生物物理学、量子生物化学等交叉学科,丰富了物理学的内涵,促进了物理学和生物学的发展。

第二节　生物化学发展简史

"生物化学"这一名词的出现大约在 19 世纪末,但它的起源可追溯到更早时期。早在 18 世纪 80 年代,法国化学家 Antoine Laurent de Lavoisier 就发现细胞呼吸与体外燃烧一样都是氧化作用,几乎同时,有科学家提出光合作用本质上就是动物呼吸的逆过程。1828 年,德国化学家 Friedrich Wöhler 首次在实验室中合成了一种有机物——尿素,打破了有机物只能靠生物产生的观点,给"生机论"以重大打击。1860 年,法国微生物学家 Louis Pasteur 证明发酵是由微生物引起的,但他认为必须有活的酵母才能引起发酵。1897 年,德国化学家 Eduard Biichner 发现酵母的无细胞抽提液也可进行发酵,证明没有活细胞参与也可进行发酵这样复杂的生命活动,从而推翻了"生机论"。

生物化学是在有机化学和生理学的基础上发展起来的,与有机化学、生理学、物理化学、分析化学等有着密切的联系。19 世纪末,德国化学家 Justus von Liebig 初创了生理化学,他首次提出了"新陈代谢"这个词。此后,德国科学家 Hoppe Seyler 将生理化学逐步发展为一门独立的学科,并于 1877 年提出"Biochemie"一词,译成英语为"Biochemistry",即生物化学。19 世纪末 20 世纪初,生物化学发展为独立的学科,并且成为生物学中发展最快的一门前沿学科。生物化学的发展大体可分为三个时期。

一、 静态生物化学时期

从 19 世纪末到 20 世纪 30 年代,生物化学处于静态描述性阶段。科学家发现生物机体主要由糖类、脂类、蛋白质和核酸四大类有机物质组成,并对生物体的多种组成成分进行了分离、纯化、结构测定、合成及理化性质分析等方面的研究。

1911 年,波兰化学家 Casimir Funk 结晶出治疗"脚气病"的复合维生素 B,提出"Vitamine"的概念,意为生命胺。后来由于相继发现的许多维生素并非胺类,又将"Vitamine"改为"Vitamin"(维生素)。与此同时,人们又认识到另一类数量少但作用重大的物质——激素。它和维生素不同,不依赖外源供给,而由动物自身产生并在体内发挥作用。肾上腺素、胰岛素及肾上腺皮质所含的甾体激素等都是在这一时期发现的。维生素和激素的发现使人们对生物活性物质的认识向前迈了一大步。

1926 年,美国科学家 James Batcheller Sumner 从刀豆种子中制得了脲酶结晶,并证实它的化学本质是蛋白质。此后 John Howard Nothrop 等人连续结晶了几种水解蛋白质的酶,如胃蛋白酶、胰蛋白酶等,并指出它们都是蛋白质,确立了酶的化学本质是蛋白质这一理论。

1929 年，德国生物化学家 Hans Fischer 发现血红素是血红蛋白的一部分，但其本质上不属于氨基酸，他进一步确定了分子中的每一个原子，并于 1930 年获得诺贝尔化学奖。

1929 年，我国生物化学家吴宪教授首次提出蛋白质变性理论。该理论认为：天然蛋白质分子不是以长的直链形式存在，而是具有紧密的结构。这种结构是借助肽键以外的其他键，将肽链的不同部分连接起来，所以容易被物理和化学作用力所破坏，即从有规则的折叠排列形式变成不规则及松散的形式。这个学说对于研究蛋白质大分子的高级结构具有重要价值。吴宪教授堪称中国生物化学的奠基人，他在血液分析、蛋白质变性、食物营养和免疫化学四个领域都做出了重要贡献，并培养了许多生化学家。

虽然对生物机体组成的鉴定是生物化学发展初期的特点，但直到今天，新物质仍不断被发现。如先后发现的干扰素、环磷酸核苷、钙调蛋白、黏连蛋白和外源凝集素等，都成为生物化学领域的研究热点。另外，早已熟知的化合物也可能被发现具有一些新的功能，如 20 世纪初发现的肉碱，50 年代才知道它是一种生长因子，而到 60 年代又了解到它还是生物氧化的一种载体；多年来被认为是分解产物的腐胺和尸胺，后来发现它们与精胺、亚精胺等多胺一样具有多种生理功能，如参与核酸和蛋白质合成的调节，稳定 DNA 超螺旋结构以及调节细胞分化等。

二、 动态生物化学时期

20 世纪 30 年代到 50 年代，生物化学主要研究生物体内的代谢变化，即代谢途径，因此这一时期被称为动态生物化学时期。在这一时期，科学家确定了糖酵解、三羧酸循环以及脂肪分解等重要代谢途径，对动物呼吸、植物光合作用以及三磷酸腺苷（ATP）在能量转换中的关键作用有了深入的认识。重要研究成果如下所述：

1932 年，英国科学家 Hans Adolf Krebs 在前人工作的基础上，用组织切片技术证明了尿素合成反应的途径，提出了鸟氨酸循环。他进一步对生物体内氧化过程进行研究，1937 年，他又提出了多种化学物质代谢的基本途径——三羧酸循环，1953 年，他荣获诺贝尔生理学或医学奖。

1940 年，三位科学家 Gustav George Embden、Otto Fritz Meyerhof 和 Jakub Karol Parnas 提出了糖酵解代谢途径。

1949 年，Albert L. Lehninger 和 Eugene P. Kennedy 等发现 Franze Knoop 提出的脂肪酸 β-氧化过程是在线粒体中进行的，并指出氧化的产物是乙酰 CoA。

20 世纪 50～60 年代，科学家阐明了氨基酸、嘌呤、嘧啶及脂肪酸等物质的生物合成途径。

三、 分子生物学时期

该时期从 20 世纪 50 年代开始，以 DNA 的双螺旋结构模型提出为标志，主要探讨各种生物大分子结构与功能之间的关系。在这一时期，生物化学与物理学、微生物学、遗传学、细胞学等学科交叉渗透，产生了分子生物学，该时期成为生物化学发展的新阶段。

1953 年是生命科学发展史上具有里程碑意义的一年。美国分子生物学家 James Dewey Watson 和英国生物学家 Francis Harry Compton Crick 发表了《脱氧核糖核酸的结构》这一著名论文，他们在英国分子生物学家 Maurice Hugh Frederick Wilkins 完成的 DNA X 射线衍射结果的基础上，推导出 DNA 分子的双螺旋结构模型。该结构的发现为阐明基因的本质、了解生物体遗传信息的流向做出了重大贡献,三人于 1962 年共获诺贝尔生理学或医学奖。DNA 双螺旋结构的发现,以及相关实验技术和研究方法的建立奠定了现代分子生物学的基础。从此,核酸成为生物化学研究的热点和重心。

1955 年,英国生物化学家 Frederick Sanger 确定了牛胰岛素的分子结构,并于 1958 年获得诺贝尔化学奖。

1958 年,英国生物学家 Francis Harry Compton Crick 提出分子遗传的中心法则,揭示了核酸和蛋白质之间信息传递的关系。1968 年,Robert W. Holley、Har Gobind Khorana 和 Marshall W. Nirenberg 破译了遗传密码,三人共享诺贝尔生理学或医学奖。这是遗传学研究的另一杰出成就。至此,遗传信息在生物体内由 DNA 到蛋白质的传递过程已基本清楚。

1961 年,法国生物学家 François Jacob 和 Jacques Monod 阐明了基因通过控制酶的生物合成调节细胞代谢的模式,提出了操纵子学说。1965 年,法国微生物学家 André Lwoff 发现了某些病毒感染细菌时的基因调控机制,他与 François Jacob 和 Jacques Monod 共获诺贝尔生理学或医学奖。

1962 年,瑞士生物学家 Werner Arber 提出限制性核酸内切酶存在的实验证据。1967 年,Martin Gelbert 发现了 DNA 连接酶。1972 年,Paul Berg 创建了 DNA 重组技术,并于 1980 年荣获诺贝尔化学奖。1978 年,Herbert Boyer 宣布利用 DNA 重组技术创建了一个新的大肠杆菌菌系,用于人胰岛素的生产。

1977 年,Richard J. Roberts 和 Phillip A. Sharp 等因发现"断裂"基因于 1993 年获得诺贝尔生理学或医学奖。

1980 年,Walter 和 Gilbert 和 Frederiok Sanger 设计出一种测定 DNA 内核苷酸排列顺序的方法,同年分享一半诺贝尔化学奖;而另一半由 Paul Berg 获得,他在核酸生化基础研究方面做出了杰出贡献。

1981—1983 年,Sidney Altman 和 Thomas R. Cech 相继发现某些 RNA 具有酶的催化活性,改变了百余年来酶的化学本质是蛋白质的传统观念,1989 年,二人共获诺贝尔化学奖。

1984 年,Robert Bruce Merrifield 因建立和发展了蛋白质化学合成的方法而获诺贝尔化学奖。

1984 年,R. W. Simons 和 N. Kleckner 等发现了反义 RNA,开创了人类癌症治疗的新方法。1987 年,S. M. Mirkin 等在酸性质粒中发现了三链 DNA。

1985 年,美国科学家 R. Sinsheimer 首次提出"人类基因组研究计划"。2003 年 4 月,美国、中国、日本、德国、法国、英国六国科学家宣布人类基因组图绘制成功,已完成的序列图覆盖了人类基因组所含基因的 99%。

1993 年,美国科学家 Kary B. Mullis 发明了 PCR 技术,加拿大科学家 Michaet Smith 建立了 DNA 合成与定点诱变等相关技术方法,同年两人共获诺贝尔化学奖。

1994 年,美国科学家 Alfred G. Gilman、Martin Rodbell 由于发现 G 蛋白及其在细胞信号转导中的作用而获诺贝尔生理学或医学奖。

1996 年,澳大利亚科学家 Peter C. Doherty 和瑞士科学家 Rolf M. Zinkernagel 因发现 T 细胞识别病毒感染细胞和 MHC(主要组织相容性复合体)的限制作用而获当年诺贝尔生理学或医学奖。

1997 年,美国生物化学家 Paul D. Boyer 由于在产生储能分子三磷酸腺苷(ATP)的酶研究方面的开创性贡献,与发现输送离子的 Na^+-K^+-ATP 酶的丹麦科学家 Jens C. Skon,以及研究三磷酸腺苷合酶化学成分和结构的英国化学家 John E. Walker 共获 1997 年诺贝尔化学奖。

1997 年,美国加州大学旧金山分校的 Stanley B. Prusiner 教授在研究引起人类脑神经退化的**古兹菲德-雅各氏病**(Creutzfeldt-Jakob disease,CJD)时发现了**朊蛋白**(prion),并在其致病机制的研究方面做出了杰出贡献,最终获得诺贝尔生理学或医学奖。

1997 年,英国科学家 I. Wilmut 成功获得体细胞克隆羊——多莉,这项成果震惊了世界,其潜在意义难以估计。

1998 年,美国科学家 Robert F. Furchgott、Ferid Murad、Louis J. Ignarro 由于发现 NO 是心血管系统的信号分子而获得诺贝尔生理学或医学奖。

1999 年,Günter Blobel 因发现细胞中蛋白质有其内在的运输和定位信号而获该年度诺贝尔生理学或医学奖。

2003 年,美国科学家 Peter Agre 和 Roderick MacKinnon 因发现细胞膜上的水通道和钾离子通道及其机制,证实了 19 世纪中期科学家猜测的"细胞膜上有允许水分和离子进入的孔道",二人共获当年诺贝尔化学奖。

2004 年,以色列科学家 Aaron Ciechanover、Avram Hershko,以及美国科学家 Irwin Rose 因发现了泛素调节蛋白降解机制而获诺贝尔化学奖。

2006 年,世界上第一个利用转基因动物乳腺生物反应器生产的基因工程药物——重组人抗凝血酶Ⅲ的上市许可申请获得了欧洲医药评价署的批准,这为先天性抗凝血酶缺失症患者带来了曙光。

2006 年,美国科学家 Roger D. Kornberg 因揭示了真核生物体内的细胞利用基因内存储的信息生产蛋白质的机制,在真核转录的分子基础研究领域做出了重大贡献,而获得该年度诺贝尔化学奖。

2008 年,日本科学家下村修(Osama Shimomura)、美国科学家 Martin Chalfie 和美籍华裔科学家钱永健因在绿色荧光蛋白研究方面做出的重大贡献,而共获该年度诺贝尔化学奖。

2009 年,英国科学家 Venkatraman Ramakrishnan、美国科学家 Thomas A. Steitz 和以色列科学家 Ada E. Yonath 3 人因在核糖体的结构和功能方面的卓越成就,而共获该年度诺贝尔化学奖。

2012 年,美国科学家 Robert J. Lefkowitz 和 Brian K. Kobilka 因揭示"G 蛋白偶联受体"这一重要受体家族的内在工作机制,而共获该年度诺贝尔化学奖。

2015 年,瑞典科学家 Tomas Lindahl、美国科学家 Paul Modrich 和土耳其科学家 Aziz Sancar 因在 DNA 修复的细胞机制研究方面的贡献而共同获得该年度诺贝尔化学奖。

2020 年,法国女科学家 Emmanuelle Charpentier 和美国女科学家 Jennifer A. Doudna 因阐述和发展了 CRISPR 基因编辑技术而共同获得了该年度的诺贝尔化学奖。利用 CRISPR 基因编辑技术,科学研究人员可以极其精确地改变动物、植物和微生物的 DNA。这项技术对生命科学产生了革命性的影响,正在为新的癌症疗法做出贡献,有可能使治愈遗传疾病的梦想成为现实。

在此期间,我国科学家也做出了一定的贡献。王应睐和邹承鲁等于 1965 年人工合成了具有生物活性的蛋白质——结晶牛胰岛素。洪国藩于 1979 年创造了测定 DNA 序列的直读法。1981 年，王德宝、郑可沁、裴慕绥等完成了酵母丙氨酸转移核糖核酸的人工合成，使我国在 RNA 合成方面的研究跃居世界先进行列，该研究对揭示核酸在生物体内的作用和加深对生命现象机制的认识有重大理论意义。

◀◀ 知识卡片 1-1　　　　诺贝尔奖简介　　　　▶▶

第三节　生物化学在动物生产实践中的应用

若要深入了解动物的遗传、生长、发育、生殖、衰老和死亡等现象，都需要用生物化学的理论和方法进行研究。生物化学课程是动物科学和动物医学等相关专业的基础课，特别是动物营养学、动物遗传学、家畜生产学、兽医免疫学、家畜传染病学、兽医微生物学和兽医寄生虫学等后继专业课程的基础，学好生物化学知识对指导动物生产实践具有重要的理论和实践意义。

一、生物化学与动物生产性能

生物化学与生理学密切相关，其主要任务就是分析生物机体的化学组成，从分子水平上解释机体的循环、呼吸、消化、吸收、组织氧化和肌肉收缩等各种生命活动的生化机制，以阐明动物机体新陈代谢的规律。在生产实践中，一些血液生化指标在一定程度上可以反映动物的生产性能。例如，反刍动物的**血糖**（glucose）主要是由体内生糖物质转化而来，其每天所需要的葡萄糖中 90% 以上是靠糖异生作用在体内合成的，另外 10% 来自消化道吸收。而糖异生作用的主要前体物是丙酸，如果大量饲喂低质粗饲料，就会使反刍动物瘤胃中发酵产生的丙酸数量不足，无法满足糖异生作用的正常需求，机体就不得不动员血液中内源性生糖氨基酸来合成葡萄糖，这就会导致机体蛋白质沉积下降、氮平衡趋于负值、母畜产奶量下降，并出现一系列代谢病等问题，这些问题会引起动物血液有关生化指标发生相应变化，研究人员可以通过测定这些指标来估测动物生产性能的高低。

二、生物化学与动物营养调控

深入研究动物消化道酶系及其对各种营养物质的作用方式，掌握动物体内营养物质的代谢及相互转化规律，是提高动物饲料营养作用的基础。许多酶制剂和新型饲料添加剂的应用都是基于对动物营养调控机制的深入认识，使到达动物体内的营养成分更加平衡合理，并能有效转化，进而提高饲料的营养作用，提高畜牧业生产效益。同样，深入了解动物不同时期的生长代谢特点，就能避免因营养配比不当和饲养方式不合理等造成的营养代谢性疾病的发生。

另外，通过测定动物血液相关生化指标可以获悉动物机体的营养水平。根据营养水平的高低可以对动物营养状况进行适时调控。**总蛋白**（total protein，TP）和**白蛋白**（albumin，ALB）含量能够反映机体蛋白质的吸收和代谢情况。有研究认为，血清白蛋白含量是衡量动物蛋白质需要的敏感标志。**谷丙转氨酶**(glutamic-pyruvic transaminase,GPT)或丙氨酸转移酶(alanine transaminase,ALT)和**谷草转氨酶**(glutamic-oxaloacetic transaminase,GOT)参与机体内氨基酸的转氨基作用,其活性高低反映机体蛋白质合成和分解状况。**尿素氮**(urea nitrogen)是蛋白质代谢后产生的废物,其水平的高低是蛋白质与氨基酸之间平衡的重要指标,体内蛋白质代谢状况良好,则血清中尿素氮含量降低;反之,当肾脏排泄功能减退或饲料中蛋白质转化出现异常时,尿素氮含量就会升高,机体氮代谢处于负平衡状态。

尿酸(uric acid)是禽类氨基酸代谢的主要终产物之一,血液中尿酸含量直接反映禽类蛋白质营养状况。通常情况下,尿酸过多提示日粮中蛋白质含量过高;尿酸降低表明动物体内氮沉积增加,饲料中蛋白质利用率提高。**肌酐**(creatinine,CRE)是动物肌肉中肌氨酸分解代谢的主要产物,肌酐浓度的高低可以反映机体蛋白质分解程度的强弱,浓度高则提示机体蛋白质分解代谢加强。**甘油三酯**(triglyceride,TG)和**胆固醇**(cholesterol)是血液中脂类的组成部分,其含量的高低可以反映机体脂类的吸收和代谢状况。

三、 生物化学与动物遗传育种

动物生产工作者的一个主要任务就是改良品种,进而提高畜牧业经济效益。有研究显示,血液中**碱性磷酸酶**(alkaline phosphatase,ALP)活性高低与骨骼的生长密切相关,ALP可作为评价动物骨骼生长与选种的辅助指标。鹅血液中**极低密度脂蛋白**(very low density lipoprotein,VLDL)含量与其腹脂率呈显著正相关,可通过 VLDL 的选择来降低鹅体脂的沉积,这为鹅的遗传改良提供了一种新思路。同时,三酰甘油也可作为 VLDL 选择的辅助指标。研究人员对隆昌鹅和太湖鹅血清中 ALP、**淀粉酶**(amylase,AMY)的活性测定结果表明,AMY 的活性与鹅的体重呈正相关,因此,AMY 活性可作为鹅的一个辅助选种指标,而 ALP 活性可作为肉仔鹅早期生长性能的选择指标。

此外,还可利用蛋白质或酶的遗传多态性进行动物亲缘关系鉴定和遗传距离分析,以及筛选与特殊性状相关的遗传标记,为培养优质高产的畜禽品种提供理论依据。目前,先进的 DNA 指纹技术作为遗传标记的应用也日渐普遍。体细胞克隆技术在优良畜禽品种的推广和动物资源的保护利用方面也发挥了积极作用。

四、 生物化学与动物疾病防治

掌握畜禽的正常代谢规律,对于诊断和治疗畜禽临床代谢疾病具有重要意义,生物化学实验技术已广泛应用于动物体液中代谢产物、酶和激素等生物活性物质的检测和分析。生物化学与药理学、药物学和分子生物学等学科结合,从分子和细胞水平揭示药物与体内的酶、受体等生物大分子相互作用的机制,为阐明药物的作用机制、药物的改造和新药的设计提供了思路。现在已经能够运用 DNA 重组技术,利用微生物表达生长激素,运用转基因动物制成的“生物反应器”生产多种人、畜需要的蛋白质和药物。

随着外来病原微生物的侵入和一些新病原的不断发现,动物疫病的防控任务变得更加艰巨。传统疫苗已不能满足生产需要,制备广谱、高效的畜禽疫苗是新时期动物疫病防控的重要工作。而要想研发出高效的新型疫苗,首先要利用生物化学和分子生物学的技术手段深入了解致病因子的分子结构与功能。

总之,随着科学技术的不断进步,生物化学及其实验技术对指导动物生产实践发挥越来越重要的作用。

第四节　动物生物化学课程的特点及学习方法

一、课程特点

生物化学作为一门专业基础课,与其他课程相比,具有以下特点:

(一)知识体系庞大,内容复杂抽象

本课程主要讨论生物机体分子的结构、功能及其在生命活动中的作用,生物分子的物质代谢与能量代谢的关系等。本课程知识点密集,信息量大。有生物化学家推测,仅核酸化学的知识信息量,每 5 年就要增加 1 倍。由于生物化学是在分子水平上研究和探讨生命的本质,其研究范围涉及生命过程的所有环节。生物分子种类繁多,代谢途径多变,反应机制复杂,内容抽象,多数人学习起来都感觉枯燥乏味,学生学习本课程容易产生"斩不断,理还乱"的感觉。

(二)知识点交叉联系,系统性和逻辑性强

生物机体的代谢本身就是一个复杂的系统,而体内物质种类多种多样,每种物质的代谢又包括合成与降解两个方面,而合成和降解的途径又有不同的方式,任何一种代谢方式又由多个化学反应构成,每个化学反应都由特定的酶催化,每种特定的酶又可能有不同的同工酶形式,每种同工酶又有不同的理化性质,不同同工酶催化反应所要求的条件不同,其催化机制各异。各种代谢反应相互交叉,整个代谢反应形成一个庞大的复杂系统,分支点多,物质的相互转变体系复杂。尽管如此,机体的各种代谢途径却是有条不紊的,在时间和空间上都表现出极强的逻辑性。

(三)涉及面广,需要记忆的知识多

本课程学习既需要坚实的化学知识,又需要动物学、生理学、解剖学、组织胚胎学和细胞生物学等知识作铺垫,同时也为遗传学、免疫学、微生物学、传染病学和寄生虫学等专业课程学习打下基础。课程有些内容虽较易理解,但需要记忆的知识多,难于记忆也是本门课程的一个突出特点。

(四)学科发展迅速,新的研究方法和研究领域不断出现

21 世纪是生命科学的世纪。生命科学已经发展到以蛋白质、核酸及其他重要生物大分子为研究重点的分子生物学时代。生物化学作为生物科学中的带头学科之一,其知识几乎涉及生命科学的各个分支,并由此派生出如分子生物学、分子病理学、分子免疫学和分子药理学等新兴学科,尤其是多种现代生物化学实验技术和研究方法的出现,使生命科学相关研究充满了活力,研究的广度和深度也发生了根本性变化,相关学科的迅速发展都与生物化学的众多研究成果密不可分。

二、 课程学习方法

（一）宏观把握知识框架，形成整体的知识体系

除了要加深对具体的概念、原理的理解外，教师要引导学生掌握知识的整体框架，教师在课堂讲授中要适当重复，前后呼应。在学习新章节内容之前，要先总体概括介绍，指出章节重点和难点，再分别讲解涉及的具体内容，使学生脑海中的知识主线日渐明晰，并养成从整体上考虑问题的意识，使学生形成整体的知识体系。

（二）善于总结，把握规律

要对课程的地位和作用有清醒的认识，善于对学过的相关知识进行总结归纳。认真学好各章节内容，认识规律，把握规律，运用规律。要加深对生物大分子结构和功能的理解，善于从分子细胞水平、组织器官水平和整体水平分析动物机体的代谢规律和联系，切不可只看现象，不见本质，只明过程，不求规律，把课程学习简单化、肤浅化。

（三）善于联想，用形象的比喻理解概念和原理

对于一些较难理解的内容，要启发学生的想象力，将抽象的知识形象化。例如，在学习三种 RNA 的功能时，联系学生的专业特点，采用一些形象的比喻就可收到较好的学习效果。mRNA 就像兽医师的手术方案，是实施动物手术的模板；rRNA 好比手术室，为手术提供场所，tRNA 就是兽医师的助手，按其需要递送手术器械。三者紧密配合，共同保证动物手术的顺利实施。这样就将看似难懂、枯燥的概念和原理变得生动有趣，学习效果明显提高。

（四）前后联系，比较异同

温故而知新。在学习新章节时，要经常回顾已学过的相关知识，比较异同之处。例如，学习核酸这一章节时，要学会联系前面学过的蛋白质相关知识，要求学生绘制表格，分别从两种生物大分子的元素组成、结构单位、一级结构、空间结构和理化性质等多个方面进行比较。通过前后比较，不但复习了以往内容，而且加深了对新学知识点的理解，还培养了学生灵活分析、解决问题的能力。

（五）积极参与课堂交流

课堂交流不仅能给学生提供自我展示的机会，还可以活跃课堂气氛，调动教师的授课激情，使教与学双方互相促进。针对个别学生回答问题害怕出错的心理，教师要积极鼓励，对于主动回答问题的学生，教师要给予表扬，无论答对与否都给予参与分数，并记入平时成绩，这样可明显调动学生的积极性，培养学生积极参与课堂交流的意识。

（六）培养自主学习的能力和意识

随着生物科学技术的迅猛发展，学科间交叉渗透使得动物生物化学课程涉及的内容不断扩展，大量复杂教学内容和有限学时之间的矛盾已成为困扰课程教学的严峻问题。因此，突出学生在学习中的主体地位，培养学生探求知识的主动性、积极性、创造性，培养学生

良好的学习习惯和学习能力显得更加重要。同时,学生自主学习对促进其树立终身学习的意识有积极意义。

本章小结

生物化学 是研究生命的化学,是从分子水平上阐明生物机体化学变化规律,进而揭示生命现象本质的一门科学。

生物化学的研究内容 主要包括生物机体的化学组成、生物大分子的结构与功能、物质在生物体内的代谢变化、生物信息的传递与控制等多个方面。

生物化学的发展史 大体可分为静态生物化学、动态生物化学和分子生物学三个时期。

动物生物化学的学科地位 动物生物化学是动物科学和动物医学等相关专业的基础课程。学好动物生物化学对提高动物生产性能、改善动物营养水平、改良动物品种和进行动物疾病防治都具有重要的理论和实践指导意义。

复习思考题

1. 什么是生物化学?生物化学的分支学科有哪些?生物化学的主要研究内容是什么?

2. 生物化学的发展过程大体可分为哪几个时期?举例说明各个时期的重要生物化学进展,并说明这些重大进展的科学意义。

3. 生物化学在指导动物生产实践中的具体作用是什么?

4. 动物生物化学课程的特点是什么?如何学好这门课程?

第二章 蛋白质

本章导读

蛋白质(protein)是生物体内重要的大分子物质,是生物功能的主要载体。蛋白质中含有 C、H、O、N 元素及少量的 S 元素,有些蛋白质还含有其他的微量元素。蛋白质几乎参与生命的每一个过程,如物质的代谢、能量的加工、信息的传递等,是生命的表现形式。机体缺乏某种蛋白质或蛋白质结构的异常变化均可能导致疾病的发生,如血红蛋白突变可引起镰刀型贫血病。本章从蛋白质的基本组成单位——氨基酸入手,介绍了常见的 22 种氨基酸的结构和性质。氨基酸之间通过肽键连接形成肽和蛋白质。本章重点阐明了蛋白质的四级结构特征、结构与功能的关系,即结构决定其生物学功能。最后介绍了蛋白质的重要理化性质,为分离纯化蛋白质、了解蛋白质的功能奠定基础。通过本章的学习,我们要弄清楚:①氨基酸的基本结构以及 22 种常见氨基酸的名称和结构;不同 pH 溶液中不同氨基酸的离子存在形式;氨基酸会与某些化学试剂发生什么反应?②蛋白质有哪些空间结构?维持其结构的作用力是什么?蛋白质结构与功能的关系如何?③影响蛋白质变性和复性的因素有哪些?蛋白质变性后有何表现?④蛋白质电泳分离的原理是什么?常用的蛋白质沉淀方法有哪些?常用的蛋白质的浓度测定法有几种?

蛋白质(protein)是生命的物质基础,没有蛋白质就没有生命。它是由一条或多条肽链组成的生物大分子,机体中的每一个细胞和所有重要组成部分都有蛋白质参与。体内蛋白质的种类很多,性质、功能各异,但都是由 20 多种氨基酸按不同比例组合而成,并在体内不断进行代谢与更新。

第一节 蛋白质分类及其生物学功能

一、蛋白质的分类

据推测,自然界中天然蛋白质的种类可达 $10^{10} \sim 10^{12}$ 数量级。可根据蛋白质分子形状、化学组成和功能等进行以下分类。

（一）依据形状分类

1. 纤维状蛋白

此类蛋白形如丝状，长而富有弹性，是构成细胞内微管、微丝等细胞骨架，以及皮肤、结缔组织、毛发等动物组织最直接的分子材料，这类蛋白多不溶于水。如细胞内的微管蛋白，是由多条丝状体组合成管状纤维，再进一步构成微丝、微管或更为复杂的网络状结构，后者是细胞骨架的主体，为细胞提供必需的机械支持和保护作用；胶原纤维和弹性纤维是动物结缔组织的主要成分，是一类在光学显微镜就可看到的功能性结构纤维，由多股螺旋状蛋白质交织构成超螺旋体结构，这类蛋白就是胶原蛋白、弹性蛋白等。也有可溶于水的纤维状蛋白分子，如血液中的可溶性纤维蛋白原、肌球蛋白等。

2. 球状蛋白

此类蛋白结构复杂，肽链内折紧密，疏水性氨基酸侧链多位于分子内部，亲水性氨基酸侧链则位于分子表面，因此，该分子具有良好的水溶性，如血液中的免疫球蛋白、大多数的酶蛋白、血红蛋白、肌红蛋白等均为球形或椭圆形等。

（二）依据化学组成分类

1. 简单蛋白质

简单蛋白质主要指仅由肽链组成的蛋白质分子，又称**单纯蛋白质**（simple protein），如**清蛋白**（albumin）、**球蛋白**（globulin）、**谷蛋白**（glutelin）、**醇蛋白**（prolamine）和**鱼精蛋白**（protamine）等，它们大多可溶于水、稀的酸碱液中，但也有少数蛋白质不溶于水，如**硬蛋白**（scleroprotein）类，主要有角蛋白、胶原蛋白等。

2. 结合蛋白质

结合蛋白质由肽链与非蛋白质两部分构成。非蛋白质部分称为**辅基**（prosthetic group）或**配体**（ligand）。这类蛋白有很多，如**核蛋白**（nucleoprotein）、**糖蛋白**（glycoprotein）、**脂蛋白**（lipoprotein）、**金属蛋白**（metalloprotein）、**磷蛋白**（phosphoprotein）等。这些辅基是蛋白质活性结构的一部分，在蛋白质功能实现方面起主要作用。

另外，依据蛋白质肽链多少又可分为**单体蛋白**（monomeric protein）和**多聚蛋白**（multimeric protein）或**寡聚蛋白**（oligomeric protein）。后者一般由两条以上肽链构成，每条链称为蛋白质的亚基或**亚单位**（subunit），如血红蛋白就是由 4 个亚基组成的寡聚蛋白，而肌红蛋白则是只有 1 条肽链形成的单体蛋白。

（三）依据生物学功能分类

根据蛋白质生物学功能的不同，可分为酶、转运蛋白、调节蛋白、运动蛋白、受体蛋白、结构蛋白、防御蛋白、营养和贮存蛋白等。

二、 蛋白质的生物学功能

体内的每种蛋白质都有其特定的结构，在错综复杂的生命活动中，这些蛋白质发挥着各自的作用，表现出广泛的生物学功能。

1. 作为结构成分

这类蛋白质是生命体结构的主要组成部分之一。它们可以单独存在，或与其他类型有机分子结合在一起共同组成大分子物质，同时在支持与维护生命机体代谢过程中扮演着主导角色。如细胞的各种**膜蛋白**（membrane protein）、**胶原蛋白**（collagen）、**丝蛋白**（silk protein）、**角蛋白**（keratin）、**弹性蛋白**（elastin）等。

2. 催化功能

一类在绝大多数生化反应中起严格调节、高效催化作用的蛋白质，如各种**酶**（enzyme）、**分子伴侣**（molecular chaperone）等，在复杂环境的影响下，这类蛋白以各种方式表达生物活性，是物质分子合成、转化与分解的主导者，传递并执行机体的遗传信息，极为有效地控制或影响着每一个复杂的生物化学反应。

3. 信息传递功能

多种**激素**（hormone）、**调钙蛋白**（calmodulin）、**受体蛋白**（receptor protein）等是一类主要承担生物信息传递的特殊蛋白质分子，这些信息主要来源于生物体的遗传分子 DNA，但需依靠信息蛋白的作用加以传递、表达和实现，控制并支持生物的生长、发育、繁殖和进化等生命过程。如**生长激素**（growth hormone）具有调控骨骼、肌肉生长的功能；胰岛素是血糖以及细胞内糖代谢的主要调节者。

4. 运输功能

血红蛋白（hemoglobin，Hb）是最典型的一种运输蛋白质，其所携带的氧分子是生命体存在与发展过程中不可缺少的基础性、能量性物质元素。除此以外，还有各种**载体蛋白**（carrier protein）、**金属蛋白**（metalloprotein）等，它们承担着一种或多种生物分子的运输、携带和存储作用，如血浆中的**转铁蛋白**（transferrin），是一种专一性结合铁元素的重要载体蛋白分子，对机体铁代谢起重要的调节作用。

5. 运动功能

一类在分子水平上具有克服阻力、产生相对机械运动的蛋白质，如**肌球蛋白**（myosin）、**肌动蛋白**（actin）等，它们通过特殊的联合机制，在转化、消耗能量的基础上发生分子结构变形，产生分子间位移，为细胞或生物体的运动提供直接的动力，具有运动功能。

6. 营养功能

一类为动物生长发育、提高免疫力以及改善机体健康性能等提供营养需求的蛋白质，如乳蛋白中的酪蛋白、蛋清中的卵清蛋白以及各种营养多肽等，这类蛋白质的营养作用不仅表现为能够优先被吸收以满足自身结构性生长的需求，还体现在能促进组织细胞生长，增强机体免疫功能，协同提高钙、磷等微量元素的吸收，刺激消化酶分泌，改善血管与循环功能等方面。

7. 免疫功能

血浆中的**免疫球蛋白**（immunoglobulin）是高等动物体内最主要的免疫分子，在机体免疫调节中承担着重要作用。此外，不同生物体内还有很多针对内源性或外源性生物产生免疫应答作用的特异性与非特异性免疫蛋白，如各类**抗菌多肽**（antibacterial peptide）、**溶菌酶**（lysozyme）、**酚氧化酶**（phenol oxidase）、**过氧化酶**（peroxidase）等。

8. 防御保护功能

这类蛋白对生物体自身无害，但对另一种生物往往具有强大的化学损伤作用，可造成其生物体结构的破坏、有机分子变性失活、各类生化反应调节失控和生理过程混乱等。这类蛋白的产生是生物体自我防御和保护的有效手段。如动物毒液中最常见的**碱性磷酸酶**（alkaline phosphatase），它可以迅速地破坏细胞膜的脂质双分子层结构，引发细胞破裂而使其失去功能；**肉毒杆菌毒素**（botulinum toxin，BTX）是一种毒性极强的蛋白，具有阻断动物神经细胞末梢释放乙酰胆碱的功能，使神经细胞失去信号传递作用。

第二节　蛋白质的化学组成

一、蛋白质的元素组成

尽管蛋白质种类繁多,结构差异很大,但它们的物质元素组成却基本相似,主要有碳（50%～55%）、氢（6%～7%）、氧（19%～24%）、氮（13%～19%）、硫（0～4%）5 种。此外,有些蛋白质还含有钙、磷、碘、硒、铁、锌、铜、锰等金属与非金属元素。其中含氮量比例在各类蛋白质中具有较大的相似性,平均值为 16%。蛋白质是生物机体中最主要的含氮分子,因此通过测定样品中的含氮量,可以计算出样品中蛋白质的总含量。凯氏定氮法（Kjeldahl method）是蛋白质定量测定的经典方法之一。应当指出的是,该方法测定的是样品的总含氮量,包含蛋白质氮和非蛋白质氮两部分。由此计算出的蛋白质含量称为粗蛋白含量。

二、蛋白质的基本组成单位——氨基酸

蛋白质被完全降解后,可分离出游离态的小分子产物,它被称为**氨基酸**（amino acid）。氨基酸是蛋白质基本的结构和功能单元。自然界的氨基酸有 300 多种,但现已确认的能组成蛋白质的天然氨基酸只有 22 种,称为蛋白质氨基酸,或称**标准氨基酸**（standard amino acid）。它们可以用核苷酸密码子编码,故又称为**编码氨基酸**（coding amino acid）。第 21 种氨基酸存在于原核生物和真核生物的少数蛋白质中,称为**硒代半胱氨酸**（selenocysteine, Sec）,即半胱氨酸中的硫被硒取代。2002 年在微生物中发现了第 22 种氨基酸,它被称为**吡咯赖氨酸**（pyrrolysine, Pyl）。

（一）氨基酸的基本结构

20 种编码氨基酸的分子式中,距羧基端的第 1 个编号碳为 α 碳,有四种不同基团与其相连（甘氨酸除外）,分别为游离**羧基**（carboxyl group）、游离**氨基**（amino group）、氢和 R 基团,因此 α 碳又称为不对称碳。具有 α 碳的分子一般存在两种相似的分子结构,这种结构就像左手与右手一样互为镜像,但又不能相互重叠,因此这种 α 碳被称为手性碳,两种镜像分子互为同分异构体,并具有不同的旋光性。每一种天然氨基酸（甘氨酸除外）都存在两种互为镜像的同分异构体分子,即 D-α 型和 L-α 型分子。这类同分异构排列属于有机结构中的**构型**（configuration）排布方式,是共价型有机分子的一种较为稳定的空间分布方式,改变构型则要通过破坏或形成一个或多个共价键才能完成。所以 D 型、L 型两种分子不能互换,功能也有很大不同。组成蛋白质的天然氨基酸均为 L 型。D 型、L 型的命名以国际规定的甘油醛分子构型作为标准（图 2-1）。

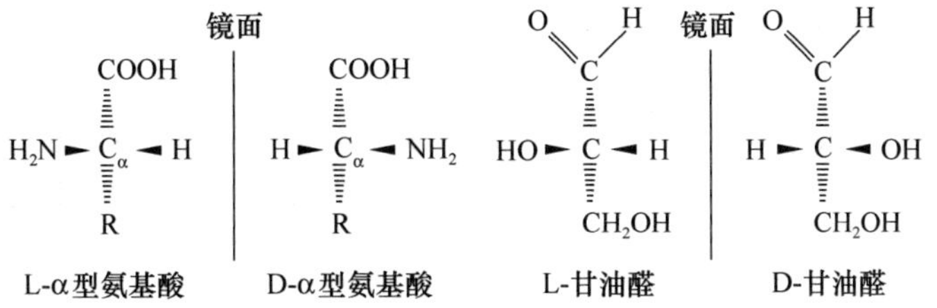

图 2-1　氨基酸与甘油醛的两种构型

尽管 D 型氨基酸在生物体内也有发现，但分布有限，含量稀少。如某些植物体合成的特殊维生素和生物碱中就含有 D 型氨基酸；短杆菌肽（一种微生物细胞合成的功能蛋白质）中含有 D-苯丙氨酸；细菌细胞壁中含有 D-谷氨酸；动物细胞中也发现少数 D 型氨基酸，但一般不参与蛋白质的构成。

（二）氨基酸的分类

20 种天然氨基酸可依照 R 基团的特性来划分，或按 R 基团的结构和所含元素的不同来划分。依照 R 基团的极性特点可将氨基酸划分为五大类（表 2-1）：非极性脂肪族氨基酸、非极性芳香族氨基酸、极性不带电荷氨基酸、极性带负电荷氨基酸和极性带正电荷氨基酸。R 基团的理化特性由基团结构决定，如带有羧基、氨基、羟基、酰基等结构的 R 基团，就表现出较强的带电或不带电的极性特征，而带有芳香环、脂肪链等结构的 R 基团，则表现出明显疏水性的非极性特征。

1. 非极性脂肪族侧链氨基酸

该组氨基酸的 R 侧链基团为非极性的疏水基团（图 2-2）。脂肪族侧链氨基酸包括丙氨酸 Ala、缬氨酸 Val、亮氨酸 Leu、异亮氨酸 Ile、甲硫氨酸 Met、脯氨酸 Pro 等。

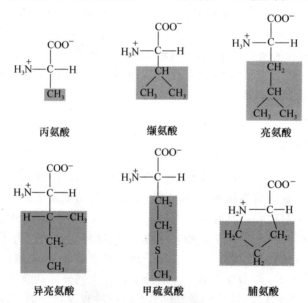

图 2-2 非极性脂肪族侧链氨基酸

2. 芳香族侧链氨基酸

芳香族侧链氨基酸具有相对疏水性和紫外光吸收特性，其中苯丙氨酸 Phe、色氨酸 Trp 属非极性氨基酸，酪氨酸 Tyr 属于极性氨基酸（图 2-3）。

3. 极性不带电荷侧链氨基酸

该组氨基酸的 R 侧链基团在中性溶液中不发生解离，但含极性基团，可与水分子形成氢键，包括甘氨酸 Gly、丝氨酸 Ser、苏氨酸 Thr、半胱氨酸 Cys、天冬酰胺 Asn、谷氨酰胺 Gln（图 2-4）。

4. 极性带负电荷侧链氨基酸

该组氨基酸的 R 基团上带有羧基，在中性水溶液中易电离出 H^+ 而带负电荷，显示出酸性特征。主要有天冬氨酸 Asp、谷氨酸 Glu 两种，通常也将这两种氨基酸称为酸性氨基酸

（图 2-5）。

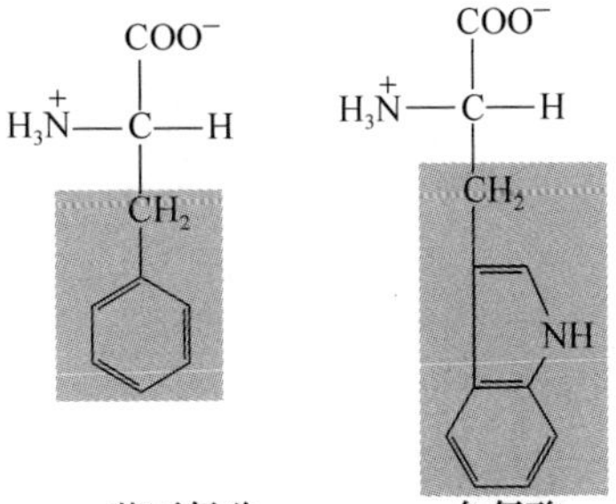

苯丙氨酸　　色氨酸　　酪氨酸

图 2-3　芳香族侧链氨基酸（苯丙氨酸、色氨酸为非极性氨基酸；酪氨酸为极性氨基酸）

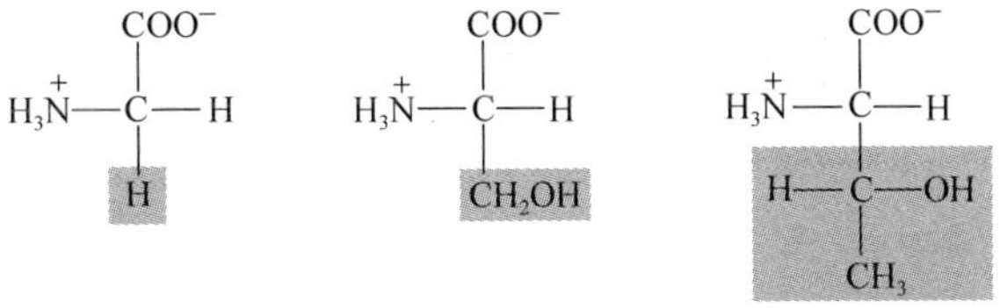

甘氨酸　　丝氨酸　　苏氨酸

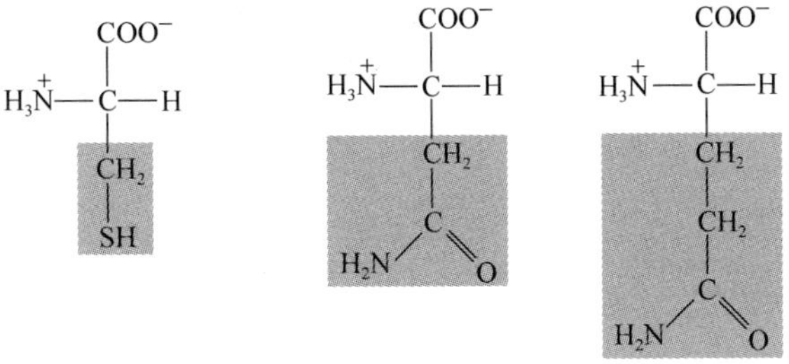

半胱氨酸　　天冬酰胺　　谷氨酰胺

图 2-4　极性不带电荷侧链氨基酸

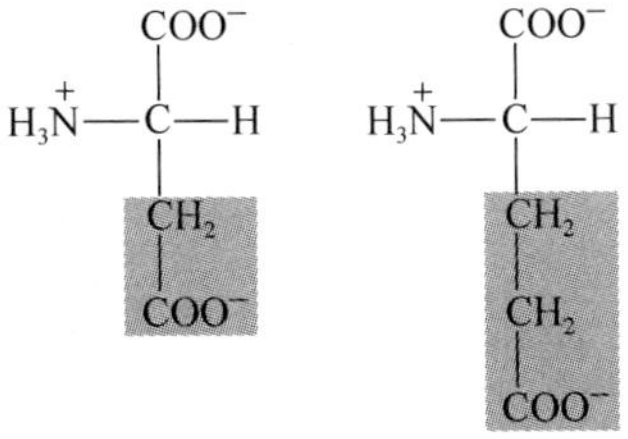

天冬氨酸　　谷氨酸

图 2-5　带负电荷侧链氨基酸

5. 极性带正电荷侧链氨基酸

在中性溶液中，该组氨基酸的 R 侧链基团上的氨基可获得一个 H^+ 而带正电荷，显示出碱性特征，具有较强的亲水性。这些氨基酸包括组氨酸 His、赖氨酸 Lys 和精氨酸 Arg。通常也将这三个氨基酸称为碱性氨基酸，其中以 Arg 的碱性最强（图 2-6）。

在这 20 种氨基酸中，甘氨酸 Gly 是结构最简单、没有手性碳的氨基酸，R 基团为 H，介于极性与非极性之间，有时也列入非极性氨基酸中。脯氨酸 Pro 是唯一的亚氨基酸，其分子上的氨基形成环化态，也是唯一的环化侧链氨基酸。

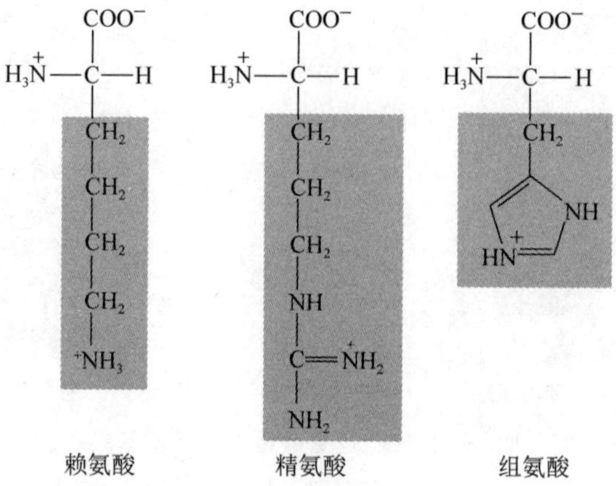

图 2-6　带正电荷侧链氨基酸

表 2-1　天然氨基酸的名称、分类及解离常数

分类	中文名	英文名	三字符	单字符	pK_a			等电点
					pK_1	pK_2	pK_R	
非极性脂肪族氨基酸	丙氨酸	Alanine	Ala	A	2.34	9.69		6.01
	缬氨酸	Valine	Val	V	2.32	9.62		5.97
	亮氨酸	Leucine	Leu	L	2.36	9.60		5.98
	异亮氨酸	Isoleucine	Ile	I	2.36	9.68		6.02
	甲硫氨酸	Methionine	Met	M	2.28	9.21		5.74
	脯氨酸	Proline	Pro	P	1.99	10.96		6.48
芳香族氨基酸	苯丙氨酸	Phenylalanine	Phe	F	1.83	9.13		5.48
	酪氨酸	Tyrosine	Tyr	Y	2.20	9.11	10.07	5.66
	色氨酸	Tryptophan	Trp	W	2.38	9.39		5.89
极性不带电荷氨基酸	甘氨酸	Glycine	Gly	G	2.34	9.60		5.97
	丝氨酸	Serine	Ser	S	2.21	9.15		5.68
	苏氨酸	Threonine	Thr	T	2.11	9.62		5.87
	半胱氨酸	Cysteine	Cys	C	1.96	10.28	8.18	5.07
	天冬酰胺	Asparagine	Asn	N	2.02	8.80		5.41
	谷氨酰胺	Glutamine	Gln	Q	2.17	9.13		5.65
极性带正电荷氨基酸	赖氨酸	Lysine	Lys	K	2.18	8.95	10.53	9.74
	组氨酸	Histidine	His	H	1.82	9.17	6.00	7.59
	精氨酸	Arginine	Arg	R	2.17	9.04	12.48	10.76
极性带负电荷氨基酸	天冬氨酸	Aspartate	Asp	D	1.88	9.60	3.65	2.77
	谷氨酸	Glutamate	Glu	E	2.19	9.67	4.25	3.22

注：pK_1 为 α 羧基解离常数，pK_2 为 α 氨基解离常数，pK_R 为侧链基团解离常数。

机体中还存在一些以游离形式存在的非蛋白质氨基酸，它们是在特殊条件下形成和被利用的一类代谢中间体分子，这类氨基酸没有核苷酸编码，不作为蛋白质的构建分子。如**鸟氨酸**(ornithine)和**瓜氨酸**(citrulline)，是尿素合成循环的中间分子，是合成精氨酸的前体；**β-丙氨酸**(β-alanine)是嘧啶碱基的分解产物之一，是一类用来合成维生素**泛酸**(pantothenic acid)的主要原料分子；**γ-氨基丁酸**(γ-aminobutyric acid，GABA)是一种**神经递质**(neurotransmitter)。

（三）氨基酸的修饰

氨基酸在某些蛋白质中可以被修饰,包括羟化、羧化和磷酸化等。天然氨基酸经过修饰后形成的衍生物称为**修饰氨基酸**(modified amino acid)。这类氨基酸可参与特殊功能蛋白质的构成,如胶原蛋白分子中含有的 4-羟脯氨酸和 5-羟赖氨酸等;凝血酶原蛋白中含有**γ-羧基谷氨酸**(γ-carboxyglutamic acid),与凝血酶活性转换有关。蛋白质中还广泛存在丝氨酸的可逆磷酸化作用,磷酸化会影响蛋白质的生物学活性,是蛋白质生物活性的"分子开关"。这些修饰的氨基酸均没有遗传密码,是在蛋白质合成后通过相关酶催化而形成的。

（四）氨基酸的主要理化性质

1. 一般理化特性

高纯度的氨基酸可以形成无色晶体,熔点一般在 200℃ 以上,无色无臭。氨基酸的 α-羧基和 α-氨基的极性作用使其具有良好的水溶性;α-羧基和 α-氨基能够电离或吸收 H^+,使氨基酸可以溶于稀酸或稀碱液中;D 型氨基酸多带有甜味,其中甜味最强的是 D-色氨酸,可达蔗糖的 40 倍,L 型氨基酸有甜、苦、鲜、酸四种不同味感,如谷氨酸的钠盐是味精的主要成分;甘氨酸有特殊的微甜,亮氨酸偏苦,精氨酸带有咸腥味等。

2. 旋光性

具有手性碳原子的化合物分子都有旋光性特征。所谓旋光性就是当偏振光通过手性碳化合物溶液时,只允许特定偏振面方向的光通过,并被旋转一个角度。这种能使偏振面发生旋转的特性就称为旋光性。葡萄糖、氨基酸等有机分子都含有手性碳原子,都具有此特性,20 种天然氨基酸中只有甘氨酸没有旋光性。偏振光被旋转的角度分左旋(逆时针方向)和右旋(顺时针方向)两类。依据实验检测结果,组成天然蛋白质的氨基酸均为左旋型。动物一般不能利用右旋氨基酸合成蛋白质。

3. 光吸收特性

20 种氨基酸在可见光区域(380～780nm)均没有光吸收作用,在紫外区(200～380nm)只有 3 种芳香族氨基酸有光吸收能力,这是因为它们的 R 基团含有苯环的共轭双键结构。Phe、Tyr 和 Trp 的最大光吸收波长分别为 259nm、278nm 和 279nm。许多蛋白质中 Tyr 和 Trp 的总量大体相近,因此可以通过测定蛋白质溶液在 280nm 处的光吸收值来粗略估计样品中的蛋白质含量。

4. 两性解离性质

由于 20 种氨基酸都含有 α-羧基和 α-氨基,它们可以和水环境中的 H^+ 发生交换,从而显出酸碱特性。一种同时具备酸碱特征的化学分子称为**两性电解质**(ampholyte)。因此两性分子在水环境中发生 H^+ 的解离或吸收,与环境 pH 有直接的关系(图 2-7)。

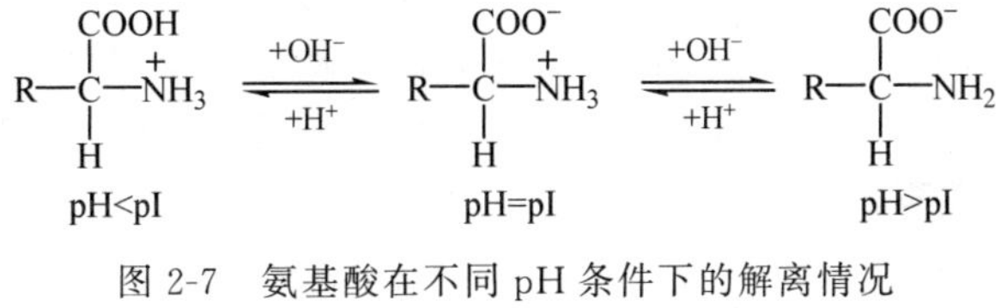

图 2-7 氨基酸在不同 pH 条件下的解离情况

当环境 pH 高于等电点时,α-氨基解离,从而使氨基酸成为带负电荷的离子;反之,当环境 pH 低于等电点时,氨基酸则成为带正电荷的离子。当环境 pH 处于某一特殊数值时,可以使某种氨基酸所带的正、负电荷数正好相等,形成净电荷为零的带电状态,这种状态的环境 pH 称为该氨基酸的**等电点**(isoelectric point,pI)。每种氨基酸都有一个特殊的 pI 值,该值是氨基酸的特征性常数。

当 pH 改变时,不仅 α-氨基和羧基发生解离,分子的侧链可解离基团也会发生 H^+ 解离。因此一种氨基酸的 pI 是该氨基酸上所有可解离基团同时产生不同水平 H^+ 解离作用后的综合结果。氨基酸分子上每个可解离基团都有其解离常数 pK_a(表 2-1)。而每个氨基酸的等电点就是其两性离子两侧解离常数的算术平均值。对于含有一个羧基和一个氨基的氨基酸来说,其 pI 就是 pK_1 和 pK_2 的平均值(图 2-8)。对于酸性氨基酸来说,pI 就是 pK_1 和 pK_R 的平均值;对于碱性氨基酸来说,pI 就是 pK_2 和 pK_R 的平均值(图 2-9)。

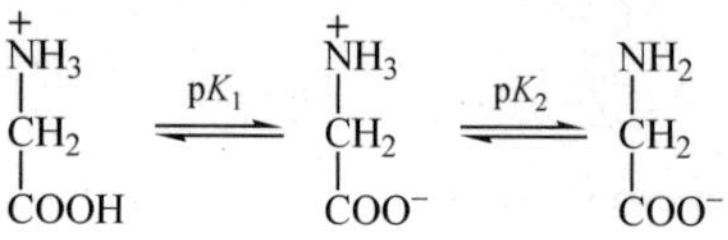

图 2-8　甘氨酸的电离过程

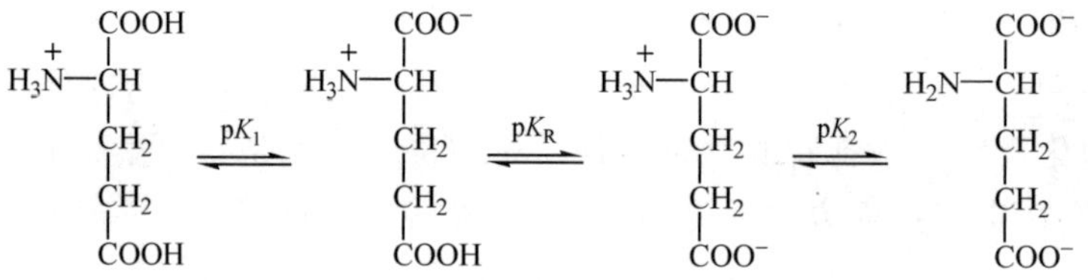

(a) 谷氨酸

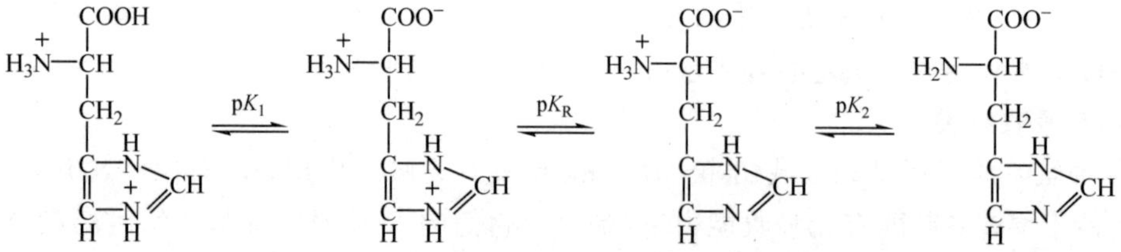

(b) 组氨酸

图 2-9　酸性氨基酸、碱性氨基酸的电离过程

不同的氨基酸由于 pK 不同,处在同一 pH 环境中就会产生带电状态的不同。若同时处于电场中,这种带电粒子会因受到电场力的作用而产生定向运动,带正电荷粒子向负极移动,带负电荷粒子向正极移动,净电荷为零的粒子则静止不动。

氨基酸在水溶液中受环境 pH 影响而成为带电的极性粒子,与水分子间产生的极性作用和同种分子间的排斥作用使氨基酸具有良好的水溶性和稳定性。但在 pI 时,氨基酸为电中性,同种氨基酸分子间没有排斥作用,所以发生有效碰撞的概率就会迅速增加,容易引起分子聚合而发生沉淀,便于从溶液中分离,这也是等电点沉淀法分离氨基酸的基本原理。

5. 氨基酸的一些重要化学反应

(1) 茚三酮反应:这类反应主要针对游离氨基酸以及多肽链 N 端具有游离态 α-氨基的氨基酸分子。当两分子茚三酮与一分子氨基酸的 α-氨基在弱酸性溶液中进行脱水缩合反应后,大多产生蓝紫色产物(图 2-10),在 570nm 处有最大吸收值。另外,脯氨酸、羟脯氨酸与茚三酮反应的产物显示黄色,吸收波长为 440nm。因此,实践中常用该反应对一些氨基酸进行显色鉴定。

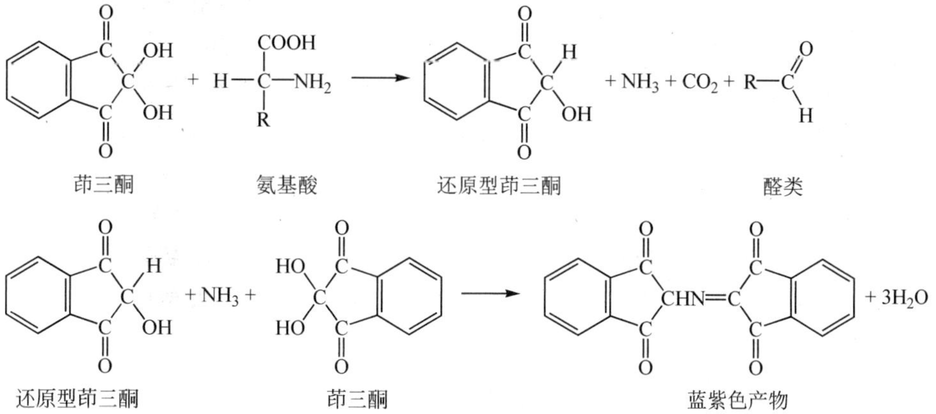

图 2-10 氨基酸与茚三酮显色反应

(2) 桑格反应:在弱碱性(pH 8～9)、暗处、室温或 40℃条件下,氨基酸的 α-氨基很容易与 **2,4-二硝基氟苯**(2,4-dinitrofluorobenzene,DNFB)反应,生成黄色的 **2,4-二硝基氨基酸**(dinitrophenyl amino acid,简称 DNP-氨基酸)。该反应由 F. Sanger 首先发现,故又称**桑格反应**(Sanger reaction)。

多肽或蛋白质 N-末端氨基酸的 α-氨基也能与 DNFB 反应,生成二硝基苯肽(DNP-肽)。由于硝基苯与氨基结合牢固,不易水解,因此当 DNP-多肽被酸水解时,所有肽键均被打开,只有 N-末端氨基酸仍连接在 DNP 上,形成黄色 DNP-氨基酸产物,并与其他氨基酸混合在一起。由于 DNP-氨基酸溶于乙酸乙酯,后者可将其抽提分离并做色谱分析,再以标准的 DNP-氨基酸作为对照,可以鉴定出该氨基酸的种类。因此,2,4-二硝基氟苯法可用于鉴定多肽或蛋白质的 N-末端氨基酸。

(3) 艾德曼反应:在弱碱性条件下,氨基酸的 α-氨基可与**异硫氰酸苯酯**(phenylisothiocyanate,PITC)反应生成相应的**苯氨基硫甲酰氨基酸**(phenylthiocarbamoyl amino acid,简称 PTC-氨基酸)。在酸性条件下,PTC-氨基酸环化形成**苯乙内酰硫脲**(phenylthiohydantoin,PTH)衍生物的 PTH-氨基酸。蛋白质多肽链 N-末端氨基酸的 α-氨基也有此反应,生成 PTC-肽,在酸性溶液中释放出末端的 PTH-氨基酸和比原来少一个氨基酸残基的多肽链。PTH-氨基酸在酸性条件下极稳定并可溶于乙酸乙酯,用乙酸乙酯抽提后,经高压液相层析鉴定就可以确定肽链 N-末端氨基酸的种类。该法的优点是可连续分析出 N-末端的十几个氨基酸。瑞典科学家 P. Edman 首先用该反应测定了蛋白质的 N-末端氨基酸,因此该反应又称**艾德曼反应**(Edman reaction)。氨基酸自动分析仪就是根据该反应原理设计的。

(五) 氨基酸的主要生物学作用

氨基酸在生物体内分布广、含量丰富,其衍生物众多,功能复杂多样,是一类重要的生物活性小分子。

1. 营养、生理功能

氨基酸是最主要的营养素之一,是动物消化吸收蛋白质的主要方式。体内各类氨基酸的比例与含量变化都会直接影响机体的正常生理功能。同时氨基酸含量的波动还是衡量机体含氮水平的重要指标,直接影响机体氮代谢的平衡。在生理代谢过程中,有很多氨基酸及其衍生物具有重要的生物活性。例如,甘氨酸是动物体内重要的神经递质之一,也是多种活性分子合成的前体小分子,同时也是禽类营养中不可缺少的重要饲料添加剂。此外,很多代谢型氨基酸、稀有氨基酸也都有特殊的生物功能。

2. 充当原料分子

氨基酸是蛋白质合成的主要原料,也是核酸、糖类、脂类转化与合成的基础原料分子。如谷氨酰胺和天冬氨酸等是核酸碱基合成中重要的供氮分子;**生糖氨基酸**(glucogenic amino acid)有 18 种,**生酮氨基酸**(ketogenic amino acid)有 6 种;甲硫氨酸是**一碳单位**(one carbon unit)代谢中甲基的主要供体之一,也是一些禽类饲料中必需添加的基础物质。

3. 聚合氨基酸的功能

均聚氨基酸(homogeneous polyamino acid)是同一种氨基酸单体分子由化学法或微生物法合成的一类高分子聚合物。如 ε-聚赖氨酸、γ-聚谷氨酸、聚天冬氨酸、聚鸟氨酸、聚亮氨酸等。这些氨基酸聚合体往往表现出一些全新的化学与生物学特性,如极好的抗有机溶剂腐蚀性、耐热性、吸附性和促进组织修复与生长以及可被消化吸收等特性。

多聚谷氨酸[poly(glutamic acid),PGA]是由特殊微生物(纳豆酵素菌)发酵产生的一种水溶性多聚氨基酸。其结构为谷氨酸单元通过 α-氨基和 γ-羧基以肽键连接形成长链分子(图 2-11)。链上的大量活性羧基可与其他分子结合而形成高分子聚合物,其相对分子质量为 5 万～200 万,具有较好的吸水性能,在水溶液中呈胶体状(一类重要的生物胶),在化工、食品、医药、环保等领域有重要应用。如 PGA 与紫杉醇结合在一起,已经成为一种新的抗癌药物并在临床应用,PGA 作为载体能够促进机体对紫杉醇的吸收,再在体内酯酶的作用下释放出紫杉醇,可高效作用于癌组织。

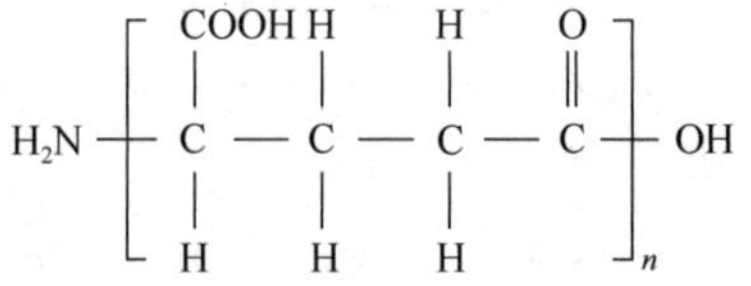

图 2-11　多聚谷氨酸(PGA)的分子结构

第三节　肽

1890—1910 年,德国化学家 E. Fischer 通过实验证明了蛋白质是由多个氨基酸相互结合形成的链状产物,他把这些产物称为**肽**(peptide)。两个氨基酸结合在一起形成二肽,三个氨基酸结合形成三肽,依此类推。习惯上将 10 个氨基酸以内的肽称为**寡肽**(oligopeptide),10～50 个氨基酸结合成的肽链则称为**多肽**(polypeptide),再多的就称为蛋白质。事实上,寡肽、多肽和小分子蛋白质之间并没有绝对的分界线。

每条肽链都有两端,游离 α-氨基端称**氨基末端**(amino terminal)或 N-端,游离 α-羧基端称为**羧基末端**(carboxyl terminal)或 C-端。存在于肽链结构中不完整的氨基酸被称为**氨基酸残基**(amino residue)(图 2-12)。

一、 肽键和肽平面

肽链中两个氨基酸之间的 C—N 连接键称为**肽键**(peptide bond)。它是由一分子氨基酸的 α-氨基与另一分子氨基酸的 α-羧基脱水缩合形成的(图 2-13)。

肽键是一种特殊的酰胺键,与此键直接相连的是 2 个原子,间接相连的有 4 个原子,6

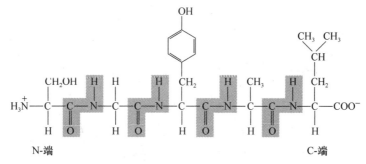

图 2-12　多肽链的分子结构示意图

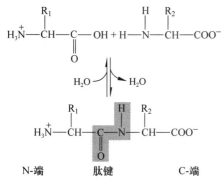

图 2-13　氨基酸成肽反应

个原子共同组成一个具有刚性特征的空间平面，称作**酰胺平面**（amide plane），又称为**肽平面**（peptide plane）（图 2-14）。肽链上 C_α 位于两个相邻肽平面的相交处，与 C_α 相连接的 C_α-N 和 C_α-C 键均为可旋转的共价键，旋转角度分别称 Φ 角和 ψ 角；但受其他相连原子或基团（特别是 R 侧链基团）的空间位阻影响，可旋转的 ψ、Φ 角度受到干扰和限制，导致两个相邻肽平面间形成一个夹角，称为**二面角**（dihedral angle）（图 2-14）。这是蛋白质主链能够形成空间弯曲和方向变化的结构基础。当与 C_α 相连的 R 基团空间位阻发生改变时，二面角也会发生变化，导致蛋白质部分主链的空间走向也随之改变。主链结构的变化是蛋白质产生或执行生物功能的重要条件。

肽键具有特殊的键长（0.133nm）和键角，介于普通 C—N 单键（0.125nm）和 C=N 双键（0.145nm）之间；肽键具有 40% 的双键性质，如肽键是单共价键但不能自由旋转，并有顺式（cis-）、反式（trans-）两种构型。天然蛋白质中的肽键都是较为稳定的反式构型。Pro 有一个特殊的环状亚氨基结构，由 Pro 氨基形成的肽键是唯一可以有顺式结构的肽键。肽键的键能较高，但化学稳定性比一般的 C—N 键高，只有在特殊条件下，如专一性消化酶或酸碱等作用下才能被打开，形成降解产物。

二、 常见的生物活性肽

体内有很多以游离状态存在、相对分子质量较小、构象上较为松散且有多种特殊生物学功能的小肽，它们被统称为**生物活性肽**（bioactive peptide）。生物活性肽在机体信息传递、代谢和免疫调节等方面均发挥着重要作用。现举例如下：

1. 谷胱甘肽（glutathione，GSH）

GSH 是由谷氨酸、半胱氨酸和甘氨酸构成的三肽，具有抗氧化和整合解毒等多种功能。半胱氨酸上的巯基为谷胱甘肽的活性基团，易与某些药物、毒素、重金属等结合而具有整合解毒作用，即谷胱甘肽（尤其是肝细胞内的谷胱甘肽）通过参与生物转化作用，把体内有害的毒物转化为无害的物质，排泄出体外。谷胱甘肽有还原型（GSH）和氧化型（GSSG）两种形式，在生理条件下，还原型谷胱甘肽占绝大多数，谷胱甘肽还原酶能催化两型间的互变，

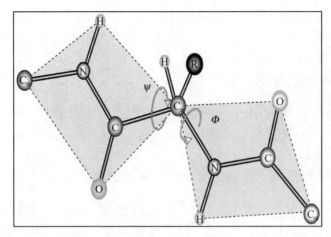

图 2-14　肽平面及二面角

该酶的辅酶为磷酸已糖旁路代谢提供的 NADPH。谷胱甘肽还有调节机体免疫功能的作用。

2. 酪蛋白磷酸肽（casein phosphopeptide，Cpp）

Cpp 是一类从乳蛋白水解产物中获得的含多个磷酸丝氨酸和谷氨酸的短肽家族，分子大小不等，属外源性免疫功能活性肽，具有促进不同细胞对钙的吸收和转运以及调节免疫球蛋白 A 合成的作用。

3. 脑啡肽（enkephalin）

脑啡肽是由 5 个氨基酸组成的寡肽，能与吗啡受体结合，产生镇痛、欣快作用。它能改变神经元对经典神经递质的反应，故称为**神经调质**（neuromodulator）。脑啡肽也被称为"脑内吗啡"，对脑细胞具有独特的作用，能够激活处于抑制沉睡状态的脑细胞，对脑损伤导致的后遗症有很好的恢复作用。

4. 催产素（oxytocin，OXT）

OXT 是由下丘脑视上核和室旁核细胞释放的由 9 个氨基酸组成的小肽。催产素有广泛的生理功能，能在分娩时引发子宫收缩，刺激乳汁分泌。此外，对母鸡产卵、鱼产仔的过程也有促进作用。

5. 抗菌肽（antibacterial peptide，ABP）

ABP 是机体免疫系统经诱导产生的一种具有生物活性的小分子多肽，一般由 20～60 个氨基酸残基组成。这类活性多肽多数具有强碱性、热稳定性以及良好的广谱抗菌特性。抗菌肽有明显的物种差异性，目前发现的种类已超过 500 种。

第四节　蛋白质的结构

蛋白质是由不同种类、数量氨基酸按一定排列顺序构成的生物大分子。有的蛋白质分子只包含一条多肽链，有的包含数条多肽链。蛋白质不是以随机松散的线性多肽链形式在体内发挥生物学功能，而是靠多肽链在空间排布所形成的特定三维结构（或称高级结构、空间结构）来起作用。蛋白质的三维结构包括**构象**（conformation）结构和**构型**（configuration）结构。局部特定的空间构象是蛋白质发挥生物学功能所必需的。

　　为了方便研究，人们将蛋白质的结构划分为不同的层次。大体上可分为**一级结构**（primary structure）、**二级结构**（secondary structure）、**超二级结构**（super secondary structure）、**结构域**（structural domain）、**三级结构**（tertiary structure）和**四级结构**（quarternary structure）。不同的蛋白质其结构层次可能不同，有的只有一级结构、二级结构、三级结构，有的甚至有四级结构。

一、蛋白质的一级结构

（一）一级结构的概念

　　蛋白质的一级结构是指蛋白质多肽链中氨基酸残基以肽键相连构成从 N-末端到 C-末端的线性排列顺序（图 2-15）。维持蛋白质一级结构的化学键是肽键，有些蛋白质中也含有二硫键，即由两个半胱氨酸（Cys）的侧链基团（—SH）所形成的二硫键（—S—S—）也可能参与一级结构中链内或链间分支的形成。不同的蛋白质具有不同的一级结构。

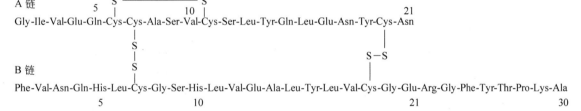

图 2-15　牛胰岛素分子的一级结构

　　蛋白质一级结构的书写方式一般从蛋白质 N 端写到 C 端，即从左到右方向书写。如牛催产素可采用以下方式命名。

　　中文氨基酸残基命名法：甘氨酰亮氨酰脯氨酰半胱氨酰天冬酰氨酰谷氨酰异亮氨酰酪氨酰半胱氨酸。

　　中文单字表示法：甘-亮-脯-半胱-天冬酰-谷氨酰-异亮-酪-半胱。

　　三字母表示法：Gly-Leu-Pro-Cys-Asn-Gln-Ile-Tyr-Cys。

　　单字母表示法：GLPCNQIYC。

　　常用三字母符号或单字母符号表示各种氨基酸残基，用"-"表示肽键。可用阿拉伯数字表示各个氨基酸残基在一级结构中的位置。如 Pro3 表示牛催产素的第三个氨基酸是 Pro。

（二）一级结构的测定

　　蛋白质一级结构测定（又称测序）是研究高级结构的基础，也是研究蛋白质结构与功能的关系、一些疾病的致病机制、生物分子进化及分子分类学等的重要手段。蛋白质的测序一般采用 1950 年 Edman 提出的 N-末端测序法，即每次从蛋白质的 N-末端水解掉一个氨基酸，逐个测定氨基酸的序列，也称为 Edman 降解法，它是蛋白质测序的里程碑。这种测序方法一次可以完成 50 个左右的氨基酸序列分析。目前使用最广的蛋白质测序和鉴定方法是质谱法，而 Edman 降解法则是表征蛋白质 N-末端最重要的方法之一。第一个被测定出完整一级结构的蛋白质分子是**牛胰岛素**（insulin）。这一开拓性工作是由英国剑桥大学 F. Sanger 教授花了近 10 年时间于 1953 年完成的。

牛胰岛素分子含有 51 个氨基酸残基，包括 A、B 两条肽链，A 链有 21 个氨基酸，B 链有 30 个氨基酸；分子中共有 3 个二硫键，A 链上第 6、11 位的 Cys 间形成一个链内二硫键，另外两个为链间二硫键分别由 A 链第 7 位与 B 链第 7 位、A 链第 20 位与 B 链第 19 位上的 Cys 形成（图 2-15）。从胰岛素分子结构上可以看出，一级结构的稳定主要靠肽键和二硫键等共价键来维持。

蛋白质一级结构的测定过程较为复杂，主要步骤可归纳如下：

（1）测定多肽链 N-末端和 C-末端的氨基酸，确认蛋白质分子中的肽链数目。测定二硫键的数目、二硫键属性（链间或链内），并对多链蛋白质进行变性处理和拆链水解。

（2）对多链蛋白质进行分离纯化，以获得高纯度单链样品。

（3）用两种以上专一方法将不同肽链分别水解成较短的肽段，再分离出各肽段单一样品。

（4）应用 N-末端测序法或氨基酸自动测序仪分别测出各肽段的氨基酸顺序。

（5）运用序列重叠法，将各肽段序列信息进行组合拼凑，重新构建出各肽链完整的一级序列组合。

（6）最后反复应用二硫键测试法，确认二硫键的具体位置和连接方式。结合上述序列信息即可得到完整的蛋白质一级结构。

目前，已有大量蛋白质的一级结构被测出，这些信息被保存在**蛋白质数据库**（protein data bank）中。由于核酸的测序过程要比蛋白质相对简单、快捷，所以人们常利用核苷酸对氨基酸的编码关系，在测出 DNA 序列后，据此推测与 DNA 对应的蛋白质一级序列结构。但该法不能准确确定二硫键的位置以及肽链上氨基酸的修饰情况。

二、 蛋白质的二级结构

蛋白质二级结构是指在一级结构基础上，多肽链主链上的某些肽段借助氢键形成的一些有规则的构象，如 α-螺旋、β-折叠和 β-转角；另一些肽段形成不规则的构象，如无规卷曲。二级结构不包含 R 侧链基团的构象。

（一）α-螺旋

α-螺旋（α-helix）是一种经典的右手螺旋结构，由 Pauling 和 Corey 根据氨基酸和小肽的 X 射线晶体衍射图谱的分析结果于 1951 年提出，后来实验也证明了 **α-角蛋白**（α-keratin）中存在 α-螺旋结构（图 2-16）。典型的 α-螺旋具有下列特征：

（1）多肽链主链围绕同一中心轴呈右手螺旋式上升，形成棒状的螺旋构象。每圈含有 3.6 个氨基酸残基，螺距为 0.54nm。因此每个氨基酸残基围绕螺旋中心轴旋转 100°，上升 0.15nm。

（2）相邻螺旋之间形成链内氢键，即多肽链主链上一个肽键中的羰基氧原子与其朝向 C 末端的第三个肽键中—NH 上的氢原子形成**氢键**（hydrogen bond）。每个与肽键相连的氢和氧均参与氢键的形成，因此，尽管氢键的键能不大，但大量氢键的累积效应使 α-螺旋成为最稳定的二级结构。每圈螺旋（360°）上包含 13 个原子，故典型的 α-螺旋又称为 3.6_{13} 螺旋。

（3）肽链上所有氨基酸的侧链 R 基团均伸向螺旋外侧，以减少其空间位阻效应，但 α-螺旋的稳定性仍受侧链 R 基团大小、形状等的影响。因此,不同氨基酸存在于 α-螺旋中的倾向性不同,如 Ala 易出现在 α-螺旋中,而 Pro 和 Gly 则易破坏 α-螺旋的稳定性。

(4) α-螺旋分为左手 α-螺旋和右手 α-螺旋。天然蛋白质分子中多为右手 α-螺旋,不过在嗜热菌蛋白酶中也发现了左手 α-螺旋。

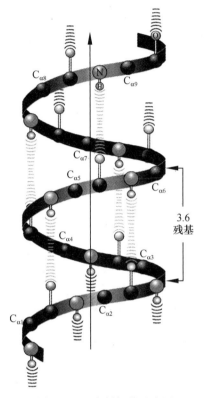

图 2-16 α-右手螺旋示意图

存在于蛋白质分子表面的 α-螺旋结构常具有两性特点,即亲水性和疏水性。这类特殊的结构一般由 3～4 个疏水性氨基酸或亲水性氨基酸组成的肽段交替排列,使 α-螺旋的一侧亲水而另一侧疏水,使蛋白质在局部极性或非极性环境中具有可选择的相溶性特征。地球两极地区的鱼类血液中含有一种特殊的**抗冻蛋白**(antifreeze protein),其分子中包含简单的 α-螺旋,螺旋结构的一侧富含 Ala 残基,呈现疏水的特性;另一侧有一些亲水的侧链,能借助氢键与冰晶表面结合,从而限制冰晶的生长,起到抗冻的作用。另外,纤维蛋白分子中的一些 α-螺旋结构可以相互缠绕形成绳索状,不仅增加了纤维的机械强度,又使纤维具有很好的伸缩性能。

(二) β-折叠

β-折叠(β-pleated sheet)是二极结构中最常见的主链构象之一。该结构中多肽链充分伸展,每个氨基酸单元以 C_α 为转折点,与相邻肽键的酰胺平面依次折叠成锯齿状结构。该结构中单链长度一般在 5～8 个氨基酸残基,可由两条**顺向平行**(parallel)或**反向平行**(antiparallel)的肽链片段共同组成(图 2-17)。链间有大量氢键连接,所有氨基酸 R 侧链基团均上下交替、垂直伸向折叠平面以外。顺向折叠平面转折处 C_α 的 ψ 角(113°)和 Φ 角(119°)远比反向结构(分别为 135°和 139°)的要小,顺向折叠的空间区域也小很多;由于折叠结构中所有肽键均参与链间氢键的形成,因此,β-折

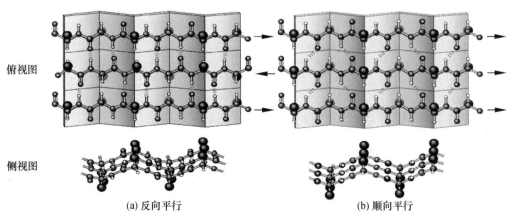

俯视图

侧视图

(a) 反向平行　　　　　(b) 顺向平行

图 2-17 反向平行和顺向平行的 β-折叠结构

叠构象相当稳定,并具有一定的弹性。氢键是维持折叠构象稳定的重要次级键之一。

β-折叠结构广泛存在于各类蛋白质分子中,如球状蛋白质中既有不同链间因氢键作用形成的折叠,也有很多链内不同肽段间因氢键作用形成的折叠(如发夹式反向平行折叠)。纤维状蛋白质则主要以链间氢键作用形成的反向平行折叠为主;蚕丝中的丝心蛋白分子中包含由 Gly-Ser-Ala-Gly-Ala 重复序列形成的反向平行 β-折叠结构,结构中的氨基酸侧链基团交替出现在折叠平面的上下两层,形成一个夹心式的层状体结构,当两条以上的层状体平行堆积时,各层间因不同次级键力量的差异,使整个折叠结构易于弯曲,且韧性加大。

（三）β-转角

天然蛋白质结构中主干肽链常常形成大角度的弯曲、180°回折或重新定向等结构,都与二级结构中一类非重复性的**β-转角**(β-turn)结构有关。β-转角通常由 4 个氨基酸组成,Pro 和 Gly 是最常出现的两种重要氨基酸,其侧链 R 基团的特殊空间效应是导致主链转向的主要因素。β-转角可分为 Ⅰ 型和 Ⅱ 型两种(图 2-18),差别在于 Ⅰ 型第 3 个氨基酸的羰基氧与相邻两个氨基酸的 R 侧链呈反式排列,Ⅱ 型则为顺式排列。Ⅰ 型多出现在球蛋白分子表面,是造成分子表面弯曲的重要因素。

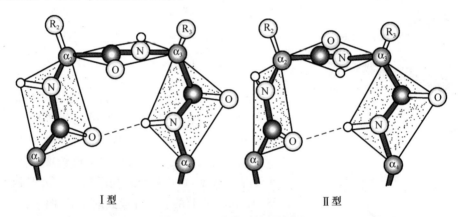

Ⅰ型　　　　　Ⅱ型

图 2-18　两种类型的 β-转角

（四）无规卷曲

在球蛋白分子中,除了上述三种二级结构单元外,其多肽链主链骨架中还存在一些无确定规律性的盘曲,称为**无规卷曲**(random coil)。无规卷曲中的大多数二面角都不相同,因此表现出多种构象,这有利于多肽链形成灵活的、具有特异生物学活性的球状蛋白分子结构。

三、 蛋白质的超二级结构和结构域

在蛋白质分子二级结构和三级结构之间还有一些结构层次,即超二级结构和结构域。

（一）超二级结构

超二级结构是指蛋白质结构中两个及以上二级结构单元按一定方式组合而成的聚合体。已知较为常见的超二级结构类型有 3 种:αα、ββ 和 βαβ。此类聚合体往往又是形成更高级结构的重要单元(图 2-19)。如钙结合蛋白分子中结合钙离子的中央环即由 α-螺旋-环-α-螺旋超二级结构构成;DNA 结合蛋白中结合锌的锌指结构也是类似超二级结构(图 2-19)。

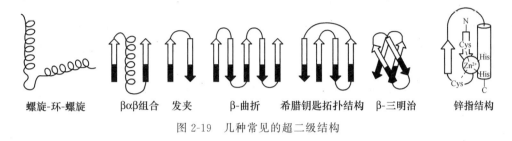

螺旋-环-螺旋　βαβ组合　发夹　β-曲折　希腊钥匙拓扑结构　β-三明治　锌指结构

图 2-19　几种常见的超二级结构

(二) 结构域

结构域是指包括超二级结构在内的、相对独立、组合紧密的特殊空间区域,是蛋白质分子三级结构中具备重要生物功能的结构单元(图 2-20)。结构域往往由 $100\sim200$ 个氨基酸残基组成。对小分子蛋白质而言,结构域偏小,组成简单,常称为**单结构域**(single domain),一般只有 40 个左右的氨基酸残基构成;较大的球蛋白分子常包含 2 个或 2 个以上的结构域,如免疫球蛋白分子包含 12 个结构域。

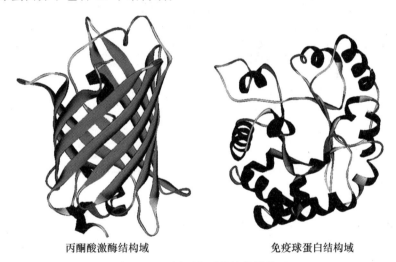

丙酮酸激酶结构域　　　　免疫球蛋白结构域

图 2-20　不同蛋白质的结构域模型

结构域间常由一段柔软的肽链松散地连接,使结构域能在较大范围内相对运动且结构域之间的区域常形成裂缝,可作为与其他分子结合的位点,以利于完成蛋白质的功能。

四、 蛋白质的三级结构

三级结构是指蛋白质单链结构中所有原子在三维空间中的分布,是建立在二级结构基础上的高级结构。它包括二级结构的所有组合构件和所有氨基酸 R 侧链基团的空间排布结构及相互关系。三级结构通常用来描述单链球状或近球状蛋白质以及寡蛋白分子内一个亚基的全部结构。

具有三级结构的蛋白质分子多数呈球形或近球形,其亲水性基团和功能性二级单元多位于分子表面,而疏水性螺旋等二级结构多位于分子内部,这种结构分布利于蛋白质的水溶性及其生物学功能的发挥。蛋白质三级结构的维持主要靠疏水作用力、氢键、离子键、范德华力等非共价键,尤其是氨基酸残基侧链基团间形成的疏水作用力发挥着重要作用。此外,在某些蛋白质中,二硫键、配位键也参与三级结构的维持。

肌红蛋白是一种氧结合蛋白,能结合氧分子并利于氧在肌肉中扩散。海洋哺乳类动物,如海豹、鲸的肌肉中肌红蛋白含量高达 8%,能贮存大量氧气,这是它们能够长时间进行潜水活动的原因。肌红蛋白分子是一条由 153 个氨基酸残基组成的单链蛋白,其三级结构中含有一个能结合氧分子的血红素辅基(图 2-21)。肽链骨架上共有 8 个长短不等的 α-螺旋结构(A、B、C、D、E、F、G、H 段),占氨基酸残基总量的 75%～80%。各 α-螺旋间的转弯连接处(AB、CD、EF、FG、GH)均由无规卷曲结构组成。因肌红蛋白分子 R 侧链基团相互作用,肽链盘绕呈紧密的扁球形,蛋白表面亲水,内部疏水。

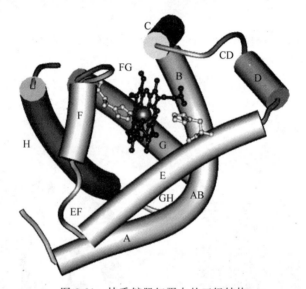

图 2-21　抹香鲸肌红蛋白的三级结构

在肌红蛋白分子表面有一个携带氧分子的功能区,即由 C、E、F、G 共 4 个 α-螺旋段构成的深陷的穴,含 Fe^{2+} 的血红素分子位于穴内。血红素的卟啉环通过共价键与螺旋肽段上的氨基酸 R 侧链相连,铁元素则通过配位键分别与卟啉环、氧分子以及 F、E 肽链上的组氨酸(His)相连。

◀◀ 知识卡片 2-1　维持蛋白质高级结构的作用力 ▶▶

维持蛋白质高级结构的作用力主要有氢键、离子键、配位键、疏水作用力、范德华力和二硫键等。

氢键(hydrogen bond)　氢原子在与一个原子形成共价键的同时,又与另一个强电负性原子形成一个弱的化学键。氢键键能(3～4kJ/mol)大大低于共价键(413kJ/mol),此键易形成,也易被破坏;氢键具有较强的方向性,当三个原子处于同一直线时键能最高。蛋白质的螺旋或折叠结构常形成大量氢键,它是维持蛋白质结构稳定的主要因素之一。

离子键（ionic bond）　是指正、负离子间的静电引力作用，键能 5.9kJ/mol，键力较强。主要参与蛋白质三、四级结构稳定性的维持。

　　疏水作用力（hydrophobic interaction）　在水环境中，非极性分子或基团因强烈排斥水分子而发生同类分子或基团之间的相互"吸引"，并由此形成一个无水的微环境，它是维持蛋白质三、四级结构的主要作用力之一。

　　范德华力（Vander Waals forces）　即物质间的能量引力。主要受原子间距离的影响，间距小于 0.3～0.4nm 时才存在。键能为 0.4～4kJ/mol。由于蛋白质三、四级结构中包含了大量原子和基团，所以范德华力也是维持蛋白质结构的重要因素之一。

　　配位键（coordination bond）　两个原子之间由单方面提供共用电子对形成的共价键。许多蛋白质含有某些金属离子，如 Fe^{2+}、Cu^{2+}、Mn^{2+}、Zn^{2+} 等，金属离子往往以配位键与蛋白质连接，参与蛋白质高级结构的形成与维持。

　　二硫键（disulfide bond）　在氧化条件下，多肽链内或不同链间的两个半胱氨酸残基的硫基（—SH）之间可形成二硫键。二硫键是很强的共价键，键能约为 125～418kJ/mol，对维持蛋白质高级结构的形成与稳定有重要作用。

五、 蛋白质的四级结构

　　大分子蛋白质常由多条肽链组成，每条肽链各具独立的三级结构。蛋白质的四级结构是指几条各具独立三级结构的肽链相互结集，并以特定的方式接触、排列形成更高层次的蛋白质空间构象。在蛋白质四级结构中，每个具有独立三级结构的肽链称为**亚基**（subunit）。由 2 个以上亚基组成的蛋白质一般称为寡聚蛋白或多亚基蛋白。寡聚蛋白的亚基可以是同种或不同种的亚基，不同种的亚基一般都用 α、β 命名，酶的调节与催化亚基多用 R、C 表示。主要作用力是疏水作用力，另外还有离子键、氢键和范德华力等。例如，血红蛋白分子就是由 2 个 141 个氨基酸残基组成的 α 亚基和 2 个 146 个氨基酸残基组成的 β 亚基，按特定的接触和排列组成的一个球状蛋白质分子，每个亚基中各有一个含亚铁离子的血红素辅基，4 个亚基间靠氢键和 8 个离子键来维系血红蛋白分子严密的空间构象（图 2-22）。

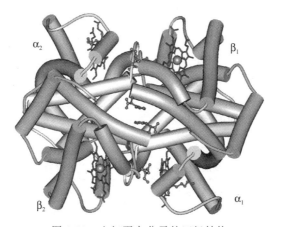

图 2-22　血红蛋白分子的四级结构

　　在具有四级结构的蛋白质分子中，亚基单独存在时不具有生物学活性。但并不是所有蛋白质分子都具有四级结构，大多数蛋白质只具有三级结构且有生物活性，只有分子更大的蛋白质才具有四级结构。

第五节　蛋白质结构与功能的关系

在生命活动过程中,不同的蛋白质执行不同的生物学功能。蛋白质的功能不仅与其一级结构有关,而且与其形成的空间结构也有直接关系。研究蛋白质结构与功能的关系,对阐明生命现象的本质、生命的起源以及解释相关分子病的机制等都有重要意义。本节中主要通过对一些典型例子的介绍来阐述蛋白质结构与功能的关系。

一、蛋白质一级结构与蛋白质功能的关系

蛋白质一级结构是其功能的基础,一级结构决定其生物学功能。如果蛋白质一级结构发生变化,其功能可能发生变化,甚至引起疾病。

(一)同功能蛋白质一级结构的种属保守性与分子进化

比较研究不同生物的同功能蛋白质的一级结构,不仅有利于对蛋白质一级结构与其功能关系的了解,还可以让我们发现对蛋白质活性重要的氨基酸,同时也为研究生物进化规律提供可靠依据。

同功能蛋白质(也称同源蛋白质)是指在不同生物体内执行相同或相似功能的一组蛋白质。蛋白质之间的氨基酸序列的相似性被称为同源性,其中在各种生物中组成、序列相对稳定的残基称为不变残基,它们往往决定蛋白质的功能;组成、序列有一定变动的残基称为可变残基,它们对蛋白质的功能没有决定作用,但可以提供进化的亲缘关系信息。体内有很多蛋白质的一级结构在不同物种间具有同源性,主要表现在一级结构中参与发挥蛋白质功能的一些 R 基团组合(称功能性基团)具有较强的同源性和一致性,但非功能性基团的组合、数量和种类往往是不同生物种类的差别性标记,并在分子水平上留下明显的生物进化的痕迹。

细胞色素 c(cytochrome c,Cyt c)是研究物种间同源性高低的一个典型例子,它是广泛存在于所有需氧生物中的一种单链蛋白质,主要承担呼吸链中电子传递的作用。高等动物的 Cyt c 一般由 104 个氨基酸组成,其中具有传递电子功能的活性中心是由血红素辅基以及与之相关的部分氨基酸组成。对不同生物细胞中 Cyt c 一级结构的对比研究发现,这些蛋白质活性中心的氨基酸残基组成与结构变化不大(表 2-2),具有遗传和进化上的保守性,因此不同物种生物细胞中 Cyt c 传递电子的功能基本没有改变,而对其功能影响很小的其他氨基酸则存在着明显的物种差异,即与人类亲缘关系越远的生物,其一级结构与人的差别越大。

表 2-2　细胞色素 c 的种属差异(与人的进行比较)

生物名称	残基差异数	生物名称	残基差异数
黑猩猩	0	骡	11
恒河猴	1	狗	10
兔	9	火鸡	13
袋鼠	10	响尾蛇	14

续表

生物名称	残基差异数	生物名称	残基差异数
鲸	10	乌龟	15
马	12	鱼	31
猪	10	蚕蛾	31

（二）一级结构改变与蛋白质前体激活

蛋白质一定的结构执行一定的功能。如果一级结构发生变化，其蛋白质的功能可能发生变化。机体中很多蛋白质是以无活性的前体形式产生和贮存的，当机体需要时，通过蛋白酶的水解，即对蛋白质的一级结构进行剪切使之转变为有活性的生物分子，这个过程称为蛋白质前体的激活。这些无活性的蛋白质前体常称为蛋白质原。

蛋白质前体激活在人和动物体内普遍存在，**胰岛素原**（proinsulin）激活转变为胰岛素的过程就是其中的一例。牛胰岛素原是由 A、B、C 三条肽链、共计 81 个氨基酸残基构成的单链蛋白质（图 2-23）。该胰岛素原分子本身没有生理活性，作为一种前体分子在特定组织细胞中合成、分泌及贮存。当生理需要时，经过蛋白酶的水解作用，切除 C 肽链，剩余 A、B 双链通过二硫键连接形成具有特定构象的胰岛素活性分子。

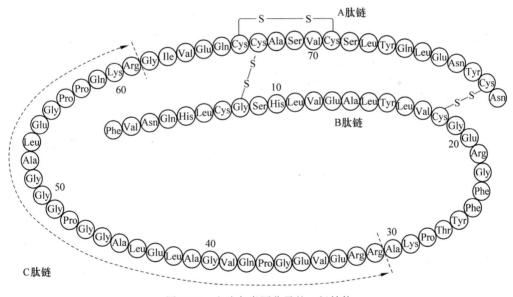

图 2-23　牛胰岛素原分子的一级结构

蛋白质前体激活是机体生理调控机制中的一种重要形式。如凝血酶原激活成凝血酶，胃蛋白酶原激活成胃蛋白酶等，都是在特定条件下，通过一定的酶切作用使无活性大分子前体转变为活性物质。前体分子激活的结果改变了蛋白质构象，使其成为有活性蛋白质应有的空间构象。近来的研究表明，蛋白质前体中被切除的肽段或氨基酸残基并非多余，它可能承担对无活性前体蛋白质的稳定保护作用，还可能具备帮助前体蛋白质由胞内转运至胞外的功能。

(三) 一级结构变异与分子病

由于基因突变而发生蛋白质中氨基酸替换或缺失,引发蛋白质生物学功能下降或丧失,并由此产生的疾病称为**分子病**(molecular disease)。如在非洲普遍流行的**镰刀型红细胞贫血症**(sickle cell anemia),就是由于血红蛋白分子一级结构的变异而引发的一种分子病。患者血红蛋白分子 β 亚基上第 6 位氨基酸由正常的 Glu 变为 Val(图 2-24),因为 Glu 的 R 侧链是带负电荷的亲水基团,而 Val 的 R 侧链是不带电荷的疏水基团,所以引起血红蛋白分子表面的电荷发生变化,导致蛋白质等电点改变、溶解度降低,并产生多分子的聚合体,使血红蛋白的载氧能力下降或丧失,同时使扁圆形红细胞变成镰刀形红细胞(sickle cell),细胞也变得脆弱而易于破裂(溶血),严重的可引起死亡(图 2-25)。

β-链: 1   2   3   4   5   6   7   8

Hb-A(正常):   Val-His-Leu-Thr-Pro-Glu-Glu-Lys

Hb-S(患者):   Val-His-Leu-Thr-Pro-Val-Glu-Lys

图 2-24   正常和异常血红蛋白分子 β 亚基 N 端一级结构的比较

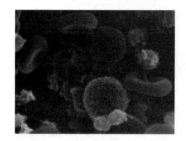

图 2-25   红细胞形态对比图(左:正常红细胞;右:镰刀型红细胞)

综上所述,蛋白质一级结构是其功能的基础。一级结构中,特定种类和位置的氨基酸,决定着蛋白质的特有功能;一级结构相似的多肽或蛋白质,其空间构象和功能也相似;相似的一级结构具有相似的功能,不同的结构具有不同的功能,即蛋白质一级结构决定其生物学功能。

◀◀ **思政元素卡片 2-1**   **吴宪与蛋白质变性理论**   ▶▶

吴宪(1893—1959 年),生物化学家、营养学家。早年留学海外,学成归国,是中国近代生物化学学科的开拓者和奠基人,在临床化学、气体与电解质的平衡、蛋白质化学、免疫化学、营养学以及氨基酸代谢六个领域的研究成果居当时国际领先地位。

吴宪发明血液分析系统方法(Folin-Wu method)后,毅然回国筹建北京协和医学院生物化学系,取得了蜚声国际的科研成果,并在 1929 年首次提出蛋白质变性学说。他认为天然蛋白质分子不是长的直链而是紧密的结构。这种结构是借肽键之外的其他键,将肽链的不同部分连接而成,所以易被物理和化学力破坏,即从有规则的折叠排列形式变成不规则及松散的形式。该学说对研究蛋白质大分子的高级结构有重要价值,开创了该领域研究的先河。

随着科学技术突飞猛进的发展，人类对蛋白质的认识取得了重大突破，虽然该理论已提出近百年，但是该理论在生物化学中依然光彩照人，它不仅具有重要的科学意义，而且激励后人勇攀科学高峰。

二、蛋白质高级结构与蛋白质功能的关系

蛋白质高级结构是其表现功能的形式，具有高级结构的蛋白质能表现出生物学功能。蛋白质一级结构是其空间结构的基础，在一级结构不发生改变的情况下，蛋白质高级空间结构是直接决定蛋白质功能的关键。

（一）一级结构是空间构象的基础

蛋白质一级结构决定其空间构象，即一级结构是高级结构形成的基础。氨基酸在多肽链上的排列顺序及种类构成蛋白质的一级结构，决定着高级结构的形成。很多蛋白质在合成后经过复杂加工而形成天然高级结构和构象，就其本质而言，高级结构的加工形成是以一级结构为依据和基础的。实际上很多蛋白质的一级结构并不是决定蛋白质空间构象的唯一因素。除一级结构、溶液环境外，大多数蛋白质的正确折叠还需要其他分子的帮助。这些参与新生肽折叠的分子，一类是分子伴侣，另一类是折叠酶（有关蛋白质加工折叠内容详见第 16 章）。

（二）蛋白质高级结构直接决定其功能

蛋白质高级结构可以直接决定其功能。现以肌红蛋白和血红蛋白结合氧的能力变化为例说明。**肌红蛋白**（myoglobin，Mb）具有三级结构，**血红蛋白**（hemoglobin，Hb）具有四级结构，但二者结合氧的能力截然不同。因为 Hb 是寡聚蛋白，具有变构效应。所谓**变构效应**（allosteric effect）是指在寡聚蛋白质分子中，一个亚基由于与其他分子结合而发生构象变化，并引起相邻其他亚基的构象和功能改变。变构效应是机体调节蛋白质或酶生物活性的一种方式（详见第三章酶第五节中的变构调节）。

血红蛋白（Hb）分子中的卟啉分子由 4 个吡咯环通过 4 个甲炔基连成一个环形平面，Fe^{2+} 位于环的正中。Fe^{2+} 有 6 个配位键，其中 4 个与吡咯环的 N 元素配位结合，1 个与平面一侧肽链上 His 的亚氨基的 N 配位连接，O_2 分子则与 Fe^{2+} 形成第 6 个配位结合点。因此每个 Hb 有 4 个结构相似的亚基，可以结合 4 个 O_2 分子。X 射线衍射研究结果表明，Hb 的每个亚基都含有 8 个 α-螺旋肽段，与血红素一起形成三级结构，与肌红蛋白（Mb）结构都很相似。整个 Hb 分子可折叠成紧密的近球状，疏水性氨基酸大多集聚于分子内部，亲水性基团分布于分子表面，使蛋白质具有较好的水溶性。

Hb 和 Mb 一样对 O_2 分子的结合具有可逆性，但结合的过程表现出不同的方式。以体液中 O_2 浓度对 Hb 的氧饱和度所做的氧合曲线表明，血红蛋白的氧合曲线为"S"型，而肌红蛋白则为"双曲线"型（图 2-26）。

图 2-26 表明单链结构的 Mb 易与 O_2 结合，在氧浓度较低情况下就可达到较高的氧饱和度，蛋白质与氧分子的亲和力高，结合的速度较快；而"S"型曲线表明，具有多个亚基结构的 Hb 与 O_2 的结合有一个变化过程，随着氧浓度的增加，Hb 的氧饱和度先缓慢上升、后急速增加，在高氧浓度条件下，Hb 的氧饱和度增速下降，同时达到较高的氧饱和度水平。

Hb 的分子结构表明，脱氧型分子的紧密度远高于氧合型分子，所以前者与氧的亲和力

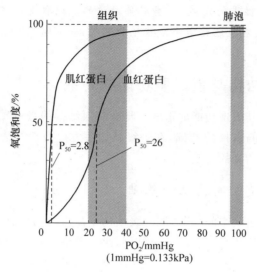

图 2-26　血红蛋白与肌红蛋白的氧合曲线

高于后者。但两种类型的分子构象可以相互转换。在氧合过程中,Hb 分子中的 α 亚基对氧的亲和力高于 β 亚基,可首先与氧结合。当一个 α 亚基与氧结合后,其三级结构发生改变,通过亚基间次级键的诱导作用,使相邻的 β 亚基也发生构象改变,消除了 β 亚基上氧结合部位的空间位阻效应,使其与氧分子的亲和力迅速上升,引发第 2 个亚基与氧结合;之后第 3、第 4 个氧分子依次结合,完成全部的氧合过程。Hb 分子的脱氧过程正好相反,其中一个 β 亚基首先脱氧,之后可诱导第 2、3、4 个亚基依次快速脱氧。

　　血红蛋白分子内各亚基间有多组离子键相连,这是产生亚基间相互诱导作用的主要因素。氧合以后 Hb 三、四级结构的重要变化之一,就是分步切断各亚基间的大部分离子键,使亚基结构由紧密变为松散,由此增加与氧的亲和力。

　　Hb 与氧结合的 S 型曲线具有重要的生理意义。在氧分压高的肺部,无氧血红蛋白与氧的结合可以快速地接近饱和;在氧分压低的外周组织细胞,氧合型血红蛋白比肌红蛋白释放更多的氧,以满足肌肉运动对氧的需求。由此可见,血红蛋白比肌红蛋白更适合运输氧分子。

(三)蛋白质构象改变与疾病的发生

　　在一级结构不变的情况下,某些蛋白质空间构象的变化可以引发其功能的改变,从而导致疾病的发生,这种现象称为**蛋白质构象病**(protein conformational disease)。目前已确认的该类疾病有:人纹状体脊髓变性病、老年性痴呆、**亨廷顿病**(Huntington disease)、**牛海绵状脑病**(bovine spongiform encephalopathy,BSE,又称疯牛病)以及各种蛋白质淀粉样沉积病等。

　　疯牛病是一种典型的蛋白质构象病。该病由一种**朊病毒蛋白**(prion protein,PrP)粒子引起牛或其他动物中枢神经系统发生退行性病变,患牛表现出神经错乱、痴呆等症状,患病后不久即死亡。朊蛋白原本是动物体中一种正常染色体编码的蛋白质分子,在特定条件下,其高级结构中的 α-螺旋转变成 β-折叠,进而改变了蛋白质分子正常的空间结构,使功能正常的 PrPC 分子变成功能异常的 PrPSc 分子(图 2-27)。PrPSc 分子可以聚合成具有较强传染性的病毒粒子,称为**朊病毒**(prion)。PrPSc 分子具有特殊的性质,如抗热性强、抗蛋白酶分解、抗酸碱分解、无免疫原性和诱导正常朊蛋白分子空间结构变异等。

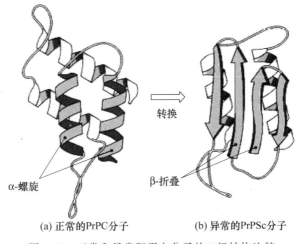

α-螺旋　　　　　　　　β-折叠

(a) 正常的PrPC分子　　　　　(b) 异常的PrPSc分子

图 2-27　正常和异常朊蛋白分子的二级结构比较

◀◀ 知识卡片 2-2　　　朊病毒研究起源与发展　　　▶▶

◀◀ 思政元素卡片 2-2　中国成功合成人工牛胰岛素　▶▶

　　1958 年年底,我国启动人工合成胰岛素项目。参加该项目的科研人员来自中国科学院生物化学研究所和中国科学院上海有机化学研究所,以及北京大学、复旦大学等单位。经过长期反复的试验摸索,确定了全胰岛素的合成路线,即采用先分别合成 A、B 两个肽链,然后进行组合合成的路线。彼时正逢国家经济困难时期,合成工作困难重重。1965 年 9 月,在中国众多科学家的协作努力下,中国成功人工合成牛胰岛素。

　　人工合成牛胰岛素是世界上第一次人工合成的与天然胰岛素分子化学结构相同并具有完整生物活性的蛋白质。该成果是居世界领先水平的重大原创科技成果,标志着人类在探索生命奥秘的征途中实现了里程碑式的飞跃,被誉为我国科学前沿研究的典范。该成果是前辈科学家精诚协作、艰苦奋斗的结果,说明我国完全有能力走在世界科技创新前沿。

第六节　蛋白质的理化性质

　　蛋白质是由各种氨基酸组成的生物大分子,其一些理化性质与氨基酸相似,如两性解离、等电点、呈色反应等。但有些则不同,如相对分子质量较大,有胶体性质,还能发生沉淀、变性等。这些性质可用于蛋白质的分离纯化。由于科学研究、生产和生活的需要,蛋白质特别是纯蛋白质的需求日益增加,特别在酶工程和医药领域。因此,高效、大规模、低成本获取蛋白质产品尤为重要。

一、 蛋白质的两性解离、等电点和电泳

蛋白质分子中除两端的游离氨基和羧基外,其侧链中还含有一些解离基团,如谷氨酸、天门冬氨酸残基中的 γ-羧基和 β-羧基,赖氨酸残基中的 ε-氨基,精氨酸残基的胍基和组氨酸的咪唑基等。带电颗粒的蛋白质可在电场中移动,移动方向取决于蛋白质分子所带的电荷。蛋白质颗粒在溶液中所带的电荷,既取决于其分子组成中碱性氨基酸和酸性氨基酸的含量,又受其所处溶液 pH 的影响。当溶液处于某一 pH 时,蛋白质游离成正、负离子的趋势相等,即成为**兼性离子**(zwitterion),净电荷为零,此时溶液的 pH 即为该蛋白质的**等电点**(isoelectric point,pI)。处于等电点的蛋白质颗粒在电场中并不移动。溶液 pH 大于其等电点时,该蛋白质颗粒带负电荷,电场中向正极移动;反之则带正电荷,向负极移动。各种蛋白质分子由于所含碱性氨基酸和酸性氨基酸的数目不同,因而不同蛋白质的等电点也就不同(表 2-3)。

表 2-3 不同蛋白质的等电点

蛋白质	等电点(pI)	蛋白质	等电点(pI)
丝纤维蛋白	2.00~2.40	乳球蛋白	4.50~5.50
酪蛋白	4.60	胰岛素	5.30~5.35
白明胶	4.80~4.85	血清球蛋白	5.40~5.50
血清蛋白	4.88	血红蛋白	6.79~6.83
卵清蛋白	4.84~4.90	鱼精蛋白	12.0~12.4

在直流电场中,带电粒子向着与其所带电荷相反的电极方向移动的现象,称为**电泳**(electrophoresis)。在一定的电泳条件下,不同蛋白质因所带的电荷数量、分子大小和形状都不同,一般有不同的迁移率。因此,可以利用电泳技术将多种蛋白质的混合物加以分离,并进一步检测、分析。在蛋白质化学中,常用的电泳方法有乙酸纤维薄膜电泳、聚丙烯酰胺凝胶电泳、等电聚焦电泳和高效毛细管电泳等。

二、 蛋白质的胶体性质

蛋白质是生物大分子,蛋白质溶液是稳定的胶体溶液,具有胶体溶液的特征,如扩散慢、黏度大、不能透过半透膜等。蛋白质之所以能以稳定的胶体存在主要是由于:①蛋白质分子大小已达到胶体质点范围(颗粒直径为 1~100nm),具有较大的表面积。②蛋白质分子表面有许多极性基团,这些基团与水分子有高度的亲和性,很容易吸附水分子。实验证明,每 1g 蛋白质大约可结合 0.3~0.5g 的水,从而使蛋白质颗粒外面形成一层水膜。水膜的存在使蛋白质颗粒彼此不能靠近,增加了溶液的稳定性,阻碍了蛋白质胶体从溶液中聚集、沉淀出来。③蛋白质分子在非等电状态时带有同种电荷,即在酸性溶液中带正电荷,在碱性溶液中带负电荷。同性电荷互相排斥,致使蛋白质颗粒互相排斥,不会聚集沉淀。

蛋白质的胶体性质具有重要生理意义。在生物体中,蛋白质与大量水分子结合形成各种流动性不同的胶体系统,如细胞的原生质就是一个复杂的胶体系统。生命活动的许多代谢反应都在此系统中进行。

三、 蛋白质的沉淀

由于受某些理化因素的影响,蛋白质分子凝聚从溶液中析出的现象称为蛋白质的**沉淀**

(precipitation)，其实质是这些理化因素破坏了维持蛋白质溶液稳定的水膜或电荷。沉淀蛋白质的方法有：盐溶和盐析法、重金属盐沉淀法、生物碱试剂以及某些酸类沉淀法、有机溶剂沉淀法和加热变性法。

（一）盐溶和盐析法

盐溶是指低浓度中性盐增加蛋白质溶解度的现象，当少量低浓度中性盐加入蛋白质溶液时，吸附在蛋白质表面，增加带电层使蛋白质分子彼此排斥。球蛋白溶液在透析过程中往往沉淀析出，这就是因为透析除去了盐类离子，使蛋白质分子之间的相互吸引增加，引起蛋白质分子的凝集并沉淀。

盐析（salting out）是指高浓度中性盐使蛋白质从水溶液中析出沉淀的现象。当盐浓度升高时，蛋白质的溶解度不同程度下降并先后析出。常用的中性盐有硫酸铵、硫酸钠、氯化钠等。各种蛋白质盐析时所需的盐浓度及 pH 不同，因此可用于混合蛋白质组分的分离。如用半饱和的硫酸铵可沉淀血清中的球蛋白，用饱和的硫酸铵可沉淀血清中的白蛋白、球蛋白。

（二）重金属盐沉淀法

蛋白质可与重金属离子如汞、铅、铜、银等结合形成难溶的蛋白质重金属盐，易从溶液中沉淀下来。沉淀的条件以 pH 稍大于蛋白质等电点为宜，这是因为此时蛋白质分子带有较多的负离子易与重金属离子结合。重金属沉淀的蛋白质常是变性的，但若在低温条件下，并控制重金属的离子浓度，也可制备出不变性的蛋白质。

临床上常用蛋白质能与重金属盐结合的这种性质抢救误服重金属盐中毒的病人，通过给病人口服大量蛋白质，然后用催吐剂使病人将结合的重金属盐呕吐出来，从而达到解毒的目的。

（三）生物碱试剂以及某些酸类沉淀法

蛋白质又可与生物碱试剂（如苦味酸、钨酸、鞣酸等）以及某些酸（如三氯乙酸、过氯酸、硝酸等）结合成不溶性的盐沉淀，沉淀的条件是 pH 小于等电点，这时蛋白质带正电荷易于与酸根负离子结合成盐。临床上常用该法除去血液中的蛋白质以及检验尿中的蛋白质。

（四）有机溶剂沉淀法

高浓度的乙醇、甲醇、丙酮等有机溶剂能破坏蛋白质分子表面的水化膜，在等电点时使蛋白质沉淀。在常温下，有机溶剂沉淀蛋白质往往引起蛋白变性。不同蛋白质沉淀所需的有机溶剂浓度一般是不同的，因此该法可用于蛋白质的分离。

（五）加热变性沉淀法

将接近于等电点附近的蛋白质溶液加热，可使蛋白质发生**凝固**（coagulation）而沉淀。加热能够引起蛋白质变性，使规则的肽链结构变为不规则的松散状结构，分子的不对称性增加，疏水基团暴露，进而凝聚成凝胶状的蛋白块。如煮熟的鸡蛋中，蛋黄和蛋清都呈凝固状态。

蛋白质的变性、沉淀和凝固三者之间有着密切的关系。蛋白质变性后不一定沉淀，变性蛋白质只在等电点附近才容易沉淀,沉淀的变性蛋白也不一定凝固。例如,蛋白质被强酸、强碱变性后由于蛋白质颗粒带有大量电荷,故仍溶于强酸或强碱之中。但若将强碱和强酸溶液的 pH 调节至等电点处,则变性蛋白质凝集成絮状沉淀物,若将此絮状物加热,则分子间相互盘缠而变成较为坚固的凝块。

四、 蛋白质的变性与复性

(一) 变性的概念与变性表现

蛋白质在某些物理和化学因素作用下,其特定的空间构象被改变,从而导致其理化性质和生物活性的改变,但蛋白质一级结构完整,这种现象称为蛋白质的**变性**(denaturation)。蛋白质变性后的表现主要有:①生物活性丧失。这是蛋白质变性的主要特征。有时蛋白质的空间结构只要轻微变化即可引起生物活性的丧失。如酶失去催化活性,激素丧失生理调节作用,抗原与抗体的特异性结合功能丧失,血红蛋白的载氧能力下降等。②某些理化性质改变。如溶解度降低而产生蛋白质沉淀,这是因为有些原来在分子内部的疏水基团由于结构松散而暴露出来;分子的不对称性增加,因此黏度增加,扩散系数降低;易被蛋白酶水解等。

(二) 变性因素与变性机制

引起蛋白质变性的因素很多:有物理因素引起的变性,如高温(60℃以上)、强紫外线、超声波、高压、强机械搅拌(剪切力)、振荡等;有化学因素引起的变性,如强酸、强碱、有机溶剂、重金属盐、各类蛋白变性剂(如三氯乙酸、苦味酸、去污剂 SDS)等。变性的机制在于变性因素导致维持蛋白质高级结构中共价的二硫键和各种次级键(如氢键、疏水键、离子键等)的断裂,引起主链空间结构松散,部分疏水性基团暴露,破坏了蛋白分子外层的水化膜,增加了蛋白分子间的相互碰撞而形成大的分子团沉淀。

(三) 蛋白质的复性及影响因素

一般而言,变性后的蛋白质难以再恢复原有的空间结构,生物功能也无法恢复。但仍有部分蛋白质在去除变性因素或加入复性剂等条件下,可以恢复原来的天然构象,并恢复全部的生物活性,这种现象称为蛋白质的**复性**(renaturation)。能够复性的蛋白质变性称为可逆变性,实践中大多数蛋白质根本无法复性,称为不可逆复性。热变性的蛋白质通常很难复性。

(四) 核糖核酸酶的复性实验

核糖核酸酶 A 是由 124 个氨基酸组成的一条多肽链,含有 4 对二硫键,空间构象为球状分子。将天然核糖核酸酶在 8mol/L 尿素(变性剂)中用 β-巯基乙醇(还原剂)处理,其分子内的 4 对二硫键断裂,分子变成一条松散的肽链,此时酶活性完全丧失。但用透析法除去 β-巯基乙醇和尿素后,该酶分子会被氧化又自发折叠成原有的天然构象,同时酶活性也得以恢复(图 2-28)。该实验表明,核糖核酸酶的空间结构决定其生物活性,若空间结构被破坏,其活性随之丧失,而空间结构一旦恢复,其活性也随之恢复;但保留核糖核酸酶的一级结构,是其可能恢复正确空间结构的关键条件之一。

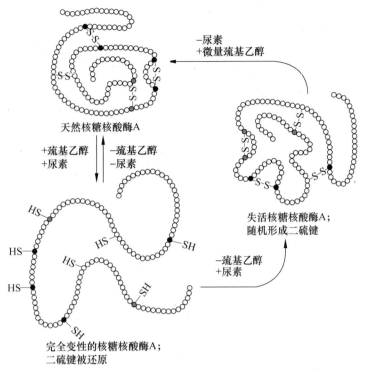

图 2-28　核糖核酸酶 A 的变性与复性

五、 蛋白质的显色反应

在蛋白质分析工作中,常利用蛋白质分子中游离的氨基、羧基、肽键以及一些氨基酸的侧链基团能与某些化学试剂反应产生有色物质的性质,进行蛋白定性和定量测定。常见的显色反应有以下 7 种。

(一) 茚三酮反应

α-氨基酸与茚三酮反应时,产生蓝色物质,由于蛋白质是由许多 α-氨基酸组成的,所以蛋白质也呈现此颜色反应,该反应称为**茚三酮反应**(ninhydrin reaction)。

(二) 双缩脲反应

蛋白质在碱性溶液中与硫酸铜作用呈现紫红色,该反应称为**双缩脲反应**(biuret reaction)。凡是分子中含有两个以上—CO—NH—键的化合物都有此反应。蛋白质分子中的氨基酸以肽键相连,因此所有蛋白质都能与双缩脲试剂发生反应。

(三) 米伦反应

蛋白质溶液中加入米伦试剂(亚硝酸汞、硝酸汞及硝酸的混合液)后,蛋白质首先沉淀,加热则变为红色沉淀。此为酪氨酸的酚基所特有的反应,因此含有酪氨酸残基的蛋白质均呈**米伦反应**(Millon reaction)。

(四) 蛋白质黄色反应

含有芳香族氨基酸(如酪氨酸、色氨酸等)的蛋白质可与浓硝酸发生黄色反应,其原理是苯环被硝酸硝化,产生黄色的硝基苯衍生物。反应过程为先产生白色沉淀,加热后变为黄色沉淀,如果再加入碱,颜色加深呈橙黄色。头发、指甲等可发生此反应。

(五) 与考马斯亮蓝反应

蛋白质可以与染料——考马斯亮蓝 G-250 结合,染料在酸性溶液中与蛋白质结合,溶液的颜色由棕黑色变为蓝色,其最大吸收峰(λ_{max})位置在 590nm,形成的复合物颜色的深浅与蛋白浓度的高低成正比关系。因此,通过测定染料的蓝色离子态可以定量测定蛋白质,通常测定 595nm 下的吸光度。这一测定方法是 Bradford 1976 年建立的,因此也称为 Bradford 法。

(六) 与 Folin-酚试剂结合

蛋白质分子一般都含有酪氨酸,而酪氨酸中的酚基能将 Folin 试剂中的磷钼酸及磷钨酸还原成蓝色化合物。深浅与蛋白质的含量成正比,可用比色法测定。Folin-酚试剂法最早由 Lowry 确定,因此也称为 Lowry 法。

(七) 与 BCA(bicinchoninic acid,双金鸡纳酸)反应

蛋白质与 BCA 试剂反应原理是在碱性条件下将 Cu^{2+} 还原为 Cu^+,BCA 螯合 Cu^+ 作为显色剂,产生蓝紫色并在 562nm 有吸收峰,单价 Cu^+ 与蛋白质呈剂量相关性。因此,可以根据待测蛋白在 562nm 处的吸光度计算待测蛋白浓度。

六、 蛋白质紫外吸收

蛋白质不能吸收可见光,但可以吸收一定波长的紫外光。这一特点主要与蛋白质分子含有芳香族氨基酸残基有关。Trp、Tyr、Phe 的紫外吸收波长各不相同,但集合在蛋白质分子中会产生综合效应,即一般蛋白质在 280nm 处有强吸收峰,利用这一特性可测定蛋白质溶液中的蛋白质含量。

◀◀ 知识卡片 2-3　　　　　　蛋白质组与蛋白质组学　　　　　　▶▶

蛋白质组(proteome)是 1994 年 Williams 和 Wilkins 首先提出的,是指在某一特定的发育时期、生理状态与环境条件下,生物组织或细胞全套基因组(genome)所表达产生的全部蛋白质。蛋白质组研究是对基因组研究的重要补充,研究的目的是识别及鉴定一个基因组,一个细胞或组织所表达的全部蛋白质以及它们的表达模式。目前主要的研究技术为双向凝胶电泳、"双向"高效柱层析、质谱技术和生物信息学。

蛋白质组学(proteomics)是指根据蛋白质种类、数量、局部存在的时间和空间上的变化来研究表达于细胞、组织及个体中的全部蛋白质,并从其结构和功能的角度综合分析生命

活动的一门科学。蛋白质组学主要有四个研究层次,分别为**表达蛋白质组学**(expression proteomics)、**结构蛋白质组学**(structural proteomics)、**功能蛋白质组学**(functional protemics)和**细胞图谱蛋白质组学**(cell-map proteomics)。分析构成蛋白质组蛋白质的种类和数量,并以此来探讨细胞、组织、个体或特定状态特征的领域被称为"表达蛋白质组学";通过分析蛋白质组中构成蛋白质间相互作用及细胞内功能单位,解析蛋白质组与细胞功能之间的相关性的领域被称为"功能蛋白质组学"。

1997 年 Cordwell 和 Humphery-Smith 提出了功能蛋白质组概念,同年组建了第一个完整的蛋白质组数据库——酵母蛋白质数据库(YPD),并举办了第一次国际"蛋白质组学"会议。

蛋白质既是基因信息的表达者,也是基因功能的执行者。正常与病理状态的组织细胞中蛋白质组的差异,是基因特征性改变和生理过程机制最直接的表现,为蛋白质组学应用开创了新思路。

如肿瘤细胞特征性蛋白质标记、基因表达蛋白质的多态性指数、功能连锁性蛋白质的动态性迁移和分布特性等,可以通过蛋白质组学技术提供精确数据信息,并用于组织细胞癌变诊断和疾病预测。

在已建立人类心脏组织蛋白质联合二维电泳数据库中,几百种心脏特征性蛋白质已得到鉴定确认。蛋白质组研究将揭开各类心脏功能障碍的发病机制和病变规律的奥秘。

部分微生物全套基因组和对应蛋白质组信息库的建立,能够帮助寻找微生物特征性蛋白质标记并鉴定多态性表达特征,将为感染诊断和疫苗制备提供精准信息。

治疗疾病的药物多以蛋白质作为靶标,蛋白质组研究能够提供引发病理作用最强的蛋白质种类、数量与移动分布等生物信息,是研究药物对一般性蛋白、功能性连锁正常蛋白的毒性作用,以及对靶标蛋白的特异作用的重要技术。

蛋白质组研究的开展不仅是生命科学研究进入后基因组时代的里程碑,也是后基因组时代生命科学研究的核心内容之一。

本章小结

蛋白质 是由氨基酸通过肽键相连形成的高分子含氮化合物,主要组成元素有 C、H、O、N 和 S。具有重要生物学功能,如作为生物催化剂、具有代谢调节作用、免疫保护作用、物质的转运和存储、运动与支持作用、参与细胞间信息传递、营养功能、生物膜的主要组成成分、参与遗传活动。

氨基酸(又称构建分子) 是蛋白质的基本结构单位,有 D 型和 L 型两种构型,蛋白质中均为 L 型。氨基(—NH_2)都在 α-碳原子上,α-碳原子上还有一个氢原子和一个侧链(称 R 侧链或 R 基团),不同氨基酸之间的区别在于 R 基团。

氨基酸的分类 根据氨基酸的 R 侧链结构的不同,氨基酸分为非极性氨基酸、不带电荷极性氨基酸、带电荷极性氨基酸。

氨基酸的等电点(pI) 氨基酸具有两性解离的性质,当溶液在某一特定的 pH,某种氨基酸呈电中性(正、负电荷数相等,净电荷为零),此时溶液的 pH 称为该氨基酸的等电点。

蛋白质一级结构 蛋白质分子从 N-端至 C-端的氨基酸排列顺序,是蛋白质的结构基础，也是各种蛋白质的区别所在，主要化学键是肽键，有些蛋白质还包括二硫键。

蛋白质二级结构　蛋白质分子中某一段肽链主链骨架原子的相对空间位置，不包括 R 侧链的构象。某些肽段可以借助氢键形成有规则的构象，如 α-螺旋、β-折叠和 β-转角，另一些肽段则形成不规则的构象，如无规卷曲。主要化学键是氢键。

蛋白质的三级机构（天然构象或生物活性的构象）　指多肽链中所有原子和基团在三维空间中的排布位置，稳定主要靠非共价键，其中氨基酸残基侧链的疏水作用力很重要，此外还有离子键、二硫键等。

结构域　是在超二级结构的基础上形成的具有一定功能的结构单位，分子量大的蛋白质常常存在的一些紧密的、相对独立的区域。

亚基　在蛋白质四级结构中，每个各具独立三级结构的肽链称为亚基。

蛋白质四级结构　蛋白质分子中各亚基的空间排布及亚基接触部位的布局和相互作用。主要作用力是疏水作用力，另外还有离子键、氢键和范德华力等。

同功能蛋白质（也称同源蛋白质）　是指在不同生物体内执行相同或相似功能的一组蛋白质。蛋白质之间的氨基酸序列的相似性被称为同源性，其中在各种生物中组成、序列相对稳定的残基称为不变残基，往往决定蛋白质的功能。

蛋白质结构决定其生物学功能　蛋白质的一级结构是其功能的基础，一级结构决定其生物学功能。如果蛋白质一级结构发生变化，其功能可能发生变化，甚至引起疾病。不同生物来源的同种功能的蛋白质在一级结构上可能有所差异，多数蛋白质行使其功能的一个必要条件就是需要形成特定的空间结构。蛋白质高级结构是其表现功能的形式，只有具有高级结构的蛋白质才能表现出生物学功能。在一级结构不发生改变的情况下，蛋白质高级空间结构是直接决定蛋白质功能的关键。

分子病　是指由于基因突变而发生蛋白质中氨基酸替换或缺失，引发蛋白质生物学功能下降或丧失而产生的疾病。

变构效应　是指在寡聚蛋白质分子中，一个亚基由于与其他分子结合而发生构象变化，并引起相邻其他亚基的构象和功能改变。

蛋白质构象病　是指在一级结构不变的情况下，某些蛋白质空间构象的变化可以引发其功能的改变，从而导致疾病的发生。疯牛病是一种典型的蛋白质构象病。

蛋白质的沉淀　是指因受某些理化因素的影响，维持蛋白质溶液稳定的水膜或电荷受到影响，使蛋白质分子凝聚从溶液中析出的现象。沉淀蛋白质的方法有：盐溶和盐析法、重金属盐沉淀法、生物碱试剂以及某些酸类沉淀法、有机溶剂沉淀法和加热变性法。

蛋白质的变性　是指蛋白质在某些物理和化学因素作用下，其特定的空间构象被改变，从而导致其理化性质和生物活性的改变，但蛋白质一级结构完整。

蛋白质的复性　是指部分蛋白质在去除变性因素或加入复性剂等条件下，可以恢复原来的天然构象，并恢复全部的生物活性，这种现象称为复性。多数变性后的蛋白质难以再恢复原有的空间结构，生物功能也无法恢复。

蛋白质的含量测定　测定蛋白质的含量，除了蛋白质颜色反应中所述的双缩脲法，常用的还有紫外吸收法、考马斯亮蓝染色法、凯氏定氮法、Folin-酚试剂法和 BCA 法。

蛋白质的显色反应　在蛋白质分析工作中，常利用蛋白质分子中游离的氨基、羧基、肽键以及一些氨基酸的侧链基团能与某些化学试剂反应产生有色物质的性质，进行蛋白定性和定量测定。常见的显色反应主要有茚三酮反应、双缩脲反应和米伦反应等。

复习思考题

1. 根据 20 种天然氨基酸侧链基团的性质对氨基酸进行分类。
2. 肽键有何特点？它对蛋白质构象的形成有何影响？
3. 举例说明蛋白质的结构层次。
4. 论述蛋白质一级结构与其功能的关系，并举例说明。
5. 什么是蛋白质的变性与复性？
6. 简述蛋白质的主要理化性质。
7. 以血红蛋白为例，论述蛋白质结构与功能的关系。

第三章 酶

本章导读

　　酶是活细胞产生的一类具有催化功能的生物大分子,也称为生物催化剂。机体生化代谢就是通过酶促反应来实现的。本章从酶的概念入手、以酶的组成和结构为基础,阐明了酶的作用机制、酶的结构与功能的关系;详细说明了酶促反应动力学及其影响因素。本章内容为了解机体代谢调控和酶学应用奠定了良好基础。通过本章学习要弄明白以下几个问题:①酶的分类依据及命名方式有哪些? ②酶具有哪些一般催化剂不具备的特点? ③酶的活性中心组成包括哪些? ④酶催化反应高效性的机制是什么? ⑤酶催化反应受哪些因素的影响? 有何应用价值? ⑥机体的酶促反应的调控方式有哪些?

　　动物机体的新陈代谢由一系列有序的生物化学反应组成,是生命活动的基本特征。机体内一类具有强大催化作用的生物大分子——酶(enzyme),能够保证代谢反应迅速、有条不紊地进行,物质代谢与正常的生理机能才能互相适应。若因遗传缺陷造成某个酶缺损,或其他原因造成酶的活性减弱,均可导致该酶催化的反应异常,使物质代谢紊乱,甚至发生疾病。因此酶在生物体内占有极其重要的地位。研究和了解酶的化学性质和作用机制,有助于了解生命活动的规律,对指导有关的工农业生产、畜牧兽医及医学实践有重要意义。

第一节 概 述

◀◀ 知识卡片3-1　　　　酶的发展简史　　　　▶▶

一、酶的概念

酶是由生物活细胞产生的具有催化能力的一类大分子物质。机体内生化代谢反应几乎都是由酶催化的。现在已知酶的化学本质是蛋白质和核酸,除了少数具有催化活性的RNA 和 DNA(即核酶)外,其他所有的酶都是以蛋白质为主要成分的。

◄◄　思政元素卡片 3-1　　　　　　核酶的发现　　　　　　　►►

1982 年,美国科学家 Thomas Robert Cech 及其同事发现了 ribozyme,中文译名为"核酶",即具有催化活性的核糖核酸(RNA),打破了"酶的化学本质是蛋白质"的传统观念。此项发现获得了 1989 年诺贝尔化学奖。核酶的发现充分体现了否定之否定规律,人类的认识也是在否定之否定中螺旋式上升的。

2018 年我国科学家雷鸣率领的团队积极探索,揭示了酵母核酶 P(RNase P)的结构,为阐明 tRNA 前体 5′端加工机制做出了贡献,该成果是国际核酶及 RNA 结构研究领域的重大突破。

二、酶催化作用的特点

酶催化的反应为酶促反应,催化的反应物称为酶的**底物**(substrate,S),反应后的产生物称为**产物**(product,P)。酶具有与一般催化剂相同的催化性质,如只能催化热力学上允许的化学反应;加快反应速率,而不改变平衡点;在化学反应的前后酶本身没有变化;本质是通过降低反应的**活化能**(activation energy)来加快反应速度。作为生物催化剂,酶又有一般催化剂没有的催化特征:

(一) 高度的专一性

一种酶只作用于一类底物或一定的化学键,并生成一定的产物,这种现象称为酶的**专一性**(specificity)或特异性。酶的专一性主要有以下三种类型:

1. 绝对专一性(absolute specificity)

绝对专一性是指酶高度的底物专一性和高度的反应专一性。例如,**脲酶**(urease)只能催化尿素的水解反应,对尿素的衍生物如甲基尿素或尿素的其他反应则毫无作用。

2. 相对专一性(relative specificity)

与绝对专一性相比,相对专一性的专一程度要低一些。相对专一性又可分为键专一性和基团专一性。例如,脂肪酶催化酯类分子中的酯键发生水解反应,对酯键两端的基团没有严格要求,这就是键专一性。又例如各种蛋白酶虽然都能水解肽键,表现为键专一性,但对该键一端的基团有严格的要求,而对该键另一端的基团则要求不严格,这就是基团专一性(图 3-1)。

3. 立体异构专一性(stereo specificity)

几乎所有酶对于立体异构体都具有高度的专一性,即酶只能催化一种立体异构体发生某一种化学反应,而对另一种立体异构体无催化作用。例如,D-氨基酸氧化酶只能催化D-氨基酸发生氧化脱氨反应,对 L-氨基酸则无催化作用。

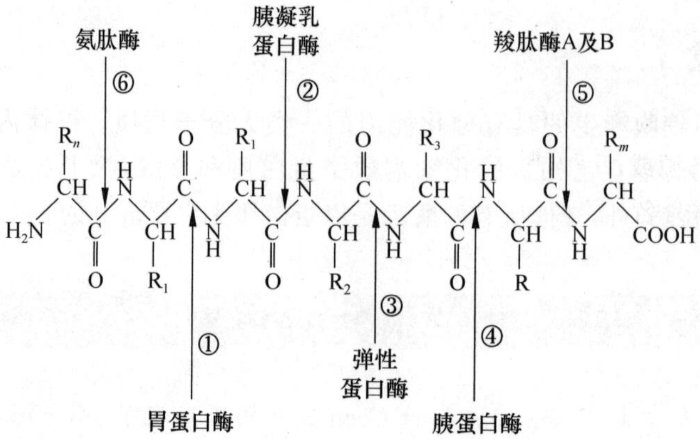

R_1：芳香族氨基酸及其他疏水氨基酸；R_2：丙氨酸、甘氨酸、丝氨酸等短链脂肪酸氨基酸；R_3：碱性氨基酸；

R_m：芳香族氨基酸；R_n：碱性氨基酸；①～⑥为不同蛋白酶作用部位。

图 3-1　消化道内几种蛋白酶的专一性

（二）催化效率高

一般地说，酶的催化效率通常比非催化反应要高 $10^8 \sim 10^{20}$ 倍，比无机催化剂催化的反应要高 $10^6 \sim 10^{13}$ 倍。如 1mol 过氧化氢酶在 1min 内能够催化 5×10^6 mol 的过氧化氢分解，同样条件下，1mol 无机催化剂亚铁离子（Fe^{2+}）只能催化 6×10^{-4} mol 的过氧化氢水解，过氧化氢酶催化效率是无机催化剂的 10^{10} 倍。

（三）反应条件温和

化学催化剂通常需要剧烈的反应条件，如高温、高压、强酸、强碱等；而绝大多数酶的化学本质是蛋白质，容易失活，因此酶促反应一般是在常温、常压、中性 pH 等温和的反应条件下进行。

（四）体内酶活性受到严格调控

酶是生物体的组成成分，和体内其他物质一样，在体内不断进行新陈代谢，酶的催化活性也受到多方面调控。例如，酶合成的诱导和阻遏、酶的化学修饰、代谢物对酶的反馈调节、酶的别构调节以及神经体液因素的调节等。这些调控保证了酶在体内代谢途径中发挥正常的催化作用，使生命活动中的各种化学反应都能够有条不紊、协调一致地进行。

（五）有些酶的活性与辅助因子有关

有些酶是结合蛋白质，由酶蛋白和非蛋白小分子物质组成，后者称为辅助因子，若将它们除去，酶就失去活性。

第二节　酶的命名和分类

一、酶的命名

（一）习惯命名法

习惯命名法通常以酶催化的底物加反应的类型，有时还要加上酶的来源，最后标以酶字即可。如催化乳酸脱氢反应的酶叫乳酸脱氢酶；催化磷酸丙糖发生异构反应的酶叫磷酸丙糖异构酶等。但是水解酶类一般仅用底物名称即可，如蛋白酶为催化蛋白水解的酶，淀粉酶为催化淀粉水解的酶，在名称上省去水解二字。有时为了区别同一类酶，还可以在酶的名称前面标上来源或酶的特性，例如，胃蛋白酶、胰蛋白酶、木瓜蛋白酶、酸性蛋白酶、碱性蛋白酶等。习惯命名法虽然缺乏系统性，有时出现一酶数名或一名数酶的现象，但该方法简单，应用历史长，许多常见酶的习惯名称至今仍普遍使用。

（二）系统命名法

鉴于新酶的不断发现和过去文献中对酶命名的混乱，国际**酶学委员会**（Enzyme Commission，EC）于 1961 年制定了一套系统命名法。酶的系统命名包括两部分：底物名称和反应类型。若酶反应中有两种底物起反应，这两种底物均需标明，当中用"："分开。例如，对催化下列反应的酶的命名：

$$ATP + D\text{-}葡萄糖 \rightarrow ADP + D\text{-}葡萄糖\text{-}6\text{-}磷酸$$

该酶的系统命名是：ATP：D-葡萄糖磷酸转移酶，表示该酶催化从 ATP 中转移一个磷酸到葡萄糖分子上的反应。

二、酶的分类

依据酶的组成成分或蛋白组成形式，蛋白质的分子结构特点及催化反应性质，酶可分为不同种类：

（一）依据酶的组成成分或酶蛋白组成形式分类

1. 根据酶的组成成分分类

（1）**单纯酶**（simple enzyme）：该类酶完全由蛋白质组成，酶分子中不含非蛋白质成分。酶的催化活性仅仅决定于酶的蛋白质结构。催化水解反应的酶，如蛋白酶、淀粉酶、核糖核酸酶等均属于此类酶。

（2）**结合酶**（conjugated enzyme）：这类酶分子中除蛋白质部分外，还含有对热稳定的非蛋白小分子物质。其中蛋白质部分称为**酶蛋白**（apoenzyme），非蛋白质部分称为**辅助因子**（cofactor），两者结合形成**全酶**（holoenzyme）。酶蛋白在酶促反应中主要起识别底物的作用，决定酶的专一性，酶促反应的特异性、高效性以及酶对一些理化因素的不稳定性均取决于酶蛋白部分；辅助因子决定酶促反应的类型和反应的性质。对于结合酶而言，只有全酶才具有催化活性，将酶蛋白和辅助因子分开后，它们均无催化作用。

酶的辅助因子有几类：

① 金属离子及其有机化合物，如 K^+、Na^+、Mg^{2+}、Cu^{2+}、Zn^{2+}、Fe^{2+} 和铁卟啉等。金属离子作为辅助因子有多方面的作用：组成酶的活性中心；稳定酶分子的构象；作为桥梁使酶与底物相连接。

② 小分子有机化合物，其主要作用是在反应中传递原子、电子或某些基团。维生素就属于此类，比如，维生素 B_1 可以作为 α-酮酸脱氢酶复合体中的辅助成分，参与 α-酮酸的氧化脱羧。各种维生素的辅助作用详见维生素和生物氧化章节的相关内容。

辅助因子按其与酶蛋白结合的牢固程度，分为辅酶和辅基两大类。**辅酶**（coenzyme）与酶蛋白以非共价键结合，结合疏松，可用透析或超滤等方法除去；**辅基**（prosthetic group）与酶蛋白以共价键结合，结合紧密，不能用透析或超滤等方法除去。辅酶和辅基的差别仅仅是它们与酶蛋白结合的牢固程度不同，并无严格的界限。

2. 根据酶蛋白的分子结构特点分类

（1）**单体酶**（monomeric enzyme）：这类酶由一条肽链组成，种类较少，多是催化水解反应的酶，相对分子质量为 $(13\sim35)\times10^{3}$。如溶菌酶、牛胰核糖核酸酶、胰蛋白酶和胃蛋白酶等。

（2）**寡聚酶**（oligomeric enzyme）：是由 2 个或 2 个以上亚基组成的酶，这些亚基可以是相同的，也可以是不同的。绝大部分寡聚酶都含有偶数亚基，以对称形式排列，但个别寡聚酶也含奇数亚基，如荧光素酶、嘌呤核苷磷酸化酶就含有 3 个亚基。亚基之间靠次级键结合，彼此容易分开。大多数寡聚酶的聚合形式是活性型，解聚形式是失活型。相当数量的寡聚酶是调节酶，在代谢调控中起重要作用，如乳酸脱氢酶、丙酮酸激酶等。

（3）**多酶复合体**（multienzyme complex）：是由几种功能相关的酶以非共价键联系，彼此嵌合而形成的复合体。多酶复合体催化一系列反应，复合体第一个酶催化的产物，是下一个酶催化的底物，第二个酶催化的产物又为复合体第三个酶的底物，如此形成一条结构紧密的"流水生产线"，显著提高了催化反应效率。常见的有丙酮酸脱氢酶系、脂肪酸合酶复合体等。

（二）根据酶催化反应的性质分类

国际酶学委员会规定，按酶催化反应的性质，可把酶分成以下六大类：**氧化还原酶类**（oxidoreductase）、**转移酶类**（transferase）、**水解酶类**（hydrolase）、**裂合酶类**（lyase）、**异构酶类**（isomerase）、**连接酶类**（ligase），分别用数字 1～6 表示（表 3-1）。

表 3-1　酶的国际系统分类

编　号	种　类	催化反应类型	反应式	举　例
1	氧化还原酶类	氢和电子的转移	$AH_2 + B \rightleftharpoons A + BH_2$	乳酸脱氢酶
2	转移酶类	基团的转移或交换	$AR + B \rightleftharpoons A + BR$	谷丙转氨酶
3	水解酶类	水解反应	$AB + H_2O \rightarrow AOH + BH$	淀粉酶
4	裂合酶类	向双键引入基团或逆反应	$AB \rightleftharpoons A + B$	柠檬酸合酶
5	异构酶类	基团在分子内部重排形成异构体	$A \rightleftharpoons B$	磷酸丙糖异构酶
6	连接酶类	偶联 ATP 水解的缩合反应	$A + B + ATP \rightarrow AB + ADP + Pi$	谷氨酰胺合成酶

在每一大类酶中又可根据不同的原则，分为几个亚类，每一个亚类再分为几个亚亚类，最后再把属于每一个亚亚类的各种酶按照顺序排好，分别给每一种酶一个编号。所以每一个酶都有特定的四个数字编号，数字前冠以酶学委员会的缩写字母 E.C.，就代表了每一个酶。例如，上面提到的 ATP：D-葡萄糖磷酸转移酶，它的分类编号是：E.C.2.7.1.1，其中 E.C 代表按国际酶学委员会的英文缩写符号，第 1 个数字 2 代表酶的分类名称（转移酶类），第 2 个数字 7 代表亚类（磷酸转移酶类），第 3 个数字 1 代表亚亚类（以羟基作为受体的磷酸转移酶类），第 4 个数字 1 代表该酶在亚亚类中的排号（D-葡萄糖作为磷酸基的受体）。

第三节 酶的结构和作用机制

一、酶的活性中心

酶是生物大分子,相对分子质量至少在 1 万以上,甚至可达百万。酶催化的底物多为小分子物质,它们的分子质量要比酶小几个数量级。因此,酶的催化作用往往并不需要整个酶分子参与。如用氨肽酶处理木瓜蛋白酶,其肽链自 N 端开始逐渐缩短,当其原有的 180 个氨基酸残基被水解掉 120 个后,剩余的短肽仍有水解蛋白质的能力。又如将核糖核酸酶肽链 C 末端的三肽切断,余下部分也有酶的活性,足见某些酶的催化活性仅与其分子中的一小部分有关。

酶的**活性中心**(active center),也称活性部位,是指酶分子中直接与底物结合并与其催化性能直接有关的一些基团所构成的微区。活性中心分为结合部位和催化部位:结合部位是酶直接与底物结合的部位,决定了酶的专一性;催化部位是指催化底物发生化学变化的部位,决定了酶的催化效率。

酶的活性中心往往是酶分子在三级结构上比较靠近的少数几个氨基酸残基或基团,它们在一级结构上可能相距甚远,甚至位于不同肽链上,通过肽链的盘绕、折叠而在空间结构上相互靠近,形成具有一定空间结构的孔穴或裂隙,以容纳进入的底物并与之结合,从而催化底物转变为产物。组成酶活性中心的氨基酸残基侧链存在不同的功能基团,如—NH_2、—$COOH$、—SH、—OH 和咪唑基等,它们来自酶分子多肽链的不同部位。

酶分子中存在许多功能基团,但并不是这些基团都与酶活性有关。一般将与酶活性密切相关的基团称为酶的**必需基团**(essential group)。必需基团包括酶活性中心的有关氨基酸残基和维持酶空间构象所必需的氨基酸残基。多数必需基团位于酶的活性中心,也有一部分位于活性中心以外。因此确切地说,必需基团是指直接参与对底物分子结合和催化的基团以及参与维持酶分子构象的基团(图 3-2)。对需要辅助因子的酶来说,辅助因子也是活性中心的组成部分。酶催化反应的特异性实际上决定于酶活性中心的结合基团、催化基团及其空间结构。

图 3-2 酶活性中心和必需基团示意图

二、 酶促反应与分子活化能

在一个反应体系中，只有那些含能达到或超过某一限度（称为"能阈"）的分子才能在碰撞中发生化学反应。这些含能较高，在碰撞中能发生反应从而形成产物的分子被称为**活化分子**（activated molecule）。活化分子越多，反应速度越快。底物分子由常态（含能较低）转变成活化态（即活化分子）所需要的能量称为**活化能**（activation energy）。增加活化分子数量是提高化学反应速度的唯一途径。增加反应体系的活化分子数量，有两条途径：①向反应体系中输入能量，如通过加热、加压、光照等；②降低反应的活化能。在生物体内，后者实现的可能性更大，而酶之所以具有高效性，是因为它能够大大降低底物分子所需的活化能，从而增加了活化分子的数量，加速反应的进行（图 3-3）。那么，酶是如何降低酶促反应活化能的呢？下面通过中间产物学说进一步解答。

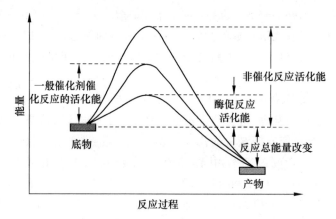

图 3-3　不同条件下化学反应中的活化能变化

三、 中间产物学说

1946 年，Pauling 用过渡态理论阐述酶催化实质，提出酶能有效降低活化能在于酶参与了反应，即酶先与底物结合，形成不稳定的中间产物（酶与底物相结合的复合物），然后此中间产物再分解出酶及反应产物。此过程可表示为：

$$E + S \rightleftharpoons ES \rightleftharpoons E + P$$

式中，E 代表酶，S 代表底物，ES 代表中间产物，P 代表反应产物。ES 的形成改变了原来反应的途径，把原来的一步能阈较高的反应变成了能阈较低的二步反应，有效降低了活化能，从而使反应加速。这就是目前公认的"中间产物"学说。ES 是很不稳定的瞬间过渡态，一般不易得到 ES 复合物存在的直接证据。但从溶菌酶结构的研究中，已获得它与底物形成的复合物结晶，并得到了 X 射线衍射图谱，证明了 ES 复合物的存在。那么，酶与底物又是如何形成 ES 复合物的呢？下面通过诱导契合学说进一步解答。

◀◀　知识卡片 3-2　　　　过渡态类似物的应用潜力　　　　▶▶

四、 酶与底物结合的方式

（一）锁-钥学说

1894年，德国有机化学家Fisher提出了**"锁-钥学说"**（lock and key theory）（图3-4）。该学说认为整个酶分子的构象是具有刚性结构的，酶表面具有特定的形状，酶与底物的结合如同一把钥匙开一把锁一样，使酶只能与特定的化合物结合。这个学说可以解释酶作用的绝对专一性，但不能解释相对专一性。另外，酶常常能够催化同一个生化反应中正逆两个方向的反应，因此，"锁-钥学说"把酶结构看成是固定不变的，是不符合实际的。

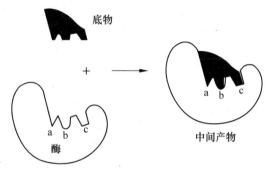

图 3-4　锁-钥学说

（二）诱导契合学说

1958年，G. Koshland提出了**诱导契合学说**（induced fit theory），该学说认为酶表面并没有一种与底物互补的固定形状，而是当酶分子与底物接近时，酶蛋白受底物分子的诱导，其构象才发生有利于与底物结合的变化（图3-5）。底物一旦结合上去，就能诱导酶蛋白的构象发生相应变化，从而使酶和底物分子契合而形成中间复合物。后来，科学家对羧肽酶等进行了X射线衍射研究，研究结果有力地支持了这个学说。

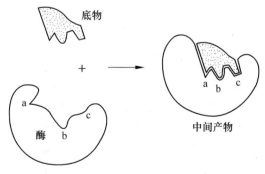

图 3-5　诱导契合学说

五、 酶作用高效性的机制

通过以上的描述，对于酶催化作用的分子机制有了初步理解。随着酶学研究的不断发展，对于酶作用机制的探讨也在逐步深入。对于酶高效催化的机制，目前人们的看法主要

集中在以下六个方面:

(一) 邻近效应和定向效应

酶促反应中,底物和酶相互靠近,这就是**邻近效应**(approximation effect)。这种邻近效应将分子间的反应变成类似于分子内的反应,从而提高反应速度。由于化学反应速度与反应物浓度成正比,若在反应系统的某一局部区域,底物浓度增高,则反应速度也随之提高。有实验证明,酶活性中心底物浓度比溶液中底物浓度高10万倍。此外,酶活性中心的催化基团与底物的反应基团之间还要正确定向排列,才能使反应物分子与酶分子形成ES复合物,进而形成相应的产物,这是**定向效应**(orientation effect)(图3-6)。

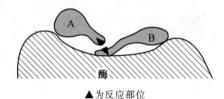

▲为反应部位

图 3-6 　酶反应的邻近和定向效应

(二) 底物分子的形变

如"诱导契合学说"所述,当酶与它的专一性底物相遇时,其构象受到底物作用而改变,底物分子的内部结构也常因为酶的作用而变化。底物分子内敏感键中的某些基团受酶中某些基团或离子的影响,而导致电子云密度增高或降低,产生键的扭曲、变形,使底物由基态形成过渡态构象,使反应的活化能降低,反应速度加快。

(三) 酸碱催化

化学反应中,通过瞬时反应向反应物提供质子或从反应物接受质子以稳定过渡态,加速反应的机制,叫酸碱催化。在酶的活性中心上,有些催化基团是质子供体(酸催化基团),可以向底物分子提供质子,称为**酸催化**(acid catalysis);有些催化基团是质子受体(碱催化基团),可以从底物分子上接受质子,称为**碱催化**(base catalysis)(表3-2)。酶与底物接触后,酶蛋白中具有酸碱催化的功能基团可以提供质子或电子给底物分子敏感键,或接受底物分子的质子或电子,从而使底物敏感键断开,加快酶促反应速度。酸碱催化可以使酶促反应速率提高$10^2 \sim 10^5$倍。

在pH接近中性的生物体内,His的咪唑基一半以酸的形式存在,另一半以碱的形式存在,既可以作为质子供体,又可以作为质子受体,而且His的咪唑基接受和供出质子的速度很快,半衰期小于0.1×10^{-9}s。因此,His是酶酸碱催化作用中最活泼的一个催化功能团,常参与构成酶的活性中心。

表 3-2 　酶分子中可作为酸碱催化的功能基团

氨基酸种类	酸催化基团(质子供体)	碱催化基团(质子受体)
Glu,Asp	—COOH	—COO⁻
Lys	—NH₃⁺	—NH₂
Cys	—SH	—S⁻

续表

氨基酸种类	酸催化基团（质子供体）	碱催化基团（质子受体）
Tyr	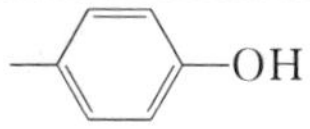 —〇—OH	 —〇—O⁻
His	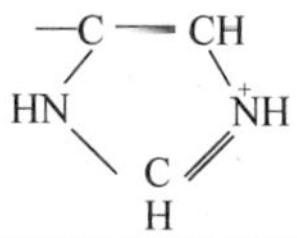 (咪唑基 质子化)	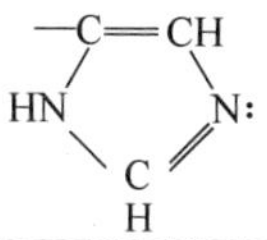 (咪唑基)

（四）共价催化

共价催化是指酶在催化过程中与底物暂时形成不稳定的共价中间产物的一种催化方式。酶作为亲核基团或亲电基团，与底物形成一个反应活性很高的共价结合的过渡态 ES 复合物，使反应活化能降低，提高反应速率。**共价催化**（covalent catalysis）又分为两种类型：

1. 亲核催化

亲核基团含有未成键的电子对，在酶促反应中，它向底物上缺少电子的碳原子进攻。因亲核基团对底物亲核进攻而进行的催化作用，称为亲核催化。酶活性中心处的亲核基团有：丝氨酸的羟基、半胱氨酸的巯基、组氨酸的咪唑基等。含辅酶 A 的脂肪水解酶、含丝氨酸的蛋白酶、含巯基的木瓜蛋白酶、以硫胺素为辅酶的丙酮酸脱羧酶等都有亲核催化作用。例如，胰蛋白酶就是通过其丝氨酸侧链羟基与底物形成酰基丝氨酸共价中间物来催化的（图 3-7）。正常情况下，酶活性中心 Asp102、His57 和 Ser195 三个氨基酸残基之间形成氢键交联。当酶结合底物时，Ser195 侧链羟基对底物肽键上的羰基碳发生亲核攻击，经过四面体过渡态，形成酰基中间产物。在水分子进入后，取代结合于 His57 残基上的氨基端多肽链，然后氢氧根的氧原子对酰基中间产物再次发动亲核攻击，经过四面体过渡态，酰基中间产物生成酸，酶恢复原有构象，完成对肽键的水解，底物蛋白肽键断裂。

2. 亲电催化

亲电催化就是亲电基团对底物亲电进攻而引起的催化作用。氢离子、金属离子、$—NH_3^+$、磷酸吡哆醛等是亲电基团，攻击底物分子中富含电子或带负电荷的原子，形成过渡态中间物，从而加速反应。转氨酶就是通过亲电机制催化的。

（五）金属离子催化

金属蛋白在自然界中广泛存在，其在 DNA 合成、化学信号转导和细胞代谢等关键生物学过程中起着不可或缺的作用。金属离子是许多酶的辅助因子，它们通过多种方式对过渡态中间产物起稳定作用，可以作为广义酸（亲电子试剂），接受电子对来发挥作用；也可以作为亲电催化剂，稳定过渡态中间产物的电荷；可以与底物结合，促进底物在反应中正确定向；还可以通过价态变化在氧化还原反应中传递电子。

碳酸酐酶是人们发现的第一种含有锌的金属酶，也是迄今已知催化效率最高的酶之一。该酶催化的最重要的反应是二氧化碳可逆的水合作用，因此在呼吸中起着关键作用，特别是在血液中以碳酸氢盐方式运输 CO_2 的过程中，以及通过调节 CO_2/HCO_3^- 平衡维持 pH 内稳态中发挥关键作用。活性中心的 Zn^{2+} 主要作为广义酸发挥作用，将结合锌的水的 pK_a 从 10 降低到 7，从而在生理 pH 时形成结合锌的氢氧根离子。在酶的活性中心，结合

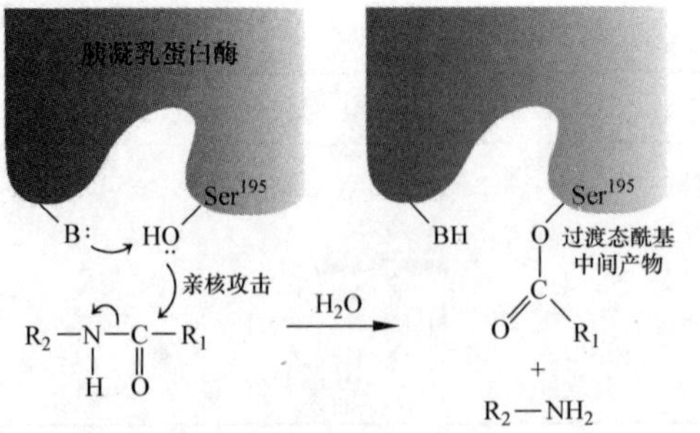

(a) 酰基丝氨酸中间产物

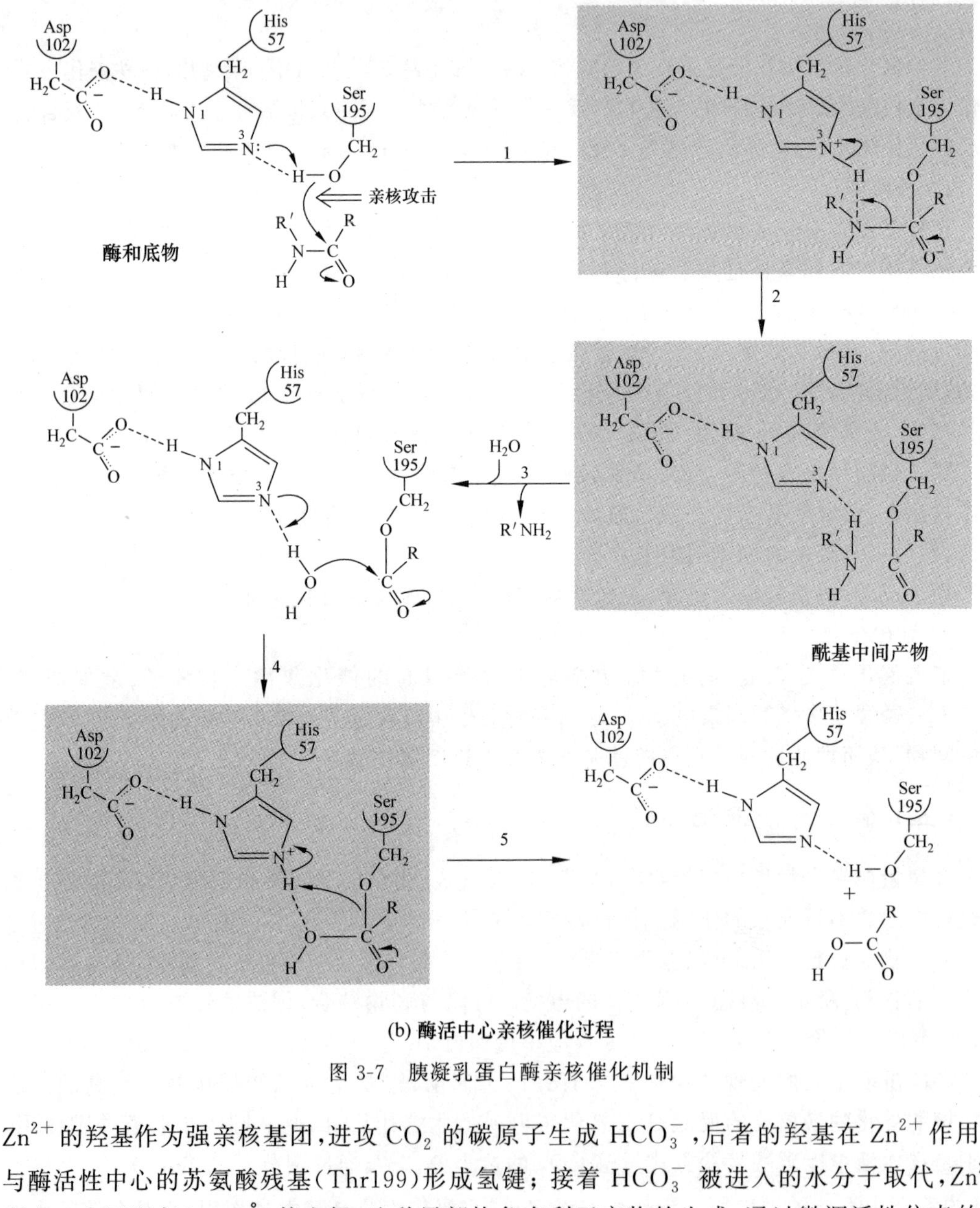

(b) 酶活性中心亲核催化过程

图 3-7 胰凝乳蛋白酶亲核催化机制

Zn^{2+} 的羟基作为强亲核基团,进攻 CO_2 的碳原子生成 HCO_3^-,后者的羟基在 Zn^{2+} 作用下与酶活性中心的苏氨酸残基(Thr199)形成氢键;接着 HCO_3^- 被进入的水分子取代,Zn^{2+}产生一个远距离(~10Å)静电场,这种局部构象有利于产物的生成,通过微调活性位点的水结构和动力学,以促进质子转移和水、底物、产物交换。最后通过从 Zn^{2+} 结合水到酶的活性中心 His64 的质子转移,完成催化作用(图 3-8)。

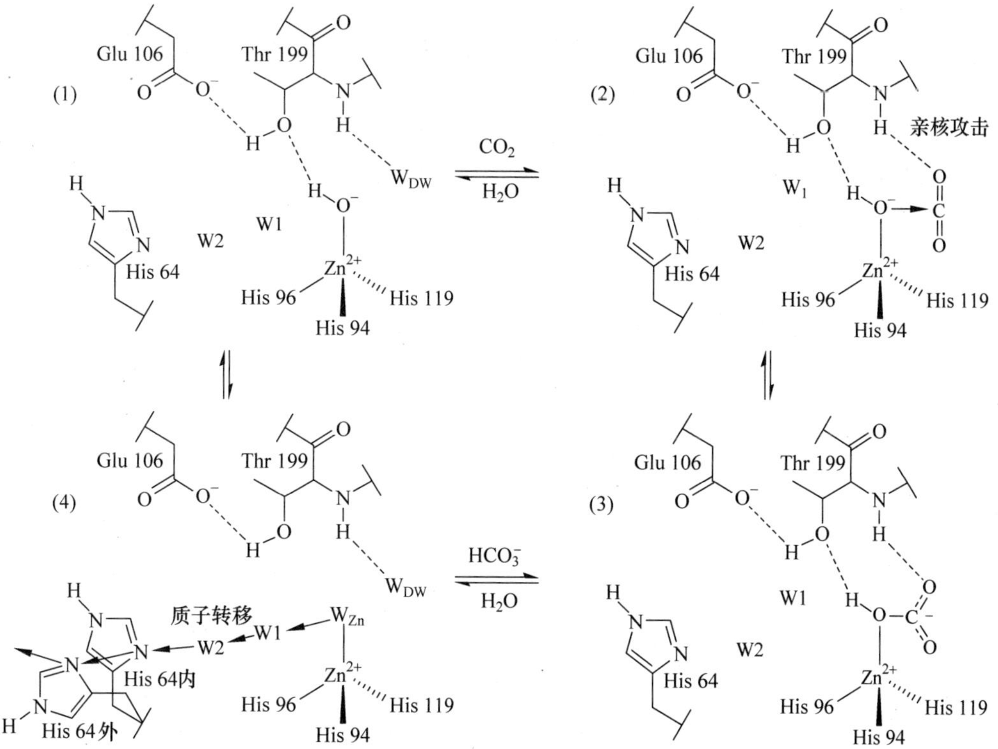

W_{DW}、W1、W2、W_{Zn}表示酶活性中心不同位置的水

图 3-8　碳酸酐酶Ⅱ的 CO_2 水合机制

(六)活性部位微环境的影响

已知某些化学反应,在非极性(低介电常数)介质中其反应速度比在极性(高介电常数)介质中反应速度快得多。酶的活性中心常位于非极性的空穴中,催化反应在此疏水环境中进行,排除了周围极性水分子对酶和底物分子中功能基团的作用,防止水化膜的形成,有利于底物与酶分子的密切接触和结合,因此有利于提高酶促反应速度。

综上所述,不同的酶可能因活性中心的组成结构不同,催化高效性存在差异,但每一种酶的催化过程常常是多种催化机制综合作用的结果。

第四节　酶促反应动力学

一、酶活力测定

(一)酶活力

酶活力(enzyme activity)又称酶活性,是指酶催化特定化学反应的能力。酶活力可以用酶促反应速度来表示。酶促反应速度越大,酶活力就大;反之,酶活力就小。酶促反应速度和一般化学反应速度相同,可用单位时间内底物的减少量或产物的增加量来表示。与底物相比,产物从无到有,容易准确测定,因此一般用单位时间内产物生成的量来表示酶催化反应速度。

酶促反应时间与产物积累的规律如图 3-9 所示,曲线上任何一点的斜率就是相应横坐标上反应时间点的反应速度。从图 3-9 中可以看出,在反应开始的一段时间内斜率几乎不变,然而随着反应时间的延长,曲线逐渐变平坦,斜率逐渐变小,反应速度也渐渐降低,显然这时测得的反应速度不能代表真实的酶活力。在探讨各种因素对酶促反应速度的影响时,通常测定其初始速度来代表酶促反应速度(指底物开始反应后 5~10min 所具有的速度)。

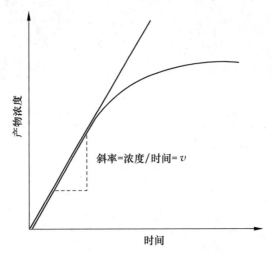

图 3-9 酶促反应中产物浓度随时间变化的曲线

酶促反应速度随反应时间延长而降低的原因主要有 3 种:①底物减少,产物增加,而加速了逆反应的进行;②产物对酶的反馈抑制作用;③随着酶促反应的进行,部分酶分子失活等。因此应测定酶促反应的初速度,避免上述各种复杂因素对反应速度的影响,才能真实反映酶的催化能力,即酶活力。

(二) 酶活力的表示

酶活力大小可直接用酶促反应速度表示,但应用更多的是酶活力单位和酶比活。

1. 酶活力单位

酶活力单位通常是指在特定条件下,酶促反应在单位时间内生成一定量的产物或消耗一定量的底物所需的酶量。这种表示方法因测定条件不同而异,国际上通用的酶活力单位有以下两种。

(1) 国际单位:1961 年,国际酶学委员会规定,1 个酶活力**国际单位**(international unit,IU)是指在最适反应条件(温度 25℃)下,1min 催化 1μmol 底物转化为产物所需的酶量(或 1min 催化底物生成 1μmol 产物的酶量)。酶活力单位用 U 或 IU 表示。

(2) Kat 单位:1972 年,国际酶学委员会为了使酶的活力单位与国际单位制中的反应速度表达方式相一致,推荐使用一种新的单位,即 Katal(简称 Kat)单位。1Kat 定义为:在最适条件下,1s 能使 1mol 底物转化为产物所需的酶量。

Kat 和国际单位之间的换算关系是:$1Kat = 6 \times 10^7 IU$。

在实际工作中,为了简便,也因为每一种酶活力的测定方法不同,使用的酶活力单位可能不同。如淀粉酶的单位规定为每小时水解 1 克淀粉的酶量为一个酶活力单位(1g 淀粉/h＝1U)。

2. 酶的比活力

酶的比活力(specific activity)即每毫克酶制剂中所含酶的活力单位数(U/mg)。有时用每克或每毫升酶制剂含有多少个活力单位表示(U/g 或 U/ml)。酶的比活力不仅可以反映单位质量蛋白质的催化能力,还可以描述酶制剂的纯度。一般来说,比活力越大,酶的纯度越高。因此酶的比活力是分析酶纯度的重要指标。

(三) 酶活力的测定

在酶的基础研究和应用性生产实践中,从各种生物材料中分离纯化酶需要多个步骤才能完成。为了最终获得有活力、高纯度的酶制剂,需要在每一次纯化步骤后检测酶活力,鉴别纯化效果。

1. 酶活力测定的基本过程

(1) 将底物加入最适 pH 的缓冲液当中,在酶的最适温度中保温 10min。

(2) 快速加入一定量酶制剂(酶液)并混匀,置于最适温度水浴中进行酶促反应,并定时(以 min 为单位)。

(3) 达到预定反应时间,立即加入酶促反应终止剂(蛋白质变性剂),离心去除沉淀,取上清液按相应方法测定生成产物的量。

2. 酶活力的测定方法

根据酶促反应生成产物具有的不同特性,选用不同的方法进行测定,可分为五种：分光光度法、测压法、滴定法、荧光法、旋光法。

(1) 分光光度法：该法用于产物与适当的化学试剂反应能生成有色物质,或产物有紫外吸收的能力等。

(2) 测压法：产物中有气体产生,可进行气压增加量的测定。

(3) 滴定法：产物中有酸生成,可用碱进行滴定。

(4) 荧光法：产物中有荧光物质生成或产物与荧光试剂反应生成荧光产物可用此法。

(5) 旋光法：产物中有旋光物质可采用此法。

二、 酶促反应动力学

酶促反应动力学(kinetics of enzyme-catalyzed reactions)研究酶促反应速度及其影响因素。酶促反应动力学的研究有助于阐明酶的结构与功能的关系,也可为酶作用机制的研究提供理论依据；有助于寻找最有利的反应条件,以便最大限度地发挥酶的高效性；有助于了解酶在代谢中的作用或某些药物作用的机制等。因此,对酶促反应动力学的研究具有重要的理论和实践意义。酶促反应体系复杂,影响因素也很多,包括底物浓度、酶浓度、温度、pH、抑制剂和激活剂等。

(一) 底物浓度对酶促反应速度的影响

在酶浓度、温度、pH 等条件固定不变的情况下,测定不同底物浓度下的反应初速度(以下均称为反应速度),用反应速度(v)对底物浓度([S])作图,得到图 3-10 所示的矩形双曲线。从图 3-10 中可以看出：在底物浓度很低时,反应速度随底物浓度的增加而迅速升高,两者成正比关系,表现为一级反应(单底物)。随着底物浓度的升高,反应速度不再呈正比例上升,反应速度增加的幅度不断下降,表现为混合级反应。当底物浓度增加到一定程度时,反应速度达到最大不再增加,与底物浓度几乎无关,表现为零级反应。

根据中间产物学说很容易解释图3-10所示的曲线,即在酶浓度恒定这一前提条件下,当底物浓度很小时,酶还未被底物所饱和,反应速度取决于底物浓度并与之成正比;随着底物浓度不断增大,中间复合物ES生成也不断增多,而反应速度取决于ES的浓度,故反应速度也随之增高,但此时二者不再成正比关系;当底物浓度高到一定程度时,溶液中的酶已全部被底物所饱和,即使再增加底物浓度也不会有更多的ES复合物生成,因此酶促反应速度变得与底物浓度无关,且反应达到**最大反应速度**(velocity of maximum reaction,V_{max})。需要特别指出的是,只有酶促催化反应才会有这种饱和现象,而非酶催化反应则不会出现这种饱和现象。

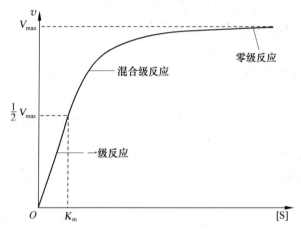

图中[S]代表底物浓度,v代表反应速度,V_{max}代表最大反应速度,K_m代表米氏常数

图3-10 酶反应速度与底物浓度的关系

1. 米氏方程

1913年,Michaelis和Menten根据中间复合物学说进行推导,那么,当反应平衡时,反应式如下:

$$E + S \underset{k_{-1}}{\overset{k_1}{\rightleftharpoons}} ES \underset{k_{-2}}{\overset{k_2}{\rightleftharpoons}} P + E$$

并且假设反应初期,产物P很少,产物到过渡态的逆反应可以忽略不计,反应可简化为:

$$E + S \rightleftharpoons ES \longrightarrow E + P$$

由此,推导出了反应速度和底物浓度关系的简单模型,即著名的**米氏方程**(Michaelis-Menten equation)。

$$v = \frac{V_{max}[S]}{K_m + [S]}$$

式中:V_{max}指该酶促反应的最大反应速度;[S]为底物浓度;K_m是**米氏常数**(Michaelis constant),v是在某一底物浓度时相对应的反应速度。当底物浓度很低时,[S]≪K_m,米氏方程中的分母[S]一项可以忽略不计,则$v = V_{max} \times [S]/K_m$,反应速度与底物浓度成正比;当底物浓度很高时,[S]≫K_m,K_m可以忽略不计,此时$v \approx V_{max}$,反应速度达到最大,底物浓度再增高也不影响反应速度。

2. 米氏常数的意义

当反应速度为最大反应速度的一半时,米氏方程可以变换如下:

$$1/2V_{max} = V_{max}[S]/(K_m + [S])$$

进一步整理可得到:$K_m = [S]$。

由此可知,K_m 值等于酶反应速度为最大反应速度一半时的底物浓度。米氏常数的单位为浓度单位 mol/L 或 mmol/L。分析米氏方程和底物浓度与酶促反应速度关系图,K_m 的意义可以总结以下 7 点:

(1)K_m 是酶的特征性常数之一。酶的 K_m 值只与酶的性质、酶所催化的底物和酶促反应条件(如温度、pH、有无抑制剂等)有关,与酶的浓度无关。酶的种类不同,K_m 值不同,对酶促反应而言,在一定的条件下都有特定的 K_m 值,K_m 值可作为鉴定酶的一个指标。

(2)K_m 值可用于判断酶的最适底物。如果一个酶有几种底物,则对每一种底物各有一个特定的 K_m 值,其中 K_m 值最小的底物一般称为该酶的最适底物或天然底物。如蔗糖酶既可催化蔗糖水解($K_m = 28$ mmol/L),也可催化棉子糖水解($K_m = 350$ mmol/L),两者相比,蔗糖为该酶的最适底物。

(3)K_m 和 K_s 的关系。K_m 是米氏常数,其定义为 $K_m = (k_{-1} + k_2)/k_1$,物理意义是反应速度达到 V_{max} 一半时的底物浓度。

K_s 是酶与底物复合物的解离常数,定义为 $K_s = k_{-1}/k_1$。$1/K_s$ 是反映酶与底物亲和力的参数。因为当 k_2 极小时 K_m 就近似等于 K_s,所以说 $1/K_m$ 可近似表示酶与底物的亲和力,$1/K_m$ 越大,亲和力越大。

(4)K_m 值可以衡量酶与底物的亲和力。酶与底物亲和力大,表示不需要很高的底物浓度,便可容易地达到最大反应速度。因此,K_m 值越大,酶与该底物的亲和力越小;K_m 值越小,酶与该底物的亲和力越大。

(5)已知某酶的 K_m 值,便可以计算出在某一底物浓度时,其反应速率相当于 V_{max} 的百分率。

(6)根据 K_m 值可以推断反应方向和代谢方向。某一代谢反应途径中,K_m 值越小的酶促反应越容易进行;催化可逆反应的酶,当正向反应和逆反应 K_m 值不同时,可以大致推测该酶正逆两向反应的效率,K_m 值小的反应方向应是该酶催化的优势方向。

(7)当一系列酶催化一个代谢过程的连锁反应时,如能确定各种酶的 K_m 值,有助于寻找代谢过程的限速步骤。一般 K_m 值大的酶为限速酶。

3. K_m 和 V_{max} 的求法

测定 K_m 和 V_{max} 的方法有很多,最常用的是双倒数作图法。将米氏方程两边取倒数,可转化为下列直线方程的形式:

$$\frac{1}{v} = \frac{K_m}{V_{max}} \times \frac{1}{[S]} + \frac{1}{V_{max}}$$

由图 3-11 可知,$1/v$ 对 $1/[S]$ 作图得一直线,其斜率是两个常数的比值 K_m/V_{max},在纵轴上的截距为 $1/V_{max}$,横轴上的截距为 $-1/K_m$,由此可求得 K_m 和 V_{max} 值。

必须指出的是,米氏方程只适用于较为简单的单底物酶促反应过程,对于比较复杂的酶促反应过程,如多酶体系、多底物、多产物、多中间物等,还不能全面地概括和说明,必须借助于复杂的计算过程。

4. 酶浓度对酶促反应速度的影响

其他反应条件(如温度、pH 等)保持不变,当底物浓度远远超过酶的浓度时,即底物浓度足以使酶饱和的情况下,随着酶浓度的增加,形成的酶—底物中间复合物的量成正比增加,引起反应速度也成正比增加。因此,酶的浓度与酶促反应速度成正比关系(图 3-12)。

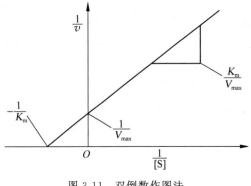

图 3-11 双倒数作图法

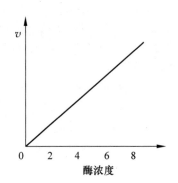

图 3-12 酶浓度对酶促反应速度的影响

(二) 温度对酶促反应速度的影响

酶促反应与温度的关系密切,但由于酶的主要成分是蛋白质,所以当温度升高到一定程度后,会因蛋白质变性而导致酶活性降低。一般来说,在温度较低时,酶促反应速度随温度升高而加快,许多酶在温度每升高 10℃ 时,反应速度大约增加一倍;但温度超过一定数值后,酶受热变性因素的影响,反应速度随温度上升反而下降,形成倒 V 形或倒 U 形曲线(图 3-13)。在此曲线顶点所代表的温度时,反应速度最大,称为酶的**最适温度**(optimum temperature)。

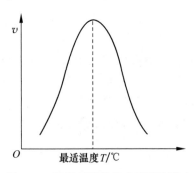

图 3-13 温度对酶促反应速度的影响

动物体内酶的最适温度多在 35～40℃,当温度升高到 60℃ 以上时,大多数酶开始变性,超过 80℃ 时多数酶发生不可逆变性。少数酶能耐受较高的温度,如细菌淀粉酶在 93℃ 下活力最高,牛胰核糖核酸酶在 95℃ 时仍不失活。酶的活性虽然随温度的下降而降低,但低温一般并不破坏酶,温度回升后,酶又恢复活性,这就是低温保存生物制品、细菌菌种以及精液的原因。

需要指出的是,最适温度并不是酶的特征性物理常数,它常常受其他各种因素(如底物种类、作用时间、pH 和离子强度等)影响。

(三) pH 对酶促反应速度的影响

pH 对酶的活性有非常明显的影响,导致其对酶促反应速度也有显著影响。如图 3-14 所示,pH 对酶促反应速度的影响曲线呈"钟形",在低于最适 pH 的范围内,随着 pH 的升高,酶促反应速度增加;在高于最适 pH 的范围内,随着 pH 的升高,酶促反应速度降低。只有在某一特定的 pH 时,酶的活性最强,酶促反应速度最大,这一 pH 称为该酶的**最适 pH** (optimum pH)。

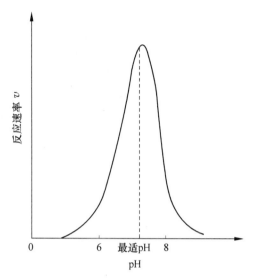

图 3-14 pH 对酶促反应速度的影响

pH 影响酶活力的机制可以概括为两个方面：

1. pH 影响酶分子的解离状态和结构的稳定性

酶分子活性部位含有许多可解离的极性基团,其解离程度受 pH 的影响,当 pH 改变不是很大时,酶虽未发生变性,但其活力已经受到影响。而对于特定的酶来讲,只有在一定的解离状态时,才具有催化能力或表现出最大的催化能力,如胃蛋白酶在正离子状态有活性,胰蛋白酶在负离子状态有活性。当 pH 改变很大,即过酸或过碱使酶的空间结构遭到破坏,引起酶变性从而导致酶构象的改变,酶活性随之丧失。

2. pH 影响底物分子的解离状态

许多底物分子具有离子特性,pH 影响底物的解离状态或结构,或使底物不能和酶结合,或结合后不能生成产物。如 pH 为 9.0～10.0 时,精氨酸解离成正离子,精氨酸酶解离成负离子,才能发生催化作用。

动物体内多数酶的最适 pH 接近中性,但也有例外,如胃蛋白酶的最适 pH 约为 1.8,肝脏中精氨酸酶的最适 pH 为 9.7。最适 pH 受到底物浓度、缓冲液的种类和浓度以及酶的纯度等因素的影响,也不是酶的特征性常数。测定酶的活性时,应选用适宜 pH 的缓冲液,以保持酶活性的相对恒定。

（四）激活剂对酶促反应速度的影响

凡能使酶由无活性变为有活性或使酶活性提高的物质,统称为**激活剂**(activator)。激活剂的种类很多,其中大部分是无机离子或小分子有机化合物,还有一些生物大分子也具有激活剂作用。激活剂的类型分为：

1. 无机离子

作为激活剂的金属离子主要包括 K^+、Na^+、Ca^{2+}、Mg^{2+}、Zn^{2+} 及 Fe^{2+} 等离子,无机阴离子主要包括 Cl^-、Br^-、I^-、CN^- 等。如 Mg^{2+} 可作为多种激酶及合成酶的激活剂,Cl^- 可作为唾液淀粉酶的激活剂。

2. 有机小分子

除无机离子外,有些小分子有机化合物也可作为酶的激活剂。例如,对木瓜蛋白酶和甘油醛-3-磷酸脱氢酶等含巯基的酶而言,半胱氨酸、还原型谷胱甘肽等还原剂对其有激活作用,它们可使巯基酶因为氧化形成的二硫键打开,恢复酶的催化活性。因此,在分离纯化木瓜蛋白酶和甘油醛-3-磷酸脱氢酶等含巯基的酶的过程中,往往需加入半胱氨酸、还原型谷胱甘肽等还原剂,以保护巯基不至于在分离纯化过程中被氧化。

3. 生物大分子

生物体内存在许多**蛋白质激酶**(protein kinase),其本质是蛋白质,可以选择性激活一些酶,这些生物大分子的激活作用对于细胞信号的传导非常重要。如磷酸化酶激酶可激活糖原磷酸化酶,使其从无活性变为有活性状态,在糖原代谢中发挥重要作用。

通常,激活剂对酶的作用具有一定程度的选择性,即一种激活剂只对某种酶起激活作用,而对另一种酶可能不起任何作用或起抑制作用。如 Mg^{2+} 对脱羧酶而言有激活作用,对肌球蛋白腺苷三磷酶却有抑制作用;而 Ca^{2+} 对脱羧酶而言有抑制作用,对肌球蛋白腺苷三磷酶却有激活作用。有时各种离子之间有拮抗作用,如被 K^+ 激活的酶会受 Na^+ 的抑制,被 Mg^{2+} 激活的酶受 Ca^{2+} 的抑制。有时金属离子的作用也可以相互替代,如作为激酶激活剂的 Mg^{2+} 可被 Mn^{2+} 所代替。

除此以外,同一种激活剂可因浓度不同而对同一种酶起不同的作用,如对于 $NADP^+$ 合成酶,当 Mg^{2+} 浓度为 $(5\sim10)\times10^{-3} mol/L$ 时起激活作用,酶活性上升,但当浓度升高到 $30\times10^{-3} mol/L$ 时,酶活性下降;如果用 Mn^{2+} 代替 Mg^{2+},则在 $1\times10^{-3} mol/L$ 起激活作用,酶活性上升,高于此浓度时则起抑制作用,酶活性下降。

(五) 抑制剂对酶活性的影响

凡能与酶分子上的某些基团结合,使酶的活性下降或完全丧失而不引起酶蛋白变性的物质称为酶的**抑制剂**(inhibitor,I)。酶的抑制作用与酶的变性不同,其主要区别是:①抑制剂虽然可使酶活性降低甚至失活,但它并不明显改变酶的空间结构,不引起酶蛋白变性,去除抑制剂后,酶又可恢复活性;而变性因素常破坏酶分子的非共价键,部分或全部地改变酶的空间结构,从而导致酶活性的降低或丧失。②抑制剂对酶有一定的选择性,一种抑制剂只能引起某一类或几类酶的抑制;而使酶变性失活的因素,如强酸、强碱等,对酶没有选择性。对酶抑制作用的探讨是研究酶的结构与功能、酶的催化机制以及阐明机体代谢途径的基本手段,也可为农业生产中新农药的设计和医药产业中的药物开发提供重要理论依据,因此,对酶抑制作用的研究具有重要理论和实践意义。

抑制剂的抑制作用分为不可逆抑制和可逆抑制两类。

1. 不可逆抑制

不可逆抑制剂与酶的结合是不可逆反应,共价结合后不能用透析等物理方法除去抑制剂而恢复酶的活性,这种抑制作用称为**不可逆抑制**(irreversible inhibition)。如**二异丙基氟磷酸**(diisopropyl phosphofluoride,DIFP)、对硫磷(1605)、敌敌畏等属于有机磷化合物,是一类高效、广谱杀虫剂,广泛应用于农林业。有机磷农药能够专一性地与胆碱酯酶活性中心丝氨酸残基的羟基共价结合,使昆虫胆碱酯酶失活,而胆碱酯酶与中枢神经系统的功能有关。正常机体神经兴奋时,神经末梢释放出乙酰胆碱传递神经冲动,乙酰胆碱发挥作用后,被乙酰胆碱酯酶水解为乙酸和胆碱。若胆碱酯酶被抑制,神经末梢分泌的乙酰胆碱不能及时地分解,造成突触间隙乙酰胆碱的积累,引起一系列胆碱能神经过度兴奋,如抽搐等症状,最后导致昆虫死亡,达到杀虫效果。

知识卡片3-3　　　　　有机磷中毒

2. 可逆抑制

抑制剂与酶非共价结合,用透析、超滤等物理方法可以除去抑制剂,使酶活性得到恢复,这种抑制作用称为**可逆抑制**(reversible inhibition)。根据抑制剂与酶结合的关系,可逆抑制分为以下三种。

(1) 竞争性抑制

抑制剂和底物相互竞争结合酶分子活性中心而引起的抑制作用称为**竞争性抑制**(competitive inhibition)。这种抑制剂的特点是其分子结构与底物分子结构十分相似。

抑制剂 I 和底物 S 对游离酶 E 的结合有竞争作用,互相排斥,已结合底物的 ES 复合体,不能再结合 I,同样已结合抑制剂的 EI 复合体,不能再结合 S(图 3-15)。由于竞争性抑制剂与酶的结合是可逆的,而竞争力的强弱与各自的浓度有关,因而可以通过加入大量的底物来消除竞争性抑制剂对酶活性的抑制作用。

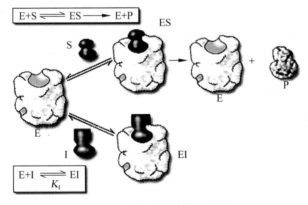

图 3-15　竞争性抑制作用示意图

例如,丙二酸、苹果酸及草酰乙酸皆和琥珀酸的结构相似,是琥珀酸脱氢酶的竞争性抑制剂。另外,很多药物都是酶的竞争性抑制剂,如磺胺药物与对氨基苯甲酸有相似的结构,而对氨基苯甲酸、二氢蝶呤及谷氨酸是某些细菌合成二氢叶酸的原料,后者能转变为四氢叶酸,而四氢叶酸是细菌合成核酸不可缺少的辅酶。由于磺胺药物是二氢叶酸合成酶的竞争性抑制剂,可减少细菌体内四氢叶酸的合成,阻碍其核酸的合成,从而抑制细菌的繁殖,达到抑菌的作用(图 3-16)。抗菌增效剂——甲氧苄氨嘧啶(TMP)能特异地抑制细菌的二氢叶酸还原为四氢叶酸,故能增强磺胺药物的作用效果。

氨甲蝶呤(methotrexate, MTX)、**5-氟尿嘧啶**(5-fluorouracil, 5-FU)、**6-巯基嘌呤**(6-mercaptopurine, 6-MP)等都是酶的竞争性抑制剂,分别抑制四氢叶酸、脱氧嘧啶核苷酸及嘌呤核苷酸的合成,从而抑制肿瘤的生长,在临床上常被用作抗癌药物。竞争性抑制的

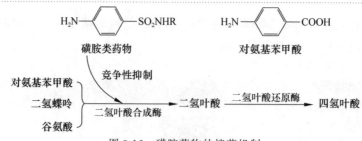

图 3-16　磺胺药物的抑菌机制

动力学曲线如图 3-17 所示。从图 3-17 中可以看出，竞争性抑制剂存在时，反应速度降低，K_m 值(称表观 K_m)增大，但对 V_{max} 并无影响。

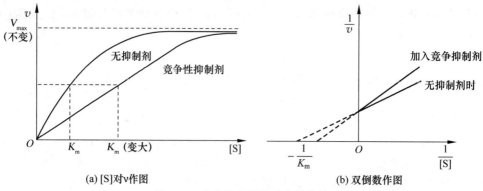

(a) [S]对ν作图　　　　　　　　　　(b) 双倒数作图

图 3-17　竞争性抑制的动力学曲线

（2）非竞争性抑制

抑制剂和底物可以同时结合在酶分子的不同部位上，形成酶-底物-抑制剂三元复合物（ESI），不能生成产物，致使酶催化活性受到抑制，这种抑制作用称为**非竞争性抑制**（noncompetitive inhibition）（图 3-18）。抑制剂 I 可以和酶 E 结合生成 EI，也可以和 ES 复合物结合生成 ESI；底物 S 和酶 E 结合成 ES 后，仍可与 I 结合生成 ESI，但一旦形成 ESI 复合物，就不能再释放形成产物 P。

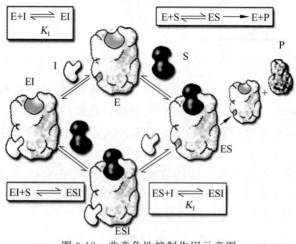

图 3-18　非竞争性抑制作用示意图

非竞争性抑制剂主要结合在酶分子构象的必需基团上或结合在活性中心的催化基团上,从而降低了酶的活性。这种抑制作用不能用增加底物浓度的方法来减轻。例如,重金属离子(Ag^+、Hg^+ 等)是巯基酶的非竞争性抑制剂,能与巯基酶的巯基结合形成硫醇盐($E\text{-}SH + Ag^+ \rightarrow E\text{-}S\text{-}Ag^+ + H^+$)而使酶失去活性,加入底物无法解除抑制,此种情况下加入巯基化合物如巯基乙醇或半胱氨酸非常有效。

非竞争性抑制作用的特征曲线如图 3-19 所示,非竞争抑制剂的存在使反应速度降低,K_m 值(称表观 K_m)不发生改变,V_{max} 减小。

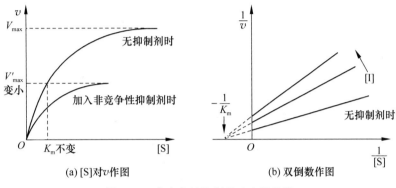

(a) [S]对v作图　　　　(b) 双倒数作图

图 3-19　非竞争性抑制的动力学曲线

（3）反竞争性抑制

与竞争性抑制剂作用相反,反竞争性抑制剂 I 不能和酶 E 直接结合,而是与 ES 复合物结合,但形成的 ESI 不能转变成产物 P,这种抑制作用称为**反竞争性抑制**(uncompetitive inhibition)。底物与酶的结合改变了酶的构象,使其更容易结合抑制剂。例如,叠氮化合物对氧化态细胞色素氧化酶的抑制作用就属于这类抑制。反竞争性抑制常见于多底物反应。

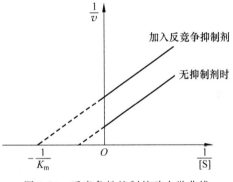

图 3-20　反竞争性抑制的动力学曲线

反竞争抑制剂的加入使 V_{max} 减小;底物与酶的亲和力增加,K_m 值降低(图 3-20)。

综上所述,不同种类的抑制剂对酶的两个动力学参数 V_{max} 和 K_m 的影响规律也不同。表 3-3 对竞争性抑制、非竞争性抑制和反竞争性抑制三种类型的特点进行了总结。

表 3-3　三种可逆抑制作用的比较

特　点	竞争性抑制	非竞争性抑制	反竞争性抑制
抑制剂的结构	与底物的结构相似	与底物的结构不相似	与底物结构无关
抑制剂结合的部位	酶的活性中心	活性中心以外	ES 复合物
增加底物浓度	能够解除抑制	不能解除抑制	不能解除抑制
抑制作用的程度	取决于抑制剂与底物的浓度比例	仅取决于抑制剂浓度	取决于抑制剂与 ES 复合物的浓度
V_{max}、K_m 变化	V_{max} 不变,K_m 增大	V_{max} 降低,K_m 不变	V_{max} 减小,K_m 减小

<h1 style="text-align:center">第五节　酶活性的调节</h1>

生物新陈代谢涉及众多酶促代谢途径,各个反应途径能够互不干扰、相互协调,保持稳态地运行,是因为机体对酶活性和酶含量有着多层次的代谢调控机制(详细内容见代谢调控一章)。酶的活性依赖于酶的结构,从某种程度上说,酶活性部位结构的形成,对酶的催化功能起着决定性作用。无论是酶原的激活,还是别构调节、共价修饰,都说明酶的结构与功能存在着密切的关系。本节中,我们从概念入手讨论酶活性的调节方式,包括酶原激活、别构调节、共价修饰及同工酶调节。

一、酶原的激活

(一)概念

为防止有些酶在不合适的时间、地点发挥功能引起细胞损伤,细胞须先合成无活性的前体物,然后输送、分泌到特定的部位,当体内需要时,经特异性切割作用使其构象发生变化,从而暴露出酶的活性部位,转化为有活性的形式。这些无活性的酶前体物称为**酶原**(zymogen)。如**胃蛋白酶原**(pepsinogen)、**胰蛋白酶原**(trypsinogen)和**胰凝乳蛋白酶原**(chymotrypsinogen)等。酶原转变成有活性的酶的过程,称为**酶原激活**(zymogen activation)。

(二)酶原激活的本质

不同酶原激活的方式不同,但其本质都是酶原分子中的特异肽键断裂,或去除部分肽段后酶活性中心形成和暴露的过程。例如,胰腺细胞合成的胰凝乳蛋白酶原激活过程如图 3-21 所示,该酶原为 245 个氨基酸残基组成的单一肽链,首先由胰蛋白酶催化水解 Arg^{15} 和 Ile^{16} 之间的肽键断裂,形成有活性但不稳定的 π-胰凝乳蛋白酶,π-胰凝乳蛋白酶自身催化,去除两个二肽,形成三条肽链,进一步构象折叠转变为有活性并具稳定结构的 α-胰凝乳蛋白酶。

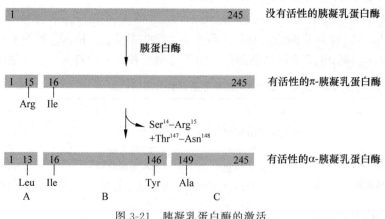

图 3-21　胰凝乳蛋白酶的激活

有些酶原激活还存在着级联反应。例如,胰蛋白酶原进入小肠后,受肠激酶的激活,第

Lys$_6$与 Ile$_7$ 之间的肽键被切断,去掉一个六肽,酶分子构象发生变化,形成酶的活性中心,变成了有活性的胰蛋白酶(图 3-22)。此胰蛋白酶又能将消化道内的胰凝乳蛋白酶原、弹性蛋白酶原和羧肽酶原分别激活成相应的有活性的酶,共同消化食物中的蛋白质。

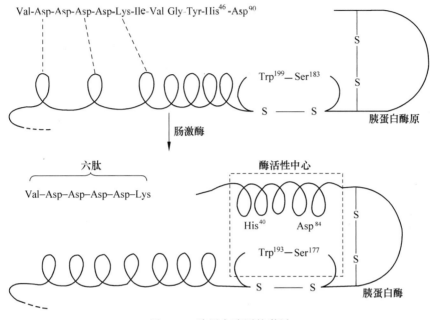

图 3-22　胰蛋白酶原的激活

(三)酶原激活的生理意义

酶原激活在生物体内广泛存在,是生物体的一种重要的调控酶活性的方式,具有重要的生理意义:一方面它保证合成酶的细胞本身免受这些酶的损伤;另一方面在机体需要时,酶原在特定的部位和环境中迅速受到激活并发挥其生理作用。如组织或血管内膜受损后激活凝血因子;胃主细胞分泌的胃蛋白酶原和胰腺细胞分泌的胰凝乳蛋白酶原、胰蛋白酶原、弹性蛋白酶原等分别在胃和小肠激活成相应的活性酶,促进食物蛋白质的消化。

酶原激活是不可逆过程,若发生异常,将导致一系列疾病的发生。出血性胰腺炎的发生就是由于蛋白酶原在未进入小肠时就被激活,激活的蛋白酶水解自身的胰腺细胞,导致胰腺出血、肿胀。活性酶的失活由专一性抑制剂完成,用胰蛋白酶抑制剂可以治疗胰腺炎。在正常情况下,血浆中大多数凝血因子基本上是以无活性的酶原形式存在,只有当组织或血管内膜受损后,无活性的酶原才能转变为有活性的酶,从而触发一系列的级联式酶促反应,最终导致可溶性的纤维蛋白原转变为稳定的纤维蛋白多聚体,进一步形成血凝块。

二、 别构酶及别构调节

(一)概念

别构酶(allosteric enzyme)是一类重要的调节酶,酶分子活性中心以外有可以结合调节物的变构中心(部位),当特异的调节物与变构中心非共价地结合后,即可影响到酶分子的催化活性。别构酶又叫变构酶,调节物又称效应物或**变构剂**(allosteric effector)。能导致酶蛋白质活性增强的小分子物质通常称为变构激活剂,反之称为变构抑制剂。

调节物主要是代谢物分子、ATP、ADP 和辅助因子等。当调节物和酶分子上的变构中心结合后,引起酶蛋白构象的变化,使酶活性中心对底物的结合与催化作用受到影响,从而调节酶促反应速度及代谢过程,这种调节方式称为酶的**别构调节**(allosteric regulation),如图 3-23 所示。别构调节是机体代谢中酶活性调节的一种重要方式。

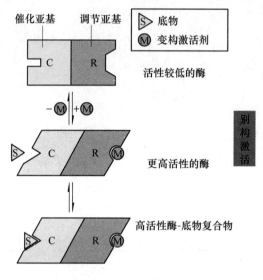

图 3-23　酶的别构调节示意图

(二) 别构酶的特点

(1) 别构酶通常为分子结构复杂的寡聚酶。除了具有酶活性中心外,还存在一个或多个调节部位,别构酶的活性中心与调节部位可共处一个亚基的不同部位,也可分别处于不同亚基上。

(2) 效应物和别构酶的结合为非共价键结合,可逆调节酶活性。一个别构酶可能有多个效应物,如底物、代谢中间物或终产物的调节。对别构酶起激活作用的效应物,称为**正效应物**(positive effector);反之,称为**负效应物**(negative effector)。

(3) 别构酶的反应速度对底物浓度之间的关系不遵循米氏方程(双曲线),而呈 S 形曲线。如图 3-24 所示,当底物浓度较低时,随着底物浓度的增加,别构酶的活性增加缓慢,底物浓度高到一定程度后,酶活性显著加强,这是因为底物分子和酶的结合具有正协同效应,当底物分子与酶分子中第一个亚基上的活性中心结合后,通过构象的改变,可增强其他亚基的活性中心与底物的结合,使其呈现 S 形动力学曲线。

(三) 别构酶的生理意义

(1) 从 $[S]_{90\%V}/[S]_{10\%V}$ 的比值表明,在别构酶的 S 形曲线中段,别构酶反应速度对底物浓度的变化非常敏感,其意义在于可以快速调节细胞内的酶促反应速度,满足细胞的基本需要,确保机体代谢正常进行。

(2) 别构酶的负效应物常是代谢途径的终产物,这种方式称为**反馈抑制**(feedback inhibition)。别构酶常处于代谢途径的开端,通过反馈抑制,可以及时地调控整个代谢途

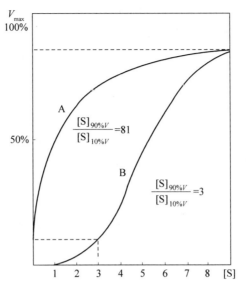

A 为非调节酶的曲线；B 为别构酶的 S 形曲线

图 3-24 别构酶的动力学曲线

径,减少不必要的底物消耗。例如,葡萄糖的氧化分解可提供能量,使 AMP、ADP 转变成 ATP,当 ATP 过多时,通过抑制 ATPase 的活性,进而限制葡萄糖的分解,而 ADP、AMP 增多时,则可促进糖的分解。随时调节 ATP/ADP 的水平,可以维持细胞内能量的正常供应。

三、 共价调节酶及共价修饰

(一)概念

有些酶,通过与某些基团可逆共价修饰,在活性形式和无活性形式之间发生改变,称为**共价调节酶**(covalent modification enzyme),也叫共价修饰酶。这种酶活性调节的方式称为酶的**共价修饰调节**(covalent modification regulation)。

(二)共价修饰调节的方式

可逆共价修饰分为共价结合修饰基团和水解去掉修饰基团。常见的共价修饰方式有:磷酸化/去磷酸化、腺苷酰化/去腺苷酰化、鸟苷酰化/去鸟苷酰化、甲基化/去甲基化、乙酰化/去乙酰化,以及二硫键的氧化/还原等。体内最常见的共价修饰方式是酶的磷酸化和去磷酸化。如酶蛋白的丝氨酸、苏氨酸残基的功能基团—OH 可被磷酸化。共价修饰调节的典型例证是肌肉和肝脏中催化糖原分解的糖原磷酸化酶。糖原磷酸化酶存在两种形式:高活性的磷酸化酶 a 和低活性的磷酸化酶 b(详见物质代谢的联系与调节一章)。

(三)共价修饰调节的特点

(1) 共价修饰调节具有放大效应。可逆共价调节酶常常接受来自激素和神经的信号调控。这类调节酶往往是另外一种酶的底物或产物,上游一个信号分子可以引发下游众多反应的发生,因此对代谢信号有放大效应,产生级联放大反应。这种调节反应灵敏,调节效果明显,节约能源,机制多样,十分灵活。

（2）共价修饰调节把胞外信号与胞内代谢联系起来，参与细胞信号转导，对生物体的正常生命活动具有重要生理意义。

四、同工酶

（一）概念

同工酶（isoenzyme）是指能催化相同的化学反应，但在分子的结构、理化性质、免疫性质等方面不同的一组酶。同工酶普遍存在于动物、植物、微生物中，它们存在于生物的同一种属或同一个体的不同发育阶段，或同一发育阶段的不同组织，甚至在同一组织、同一细胞的不同细胞器中，对器官代谢具有精细调节作用。至今已知的同工酶已有数百种，如乳酸脱氢酶、己糖激酶、过氧化物酶等。其中哺乳动物的**乳酸脱氢酶**（lactate dehydrogenase，LDH）是研究最早、研究得最为清楚的同工酶。

（二）乳酸脱氢酶同工酶

乳酸脱氢酶是 1959 年发现的第一个同工酶，催化丙酮酸与乳酸之间的转变，是碳水化合物代谢中一个关键反应。人和脊椎动物组织中 LDH 有五种，它们催化下列相同的化学反应：

$$
\begin{array}{ccc}
\text{COOH} & & \text{COOH} \\
| & \xrightarrow{\quad\text{乳酸脱氢酶}\quad} & | \\
\text{C}=\text{O} & & \text{H}-\text{C}-\text{OH} \\
| & \text{NADH}+\text{H}^+ \quad\quad \text{NAD}^+ & | \\
\text{CH}_3 & & \text{CH}_3
\end{array}
$$

五种同工酶均含有四个亚基。LDH 的亚基有骨骼肌型（M 型）和心肌型（H 型）之分，由两种亚基以不同组合形式组成四聚体，即 H_4（LDH_1）、H_3M_1（LDH_2）、H_2M_2（LDH_3）、H_1M_3（LDH_4）和 M_4（LDH_5）（图 3-25）。

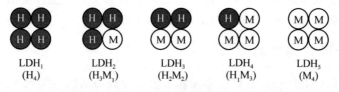

图 3-25　乳酸脱氢酶同工酶的五种形式

五种 LDH 的理化性质因其 M、H 亚基比例不同而存在差别。凝胶电泳法可把五种 LDH 分开，LDH_1 向正极泳动速度最快，而 LDH_5 泳动最慢，其他几种介于两者之间，依次为 LDH_2、LDH_3 和 LDH_4（图 3-26）。不同组织中各种 LDH 的含量不同，心肌中 LDH_1 及 LDH_2 的量较多，而骨骼肌及肝中以 LDH_5 和 LDH_4 为主。不同组织中 LDH 同工酶谱的差异与组织利用乳酸的生理过程有关。心肌中 LDH_1 和 LDH_2 对乳酸的 K_m 比丙酮酸低，使乳酸脱氢生成丙酮酸，有利于心肌利用充足的氧气进行有氧代谢，获得能量。骨骼肌中富含的 LDH_5 和 LDH_4 对丙酮酸的 K_m 比乳酸低，可使丙酮酸还原为乳酸，这与骨骼肌容易缺氧，需要将丙酮酸还原成乳酸，进而通过糖酵解获得能量的生理过程相适应（详见糖代谢一章）。

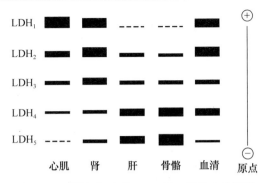

图 3-26 不同组织中的 LDH 同工酶的电泳图谱

(三)研究同工酶的意义

同工酶在酶学、生物学和医学中的研究中均占有重要地位。同工酶是生物进化的产物,使机体能够适应不同组织或细胞在代谢上的不同需求。同工酶在不同组织器官甚至亚细胞结构中的时空表达不同,使机体各个组织器官有不同的代谢特征,因此可作为生物的遗传标志。在组织病变时,相应类型同工酶释放入血,血清同工酶谱就有了变化,故临床常用血清同工酶谱分析来诊断疾病。例如心脏产生疾病时 LDH$_1$、LDH$_2$ 增加,LDH$_3$、LDH$_5$ 减少;肝脏硬变时 LDH$_1$、LDH$_3$ 和 LDH$_5$ 均升高。因此同工酶是研究个体发育、组织分化、代谢调节、分子遗传和遗传变异的重要方式。

> **知识卡片 3-4 酶在动物医学和动物科学方面的应用**
>
> 1. 酶制剂在饲料添加剂中的应用
>
> 酶制剂是一种具有高度催化活性的微生态制剂,由微生物发酵而成。蛋白酶、纤维素酶、半纤维素酶、木聚糖酶等酶制剂在国内外被广泛用于饲料添加,商业化饲用酶制剂产业逐步发展壮大。
>
> 饲用酶制剂可以消除饲料中的抗营养因子,补充内源酶的不足,改善畜禽肠道微环境,促进养分的消化和吸收,提高畜禽的生长速率、生长性能,增加畜禽健康。另外,饲用酶制剂的使用,可以提升饲料转化效率,减少粪便中有机物、氮和磷的排放量,减轻环境污染。
>
> 2. 同工酶在畜牧兽医实践中的应用
>
> 血液同工酶的遗传多样性属于动物生物化学遗传标记,LDH 同工酶可以应用于分析畜禽品种间亲缘关系,划分品种类型,调查研究畜禽品种资源,分析杂种优势和进行早期选种。
>
> LDH 同工酶还可用于兽医临床上疾病的诊断,如马血清中 LDH$_4$ 或 LDH$_5$ 活性增高可以作为肌肉疾病诊断指标,血清中 LDH$_5$ 活性增高可作为肝脏疾病的诊断指标。

第六节 酶的分离提纯

一、材料来源及预处理

过去多用动物或植物的器官组织作为酶的来源,近年来则主要采用微生物作为材料来源,因为微生物种类多、繁殖快、培养时间短、含酶丰富等。无论何种材料来源,一般都要做一些预处理,如动物材料要剔除结缔组织、脂肪组织;微生物材料则应将菌体细胞和发酵介质分离。经过这些处理后,材料应尽可能以非常新鲜的状态直接应用,否则就应将完整材料立即冰冻起来。

二、 破碎细胞

酶根据它的分布可分为胞内酶和胞外酶。

1. 胞外酶

多为水解酶类。胞外酶可直接用体液如唾液、胰液或微生物发酵液进行分离纯化,收集容易,不必破碎细胞,缓冲液或水浸泡细胞或发酵液离心得到的上清液即为含酶溶液。

2. 胞内酶

除水解酶类外的其他酶类多为胞内酶。胞内酶的提取需要通过研磨、捣碎、超声波、酶解等方法破碎细胞,不同的酶分布部位不同,有时还需要将酶存在的细胞器分离后再破碎该细胞器,然后将酶用适当的缓冲液抽提出来。

三、 分离提纯的原则

(1) 在提纯过程中,在追求酶的回收率和纯度的同时,尽可能避免高温、过酸、过碱、剧烈震荡及其他可能使酶丧失活力的一切操作过程。尽最大可能保存酶的活力,这一点在纯化的后期更为突出。

(2) 从理论上说,凡是用于蛋白质分离纯化的一切方法都同样适用于酶。

(3) 在酶的抽提和纯化过程中,每一步骤前后都应进行酶的活力测定。检测酶活性可以为酶的抽提、纯化以及制备过程中选择适当的方法与条件提供直接的依据。

四、 分离提纯方法

对于某种酶的具体制备方案,应通过了解酶的来源、性质及纯度需要来确定,无固定的方案。

(一) 选择纯化方法的原则

(1) 工作前应对所要纯化的酶的理化性质(溶解度、分子大小和解离特性)以及酶的稳定性等有一个较全面的了解,选择有效的纯化方法,尽可能减少纯化步骤。

(2) 判断选择的方法与条件是否适当,始终应以酶活力测定为准则。一个好的步骤应该纯度提高多,总活力回收高。一般地说,纯化过程不宜重复相同的步骤和方法,因为这样只能使酶的总活力下降,而不能使酶的纯度进一步上升。

(3) 要严格控制操作条件,常在低温(4℃)条件下进行纯化,以避免酶的变性。特别是随着酶逐渐纯净、杂蛋白逐渐移除、总的蛋白浓度下降,蛋白质间的相互保护作用随之减小,酶的稳定性也越小,就更应注意防止变性。

(二) 纯化方法

现行的方法是根据酶和杂蛋白在性质上的差异而建立的:

(1) 根据溶解度的不同而建立的方法,如盐析法、有机溶剂沉淀法、等电点沉淀法等。

（2）根据分子大小的差别而建立的方法，如凝胶过滤层析、超过滤、超离心法等。

（3）根据解离电学性质的特点而建立的方法，如离子交换层析和电泳。

（4）基于酶和配体具有亲和作用的特点而建立的方法，如亲和层析法。

（三）酶的结晶

结晶是指分子通过氢键、离子键或分子间力，有规则且周期性排列的一种固体形式。由于各种分子形成结晶的条件不同，也由于变性的蛋白质和酶不能形成结晶，因此，结晶既是一种酶是否纯净的标志，也是一种酶和杂蛋白分离纯化的手段。结晶方法包括盐析结晶、有机溶剂结晶、透析平衡结晶、等电点结晶等。结晶的主要条件如下。

（1）酶溶液应达到一定的纯度　一般情况下，不纯的溶液是不能得到结晶的。

（2）酶的浓度要恰到好处　一般以 $1\%\sim5\%$ 为宜，不宜小于 0.2%，浓度高虽然较易结晶，但如果过于饱和，只能获得大量微晶，难以形成大晶体。

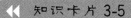 知识卡片 3-5　　　　　酶工程简介

知识卡片 3-6　　　　酶在医疗方面的应用

本章小结

酶的分类和命名　根据酶组成成分的不同，酶可分为单纯酶和结合酶两类；根据酶的结构特点可分为单体酶、寡聚酶、多酶复合体。酶的命名方法分为习惯命名法和国际命名法。国际酶学委员会规定，按酶催化反应的性质，酶分成六大类：氧化还原酶类、转移酶类、水解酶类、裂合酶类、异构酶类、连接酶类。

酶活力　酶活力是指酶催化特定化学反应的能力。

酶的催化特点　高度的专一性、高效性、反应条件温和、酶活力可受调控、某些酶的催化活力与辅助因子有关等。

酶的活性中心　酶蛋白主要靠其活性中心来完成催化，酶的活性中心（活性部位）分为结合部位和催化部位。结合部位决定了酶的专一性；催化部位决定了酶的催化效率。

酶催化反应高效性的机制　酶与底物通过"诱导契合"结合形成中间产物，降低反应所需的活化能。酶催化反应高效性的机制包括邻近效应和定向效应，底物分子的形变、酸碱催化、共价催化、活性部位疏水微环境等。

酶促反应动力学　酶的催化反应受多种因素的影响，如底物的浓度、酶的浓度、温度、

pH、激活剂和抑制剂等。其中底物浓度对酶促反应速度的影响可用米氏方程来定量描述。米氏常数(K_m)是酶的特征性常数,只与酶的性质、酶所催化的底物和酶促反应的条件有关,而与酶的浓度无关。酶的活性也受抑制剂的影响,凡能使酶活性下降而不引起酶蛋白变性的物质称为酶的抑制剂,抑制作用主要分为可逆性抑制和不可逆性抑制两类,可逆抑制又分为竞争性抑制、非竞争性抑制和反竞争性抑制。

酶活性的调节　体内酶的活性受到严格的调节控制,其中酶原激活、别构酶、共价调节酶和同工酶是重要的调节方式和调节酶。

复习思考题

1. 解释下列名词
(1) 酶的活性中心和必需基团
(2) 酶原和酶原激活
(3) 酶的可逆抑制作用和不可逆抑制作用
(4) 酶的竞争性抑制作用、非竞争性抑制作用和反竞争性抑制作用
(5) 寡聚酶和多酶复合体
(6) 诱导契合学说
2. 酶作为生物催化剂有何特点?
3. 简述米氏常数(K_m)的意义。
4. 什么是同工酶? 研究同工酶有什么意义?
5. 什么是别构酶? 简述别构酶的特点。
6. 竞争性抑制、非竞争性抑制、反竞争性抑制对酶促反应动力学影响有哪些异同点?
7. 举例说明竞争性抑制作用在药物治疗上的应用。
8. 实现酶反应高效性的因素有哪些? 它们是如何提高酶促反应速度的?
9. 当一酶促反应进行的速率为 V_{max} 的 80% 时,K_m 和[S]之间有何关系?
10. 称取 25mg 蛋白酶粉,配制成 25mL 酶溶液,从中取出 0.1mL 酶液,以酪蛋白为底物,用 Folin-酚比色法测定酶活力,得出每小时产生 1500mg 酪氨酸的结论。另取 2mL 酶液,用凯氏定氮法测得蛋白氮为 0.2mg,以每分钟产生 1mg 酪氨酸的酶量为 1 个酶活力单位计算。根据以上数据,求:①1mL 酶液中所含蛋白质量及活力单位;②比活力;③1g 酶制剂的总蛋白含量及总活力。

第四章　维生素

本章导读

　　维生素在调节动物物质代谢、促进生长发育和维持生理功能等方面具有非常重要的作用。机体对维生素的需要量很少，但由于动物体自身不能合成或合成量少，所需维生素大多需要从食物或饲料中摄取。如果机体缺少某种维生素，可导致动物代谢过程发生障碍，从而引发维生素缺乏病。本章主要介绍各种维生素的结构和功能，重点讨论维生素 B 家族如何作为一些重要代谢酶的辅酶或辅基来发挥作用。通过本章学习应弄明白以下几个问题：①维生素的基本概念、特点是什么？②维生素 B 家族成员分别是哪些酶的辅酶？其作为辅酶的作用及其机制分别是什么？③各种维生素的主要生理作用及其对应的缺乏症分别是什么？

第一节　概　　述

一、维生素的概念和特点

　　维生素是维持动物正常生命活动所不可缺少的一类小分子有机化合物，和其他营养物质不同的是，它既不作为供能的物质，也不是机体组织的构成成分。维生素一般都具有以下特点：①机体的需要量很少，每日需求量仅有 mg 或 μg 级，但对物质代谢起着重要调节作用。②动物体内不能合成或合成量极少，难以满足机体的需求，必须由食物或饲料来供给。③在生物体内以其本身或其前体形式存在，常作为一些酶的辅酶或辅基的组成成分。

二、维生素的发现与分类

　　早在公元 7 世纪，唐代名医孙思邈就指出，喝谷物麸皮粥可以防治脚气病，吃猪肝可以治疗"雀目症"（夜盲症）。18 世纪欧洲人发现吃新鲜水果和蔬菜可以防治坏血病。但当时人们并不清楚这些治疗方法的具体机制。

　　1886 年，荷兰医生 Eijkman 及其同事对亚洲普遍流行的脚气病进行了研究，最初他们试图提取引起该病的微生物,但一直未获成功。在随后的试验中,他们发现饲喂精白米的鸡群大规模发病,其症状与脚气病极为相似,并且该症状在鸡群改喂糙米后消失。排除其他可能性后,Eijkman 认为米糠中含有一种可对抗脚气病的物质。

1906 年,英国生物化学家 Frederick Hopkins 用纯化过的饲料(包括糖类、脂质、蛋白质和矿物质)饲喂老鼠,发现老鼠不能存活。而在纯化饲料中添加少量牛奶,老鼠就可正常生长。这证明食物中除了糖类、脂类、蛋白和矿物质等营养素外,还存在一种其他必需的辅助因子。

1911 年,波兰生化学家 Casimir Funk 发现糙米中能治疗脚气病的物质是一种胺,首次提出"vitamines"一词,意为"Vital amine",意思就是"维持生命所必需的胺"。尽管随后发现很多其他的"辅助因子"并不都含有胺的结构,但由于该叫法已被广泛采用,人们把 amine 最后一个 e 去掉,命名为"vitamin"。

维生素的种类很多,其名称一般按发现的先后顺序命名,即在"维生素"(简式用 V 表示)之后加上 A、B、C、D 等字母或数字来表示,如 VB_1、VB_2 和 VB_{12} 等。目前已知的维生素有 60 多种,其化学结构也已清楚,各种维生素的化学结构、性质差别很大。因此,通常按其溶解性质进行分类,将其分为脂溶性维生素和水溶性维生素两大类(表 4-1)。脂溶性维生素有维生素 A、维生素 D、维生素 E、维生素 K 等;水溶性维生素有维生素 B_1、维生素 B_2、维生素 PP、维生素 B_6、泛酸、生物素、叶酸和维生素 B_{12}、硫辛酸和维生素 C 等。

表 4-1 脂溶性维生素和水溶性维生素的比较

项 目	脂溶性维生素	水溶性维生素
溶解性质	不溶于水,易溶于有机溶剂	易溶于水
血液运输	需载体蛋白	游离形式
跨膜方式	自由扩散	多需运输蛋白
储存	量多时与脂肪储存在一起	量多时经肾脏排泄
毒性	大剂量服用可达到毒性水平	一般难以达到毒性水平

第二节 水溶性维生素

水溶性维生素主要包括维生素 B 族和维生素 C。它们的共同特点是易溶于水,容易随尿液排出,即在体内不易储存,必须经常从食物中摄取。它们在生物体内通过构成辅酶参与物质代谢和能量代谢。当水溶性维生素缺乏时,机体的代谢会出现障碍,最容易受到影响的是生长和分裂旺盛的细胞和组织,如上皮细胞和血细胞。此外,由于神经组织对能量供应的依赖性非常强,因此缺乏水溶性维生素也会影响到神经系统的功能,如外周神经炎等症状的产生。

一、 维生素 B 族

重要的 B 族维生素包括维生素 B_1(硫胺素)、维生素 B_2(核黄素)、维生素 PP(烟酸、烟酰胺)、维生素 B_5(泛酸)、维生素 B_6(吡哆醇、吡哆醛、吡哆胺)、维生素 B_7(生物素)、维生素 B_{11}(叶酸)、维生素 B_{12}(钴胺素)等。在生物体内,B 族维生素通过作为辅酶或辅基的组成成分来参与机体物质代谢的调节(表 4-2)。

表 4-2　B 族维生素的辅酶（辅基）形式及主要功能

名　称	活性形式	主要功能
维生素 B_1（硫胺素）	焦磷酸硫胺素（TPP）	α-酮酸脱羧和醛基转移
维生素 B_2（核黄素）	黄素单核苷酸（FMN）	氧化还原反应
	黄素腺嘌呤二核苷酸（FAD）	氧化还原反应
维生素 PP	烟酰胺腺嘌呤二核苷酸（NAD^+）	氢原子（电子）转移
（烟酸和烟酰胺）	烟酰胺腺嘌呤二核苷酸磷酸（$NADP^+$）	氢原子（电子）转移
维生素 B_6	磷酸吡哆醛、磷酸吡哆胺	氨基转移和脱羧基
泛酸	辅酶 A	酰基转移
生物素	生物素	羧化作用
叶酸	四氢叶酸	传递一碳单位
维生素 B_{12}（钴胺素）	脱氧腺苷钴胺素、甲基钴胺素	传递甲基，参与异构化反应
硫辛酸	硫辛酸赖氨酸	酰基转移和氧化还原反应

（一）维生素 B_1

维生素 B_1 是第一个被发现的维生素，因其化学结构具有含硫的噻唑环和含氨基的嘧啶环，故称硫胺素（thiamine）。维生素 B_1 在酸性条件下稳定，在 pH3.5 以下加热到 120℃ 也不被破坏，但在碱性溶液中加热易分解。

维生素 B_1 主要存在于种子外皮与胚芽中，米糠、麦麸、酵母、黄豆中含量丰富。

在生物体内，维生素 B_1 常以**焦磷酸硫胺素**（thiamine pyrophosphate，TPP）的形式存在（图 4-1），TPP 又称辅羧化酶。

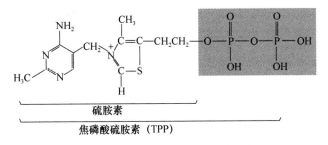

图 4-1　维生素 B_1 及其衍生的辅酶（TPP）的结构

维生素 B_1 的生理作用如下：

（1）维生素 B_1 是构成 α-酮酸脱氢酶复合体中的辅酶-TPP 的成分，参与 α-酮酸的氧化脱羧，如糖代谢过程中丙酮酸及 α-酮戊二酸的脱羧反应（参见三羧酸循环部分）。体内若缺乏硫胺素，则丙酮酸氧化分解不易进行，糖的分解停滞在丙酮酸阶段，使糖不能彻底氧化。正常情况下，神经组织所需的能量几乎全部来自糖的分解。当糖代谢受阻时，会造成丙酮酸、乳酸在神经系统中的堆积，使机体表现出感觉麻木、四肢乏力和神经系统损伤等症状，临床上称为脚气病或多发性神经炎。

（2）TPP 作为转酮醇酶的辅酶，参与磷酸戊糖途径的转酮醇反应。

（3）维生素 B_1 能降低胆碱酯酶的活性，使神经递质乙酰胆碱的分解保持适当的速度，保证胆碱能神经的正常传导,而消化腺的分泌和胃肠道的运动均受胆碱能神经的支配。因此当维生素 B_1 缺乏时,可造成消化液分泌减少,胃肠蠕动减慢,从而出现食欲不振、消化不良等症状。反之补充维生素 B_1 则有助于增进食欲,促进消化。

（二）维生素 B_2

维生素 B_2 是核醇与 7,8-二甲基异咯嗪缩合成的糖苷化合物,为橘黄色针状结晶体,又名**核黄素**(riboflavin)。在酸性条件下,维生素 B_2 比较稳定,在碱性条件或光照下易被破坏。

维生素 B_2 广泛存在于动植物中,米糠、酵母、豆类、青绿饲料、青贮饲料、发酵饲料、肝脏、蛋黄、奶中含量丰富。

在体内,维生素 B_2 与磷酸结合转变成**黄素单核苷酸**(flavin mononucleotide,FMN),FMN 再和腺苷酸结合转变成**黄素腺嘌呤二核苷酸**(flavin adenine dinucleotide,FAD)(图 4-2)。

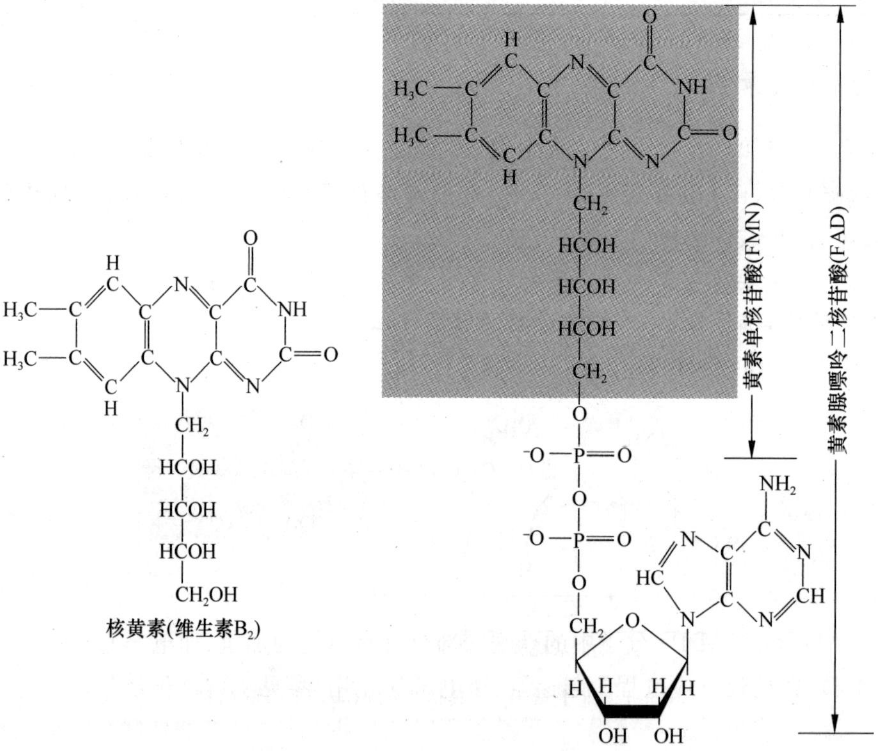

图 4-2　维生素 B_2 和 FMN、FAD 的结构

FMN 和 FAD 分别作为多种黄素酶的辅基发挥作用,即在异咯嗪环的 N_1 和 N_5 之间有一对活泼的共轭双键,容易发生可逆的加氢或脱氢反应,因此在氧化反应中,FMN 和 FAD 起递氢体的作用(图 4-3),这与核黄素的主要生理功能直接相关。以 FAD 为辅基的酶有琥珀酸脱氢酶(参见生物氧化部分)、脂酰 CoA 脱氢酶(参见脂代谢部分)等,以 FMN 为辅基的酶有 L-氨基酸氧化酶(参见氨基酸代谢部分)、NADH-CoQ 还原酶(参见生物氧化部分)等。

维生素 B_2 广泛参与体内多种氧化还原反应,能促进糖、脂肪和蛋白质的代谢,对维持

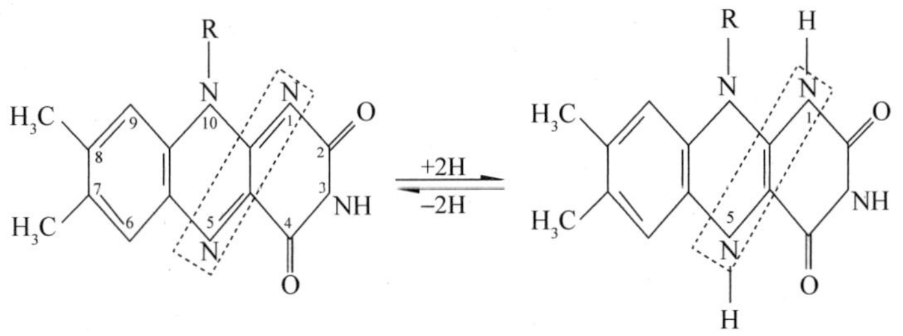

氧化型FMN或FAD　　还原型FMN或FAD

图 4-3　FMN 和 FAD 的递氢过程

皮肤、黏膜和视觉的正常功能均有一定作用。当缺乏维生素 B_2 时，人的典型症状为口腔结膜炎、视觉模糊、脂溢性皮炎等，鸡的典型症状为爪部弯曲、瘫痪等。

（三）维生素 PP

维生素 PP 即维生素 B_3，包括烟酸（尼克酸）和烟酰胺（尼克酰胺），两者在体内可相互转化（图 4-4）。维生素 PP 性质比较稳定，不易被酸、碱破坏，是维生素中性质最稳定的一种。

维生素 PP 广泛存在于动植物中，在酵母、花生、谷类植物和大豆中含量丰富，动物肝脏内可将色氨酸转变成烟酸。

烟酸　　烟酰胺

图 4-4　烟酸和烟酰胺的结构

在体内，维生素 PP 可转变成**烟酰胺腺嘌呤二核苷酸**（nicotinamide adenine dinucleotide，NAD^+，辅酶Ⅰ）和**烟酰胺腺嘌呤二核苷酸磷酸**（nicotinamide adenine dinucleotide phosphate，$NADP^+$，辅酶Ⅱ）。二者基本结构相同，差别仅在 $NADP^+$ 核糖的 2 位上多一个磷酸根（图 4-5）。

维生素 PP 的生理作用如下：

（1）NAD^+ 和 $NADP^+$ 分子中的烟酰胺部分具有可逆的加氢、加电子和脱氢、脱电子的特性（图 4-6），在酶促反应过程中起递氢、递电子的作用（参见生物氧化部分）。它们也是多种重要脱氢酶的辅酶，如 3-磷酸甘油醛脱氢酶以辅酶Ⅰ为辅酶（参见糖酵解部分），葡萄糖-6-磷酸脱氢酶以辅酶Ⅱ为辅酶（参见磷酸戊糖途径部分）。

（2）NAD^+ 作为 DNA 连接酶的辅酶，对 DNA 复制有重要作用。

一般营养条件下，机体很少会出现缺乏维生素 PP 的情况，但在长期单食玉米、高粱时有可能会导致维生素 PP 的缺乏。维生素 PP 缺乏时会导致癞皮病的发生，临床表现为皮炎、腹泻、痴呆和死亡等。

（四）维生素 B_6

维生素 B_6 属于吡啶类衍生物，包括吡哆醇、吡哆醛及吡哆胺三种形式，在体内可相互转换。该类维生素为无色晶体，在酸性条件下比较稳定，但在碱性条件下或遇光不稳定，高

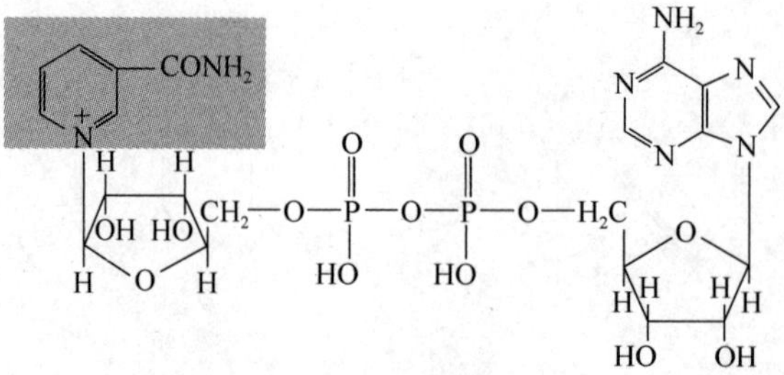

NAD$^+$的结构

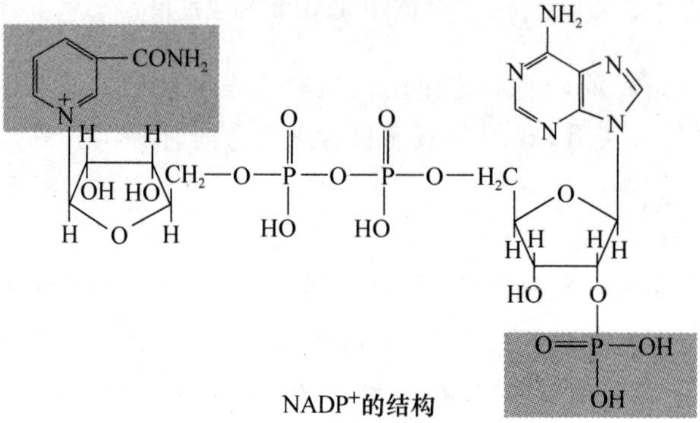

NADP$^+$的结构

图 4-5　NAD$^+$ 和 NADP$^+$ 的结构

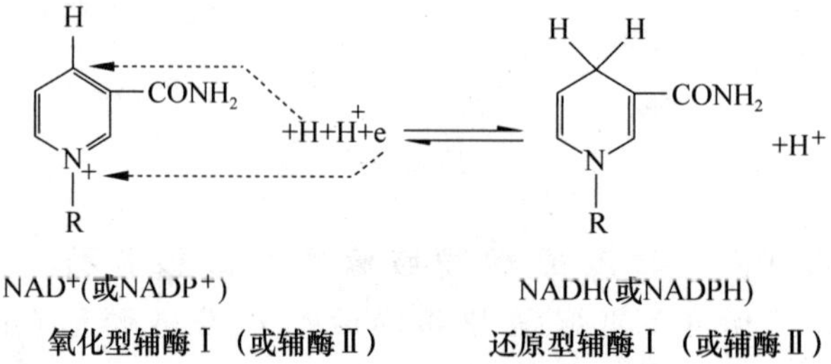

NAD$^+$(或NADP$^+$)　　　　　　　　NADH(或NADPH)

氧化型辅酶Ⅰ（或辅酶Ⅱ）　　　　还原型辅酶Ⅰ（或辅酶Ⅱ）

图 4-6　NAD$^+$ 和 NADP$^+$ 的递氢过程

温下易被破坏。

维生素 B$_6$ 广泛分布于各种动植物中,在谷类外皮中含量丰富。

在生物体内,吡哆醛经磷酸化后可转变成磷酸吡哆醛。磷酸吡哆醛与磷酸吡哆胺之间又可互相转变(图 4-7)。

维生素 B$_6$ 的生理作用如下:

(1) 磷酸吡哆醛和磷酸吡哆胺是氨基转移酶的辅酶,通过二者的互变可传递氨基(参见氨基酸代谢部分)。

(2) 磷酸吡哆醛是谷氨酸、酪氨酸、精氨酸及其他一些氨基酸脱羧酶的辅酶。

(3) 作为丝氨酸转羟甲基酶的辅酶,参与一碳基团的转移反应。

(4) 维生素 B$_6$ 能提高氨基酸及钾离子逆浓度进入细胞的转运速度。

维生素 B$_6$ 来源极广,且人体内的肠道细菌可以合成,人很少会发生维生素 B$_6$ 缺乏病。动物缺乏维生素 B$_6$ 可引发与癞皮病相似的皮炎。

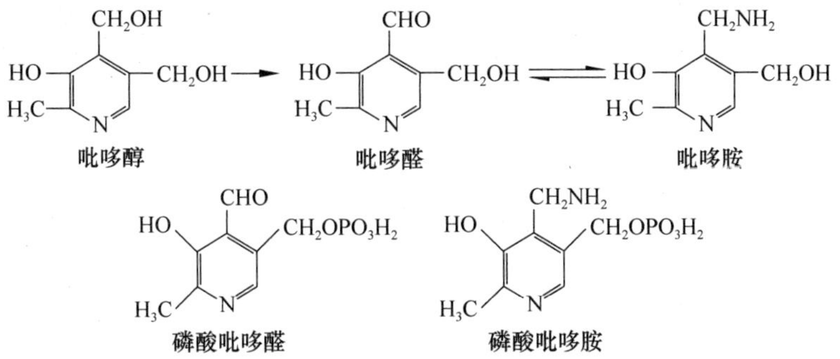

吡哆醇   →   吡哆醛   ⇌   吡哆胺

磷酸吡哆醛   磷酸吡哆胺

图 4-7 维生素 B_6 及其衍生物的结构与转变

（五）泛酸

泛酸（pantothenic acid）是 α,γ-二羟基-β,β-二甲基丁酸与 β-丙氨酸的氨基以酰胺键结合而成的一种酸性化合物，因其在动植物中广泛分布而被称为泛酸，又叫遍多酸。泛酸在中性溶液中耐热，但在酸性或碱性溶液中加热易被破坏。

泛酸在体内可转变成**辅酶 A**（coenzyme A，HSCoA 或 CoA）。辅酶 A 分子由泛酸、巯基乙胺和 3′-磷酸腺苷 5′-焦磷酸三部分组成（图 4-8）。辅酶 A 中最重要的活性基团为巯基（—SH）。

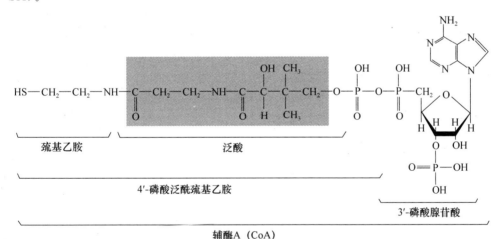

图 4-8 辅酶 A 的结构式及其组成

泛酸的生理作用如下：

（1）辅酶 A 是酰基转移酶的辅酶，其分子中巯基乙胺的—SH 为结合酰基的部位，使辅酶 A 作为酰基载体，可充当多种酶的辅酶参加酰化反应及氧化脱羧等反应。

（2）4-磷酸泛酰巯基乙胺可作为酰基载体蛋白（ACP）的辅基，参与脂肪酸合成代谢。

（3）辅酶 A 还参与体内一些重要物质，如乙酰胆碱、胆固醇、卟啉等的生物合成，并能调节血浆中脂蛋白和胆固醇的含量。

（六）生物素

生物素（biotin）是由带有戊酸侧链的噻吩环与尿素缩合而成的双环化合物。自然界中

至少有 α-生物素(存在于蛋黄中)和 β-生物素(存在于肝脏中)两种,不同之处在于 α-生物素带有异戊酸侧链,β-生物素带有戊酸侧链(图 4-9)。生物素在常温下稳定,但高温和氧化剂作用可使其失去生理活性。

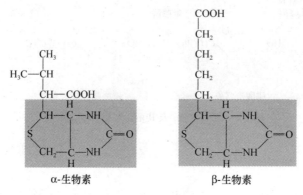

图 4-9　生物素类型和结构

生物素广泛存在于酵母、谷类、豆类、鱼类、肝脏、肾脏、蛋黄和坚果中。

生物素在高等动物组织内是羧化酶的辅酶或辅基,作为 CO_2 的载体参与细胞内 CO_2 的固定。如丙酮酸转变为草酰乙酸(参见糖异生部分),乙酰 CoA 转变为丙二酸单酰 CoA(参见脂肪酸合成部分)等反应都需要生物素作为辅酶。

近年的研究证明,生物素还参与细胞信号传导和基因表达的调节,现已鉴定,人类基因组中含有 2000 多个依赖生物素的基因,生物素可使组蛋白生物素化,从而影响细胞周期、基因转录和 DNA 损伤的修复等过程。

生物素在动植物中广泛存在,且肠道细菌也能合成,故一般很少会发生生物素缺乏病。但长期食用生鸡蛋可导致该维生素的缺乏,因蛋清中含有一种抗生物素蛋白即亲和素,与生物素有高度的亲和性而妨碍对生物素的吸收。

(七) 叶酸

叶酸(folic acid)因其普遍存在于植物叶片中而得名,由 2-氨基-4-羟基-6-甲基蝶啶、对氨基苯甲酸(PABA)和 L-谷氨酸三部分组成,为黄色晶体,微溶于水,易溶于稀乙醇,易被光破坏,在酸性溶液中不稳定。

叶酸被小肠吸收后,分布于内肠壁、肝、骨髓等组织中,在维生素 C 和 NADPH 参与下,叶酸可由叶酸还原酶催化转变成具有生理活性的 **5,6,7,8-四氢叶酸**(FH_4,THFA)(图 4-10)。

四氢叶酸是一碳基团转移酶的辅酶,具有传递一碳单位的作用,其分子中的 N_5 和 N_{10} 是结合一碳单位的位点。一碳单位是生物体内合成嘌呤核苷酸和胸腺嘧啶核苷酸的原料之一,所以叶酸在核酸的生成中起着重要作用(参见核苷酸代谢部分)。

叶酸广泛存在于绿叶、酵母及肝脏中,人类肠道细菌也能合成,一般不易缺乏。但当吸收不良、代谢异常或需求量过多,以及长期服用抗生素或某些叶酸拮抗药时,可造成叶酸的缺乏。

(八) 维生素 B_{12}

维生素 B_{12} 发现较晚,是唯一含金属元素的维生素,由于分子中含有钴(Co^{2+}),故又称

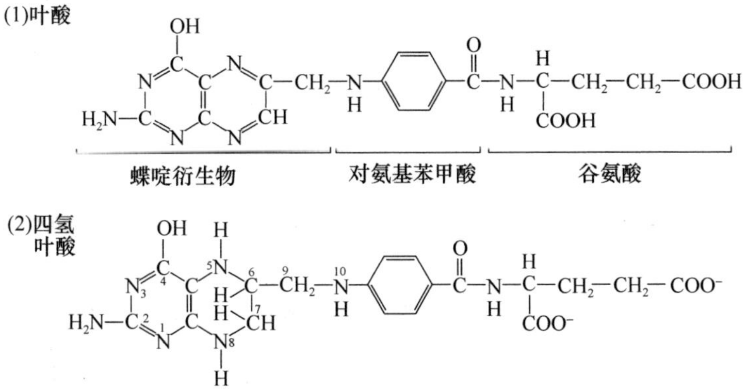

(1)叶酸

蝶啶衍生物　　　　对氨基苯甲酸　　　　谷氨酸

(2)四氢叶酸

图 4-10　叶酸与四氢叶酸的结构式

钴胺素。维生素 B_{12} 为咕啉的衍生物,金属元素钴位于咕啉环的中央,并与咕啉环上的氮以配位键相连,在钴原子上再结合上不同的 R 基团,形成多种形式的维生素 B_{12},如氰钴胺素、羟钴胺素、甲钴胺素和 5′-脱氧腺苷钴胺素等(图 4-11)。强酸、强碱、日光、氧化剂及还原剂均易破坏维生素 B_{12}。

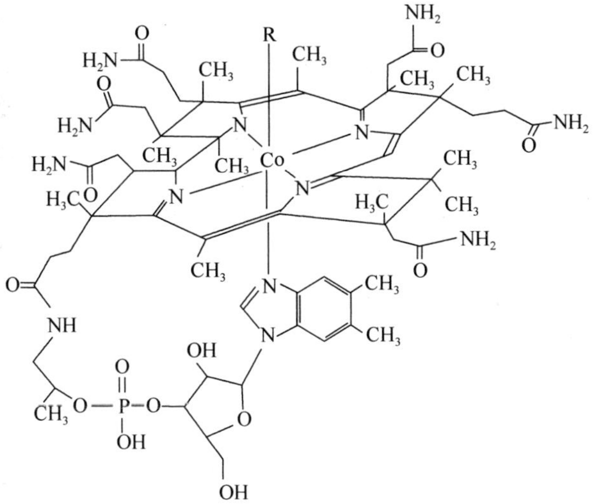

R＝—CN,为氰钴胺素(维生素 B_{12});R＝—OH,为羟钴胺素;R＝—CH$_3$,为甲钴胺素;

R＝5′-脱氧腺苷,为 5′-脱氧腺苷钴胺素

图 4-11　维生素 B_{12} 的一般结构

维生素 B_{12} 广泛存在于动物性食品中,肉类和肝脏中含量丰富。

维生素 B_{12} 作为辅酶的主要结构形式是 5′-脱氧腺苷钴胺素,由于它以辅酶形式参加多种代谢反应,故又称**辅酶 B_{12}**(CoB_{12})。甲基钴胺素也是一种辅酶,是维生素 B_{12} 转运甲基的活性形式。羟钴胺素比较稳定,是药用维生素 B_{12} 的常见形式。

维生素 B_{12} 的生理作用如下:

(1)辅酶 B_{12} 参与体内一碳基团的代谢,是传递甲基的辅酶。它与叶酸的作用相互联系,如蛋氨酸的生成(图 4-12)。体内叶酸约 80% 以 N^5-甲基四氢叶酸状态存在,它由 N^5,N^{10}-亚甲基四氢叶酸还原而成。此反应在体内条件下不可逆,需通过维生素 B_{12} 在转甲基的过程中,使 N^5-甲基四氢叶酸恢复为四氢叶酸,使其能重新携带一碳基团。此外,维生素 B_{12} 和叶酸一起参与胆碱的合成,胆碱是乙酰胆碱和磷脂酰胆碱的组成成分,后两者分别是神经传递介质和生物膜的基本结构物质。因此,维生素 B_{12} 对机体的神经功能有重要影响。

(2) 辅酶 B_{12} 作为变位酶的辅酶,参与一些异构化反应。如作为甲基天冬氨酸变位酶的辅酶,催化谷氨酸与β-甲基天冬氨酸的转化反应。

(3) 维生素 B_{12} 对红细胞的成熟起重要作用,可能和维生素 B_{12} 参与 DNA 和蛋白质的合成有关。

维生素 B_{12} 广泛存在于动物性原料中,人和动物的肠道细菌都能合成,一般情况下很少缺乏。

5′-脱氧腺苷
Co
辅酶B12
N5-甲基四氢叶酸
四氢叶酸
脱氧腺苷
CH3
Co
甲钴胺素
CH2—S—CH3
CH2
CHNH2
COOH
蛋氨酸
CH2—SH
CH2
CHNH2
COOH
同型半胱氨酸

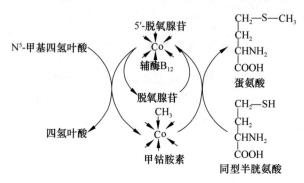

图 4-12 辅酶 B_{12} 参与体内一碳基团的代谢

(九) 硫辛酸

硫辛酸(lipoic acid)是含硫的八碳酸,在第6、第8位上有巯基,可脱氢氧化成二硫键,称为6,8-二硫辛酸。在细胞中,硫辛酸以氧化型和还原型两种形式存在(图4-13)。硫辛酸不溶于水,为脂溶性维生素,但因其以辅酶的形式来发挥作用,且常与维生素 B_1 同时存在,故在分类上被归为水溶性维生素。硫辛酸在自然界广泛存在,在酵母和动物肝脏中含量丰富。

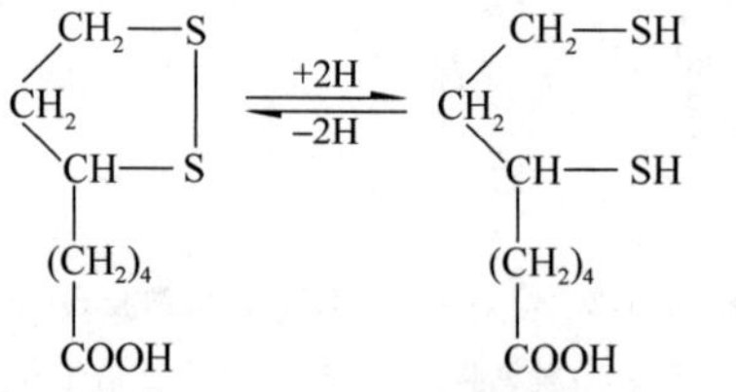

CH2—S
CH2
CH—S
(CH2)4
COOH
+2H
−2H
CH2—SH
CH2
CH—SH
(CH2)4
COOH
硫辛酸
二氢硫辛酸

图 4-13 硫辛酸与二氢硫辛酸的互变

硫辛酸是α-酮酸氧化脱氢酶复合体的辅酶,起转移酰基和氢的作用,与糖代谢关系密切。硫辛酸及其还原型二氢硫辛酸具有强亲电子性和与自由基反应的能力,是高效的抗氧化剂,可以清除自由基和活性氧,螯合金属离子等。

硫辛酸在自然界广泛分布,肝和酵母中含量丰富。在食物中,硫辛酸常和维生素 B_1 同时存在。

二、维生素 C

维生素C又名L-抗坏血酸,是一种含有己糖酸内酯结构的多羟基化合物,其分子中第

2、3位碳原子上的两个烯醇式羟基易解离出质子(H^+)而显酸性。维生素 C 可脱去 C_2 及 C_3 位羟基上的氢转变成氧化型维生素 C,故其具有较强的还原性。因此,极易被加热及氧化剂破坏,在中性或碱性溶液中加热时,或有微量金属离子 Cu^{2+}、Fe^{3+} 等存在时,维生素 C 很容易被氧化分解而失去生理活性。

　　维生素 C 广泛存在于蔬菜和新鲜水果中,多数动物都能在体内由 D-葡糖醛酸合成维生素 C,不完全需要从外界摄取,但人、猴、豚鼠以及一些鸟类和鱼类不能在体内合成,需从食物中取得。

　　在生物体内,维生素 C 以还原型和氧化型两种形式存在(图 4-14),在氧化还原反应中起递氢体的作用。若氧化型维生素 C 继续氧化或加水分解为二酮古洛糖酸,则维生素 C 活性丧失。

1. 维生素 C 的生理作用

　　(1)羟化作用:维生素 C 作为多种羟化酶的辅酶,参与体内多种羟化反应。如原胶原分子中赖氨酸及脯氨酸残基经羟化后,原胶原分子才能成为胶原蛋白分子。另外,维生素 C 也参与体内类固醇激素、胆酸、儿茶酚胺及 5-羟色胺等生物合成过程中的羟化反应以及生物转化过程中芳香环的羟化反应等。

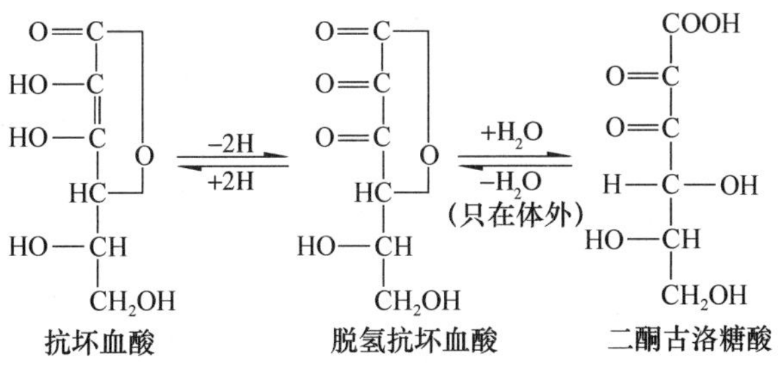

图 4-14　维生素 C 的存在类型及其化学变化

　　(2)氧化还原作用:维生素 C 在体内主要以脱氢抗坏血酸的形式发挥作用,参与体内的多种氧化还原反应,能使巯基酶的巯基处于还原状态以保证其活性。重金属离子进入体内时,能与巯基酶结合而使其失去活性,易发生重金属中毒,维生素 C 能使氧化型谷胱甘肽转化为还原型,后者可与重金属络合而排出体外,从而发挥其解毒作用(图 4-15)。维生素 C 能将难吸收的 Fe^{3+} 还原成易吸收的 Fe^{2+},从而促进铁的吸收和血红素的合成,具有促进造血的作用。

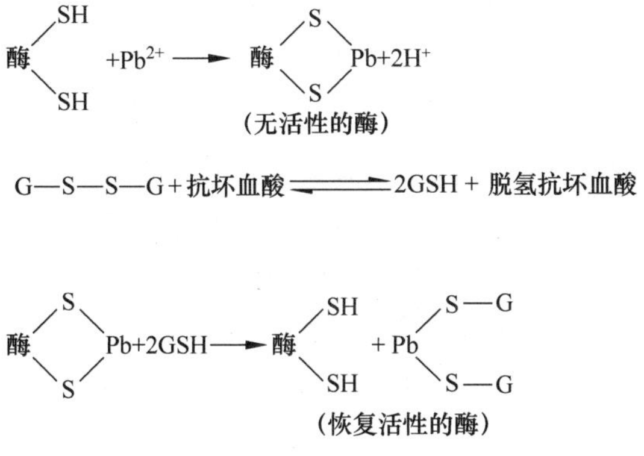

图 4-15　维生素 C 参与解毒作用的机制

第三节 脂溶性维生素

脂溶性维生素的共同特点是不溶于水,易溶于脂类和有机溶剂。该类维生素在生物体和食物中通常和脂类共存,其消化和吸收与脂类有十分密切的关系。脂溶性维生素的作用多种多样,除了直接参与和影响特定的代谢过程外,还可与细胞内核受体结合,影响特定基因的表达。

一、维生素A

维生素A是一个具有脂环的不饱和一元醇,为黄色油状液体,黏性较大。天然的维生素A有A_1和A_2两种形式(图4-16),维生素A_1又称视黄醇,主要存在于哺乳动物及海水鱼的肝脏中;维生素A_2又称3-脱氢视黄醇,存在于淡水鱼的肝脏中。维生素A_1、A_2都是以四个异戊二烯单位构成的环状不饱和一元醇,彼此的差异仅在A_2环中第3位上多一个双键。所以,维生素A_1和A_2的生理功能相同,但是它们的生理活性不同。A_2约为A_1的一半,它们在体内的活性形式主要是视黄醇氧化形成的视黄醛,特别是11-顺视黄醛。

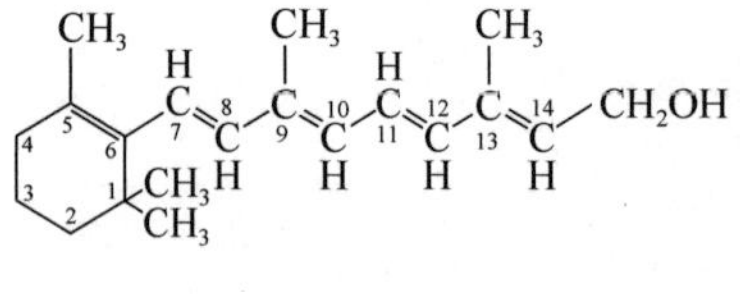

视黄醇(维生素A_1) 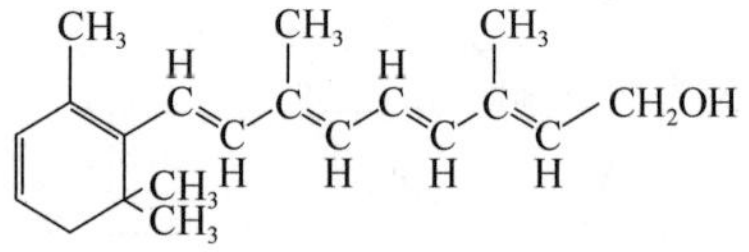　　　　3-脱氢视黄醇(维生素A_2)

图4-16　维生素A_1和A_2的结构

在维生素A分子的侧链上含有四个双键,理论上存在16种顺反异构体,如全反维生素A、11-顺维生素A等(图4-17)。

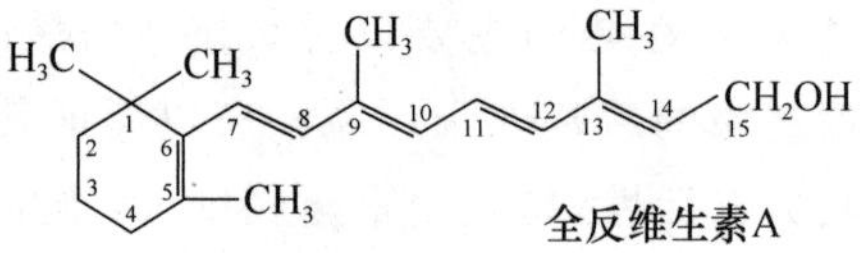

全反维生素A

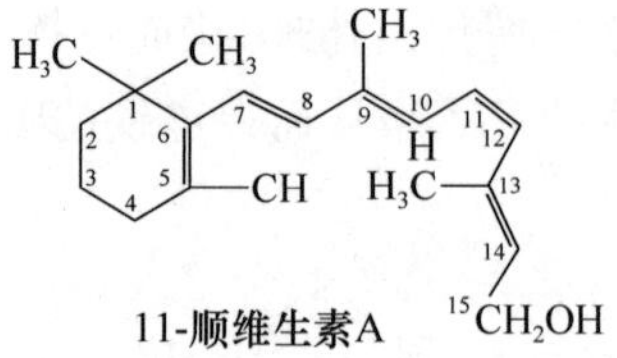

11-顺维生素A

图4-17　全反维生素A和11-顺维生素A的结构

维生素A的化学结构与绿色植物中所含类胡萝卜素的结构相似,类胡萝卜素在人和动物体内可转化为维生素A,因此,常把这些类胡萝卜素称为维生素A原。其中β-胡萝卜素是最重要的维生素A原,在体内经氧化还原可生成两分子视黄醇(图4-18)。α-胡萝卜素、γ-胡萝卜素也可转化为维生素A,但转化率比β-胡萝卜素低。胡萝卜素吸收后主要在肠壁细胞内转变为维生素A,此外还可在肝脏中转变。转变过程是先氧化断裂成醛,然后还原成醇。

$$C_{19}H_{27}\!=\!CH\!-\!C_{19}H_{27} \xrightarrow{2[O]} 2C_{19}H_{27}CHO \xrightarrow[\text{视黄醛还原酶}]{2NADH+H^+} 2C_{19}H_{27}CH_2OH$$

β-胡萝卜素　　　　　　　　　视黄醛　　　　　　　　视黄醇

图 4-18　β-胡萝卜素的结构与转化过程

维生素 A 的重要生理作用如下所述：

（1）构成视觉细胞的感光物质。眼球视网膜上有两类感觉细胞，一类是圆锥细胞，对强光及颜色敏感；另一类是杆细胞，对弱光敏感，与暗视觉有关。杆细胞中含有感光物质视紫红质，而视紫红质是维生素 A_1 转变成的 11-顺视黄醛与视蛋白组成的结合蛋白，视黄醛与视蛋白在弱光中结合，在强光中分解。当食物中缺乏维生素 A 时，视紫红质合成量减少，眼睛对弱光的敏感性降低，严重时会导致"夜盲症"。

（2）维持上皮组织的完整性。视黄醇的磷酸酯是糖蛋白合成中寡糖基的载体，有利于糖蛋白的合成。因此，维生素 A 是维持上皮组织完整性所必需的物质。缺乏维生素 A 时出现上皮干燥、增生及角化等现象，其中对眼、呼吸道、消化道、尿道及生殖系统等的上皮细胞影响最为显著。

（3）维持机体正常的代谢和生长发育。维生素 A 能促进肾上腺皮质类固醇的生物合成，促进黏多糖的合成，以及促进核酸代谢和电子传递。缺乏时动物会发生代谢障碍，严重时可能导致生长迟缓。

维生素 A 主要来源于动物性食物，其中以肝脏、蛋黄和乳制品中含量较多。植物性食物中一般不含维生素 A，但绿色植物中所含的类胡萝卜素可在一定条件下转化成维生素 A。

二、　维生素 D

维生素 D 又名抗佝偻病维生素，其化学本质为类固醇的衍生物，含有环戊烷多氢菲结构，为无色结晶体，在酸性条件下易被破坏。维生素 D 有多种，主要以维生素 D_2（又称麦角钙化醇）及维生素 D_3（又称胆钙化醇）最重要。两者结构十分相似，维生素 D_2 仅比维生素 D_3 多一个甲基及一个双键。

生物体内含有可以转化为维生素 D 的固醇类物质，称为维生素 D 原。自然界中的维生素 D 原有 10 余种，以人及动物皮肤中的 7-脱氢胆固醇和植物、酵母及其他真菌中的麦角固醇最为重要，经紫外光照射，它们可分别转化为维生素 D_3 和维生素 D_2（图 4-19）。

维生素 D 能促进钙、磷吸收和成骨作用。它的活性形式是 1,25-二羟胆钙化醇，可简写为 $1,25$-$(OH)_2D_3$。维生素 D 与靶细胞内的核受体结合后，通过调节基因表达的方式诱导钙载体蛋白的生物合成，从而促进钙、磷的吸收。当食物中缺乏维生素 D 时，儿童可发生佝偻病，成人可引起软骨病。

维生素 D 主要来源于动物性食物，如肝脏、蛋黄及乳制品等，鱼肝油中含量最为丰富。

三、　维生素 E

维生素 E 又名生育酚，也称抗不育症维生素。该维生素为苯骈二氢吡喃的衍生物，包括生育酚和生育三烯酚两大类，每类又分为 α、β、γ、δ 四种（图 4-20）。天然存在的维生素 E 有多种，均为淡黄色油状物质，其中以 α-生育酚分布最广，生理活性最强。

维生素 E 与动物的生殖功能有关。当动物缺乏维生素 E 时，其生殖器官受损而不育，

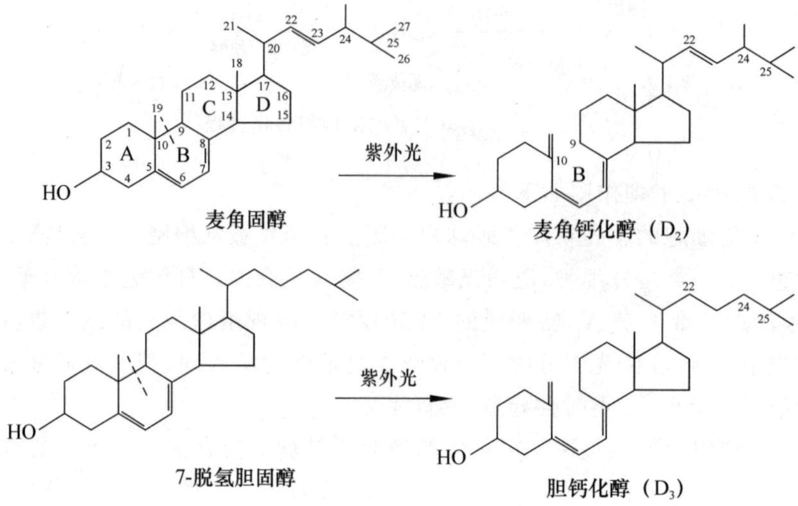

图 4-19 维生素 D_2 和 D_3 的转化生成过程

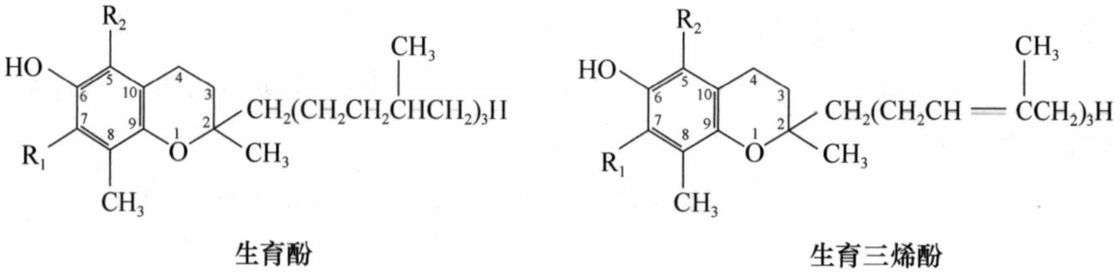

	α	β	γ	δ
R_1：	—CH_3	—CH_3	—H	—H
R_2：	—CH_3	—H	—CH_3	—H

图 4-20 维生素 E 的结构

但在人类尚未发现因缺乏维生素 E 而影响生殖机能的现象。临床上常用它来治疗前期流产、早产及更年期疾病。

维生素 E 结构中的酚羟基极易氧化，可以保护动物和人体中的不饱和脂肪酸、巯基化合物和巯基酶等其他物质不被氧化，捕捉机体代谢过程中产生的各种自由基，保护生物膜的结构和功能，是动物体内最有效的抗氧化剂。

维生素 E 还具有促进血红素合成，影响动物免疫功能等作用。当维生素 E 缺乏时，部分动物会产生肌营养不良、心肌受损及贫血等症状。

维生素 E 广泛存在于植物组织中，尤其在大豆油、花生油、玉米油中含量丰富，蔬菜中含量也较多。

四、 维生素 K

维生素 K 又称凝血维生素，是丹麦科学家 Henrik Dam 1930 年发现的。维生素 K 是具有异戊二烯类侧链的萘醌类化合物，包括维生素 K_1、K_2、K_3、K_4 四种(图 4-21)，其中 K_1、K_2 为天然维生素，K_1 为黄色油状物，多见于绿色植物与动物肝脏中；K_2 为淡黄色晶体，由人体肠道细菌代谢产生，二者均为 2-甲基-1，4-萘醌的衍生物。临床上应用的维生素 K 为人工合成的维生素 K_3、K_4，其活性比同量的维生素 K_1、维生素 K_2 高。

维生素 K 的重要生理功能在于其凝血作用。维生素 K 可促进肝脏合成凝血酶原并转变为凝血酶，调节凝血因子Ⅶ、Ⅸ及Ⅹ的合成，加速血液的凝固。因此，当机体缺乏维生素 K 时，血液中的凝血因子减少，凝血时间延长。

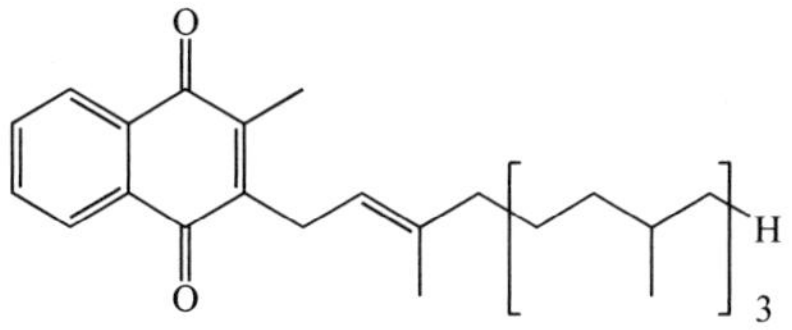

维生素K_1

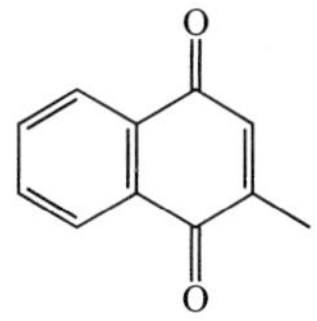

维生素K_3

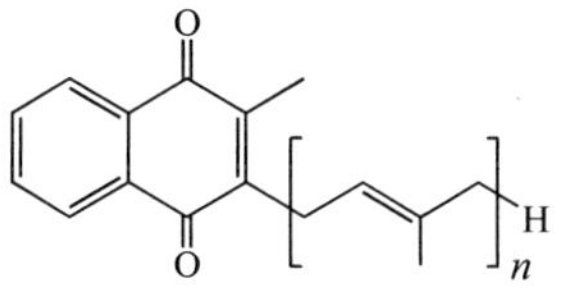

维生素K_2

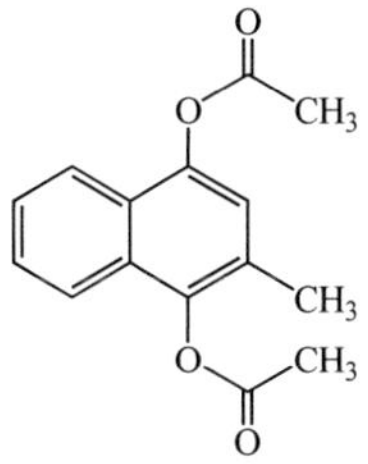

维生素K_4

图 4-21　维生素 K 的结构

除绿色植物中维生素 K 含量高外，动物肠道中的大肠埃希菌也能合成维生素 K，因此，一般情况下，动物不会发生维生素 K 缺乏症。

本章小结

维生素特点　维生素不能提供能量，也不是构成组织的原料，但在动物代谢调节、生长发育和维持生理功能等方面具有十分重要的作用。虽然机体对维生素需求量少，但由于体内不能合成，需要从食物中获取。如果动物长期缺乏某种维生素，就会出现相应的维生素缺乏病。

维生素与辅酶或辅基的关系　作为酶的辅酶或辅基的组成成分，是大多数维生素行使其生理作用的主要途径，特别是水溶性维生素。维生素以其本体或相应活性形式，参与多种重要的酶促反应，如氧化还原反应，氢原子(电子)转移，酰基转移、氨基转移、氧化脱羧、甲基化等。这些反应在生物氧化、三大营养物质代谢、核酸的生成等方面起着举足轻重的作用。

复习思考题

1. 什么是维生素？维生素的主要特点是什么？
2. 脂溶性维生素和水溶性维生素有哪些不同？

3. 主要的脂溶性维生素有哪几种？其主要生理作用是什么？

4. 简述各种 B 族维生素作为辅酶的活性形式和参与的主要酶促反应。

5. 请就维生素与辅酶或辅基的关系谈一下你的理解。

第五章　核酸

本章导读

　　核酸是由核苷酸单体聚合成的生物大分子,广泛存在于动物、植物和微生物细胞中,在生物的生长、遗传和变异等一系列重大生命现象中发挥着决定性作用。本章重点阐述 DNA 和 RNA 及其化学组成。其次,介绍了核酸的结构、理化性质、分离提纯及序列测序方法。最后,介绍了基因、基因组和基因组学。通过本章学习要弄明白以下几个问题:①DNA 和 RNA 的分子组成是怎样的? 在生物体内发挥怎样的功能? ②核酸的理化性质有哪些? ③如何根据核酸的理化性质分离提纯 DNA 和 RNA? ④核酸序列测定方法有哪些? 其原理是什么? ⑤什么是基因和基因组? 有哪些应用?

　　1869 年,F. Miescher 从脓细胞中提取到一种富含磷元素的酸性物质,因该物质存在于细胞核中而将其命名为"核质"(nuclein)。20 年后,核酸(nucleic acids)这一名词正式代替"核质"。早期的研究仅将核酸视为细胞中的一般化学成分,没有人注意它在生物体内发挥的重要作用。

　　1944 年,Avery 等在寻找细菌转化的原因时,发现从 S 型(形成光滑的菌落)肺炎球菌中提取的 DNA 与 R 型(形成粗糙的菌落)肺炎球菌混合培养后,能使某些 R 型菌转化为 S 型菌,且转化率与 DNA 纯度呈正相关。若将 DNA 预先用 DNA 酶降解,转化则不发生。于是,他们得出结论:S 型菌的 DNA 将某种遗传特性传给了 R 型菌,其中的 DNA 就是遗传物质。从此,核酸作为细胞遗传物质的重要地位才被确立,人们对遗传物质的注意力从蛋白质转移到了核酸。

◀◀　知识卡片 5-1　　　核酸和蛋白质谁更"牛"?　　　　　　　　　▶▶

第一节　核酸的种类、分布与化学组成

一、核酸的种类、分布

核酸分为**脱氧核糖核酸**(deoxyribonucleic acid，DNA)和**核糖核酸**(ribonuleic acid，RNA)两类，占细胞干重的 5%～15%。真核细胞 DNA 主要分布在细胞核内(98% 以上)，与组蛋白以离子键结合于染色体中；在线粒体、叶绿体中也分布少量 DNA。原核细胞无明显的细胞核，细胞中以双螺旋结构存在的 DNA 分子与**精胺**(spermine)、**亚精胺**(spermidine)等物质结合存在。

RNA 主要分布于细胞质中，微粒体中含量多，线粒体中含量少；细胞核内也有少量 RNA 集中于核仁中。RNA 按其功能可分为三种主要类型，其中**信使 RNA**(messenger RNA，mRNA)占细胞 RNA 总量的 5%～10%，其代谢活跃、更新迅速、寿命短。原核细胞的 mRNA 半衰期只有几分钟或几秒，真核细胞中 mRNA 寿命可达几小时以上。因每种 mRNA 指导合成一种或一种以上蛋白质，故 mRNA 的种类很多。**转运 RNA**(transfer RNA，tRNA)占细胞 RNA 总量的 10%～15%，在细胞质中游离存在。一种 tRNA 只能转运一种活化的氨基酸。**核糖体 RNA**(ribosomal RNA，rRNA)占细胞 RNA 总量的 75%～80%。核糖体是蛋白质生物合成的场所，rRNA 是核糖体的组成成分之一。

二、核酸的化学组成

核酸常与蛋白质结合形成核蛋白体，经多步水解最终可得到蛋白质、磷酸、核糖或脱氧核糖、嘌呤和嘧啶碱基。从其水解产物可知 DNA、RNA 分子的基本化学组成如表 5-1 所示。

表 5-1　DNA、RNA 分子的基本化学组成

种　类	碱　基	戊　糖	磷　酸
DNA	腺嘌呤、胞嘧啶 鸟嘌呤、胸腺嘧啶	D-2-脱氧核糖	磷酸
RNA	腺嘌呤、胞嘧啶 鸟嘌呤、尿嘧啶	D-核糖	磷酸

(一)戊糖

戊糖也称核糖(ribose)，核酸中有两种戊糖，DNA 中为 D-2-脱氧核糖(D-2-deoxyribose)，RNA 中则为 D-核糖(D-ribose)。在核苷酸中，为了与碱基中的碳原子编号相区别，核糖或脱氧核糖中碳原子标以 C-$1'$、C-$2'$ 等。脱氧核糖与核糖两者的差别在于脱氧核糖中与 $2'$ 碳原子连接的不是羟基而是氢，这一差别使 DNA 在化学上比 RNA 稳定得多。由于环状糖的第一位碳原子是不对称碳原子，故有 α 和 β 两种构型，核酸中的戊糖均为 β 型，包括 β-D-核糖和 β-D-2-脱氧核糖(图 5-1)。

(二)碱基(base)

构成核苷酸的碱基分为**嘌呤**(purine)和**嘧啶**(pyrimidine)两类。前者主要指腺嘌呤

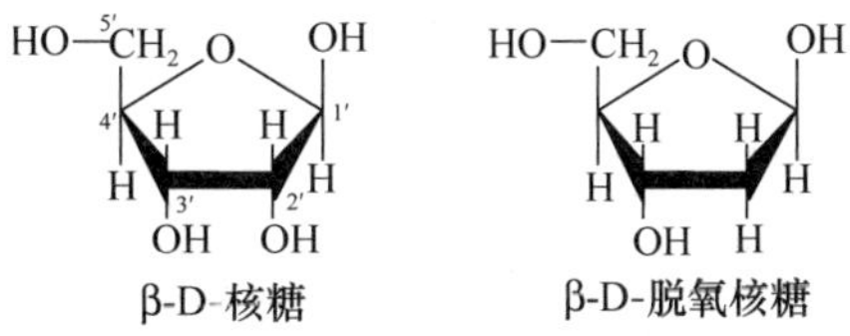

图 5-1 核糖与脱氧核糖

(adenine,A)和**鸟嘌呤**(guanine,G),DNA 和 RNA 中均含有这两种碱基。后者主要指**胞嘧啶**(cytosine,C)、**胸腺嘧啶**(thymine,T)和**尿嘧啶**(uracil,U),胞嘧啶存在于 DNA 和 RNA 中,胸腺嘧啶只存在于 DNA 中,尿嘧啶则只存在于 RNA 中。这五种碱基的结构如图 5-2 所示。

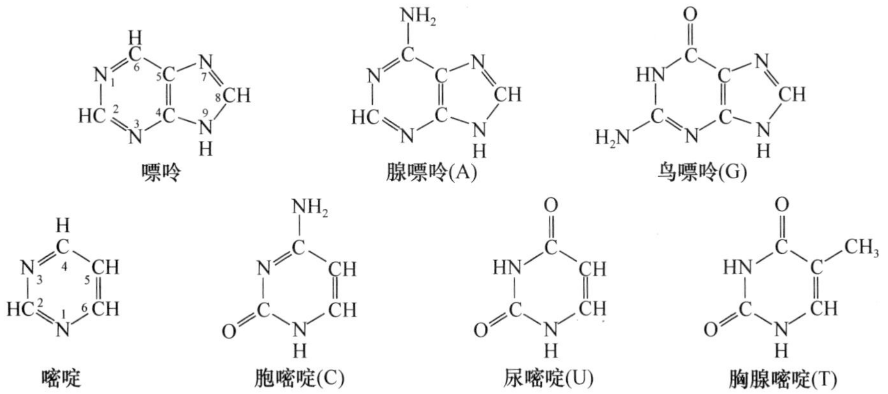

图 5-2 嘌呤与嘧啶碱基

此外,核酸分子中还发现数十种**修饰碱基**(modified base),又称**稀有碱基**(unusual base)。它是指上述五种碱基环上的某一位置被一些化学基团(如甲基、甲硫基等)修饰后形成的衍生物。一般这些碱基在核酸中的含量稀少,在各种类型核酸中的分布也不均一。如 DNA 中的修饰碱基主要见于噬菌体 DNA,RNA 中以 tRNA 含修饰碱基最多。

(三) 核苷(nucleoside)

核苷是由 D-核糖或 D-2-脱氧核糖与嘌呤或嘧啶通过**糖苷键**(glycosidic bond)连接形成的化合物。碱基与 D-核糖形成的是核糖核苷,与 D-2-脱氧核糖形成的是脱氧核苷。N-糖苷键是由戊糖环上的 C-1′分别与嘌呤上的 N-9、嘧啶上的 N-1 共价相连而成。常见的核苷见表 5-2。RNA 中常含有稀有碱基,并且还存在异构化的核苷。如在 tRNA 和 rRNA 中含有少量假尿嘧啶核苷(用 ψ 表示),在它的结构中,戊糖的 C-1′不是与尿嘧啶的 N-1 相连接,而是与尿嘧啶 C-5 相连接。核酸中的主要核苷有八种。图 5-3 为脱氧胞嘧啶核苷和脱氧腺嘌呤核苷的结构式。

表 5-2 核苷、核苷酸的组成和名称

核 酸	核苷酸(缩写)	核 苷	碱 基
RNA	腺苷酸(A,AMP)	腺苷	腺嘌呤
	鸟苷酸(G,GMP)	鸟苷	鸟嘌呤
	胞苷酸(C,CMP)	胞苷	胞嘧啶
	尿苷酸(U,UMP)	尿苷	尿嘧啶

续表

核　酸	核苷酸(缩写)	核　苷	碱　基
DNA	脱氧腺苷酸(A,dA,dAMP)	脱氧腺苷	腺嘌呤
	脱氧鸟苷酸(G,dG,dGMP)	脱氧鸟苷	鸟嘌呤
	脱氧胞苷酸(C,dC,dCMP)	脱氧胞苷	胞嘧啶
	脱氧胸苷酸(T,dT,dTMP)	脱氧胸苷	胸腺嘧啶

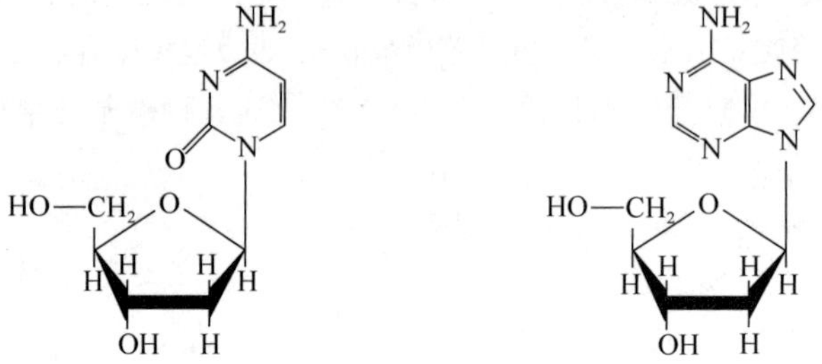

图 5-3　脱氧胞嘧啶核苷(左)和脱氧腺嘌呤核苷(右)

（四）核苷酸（nucleotide）

由核苷与磷酸缩合而成的磷酸酯叫核苷酸,是核糖核酸及脱氧核糖核酸的基本组成单位。依含有磷酸基团的多少,核苷酸可分为一磷酸核苷、二磷酸核苷和三磷酸核苷。RNA 的核糖上有 $2'$-、$3'$-、$5'$-三个自由羟基,可与磷酸酯化生成 $2'$-、$3'$-、$5'$-核苷酸;DNA 的脱氧核糖上只有 $3'$-、$5'$-两个自由羟基,则只能生成 $3'$-、$5'$-脱氧核苷酸。DNA 分子是含有 A、G、C、T 四种碱基的脱氧核苷酸;RNA 分子则是含 A、G、C、U 四种碱基的核苷酸。常见的核苷酸及符号见表 5-2。

1. 核苷酸的分布

核苷酸在体内的分布广泛,存在于生物体内各器官、组织中,亚细胞定位在细胞核及胞质中,细胞中主要以 $5'$-核苷酸形式存在。动物体内的核苷酸主要由机体细胞自身合成。核苷酸作为核酸的组成成分参与生物的遗传、发育和生长等基本生命活动。不同类型细胞中的各种核苷酸含量差异很大,同一细胞中,各种核苷酸含量也有差异,核苷酸总量变化不大。

2. 核苷酸的功能

核苷酸类化合物具有重要的生物学功能,它们参与了生物体内几乎所有的生物化学反应过程。可概括为以下五个方面:

(1) 核苷酸是合成生物大分子 RNA 及 DNA 的结构单元。RNA 中主要有四种类型的核苷酸——AMP、GMP、CMP 和 UMP,这四种类型的核苷酸从头合成的前体物是磷酸核糖、氨基酸、一碳单位及二氧化碳等简单物质。DNA 中主要有四种类型脱氧核苷酸——dAMP、dGMP、dCMP 和 dTMP。

(2) $5'$-腺苷三磷酸($5'$-ATP)在细胞能量代谢上起着极其重要的作用。ATP 的结构式如图 5-4 所示。ATP 上的磷酸键有 α、β、γ 三种,其中 β、γ 焦磷酸键在水解时释放大量能量,称为高能磷酸键,用"～"表示。$5'$-NTP(或 $5'$-dNTP)是脱氧核糖核酸合成的前体,在合成 RNA 或 DNA 时去掉的两个磷酸基以焦磷酸形式存在,只有 NMP 或 dNMP 进入 RNA

或 DNA 分子中。

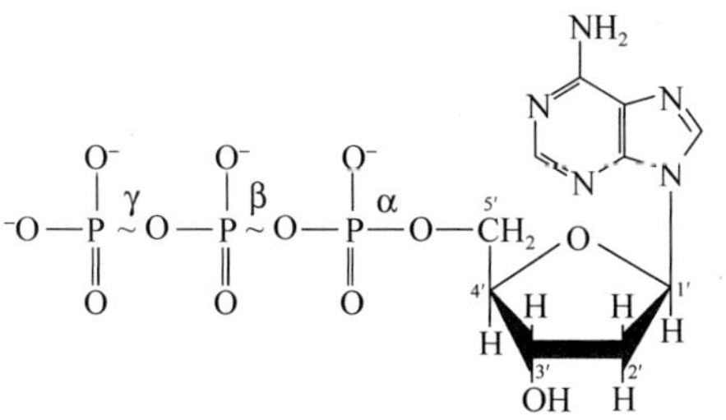

图 5-4　5′-脱氧腺嘌呤核苷三磷酸 dATP

物质在氧化时产生的能量一部分贮存在 ATP 分子的高能磷酸键中。ATP 分子分解放能的反应可与多种需要能量做功的生物学反应互相配合,发挥多种生理功能,如物质的合成代谢、肌肉的收缩、吸收及分泌、体温维持以及生物电活动等。因此,可以认为 ATP 是能量代谢的"通用货币"。

生物体内游离存在的核苷酸多半是 **5′-核苷酸**(5′-nucleotide)或 **5′-脱氧核苷酸**(5′-deoxynucleotide),其可进一步磷酸化生成多磷酸核苷酸,如 NTP、NDP、dNTP、dNDP(N 代表核苷残基)。

(3)ATP 还可将高能磷酸键转移给 UDP、CDP 及 GDP,分别生成 UTP、CTP 及 GTP。UTP、CTP 及 GTP 在某些合成代谢中也是能量的直接来源,而且在某些合成反应中,有些核苷酸衍生物还是活化的中间代谢物。例如,UTP 参与糖原合成作用中能量的供应,而 CTP 和 GTP 分别参与磷脂及蛋白质合成过程中的能量供应。

(4)腺苷酸还是几种重要辅酶的组成成分。如腺苷酸是辅酶Ⅰ(烟酰胺腺嘌呤二核苷酸,NAD^+)、辅酶Ⅱ(磷酸烟酰胺腺嘌呤二核苷酸,$NADP^+$)、黄素腺嘌呤二核苷酸(FAD)及辅酶 A(CoA)的组成成分。NAD^+ 及 FAD 是生物氧化体系的重要组成成分,在传递氢原子或电子中有着重要的作用。CoA 作为有些酶的辅酶成分,参与糖有氧氧化及脂肪酸氧化过程。

(5)环核苷酸参与多种生物学过程的调节。在生物细胞中还普遍存在一类环状核苷酸,如 **3′,5′-环状腺苷酸**(cyclic adenosine monophosphate,cAMP)和 **3′,5′-环状鸟苷酸**(cyclic guanosine monophosphate,cGMP),二者的结构式见图 5-5。在动物细胞中,细胞膜上的腺苷酸环化酶被血液中的某些激素激活而使 ATP 环化产生 cAMP,cAMP 被称为第二信使。它能在细胞内传递和扩大第一信使激素传递的化学信号。

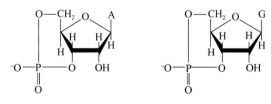

图 5-5　cAMP(左)和 cGMP(右)

另外,某些细菌中还有两种主要的核苷酸:四磷酸鸟苷(5′-二磷酸-3′-二磷酸鸟苷,ppGpp)和五磷酸鸟苷(5′-三磷酸-3′-二磷酸鸟苷,pppGpp),它们参与 rRNA 基因转录的调节。

第二节 核酸的结构

一、DNA 的结构

(一) DNA 的碱基组成

DNA 主要由 A、G、C 和 T 四种碱基组成。某些 DNA 还会有少量稀有碱基。20 世纪 50 年代，Chargaff 应用纸层析和紫外分光光度法对多种生物的 DNA 碱基组成进行了定量测定，总结出如下规律：

(1) DNA 中腺嘌呤和胸腺嘧啶的摩尔比相等，即 A＝T；鸟嘌呤和胞嘧啶的摩尔比相等，即 G＝C。嘌呤和嘧啶的总摩尔比相等，即 A＋G＝T＋C。

(2) DNA 具有物种特异性，即不同物种的 DNA 有自己的碱基组成。

(3) 没有器官和组织特异性，即同一生物体的各种不同器官和组织的 DNA 碱基组成相同。

(4) 环境、营养状况、年龄的改变不影响 DNA 的碱基组成。

DNA 中 A＝T 和 G＝C 这一互补规律的发现为 DNA 双螺旋结构模型的建立提供了主要依据。不同生物的 DNA 碱基组成举例见表 5-3。

表 5-3 不同生物 DNA 的碱基组成 %

来 源	A	G	C	T	mC	A/T	G/(C+mC)	(A+G)/(T+C+mC)
人胸腺	30.9	19.9	19.8	29.4	—	1.05	1.01	1.03
人肝	30.3	19.5	19.9	30.3	—	1.00	0.98	0.99
牛胰	28.2	21.2	21.0	28.2	1.3	1.00	0.95	0.98
牛肝	28.8	21.0	21.0	29.0	—	0.99	1.00	1.00
牛胸腺	28.2	21.5	21.2	27.8	1.3	1.01	0.96	0.99
大鼠骨髓	28.6	21.4	20.4	28.4	1.1	1.01	1.00	1.00
酵母	31.3	18.7	17.1	32.9	—	0.95	1.00	1.00
大肠埃希菌	26.0	24.9	25.2	23.9	—	1.09	0.99	1.04
噬菌体 λ	21.3	28.6	27.2	22.9	—	0.93	1.05	1.00
小麦胚	27.3	22.7	16.8	27.1	6.0	1.01	1.00	1.00
扁豆	29.7	20.6	20.1	29.6	—	1.00	1.02	1.00

(二) DNA 的一级结构

DNA 的一级结构是指组成 DNA 分子的各种核苷酸之间的连接方式及排列顺序。组成 DNA 的脱氧核糖核苷酸主要是 dAMP、dGMP、dCMP 和 dTMP，DNA 分子是由脱氧核苷酸通过 3′,5′-磷酸二酯键共价相连起来的线形或环形多聚体，核酸中的核苷酸被称为核苷酸残基。分子主链由磷酸和脱氧核糖交替组成，碱基构成侧链，突出于主链上。DNA 分子主链的 5′端连接自由的磷酸基团，而另一端的戊糖 C3′ 上连有游离的羟基基团(图 5-6)。习惯上从 5′ 至 3′ 方向书写核苷酸顺序，左侧为 5′ 末端，右侧为 3′ 末端。如 5′pATCG-OH 3′。DNA 链可变的部分只在脱氧核苷酸所携带的 4 种碱基的排序上有区别。所以 DNA 序列可被认为是**碱基序列**(base sequence)。不同的碱基序列可编码不同的生物信息。千变万化的 DNA 序列体现生物界的物种多样性。

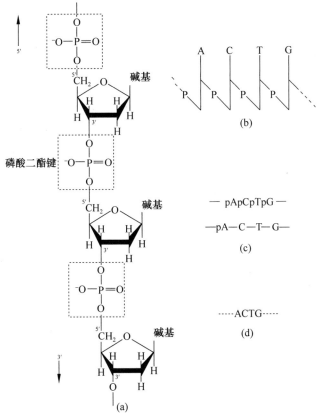

(a) 表示DNA片段的化学式；(b) 线条式缩写；(c)(d) 文字式缩写

图 5-6　DNA 的一级结构及其表示方法

在 DNA 的一级结构中，通常将小于 50 个核苷酸残基组成的核酸称为**寡核苷酸**(oligonucleotide)，大于 50 个核苷酸残基则称为**多核苷酸**(polynucleotide)。寡核苷酸可由仪器自动合成，它可作为 DNA 合成的**引物**(primer)、**探针**(probe)等，在现代分子生物学研究中具有广泛的用途。

（三）DNA 的二级结构

DNA 的二级结构是指两条多核苷酸链反向平行盘绕通过非共价键所生成的构象，通常形成双螺旋结构。1953 年，Watson 和 Crick 提出了**DNA 双螺旋结构模型**(DNA double helix model)。模型的提出为解释 DNA 的理化性质以及 DNA 结构与功能的关系提供了可靠依据。

1. 模型提出的重要依据

(1) 利用 X 射线方法研究 DNA 的结构表明，DNA 分子具有规则的螺旋结构，每 3～4nm 形成一圈，直径为 2nm。B 型 DNA 中邻近核苷酸间距为 0.34nm，每上升 1 圈约有 10 对核苷酸(bp)。

(2) DNA 的密度分析表明，螺旋是由两条多聚核苷酸链组成。碱基在螺旋内侧，嘌呤与嘧啶互补,且 A-T、G-C 配对所形成的碱基对几何大小接近,同时碱基对中的氨基和酮基的键长及键角可形成氢键。

(3) Chargaff 等发现 DNA 中碱基含量 A＝T,G＝C 的定律。

2. DNA 双螺旋结构模型的特征(图 5-7)

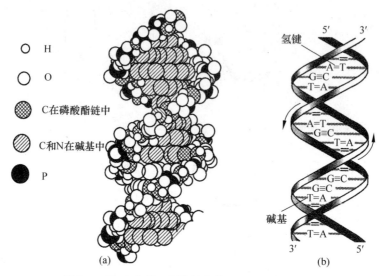

○　H

○　O

⊗　C在磷酸酯链中

╱　C和N在碱基中

●　P

图 5-7　DNA 分子双螺旋结构模型(a)及其图解(b)

(1) 主链:反平行的两条主链绕同一中心轴相互缠绕,构成双螺旋。两条链都是右手螺旋,主链由磷酸和脱氧核糖交替排列构成,位于螺旋外侧,碱基层叠于螺旋内侧。糖环平面与螺旋轴平行,碱基平面与螺旋轴垂直。

(2) 螺旋参数:相邻碱基平面间的距离为 0.34nm,相邻碱基对间绕螺旋轴旋转的夹角为 36°,每旋转一周含 10 个碱基,螺距为 3.4nm,螺距直径为 2nm。

(3) 大沟和小沟:沿螺旋方向观察,双螺旋的表面形成两条沟,一条宽 2.2nm,叫**大沟**(wide groove);另一条窄 1.2nm,叫**小沟**(narrow groove)。大沟中碱基的差异很易被识别,是蛋白质结合特异 DNA 序列的位点,对于蛋白质识别 DNA 双螺旋结构上的特异信息非常重要。

(4) 碱基互补:碱基间形成的氢键将两条链稳定地维系在一起。根据碱基构象分析得出,DNA 分子中总是 A 与 T 相结合,形成两个氢键,G 与 C 结合形成三个氢键(图 5-8)。嘌呤与嘧啶碱基间相互配对称为碱基互补。因此,按碱基互补原则,当一条核苷酸链的碱基序列确定后,即可推知另一条互补核苷酸链的碱基序列。该互补原则具有重要的生物学意义。DNA 的复制、转录、反转录的分子基础都是碱基互补配对。

3. 稳定 DNA 双螺旋结构的因素

(1) 氢键:如上所述,A-T、G-C 间可形成氢键,且 G、C 对比 A、T 对相对稳定,DNA 双螺旋结构的稳定性与 G＋C 百分含量成正比。DNA 分子内部碱基层堆积形成一个疏水核心,核心内几乎没有游离的水分子,易使互补的碱基间形成氢键。

(2) 碱基堆积力:即由芳香族碱基间的 π 电子相互作用形成的作用力,是双螺旋结构纵向稳定的主要因素之一。

(3) 离子键:是主链磷酸残基上的负电荷与介质中阳离子间形成的键。此键可有效屏蔽磷酸基之间的静电斥力。

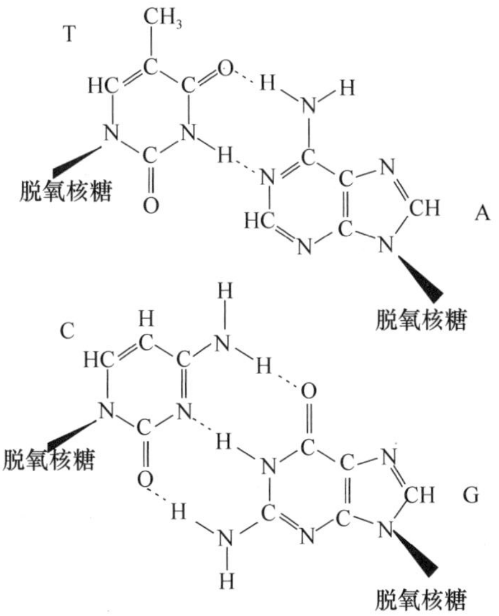

图 5-8　DNA 分子中的 A-T、G-C 碱基配对

4. 双螺旋结构的基本形式

以上所述的是 DNA 的 B 型结构。因为 DNA 含水量不同,其双螺旋结构也会发生变化,可形成其他的 DNA 构象。A 型 DNA 是相对湿度为 75% 时获得的 DNA 钠盐。另外,1979 年,A. Rich 等用 X 射线衍射法分析人工合成的由 6 个 G-C 碱基对形成的 DNA 双螺旋片段晶体时,意外发现此片段是左手螺旋,磷酸核糖骨架呈 Z 字型走向,所以称为 Z-型DNA(图 5-9)。

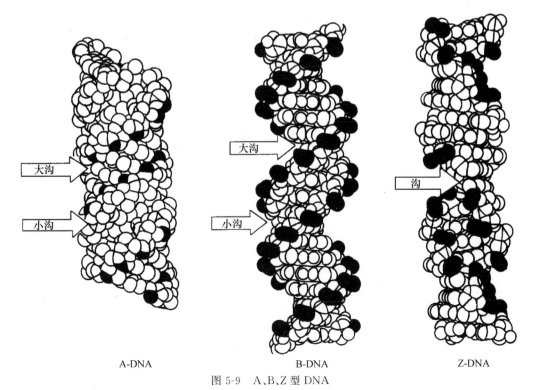

图 5-9　A、B、Z 型 DNA

(1) A 型 DNA 结构特点：DNA-RNA 杂交分子和 RNA-RNA 双链结构均为 A 型构象。此螺旋结构宽而短。碱基平面不再与螺旋轴垂直,轴位于大沟中,小沟宽而浅,大沟很深。

(2) B 型 DNA 结构特点：天然状态的 DNA 几乎都是 B 型 DNA。目前描述的 B 型 DNA 双螺旋的每圈平均碱基对数是 10.4bp,而不是经典的 10bp,其变化范围是 10.0~10.6bp。相邻碱基对的螺旋扭角也改变为 34.6°,而不是 36°。

(3) Z 型 DNA 结构特点：在双螺旋结构中,只要嘌呤和嘧啶碱基交替排列,在一定条件下(如高盐浓度),都可出现 Z 型构象。对 Z 型 DNA 抗体的研究发现,天然 DNA 中的部分区域可与 Z 型 DNA 的抗体结合。因此,左手螺旋 DNA 可能存在于天然 DNA 的特殊区域中。Z 型 DNA 的螺旋轴位于小沟中,大沟已不存在,小沟窄而深,并具有更多的负电荷。A、B、Z 型 DNA 的双螺旋结构参数见表 5-4。

表 5-4 A、B、Z 型 DNA 双螺旋结构参数比较

结构参数	A-DNA	B-DNA	Z-DNA
每圈 bp 数	11	10.4	12
每 bp 转角/°	32.7	34.6	30.0
每 bp 上升距离/nm	0.26	0.34	0.38
螺旋直径/nm	2.3	1.9	1.8

5. 其他形式的二级结构

DNA 通常以双螺旋形式存在,但还有一些其他的二级结构形式。

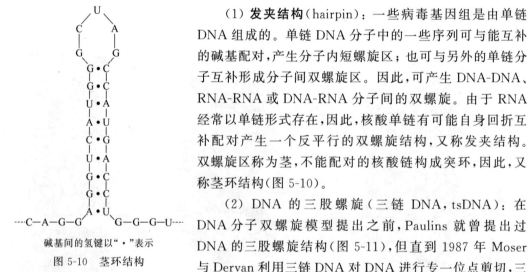

碱基间的氢键以"·"表示

图 5-10 茎环结构

(1) **发夹结构**(hairpin)：一些病毒基因组是由单链 DNA 组成的。单链 DNA 分子中的一些序列可与能互补的碱基配对,产生分子内短螺旋区;也可与另外的单链分子互补形成分子间双螺旋区。因此,可产生 DNA-DNA、RNA-RNA 或 DNA-RNA 分子间的双螺旋。由于 RNA 经常以单链形式存在,因此,核酸单链有可能自身回折互补配对产生一个反平行的双螺旋结构,又称发夹结构。双螺旋区称为茎,不能配对的核酸链构成突环,因此,又称茎环结构(图 5-10)。

(2) DNA 的三股螺旋(三链 DNA,tsDNA)：在 DNA 分子双螺旋模型提出之前,Paulins 就曾提出过 DNA 的三股螺旋结构(图 5-11),但直到 1987 年 Moser 与 Dervan 利用三链 DNA 对 DNA 进行专一位点剪切,三股螺旋结构才受到人们的关注。

在 DNA 双螺旋的基础上可形成一段三链区,其三条链必须均为同型的,即每条链必须全是嘧啶(Py)或全是嘌呤(Pu)。在常见的 Py-Pu-Py 型的三链中,第三条嘧啶链位于双螺旋的大沟中,方向与嘌呤链一致。第三个碱基以 A=T、G≡C$^+$ 配对,C 必须质子化,对形成 CGC$^+$ 三联体是必不可少的,三条链上的三个碱基通过氢键连成三联体结构,这种三碱基氢键由 K. Hoogsteen 首次提出,因此称为 Hoogsteen 氢键。这种三链螺旋是由部分未缠绕的

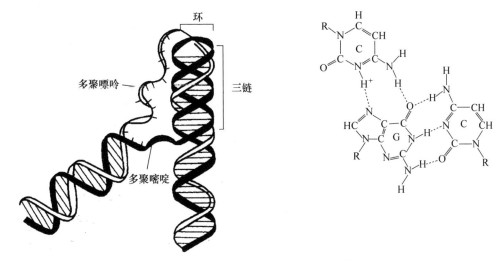

图 5-11　DNA 三链结构及碱基三联体

复合 DNA 中的一个富嘧啶链经回折同复合体中伸展的富嘌呤链间形成 Hoogsteen 氢键而形成的分子内三链螺旋,即称为 H-DNA。当 DNA 某区段中两条链分别为 H-Py 和 H-Pu,且各自为回文结构时称为 H-回文序列。一条完整的 H-回文结构可与另一条 H-回文结构形成三股螺旋,剩余的半边则游离成单链状态。现已发现许多基因的调控区和染色质的重组部位含有 H-回文序列,这些部位对 S1 核酸酶高度敏感,可能是单链部分易受攻击。因此,对三链 DNA 的研究将有助于认识染色体的结构及复制、转录的调控机制,在分子生物学技术中有重要意义。

　　(3) DNA 的**四链结构**(tetraplex structure):人们早就观察到鸟苷酸在一定条件下形成凝胶的现象,其原因是鸟嘌呤之间的特异作用导致 G-四联体的形成(图 5-12)。4 个 G 有序地排列在一个正方形片层中,相邻碱基之间以非正常的 G-G 氢键相连,形成首尾相连的环形结构。真核生物染色体的端粒 G-四联体结构中,四膜虫为 d(TTGGGG),尖毛虫为 d(TTTTGGGG),人为 d(TTAGGG)。但目前端粒 G-四联体的结构有待更深入的研究。端粒的结构与功能详见第 14 章相关内容。

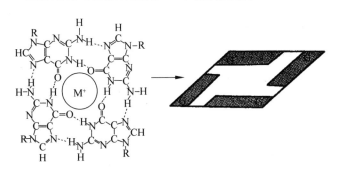

(a) 鸟嘌呤四联体结构,4 个鸟嘌呤碱基环状排列,每个碱基都为氢键的供体和受体。在鸟嘌呤四联体的中心是一价阳离子

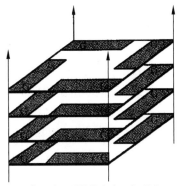

(b) 鸟嘌呤四联体堆积在一起形成 DNA 四螺旋结构

图 5-12　鸟嘌呤四联体及其构成的 DNA 四螺旋结构

（四）DNA 的三级结构

在 DNA 双螺旋结构基础上，DNA 链进一步扭曲，再次形成的螺旋结构称为 DNA 的三级结构，又称为**超螺旋**（supercoil）（图 5-13）。

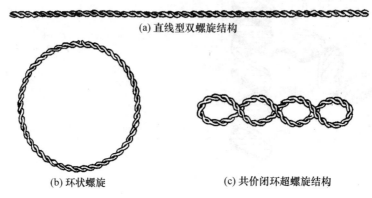

(a) 直线型双螺旋结构

(b) 环状螺旋　　　　　(c) 共价闭环超螺旋结构

图 5-13　超螺旋的形成

1. 超螺旋结构

原核生物的染色体、质粒、真核生物的线粒体、叶绿体及某些病毒的 DNA 呈环状结构。以 10 个 bp 旋转一周而构成的双螺旋处于能量最低状态。如果这种正常的双螺旋 DNA 额外多转或少转几圈，就会使双螺旋中产生额外张力；若双螺旋末端是开放的，这种张力可通过链的转动而释放出来，使其恢复至能量最低状态。但环状 DNA 或与蛋白质结合的 DNA 分子中的两条链不能自由转动，这种额外的张力就不能释放出来，而导致 DNA 分子进一步扭曲成为超螺旋结构，以缓解这种额外张力。当环状 DNA 分子的一条链出现断裂则会导致超螺旋的消失。无论是环状还是开放结构，只要不是超螺旋结构就被称为松弛结构。生物体内绝大多数 DNA 分子以超螺旋形式存在。

2. 正超螺旋和负超螺旋

超螺旋是有方向性的，当双螺旋 DNA 两条链解旋松弛，减弱扭曲缠绕产生的张力形成的螺旋是负超螺旋。几乎所有天然 DNA 中都存在负超螺旋结构。由于双螺旋 DNA 链拧紧使分子内张力增加而形成的是正超螺旋。超螺旋使环状双链结构更加紧密，因而离心时沉降速度加大。

（五）DNA 的四级结构

DNA 的四级结构即 DNA 与蛋白质形成的复合体形式。真核生物基因组 DNA 要比原核生物大得多，如原核生物大肠埃希菌的 DNA 约为 4.7×10^3 kb，而人的基因组 DNA 约为 3×10^6 kb。真核生物基因组 DNA 通常与蛋白质结合，经过多次反复折叠，压缩近 10 000 倍后，以染色体形式存在于平均直径为 $5\mu m$ 的细胞核中。线性双螺旋 DNA 折叠的第一层次是形成**核小体**（nucleosome），核小体由直径为 $11nm \times 5.5nm$ 的组蛋白核心和盘绕其上的 DNA 构成（图 5-14）。核心由组蛋白 H_2A、H_2B、H_3 和 H_4 各 2 分子组成，形成八聚体，146bp 长的 DNA 以左手螺旋盘绕在核心组蛋白的外面，形成核小体的核心颗粒。各核心颗粒间有一个连接区，约有 60bp 双螺旋 DNA 和 1 分子组蛋白 H_1 构成。平均每个核小体重复单位约含 200bp 碱基。DNA 组装成核小体后，其长度约缩短为原长度的 1/7。在此基础上核小体又进一步盘绕折叠,最后形成染色体。

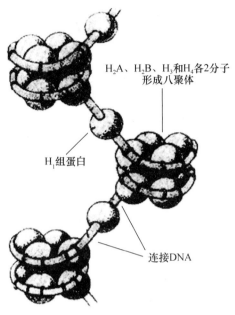

图 5-14　核小体结构模式图

H₂A、H₂B、H₃和H₄各2分子形成八聚体

H₁组蛋白

连接DNA

思政元素卡片5-1　培养科学探索精神——4位科学家和 DNA双螺旋结构的发现

　　1952 年,Rosalind Elsie Franklin 获得了一张非常清晰的 B 型 DNA 衍射照片。1953 年 2 月,James Dewey Watson、Francis Harry Compton Crick 看到 Maurice Hugh Frederick Wilkins 拿来的这张衍射照片,确认了 DNA 是螺旋结构,并分析得出了螺旋参数。Watson 和 Crick 在 Franklin 和 Wilkins 判断的基础上加以补充:磷酸根在螺旋的外侧构成两条多核苷酸链的骨架,方向相反;碱基在螺旋内侧,两两对应。1953 年 2 月 28 日,Watson、Crick 在他们的办公室里用铁皮和铁丝搭建了第一个 DNA 双螺旋结构的分子模型。1953 年 4 月 25 日,《自然》(Nature)杂志同时发表 3 篇有关 DNA 分子结构的论文:第 1 篇是 Watson 和 Crick 的《核酸的分子结构——脱氧核糖核酸的结构》,在这篇不到两页的论文中,他们提出了 DNA 分子的双螺旋结构模型;第 2 篇是 Wilkins、Stokes 和 Wilson 合写的《脱氧戊糖核酸的分子结构》;第 3 篇是 Franklin 及其学生 Gosling 署名的《胸腺核酸钠的分子构象》。他们各自发表了 DNA 螺旋结构的 X 线衍射照片及相关数据分析。1962 年 10 月,Watson 和 Crick 以及 Wilkins 因发现 DNA 双螺旋结构而获诺贝尔奖。而在 1958 年,Franklin 因患卵巢癌而英年早逝(年仅 37 岁),按早年诺贝尔立下的规矩:诺贝尔奖只发给那些为人类和社会发展做出了极大贡献并且在世的人,因此该奖无法授予 Franklin。

　　DNA 分子结构的发现在当年并未引起很大的轰动,用科学史家奥尔贝的话来说是"双螺旋悄然登场亮相"。英国只有一家全国性的报纸《新闻纪事》在 1953 年 5 月 15 日头版报道了这一消息,用了一个非常醒目和富有想象力的标题:"你为什么是你——逼近生命的奥秘",文章引述了卡文迪许实验室主任 Bragg 的评价,"这是发现了使眼睛颜色、鼻子形状乃至智力等遗传特性世代相传的一种化学物质的结构""这开辟了研究生命奥秘的一个全新领域",Bragg 还预言"要想发现这些'化学扑克'如何洗牌和配对,需要科学家再忙乎五十年"。

预言得到应验。Watson 和 Crick 的 DNA 双螺旋模型中 4 种碱基配对(腺嘌呤同胸腺嘧啶配对,鸟嘌呤同胞嘧啶配对)的原则揭示了"遗传物质复制的可能机制",回答了 DNA 如何在遗传信息的复制和传递过程中起作用的问题。在解决这个有关生命本质的基本问题之后,有关 DNA 结构和功能的研究迅猛发展,深刻改变和影响生命科学领域中的各个学科。人们开始从 DNA 水平来认识生命现象,人类从此进入分子生物学新时代。

重大科学成果的发现,是科学家们相继站在巨人肩膀上向更高峰攀登的过程。科学发展呈螺旋式上升。在科学研究中,我们要保持团结合作的精神和严谨的科学态度。

二、 RNA 的结构

绝大部分 RNA 分子都是线状单链,但是 RNA 分子的某些区域可自身回折进行碱基互补配对,形成局部双螺旋。在 RNA 局部双螺旋中,A 与 U 配对、G 与 C 配对,除此以外,还存在非标准配对,如 G 与 U 配对。RNA 分子中的双螺旋与 A 型 DNA 双螺旋相似,而非互补区则膨胀形成**凸出**(bulge)或者**环**(loop),这种短的双螺旋区域和环称为**发夹结构**(hairpin)。发夹结构是 RNA 二级结构中最常见的形式,二级结构进一步折叠形成三级结构,RNA 只有在具有三级结构时才成为有活性的分子。RNA 也能与蛋白质形成核蛋白复合物,RNA 的四级结构是指 RNA 与蛋白质的相互作用。

(一)RNA 的碱基组成

组成 RNA 的四种碱基是腺嘌呤(A)、鸟嘌呤(G)、胞嘧啶(C)、尿嘧啶(U)和较多的稀有碱基。相应的核苷酸是 5'-三磷酸腺嘌呤核苷酸(ATP)、5'-三磷酸鸟嘌呤核苷酸(GTP)、5'三磷酸胞嘧啶核苷酸(CTP)和 5'-三磷酸尿嘧啶核苷酸(UTP)。RNA 分子一般为单链结构,也是以 3',5'-磷酸二酯键共价相连而构成的核苷酸长链聚合物。同样是 5'→3'方向书写碱基序列。细胞中 RNA 按其在蛋白质合成中所起的作用,主要可分为三种类型,即信使 RNA(mRNA)、转运 RNA(tRNA)和核糖体 RNA(rRNA)。

(二)mRNA 的结构

原核生物 mRNA 转录后一般不需要加工,直接进行蛋白质翻译。mRNA 转录和翻译不仅发生在同一细胞空间,而且这两个过程几乎是同时进行的。真核细胞成熟 mRNA 由其前体核内不均一 **RNA**(heterogeneous nuclear RNA,hnRNA)剪接、修饰后进入细胞质中参与蛋白质合成,因此真核细胞 mRNA 的合成和表达具有空间和时间差异性。mRNA 的一级结构在真核生物和原核生物中差别很大。

1. 真核生物 mRNA 的一级结构特点

真核生物 mRNA 为单顺反子结构,即一个 mRNA 分子只包含一条多肽链信息。mRNA 一级结构末端有特殊的修饰结构。其 3'端都有一段长 20～250 个**多聚腺苷酸**(polyadenylate,polyA),此结构是由 polyA 聚合酶逐个加上去的。PolyA 结构可能与 mRNA 的稳定性有关,少数成熟 mRNA 没有 polyA 尾巴,比如组蛋白 mRNA,它们的半衰期通常较短;PolyA 结构还与 mRNA 从核内转移至胞液的过程也有关。polyA 可使 mRNA 3'端免遭核酸酶降解;还可提高 mRNA 翻译的效率。

mRNA 5′端有一个特殊的 m⁷G-5′-ppp-5′-Nm 结构称为帽子结构(图 5-15)。帽子的 5′端的鸟嘌呤 N⁷ 被甲基化(m⁷G),并以核糖的 5′-焦磷酸与相邻的核苷酸相连,形成 5′-5′三磷酸酯键(5′-ppp-5′),与之相连的核苷酸的 C2′上甲基化(Nm),N 代表四种碱基中的任何一种。帽子的形成过程详见 RNA 生物合成一章。这种帽子结构可保护 mRNA 不被核酸外切酶水解。在 5′端和 3′端还有长度不等的非编码区,已知 5′端非编码区与“帽子”结构是核糖体结合的区段,与蛋白质合成的起始有关(图 5-16)。

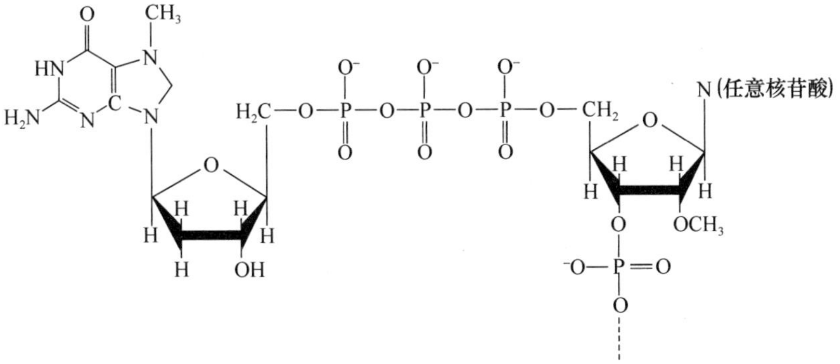

图 5-15　mRNA 的帽子结构

图 5-16　mRNA 分子结构示意图

2. 原核生物 mRNA 的一级结构特点

原核生物的 mRNA 结构简单,往往含有几个功能上相关的蛋白质编码序列,可翻译出几种蛋白质,称为多顺反子。在原核生物 mRNA 编码序列之间有间隔序列,可能与核糖体的识别和结合有关。在 5′端与 3′端有与翻译起始和终止有关的非编码序列,原核生物 mRNA 中没有修饰碱基,5′端没有帽子结构,3′端没有多聚腺苷酸尾巴。原核生物 mRNA 的半衰期比真核生物要短得多,现在一般认为,转录后 1min,其 mRNA 就开始降解。

3. mRNA 的二级结构

大部分真核生物 mRNA 单链中的“发夹”形二级结构,是由于链的自身回折,互补碱基间形成氢键,进而扭曲形成的局部双螺旋结构(图 5-17)。分子中未能配对的碱基区可形成突环,少数病毒的 RNA 分子可全部形成类似 DNA 的双螺旋结构,如呼肠孤病毒等。

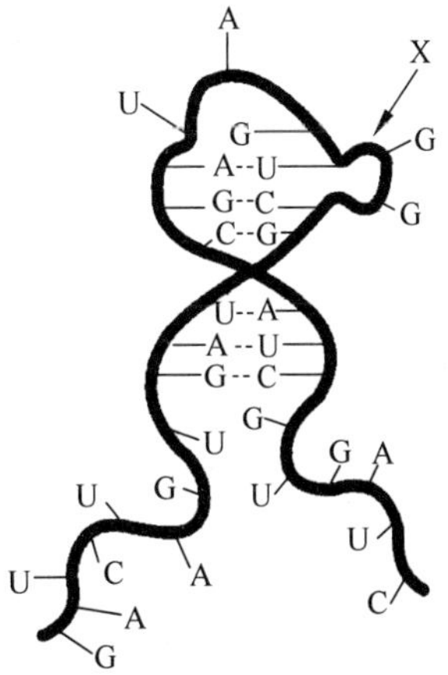

图示 RNA 中可以配对的双螺旋区;X 处表示螺旋的环状突起。

图 5-17　RNA 的双螺旋区

（三）tRNA 的结构

tRNA 约占总 RNA 的 15%。tRNA 的主要生理功能是在蛋白质生物合成中转运氨基酸和识别密码子。细胞内每种氨基酸都有其相应的一种或几种 tRNA，因此 tRNA 的种类很多，在细菌中有 30～40 种 tRNA，在动物和植物中有 50～100 种 tRNA。这些 RNA 分子富含修饰碱基，这些修饰碱基都是经转录后加工形成的。成熟 tRNA 常形成三叶草形结构。

1. tRNA 的一级结构

tRNA 是单链分子，含 73～93 个核苷酸残基，相对分子质量为 24 000～31 000，沉降系数约 4S。分子中大约 30% 的碱基是不变或半不变的，即它们的碱基类型是保守的。10 个位置的核苷酸是不变的，如 3′-末端的 CCA、第 8 位的 U（或 U 的衍生物）、第 18 位或第 19 位的 C（或 C 的衍生物）、53 位的 G、54 位到 57 位的 TψCG 序列、第 58 位的 A（或 A 的衍生物）和第 61 位的 C。还有 10 个半不变的核苷酸，所谓半不变是指发生在嘌呤或嘧啶碱基间的互换核苷酸。以上核苷酸对维持 tRNA 的倒 L 形高级结构和实现其生物功能具有重要意义，同时也说明 tRNA 在进化上的保守性。另外，tRNA 还含有 10% 的稀有碱基。如二氢尿嘧啶（DHU）、核糖胸腺嘧啶（rT）和假尿苷（ψ）以及不少被甲基化的碱基。tRNA 的种类很多，目前已测定了 160 多种 tRNA 的一级结构。

2. tRNA 的二级结构

在测定 tRNA 一级结构的基础上又总结出 tRNA 的三叶草形二级结构模型。此结构模型由四臂四环组成（图 5-18）。

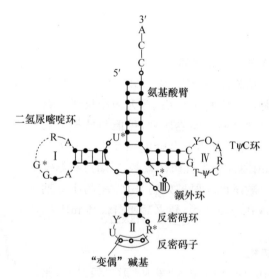

R—嘌呤核苷酸；Y—嘧啶核苷酸；T—胸腺嘧啶核苷酸；ψ—假尿苷酸；带星号的表示可以被修饰的碱基；黑的圆点代表螺旋区的碱基；白圈代表未配对的碱基；小黑点代表氢键

图 5-18 tRNA 三叶草形结构式

（1）氨基酸臂：主要含有 3′端 CCA 结构。末端腺苷酸核糖上的 3′-OH 是活化氨基酸的氨酰基连接处。在 CCA 以下与 5′端上的 5、6、7 位置相对应的一小段序列，在各种 tRNA 中均不相同。这是 tRNA 和氨酰-tRNA 合成酶识别的位置。此臂由 7 个碱基对组成双螺旋结构。

（2）二氢尿嘧啶环（Ⅰ或DHU环）：环中含两分子的二氢尿嘧啶,故得此名。环中含8～12个核苷酸。对不同的tRNA,此环中核苷酸顺序不同。由3～4个碱基对组成的短螺旋区,称为二氢尿嘧啶臂,将二氢尿嘧啶环与tRNA分子的其他部位相连接。

（3）反密码环（Ⅱ）：环中间有三个碱基组成的**反密码子**(anticodon),因为反密码子可辨认mRNA上的密码子,所以它又是各种不同tRNA的特征序列。次黄嘌呤核苷酸（也称肌苷酸,I)常出现在反密码中,它在遗传信息的翻译过程中起重要作用。此环由7个不具碱基互补关系的核苷酸组成,并由5对碱基组成的反密码臂（简称AC臂）与tRNA其他部分相连。

（4）额外环（附加环）（Ⅲ）：由3～18个核苷酸组成,不同的tRNA额外环含有的核苷酸数量不同,所以是tRNA分类的重要标志。

（5）假尿嘧啶核苷-胸腺嘧啶核苷环（Ⅳ或TψC环）：此环中有TψC序列,故称为TψC环,由7个碱基组成。由TψC臂连接其他部分。

tRNA各环之间均以3～5对碱基组成的双螺旋区（组成相应的臂）相连。tRNA分子的这种天然构型使其具有相应的生物活性,没有此折叠的tRNA就没有接受活化氨基酸的作用。

3. tRNA 的三级结构

Kim(1973年)和Robertus(1974年)用分辨率为0.3nm的X射线衍射仪分析酵母苯丙氨酸tRNA晶体的结构,证明tRNA具有倒L形的三级结构（图5-19）。

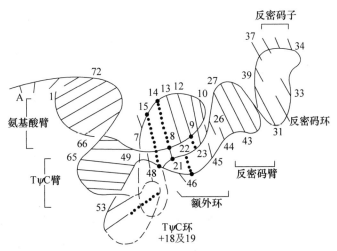

图 5-19　酵母苯丙氨酸 tRNA 的三级结构

（按 Robertus 等人 1974 年提出的模型绘制）

在此结构中,氨基酸臂与TψC臂,二氢尿嘧啶臂与反密码臂各形成一个双螺旋区,分别构成L字母的横和竖。L的一端是3′端CCA,另一端是反密码环,TψC环和二氢尿嘧啶环构成L的拐角;二氢尿嘧啶环中的某些碱基与TψC环及额外环中的某些碱基形成额外的碱基对,这些碱基对间的氢键对维持tRNA三级结构具有重要作用。tRNA的三级结构与其生物学功能密切相关,氨酰-tRNA合成酶就结合在倒L形的侧臂上。1979年12月,我国科学家用人工方法成功合成了酵母苯丙氨酸tRNA 3′端的部分核苷酸,此tRNA共由76

个核苷酸组成。

（四）rRNA 的结构

rRNA 占细胞总 RNA 的 80% 左右，rRNA 分子为单链，局部有双螺旋区域，原核生物的 rRNA 主要有三种，即 5S、16S 和 23S rRNA，如大肠埃希菌的这三种 rRNA 分别由 120、1 542 和 2 904 个核苷酸组成。真核生物的 rRNA 则有 4 种，即 5S、5.8S、18S 和 28S rRNA，如小鼠的 4 种 rRNA 分别含有 121、158、1 874 和 4 718 个核苷酸。rRNA 分子作为骨架与**多种核糖体蛋白**（ribosomal protein）装配形成核糖体。

1. 核糖体的组成

核糖体是合成蛋白质的场所，由核糖体 RNA 和具有多种功能的蛋白质组成。所有生物的核糖体都由大小不同的两个亚基组成，大亚基约为小亚基的 2 倍。原核生物核糖体的沉降系数为 70S，由 50S 和 30S 两个亚基组成。30S 小亚基含有 16S 的 rRNA（1 542 个核苷酸）和 21 种蛋白质，50S 大亚基含 23S rRNA（2 904 个碱基）、5S rRNA（120 个碱基）及 34 种蛋白质。真核生物核糖体的沉降系数为 80S，两个亚基大小随动物种属不同有所变化，一般是由 60S 和 40S 两个大小亚基组成，40S 小亚基含 18S rRNA 及 33 种蛋白质，60S 大亚基则由 28S rRNA、5.8S rRNA 和 5S rRNA 及 49 种蛋白质组成（表 5-5，图 5-20）。

表 5-5　几种不同生物的核糖体及其 rRNA 组成

核糖体/S	来　源	大亚基		小亚基	
		沉降系数/S	rRNA	沉降系数/S	rRNA
80	脊椎动物	60	23～29 5 5.8	40	18
80	无脊椎动物、植物	60	25 5 5.8	40	16～18
70	原核生物	50	23.5	30	16
55	脊椎动物线粒体	40	16～17	30	10～13

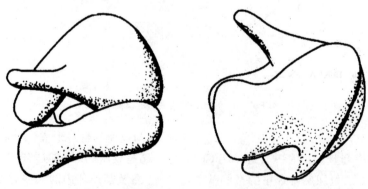

图 5-20　原核生物 70S 核糖体电镜示意图

2. rRNA 的结构

目前 50 多种 5S rRNA 的核苷酸序列已测定清楚，均由 120 个左右的核苷酸组成，也具有类似三叶草形的二级结构(图 5-21)。其他 rRNA,如 16S rRNA、23S rRNA 也是由部分双螺旋结构和突环相间排列构成(图 5-22)。

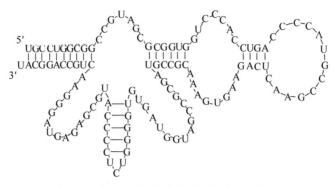

图 5-21　大肠埃希菌 5S rRNA 的二级结构模型

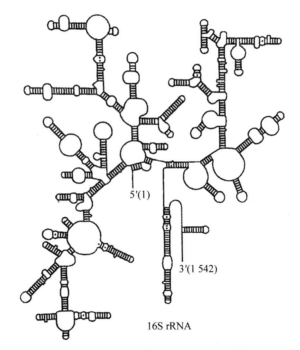

16S rRNA

图 5-22　大肠埃希菌 16S rRNA 的功能区

(五)其他 RNA 分子

20 世纪 80 年代以后,由于新技术不断产生,人们发现了 RNA 的诸多新功能以及一些新的 RNA 分子。

细胞核内小分子 RNA(small nuclear RNA,snRNA)是细胞**核内核蛋白颗粒**(small nuclear ribonucleoprotein particle,snRNP)的组成成分,参与 mRNA 前体的剪接以及成熟 mRNA 由核内向胞浆中转运的过程。snRNA 主要包括 7 种:U1、U2、U3、U4、U5、U6 和 U7,含有保守序列 $AAU_{4-5}GGA$,是与 snRNP 的通用蛋白结合的位点。

核仁小分子 RNA(small nucleolar RNA,snoRNA)是一类新的核酸调控分子,参与 rRNA 前体的加工以及核糖体亚基的装配。snoRNA 分为两类,对 RNA 碱基进行甲基化修饰的 C/D box snoRNA 和对 RNA 碱基进行甲尿嘧啶化修饰的 HACA box snoRNA。

胞质小分子 RNA（small cytosol RNA，scRNA）的种类很多，其中 7S RNA 与蛋白质一起组成信号识别颗粒（signal recognition particle，SRP），SRP 参与分泌性蛋白质的合成。

反义 RNA（antisense RNA）可以与特异的 mRNA 序列互补配对，阻断 mRNA 翻译，进而调节基因表达。另外，20 世纪 80 年代发现的核酶是一类具有催化活性的 RNA 分子或 RNA 片段。

目前，在医学研究中已设计出针对病毒的致病基因 mRNA 的核酶，可抑制其蛋白质的生物合成，为基因治疗开辟了新途径。**微小 RNA**（microRNA，miRNA）是一种具有茎环结构的非编码 RNA，长度一般为 20～24 个核苷酸，在 mRNA 翻译过程中起到开关作用，它可以与靶 mRNA 结合，产生**转录后基因沉默作用**（post-transcriptional gene silencing，PTGS），靶 mRNA 也能翻译出蛋白质，由于 miRNA 的表达具有阶段特异性和组织特异性，它们在基因表达调控和控制个体发育中起重要作用。

知识卡片 5-2　　　　　　　　非编码 RNA

高等生物 DNA 转录为 RNA，绝大多数为非编码 RNA（non-coding RNA，ncRNA）。目前人们对 ncRNA 了解甚少，这方面的工作主要集中在大规模鉴定新的 ncRNA，以及研究其生物学功能。RNA 组学通过构建 ncRNA 的 cDNA 文库并结合测序方法来鉴定 ncRNA；另外，2000 年以后发展起来的全基因组 tiling 阵列芯片技术，通过构建高密度的覆盖全基因组的芯片，不需要克隆就可以检测 ncRNA。研究 ncRNA 的生物学功能，也就是要弄清楚每个细胞类型在特定的时间内所有蛋白和 ncRNA 的功能以及二者之间以及蛋白质、ncRNA 与 DNA 之间的相互作用。目前对 ncRNA 的功能研究主要集中在 miRNA 和 siRNA 上。彻底弄清 ncRNA 的调控网络比基因组计划更为艰难。

第三节　核酸的理化性质

RNA 具有部分双螺旋结构，而 DNA 具有严格的双螺旋结构。结构上的差异使它们的理化性质也有各自的特点。

一、核酸的两性解离、等电点及电泳

由于组成核酸的核苷酸含有碱基与磷酸，核酸能两性解离，它是两性电解质，在不同 pH 溶液中，其解离程度不同，在一定 pH 时形成两性离子。当磷酸所带负电荷与含氮碱基所带正电荷数相等时，溶液的 pH 即为该核苷酸的等电点（pI）。在等电点时，核苷酸以两性离子存在。当改变溶液的 pH，使其偏离 pI 时，溶液中的核苷酸就会带上正电荷或负电荷，在电场作用下，核苷酸离子就会泳动。应用电泳等方法可对核苷酸及其衍生物进行分离。

同理，多核苷酸链中两个单核苷酸残基之间的磷酸残基的解离只有较低的 pK' 值（$pK'=1.5$），所以当溶液的 pH 高于 4 时，全部解离为负离子。故可认为核酸是多元酸，具有较强的酸性。另外，由于核酸中的一些碱基（除尿嘧啶、胸腺嘧啶外）具有碱性解离的特征，所以核酸也是两性化合物,其等电点较低。

由于碱基对之间氢键的性质与其解离状态有关,而碱基的解离状态又与 pH 有关,所以溶液的 pH 直接影响核酸双螺旋结构中碱基对之间氢键的稳定性。对 DNA 来说,碱基对在 pH 4.0~11.0 范围内较为稳定,超越此范围,DNA 容易变性。

二、 核酸的紫外吸收

核酸中的嘌呤环和嘧啶环的共轭体系能够强烈吸收 260~290nm 波长的紫外光,且最大吸收值在 260nm 处(图 5-23)。蛋白质的最大吸收值在 280nm 处,利用此特性可鉴别核酸样品中的蛋白质杂质。

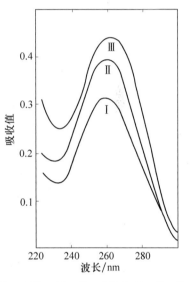

Ⅰ—天然 DNA;Ⅱ—变性 DNA;Ⅲ—核苷酸总吸收值

图 5-23　DNA 紫外吸收光谱

利用核酸对紫外光吸收的特性可对其进行定量测定。由于核酸分子中碱基和磷原子的含量相等,所以可根据磷的含量测定核酸溶液的光吸收值。以每升核酸溶液中 1 摩尔磷为标准来计算核酸的消光系数,消光系数又叫摩尔磷消光系数 $\varepsilon(P)$。

$$\varepsilon(P) = A/CL$$

式中:A 表示光吸收值;C 表示每升溶液中磷的摩尔数;L 表示比色杯内径厚度。

由于 $C = $ 每升溶液中磷的重量 $W(g) / 30.98$,所以 $\varepsilon(P) = 30.98A/WL$。

因此,只要测得溶液中磷的含量和紫外吸收值,就可求得 $\varepsilon(P)$ 值。一般来讲,DNA 的 $\varepsilon(P)$ 值为 6 000~8 000,RNA $\varepsilon(P)$ 值为 7 000~10 000。

核酸分子的 $\varepsilon(P)$ 均比其各单核苷酸的 $\varepsilon(P)$ 值的总和低 20%~60%,这是由于双螺旋结构中碱基紧密地堆积在一起造成的。核酸变性时,$\varepsilon(P)$ 值显著升高,称为**增色效应**(hyperchromic effect)。当变性核酸复性时,$\varepsilon(P)$ 值又恢复到原来水平,这种现象称为**减色效应**(hypochromic effect)。所以,$\varepsilon(P)$ 值可作为核酸复性的指标。

三、 核酸的变性、复性与分子杂交

(一) 变性

高温、酸、碱和某些变性剂(如尿素、丙酮等)能破坏核酸中的氢键,使有规律的双螺旋结构变成单链的、无规则的"线团"状,此作用称为核酸的**变性**(denaturation)。核酸变性不涉及一级结构的改变。

变性 DNA 的双链解开,碱基中电子的相互作用更有利于紫外吸收,出现紫外吸收急剧增高的现象,因而产生增色效应。一般以 260nm 下的紫外吸收光密度值作为观测此效应的指标,变性后该指标较变性前有明显增加,但不同来源 DNA 的变化不一,如大肠埃希菌 DNA 经热变性后,其 260nm 的光密度值可增加 40% 以上,其他不同来源的 DNA 溶液的增加范围多为 20%~30%。变性前 DNA 双螺旋是紧密的"刚性"结构,变性后为松散的无规

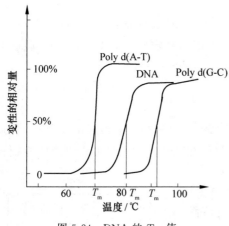

图 5-24　DNA 的 T_m 值

则单股线性结构,DNA 黏度也明显下降。变性还可引起核酸浮力密度升高、酸碱滴定曲线改变、生物活性丧失等变化。因此,也可利用这些性质来判断核酸是否变性。

DNA 加热变性过程是在一个狭窄的温度范围内发生的,与晶体在其熔点时突然熔化的情况相似。通常将 50% DNA 分子发生变性时的温度称为变性温度或熔融温度(解链温度)。一般用 T_m 表示。DNA 的 T_m 值一般为 70~85℃(图 5-24)。

影响 T_m 值的因素有两个:

(1) DNA 的性质和组成。

均一的 DNA(如病毒 DNA)T_m 值范围较小,非均一的 DNA T_m 值范围较大。G-C 对间有三个氢键,G+C 含量越高,T_m 值越高;反之,越低。通过测定 T_m 值可推算出 DNA 的碱基百分组成(图 5-25)。例如,小牛胸腺 DNA 样品在 0.15mol/L 氯化钠和 0.015mol/L 柠檬酸钠溶液中,T_m 为 86.0℃。在同样条件下,已知碱基组成的 DNA 样品的 T_m 值如图 5-25 所示。根据图 5-25 给出的条件可推导出一个公式,表示 G+C 百分含量与 T_m 的关系。曲线不是从 0℃开始的,为了简便,我们将纵轴向右移,使曲线外推过原点,这个曲线的方程式是 $y=mx$,式中 $y=(G+C)\%$,$m=$ 斜率,$x=T_m-70$。此斜率为 $(50-25)/(90-80)=25/10=2.5$。所以,G+C 百分含量 $=2.5(T_m-70)\times100\%$。

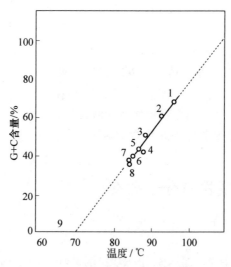

DNA 来源:1—草分枝杆菌;2—沙门氏菌;3—大肠埃希菌;4—鲑鱼精子;5—小牛胸腺;6—肺炎球菌;7—酵母;8—噬菌体 T4;9—多聚(dA-T)

图 5-25　DNA 的 T_m 值与 G+C 含量的关系

小牛胸腺 DNA 的 T_m 为 86.0℃,G+C 百分含量 $=2.5(86.0-70)\times100\%=2.5\times16\times100\%=40\%$。但此值只在一定的离子状态下成立。

（2）溶液的性质。

介质中的离子强度较低时，T_m 值较低，且范围较宽；离子强度高时，T_m 值也高，范围较小，所以 DNA 制品不应保存在较低浓度的电解质溶液中；一般在 1mol/L 的氯化钾溶液中保存较稳定（图 5-26）。RNA 变性是指由螺旋到线性结构之间的变化过程，但由于 RNA 是局部双螺旋结构，所以变化不如 DNA 那么明显（图 5-27）。T_m 值较低，变性曲线不那么陡。而双链 RNA 与 DNA 变性几乎相同。

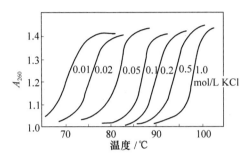

图 5-26　大肠埃希菌 DNA 在不同 KCl 浓度下的熔解曲线

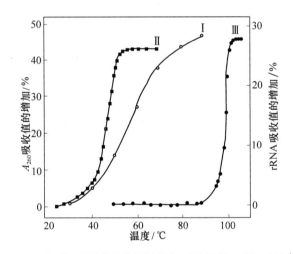

Ⅰ——一种浮萍的 18S rRNA；Ⅱ—酵母的杀伤 RNA(killer RNA)在 0.017mol Na$^+$ 和 67％甲酰胺中

变性；Ⅲ—同Ⅱ但无甲酰胺

图 5-27　rRNA 和双链 RNA 的热变性曲线

（二）复性

复性(renaturation)是指变性 DNA 在适当条件下，分开的两条链又重新缔合，恢复双螺旋结构的过程。复性过程与一系列因素有关。如将热变性 DNA 骤然降温，DNA 不可能复性，但缓慢冷却时可以复性，此过程称为**退火**(annealing)。变性 DNA 片段越大，复性越慢。均一 DNA 比非均一 DNA 复性快。变性 DNA 浓度越高，复性越容易。实验证明两种浓度相同但来源不同的 DNA 变性后复性，复性时间的长短和基因组的大小有关。真核生物 DNA 中有大量重复序列，将它们的 DNA 切成 10^4 碱基对大小的片段，热变性后进行复性时，复性最快的 DNA 片段就是高度重复序列。复性后 DNA 的一些物理化学性质得到恢复，如紫外吸收值下降，黏度增加，生物活性也得到部分恢复。变性和复性均可用 260nm 处的紫外吸收值变化监测。

(三) 核酸分子杂交

核酸分子杂交(molecular hybridization of nucleic acid)是核酸研究中一项最基本的实验技术。互补的核苷酸序列通过碱基配对形成稳定的杂合双链的过程称为杂交。杂交过程是高度特异性的,可以根据使用的探针的已知序列进行特异性靶序列的检测。其基本原理就是应用核酸分子变性和复性的性质,使来源不同的DNA(或RNA)片段,按碱基互补关系形成**杂交双链**(heteroduplex)。杂交双链可以在DNA与DNA链之间,也可在RNA与DNA链之间形成。

核酸分子杂交作为一项基本技术,具有很高的灵敏度和高度的特异性,已应用于核酸结构与功能研究的多个方面。如在基因定位中经常采用原位杂交技术。该技术采用放射性或荧光标记的核酸探针与组织某部分甚至染色体杂交,洗掉多余的探针,然后检测探针杂交的位置。这项技术可用于某一复杂的组织(如哺乳动物脑中)细胞中特定基因的染色体定位的检测。另外,分子杂交还可用于克隆基因的筛选、酶切图谱的制作、基因组中特定基因序列的检测(定性和定量检测)、遗传性疾病的**基因诊断**(gene diagnosis)、肿瘤的基因分析、传染病病原体的检测等方面。

知识卡片5-3　　　　　　　　探针

四、核酸的水解

核酸可用化学方法和酶水解。核酸的酶水解详见核苷酸代谢一章。核酸经酸、碱降解可得到各种碱基、核苷和核苷酸。

(一) 核酸的酸水解

因核酸中的糖苷键对酸不稳定,用酸水解核酸可直接得到碱基。脱氧核糖的糖苷键比核糖的糖苷键易被酸水解;嘌呤碱的糖苷键比嘧啶碱的糖苷键易被酸水解。所以,在常温下用稀酸水解DNA,就可得到两种嘌呤碱。在高温下用浓酸水解RNA,才可从RNA中得到嘧啶碱,胞嘧啶在此条件下常脱去氨基。

(二) 核酸的碱水解

在常温和$0.3\sim1$mol/L氢氧化钠的条件下碱解RNA,先生成$2',3'$-环式核苷酸,再进一步碱解得到$2'$或$3'$核苷酸,常用的碱解条件如表5-6所示。DNA因无$2'$-羟基,不能形成环式中间物,所以DNA抗碱解。这一特性可应用于DNA和RNA的分离。RNA在$173\sim180℃$、浓氨水存在并加压的条件下,可生成$2',3'$-核苷酸混合物,进一步降解得到核苷。RNA在吡啶水溶液中较长时间回流也可得到核苷产物。核酸常用的碱解条件见表5-6。

表 5-6　核酸常用的碱解条件

试　剂	温度/℃	时　间
1mol/L KOH	80	60min
0.3mol/L KOH	37	16h
0.1mol/L KOH	100	20min
0.05mol/L KOH	100	40min
10%吡啶	100	90min
1%吡啶	100	5h

第四节　核酸的分离提纯及序列测定

天然核酸都具有生物学活性,要制备天然状态的核酸,必须采用较温和的条件,防止过酸过碱、剧烈的搅拌及核酸酶的水解作用等,现将 DNA 和 RNA 的分离提取及序列测定简述如下。

一、DNA 的分离

真核生物基因组 DNA 以**核蛋白**的形式存在。核蛋白溶于水或高浓度盐(1mol/L 氯化钠)溶液中,但不溶于 0.14mol/L 氯化钠-柠檬酸钠溶液中,柠檬酸钠有抑制**脱氧核糖核酸酶**(deoxyribonuclease,DNase)的作用。应用这一性质,可将核蛋白从细胞匀浆中分离出来。核蛋白中的蛋白质部分可用**十二烷基硫酸钠**(sodium dodecyl sulfate,SDS)进行变性,再用氯仿-异戊醇沉淀除去变性蛋白,冷冻离心,合并水相后,根据 DNA 只溶于水而不溶于有机溶剂的特点,加入等体积的冷乙醇,DNA 即以丝状沉淀出来。

对于不同构象的 DNA,还可用蔗糖梯度区带、氯化铯密度梯度平衡超速离心法、柱层析法将它们分开并纯化。

二、RNA 的分离

对于不同类型 RNA 的分离,实验室常常先将细胞进行匀浆,进行差速离心,以获得各种细胞器(细胞核、叶绿体、线粒体和核糖体等)和细胞溶质,再从细胞器中分离出某一种RNA。如从叶绿体及线粒体中可分离出 RNA 或 DNA;从细胞核中分离核内 RNA;从胞浆中分离各类 tRNA;从核糖体中分离 rRNA;从多聚核糖体中分离 mRNA 等。

分离 RNA 时,要抑制核糖核酸酶活性,RNA 也常和蛋白质结合在一起,除去蛋白的方法与 DNA 分离方法相似。纯化 RNA 的方法与 DNA 相同。柱层析常用的填充剂有硅藻土、羟基磷石灰柱、各种纤维素等。此外,凝胶过滤法在 RNA 分离纯化中也经常使用。

核酸经降解后得到的产物必须经过分离才能得到纯的制品。常用的分离方法有纸层析法(适用于分离少量的嘌呤和嘧啶碱)、纸电泳法(用于少量核酸的分离)、离子交换法(用于较大量碱基、核苷和核苷酸的分离)、各种薄层层析法(用于各类微量核苷酸的快速分离)。

三、 DNA 序列测定

目前被用来测定 DNA 序列的基本方法有三种:一是由 Sanger 发明的**链末端终止法**(chain termination method);二是由 M. Maxam 和 W. Gilbert 发明的**碱基特异性化学裂解法**(base-specific chemical cleavage method);三是**焦磷酸测序法**(pyrosequencing)。前两种方法经常使用放射性同位素^{32}P 对 DNA 进行标记,用聚丙烯酰胺凝胶电泳对长度不同的核酸片段进行分离,最后用**放射自显影**(autoradiography)技术进行观察和分析。目前,已普遍使用荧光物质代替放射性同位素进行 DNA 标记。由于使用同位素或荧光标记,前两种方法的灵敏度都很高,ng 级的 DNA 样品就能获得理想的结果。焦磷酸测序法是新一代 DNA 序列分析技术,该技术无须电泳,DNA 片段也无须进行荧光标记,操作非常简便。

(一) 末端终止法

DNA 可用链终止法测序,该法是目前常用的方法。这种方法需提供的混合物包括:单链 DNA 模板、引物、DNA 聚合酶 I、4 种脱氧核苷酸(有一种要用放射性同位素标记),即 dATP、dGTP、dCTP 和 dTTP,一种 $2'$,$3'$-双脱氧核苷酸,如 ddGTP。在反应中,DNA 聚合酶 I 结合引物后开始拷贝 DNA 模板分子。在 DNA 新链合成过程中,插入 dGTP 时都有可能插入 ddGTP。因为 ddGTP 的 $3'$-OH 脱氧而不可能再生成 $3'$,$5'$-磷酸二酯键,因此,DNA 链的合成会特异性终止于该点,即新生链都会随机地在 G 应插入的位点终止。

在实际测定中,在 4 组混合物中要分别加入 ddATP、ddGTP、ddCTP 和 ddTTP,那么在新链产生的过程中就会在 A、G、T、C 对应的位点上终止或产生 4 套链终止片段。当反应终止后,对 4 种反应混合物采用聚丙烯酰胺凝胶电泳,再进行放射自显影。在自显影图上从胶的底部向上,根据条带的位置可以方便地读出 DNA 序列,即为与原始 DNA 模板相互补的链(图 5-28)。这种测序方法非常方便,现有的自动化测序仪基本上都是根据此原理设计的。

(二) 化学裂解法

化学裂解法是 Maxam 和 Gilbert 于 1977 年发明的,其基本原理是用特殊的化学试剂,处理待测 DNA 分子中的不同碱基,然后用哌啶切断反应碱基的多核苷酸链。用 4 组不同的特异性反应,使末端标记的 DNA 分子切成不同长度的片段,其末端都是相应的特异碱基。经聚丙烯酰胺凝胶电泳分离和放射自显影后,就可以得到测序图谱(图 5-29)。特异性反应如下所述:

1. G 反应

在碱性条件下,**硫酸二甲酯**(dimethyl sulfate,DMS)使 DNA 链中 G 的 N^7 发生甲基化,加热可引起甲基化 G 脱落,多核苷酸链在该处断裂。

2. G+A 反应

用甲酸使 A 和 G 环上的 N 原子质子化,从而破坏其糖苷键的稳定性,再用哌啶使键断裂。

3. T+C 反应

用肼作用,使 T 和 C 的嘧啶环断裂,再用哌啶除去碱基。产生 $5'$-DNA 片段(原来与嘧啶核苷酸 $5'$-羟基相连)和 $3'$-DNA 片段(本来与嘧啶核苷酸 $3'$-羟基相连)。

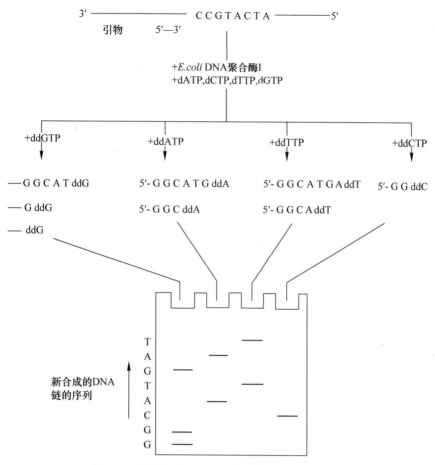

图 5-28 用链终止(Sanger)法进行 DNA 序列分析

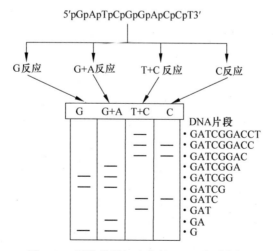

图 5-29 用化学裂解法进行 DNA 序列分析

4. C 反应

在高盐浓度下,只有 C 与肼发生反应,并被哌啶除去。哌啶使修饰碱基脱落,并使去掉碱基的多核苷酸相应部位的磷酸二酯键断裂。

在以上 4 组反应结束以后,上述样品分别进行聚丙烯酰胺凝胶电泳和放射自显影,此过程与末端终止法相同。

(三) 焦磷酸测序法

焦磷酸测序法是在同一反应体系中产生由 4 种特异性酶催化的级联化学发光反应,在每一轮测序反应中,只加入一种 dNTP,若该 dNTP 与模板配对,聚合酶就可将其掺入引物链的 3′端并释放出等量的焦磷酸基团(PPi)。PPi 可转化为可见光信号,并最终转化为一个峰值。每个峰值的高度与反应中掺入的核苷酸数目成正比。第一轮反应结束后,再加入下一种 dNTP,继续下一轮 DNA 链的合成(图 5-30)。整个测序反应分为四步。

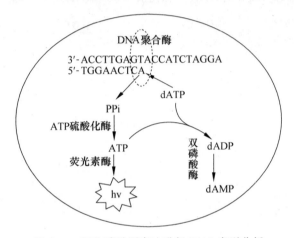

图 5-30　用焦磷酸测序法进行 DNA 序列分析

(1) 将单链 DNA 模板与其特异性测序引物结合,然后加入四种酶的混合物:DNA 聚合酶、**ATP 硫酸化酶**(ATP sulfurylase)、**荧光素酶**(luciferase)和**腺三磷双磷酸酶**(apyrase)。反应底物有腺苷-5′-磷酰硫酸(adenosine-5′-phosphosulfate,APS)和荧光素(luciferin)。

(2) 向反应体系中加入 1 种 dNTP,如果它正好能和 DNA 模板的下一个碱基配对,则会在 DNA 聚合酶的作用下,添加到序列引物的 3′-端,同时释放出 1 分子 PPi。dATP 由**腺苷-α-硫-三磷酸**(deoxyadenosine alfa-thio triphosphate,dATPαS)替代,因为 DNA 聚合酶对 dATPαS 的催化效率比对 dATP 的催化效率高,且 dATPαS 不是荧光素酶的底物。

(3) 在 ATP 硫酸化酶的作用下,生成的 PPi 可以和 APS 结合形成 ATP;在荧光素酶的催化下,生成的 ATP 可以和荧光素结合形成氧化荧光素,同时产生可见光。通过**电荷耦合器**(charge coupled device,CCD)光学系统即可获得一个特异的检测峰,峰值的高低和相匹配的碱基数成正比。

(4) 反应体系中剩余的 dNTP 和残留的少量 ATP 在双磷酸酶的作用下发生降解。加入另外一种 dNTP,使第 2 步、第 3 步、第 4 步反应重复进行,根据获得的峰值图即可读取准确的 DNA 序列信息。

四、RNA 测序

目前用来测定 RNA 一级结构的方法主要有:①先使用反转录酶将待测 RNA 反转录成 cDNA,然后再用 DNA 测序法进行序列测定。②用化学或酶学方法对放射性同位素标记的 RNA 进行断裂或水解后,再进行聚丙烯酰胺凝胶电泳分析,该法类似于 DNA 化学裂解法测序。③质谱分析法。

◀◀ 知识卡片 5-4　　　聚合酶链反应　　　　▶▶

聚合酶链反应(polymerase chain reaction,PCR)是一种应用极为广泛的体外扩增 DNA 生物技术。1985 年 K. Mullis 发明了这项技术。其中 PCR 法中使用的 DNA 聚合酶,从不耐热的 Klenow 酶到耐热的 Taq 酶,现在还出现了错配概率小的高保真酶。PCR 的基本步骤为:①设计特异引物;②优化反应体系,包括模板、引物、4 种 dNTP、DNA 聚合酶等;③优化反应条件,包括变性、退火和延伸。目前 PCR 技术已非常成熟,广泛应用于各个领域,如遗传病和某些疑难病的诊断以及孕妇的产前检查,病原体的检测,法医和刑侦鉴定,癌基因的检查,基因探针的制备,基因组测序,cDNA 文库的构建,基因突变分析和定位诱变,DNA 重组,基因的分离和克隆等。

第五节　基因与基因组

本节内容主要介绍了基因和基因组的概念及其特点,以及基因组研究概况。详细内容参见二维码链接数字资源。

第五节基因与基因组　　　　　　　　知识卡片 5-5

◀◀ 知识卡片 5-6　　新兴研究工具之 RNA 组学　　　▶▶

Huttenhofer 等人在 2000 年底提出了 RNA 组学的概念。**RNA 组学**是对细胞中全部 RNA 分子的结构与功能进行系统的研究,从整体水平阐明 RNA 的生物学意义。RNA 研究领域的新发现不断出现:RNA 控制着蛋白质的生物合成,RNA 调控遗传信息,RNA 具有调控功能,RNA 修饰,RNA 与疾病的关系等。RNA 组学的研究热点包括 RNA 干扰技术、RNAi(RNA 干扰)研究程序、合成 siRNA(小干扰 RNA)及其基础理论和应用研究。

RNA 组学研究在探索生命奥秘和促进生物技术产业化过程中将会做出巨大贡献。如果说基因组学研究正全力构筑生命科学基石的话,那么 RNA 组学研究则是它不可缺少的同盟军。

本章小结

核酸　可分为脱氧核糖核酸(DNA)和核糖核酸(RNA)。DNA 是储存、复制和传递遗传信息的物质基础。RNA 在蛋白质合成过程中起着重要作用,其中 tRNA 起着携带和转移活化氨基酸的作用；mRNA 是合成蛋白质的模板；rRNA 是蛋白质合成场所——核糖体的组成成分之一。

核酸的理化性质　核酸是两性电解质，在紫外光 260nm 处具有最大吸收。变性和复性是双链核酸分子的两个重要特性。

核酸序列及测序　具有互补序列的单链核酸分子按碱基配对原则结合在一起称为分子杂交。利用分子杂交可以分析基因的结构、定位和表达情况等。DNA 测序方法有末端终止法、化学裂解法和焦磷酸测序法，目前最常用的 DNA 序列自动分析就是根据末端终止法原理进行的。

基因和基因组　基因是遗传的物质基础，是 DNA 或 RNA 分子上具有遗传信息的特定核苷酸序列。基因组是生物体体内一套染色体中完整的 DNA 序列(部分病毒是 RNA)。人类基因组计划是对人类全部基因进行定位、分离，并研究全部基因的功能，从而认识人类疾病和基因关系的一项重要生命科学研究计划。随着生物技术的飞速发展，结构基因组学、功能基因组学、RNA 组学相继出现，标志着后基因组学时代的到来。

复习思考题

1. 核酸可分为哪些种类？它们是如何分布的？核酸在生命活动中有哪些重要功能？
2. 参与蛋白质合成的 3 类 RNA 有何功能？
3. Watson 和 Crick 提出 DNA 双螺旋结构模型的依据是什么？DNA 双螺旋结构模型有哪些基本要点？
4. 原核生物与真核生物的 mRNA 结构有何异同？
5. 比较 DNA 和 RNA 在化学组成和生物学功能上的异同。
6. 什么是核酸变性？影响核酸分子 T_m 值的因素有哪些？
7. 试述分离 DNA 和 RNA 的主要方法，其原理是什么？
8. 什么是分子杂交？简述其应用。
9. 试述核酸序列测定的方法及基本原理。
10. 原核生物和真核生物基因组结构有何异同？

第六章 糖类

本章导读

　　糖类是不同于蛋白质和核酸的"另类"分子,是生命必需的分子。糖类化合物又称为碳水化合物,是自然界最丰富的有机物。多糖是单糖的聚合物。目前,发酵工业多以糖类为主要原料。微生物多糖的发酵生产则是新兴的发酵生产领域。本章重点阐明了糖类的定义和分类,介绍了单糖、双糖(蔗糖、乳糖、麦芽糖)和多糖(淀粉、糖原、纤维素)以及复合糖的结构特点和理化性质,对几种重要单糖(丙糖、丁糖、己糖和庚糖)进行了详细说明。通过本章学习掌握糖类的分类和分布,明白单糖的理化性质,区别各种糖类的结构及其在生物体内的作用以及在食品加工和生物工业上的作用。

　　糖类是自然界分布广泛、数量最多、最重要的生物分子之一,是多羟基的醛、酮,或多羟基醛、酮的缩合物及其衍生物。如葡萄糖、果糖、乳糖、淀粉、壳多糖等,均属糖类。动物不能由简单的二氧化碳自行合成糖类,必须从食物中摄取。动物吸入空气中的氧,将食物中的糖类经过一系列生物化学反应逐步分解为二氧化碳和水,并释放机体活动所需的能量。

第一节 概 述

一、糖的命名

　　大多数糖类物质仅由 C、H、O 三种元素组成,其化学分子式通常以 $C_n(H_2O)_m$ 表示。其中,H 与 O 原子数比例为 2:1,与 H_2O 中的 H 与 O 之比相同,故过去将糖类统称为**碳水化合物**(carbohydrate)。实际上这一名称并不确切,如脱氧核糖($C_5H_{10}O_4$)、鼠李糖($C_6H_{12}O_5$)、岩藻糖($C_5H_{12}O_4$)等糖类分子中 H 与 O 之比并非 2:1;而另外一些非糖物质,如乙酸($C_2H_4O_2$)和乳酸($C_3H_6O_3$),其分子中 H 与 O 之比却是 2:1。只是该名称沿用已久,至今仍被广泛使用。

二、 糖的分类

根据分子的聚合度,糖类可分为单糖、寡糖、多糖等,也可分为结合糖和衍生糖等。

1. 单糖

单糖是不能被水解的多羟基醛或多羟基酮。葡萄糖、果糖都是常见的单糖。

2. 寡糖

寡糖是由2～20个单糖通过糖苷键相连而形成的小分子聚合糖,又称低聚糖。双糖是最常见的寡糖。寡糖和单糖都可溶于水,多数有甜味。

3. 多糖

多糖是由多个单糖以糖苷键相连而形成的高聚合物。多糖没有还原性和变旋现象,无甜味。

4. 复合糖

复合糖是指糖类与蛋白质或脂类等生物分子以共价键连接而成的糖复合物。其中的糖类一般是杂聚寡糖或杂聚多糖。如糖蛋白、蛋白聚糖、糖脂等。

5. 衍生糖

衍生糖由单糖衍生而来,如糖胺、糖醛酸等。

三、 糖的分布与生理作用

1. 分布

糖类物质是生物界中分布很广、含量较多的一类有机物质,几乎存在于所有的生命机体中,按干重计,植物体内含85%～90%的糖类;人和动物的脏器、组织中含糖量不超过其干重的2%;微生物含糖量占菌体的10%～30%。它们以糖或与蛋白质、脂类结合成结合糖的形式存在。

2. 生理作用

糖类是一切生物维持生命活动所需要能量的主要来源,是生物体合成其他化合物的基本原料,有时还充当结构性物质,具有多种重要生理作用:①糖类是为机体生命活动提供所需能量的主要"燃料"分子,如D-葡萄糖;②糖类充当机体的结构成分,参与构成动物软骨等,如糖胺聚糖;③糖类是细胞膜上受体分子的重要组成成分,是细胞识别和信息传递等功能的参与者;④糖类在机体内还可转变成其他重要的生物分子,如L-氨基酸和核苷酸等。

第二节 单 糖

单糖(monosaccharide)是糖类的最小单位,是具有一个自由醛基或酮基,或有两个以上羟基的糖类物质。

一、 单糖的结构、构型和构象

天然存在的单糖一般都是D型。单糖既可以环式结构存在,也可以开链形式存在。

单糖的种类虽多,但其结构和性质有很多相似之处,在此以葡萄糖为例来阐述单糖的结构。葡萄糖的分子式为 $C_6H_{12}O_6$,具有一个醛基和五个羟基,属于醛糖。

（一）葡萄糖的结构

葡萄糖的分子结构有 D-葡萄糖和 L-葡萄糖两种构型,但在生物界中只有 D-葡萄糖。由于 D-葡萄糖分子内的醛基可以和 C5 上的羟基缩合形成六元环的半缩醛,这样原来羰基的 C1 就变成不对称碳原子,并形成一对非对映旋光异构体,成为环状结构。D-葡萄糖分子的环状结构存在六元环(吡喃环)和五元环(呋喃环)两种结构形式(图 6-1)。D-呋喃葡萄糖不稳定,而 D-吡喃葡萄糖很稳定。

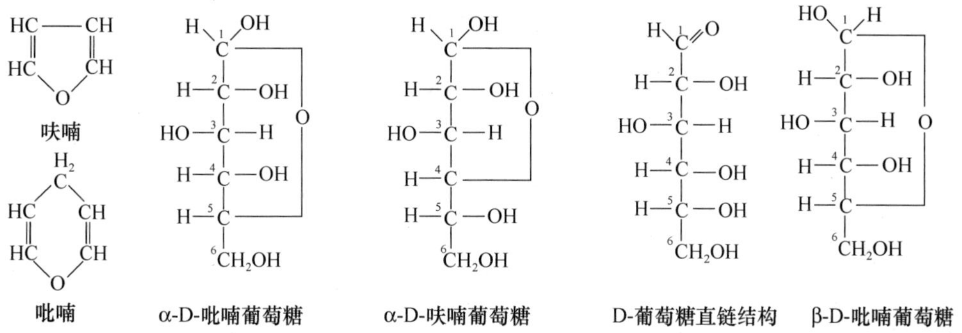

图 6-1　葡萄糖的结构

（二）葡萄糖的构型

一般规定半缩醛羟基(C1 上的羟基)与决定单糖构型的羟基(C4 上的羟基)在碳链同侧的葡萄糖为 α-葡萄糖,在异侧的称为 β-葡萄糖。α 型和 β 型是非对映异构体。它们的不同点是 C1 上的构型,因此又称为异头物。它们的熔点和比旋光度都不同。半缩醛羟基比其他羟基活泼,糖的还原性主要由其半缩醛羟基决定。D-葡萄糖在水介质中达到平衡时,β-异构体占 64%,α-异构体占 36%,以链式结构存在者极少。因此,自然界存在的主要是 D-吡喃葡萄糖,葡萄糖的全名应为 α-D-或 β-D-吡喃葡萄糖(图 6-2)。

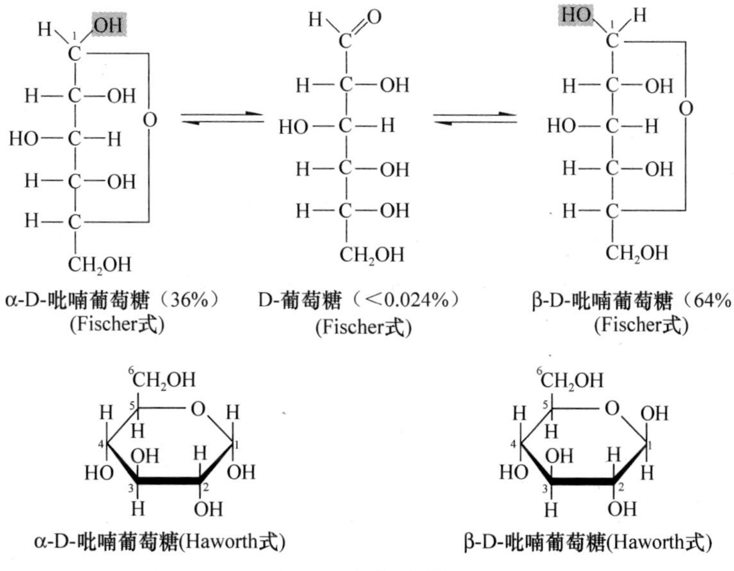

图 6-2　葡萄糖的构型

(三) 葡萄糖的构象

在 D-吡喃葡萄糖分子结构中,六元环的 C 原子和 O 原子不在一个平面上,有船式和椅式两种**构象**(conformation)。椅式构象使扭张强度减到最低,因而比船式构象稳定。椅式构象中 β-羟基为平键,比 α-构象稳定,所以吡喃葡萄糖主要以 β-型椅式构象存在(图 6-3)。

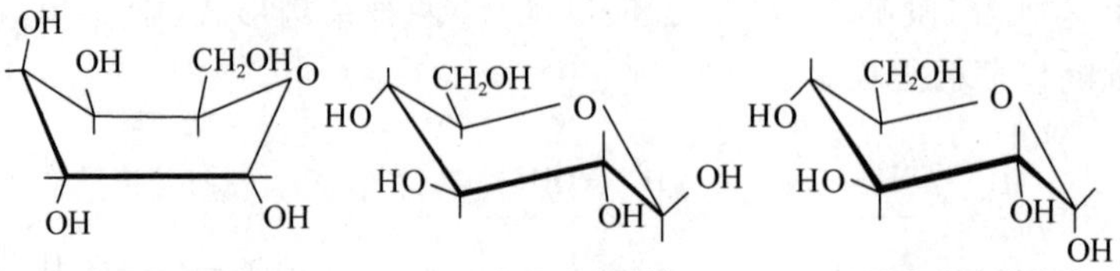

α-型船式吡喃葡萄糖　　β-型椅式吡喃葡萄糖　　α-型椅式吡喃葡萄糖

图 6-3　葡萄糖分子构象

二、 单糖的分类

根据羟基的特点,单糖可分为醛糖和酮糖,含醛基的单糖称为**醛糖**(aldose),含酮基的单糖称为**酮糖**(ketose)。根据单糖分子中碳原子数的多少,将单糖分为丙糖(三碳糖)、丁糖(四碳糖)、戊糖(五碳糖)、己糖(六碳糖)和庚糖(七碳糖)。最简单的糖是丙糖,甘油醛是丙醛糖,二羟丙酮是丙酮糖。二羟丙酮是唯一一个没有手性碳原子的糖。醛糖和酮糖还可分为 D-型和 L-型两类。

三、 单糖的理化性质

(一) 物理性质

单糖都是无色晶体,味甜,有吸湿性,极易溶于水。单糖有旋光性,其溶液有变旋现象。

1. 旋光性与变旋性

除二羟丙酮外,所有的单糖分子都含有不对称碳原子。因此,都有使偏振光平面向左或向右旋转的能力,这种特性称为**旋光性**(optical rotation)。用"+"和"-"表示旋转方向。"+"表示右旋;"-"表示左旋。使偏振光平面向左旋转的单糖,称为左旋糖;使偏振光平面向右旋转的单糖,称为右旋糖。

变旋(mutarotation)是指一种单糖(如 D-葡萄糖)在溶液中放置后,其比旋度发生改变的现象。变旋的原因是单糖从 α-D 构象变成 β-D 构象,或者相反。变旋作用是可逆的。

葡萄糖溶液有变旋现象,当新制的葡萄糖溶解于水时,最初的比旋是+112°,放置后变为+52.7°,并不再改变。溶液蒸干后,仍得到+112°的葡萄糖。把葡萄糖浓溶液在 110°结晶,得到比旋为+18.7°的另一种葡萄糖。这两种葡萄糖溶液放置一定时间后,比旋都变为+52.7°。我们把+112°的叫作 α-D(+)-葡萄糖,+18.7°的叫作 β-D(+)-葡萄糖。

2. 甜度

不同的单糖,其**甜度**(sweetness)不同。通常以蔗糖的甜度为标准作比较。将它的甜度定为 100。果糖为 175,葡萄糖为 74.3,麦芽糖为 35,半乳糖为 30,乳糖为 16。

3. 溶解度

单糖含有多个羟基,易溶于水,尤其在热水中溶解度极大,难溶于乙醇,但不溶于丙酮、乙醚等有机溶剂。

（二）化学性质

单糖是多羟基醛或酮,因此具有醇羟基和羰基的性质,如具有醇羟基的成酯、成醚、成缩醛等反应和羰基的一些加成反应,还具有由于它们互相影响而产生的一些特殊反应。单糖的主要化学性质如下:

1. 与酸反应

戊糖与强酸共热,可脱水生成糠醛(呋喃醛)。己糖与强酸共热分解成甲酸、二氧化碳、乙酰丙酸以及少量羟甲基糠醛。糠醛和羟甲基糠醛能与某些酚类作用生成有色缩合物,利用这一性质可以鉴定糖。如 α-萘酚与糠醛或羟甲基糠醛反应生成紫色。这一反应用来鉴定糖的存在,称为莫利西试验。间苯二酚与盐酸遇酮糖呈红色,遇醛糖呈很浅的颜色,这一反应可以鉴别醛糖与酮糖,称为西利万诺夫试验。

2. 酯化作用

单糖分子中含有多个羟基,这些羟基能与酸作用生成酯。较重要的糖酯有葡萄糖-1-磷酸、葡萄糖-6-磷酸、果糖-6-磷酸、果糖-1,6-二磷酸等,它们都是糖代谢的中间产物,在生命活动中具有重要意义。

3. 碱的作用

醇羟基可解离,是弱酸。在弱碱作用下,葡萄糖、果糖和甘露糖三者可通过烯醇式而相互转化,称为烯醇化作用。在体内酶的作用下也能进行类似的转化。单糖在强碱溶液中很不稳定,分解成各种不同的物质。

4. 形成糖苷

糖可以与醇或胺形成**糖苷**(glycoside),非糖部分叫作配糖体,如果配糖体也是单糖,就形成二糖,也叫双糖(图6-4)。糖苷有 α、β 两种形式。糖环中的半缩醛可以与醇反应生成缩醛,形成的 C-O 苷键称为 O-糖苷键。糖环中的半缩醛也可以与胺中的氮原子反应成苷,称为 N-糖苷键。N-糖苷键存在于糖蛋白和核苷中。

5. 糖的氧化作用

单糖无论是醛糖或酮糖都可与弱的氧化剂作用,生成金属或金属的低价氧化物。单糖开链中的自由羰基可以还原 Cu^{2+} 为 Cu^+,后者可成砖红色的氧化亚铜沉淀。这种颜色反应是实验室常用的**费林反应**(Fehling reaction)反应的基础,既可用于还原糖的定量,也用于测定血糖和糖尿病患者的尿糖。在弱氧化剂(如溴水)作用下,能被氧化成糖酸(醛

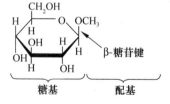

图 6-4 甲基-β-D-吡喃葡萄糖苷

糖酸),如 D-葡萄糖被氧化成 D-葡萄糖酸;在较强氧化剂(如硝酸)作用下,醛糖的醛基和伯醇基都被氧化成羧基,生成葡萄糖二酸,如 D-葡萄糖被氧化成 D-葡萄糖二酸。在特定脱氢酶催化下,某些醛糖分子只有伯醇基被氧化成羧基,产生糖醛酸,如 D-葡萄糖醛酸(图6-5)。

6. 还原作用

单糖中有游离羰基,所以易被还原。在钠汞齐及硼氢化钠类还原剂作用下,醛糖还原成糖醇,酮糖还原成两个同分异构的羟基醇。如葡萄糖还原后生成山梨醇(图6-6)。

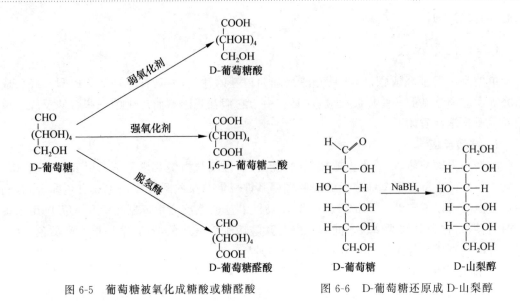

图 6-5　葡萄糖被氧化成糖酸或糖醛酸　　　　图 6-6　D-葡萄糖还原成 D-山梨醇

7. 糖脎的生成

单糖具有自由羰基,能与三分子苯肼作用生成糖脎。如葡萄糖与过量苯肼作用,生成葡萄糖脎。糖脎是难溶于水的黄色结晶体。各种糖生成的糖脎结晶形状与熔点都不同,因此常用糖脎来鉴别不同的糖。

四、 单糖的重要衍生物

单糖能与其他化合物发生化学反应,产生单糖衍生物,如糖醛酸、糖醇、氨基糖、单糖磷酸酯、糖苷、脱氧糖等。

(一) 糖醇

糖醇(sugar alcohol)是由单糖的羰基被还原而生成的,较稳定,有甜味,如山梨醇、甘露醇、半乳糖醇及肌醇(图 6-7)。山梨醇氧化时可产生葡萄糖、果糖或山梨糖。

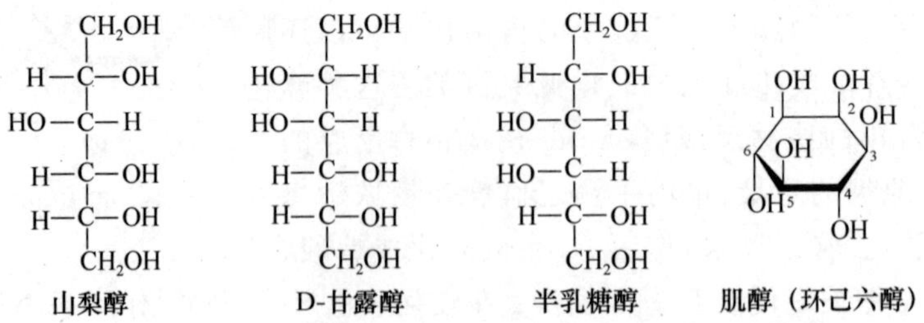

图 6-7　重要的糖醇

山梨醇广泛存在于植物中,主要用于合成维生素 C,其次用于表面活性剂、食品、制药等工业。

D-甘露醇可从海带、海藻中提取,医学临床中用于抗脑水肿等。

半乳糖醇,味微甜,用于微生物学、生物化学研究及制药行业。

肌醇存在于动物的肌肉、心、肝、肺等组织中,可作为酵母和某些动物(如大鼠)的生长因子。它用于治疗血管硬化、高脂血症等疾病。

（二）糖醛酸

在特定脱氢酶的催化下，某些醛糖末端的羟基能被氧化成羧基，生成**糖醛酸**（uronic acid）。常见的糖醛酸有 D-葡萄糖醛酸、D-半乳糖醛酸、D-甘露糖醛酸。它们是很多杂多糖的构件分子。D-葡萄糖醛酸是肝脏内的一种解毒剂。

（三）氨基糖

自然界中，**氨基糖**（amino sugar）是糖分子中的羟基被氨基取代而形成的衍生物。它们是构成许多天然多糖的重要组成成分，如葡萄糖胺、半乳糖胺、N-乙酰葡萄糖胺、N-乙酰半乳糖胺（图6-8）。β-D-葡萄糖胺参与构成动物组织和细胞膜，具有免疫调节作用；其硫酸盐用于治疗关节炎等疾病。

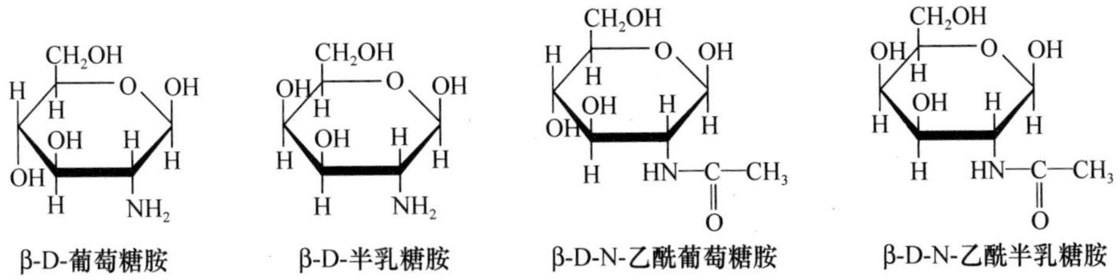

图 6-8　氨基糖分子结构

（四）糖苷

单糖的半缩醛上羟基与非糖物质（醇、酚等）的羟基形成的缩醛结构称为糖苷，形成的化学键称为糖苷键。糖苷键对碱稳定，易被酸水解成相应的糖和非糖体。如洋地黄苷、皂角苷等。它们广泛存在于植物中。大多数糖苷有苦味或特殊香气，是剧毒物质，但微量可作为药物使用。如毛地黄苷具有强心作用，橘皮苷可改善微血管的韧性和通透性，乌本苷可维持体内电解质的平衡等。

（五）单糖磷酸酯

单糖磷酸酯（monosaccharide phosphate ester）是由单糖磷酸化产生的，在生物体代谢途径中起着重要作用。如葡萄糖-1-磷酸、葡萄糖-6-磷酸、果糖-6-磷酸、果糖-1,6-二磷酸等（图6-9）。

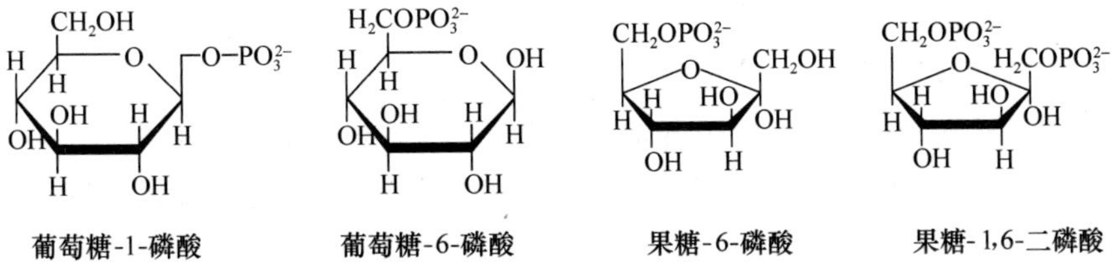

图 6-9　重要的单糖磷酸酯

（六）脱氧糖

脱氧糖（deoxysugar）是指分子中的一个或多个羟基被氢原子取代的单糖。它们广泛地分布于动物、植物及细菌中。脱氧糖有许多种，其中最重要的是 2-脱氧核糖，它是 DNA 分子的重要组成成分。

五、重要的单糖

（一）丙糖

含有三个碳原子的单糖称为**丙糖**（triose）。重要的丙糖有 D-甘油醛和二羟基丙酮。D-甘油醛是具有光学活性的最简单的单糖，被用作确定生物分子 D、L 构型的标准物。二羟基丙酮是唯一没有光学活性的单糖。它们的磷酸酯是糖酵解的重要中间产物（图 6-10）。

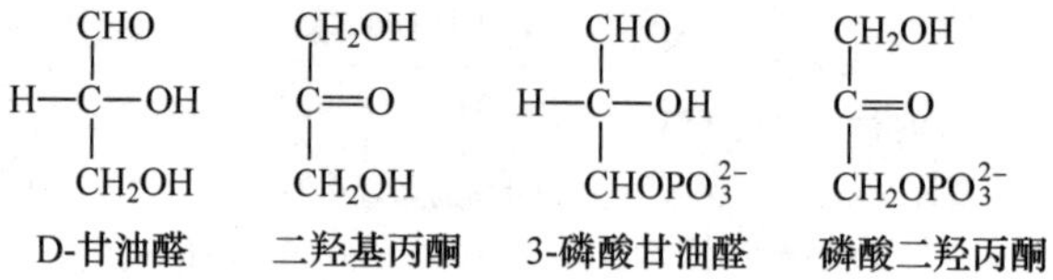

图 6-10　重要的丙糖

（二）丁糖

含四个碳原子的单糖称为**丁糖**（tetrose）。常见的丁糖有 D-赤藓糖和 D-赤藓酮糖。它们的磷酸酯是磷酸戊糖途径中重要的中间产物（图 6-11）。

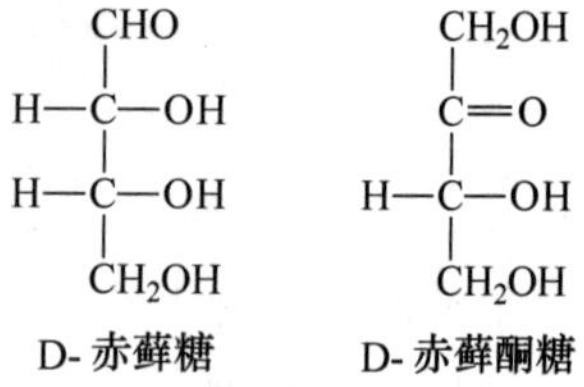

图 6-11　重要的丁糖

（三）戊糖

五碳糖（pentose），自然界中存在的主要的戊醛糖有 D-核糖、D-2-脱氧核糖、D-木糖、L-阿拉伯糖（图 6-12）。它们多以聚戊糖或糖苷的形式存在。其中前两者是核酸和脱氧核糖核酸的重要组成成分。主要的戊酮糖有 D-核酮糖和 D-木酮糖，两者都是磷酸戊糖途径的中间产物。

1. D-核糖

D-核糖是所有活细胞的基本成分之一，有 α 型和 β 型，是核糖核酸的重要组成成分，是生命代谢最基本的能量来源之一。在心脏和骨骼肌代谢中起关键作用，能够促进局部缺血、缺氧组织的功能恢复。

2. D-2-脱氧核糖

D-2-脱氧核糖是核糖的一个 2 位羟基被氢取代的衍生物。它在细胞中作为脱氧核糖核酸 DNA 的组分。D-2-脱氧核糖可进行多种特殊颜色反应，并可进行定量测定。常用的方法是 2-脱氧核糖在硫酸和乙酸存在下，与二苯胺反应产生蓝色，与硫酸亚铁反应也产生蓝色。D-2-脱氧核糖易与乙醇-HCl 作用形成糖苷，这种糖苷易水解。

3. L-阿拉伯糖

L-阿拉伯糖又称树胶醛糖、果胶糖，是一种戊醛糖。自然界中 L-阿拉伯糖很少以单糖

D-核糖　D-2-脱氧核糖　D-木糖

D-核酮糖　D-木酮糖　L-阿拉伯糖

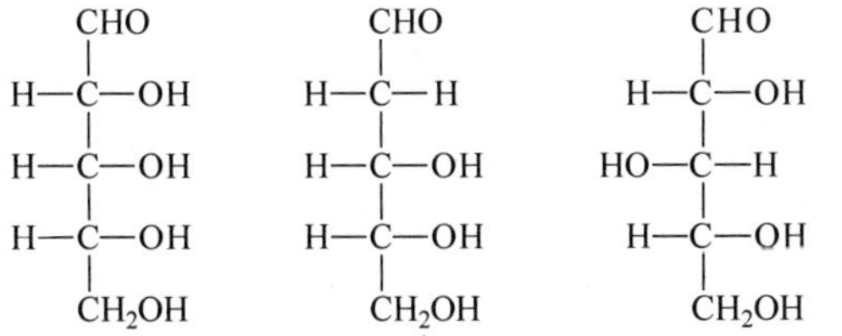

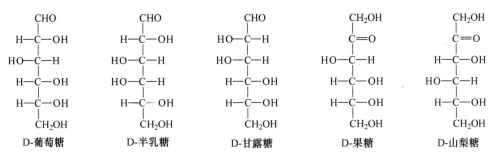

图 6-12　重要的戊糖

形式存在，通常与其他单糖结合，以杂多糖的形式存在于胶质、半纤维素、果胶酸、细菌多糖及某些糖苷中。

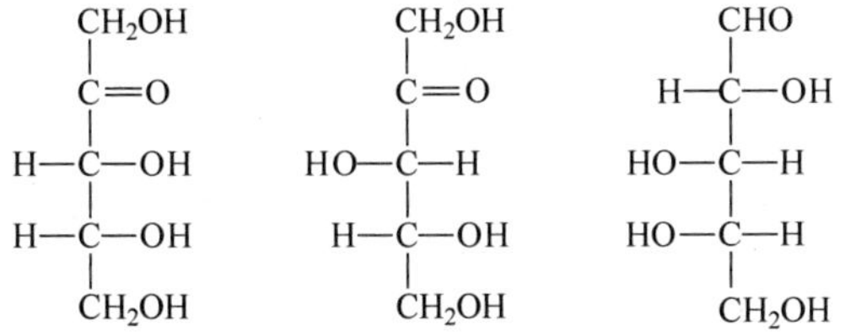

（四）己糖

己糖（hexose）包括己醛糖和己酮糖。自然界分布最广的己醛糖有 **D-葡萄糖**（D-glucose，Glc）、**D-半乳糖**（D-galactose，Gal）、**D-甘露糖**（D-mannose）；重要的己酮糖有 **D-果糖**（D-fructose，Fru）、**D-山梨糖**（D-sorbose）。它们的分子结构如图 6-13 所示。

D-葡萄糖　D-半乳糖　D-甘露糖　D-果糖　D-山梨糖

图 6-13　重要的己糖

1. D-葡萄糖

D-葡萄糖是淀粉、糖原、纤维素等多糖的结构单位，能被动物体直接吸收，是生物界分布最广泛、最丰富的单糖，多以 D 型存在。葡萄糖是生命活动所需要的主要能源，也是食品工业和制药工业的重要原料。

2. D-半乳糖

与葡萄糖相比，D-半乳糖是 C4 位的差向异构体。半乳糖仅以结合状态存在。乳糖、蜜二糖、棉籽糖、琼脂、树胶、黏质和半纤维素等都含有半乳糖。

3. D-甘露糖

D-甘露糖为多种多糖的组成成分。以游离状态存在于某些植物果皮中。

4. D-果糖

D-果糖是自然界最丰富的酮糖,是单糖中最甜的糖类。它可与其他单糖结合成寡糖,也可自身聚合成果聚糖。在制糖工业中,经过葡萄糖异构酶的催化,将 D-葡萄糖转化成 D-果糖。食用果糖后血糖不易升高,且有滋润肌肤的作用。

5. D-山梨糖

D-山梨糖是由山梨醇经氧化而制得的一种单糖,甜味与蔗糖相近。存在于细菌发酵过的山梨汁中,是合成维生素 C 的中间产物,在制造维生素 C 工艺中占有重要地位,又称清凉茶糖。

(五)庚糖

庚糖在自然界中分布较少,主要存在于高等植物中。最重要的有 D-景天庚酮糖和 D-甘露庚酮糖(图 6-14)。前者存在于景天科及其他肉质植物的叶子中,以游离状态存在。它是光合作用的中间产物,呈磷酸酯态,在碳循环中占重要地位。后者存在于樟梨果实中,也以游离状态存在。

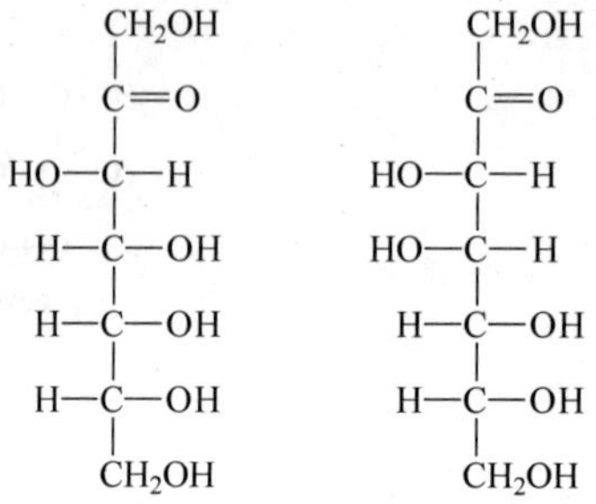

图 6-14 重要的庚糖

第三节 寡 糖

寡糖(oligosaccharide)是由 2～20 个单糖通过糖苷键连接而成的糖类物质,又称低聚糖。

寡糖通常是指 20 个以下的单糖缩合的聚合物。寡糖、多糖是指一定范围内的单糖基的聚合物,其中并无严格的界定。

寡糖中以双糖分布最普遍,意义也较大。其中麦芽糖被看作是淀粉的重复结构单位,麦芽糖(又叫饴糖)是通过淀粉水解得到的麦芽糖浓缩物;蔗糖在甘蔗和甜菜中含量最丰富,是植物体中糖的运输形式;乳糖存在于乳汁中。以上三种是最重要的双糖,自然界中还有其他的双糖和三糖。

一、双糖

双糖(disaccharide)是寡糖中最重要、最简单的寡糖,由两个单糖分子缩合而成,又称二糖。双糖在自然界含量丰富,是人类饮食中主要的热源之一。在小肠中,双糖须在酶的作用下水解成单糖才能被人体吸收。人体摄入双糖后会由于酶的缺陷而导致消化不良。自然界中游离存在的重要双糖有蔗糖、麦芽糖、乳糖和纤维二糖等。蔗糖是最重要的双糖,麦芽糖和纤维二糖是淀粉和纤维素的基本结构单位。

(一)蔗糖

蔗糖(sucrose)俗称食糖,是由 α-D-葡萄糖分子与 β-D-果糖分子,按 α,β(1→2)糖苷键的形式,缩合而形成的双糖,是最重要的二糖,如图 6-15 所示。

蔗糖很甜,易结晶,易溶于水,但较难溶于乙醇。蔗糖是日常生活常用的食糖。甜菜、蜂蜜、甘蔗和各种水果(如香蕉、菠萝等)中含有较多的蔗糖。蔗糖正规名称是葡萄糖-α,β(1

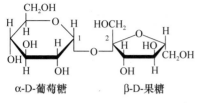

图 6-15　蔗糖分子结构

→2)-果糖苷。蔗糖没有游离的醛基,无还原性,不能成脎。蔗糖是右旋糖,其水溶液的比旋度为 +66.5°。蔗糖水解后得到等量的葡萄糖和果糖混合物。混合物的比旋光度为 −19.8°,水解液表现为左旋,因此,常将蔗糖的水解产物称为转化糖。蔗糖若加热到 160℃,便成为玻璃样的晶体,加热至 200℃ 时成为棕褐色的焦糖。

蔗糖是主要的光合作用产物,也是植物体内糖储藏、积累和运输的主要形式。口腔细菌利用蔗糖合成的右旋葡聚糖苷是牙垢的主要成分。

(二) 麦芽糖

麦芽糖(maltose)即葡萄糖-α,α(1→4)葡萄糖苷和葡萄糖-α,β(1→4)葡萄糖苷,是支链淀粉的水解中间产物(图 6-16)。它大量存在于发芽谷粒中,特别是麦芽中。异麦芽糖[α(1→6)键型]是支链淀粉和糖原的水解产物。麦芽糖有一个醛基是自由的,所以它是还原糖,能还原费林试剂。淀粉和糖原在淀粉酶作用下水解可产生麦芽糖。

麦芽糖在水溶液中有变旋现象,比旋为 +136°,且能成脎,极易被酵母发酵。麦芽糖在缺少胰岛素的情况下也可被肝脏吸收,不引起血糖升高,可供糖尿病人食用。在食品工业中,麦芽糖用作冷冻食品的稳定剂和填充剂,作为烘烤食品的膨松剂,防止烘烤食品干瘪,并作为饴糖的主要成分,供人类食用。

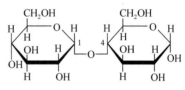

图 6-16　麦芽糖分子结构

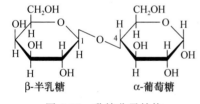

图 6-17　乳糖分子结构

(三) 乳糖

乳糖(lactose)分子是由 β-D-半乳糖分子与 α-D-葡萄糖分子缩合而形成的双糖(图 6-17)。其连接键是 β,α(1→4)糖苷键。乳糖不易溶解,甜度只有 16,在水中溶解度较小,分子中有游离的半缩醛羟基,具有变旋性和还原性,且能成脎。乳糖主要存在于哺乳动物的乳汁中(牛奶中含 4%～5%),高等植物花粉管及微生物中也含有少量乳糖,人乳中含量为 5%～8%,它是幼畜糖类营养的主要来源。

(四) 三种主要双糖的比较

表 6-1 对上述蔗糖、麦芽糖及乳糖的结构与性质做了比较,由此可以看出它们的异同点。

表 6-1　蔗糖、麦芽糖与乳糖的结构与性质比较

名　称	组　成	糖苷键	物理性质	化学性质	存　在
蔗糖	1 分子 α-D-葡萄糖和 1 分子 β-D-果糖	α,β-1,2-糖苷键	白色结晶,很甜,易溶于水,有旋光性,无变旋性	无还原性,不能形成糖脎	甘蔗、甜菜
麦芽糖	2 分子 α-D-葡萄糖	α-1,4-糖苷键	白色结晶,甜度仅次于蔗糖,易溶于水,有旋光性,变旋性	有还原性,能形成糖脎	麦芽

续表

名　称	组　　成	糖苷键	物理性质	化学性质	存　在
乳　糖	1分子β-D-半乳糖和1分子α-D-葡萄糖	β,α-1,4-糖苷键	白色结晶,微甜,不溶于水,有旋光性,变旋性	有还原性,能形成糖脎	乳汁

二、三糖

自然界中广泛存在的**三糖**(trisaccharide)是棉籽糖,棉籽糖分子是由各一分子的α-D-半乳糖、α-D-葡萄糖、β-D-果糖组成。它广泛分布于高等植物界,主要存在于棉籽、甜菜、大豆及桉树的干性分泌物(甘露蜜)中。棉籽糖的水溶液比旋为＋105.2°,是非还原性糖。在蔗糖酶作用下分解成果糖和蜜二糖;在α-半乳糖苷酶作用下分解成半乳糖和蔗糖。其他三糖还有龙胆三糖、松三糖、鼠李三糖等。

第四节　多　糖

多糖(polysaccharide)是由多个单糖分子缩合脱水而形成的。由于构成它的单糖种类、数量和连接方式不同,多糖的结构极其复杂,且数量、种类庞大。

多糖是重要的能量贮存形式(如淀粉和糖原等)和细胞的骨架物质。在自然界分布很广。多糖在水中不能形成溶液,只能形成胶体。多糖无甜味,虽然具有旋光性,但无变旋现象,也无还原性。动物体内的糖原、昆虫的甲壳素等都是由多糖构成的。

根据构成多糖的单糖单位不同,可分为同多糖和杂多糖。根据生物来源不同,可分为植物多糖、微生物多糖和动物多糖。根据生物功能不同,可分为两大类:一类是结构多糖,如构成植物细胞壁的纤维素、半纤维素,构成细菌细胞壁的肽聚糖等;另一类是贮藏多糖,如植物中的淀粉、动物体内的糖原等。还有一些多糖具有更加复杂的生理功能(如黏多糖、血型物质等):如调节机体免疫功能,增强机体抗炎作用,提高机体对病原微生物的抵抗力;促进DNA和蛋白质生物的合成,促进细胞生长、增殖;具有抗凝血、抗动脉粥样硬化、抗癌、抗辐射损伤等作用。

一、同多糖

同多糖又称均一多糖,由同一种单糖或单糖衍生物聚合而成。如戊糖胶(木糖胶、阿拉伯糖胶)、己糖胶(淀粉、糖原、壳多糖以及纤维素等)。

(一)淀粉

淀粉(starch)为白色无定形粉末,在植物中以淀粉粒状态存在,形状为球状或卵形(图6-18)。淀粉主要存在于种子、块茎及果实中,是植物中最重要的贮藏多糖,也是植物性食物中重要的营养成分。淀粉是由麦芽糖单位构成的链状结构,由直链淀粉与支链淀粉两部分组成,可溶于热水的是直链淀粉;支链淀粉易形成浆糊,溶于热的有机溶剂。淀粉在工业上可用于酿酒和制糖。

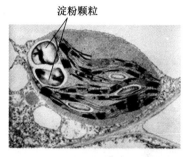

图 6-18　植物组织中的淀粉颗粒

1. 直链淀粉

直链淀粉（amylose）是由 α-D-葡萄糖以 α-1,4-糖苷键连接而成的链状分子。分子内的氢键迫使其链状结构卷曲成螺旋形（图 6-19）。由 6 个葡萄糖残基组成螺旋的一圈。其平均相对分子质量为 $1\times10^5\sim2\times10^6$，相当于 $600\sim12\,000$ 个葡萄糖残基的质量。

直链淀粉的这种长而紧密的螺旋管形结构与其储藏功能相适应。以碘液处理产生蓝色，光吸收值在 $620\sim680$nm 处。

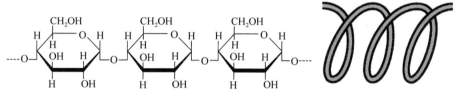

图 6-19　直链淀粉结构及其螺旋结构

2. 支链淀粉

支链淀粉（amylopectin）也是由 α-D-葡萄糖分子缩合而成的高分子聚合物，但分子结构中含有许多分支。在 α-D-葡萄糖残基之间，除 α-1,4-糖苷键外，在分支点还存在 α-1,6-糖苷键（图 6-20）。以碘液处理产生紫色到紫红色。支链淀粉分子比直链淀粉大，其平均相对分子质量为 $1\times10^6\sim6\times10^6$，相当于 $6\,000\sim37\,000$ 个葡萄糖残基的质量。淀粉作为人和动物的食物，经过消化产生葡萄糖，为机体提供能源和碳源。

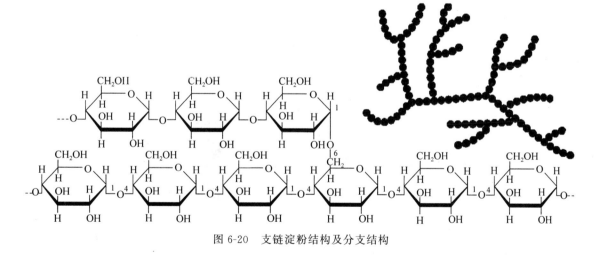

图 6-20　支链淀粉结构及分支结构

（二）糖原

糖原（glycogen）又称动物淀粉，呈无色粉末状，以颗粒形式存在，由 α-D-葡萄糖聚合而成（图 6-21）。糖原易溶于水，而不成糊状。糖原的结构与支链淀粉相似，但分支密度更大，结构更紧密，分支点之间的间隔为 8～12 个葡萄糖残基。每个糖原分子有一个还原末端和很多非还原末端,与碘反应呈紫色,光吸收值在 430～490nm 处。

糖原是动物细胞中储存的主要多糖,是人和动物肌肉剧烈运动时最易动用的葡萄糖储存库,主要存在于动物肝脏和骨骼肌中。存在于肝脏和骨骼肌中的糖原,分别称为肝糖原和肌糖原。肝糖原约占肝脏湿重的 7%;肌糖原约占骨骼肌湿重的 1.5%。虽然肝糖原比例高于肌糖原,但由于肌肉在体内分布广,因此骨骼肌中糖原储存量要比肝脏中多。当动物血液中葡萄糖的含量较高时,它们就聚合成糖原,储存于肝脏或肌肉中;当血糖浓度降低时,糖原则被分解成葡萄糖,供机体利用。

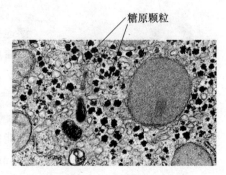

图 6-21　动物体内的糖原颗粒

(三) 纤维素

纤维素(cellulose)是生物界中含量最丰富的多糖,是植物中最广泛的骨架多糖,是植物细胞壁的主要组分。纤维素是由 β-1,4-糖苷键连接而形成的线形高分子聚合物,无分支(图 6-22)。它与直链淀粉结构相似,100～200 条链彼此平行,以氢键结合,像绳索一样绞在一起,形成纤维束。因此,纤维素不溶于水,但溶于氨水溶液,可用于制造人造纤维。

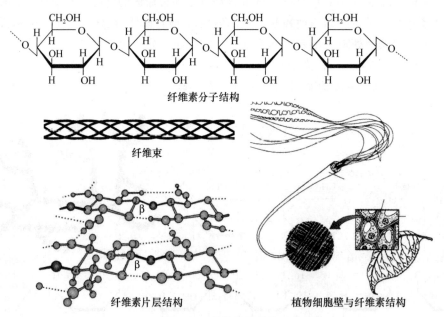

纤维素分子结构

纤维束

纤维素片层结构

植物细胞壁与纤维素结构

图 6-22　纤维素的结构

纤维素虽由葡萄糖组成,但人和非食草动物并不以它作为营养物质。这是由于其体内缺少水解纤维素的酶,因而不能消化纤维素;马、牛、羊等食草动物,由于其消化道内共生着能产生纤维素酶的细菌、原虫等,因而能够消化、利用纤维素,并作为生命活动所需要的主要能源。

　　膳食纤维又称为纤维素、食物纤维等,原归类于碳水化合物,属于不能被人体消化吸收的多糖类物质。以前人们认为粗杂粮和蔬菜等食物中的纤维素不具有营养意义,唯一的作用似乎仅是通便而已。现代研究表明,膳食纤维对人体健康有着相当重要的作用,是人体生命的第七营养素。膳食纤维具有以下多种营养功能:①可通过延长口腔的咀嚼活动进而增强牙齿的咀嚼功能,促进牙齿发育健全,减缓牙齿功能退化。②可增加口腔咀嚼食物的时间,促进肠道消化液分泌,利于食物消化。③促进结肠功能,预防结肠癌。结肠癌是由于某种刺激或毒物如亚硝胺及酚、氨等作用而引起的。这些有毒物质在结肠内停留时间过长,就会对肠壁发生毒害作用。膳食纤维以其较强的吸水性,增大了粪便的体积,并能缩短粪便在结肠中的停留时间。粪便体积大还能稀释毒物,降低致癌因子的浓度,从而有助于预防结肠癌。④防治便秘,膳食纤维以其较强的吸水性,使粪便体积增大,同时使粪便软化,因而可以防治习惯性便秘以及相应的一些疾病,是名副其实的肠道内"清洁工"。⑤预防胆结石的形成。大部分胆结石是由于胆汁内胆固醇含量过多而引起,而膳食纤维能增加肠道中胆固醇的排泄,降低胆汁和血清中胆固醇的浓度。从而使胆石症的患病率降低。⑥预防乳腺癌。现代医学研究表明,在膳食纤维摄入量较多的人群中,乳腺癌的发病率显著减少。⑦治疗糖尿病,糖尿病是一种常见的内分泌代谢病,由体内胰岛素相对或绝对不足所致。膳食纤维在维持血糖平衡方面发挥着重要作用,增加食物中纤维的含量可有效降低餐后血糖的浓度。⑧控制体重,防止肥胖,纤维膳食可产生饱腹感,以控制蛋白质、脂肪、碳水化合物三大产热营养素的摄入量,从而起到控制体重、防止肥胖的作用。

(四)壳多糖

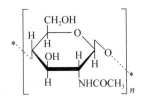

图 6-23　壳多糖的结构单位

　　壳多糖(chitin),又称甲壳素、甲壳质、几丁质等。它是由 N-乙酰-β-1,4-糖苷键连接而形成的高分子聚合物(图 6-23),其分子结构与纤维素相似。其差异仅在于每个葡萄糖残基 C2 原子的羟基被乙酰氨基所取代。

　　壳多糖主要存在于虾、蟹、昆虫等无脊椎动物的外壳(外骨骼)中,作为外骨骼主要的结构物质,是水中含量最大的有机物。壳多糖有多种生理功能,如具有广谱抗菌、提高免疫力、降低血脂、杀死肿瘤细胞等作用。因此,它们有广泛的应用价值。

　　壳多糖是法国科学家 Braconno 于 1811 年从虾蟹壳中发现的一种有机物质。近代科学家又从虾、蟹、蛹及菌类、藻类的细胞中提炼出这种宝贵的天然生物高聚物。壳多糖是一种存在于大自然中的取之不尽,用之不竭、用途广泛的再生资源,是继蛋白质、脂肪、糖、维生素和微量元素外维持人体生命的第六要素。对人体各种生理代谢具有广泛调节作用,可强化人体的免疫功能,对甲亢、更年期综合征、肝炎、肾炎、内分泌失调等均有一定辅助治疗作用,并能减轻放疗、化疗后的副作用。

（五）多糖结构与性质比较

表 6-2 对淀粉、糖原、纤维素及壳多糖的结构与性质进行了比较。由此,可以看出它们的共同点和差异。

表 6-2　常见多糖的结构与性质比较

项　　目	直链淀粉	支链淀粉	糖　原	纤维素	壳多糖
单体	D-葡萄糖	D-葡萄糖	D-葡萄糖	D-葡萄糖	2-N-乙酰葡萄糖胺
糖苷键型	$\alpha(1\to4)$	$\alpha(1\to4)$ 和 $\alpha(1\to6)$	$\alpha(1\to4)$ 和 $\alpha(1\to6)$	$\beta(1\to4)$	$\beta(1\to4)$
分支比例	0	≈4%	≈9%	0	0
溶解特性	溶于热水	热水不溶	溶于水	不溶于水	绝大部分溶剂不溶
与碘反应	紫蓝色	紫红色	棕红色	—	—
主要功能	食物、能量贮存			参与结构形成	
存在形式	白色无定形粉末		无色粉末	白色晶形	无定形固体
自然界分布	整个植物界特别是玉米、土豆、大米		动物肝脏、肌肉	整个植物界	低等动物外骨骼、真菌中

二、 杂多糖

杂多糖(heteropolysaccharide)由不同种类的单糖或单糖衍生物聚合而成,种类繁多。一些杂多糖由含糖胺的重复双糖单位组成,称为**糖胺聚糖**(glycosaminoglycan,GAG),又称为糖胺多糖、**黏多糖**(mucopolysaccharide),是一类含氮的杂多糖。它与蛋白质结合构成蛋白聚糖,又称黏蛋白。它们主要存在于动物的软骨、肌腱等结缔组织的细胞间质中。各种腺体分泌出的起润滑作用的黏液多富含黏多糖。它在组织生长和再生过程、受精过程以及机体与许多传染源(细菌、病毒)的相互作用中都起重要作用。

糖胺聚糖是蛋白聚糖的主要组分,按重复双糖单位的不同,糖胺聚糖分为五类:肝素和硫酸乙酰肝素、透明质酸、硫酸软骨素、硫酸皮质素、硫酸角质素。其中除角质素外,都含有糖醛酸;除透明质酸外,都含有硫酸基。

（一）肝素

肝素(heparin)是一种酸性黏多糖,在动物体内分布很广,因其在肝脏中含量丰富而得名。其抗凝作用很强,故又称为抗凝血素。它主要存在于动物的肝、肺、肠黏膜等组织中。肝素分子是线形高分子聚合物。构成肝素的糖单位由 D-葡萄糖醛酸及它们的硫酸酯、L-艾杜糖醛酸及葡萄糖胺以 β-1,4-糖苷键或者 α-1,4-糖苷键连成(图 6-24)。临床上将肝素作为抗凝血剂及防止血栓形成的药物使用。

（二）透明质酸

透明质酸(hyaluronic acid,HA)又名玻尿酸,是一种由双糖单位通过 β-1,4-糖苷键连接而成的高分子杂多糖。此双糖单位是由 β-D-葡萄糖醛酸与 β-D-N-乙酰葡萄糖胺通过 β-1,3-

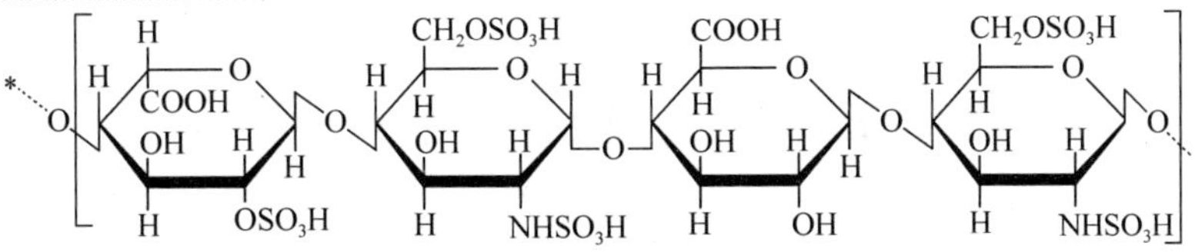

L-艾杜糖醛酸　　磺酰氨基葡萄糖　D-葡萄糖醛酸

图 6-24 肝素分子的糖重复单位结构式

糖苷键连接而成(图 6-25)。它广泛存在于动物软骨、腱等结缔组织的细胞外基质中。在胚胎、关节滑液、眼球玻璃体、脐带以及鸡冠等组织中含量丰富,起着润滑、防震、促进伤口愈合等作用。尤为重要的是,它具有特殊的保水作用,是目前发现的自然界中保湿性最好的物质,被称为理想的天然保湿因子。在具有强烈侵染性的细菌中,在迅速生长的恶性肿瘤中,在蜂毒与蛇毒中都含有透明质酸酶,它能引起透明质酸的分解。

(三) 硫酸软骨素

硫酸软骨素(chondroitin sulfate,CS)是由β-D-葡萄糖醛酸与β-D-N-乙酰半乳糖胺通过β-1,3-糖苷键连接而成的高分子杂多糖(图 6-26)。它主要存在于动物软骨、肌腱、韧带,以及主动脉等组织中,可分为软骨素 A、B、C(3 种)。硫酸软骨素 C(软骨素-6-硫酸)在β-D-N-乙酰半乳糖胺的 C6 位上含有一个硫酸根。主要分为硫酸软骨素钠盐和硫酸软骨素钙盐等。作为治疗关节疾病的药品,常与葡萄糖胺配合使用,具有止痛、促进软骨再生的功效,对改善老年退行性关节炎、风湿性关节炎有一定效果。

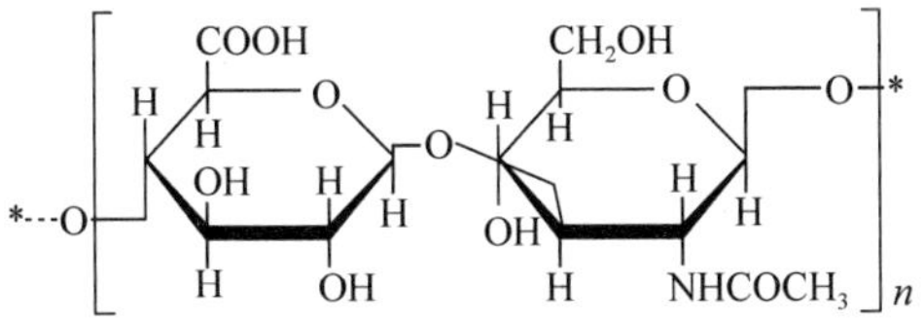

β-D-葡萄糖醛酸　β-D-N-乙酰葡萄糖胺

图 6-25 透明质酸二糖结构单位

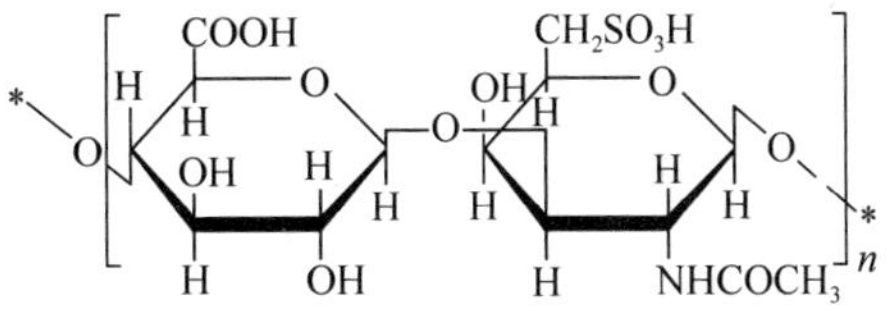

β-D-葡萄糖醛酸　β-D-N-乙酰半乳糖胺-6-硫酸

图 6-26 硫酸软骨素 C 结构单位

(四) 几种黏多糖的组成及分布

表 6-3 比较了透明质酸、硫酸软骨素、肝素等黏多糖的组成,由此可以看出它们的共同结构特征与差异。

表 6-3 几种黏多糖的组成及分布

名　称	组成			分布
	己糖胺	糖醛酸	硫酸	
透明质酸	N-乙酰葡萄糖胺	D-葡萄糖醛酸	—	结缔组织、眼球玻璃体
硫酸软骨素	N-乙酰半乳糖胺	D-葡萄糖醛酸	+	软骨、肌腱、韧带
硫酸皮肤素	N-乙酰半乳糖胺	L-艾杜糖醛酸	+	肌腱、皮肤
硫酸角质素	N-乙酰葡萄糖胺	半乳糖	+	角膜、髓核
肝素	磺酰葡萄糖胺	L-艾杜糖醛酸、D-葡萄糖醛酸	+	肝、肺、肠黏膜

第五节　复　合　糖

　　复合糖（glycoconjugate）是由糖类与蛋白质或脂类等生物分子以共价键连接而成的糖复合物，也称结合糖，包括糖蛋白、蛋白聚糖、脂多糖、肽聚糖等。常见的是与蛋白质的结合物。根据含糖多少可分为以糖为主的蛋白多糖和以蛋白为主的糖蛋白。

一、糖蛋白

　　糖蛋白（glycoprotein）是由寡糖链与蛋白质多肽链共价结合而成的球状高分子复合物。不同的糖蛋白结构中糖和蛋白质之间的比例不同，多数情况下，以蛋白质为主，而糖链较小，故总体性质更接近蛋白质。糖成分的存在对糖蛋白的分布、功能、稳定性等都有影响。糖成分通过改变糖蛋白的质量、体积、电荷、溶解性、黏度等发挥着多种效应。

　　糖蛋白分子结构包含糖链、蛋白质和糖肽键三部分。

（一）糖链

　　糖链是由几个或十几个单糖及其衍生物通过糖苷键连接而成的寡糖链。构成糖链的单糖及其衍生物有多种。常见的有 D-葡萄糖（Glc）、D-半乳糖（Gal）、D-甘露糖（Man）、岩藻糖（Fuc）、N-乙酰葡萄糖胺（GlcNAc）、N-乙酰半乳糖胺（GalNAc）等。上述糖残基在糖链上有一定排列顺序。糖链不同，其糖残基的数量、种类以及排列顺序也不同。糖链大多含有分支结构（图 6-27）。

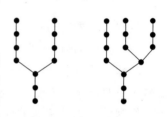

•　单糖残基；—　糖苷键

图 6-27　寡糖链分支

（二）蛋白质

　　构建蛋白质部分的多肽链是由许多不同的 L-氨基酸残基通过肽键连接而形成的链状结构。

（三）糖肽键

　　一条多肽链可以在一个或几个位点上与一条或几条寡糖链连接，其连接键被称为糖肽键。糖肽键主要有两种类型：N-糖肽键和 O-糖肽键。

　　N-糖肽键是指糖链末端 N-乙酰葡萄糖胺的糖环 C1 原子与多肽链上天冬酰胺的酰胺基 N 原子共价连接；O-糖肽键是指糖链末端 N-乙酰半乳糖胺的糖环 C1 原子与多肽链上丝氨酸（Ser）或苏氨酸（Thr）的羟基 O 原子共价连接（图 6-28）。此外，还有以半胱氨酸为连接点的 S-糖苷键型和以天冬氨酸、谷氨酸的游离羧基为连接点的酯糖苷键型。

　　糖蛋白在生物体分布广泛，种类繁多，如免疫球蛋白、血型物质、糖蛋白激素、糖蛋白酶、凝集素等。糖蛋白主要存在于动物的细胞膜、细胞间质、血液，以及黏液中。对其结构与功能关系的研究已成为当今生物化学研究的热点之一。

　　糖链的存在和结合方式与其功能有紧密的联系，糖蛋白的生理功能主要表现在：①具有酶及激素的活性；②由于糖蛋白的高黏度特性，机体可用它作为润滑剂、保护剂等；③具有防止蛋白酶的水解，阻止细菌、病毒侵袭的作用；④在组织培养时对细胞黏着和细胞接触

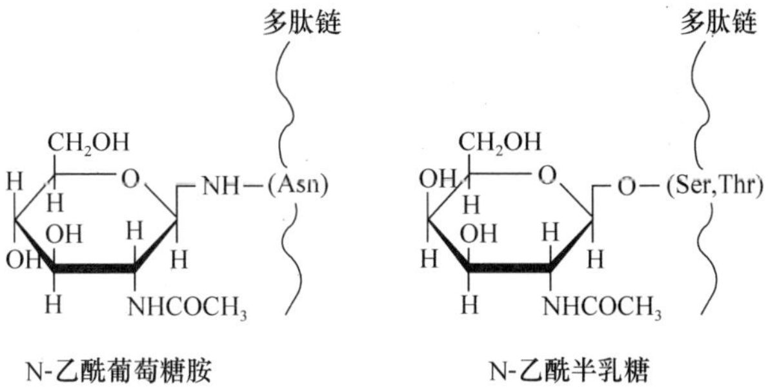

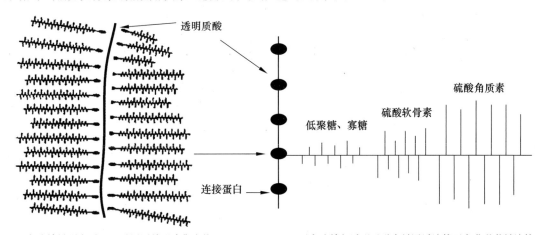

图 6-28 糖链与多肽链的连接键

起抑制作用;⑤对外来组织的细胞识别、肿瘤特异性抗原活性的鉴定有一定作用。

二、 蛋白聚糖

蛋白聚糖(proteoglycans,PG)是以糖胺聚糖为主体的糖蛋白质复合物,是由一条或多条糖胺聚糖链,在特定的部位与多肽链骨架共价连接而成的生物大分子。在蛋白聚糖分子中,糖含量大大高于蛋白质,约占95%。因此,蛋白聚糖的性质不同于糖蛋白,更接近于多糖。在蛋白聚糖分子中,蛋白质多肽链居于中间,构成主链,称为**核心蛋白**(core protein)。在同一条核心蛋白的肽链上,密集地结合着几十条至千百条糖胺聚糖链,形成瓶刷状分子。糖胺聚糖(如硫酸软骨素、硫酸角质素)链排列在多肽链的两侧(图 6-29)。

(a) 蛋白聚糖排列在透明质酸周围并形成集合体　　　　(b) 蛋白聚糖与透明质酸主链通过连接蛋白非共价键连接

图 6-29 软骨蛋白聚糖的结构

糖胺聚糖链与核心蛋白之间的连接键也是糖肽键。其糖肽键有三种类型:①N-乙酰葡萄糖 C1 原子与天冬酰胺的酰胺基 N 原子之间形成的 N-糖肽键;②N-乙酰半乳糖胺 C1 原子与丝氨酸或苏氨酸的羟基 O 原子之间形成的 O-糖肽键;③D-木糖 C1 原子与丝氨酸羟基 O 原子之间形成的 O-糖肽键。

蛋白聚糖是细胞外基质的主要成分,广泛存在于高等动物的一切组织中,对结缔组织、软骨、骨骼的构成至关重要。由于核心蛋白种类多,加上糖胺聚糖链的数目、长度及硫酸化部位均不同,因此,蛋白聚糖的种类非常多。不同的蛋白聚糖具有不同的生理作用,主要表现为:①具有极强的亲水性,能结合大量水,保持组织的体积和外形并使之具有一定的抗拉、抗压强度;②蛋白聚糖链相互间的作用,在细胞与细胞、细胞与基质相互结合,在维持组织的完整性中起重要作用;③分子筛作用,允许小分子化合物自由扩散,阻止细菌等微生物通过,对机体起保护作用;④蛋白聚糖中肝素为抗凝剂;透明质酸可吸收大量水分子,使组织"疏松",细胞易于移动,促进创伤愈合;硫酸软骨素则可维持软骨的机械性。

三、 脂多糖

脂多糖(lipopolysaccharide,LPS)是由脂类和多糖紧密相连而成,是革兰氏阴性菌细胞壁特有的组分,相对分子质量大于 10 000,结构复杂,在不同类群,甚至菌株之间都有差异。脂多糖是内毒素和重要群特异性抗原(O 抗原)。脂多糖的脂类部分是脂质 A,位于细胞内侧,多糖部分为杂多糖,指向细胞外侧。脂质 A 是由脂肪酸通过酰胺键与由 β-1,6 连接的磷酸-N-乙酰葡萄糖胺构成的二糖单位相连而成的(图 6-30)。杂多糖包含核心多糖和 O-特异性多糖(O-糖苷键相连),核心多糖在中间连接位于外层具有亲水结构的 O-特异性多糖链和位于内层具有疏水性的脂质 A。目前,沙门氏菌属的脂多糖结构研究得比较清楚,其核心多糖由酮脱氧辛糖酸、庚糖、葡萄糖、半乳糖及 N-乙酰葡萄糖胺组成;O-特异性多糖通常含半乳糖、阿比可糖、鼠李糖、甘露糖等。这些单糖相互连成寡糖单位。此单位不断重复,就形成长的 O-特异性多糖,即 O-抗原。鼠伤寒沙门氏菌的 O-抗原重复单位中的四种糖(图 6-31),每一种都是由糖酵解途径的一种底物经过一系列转换形成活化的核苷二磷酸糖所形成的。

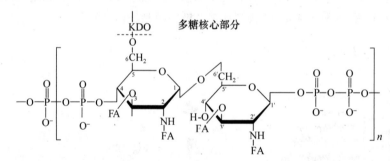

FA—脂肪酰基;KDO—八碳糖酸(3-脱氧-D-甘露型-辛酮糖酸)

图 6-30 脂质 A 的结构

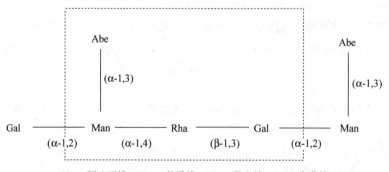

Abe—阿比可糖;Man—甘露糖;Rha—鼠李糖;Gal—半乳糖

图 6-31 鼠伤寒沙门氏菌 O-抗原的重复单位

脂多糖的这种特殊结构,使革兰氏阴性细菌细胞外膜表面具有亲水性。此外,它还具有特殊的生物学功能,如决定细菌类型、构成内毒素化合物、产生特异性抗体等。

四、 肽聚糖

肽聚糖是细菌细胞壁的主要成分,其中革兰氏阳性细菌细胞壁所含的肽聚糖占其干重的 50%~80%,革兰氏阴性细菌细胞壁所含的肽聚糖占干重的 1%~10%。糖链由 N-乙酰葡萄糖胺和 N-乙酰胞壁酸通过 β-1,4-糖苷键连接而成,糖链间由肽链交联,构成稳定的网状结构,肽链长短视细菌种类不同而异(图 6-32)。

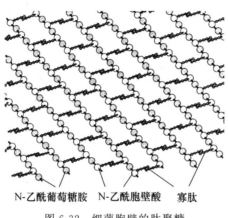

　　N-乙酰葡萄糖胺　　N-乙酰胞壁酸　　寡肽

图 6-32　细菌胞壁的肽聚糖

◀◀ 知识卡片 6-3　　　　　　　　糖组学　　　　　　　　▶▶

糖组学是指"在生命机体中糖类的功能研究",是对糖链组成及其功能研究的一门新科学,是基因组学的后续和延伸,主要包括研究糖与糖、糖与蛋白质、糖与核酸之间的联系和相互作用,以及其与疾病的关系。

多年前,探索生命科学的人们并不会想到糖组学。因为糖类,特别是一些简单的单糖,仅仅被看作是大多数生物存活的必需分子。如蔗糖和葡萄糖提供能量,淀粉贮藏能量,纤维素负责结构和强度等。随后数十年的相关研究提供了新的糖类结构,但其功能尚不清楚。这些分子在生物界中都做些什么呢? 它们一般存在于细菌、病毒和癌细胞的表面,难道是这些生命形式的前卫? 糖组学将对未来研究传染性疾病的诊断和预防产生极大的影响。

如今,我们认识到糖类-蛋白质,糖类-糖类的相互作用在很多生命过程中非常重要,如调制蛋白质的结构和定位、多细胞体系中的信号发送,以及细胞-细胞识别(包括细菌和病毒的感染过程,炎症和癌症发生等很多方面)。糖类中的一些成员具有很高的分子质量,其化学结构自然也异常复杂。如 N-聚糖链,分子通过氮原子被连接到肽链上形成了糖肽或糖蛋白;糖结构上一个细微的变化足以导致各种类型的人类疾病。

糖基化改变普遍存在于肿瘤的发生、发展过程中,分析糖基化修饰对于深入研究肿瘤的机制及其诊疗非常重要,通过糖组学的方法分析肿瘤细胞与正常细胞之间所表现出来的糖蛋白差异,可作为诊断和防控疾病的研究焦点。

本章小结

糖类　是指多羟基醛和酮，以及其二者的衍生物和水解时能产生这些化合物的物质。

糖类的分类　主要分为单糖、寡糖、多糖、复合糖和衍生糖。

葡萄糖　是最重要的己糖，是动物体的主要能源。其结构式有多种表示方法：开链结构式、环状结构投影式、构象式。D-葡萄糖主要以椅式构象存在，是生物界分布最广泛最丰富的单糖。

单糖的化学性质　单糖是多羟基醛或酮，能发生多种化学反应，如还原成糖醇、被氧化成糖酸、异构化、氨基化、成酯、成苷、成脒、脱氧等。单糖能够形成各种单糖衍生物。单糖磷酸酯是生物体内重要的代谢产物。

二糖　常见的有蔗糖、乳糖、麦芽糖。蔗糖为非还原糖，乳糖和麦芽糖是还原糖，它们的区别在于其单糖的种类和结构不同。

淀粉　是植物的贮能多糖，分为直链淀粉和支链淀粉。直链淀粉分子中只有 α-1,4-糖苷键；而支链淀粉除 α-1,4-糖苷键外，还存在 α-1,6-糖苷键，形成分支。

糖原　是人和动物体内的贮能多糖，除 α-1,4-糖苷键外，还存在 α-1,6-糖苷键，形成分支，分支程度比支链淀粉高。

糖蛋白　是寡糖链与多肽链通过糖肽键共价结合而成的复合糖。糖肽键主要有 N-糖肽键和 O-糖肽键两种类型。糖蛋白分子中寡糖链在细胞识别等生物学过程中起着重要作用。

蛋白聚糖　是由一条或多条糖胺聚糖链与多肽链骨架共价连接而成的以糖胺聚糖为主体的糖蛋白复合物。是动物细胞外基质的重要成分。

脂多糖　是由脂质 A 与核心多糖和 O-特异性多糖通过糖苷键链接而成。是革兰氏阴性菌细胞壁特有的组分。

复习思考题

1. 比较淀粉、糖原和纤维素的组成单位、特有的颜色反应及其生物学功能的异同。
2. 归纳与动物机体关系密切的单糖和双糖的种类、化学结构及其主要功能。
3. 何为同多糖和杂多糖？并分别举例说明。
4. 常用的识别核糖、葡萄糖、果糖、蔗糖和淀粉的方法。
5. 糖胺聚糖、糖蛋白、蛋白聚糖的定义、键的连接方式及其生物学功能。
6. 什么是脂多糖？简述其结构特点及其生理作用。

第七章　脂类

本章导读

　　脂类是生物体内的一类重要有机化合物。该类物质不溶于水,易溶于非极性溶剂。脂类广泛存在于生物体中,具有包括提供能量、组成基本的细胞结构、防止机体机械损伤和防止体内热量散失、组成生物膜基本结构等在内的多种生物学功能。脂类按其组成可分为单纯脂类、复合脂类和衍生脂类等。本章首先重点阐明了单纯脂类、复合脂类和衍生脂类的定义和基本分子结构,列举了其主要代表性成员的理化性质和生理功能。其次介绍了生物膜的定义及其基本组成结构,阐明了生物膜的特性及功能。

　　通过本章学习要弄明白以下几个问题:

　　(1) 脂类的定义是什么?脂类的生物学功能是什么?生物体内的脂类按其组成可分为哪几类?

　　(2) 单纯脂类、复合脂类和衍生脂类的基本定义及分子结构分别是什么?其理化性质和生理功能如何?

　　(3) 生物膜的定义是什么?其基本结构是什么?生物膜有哪些特性?其基本功能包括哪些方面?

　　脂类又称**脂质**(lipid),是生物体内的一大类重要有机化合物。该类物质不溶于水,但易溶于非极性溶剂(醇、醚、氯仿和苯等)中。脂类在化学成分和结构上差异很大,本不属于一类化合物,但根据它们都具有脂溶性这一特点而将其统称为脂类。

　　生物体内的脂类,按其组成可分为以下几类:①**单纯脂类**(simple lipid)。即由脂肪酸与各种不同的醇类形成的酯。主要包括**脂酰甘油**(acyl glycerol)和**蜡**(wax)。②复合脂类。即分子中除含有醇类、脂肪酸外,还含有其他化学基团,如磷酸、含氮化合物、糖基及其衍生物等,复合脂类按照含有非脂类成分的不同分为磷脂、糖脂及其衍生物。③衍生脂类。由单纯脂类和复合脂类衍生而来的脂质组分,如固醇类、前列腺素、萜类等。

　　脂类广泛存在于一切生物体中,具有多种生物学功能。如脂肪酸是生物体的重要能源物质,它以三酰甘油(脂肪)的形式贮存能量,也是许多细胞结构的基本组分。脂肪具有防止机械损伤和防止体内热量散失的保护作用。磷脂、少量糖脂和胆固醇是**生物膜**(biomembrane)的重要结构组分。糖脂还可作为细胞表面物质,进行细胞识别,发挥特异性免疫调节作用。另外,固醇类、萜类分别具有类激素和维生素辅酶等生物学功能。

生物膜是由脂类和蛋白质构成的一层薄膜结构,其厚度 $7 \sim 10$nm。高等生物除有细胞膜外,还有各种亚细胞器膜,某些细菌的质膜还可向细胞内延伸内陷形成中体或质膜体,它们具有真核细胞器的部分功能。这些膜系统占细胞干重的 $70\% \sim 80\%$。生物膜不仅是维持细胞(亚细胞)内环境相对稳定的屏障,也与许多生命活动密切相关。了解生物膜的结构不仅对揭示生命奥秘有重大意义,而且对解决工农业生产、医学行业等方面的一些实际问题也有指导意义。因此,生物膜研究已成为当代生物化学领域的重要课题之一。

第一节 单 纯 脂 类

一、 脂酰甘油

脂酰甘油又称**脂酰基甘油**(acyl glyceride)。依脂酰甘油中脂肪酸分子数的不同,脂酰甘油可分为 **单酰甘油**(monoacylglycerol)、**二酰甘油**(diacylglycerol)和**三酰甘油**(triacylglycerol,TAG)。单酰甘油和二酰甘油在自然界中分布极少。三酰甘油又称**甘油三脂**(triglyceride),是含量最丰富的一种脂质。三酰甘油是动植物细胞储脂的主要组分。室温下呈固态的三酰甘油称为脂肪(fat),室温下呈液态的三酰甘油称为**油**(oil),统称为油脂或中性脂。脂酰甘油的化学结构通式如图 7-1 所示。

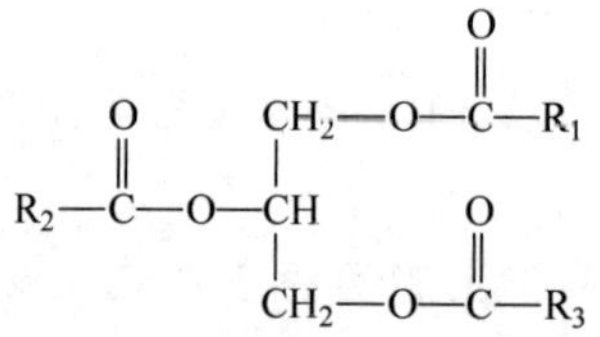

图 7-1　脂酰甘油的结构通式示意图(R_1、R_2、R_3 为脂肪酸链)

(一) 甘油

甘油(glycerine),又称丙三醇,是最简单的三羟基醇,其化学分子式为 $C_3H_8O_3$,结构简式为 $HOCH_2CH(OH)CH_2OH$,是一种无色、味甜的黏稠液体。在自然界中,甘油主要以甘油酯的形式广泛存在于动植物体内,在棕榈油和其他少数油脂中含有少量甘油。熔点为20℃,沸点为290℃,相对密度为 1.26。纯甘油在 $-15 \sim -55$℃时易结晶,吸水性很强,可与水混溶,并可溶于丙酮、三氯乙烯及乙醚-醇混合液中。

甘油是许多化合物的良好溶剂,大量用作化工原料,用于合成树脂、塑料、油漆、硝酸甘油(俗称炸药)、油脂和蜂蜡等,还用于制药、香料、化妆品、卫生用品及国防等工业中。由于甘油能保持水分,还常用作湿润剂。

◀◀ 知识卡片 7-1　　　　　诺贝尔与硝化甘油 ▶▶

（二）脂肪酸

脂肪酸（fatty acid）是由碳、氢、氧 3 种元素组成的一类化合物，是指一端含有一个羧基的脂肪族碳氢链，是中性脂肪、磷脂和糖脂的主要成分。直链饱和脂肪酸的结构通式是 $C_nH_{2n+1}COOH$。低级脂肪酸是无色液体，有刺激性气味；高级脂肪酸是蜡状固体，无明显的气味。脂肪酸是最简单的一种脂，也是许多更复杂脂类组成成分。脂肪酸在氧充足的情况下，可氧化分解为 CO_2 和 H_2O，释放大量能量。因此。脂肪酸是机体主要的能量来源之一。目前，从动物、植物、微生物中分离出的脂肪酸已达百种，常见的脂肪酸见表 7-1。

表 7-1　常见脂肪酸的名称和代号

系统名称	数字缩写	俗称（英文全称）	英文缩写
丁酸	4：0	酪酸（butyric acid）	B
己酸	6：0	己酸（caproic acid）	H
辛酸	8：0	辛酸（caprylic acid）	Oc
癸酸	10：0	癸酸（capric acid）	D
十二酸	12：0	月桂酸（lauric acid）	La
十四酸	14：0	肉豆蔻酸（myristic acid）	M
十六酸	16：0	棕榈酸（palmtic acid）	P
十六碳烯酸	$16：1^{\Delta 9}$	棕榈油酸（palmitoleic acid）	Po
十八酸	18：0	硬脂酸（stearic acid）	St
十八碳一烯酸	$18：1^{\Delta 9}$	油酸（oleic acid）	O
十八碳二烯酸	$18：2^{\Delta 9,12}$	亚油酸（linoleic acid）	L
十八碳三烯酸	$18：3^{\Delta 9,12,15}$	亚麻酸（linolenic acid）	Ln
二十酸	20：0	花生酸（arachidic acid）	Ad
二十碳四烯酸	$20：4^{\Delta 5,8,11,14}$	花生四烯酸（arachidonic acid）	AA
二十碳五烯酸	$20：5^{\Delta 5,8,11,14,17}$	EPA（eciosapentanoic acid）	EPA
二十二碳六烯酸	$22：6^{\Delta 4,7,10,13,16,19}$	DHA（docosahexanoic acid）	DHA

生物组织和细胞中的脂肪酸大部分以复合脂形式存在，以游离形式存在的脂肪酸很少。许多脂类的物理特性取决于脂肪酸的饱和程度和碳链的长度。不同脂肪酸间的区别在于碳链长度、双键位置和双键数目的不同。因此，可根据脂肪酸碳链的长度、饱和程度、脂肪酸的空间结构和营养角度等不同进行分类。

1. 根据碳链长度分类

根据碳链长度的不同，脂肪酸可分为**短链脂肪酸**（short chain fatty acid，SCFA），其碳链上的碳原子数小于 6，也称为**挥发性脂肪酸**（volatile fatty acid，VFA）；**中链脂肪酸**（middle chain fatty acid，MCFA），即碳链上的碳原子数为 6～12 的脂肪酸，主要有辛酸（C8）和癸酸（C10）；**长链脂肪酸**（long chain fatty acid，LCFA），其碳链上的碳原子数大于 12。此外，还有一些超长链脂肪酸。天然脂肪酸中常见的是 16 碳脂肪酸和 18 碳脂肪酸，如软脂酸、硬脂酸和油酸等。低于 14 碳的脂肪酸主要存在于乳脂中。一般食物中所含的脂肪酸大多是长链脂肪酸。

天然脂肪酸的碳原子数大多为偶数,少数为奇数,且多存在于某些海洋生物中。脂肪酸有非极性的烃基端和极性的羧基端,其中疏水性、亲水性两种不同的性质竞争决定其水溶性或脂溶性,短链脂肪酸(少于 10 碳)常溶于水,长链脂肪酸多不溶于水。

2. 根据饱和程度分类

脂肪酸根据碳氢链饱和与不饱和的不同,可分为**饱和脂肪酸**(saturated fatty acid)与**不饱和脂肪酸**(unsaturated fatty acid)两大类。常见的饱和脂肪酸有软脂酸、硬脂酸等。不饱和脂肪酸再按不饱和程度分为**单不饱和脂肪酸**(monounsaturated fatty acid,MUFA)与**多不饱和脂肪酸**(polyunsaturated fatty acid,PUFA)。单不饱和脂肪酸的分子结构中仅有一个双键,最常见的单不饱和脂肪酸为油酸;多不饱和脂肪酸分子结构中含有两个或两个以上双键,主要存在于植物油中,如亚油酸和亚麻酸。生物体内不饱和脂肪酸的双键数目常为 1~6 个,大多数单不饱和脂肪酸中双键的位置在 $C_9 \sim C_{10}$,在含有多个双键的不饱和脂肪酸中,相邻双键间隔 3 个碳原子,因此不能形成共轭结构。

富含单不饱和脂肪酸和多不饱和脂肪酸组成的脂肪在室温下呈液态,大多为植物油,如花生油、豆油、玉米油、坚果油和菜子油等。以饱和脂肪酸为主组成的脂肪在室温下呈固态,且多为动物脂肪,如牛油、羊油、猪油等。但也有例外,如深海鱼油虽然是动物脂肪,但它富含多不饱和脂肪酸,如**二十碳五烯酸**(eicosapentaenoic acid,EPA)和**二十二碳六烯酸**(docosahexaenoic acid,DHA),因此在室温下呈液态。

3. 根据脂肪酸的空间结构分类

饱和脂肪酸和不饱和脂肪酸的构象不同,饱和脂肪酸碳骨架中每个单键可以自由旋转,碳链的柔性很大,能以多种构象形式存在;而不饱和脂肪酸碳链中的双键不能旋转,绝大多数不饱和脂肪酸的几何构型为顺式。按脂肪酸的空间结构不同可分为顺式脂肪酸和反式脂肪酸(图 7-2)。在自然状态下,只有少数反式脂肪酸(主要存在于牛奶和奶油中)。不饱和脂肪酸的不饱和双键能与氢结合成饱和键,且随其饱和度增加,液态植物油可变为固态氢化油,此过程称为氢化。在氢化过程中,有一些未被饱和的不饱和脂肪酸,由顺式转化为反式脂肪酸。反式脂肪酸的含量随其氢化程度不同而不同,如人造黄油中含 25%~35%的反式脂肪酸。

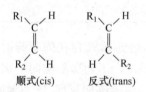

图 7-2 脂肪酸顺、反式结构示意图

顺式(cis) 反式(trans)

4. 根据营养角度分类

根据营养角度可将脂肪酸分为非必需脂肪酸和必需脂肪酸。非必需脂肪酸是机体可以自行合成,不必依靠食物供应的脂肪酸,它包括饱和脂肪酸和一些单不饱和脂肪酸。**必需脂肪酸**(essential fatty acid,EFA)是指维持机体正常代谢不可缺少而自身又不能合成,或合成速度慢无法满足机体需要,必须通过食物供给的脂肪酸,它们都是不饱和脂肪酸。

亚油酸和亚麻酸是人体必需的两种脂肪酸。事实上,**花生四烯酸**(arachidonic acid,AA)、二十碳五烯酸、二十二碳六烯酸等也都是人体不可缺少的,但人体可利用亚油酸和 α-亚麻酸来合成这些脂肪酸。一些植物,如花生、核桃等里面含有较多的必需脂肪酸。

必需脂肪酸是机体细胞磷脂的重要组成部分,是合成**前列腺素**(prostaglandin,PG)、**血栓素**(thromboxane,TXA)及**白三烯**(leukotrienes,LT)等类二十烷酸的前体物质。另外,必需脂肪酸与机体胆固醇代谢密切有关,对维持正常的视觉功能也有重要作用。必需脂肪酸摄入不足可引起生长迟缓、生殖障碍、皮肤损伤以及肝脏、肾脏、神经和视觉等方面的多种疾病。摄入过多必需脂肪酸可使体内的氧化物、过氧化物增加,同样对机体可产生多种慢性危害。

脂肪酸常用简写法表示,一般先写出碳原子的数目,再写出双键数目,最后写明双键的位置。如软脂酸可写为 16：0,表示软脂酸为含有 16 个碳原子的饱和脂肪酸;油酸写成 18：1(9)或 $18：1^{\Delta 9}$,表示油酸分子含有 18 个碳原子,并在第 9 位碳和第 10 位碳之间有一个双键;亚油酸书写为 $18：2^{\Delta 9,12}$,表示该脂肪酸含有 18 个碳原子,在第 9～10、12～13 碳原子之间各有一个双键。

◀◀ **知识卡片 7-2** 　　　**二十二碳六烯酸（DHA）** 　　　▶▶

DHA 俗称"脑黄金",是一种含有 22 个碳原子和 6 个双键的直链脂肪酸,是机体必需的一种多不饱和脂肪酸。鱼油中含量较多。在机体代谢过程中,可从亚麻酸转变而来。研究显示,DHA 具有多种生物学功能:①辅助神经细胞发育。DHA 是神经细胞膜的重要构成成分,参与神经细胞的形成和发育,对神经细胞轴突的延伸和新突起的形成有重要作用,可维持神经细胞的正常生理活动,参与大脑思维和记忆的形成过程。②抗衰老作用。随着人体年龄增长,血小板、红细胞膜脂质中 DHA 的含量逐渐减少,SOD 活性降低;老年人服用 DHA 制剂后,其红细胞膜脂质中 DHA 含量增加,**超氧化物歧化酶**(superoxide dismutase,SOD)活性增强,提示 DHA 有抗氧化、抗衰老的作用。③改善血液循环。DHA能抑制血小板聚集,使血液黏度下降,血栓形成受阻,血液循环改善,因此,有降血压作用。可用于防治脑血栓、下肢闭塞性动脉硬化症等。④降血脂。DHA 能降低血清总胆固醇及低密度脂蛋白胆固醇,增加高密度脂蛋白胆固醇,可治疗高脂血症、动脉粥样硬化等疾病。

（三）三酰甘油

三酰甘油(甘油三酯)俗称脂肪或中性脂肪,是由 1 分子甘油和 3 分子脂肪酸结合而成的酯。各种三酰甘油的区别在于所含的脂肪酸残基不同。若 3 个脂肪酸残基皆相同,则称**单纯甘油酯**（simple triacylglycerol）；若有所不同，则称为**混合甘油酯**（mixed triacylglycerol）。动植物的脂肪和油是单纯甘油酯和混合甘油酯的复杂混合物,其脂肪酸组成随生物的不同而变化。脂肪和油的区别仅在于前者在室温下为固体,后者在室温下为液体。植物油的熔点低于动物脂肪,说明植物油含有的不饱和脂肪酸比动物脂肪多。三酰甘油是动物的能量贮备,是动物含量最丰富的脂质,大部分动物组织均可利用三酰甘油分解产物供给能量,同时肝脏、脂肪等组织还可以进行三酰甘油的合成,在脂肪组织中贮存。脂肪是贮存能量最有效的形式,因为相同质量的脂肪氧化产生的能量较糖多。此外,脂肪作为非极性物质,以无水的形式贮存,而糖原在生理条件下常结合较多的水分。因此脂肪提供的能量约为水合糖原的 6 倍。

动物中有合成和贮存三酰甘油的特化细胞——脂肪细胞。这种细胞中几乎充满了脂肪球；其他种类细胞中则只有少数分散在胞浆中的脂肪小滴。动物皮下和腹腔中脂肪含量最多。体内的三酰甘油不仅是机体重要的组成成分、体内的能量贮存形式,也具有维持体温恒定、保护内脏器官免受外力伤害等作用,如长期在低温环境中生活的温血动物,如鲸、海豹、企鹅等皮下脂肪层较厚,具有很好的隔热作用。食物中的三酰甘油除了给机体提供热能和脂肪酸以外,还有增加饱腹感、改善食物的感官性状和提供脂溶性维生素等作用。

1. 三酰甘油的物理性质

纯的三酰甘油是无色、无臭、无味的稠性液体或蜡状固体。天然油脂的颜色来自溶于其中的色素物质(如类胡萝卜素);油脂的气味主要由其中的挥发性短链脂肪酸所致。三酰甘油的相对密度比水小,不溶于水,略溶于低级醇,易溶于乙醚、氯仿、苯和石油醚等非极性有机溶剂。三酰甘油的熔点与其脂肪酸组成有关,一般随组分中不饱和脂肪酸(双键数目)和低分子质量脂肪酸的比例增高而降低。

2. 三酰甘油的化学性质

(1) 水解与皂化

三酰甘油能在酸、碱或脂酶的作用下水解为脂肪酸和甘油。如果在碱溶液中水解,产物之一是脂肪酸的盐类(如钠、钾盐),该水解过程称为**皂化作用**(saponification)。皂化1g油脂所需KOH的mg数称为皂化值。皂化值可反映油脂的相对分子量,还可以检测油脂的质量高低。

(2) 氢化和卤化

不饱和脂肪酸能与氢或卤素起加成反应。卤化反应中吸收卤素的量反映不饱和键的多少。通常用碘值来表示油脂的不饱和程度。碘值是指100g油脂卤化时所能吸收碘的克数。

(3) 乙酰化

含羟基脂肪酸的油脂可与乙酸酐或其他酰化剂作用形成相应的酯,称为**乙酰化作用**(acetylation)。油脂的羟基化程度一般用乙酰化值表示。乙酰值是指中和1g乙酰化产物中释放的乙酸所需KOH的毫克数。

(4) 氧化与酸败

天然油脂长时间暴露在空气中会产生难闻的气味,这种现象称为酸败。酸败的原因主要是由于油脂中的不饱和成分发生自动氧化,产生过氧化物并降解成挥发性醛、酮、酸等,进而产生难闻的臭味;其次是微生物的作用,它们把油脂分解为游离脂肪酸和甘油,一些低级脂肪酸本身就有臭味。酸败程度一般用酸值来表示。酸值是指中和1g油脂中的游离脂肪酸所需KOH的毫克数。

二、 蜡

蜡广泛分布于自然界,主要成分是由高级一元醇和高级脂肪酸形成的酯,组成蜡的高级脂肪酸和醇都含有偶数个碳原子。蜡难溶于水,碳链中不含双键,为惰性化学物质,蜡既不能被脂肪酶分解,也不易皂化。蜡按其来源可分为动物蜡和植物蜡两类。动物蜡主要有蜂蜡、虫蜡、鲸蜡和羊毛蜡等。其中蜂蜡的主要成分是软脂酸蜂蜡酯,该酯由工蜂腹部的蜂腺所分泌;虫蜡是白蜡虫分泌的产物,因此又称白蜡;鲸蜡是从鲸脑部的油水中冷却分离得到的;羊毛蜡是由软脂酸、硬脂酸或油酸与胆固醇所形成的酯,存在于羊毛中。植物蜡主要有棕榈蜡,存在于棕榈叶中。昆虫和植物幼枝、果实和叶的表面通常有一层蜡,主要功能是防止侵蚀、水分蒸发以及微生物的侵害。在工业生产中,蜡可用来制造软膏、蜡纸、润滑油等。生物体内几种常见蜡的成分及熔点见表7-2。

表 7-2　几种常见蜡的成分及熔点

名称	主要成分	熔点/℃
蜂蜡	软脂酸蜂蜡酯 $C_{15}H_{31}COOC_{30}H_{61}$	62～65
虫蜡	蜡酸蜡酯 $C_{25}H_{51}COOC_{26}H_{53}$	80～83
鲸蜡	软脂酸鲸蜡酯 $C_{15}H_{31}COOC_{16}H_{33}$	41～46
棕榈蜡	蜡酸蜂花醇酯 $C_{25}H_{51}COOC_{30}H_{61}$	80～90

第二节　复合脂类

复合脂类是指含有磷酸或糖基的脂类，主要可分为**磷脂**（phospholipid）与**糖脂**（glycolipid）两大类。

一、磷脂

磷脂是分子中含磷酸的复合脂，包括含甘油的**甘油磷脂**（glycerophosphatide）和含鞘氨醇的**鞘磷脂**（sphingomyelin）两大类，它们是生物膜的重要组成成分。

（一）甘油磷脂

甘油磷脂是指分子中的两个羟基和脂肪酸形成酯，第三个羟基被磷酸酯化，生成物称为磷脂酸，磷脂酸再与其他醇羟基化合物相接，组成不同的磷酸酯（图 7-3）。

在甘油磷脂分子中，R_1 多为饱和脂肪酸，R_2 多为不饱和脂肪酸，这两个长链脂肪酸形成了分子的非极性尾部，其余部分形成了极性头部。当 $R_1 \neq R_2$ 时，甘油磷脂分子结构中甘油的第二个碳原子是手性碳原子，是不对称中心。为了标明手性碳的构型，国际生物化学命名委员会建议采用下列命名规则（图 7-4）。

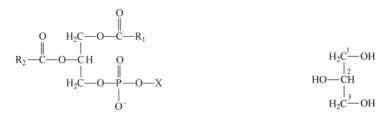

图 7-3　甘油磷脂结构图　　　　图 7-4　甘油结构及碳原子命名顺序图

将甘油中的三个碳原子指定为 1、2、3 位，碳链以竖直方式排列，对 2 号碳原子来说，当羟基的投影在左边时，它的构型用**立体专一编号**（stereospecific numbering，sn）表示，写在化合物母体名称之前。

自然界存在的甘油磷脂都属于 sn-甘油-3-磷酸式构型，即 L-构型。重要的甘油磷脂有卵磷脂、脑磷脂、丝氨酸磷脂和肌醇磷脂等。

1. 卵磷脂（lecithin）

即**磷脂酰胆碱**（phosphatidylcholine），其结构式见图 7-5。

卵磷脂广泛存在于动植物体内，在动物的脑、精液、肾上腺及细胞中含量很高，以禽卵卵黄中的含量最为丰富，可达干物质总重的 8%～10%。纯净的卵磷脂为白色油状物质，易

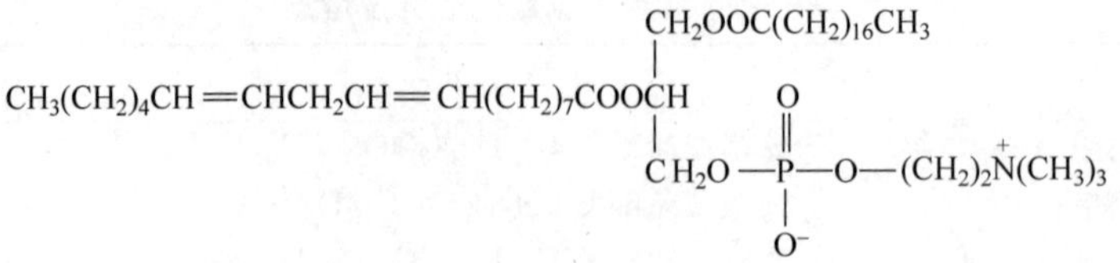

$$CH_2OOC(CH_2)_{16}CH_3$$

$$CH_3(CH_2)_4CH=CHCH_2CH=CH(CH_2)_7COOCH$$

$$CH_2O-P-O-(CH_2)_2N^+(CH_3)_3$$

图 7-5　一种磷脂酰胆碱的结构示意图

吸水,稳定性差,氧化后呈棕色,有难闻的气味,可溶于甲醇、苯、乙酸及其他芳香烃、醚、氯仿、四氯化碳等,不溶于丙酮和乙酸乙酯。卵磷脂是双亲性物质,分子中 sn-3 位为亲水性强的磷酸和胆碱,而 sn-1、sn-2 位为亲油性强的脂肪酸,在食品工业中广泛用作乳化剂。卵磷脂被蛇毒磷酸酶水解,失去一分子脂肪酸后,因其具有溶解红细胞的性质,被称为溶血卵磷脂。

2. 脑磷脂（cephalin）

即**磷脂酰乙醇胺**（phosphatidylethanolamine,PE）,其结构式见图 7-6。

脑磷脂最早是从动物的脑组织和神经组织中提取的,在心、肝及其他组织中也有,常与卵磷脂共存于组织中,以脑组织含量最多,占脑干物质重的 4%～6%。脑磷脂与卵磷脂结构相似,只是以氨基乙醇代替了胆碱。脑磷脂同样是双亲性物质,但由于分布相对较少,很少用作乳化剂。脑磷脂与血液凝固机制有关,可加速血液凝固。

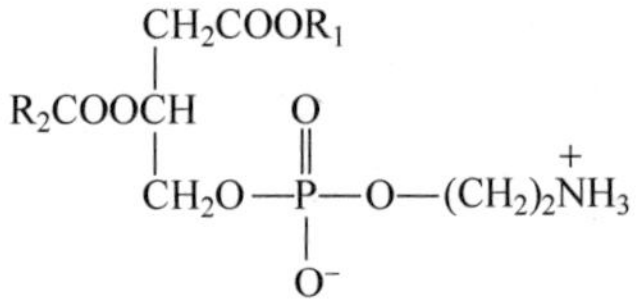

$$CH_2COOR_1$$
$$R_2COOCH$$
$$CH_2O-P-O-(CH_2)_2NH_3^+$$

图 7-6　磷脂酰乙醇胺的结构示意图

3. 磷脂酰丝氨酸（phosphatidylserine,PS）

其基本结构和前两种磷脂类似,只是磷酸基团与丝氨酸中的羟基相连形成酯,其结构式见图 7-7。丝氨酸磷脂是动物脑组织和红细胞中的重要类脂物之一。神经组织中丝氨酸磷脂的含量比脑磷脂还多,体内的丝氨酸磷脂可脱羧转变为脑磷脂。

4. 肌醇磷脂（lipositol）

其结构中和磷酸基团相连接的是一个环己六醇（即肌醇）,肌醇上的羟基可以再连第二个、第三个磷酸基团,分别称为一磷酸肌醇酯、二磷酸肌醇酯和三磷酸肌醇酯,其结构式见图 7-8。肌醇磷脂常与脑磷脂混合在一起,在肝脏及心肌组织中大多为一磷酸肌醇酯,而脑组织中多为二磷酸肌醇酯、三磷酸肌醇酯。

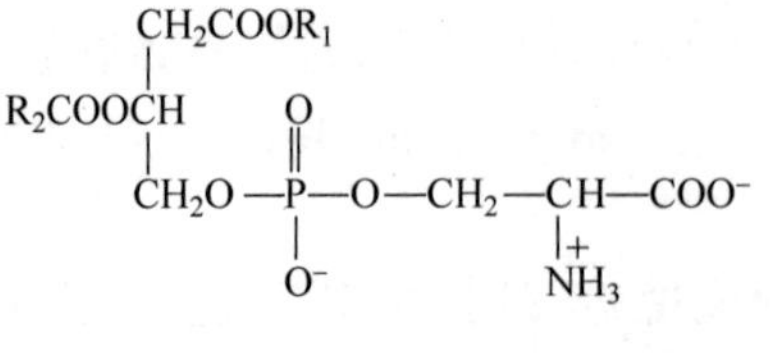

$$CH_2COOR_1$$
$$R_2COOCH$$
$$CH_2O-P-O-CH_2-CH-COO^-$$
$$NH_3^+$$

图 7-7　丝氨酸磷脂的结构示意图

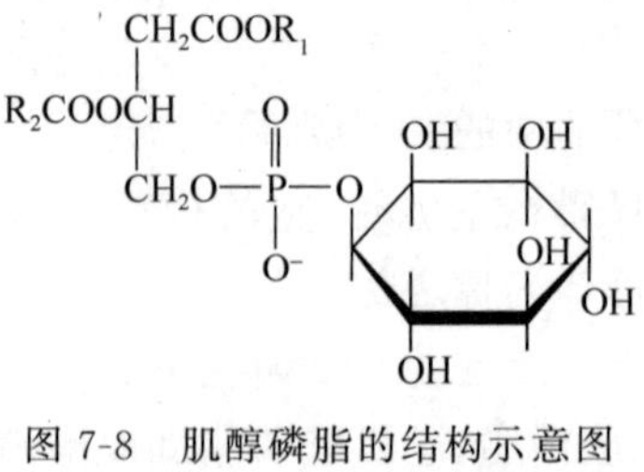

$$CH_2COOR_1$$
$$R_2COOCH$$
$$CH_2O-P-O$$

图 7-8　肌醇磷脂的结构示意图

（二）鞘磷脂

鞘磷脂分子中含有一个极性头部和由一分子脂肪酸、一分子鞘氨醇或其衍生物形成的两个非极性尾部。鞘磷脂由鞘氨醇、脂肪酸、磷酸及胆碱(或胆胺)各一分子组成。由于其含有磷酸基团,也将其划分到磷脂类中,但与前几种磷脂不同,它的脂肪酸并非与醇羟基相连,而是借酰胺键与氨基结合。鞘磷脂是以神经酰胺为母体,由神经酰胺的羟基与磷酰胆碱或磷酰乙醇胺所形成的磷酸二酯。鞘磷脂在脑和神经细胞膜中特别丰富,也称神经醇磷脂,其结构式见图 7-9。原核细胞和植物中没有鞘磷脂。

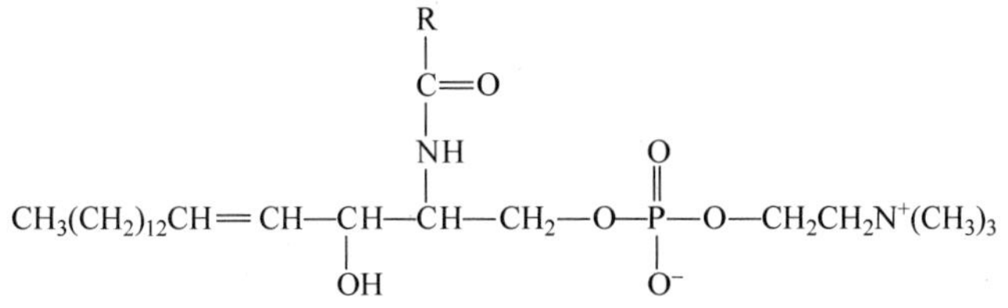

图 7-9　鞘磷脂结构示意图

二、糖脂

糖脂是指含有一个或多个糖基的脂类,是糖和脂质以共价键结合形成的复合物。在生物体分布广,但含量较少,仅占脂质总量的一小部分,是动、植物细胞膜的重要组分,尤其在神经组织中含量很高,而在贮脂中含量很少。糖脂分布在膜脂双层的外侧层中,非极性的碳氢长链埋在脂质双层内部,极性的糖链伸展到胞外水相中。用有机溶剂或去垢剂能将鞘糖脂从膜中抽提出来。另外,细胞内含有的少量糖脂是糖链合成过程中的中间载体。根据与脂肪酸酯化的醇(鞘氨醇或甘油)的不同,糖脂可分为**糖鞘脂类**(glycosphingolipids)和糖基甘油脂类。

(一)糖鞘脂类

糖鞘脂类是由脂肪酸、鞘氨醇和糖链残基三部分组成,结构与鞘磷脂相似,也是亲水亲脂两性分子,含有亲脂性的两条脂链长尾和亲水性的糖基极性头部。可根据糖鞘脂所含糖基种类的不同分为中性糖鞘脂和酸性糖鞘脂。

含有一个或多个中性糖残基作为极性头部的糖鞘脂类称为中性糖鞘脂。如脑苷脂,就是在神经酰胺的伯羟基上以 β-糖苷键连接一个半乳糖或葡萄糖。由于所含糖基、脂酰基组分和鞘氨醇不同而有不同的中性糖鞘脂。脑苷脂在脑中含量最多,肺、肾次之,肝、脾及血液中也含有。脑中的脑苷脂主要是半乳糖苷脂和硫酸脑苷脂(脑硫脂),其脂肪酸主要为二十四碳脂肪酸;而血液中主要是葡萄糖脑苷脂。三种脑苷脂结构式见图 7-10。

酸性糖鞘脂是指含有唾液酸残基的糖鞘脂类,总称为神经节苷脂,是一类结构复杂的脂质。**唾液酸**(sialic acid)又称为 N-乙酰神经氨酸,它通过 α-糖苷键与糖脂相连,不同的神经节苷脂含有唾液酸的数目和位置各不相同。在生理 pH 值下,每个唾液酸分子带 1 个负电荷而且分布在寡糖链远端,因而使细胞膜表面呈现负电性。神经节苷脂分子由**半乳糖**(galactose,Gal)、**N-乙酰半乳糖**(N-acetylgalactose)、**葡萄糖**、**N-脂酰鞘氨醇**(N-lipolsphingosine)和唾液酸等组成。神经节苷脂广泛分布于全身各组织细胞膜的外表面,以神经组织中含量最多。其中大脑灰质中含有的神经节苷脂类约占全部脂类的 6%,非神经组织中也含有少量的神经节苷脂。

不同种类细胞既能合成共有的细胞表面糖鞘脂,又能合成各自独特的细胞表面糖鞘

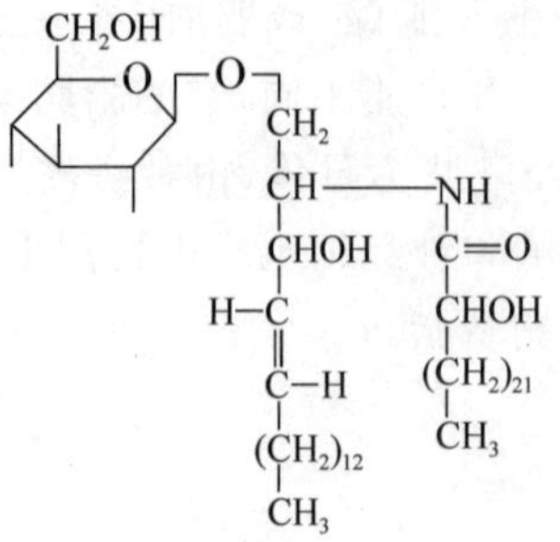

图 7-10　三种脑苷脂结构示意图

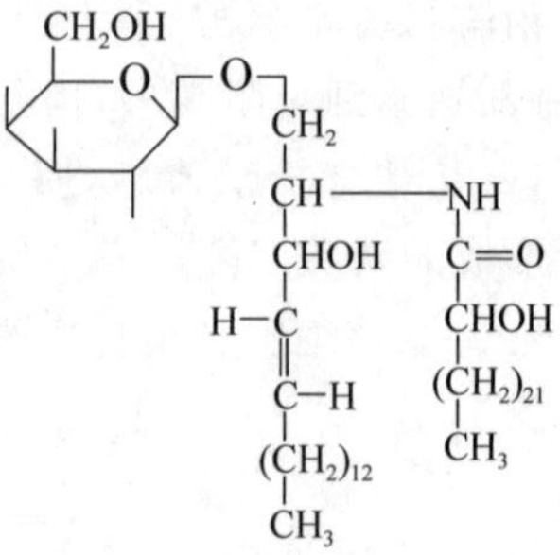

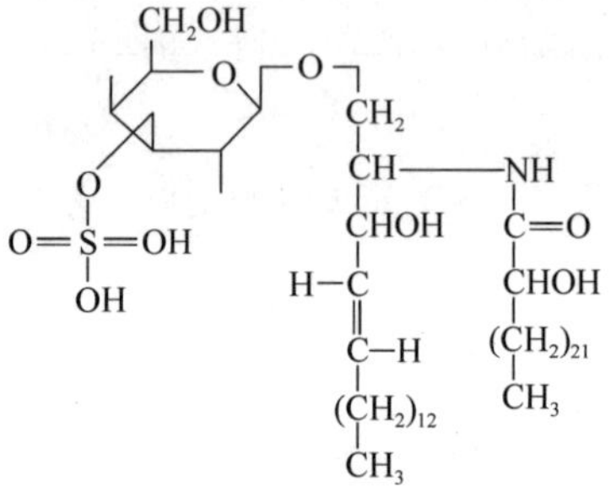

脂。细胞膜中糖脂的含量虽然很少，但与许多重要生理功能有关。例如，神经节苷脂在神经末梢中含量丰富，参与形成乙酰胆碱和其他神经递质受体，可能在神经传导中发挥重要作用。有的神经节苷脂能特异地和病毒受体结合。例如，流感病毒的特异受体和神经节苷脂分子中的唾液酸部位结合，因而能和细胞膜黏附在一起。此外，细胞表面的糖鞘脂可与其他细胞表面分子相互识别，是细胞相互作用和分化的重要基础。

　　许多膜表面抗原的化学本质是糖鞘脂。例如，红细胞质膜上的糖鞘脂是 ABO 血型系统中的抗原物质，形成不同血型的分子基础是糖链的糖基组成。A、B、O 三种血型抗原的糖链结构基本相同，只是糖链末端的糖基有所不同。A 型血的糖链末端为 N-乙酰半乳糖；B 型血为半乳糖；AB 型血两种糖基都有，O 型血中这两种糖基都没有。目前临床上已经有人采用半乳糖苷酶降解 B 型抗原，从而增加 O 型抗原的血液来源，以缓解血源不足的问题。

　　细胞膜上的糖脂与细胞的生理状况密切相关。糖脂的组成中，无论是神经酰胺部分还是糖链部分，都常表现出一定的种族、个体、组织以及同一组织内各部分细胞的专一性。即使同一类细胞，在不同的发育阶段中，糖脂的组成也可能不同。某些类型糖脂是某种细胞在某个发育阶段所特有的，因此糖脂常被作为细胞表面标志物质。例如，某些正常细胞癌化后，表面糖脂成分发生明显变化，这可能是细胞发育和分化进程受阻的结果；另外，一些已分离出来的癌细胞特征抗原被证明是糖脂类物质。细胞表面的糖脂还是很多胞外生理活性物质的受体，参与细胞识别和信息传递过程。

（二）糖基甘油脂类

　　糖基甘油脂类在结构上与磷脂相似，主链是甘油，含有脂肪酸链和糖类。糖类残基通过糖苷键连接在 sn-1,2-二酰甘油的 C_3 位上形成糖基甘油酯分子，体内可由各种不同的糖类构成分子的极性头部。糖基甘油脂类是植物和微生物的重要结构成分，在植物中常作为叶绿素的重要类脂组分,参与光合作用过程,可能与电子传递有关。细菌细胞壁中许多糖基甘油酯分子聚集在一起,其中亲水区集中在一起形成微孔结构,可使离子及水溶性代谢物通过,参与物质的跨膜转运过程。动物中糖基甘油酯类含量很少。

第三节 衍生脂类

一、固醇类

固醇类(sterol)不含脂肪酸,其基本骨架结构是环戊烷多氢菲(图 7-11),由 3 个六元环和 1 个五元环稠合而成,4 个环常用 A、B、C、D 表示。

固醇类一般都含有 3 个侧链,在 C_{10} 和 C_{13} 位置上通常是甲基,称为角甲基。带有角甲基的环戊烷多氢菲称"甾",因此固醇也称为甾醇。在 C_{17} 位上有一烃链。一般天然固醇 $C_5 \sim C_6$ 间含有双键。各种固醇类物质的差别在于 B 环($C_5 \sim C_{10}$)中的双键位置、双键数目以及 C_{17} 上侧链结构不同。生物体内常见的固醇类有胆固醇、胆酸、胆汁酸及其衍生物、谷固醇、豆固醇和麦角固醇等。

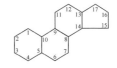

图 7-11 环戊烷多氢菲结构示意图

(一)胆固醇

胆固醇(cholesterol)是最早从动物胆石中分离出来并含有羟基的固体醇类化合物,故称为胆固醇,其化学式为 $C_{27}H_{46}O$。胆固醇一般以非酯化的游离状态存在于细胞膜中,但在血浆、肾上腺及肝脏等组织中,大多数胆固醇与脂肪酸结合成胆固醇酯,其中以胆固醇油酸酯最多,也有少量亚油酸酯及花生四烯酸酯。胆固醇结构式如图 7-12 所示。

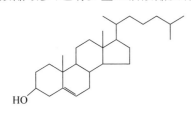

图 7-12 胆固醇结构示意图

胆固醇为两性分子,其 C_3 上的羟基极性端定向分布于膜的亲水界面,疏水母核及侧链则具有一定的刚性,深入膜脂双分子层内部,对控制生物膜的流动性有重要影响,可阻止膜磷脂在相变温度以下时转变成结晶状态,从而保证膜在较低温度下的流动性及正常功能;另外,胆固醇是合成胆汁酸、类固醇激素及维生素 D 等生理活性物质的前体,如肾上腺皮质激素、性激素均以胆固醇为原料在相应内分泌细胞中合成,胆固醇在肝中转变为胆汁酸盐,随胆汁排入消化道参与脂类的消化、吸收,皮肤中的 7-脱氢胆固醇在紫外线照射下,可转变为维生素 D_3,后者在肝、肾中经羟化作用而活化,进而参与钙、磷代谢调节。

(二)胆酸、胆汁酸及其衍生物

胆酸(cholic acid)是由动物胆囊合成分泌的物质,是胆汁的重要成分,在脂肪代谢中具有重要作用。根据分子中所含羧基的数目、位置与构型的不同,胆酸可分为多种。至今发现的胆酸已超过 100 种。胆酸及其衍生物可视为胆固醇衍生而来的一类固醇酸。固醇酸除胆酸外,还有**脱氧胆酸**(deoxycholic acid)、**鹅脱氧胆酸**(chenodeoxycholic acid)和**石胆酸**(lithocholic acid)等,它们统称为**胆汁酸**(bile acid)。常见的胆酸结构如图 7-13 所示。

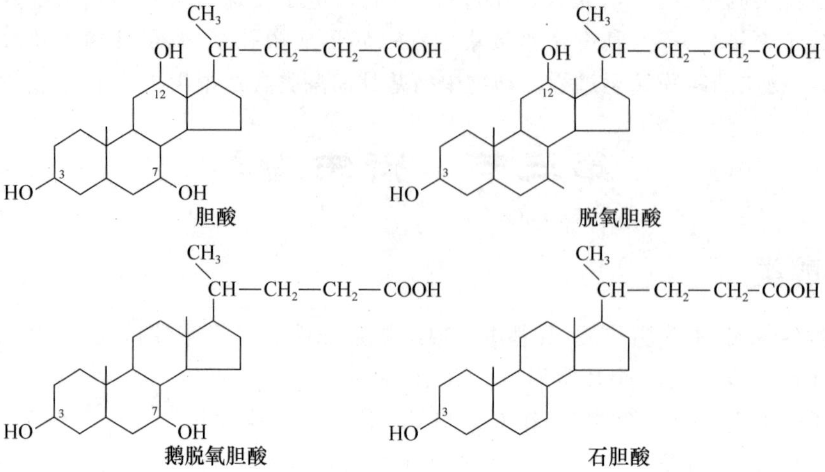

图 7-13　常见胆酸结构示意图

上述 4 种固醇酸通常都不以游离状态存在于动物体内，而分别与甘氨酸或牛磺酸以酰胺键结合，形成**甘氨胆酸**（glycocholic acid）和**牛磺胆酸**（taurocholic acid）（图 7-14）等多种结合胆酸。结合胆酸是胆汁产生苦味的主要原因。结合胆酸以不同比例存在于各种动物胆汁中。甘氨胆酸和牛磺胆酸的结构如图 7-14 所示。

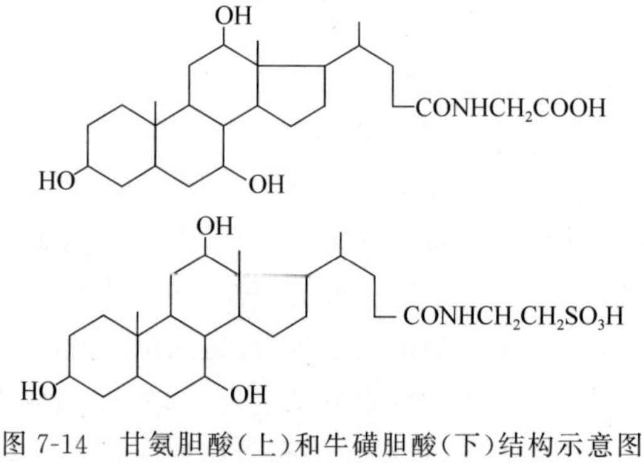

图 7-14　甘氨胆酸（上）和牛磺胆酸（下）结构示意图

胆汁酸分子既含有亲水的—OH、—COOH、—SO$_3$H，又含有疏水的母核、脂肪侧链，其立体构象具有亲水和疏水两个侧面，能降低油/水两相之间的表面张力。因此胆汁酸是较强的乳化剂，能使疏水脂类在水中乳化为细小的微团，促进脂类的消化吸收；另外，未完全代谢的胆固醇随胆汁排入胆囊中储存，胆固醇难溶于水，胆汁在胆囊中浓缩后胆固醇较易析出。相反，胆汁酸盐及卵磷脂可使胆固醇分散成可溶性微团，使之不易形成结晶。若排入胆汁中的胆固醇过多或胆汁酸盐与胆固醇的比值低于 10∶1，则可使胆固醇析出沉淀，引发胆结石。

（三）其他固醇类物质

植物中不含胆固醇，但含多种**植物固醇**（phytosterol），其结构与胆固醇相似，与胆固醇的区别仅在 C$_{17}$ 上连的侧链结构不同，这些固醇是植物新陈代谢不可缺少的物质。例如植物中含有不等量的**谷固醇**（sitosterol）、**豆固醇**（stigmasterol）等，在某些霉菌和酵母等微生物中含有**麦角固醇**(ergosterol)。麦角固醇是维生素 D 的前体。三种固醇类物质结构式见图 7-15。

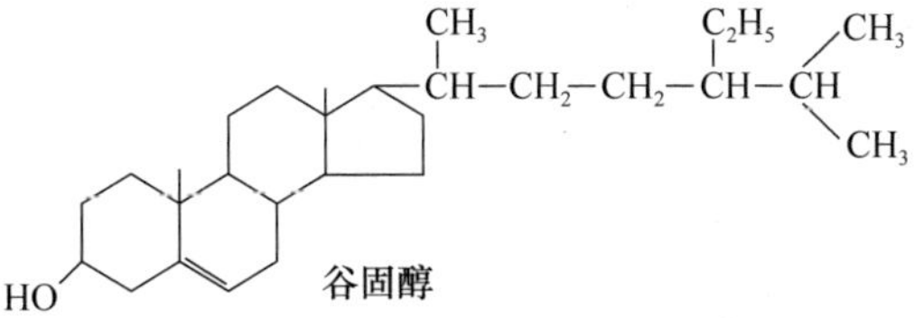

谷固醇

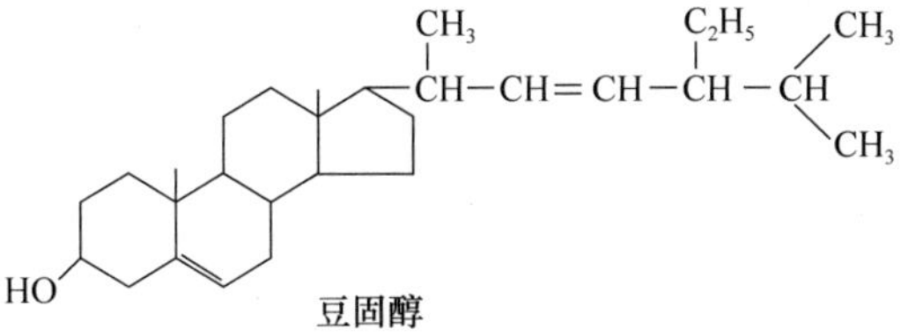

豆固醇

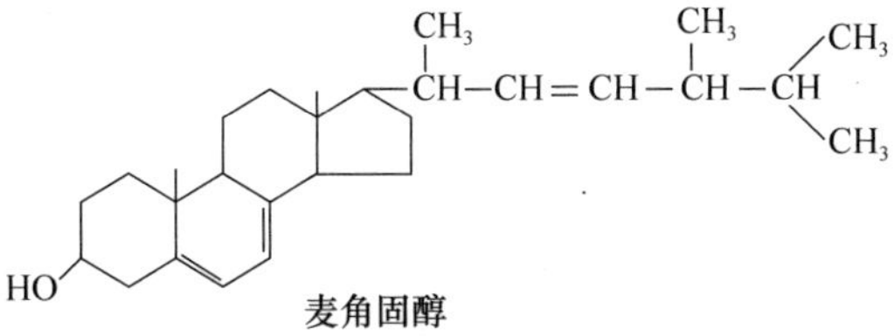

麦角固醇

图 7-15　三种固醇类物质结构示意图

二、 前列腺素

前列腺素(prostaglandin,PG)是由不饱和脂肪酸组成并广泛存在于动物和人体中的一类生理活性物质。最早发现于人的精液中,当时以为这种物质由前列腺所释放,因而取名为前列腺素。现已证明,精液中的前列腺素主要来自精囊,除此之外,全身许多组织细胞都能产生前列腺素。前列腺素在体内由花生四烯酸所合成,结构为一个五环和两条侧链组成的二十碳不饱和脂肪酸。按其结构不同,前列腺素可分为 A、B、C、D、E、F、G、H、I 等类型(图 7-16)。

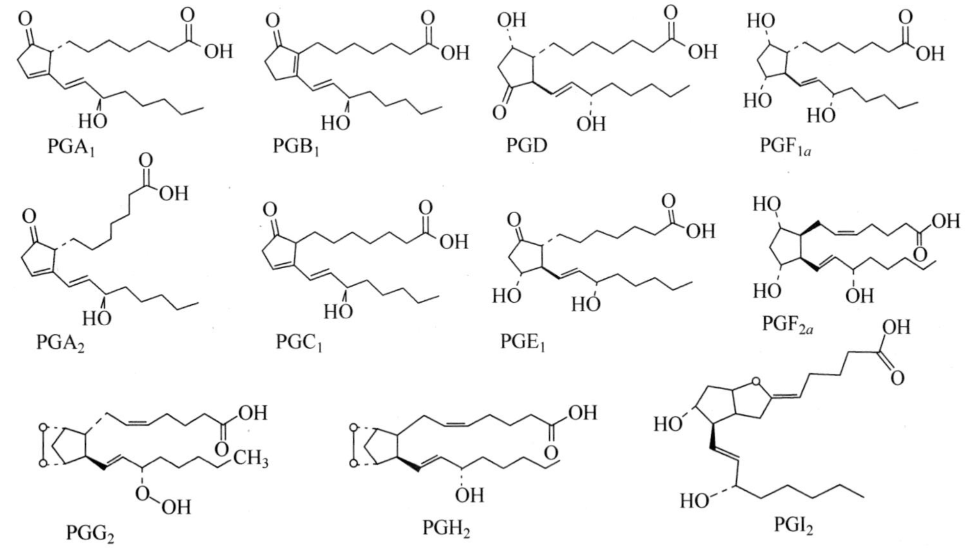

图 7-16　不同类型前列腺素结构示意图

　　前列腺素的生理作用极为广泛,对动物机体的内分泌、消化、生殖、呼吸、心血管、泌尿和神经系统等均有作用。不同类型的前列腺素功能不同。PGE 能扩张血管,降低外周阻力,增加器官血流量,促使血压下降,并有排钠作用。另外,PGE 能使支气管平滑肌舒张,降低肺通气阻力。而 PGF 作用则相对复杂,可使猫、兔血压下降,却又使狗、大鼠的血压升高,使支气管平滑肌收缩。PGE 和 PGF 对胃液的分泌都有较强的抑制作用;但都能加强胃肠平滑肌和妊娠子宫平滑肌的收缩能力。此外,PG 对动物排卵,黄体生成和萎缩,以及卵子和精子的运输等生殖功能也都有密切关系。

　　前列腺素的半衰期只有 1～2min。除 PGI 外,其他的前列腺素经肺和肝迅速降解,故前列腺素不像典型的激素那样,能够通过循环影响远距离靶组织的活动,而是在局部产生和释放,并对产生前列腺素的细胞自身或邻近细胞的生理活动发挥调节作用。

三、萜类

　　萜类化合物属于简单脂类,不含脂肪酸,是异戊二烯的衍生物。它们的碳架结构依据异戊二烯结构的多少来划分,有两个以上异戊二烯构成的化合物称为萜类,并根据所含异戊二烯的数目,可将萜类分为单萜、倍半萜、二萜、三萜、四萜和多萜等。

　　萜类的结构中有的是线状,有的是环状,有的二者兼有。相连的异戊二烯有的是头尾相连,有的是尾尾相连(图 7-17)。多数直链萜类的双键都是反式构型,但也有些萜类,如11-顺-视黄醛的第 11 位上的双键即为顺式构型(图 7-18)。

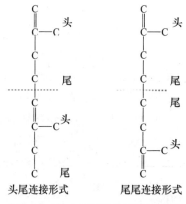

图 7-17　异戊二烯结构连接示意图　　　　图 7-18　11-顺-视黄醛结构示意图

　　萜类在多数植物中以油、香味物质和色素等形式存在,也有的萜类具有特殊的臭味。植物中常见的有柠檬苦素($C_{10}H_{16}$,单环单萜)(图 7-19)、薄荷醇($C_{10}H_{18}O$,单环单萜)、樟脑($C_{10}H_{16}O$,双环单萜)等,分别为柠檬油、薄荷油、樟脑油等的主要成分。萜类在生物体内通常具有重要生理功能,如植物叶绿素的重要成分叶绿醇(图 7-20)即是一种二萜。

　　动物机体也能合成萜类,如胆固醇合成的中间产物鲨烯(图 7-21)是一种三萜。由两个双萜尾尾连接而成的类胡萝卜素(图 7-22)是一种主要的四萜类化合物,该化合物普遍存在于动物、高等植物、真菌、藻类和细菌的色素中。此外,动物机体必需的脂溶性维生素 A、E、K 也都是萜类的衍生物。

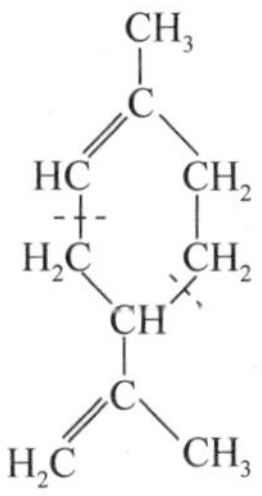

图 7-19　柠檬苦素结构示意图

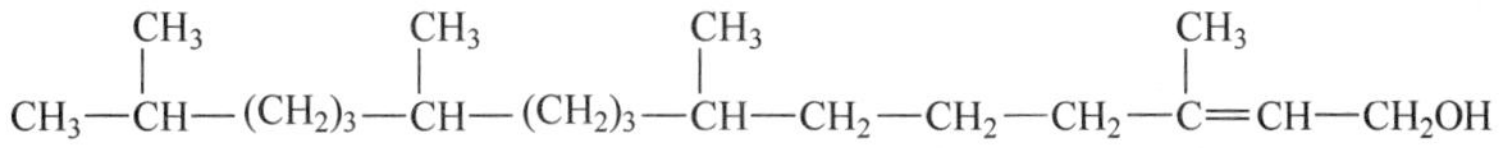

图 7-20　叶绿醇结构示意图

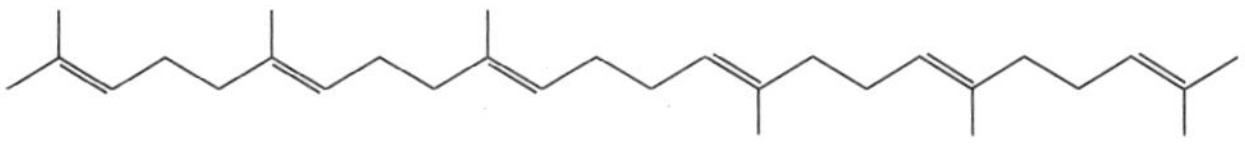

图 7-21　鲨烯结构示意图

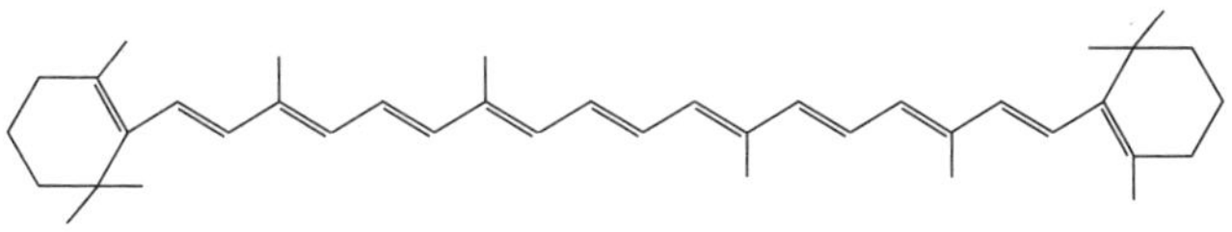

图 7-22　β-胡萝卜素结构示意图

知识卡片 7-3　　"好胆固醇"和"坏胆固醇"

　　胆固醇是机体组织细胞不可缺少的重要物质,它不仅参与了细胞膜的形成,而且是胆汁酸、维生素 D 的原料,胆固醇在体内可分为**高密度脂蛋白胆固醇**(high density lipoprotein-cholesterol,HDL-C)和**低密度脂蛋白胆固醇**(low density lipoprotein-cholesterol,LDL-C)两种。HDL-C 对血管有保护作用,通常称为"好胆固醇"。LDL-C 如果偏高,人体患冠心病的可能性就会增加,通常把它称为"坏胆固醇"。研究表明,LDL-C 是导致心脑血管疾病,也就是动脉粥样硬化的元凶,使血管变得狭窄或者阻塞。胆固醇在体内有着广泛的生理作用,但当其在体内过量时也会导致高胆固醇血症,对机体产生不利的影响。研究发现,动脉粥样硬化、静脉血栓、胆石症等都与高胆固醇血症有很高的相关性。

　　事实上,"坏胆固醇"并非总是有害,它对机体也有一定益处。血液中的"坏胆固醇"越多,人们在训练中就越能增长肌肉。换句话说,人体需要一定的"坏胆固醇"来获取更多肌肉。

　　在日常生活中,胆固醇含量较多的食物有动物肝脏、肾脏、蛋黄、蟹黄、蟹肉、动物脑组织等。据分析,每100g 猪肝中含胆固醇约 368mg,每 100g 蟹肉中含胆固醇约 235mg,每100g 蟹黄中含胆固醇约 460mg。

第四节 生物膜的结构与功能

细胞中的多种膜结构,包括质膜、高尔基体膜、线粒体膜、内质网系膜、溶酶体膜、叶绿体膜、过氧化酶体膜和核膜等,统称为生物膜。生物膜是细胞的重要组分,在细胞生命活动中发挥着重要作用,如细胞与环境间的物质交换、能量转化、信息传递、代谢调节、细胞识别、细胞免疫和细胞分泌等重要生理功能。真核细胞的内膜系统形成的各种细胞器,将细胞内环境分成各个互相联系又相对独立的区域。在不同的细胞器内存在着不同的酶系,催化不同类型的代谢反应,从而保证细胞内的代谢活动相互联系而又互不干扰。

一、 生物膜的结构

在电镜下观察,生物膜呈薄片结构,膜分为三层,内外两侧各有一层厚约 2.5nm 的电子致密带,中间夹有一层厚约 2.5nm 的透明带。这种结构不仅见于各种细胞的细胞膜,也见于各种细胞器膜,如线粒体膜、高尔基体膜、内质网膜、溶酶体膜等,因而"三层膜"是细胞中普遍存在的基本结构,也称为单位膜。

生物膜主要由糖类、脂质和蛋白质组成,此外,还含有少量的水分和无机离子。不同类型生物膜中各种物质的比例和组成不同,但一般均以蛋白质和脂质为主,糖类含量较少。

20 世纪 70 年代,Singer 和 Nicholson 提出了生物膜的结构模型——**"液态镶嵌模型"**(fluid mosaic model)。该模型指出:生物膜呈脂质双分子层结构,其中镶嵌有不同生理功能的蛋白质。这些膜蛋白与磷脂双层分子交替排列。镶嵌蛋白的状态有多种形式,如有的镶嵌蛋白极性端伸出膜表面,被水相包围,而非极性端伸入膜脂的疏水部分,被脂质包围;也有些蛋白质贯穿全膜,两端极性部分伸向水相,中间疏水部分与膜双分子层的脂肪酸链呈疏水性结合。外周蛋白可与镶嵌蛋白的极性部分以离子键方式结合。流动的脂类双分子层构成膜的主体,蛋白质分子游动在脂质的"海洋"中(图 7-23)。"液态镶嵌模型"较合理地解释了膜中所发生的生理现象,特别是它以动态的观点分析膜中各种化学组分的相互联系,受到了人们的广泛关注。

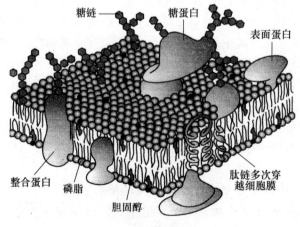

图 7-23 生物膜"液态镶嵌模型"示意图

（一）膜糖

生物膜中含有一定的糖类,以低聚糖或多聚糖链形式共价结合于膜蛋白,形成糖蛋白,或与膜脂共价结合,形成糖脂。膜糖类占膜总重量的 2%～10%。多呈树枝状伸向膜的外表面。一方面,由于糖蛋白和糖脂上糖残基的结合方式、排列顺序、分支连接形式千变万化,因而形成了各种细胞表面特异构象,这是各种细胞具有抗原特异性的分子基础。细胞之间也能借此进行识别和信息交换。另一方面,由于它们突出于细胞膜的外面,各种膜外刺激首先与其接触,因此与细胞黏附、细胞免疫、细胞癌变以及对药物、激素的反应等方面都有密切关系。有些细胞膜外糖链与该细胞分泌出来的糖蛋白黏附在一起,形成一层厚约 200nm 的外被,称为细胞衣或**糖萼**(glycocalyx)。小肠上皮细胞表面的这层细胞衣对肠上皮细胞有保护作用,使其不受消化酶的侵袭。

（二）膜脂

生物膜上的脂质主要是磷脂,约占脂质总量的 70%;其次为胆固醇;还有少量的糖脂。

1. 磷脂

磷脂是最重要的脂类之一,几乎所有生物膜中都含有磷脂。膜中含量最多的磷脂是磷脂酰胆碱,其次是磷脂酰乙醇胺。此外,还含有少量的磷脂酰丝氨酸和磷脂酰肌醇。

2. 胆固醇

胆固醇属中性脂类,在各种动物细胞膜中含量均较高。其结构比较特殊,它含有一个甾体结构(环戊烷多氢菲)和一个 8 碳支链。生物膜中的胆固醇与磷脂碳氢链相互作用,可阻止磷脂凝集成晶体结构,对膜脂的物理状态起调节作用。

3. 糖脂

糖脂为含有一个或多个糖基的脂类,约占膜外层脂类的 5%。主要的糖脂有:①脑苷脂:是髓鞘的重要组成成分;②神经节苷脂:是神经细胞膜的重要组成部分。

膜脂的种类虽多,但它们的分子结构具有共同特点,即都含有亲水性基团和疏水性基团两部分。以磷脂酰胆碱为例,其分子中含磷酸和胆碱的一端有亲水性,为极性头部;两条几乎平行的脂肪酸链有疏水性,为非极性尾部。脂类分子的结构特点使它们在水相中能形成团粒或片状双层结构。它们的极性头部通过静电引力对水产生亲和力,因而朝向水;而疏水尾部则互相聚集,避开水相,游离的两端有自动闭合趋势。脂质分子由于理化特性和热力学特点,使其在膜中呈定向整齐的双层排列。亲水端朝向膜的内表面和外表面,疏水端朝向膜中央。

（三）膜蛋白

"液态镶嵌模型"指出,脂质双分子层中镶嵌有不同生理功能的蛋白质。膜蛋白具有以下特点:①分子大小不等。②膜蛋白的种类繁多,形态不一,大多以 α-螺旋和球形存在。③镶嵌在膜上的深浅不同,有些蛋白分子贯穿整个脂质双分子层;有的不同程度地伸入膜的内部;有的仅附着在膜的内表面或外表面。④功能不同。根据膜蛋白功能的不同可将其分为以下几类:第一类是与物质(离子、营养物质或代谢产物)转运有关的蛋白,如载体蛋白、通道蛋白和离子泵等。第二类是受体蛋白,这类蛋白可"辨认"和"接受"细胞环境中的特异化学刺激或信号,并把这些信息传到胞内,从而引起细胞功能的相应改变。第三类是抗原标志,这些蛋白起着细胞"标志"的作用,供免疫系统或免疫物质"辨认"。因此,可以说膜蛋白结构和功能的多样性与复杂性最终决定了膜功能的复杂性及多样性。

近年来,对膜蛋白在膜中的分子构型以及它们与脂质分子的相互作用已有了较多了解,这对于阐明膜内蛋白如何完成相应功能有很大帮助。对一些膜蛋白的氨基酸序列分析表明,由于蛋白分子中疏水氨基酸和亲水氨基酸在肽链中的不对称分布,使这些蛋白的肽链在脂质结构中反复多次折叠,在形成球形三级结构时,把亲水部分留在膜外侧。一些具有受体或抗原标志功能的蛋白,大多以这种形式存在。另外,由于肽链表面亲水氨基酸和疏水氨基酸分布不均匀,形成 α-螺旋时,很可能造成它的某一侧面亲水,而另一侧面疏水。当形成球形结构时,整个球形表面呈疏水特性,易与脂质相吸引,而其他折叠部分则并列成环状,中间形成一条由 α-螺旋亲水面为界的孔洞,成为沟通膜两侧的水相通路,一些在膜结构中起"通道"作用的蛋白质,就具有这样的结构形式。

二、生物膜的特性

在生理状态下,生物膜既不是固态,也不是液态,而是介于液态、固态之间的液晶态。因此,生物膜具有两种明显的特性,即流动性和不对称性。

(一)膜的流动性

膜的流动性是指膜蛋白和膜脂处于不断运动的状态。脂质双分子层在热力学上的稳定性和流动性,能够解释细胞为什么能够承受较大的张力和外形改变而不破裂,而且当膜结构发生较小断裂时仍能够自动修复,保持双分子层的形式。膜的流动性一般只允许脂质分子在同一单层内做横向扩散运动。此外,脂质分子还可沿自身长轴做旋转运动。膜蛋白的运动以横向扩散和旋转运动为主。不同蛋白运动速度不同。膜蛋白的运动往往局限于某一特定区域,这种现象有其重要的生物学意义。例如,在小肠上皮细胞顶部、基底部和侧面细胞膜上的酶和转运蛋白不同,这决定了小肠上皮细胞靠肠腔游离面的细胞以吸收功能为主,而基底部和侧面细胞以转运及连接功能为主。用荧光抗体标记精子细胞膜蛋白,发现精子头部前段、头部后段及尾部呈现出三个截然不同的蛋白区域。膜蛋白的运动受多种因素调控,使具有不同功能的蛋白处于各自有利的位置。

膜的流动性具有重要的生理意义,如物质转运、能量转换、细胞识别、免疫、药物对细胞的作用等都与膜流动性有关,可以说膜的基本活动均是在膜的流动状态下进行的。

(二)膜的不对称性

膜内外两层的结构和功能有很大差别,此现象称为膜的不对称性。首先,脂质分布不对称。一般情况下,在脂质双分子层中,脂质的含量和比例有一定差异。含胆碱的磷脂大部分位于外侧层,糖脂全部分布于外侧层;而含氨基的磷脂多分布于内侧层。其次,膜蛋白的分布也不对称,如红细胞膜的冰冻蚀刻标本显示,靠胞质断裂面的颗粒数为 2 800 个/μm^2;靠外表面断裂面的颗粒数只有 1 400 个/μm^2。跨膜蛋白突出膜内外表面的部分不仅长度不等,其氨基酸排列顺序也差异很大。具有酶活性的特异性膜蛋白如 5'-核苷酸酶、磷酸二酯酶等多位于膜外侧,而膜内侧层表面多含腺苷酸环化酶。此外,糖类分布的不对称性也很明显。它们多见于质膜的外侧面。

膜结构的不对称性决定了膜内、外表面功能的不对称性,同时使膜功能具有方向性,使膜两侧具有不同的功能,有的功能只发生在膜外层,有的则发生在内层。

三、生物膜的功能

生物膜的基本功能是维持膜内微环境的相对稳定并与外界环境进行物质交换。生物膜不是一种简单的屏障和支架,生物体内许多代谢过程都与膜上酶或蛋白等生物活性物质的活动有关,如物质转运、信息传递、能量转换等。此外,多种抗原、抗体分子也存在于膜中。

(一)物质转运

细胞和环境之间进行着活跃的物质交换。交换的物质种类繁多,理化特性各异,大多数是非脂溶性物质或者是水溶性大于脂溶性的物质。由于生物膜主要是由液态的脂质分子构成,理论上只有脂溶性物质才能通过,其他物质要通过膜就需要借助膜蛋白的帮助,或者依靠更加复杂的生物学过程来完成。总的说来,物质跨膜转运主要有以下几种形式。

1. 简单扩散

简单扩散(simple diffusion)是一种最简单的物质转运方式。是指脂溶性物质由膜的高浓度一侧向低浓度一侧扩散的现象。根据物理学原理,溶液中的所有分子均处于不停的热运动之中,当温度恒定时,分子因运动离开某区域的数量,与该物质的浓度成正比。即浓度越高,离开某区域的量就越多。物质运动的方向也取决于物质的浓度梯度。物质分子移动的多少,可用通量来表示,即某物质在每秒钟内通过每平方厘米假想平面的克分子(或毫克分子)数。决定扩散通量的主要因素有两个:①膜两侧物质的浓度梯度。一般条件下,扩散通量与平面两侧溶质分子的浓度差或浓度梯度成正比。如果是混合溶液,那么每种物质的移动方向和通量都取决于各物质的浓度梯度,与其他物质的浓度或移动方向无关。但是,如果是电解质溶液,离子的移动不仅取决于平面两侧的浓度梯度,也取决于离子受到电场力的大小。②膜对该物质的通透性。所谓通透性是指膜对该物质通过的难易程度或阻力。机体内脂溶性物质不多,因而靠单纯扩散通过膜的物质很少,如 O_2、CO_2。体内甾体类激素虽也是脂溶性物质,但因其相对分子质量较大,必须借助膜上蛋白才能加速其转运。单纯扩散不消耗细胞本身的能量,扩散时所需能量来自高浓度梯度所包含的势能。

2. 易化扩散

易化扩散是指非脂溶性物质或脂溶性小的物质,在相应膜蛋白的帮助下,由高浓度一侧通过膜向低浓度一侧扩散的现象,又称为**协助扩散**(facilitated diffusion)。该扩散方式的特点有:①物质移动的动力来自高浓度的势能,细胞本身不耗能量;②顺浓度差或浓度梯度移动;③需要膜蛋白的参与。

根据参与易化扩散中膜蛋白的不同,将易化扩散分为两种方式:

1)载体介导的易化扩散(或载体运输):膜上的某些蛋白具有载体功能,即能与某些物质结合,并发生结构改变。将某物质由高浓度一侧运向低浓度一侧,然后再与该物质分离。所以载体蛋白在运输过程中并不被消耗。以载体为中介的易化扩散(图 7-24)具有以下特点:①特异性:即某种载体只能选择性地与某种物质特异性结合。②饱和现象:易化扩散的扩散通量虽也与膜两侧物质的浓度差成正比,但膜载体蛋白的数量及其结合位点是相对固定的。即当膜一侧物质浓度增加到使载体蛋白结合位点均被"占满"时,扩散通量就不再随膜两侧浓度差的增加而增大。③竞争性抑制:如果两种结构相似的物质都能被转运,那么,增加第一种物质的浓度,将会使该载体对第二种物质的转运量减少。这是因为一定数量的结合位点被第一种物质竞争性地占据所致。

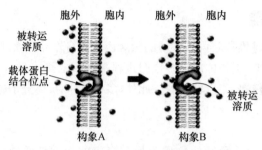

图 7-24　载体介导的易化扩散示意图

　　2)"通道"介导的易化扩散或**通道运输**(channel transport)：该转运方式是在膜上的通道蛋白的协助下完成的。一些离子,如 K^+、Na^+、Ca^{2+} 等顺浓度差转运的方式就属通道转运(图 7-25)。通道蛋白贯穿细胞膜,其中心具有亲水性通道,对离子具有高度亲和力,允许适当大小的离子顺浓度梯度瞬间大量通过。通道蛋白可迅速开放或关闭,并受通道闸门的控制。闸门的开放与关闭受某些化学物质如激素、递质或膜电位的影响。

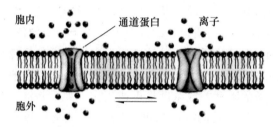

图 7-25　通道介导的易化扩散示意图

　　根据通道蛋白所受控制因素的不同,又将通道蛋白分为电压门控通道、配体门控通道和机械门控通道(图 7-26)。以通道介导的物质扩散通量依通道的状态而定,当其受到某些因素影响而开放时,允许某种离子迅速顺浓度移动(即膜对某种离子的通透性增大),其通量增大;否则通量减小。

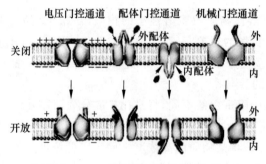

图 7-26　三种类型门控通道示意图

3. 主动转运

　　主动转运(active transport)是指细胞通过自身的耗能过程,将某些物质的分子或离子由膜低浓度一侧向高浓度一侧转运的过程。主动转运有以下特点：①在物质转运过程中,细胞本身要消耗能量,这些能量来自细胞的代谢活动,因此,主动转运与细胞自身代谢有关。②逆浓度梯度和电位梯度进行转运。如肠道上皮细胞及肾小管上皮细胞对葡萄糖的吸收、细胞内外各种离子浓度梯度的维持等,都与细胞膜的主动转运密切相关。主动转运的基本机制如图 7-27。

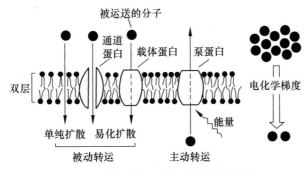

图 7-27　被动转运与主动转运示意图

目前,对主动转运研究最充分的是 Na^+ 和 K^+ 的转运。细胞内液中 K^+ 浓度高于细胞外液;细胞外液中 Na^+ 浓度高于细胞内液。这种明显的离子浓度梯度的形成和维持是靠普遍存在于细胞膜的特殊蛋白 Na^+-K^+ 泵来完成的。其作用就是逆浓度梯度将 Na^+ 由胞内移向胞外液。同时将胞外的 K^+ 移向胞内,形成并维持细胞内、外离子浓度梯度。Na^+-K^+ 泵也称为钠泵,是镶嵌在膜上的一种特殊蛋白,通过自身构型的改变进行物质转运。钠泵还具有酶的功能,当胞内 Na^+ 浓度升高或胞外 K^+ 浓度升高时可被激活,被激活的钠泵可分解 ATP,并释放出能量,用于物质转运。因此,钠泵也称为 Na^+-K^+ 依赖式 ATP 酶(图 7-28)。钠泵活动时,泵出 Na^+ 和泵入 K^+ 这两个过程同时进行,称为“偶联”。一般情况下,每分解 1 分子 ATP,可泵出 3 个 Na^+,并泵入 2 个 K^+。钠泵的生理意义在于维持细胞内外的离子浓度梯度,进而完成正常的代谢功能;维持细胞结构和功能的完整性;贮备细胞生理活动所需的势能。

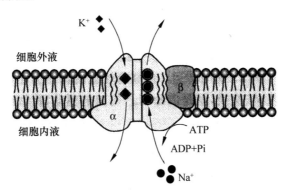

图 7-28　Na^+-K^+ 泵作用机制示意图

除钠泵外,目前了解较多的还有钙泵、氯泵、氢泵、碘泵等,它们分别与 Ca^{2+}、Cl^-、H^+ 和 I^- 的主动转运有关。

由于提供能量的方式不同,主动转运可分为**原发性主动转运**(primary active transport)**和继发性主动转运**(secondary active transport)两类,前者是直接利用 ATP 水解产生的能量进行的离子跨膜转运,例如 Na^+ 的转运;后者所需的能量不是直接来自 ATP 水解,而是来自膜外的高势能,而这种情况的出现依赖于钠泵的活动,如葡萄糖的转运过程,因此是间接利用 ATP 的一种方式。

总之,物质跨膜转运是细胞的一种基本功能。单纯扩散和易化扩散的共同点是细胞自身不消耗能量,将物质顺电-化学梯度转运,因此常称为**被动转运**(passive transport)。当膜两侧该物质浓度差和电位差为零时被动转运达到平衡点。主动转运是逆电-化学梯度转运物质的方式,细胞本身需要耗能,可形成和维持膜两侧的浓度梯度或电-化学梯度。无论是被动转运还是主动转运,都是细胞进行正常活动不可缺少的转运方式。

4. 入胞和出胞作用

大分子物质或团块物质不能自由通过细胞膜,可是细胞却能顺利地转运这些物质,这是通过细胞自身的入胞(内吞)作用和出胞(胞吐)作用实现的。

1) **入胞作用**(endocytosis):是指胞外的大分子物质或团块进入胞内的过程。这些物质主要是到达体内的细菌、病毒、异物或大分子物质。细胞膜首先"识别"并与其接触,然后胞膜内陷把这些物质包围成小泡,物质脱离细胞膜进入胞内。根据吞入物质的性状不同,入胞作用可分为吞噬和吞饮两类,如果进入的物质是固体类,称为**吞噬**(phagocytosis),形成的小泡叫吞噬体;如果进入的物质是液体类,则称为**胞饮**(pinocytosis),形成的小泡叫吞饮泡。吞噬的主要作用是消灭异物,体内典型的吞噬细胞有巨噬细胞、单核细胞等,它们存在于血液和组织中,共同防御微生物的入侵,消除衰老和死亡的细胞等。吞饮作用与能形成伪足的细胞有关,主要有小肠上皮细胞、毛细血管内皮细胞、黏液细胞、肾小管上皮细胞和巨噬细胞等。

一些物质的入胞过程是由受体介导的。受体介导的胞饮作用是大多数动物细胞从胞外摄取特定大分子的有效途径。被摄取的大分子物质首先与膜表面受体结合,形成复合物,之后该处质膜凹陷形成有被小窝,接着内陷的小窝脱离质膜,形成有被小泡。该作用都有一个共同的特点,即受体都要移动到细胞膜的特化区——有被小窝区,在此处凹陷为有被小泡。

受体介导的内吞作用是一种选择性浓缩机制,既可保证细胞大量摄取特定的大分子,又避免了吸收细胞外大量的液体。与非特异性胞吞作用相比,可使特殊大分子的入胞效率提高 1 000 多倍。

受体介导的内吞作用是细胞摄取大分子物质的一种常见方式。如动物细胞对胆固醇的摄取、鸟类卵细胞对卵黄蛋白的摄取、肝细胞对转铁蛋白的摄取、胰岛素靶细胞对胰岛素的摄取等都是通过受体介导进入细胞的。此外,巨噬细胞通过表面受体对免疫球蛋白及其复合物、病毒、细菌乃至衰老细胞的识别和摄入,以及其他一些代谢产物,如维生素 B_{12} 和铁的摄取也都是通过受体介导的入胞作用完成的。大分子物质入胞的基本过程如图 7-29 所示。

2) **出胞作用**(exocytosis):指细胞把大分子或团块物质由胞内向外排出的过程。这是将细胞产生的蛋白质、酶类、激素、神经递质等大分子物质运出细胞的主要方式。以腺细胞分泌酶蛋白为例,这些酶蛋白先经过高尔基复合体的修饰、浓缩、分选,最后装入小泡。小泡逐渐移向胞膜并与其融合,酶蛋白被释放到胞外。从膜变化、融合的角度来看,入胞和出胞是两个方向相反的物质转运过程。

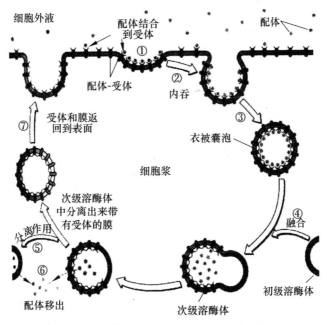

图 7-29　受体介导的大分子入胞过程示意图

（二）信息传递

生物膜是对物质和信号分子具有选择性通透的屏障。这种选择性作用是借助膜上和膜内的离子通道、泵（钠钾泵、钙泵等）以及专一受体来实现的。生物膜上有接受不同信息的专一性受体，这些受体能识别和接受各种特殊信息，并将这些信息分别传递给有关靶细胞，产生相应的效应，以调节细胞代谢、控制遗传和其他生理活动。例如，神经冲动的传导就是先通过神经末梢释放乙酰胆碱，然后再由接受神经信息的细胞膜上的乙酰胆碱受体与乙酰胆碱结合，之后受体构象改变并引起膜对离子的通透性改变等过程，最终引起膜电位急剧变化，神经冲动得以向下传导。由于神经冲动能传达至相应靶细胞，神经中枢才能通过激素和酶的作用调节代谢生理机能。已知的跨膜信息传递途径包括**离子通道受体**（ion channel receptor）介导的信息传递、**G 蛋白偶联受体**（G protein-coupled receptor，GPCR）介导的信息传递和**酶偶联受体**（enzyme-coupled receptor）介导的信息传递等。介导跨膜信息传递的第二信使包括环腺苷酸、环鸟苷酸、**肌醇-1，4，5-三磷酸**（inositol-1，4，5-triphosphate，IP_3）、**二酰甘油**（diacylglycerol，DG）和 Ca^{2+} 等。膜脂特别是膜磷脂在跨膜信息传递中发挥着重要作用。

（三）能量转换

尽管 ATP 也可在可溶性酶系统中合成，但胞内绝大多数 ATP 是产生于诸如线粒体内膜、类囊体膜以及细菌、蓝绿藻等细胞的质膜上，习惯上将这些特定的膜也称为"能量转换膜"。在生物氧化过程中，代谢物通过动物细胞线粒体内膜上呼吸链的电子传递而被氧化，产生的能量通过氧化磷酸化作用贮存于高能化合物 ATP 中，以供应肌肉收缩及其他耗能反应的需要。线粒体内膜是呼吸链氧化磷酸化酶系的所在部位，在细胞内起着"电站"作用。在植物光合作用中，通过光合磷酸化生成 ATP 的过程则是在叶绿体膜中进行的。尽管这些细胞器膜在进行 ATP 合成及离子运输过程中最初的能源是各种各样的，但机制却相近。1961 年,Mitchell 提出"化学渗透偶联"假说,认为膜两侧 H$^+$ 浓度差所贮存的渗透能量能够用来产生 ATP。这一假说将膜上电子传递、离子运输及 ATP 合成这三方面很好地统一了起来。另外,视觉作用和神经传导作用既是生物膜能量转换的一种形式(即光能转换成电能或化学能转换成电能),又是生物膜信息传递的一种形式(光和化学物质都可以看作是一种刺激信号)。

(四)免疫功能

吞噬细胞和淋巴细胞都有免疫功能,它们能将有害细菌或病毒吞噬消灭,或对外来物质(抗原)产生抗体免疫作用。吞噬细胞之所以有吞噬功能,是因为它的细胞膜对外来物有很强的亲和力,能识别外来物并利用自身细胞膜上膜蛋白的运动特性将外来物吞噬。细胞的免疫特性是由于细胞膜上存在专一性抗原受体,当抗原受体被抗原刺激后,可逐步引起细胞分裂并产生相应的抗体。

(五)运动功能

对于大分子或团块状物质,如蛋白质、血浆脂蛋白、多糖和细胞碎片等而言,不能直接通过膜孔道或载体介导进出细胞,而是由生物膜运动产生内凹、外凸或变形运动而内吞入胞或外吐出胞。淋巴细胞的吞噬作用和某些细胞利用质膜内折将外物胞饮的过程等都是靠生物膜的运动来实现的。

本章小结

脂类　是生物体内的一类重要有机化合物。该类物质不溶于水,易溶于非极性溶剂。按其组成可分为单纯脂类、复合脂类和衍生脂类等。

单纯脂类　是指由脂肪酸与各种醇形成的酯,主要包括脂酰甘油和蜡。脂酰甘油是由脂肪酸和甘油形成的酯。蜡广泛分布于自然界,是由高级一元醇和高级脂肪酸形成的酯。

复合脂类　是指分子中除含有醇类、脂肪酸外,还含有磷酸、含氮化合物、糖基及其衍生物等基团,常见的复合脂类有磷脂、糖脂及其衍生物。

衍生脂类　是由单纯脂类和复合脂类衍生而来的脂质,如类固醇、前列腺素、萜类等。

生物膜　由脂质双分子层构成的基架,其中镶嵌着不同结构和功能的蛋白质。通过生物膜完成的物质转运包括四种方式,即单纯扩散、易化扩散、主动转运和出胞与入胞作用。生物膜在细胞生命活动中发挥着重要作用,其主要功能包括物质转运、信息传递、能量转换、免疫功能、运动功能等。

细胞中的质膜、线粒体膜、高尔基体膜、内质网系膜、溶酶体膜、过氧化物酶体膜、叶绿体膜和核膜等统称为**生物膜**。

复习思考题

1. 生物体内的脂类按其组成可分为哪几类?

2. 何为必需脂肪酸？动物体内常见的必需脂肪酸有哪些？

3. 三酰甘油有哪些理化性质？

4. 甘油磷脂、鞘磷脂在结构上有何特点？

5. 胆固醇的结构有何特点？作用有哪些？

6. 什么是生物膜？它的主要成分是什么？

7. 生物膜"流动镶嵌模型"的要点是什么？

8. 试述细胞膜中脂质和蛋白质的功能。

9. 生物膜转运物质的形式有哪些？它们是怎样实现物质转运的？各有何特点？

10. 比较物质被动转运和主动转运的异同。

第八章　生物氧化

本章导读

　　生物氧化是营养物质在生物体内氧化分解产生能量的共同代谢过程。本章从生物氧化的概念、特点、氧化方式以及产物的生成等方面对生物氧化进行阐述，并扼要地介绍了高能化合物及 ATP 在能量转化中的作用，其中重点阐明了细胞是如何在酶的作用下将有机物转变成二氧化碳和水并生成 ATP 的。通过本章学习要弄明白以下几个问题：①细胞如何利用氧分子把代谢物分子中的氢氧化成水？②细胞如何在酶的催化下把代谢物分子中的碳变为二氧化碳？③当有机物被氧化时，细胞如何储存、转移和利用氧化时产生的能量？

第一节　概　述

　　生物体能进行新陈代谢，新陈代谢包括物质代谢与能量代谢。能量代谢与物质代谢同时存在，不存在无物质代谢的能量代谢，也不存在无能量代谢的物质代谢。本章将探讨营养物质在动物体内氧化分解并产生能量的共同代谢途径。

一、生物氧化的概念

　　生物体的一切生命活动都需要能量。动物体作为异养生物不能直接利用太阳能，只能利用糖、脂肪和蛋白质等有机物质在细胞内氧化分解所释放的能量。有机物质在活细胞中氧化分解生成二氧化碳和水并释放能量的过程被称为**生物氧化**（biological oxidation）。细胞在进行生物氧化时，表现为摄取 O_2，并释放 CO_2，故又称细胞呼吸或组织呼吸。

　　糖、脂肪和蛋白质三大营养物质氧化分解时尽管经历了不同的途径，但有共同的规律，大致可分为三个阶段（图 8-1）：第一阶段是把大分子的多糖、脂肪和蛋白质分解成各自的构成单位——葡萄糖、脂肪酸、甘油、氨基酸。这个阶段释放能量很少，仅为其蕴藏能量的 1%，而且以热能形式散失。第二阶段是葡萄糖、脂肪酸、甘油和大多数氨基酸经过各自的分解过程生成乙酰 CoA，这一阶段约释放总能量的 1/3。第三阶段是三羧酸循环和线粒体的电子传递体系,这是糖、脂肪和蛋白质分解的最后共同通路,营养物质中大部分能量是在这一阶段中释放出来的。

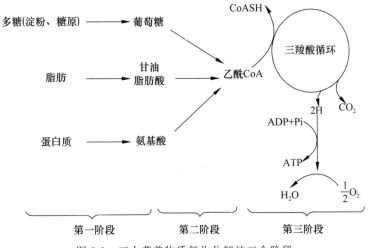

图 8-1 三大营养物质氧化分解的三个阶段

二、 生物氧化的特点

有机物质在生物体内彻底氧化与体外燃烧的化学本质是一样的,都是电子得失的过程,最终产物都是 CO_2 和 H_2O,且所释放的能量也相等,但二者进行的方式和过程却大不相同,而且有各自的特点。

有机物质在体外燃烧释放能量,其反应条件剧烈,需要高温及干燥条件;燃烧时能量突然释放,产生大量的光和热,散失于环境中。在生物体内物质完全氧化分解也遵循这一能量平衡反应,但反应历程和所需条件与体外燃烧不同。其特点如下:

(1)生物氧化是在活细胞内,在体温、常压、pH 近中性及有水环境介质中等生理条件下进行的。

(2)生物氧化是发生在生物体内的氧化-还原反应过程,是在一系列酶、辅酶和中间传递体的作用下逐步进行的。

(3)生物氧化的能量主要是在氢的氧化过程中逐步释放的,并以 ATP 的形式捕获能量。这样不会因为氧化过程中能量骤然释放而损害机体,同时使释放的能量得到有效的利用。

(4)生物氧化中 CO_2 是有机酸脱羧作用生成的。

(5)生物氧化中 H_2O 是代谢物脱下的氢经过一系列传递体的传递与氧结合而生成的。

三、 生物氧化的方式

生物氧化的方式有失电子氧化、加氧氧化、脱氢氧化和加水脱氢氧化等。

1. 失电子氧化

如细胞色素 b 和细胞色素 c 之间的电子传递。

$$2Cyt\ b\text{--}Fe^{2+} \qquad \xrightarrow{\ \ 2e\ \ } \qquad 2Cyt\ c\text{--}Fe^{3+}$$
（电子供体）　　　　　　　　　（电子受体）

$$2Cyt\ b\text{--}Fe^{3+} \qquad\qquad\qquad 2Cyt\ c\text{--}Fe^{2+}$$
（氧化型）　　　　　　　　　（还原型）

2. 加氧氧化

如苯丙氨酸加氧氧化为酪氨酸。

$$H_2C\text{—}\underset{|}{\overset{NH_2}{CH}}\text{—COOH} \quad + \frac{1}{2}O_2 \longrightarrow \quad H_2C\text{—}\underset{|}{\overset{NH_2}{CH}}\text{—COOH}$$

苯丙氨酸　　　　　　　　　　　酪氨酸

3. 脱氢氧化

如琥珀酸脱氢氧化为延胡索酸。

$$\underset{|}{CH_2}\text{—COOH} \quad \xrightarrow{-2H} \quad HC\text{—COOH}$$
$$CH_2\text{—COOH} \qquad\qquad HOOC\text{—}CH$$

琥珀酸　　　　　　　　　　　延胡索酸

4. 加水脱氢氧化

延胡索酸加水脱氢氧化为草酰乙酸。

$$\underset{HOOC\text{—}CH}{HC\text{—COOH}} \quad + H_2O \longrightarrow HO\text{—}\underset{|}{\overset{H}{\underset{CH_2COOH}{C}}}\text{—COOH} \quad \xrightarrow{-2H} \quad \underset{CH_2COOH}{\overset{O}{C}}\text{—COOH}$$

延胡索酸　　　　　　　　　苹果酸　　　　　　　　　草酰乙酸

在生物氧化中,脱氢氧化和加水脱氢氧化是物质氧化的主要形式。

四、 线粒体的结构

生物氧化是在活细胞内进行的。在真核生物中,生物氧化主要在线粒体中进行；在原核生物中,生物氧化则在细胞膜上进行。

线粒体(mitochondrion)是真核细胞的一类重要的细胞器,普遍存在于动、植物细胞内,是需氧细胞产生 ATP 的主要部位,被称为细胞的"动力工厂"。另外,线粒体还参与细胞的信号转导、细胞衰老、离子的跨膜转运等多种生命代谢调控活动。下面简要介绍一下线粒体的组成及结构。

线粒体一般呈条形或椭圆形,由外膜、内膜、膜间隙和基质四个部分组成(图 8-2)。

线粒体的外膜是包围在线粒体最外层的一层单位膜,厚约 6nm,其上有孔蛋白组成的通道,通透性高,允许相对分子质量小于 5000 的物质通过。

线粒体内膜位于外膜的内侧,厚度 $6\sim8nm$,只允许不带电荷的小分子通过,大分子和离子经专一性运载系统穿膜运输。内膜向内折叠形成嵴,它使内膜的表面积大大增加。内膜上含有大量的蛋白质,其蛋白质含量比其他生物膜都高。内膜上有呼吸链酶系,用负染法和电镜观察可见内膜和嵴的内表面上有一层排列规则的球形颗粒,即 ATP 合酶,内膜是电子传递及 ATP 合成的重要场所。

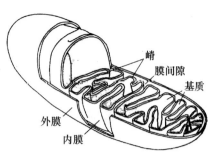

图 8-2　线粒体结构示意图

膜间隙是内外两层膜之间的腔隙,宽 $6\sim8nm$,充满液体,含有可溶性酶、底物以及辅助因子等。

内膜以内是线粒体胶状的基质,基质内含有除琥珀酸脱氢酶以外的其他三羧酸循环所需的全部酶类,以及催化脂肪酸氧化的酶类等。另外,基质中还有一套完整的转录和翻译体系,如线粒体 DNA、70S 核糖体、tRNA、rRNA、DNA 聚合酶等,而线粒体内的核糖体蛋白、氨酰-tRNA 合成酶、许多结构蛋白都是由核内基因编码并在细胞质基质中合成后,定向转运到线粒体内的,因此线粒体是半自主的细胞器。

第二节　生物氧化中二氧化碳的生成

生物氧化中二氧化碳是糖、脂肪、蛋白质等有机物转变成含羧基的化合物后经脱羧反应产生的。根据脱羧反应的性质及脱去的羧基在有机分子中的位置可进行以下分类。

一、直接脱羧

1. 单纯 α-脱羧反应

$$R-\underset{\underset{NH_2}{|}}{CH}-COOH \xrightarrow{\text{氨基酸脱羧酶}} R-CH_2-NH_2 + CO_2$$

氨基酸　　　　　　　　　　　　　胺

2. 单纯 β-脱羧反应

$$HOOC-CO-CH_2-COOH \xrightarrow{\text{丙酮酸羧化酶}} HOOC-CO-CH_3 + CO_2$$

草酰乙酸　　　　　　　　　　　丙酮酸

二、氧化脱羧

脱羧反应中伴有氧化反应发生的过程称为氧化脱羧。根据脱羧位置不同,氧化脱羧分为两种类型:

1. α-氧化脱羧反应

$$HOOC-CO-CH_3 + NAD^+ + HS-CoA \xrightarrow{\text{丙酮酸脱氢酶系}} CH_3-CO-SCoA + CO_2 + NADH + H^+$$

丙酮酸　　　　　　　辅酶A　　　　　　　　　乙酰辅酶A

2. β-氧化脱羧反应

$$HOOC—CH_2—CH(OH)—COOH + NADP^+ \xrightarrow{\text{苹果酸酶}} CH_3—CO—COOH + CO_2 + NADPH + H^+$$

苹果酸   丙酮酸

第三节 生物氧化中水的生成

生物氧化中水的生成大致可分为两种方式：一种是直接由底物脱水；另一种是在线粒体内通过呼吸链生成水。动物体内的水主要是通过呼吸链来生成的。

一、底物直接脱水

在代谢过程中，只有少数营养物质从底物直接脱水。如在葡萄糖代谢过程中，烯醇化酶可催化 2-磷酸甘油酸脱水生成磷酸烯醇式丙酮酸；在脂肪酸生物合成过程中，β-羟脂酰-ACP 脱水酶可以催化 β-羟脂酰-ACP 的脱水反应，生成 α,β-烯脂酰-ACP。

$$
\begin{array}{ccc}
COO^- & & COO^- \\
| & \xrightleftharpoons{\text{烯醇化酶}} & | \\
HC—OPO_3^{2-} & & C\sim OPO_3^{2-} + H_2O \\
| & & \| \\
CH_2OH & & CH_2
\end{array}
$$

2-磷酸甘油酸   磷酸烯醇式丙酮酸

$$
\begin{array}{ccc}
OH \quad\quad O & & O \\
| \quad\quad\quad \| & \xrightarrow{\text{β-羟脂酰ACP脱水酶}} & \| \\
R—CH—CH_2—C—S—ACP & & R—CH=CH—C—S—ACP + H_2O
\end{array}
$$

β-羟脂酰ACP   α,β-烯脂酰ACP

二、呼吸链生成水

生物氧化过程中所生成的水，主要是由代谢底物脱下的氢，经过**呼吸链**（respiratory chain）的传递，最后与氧结合而成的。

（一）呼吸链的概念

呼吸链是指存在于线粒体内膜上的氢与电子的传递体系，故又称为电子传递体系，即代谢物上的氢原子被脱氢酶激活脱落后，经过一系列传递体，最终传递给被激活的氧分子而生成水，同时释放能量的全部体系。由于这种传递体系与细胞的呼吸有关，所以叫呼吸链，也叫电子传递链。

◀◀ **知识卡片 8-1**   **呼吸链的发现**   ▶▶

1900—1920 年，科学家发现催化脱氢作用的脱氢酶在完全无氧的条件下能将底物分子中的氢原子脱下，于是提出了氢激活作用学说。Wieland 提出，氢的激活是生物氧化的主要过程，而氧分子不需要激活，即可与被激活的氢原子结合。1913 年，Warburg 发现极少量的氰化物即能全部抑制组织和细胞对分子氧的利用，而氰化物对脱氢酶并没有抑制作用，于是提出生物氧化作用需要一种含铁的呼吸酶来激活分子氧,且氧的激活是生物氧化的主要步骤。后来匈牙利的科学工作者 A. Szent-Gyorgyi 将两种学说合并在一起,提出在生物氧化过程中氢的激活和氧的激活都是需要的,还提出在呼吸酶和脱氢酶之间起电子传递作用的是黄素蛋白类物质。1925 年,Davin Keilin 提出细胞色素也起电子传递的作用。

(二) 呼吸链的组成

1. 呼吸链的组分

呼吸链由多种氢与电子的传递体组成,按照其组分的不同,可分为烟酰胺核苷酸类、黄素蛋白类、铁硫蛋白类、辅酶 Q 类和细胞色素类。

(1) 烟酰胺核苷酸类:氧化型烟酰胺腺嘌呤二核苷酸(NAD$^+$),也称氧化型辅酶Ⅰ,是体内多种脱氢酶的辅酶,氢的传递体。在线粒体基质中,丙酮酸氧化脱羧和三羧酸循环等途径中的某些代谢物,在相应的脱氢酶的催化下,脱去代谢物上的 2 个氢原子,其中一个以氢阴离子(:H$^-$)的形式转移到 NAD$^+$上,另一个则以氢质子(H$^+$)的形式游离于介质中,则形成了 NADH+H$^+$。还原型辅酶Ⅰ(NADH+H$^+$)与酶蛋白脱离,扩散到线粒体内膜的内表面,将氢(电子)传递给内膜上的一种黄素蛋白的辅基 FMN,而自身变成 NAD$^+$继续参与代谢物的脱氢反应。

辅酶Ⅰ是双电子传递体,每次传递两个电子,其氧化型 NAD$^+$和还原型 NADH 均是水溶性的,与脱氢酶的酶蛋白可逆结合而往返于基质和内膜之间,但不能透过内膜。

$$NAD(P)^+ + 2H^+ + 2e \rightleftharpoons NAD(P)H + H^+$$

(2) 黄素蛋白类:黄素蛋白类是以黄素核苷酸(FMN,黄素单核苷酸或 FAD,黄素腺嘌呤二核苷酸)为辅基,黄素核苷酸与酶蛋白结合为非共价键相连,结合十分牢固(解离常数为 $10^{-11} \sim 10^{-8}$),也有共价键连接的,如琥珀酸脱氢酶,酶蛋白与 FAD 共价键连接。FMN 和 FAD 分子中含有核黄素,核黄素分子上的功能基团——异咯嗪环的 N_1 与 N_5 可接受两个氢原子,使转变成还原型的 FMNH$_2$ 与 FADH$_2$,FMNH$_2$ 与 FADH$_2$ 失去两个氢原子又变为氧化型,即黄素核苷酸在反应过程中能传递两个氢原子。

$$FMN(FAD) + 2H^+ + 2e \rightleftharpoons FMNH_2(FADH_2)$$

(3) 铁硫蛋白类:**铁硫蛋白**(iron-sulfur protein)是存在于线粒体内膜上的一种含铁硫络合物的蛋白质,铁原子除与硫原子连接外,还与蛋白质分子中半胱氨酸的巯基相连。已知的铁硫蛋白有多种,各种铁硫蛋白含 Fe-S 的数目常不同,其中以 Fe_2S_2 和 Fe_4S_4 最为普遍(图 8-3)。铁硫蛋白在线粒体内膜上往往与其他的电子传递体结合成复合物而存在,如 NADH-CoQ 还原酶、琥珀酸-CoQ 还原酶和 CoQ-细胞色素 c 还原酶都含有铁硫蛋白,人们将复合物内的铁硫蛋白称为铁硫中心。铁硫蛋白通过分子中的三价铁和二价铁的互变来传递电子,属单电子传递体。

(4) 辅酶 Q:**辅酶 Q**(coenzyme Q,CoQ 或 Q)是存在于线粒体内膜上的脂溶性小分子。因其在生物界广泛存在,且属于醌类,故又名泛醌。Q 有许多种,它随生物种类的不同而异,哺乳动物体内 Q 的侧链含有 10 个异戊二烯单位,微生物体内一般含有 6~9 个异戊二烯单位。Q 的苯醌结构可接受两个氢质子和两个电子,被还原为对苯二酚衍生物,即还原型的 Q(QH$_2$),然后两个氢质子释放入线粒体基质内,两个电子传递给细胞色素,QH$_2$ 又被氧化为氧化型的 Q。Q 是一种中间传递体,不能从底物接受氢。

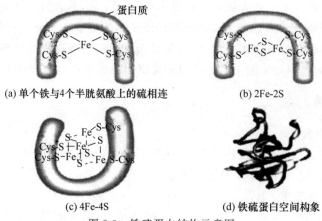

蛋白质
Cys-S
Fe
S-Cys
Cys-S
S-Cys
(a) 单个铁与4个半胱氨酸上的硫相连
(b) 2Fe-2S
(c) 4Fe-4S
(d) 铁硫蛋白空间构象
图 8-3　铁硫蛋白结构示意图

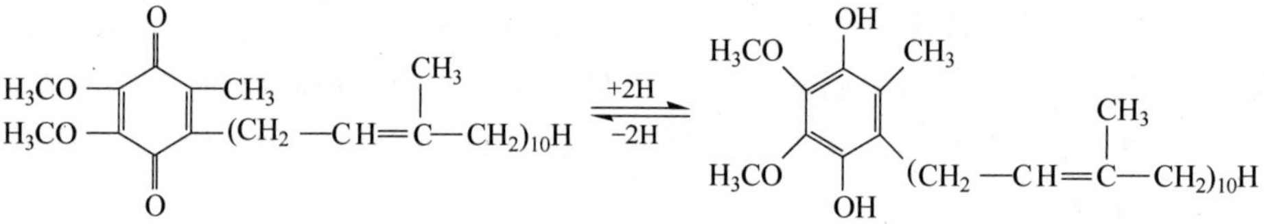

+2H
−2H

$$Q + 2H^+ + 2e \rightleftharpoons Q \cdot H_2$$

(5) 细胞色素类：**细胞色素**(cytochrome,Cyt)是一类含血红素样辅基的电子传递蛋白。根据其所含辅基还原状态时吸收光谱的不同,一般将细胞色素分为 a、b、c 三种类型：a 型细胞色素含有血红素 a(图 8-4),以非共价形式与蛋白质相连；b 型细胞色素含有的血红素辅基是铁-原卟啉Ⅸ,与血红蛋白和肌红蛋白中的血红素相同,称为血红素 b[图 8-5(a)],以非共价形式与蛋白质相连；c 型细胞色素含有血红素 c[图 8-5(b)],与蛋白质共价相连。在呼吸链中,它们是依靠辅基中铁的价态变化来传递电子的,是单电子传递体。

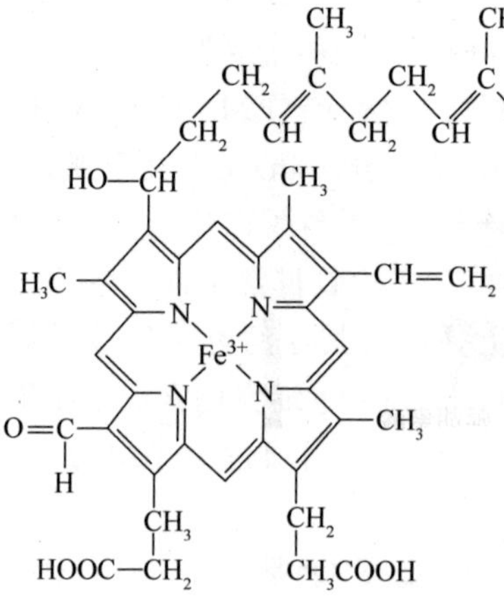

图 8-4　血红素 a

在高等动物线粒体内膜上,常见的细胞色素有五种：Cyt b、Cyt c1、Cyt c、Cyt a 和 Cyt a_3,且大部分和线粒体内膜紧密结合,只有 Cyt c 结合疏松,故 Cyt c 很容易从线粒体内膜上分离。除细胞色素 a_3 外,其余细胞色素的铁原子均和卟啉环及蛋白质形成 6 个共价键或配位键,所以不能再与 O_2、CO 或 CN^- 等结合,Cyt a_3 辅基中的铁原子与卟啉环和蛋白质形成

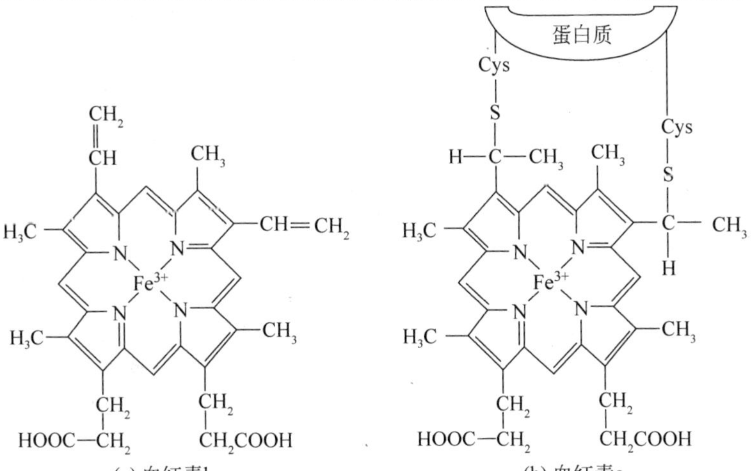

(a) 血红素b (b) 血红素c

图 8-5 血红素 b 和血红素 c

五个配位键,还保留一个配位键,可以与 O_2、CO、CN^- 等结合,其正常功能是与氧结合。但当 CO、CN^- 存在时,它们就和 O_2 竞争与细胞色素 aa_3 结合,所以这些物质是有毒的。其中,CN^- 与氧化型细胞色素 a_3 有较大的亲和力,在浓度极低时也能与细胞色素 a_3 结合,因此,CN^- 对人体和动物而言是一种剧毒物质。

2. 呼吸链中电子传递复合体

呼吸链中各组分不是相互独立且各自发挥作用的,而是以 4 个复合体(表 8-1)和 2 个游离载体的形式存在,两个游离载体分别是 Q 和细胞色素 c(图 8-6)。

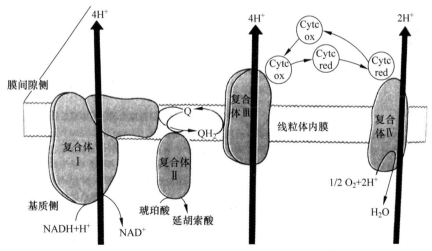

Cytc ox 表示氧化型细胞色素c, Cytc red 表示还原型细胞色素c

图 8-6 电子传递链的组成示意图

表 8-1 线粒体上电子传递复合体

复合物	名称	辅助成分
复合物 I	NADH-Q 氧化还原酶(NADH 脱氢酶)	FMN、Fe-S
复合物 II	琥珀酸-Q 氧化还原酶(琥珀酸脱氢酶)	FAD、Fe-S

复合物	名　称	辅助成分
复合物Ⅲ	Q-细胞色素 c 氧化还原酶	血红素 b、血红素 c_1、Fe-S
复合物Ⅳ	细胞色素 c 氧化酶(Cyt aa_3)	血红素 a、Cu^{2+}

由表 8-1 可见,FMN、FAD、Q、细胞色素(b、c_1、c、aa_3)既是呼吸链中各种氧化还原酶的辅基和组成部分,也是呼吸链的电子传递体。

复合体Ⅰ,又称 NADH-Q 氧化还原酶(NADH-Q oxidoreductase),其功能是接受来自 NADH 的电子并传递 Q。复合体Ⅰ传递电子的过程:黄素蛋白辅基 FMN 从基质中接受 NADH 中的 $2H^+$ 和 $2e^-$ 生成 $FMNH_2$,经过一系列的 Fe-S 将电子传递给内膜中的 Q,形成 QH_2(图 8-6)。复合体Ⅰ还具有质子泵功能,在将一对电子从 NADH 传递给 Q 的过程中,能将 $4H^+$ 从线粒体的基质泵到膜间隙,泵出质子所需的能量来自电子传递过程。

Q 在线粒体内膜上可自由移动,在各复合物间募集并穿梭传递氢,因此在电子传递和质子的移动中发挥重要的作用。

复合体Ⅱ,又称琥珀酸-Q 氧化还原酶,其功能是将电子从琥珀酸传给 Q。复合体Ⅱ传递电子的过程:催化底物琥珀酸的脱氢反应,使 FAD 转变成 $FADH_2$,后者再将电子经 Fe-S 传给 Q,此过程释放的自由能较小,不足以将氢质子泵出线粒体内膜,因此复合体Ⅱ没有氢质子泵功能。

复合体Ⅲ,又称 Q-细胞色素 c 氧化还原酶,其功能是接受 QH_2 的电子,并传给细胞色素 c,Q 从复合体Ⅰ、复合体Ⅱ募集氢,产生的 QH_2 穿梭至复合体Ⅲ,后者将电子传给细胞色素 c 蛋白。复合体Ⅲ有质子泵的功能,每传递 $2e^-$ 向膜间隙释放 $4H^+$。

细胞色素 c 是呼吸链中唯一的水溶性球状蛋白质,与线粒体内膜的外表面疏松结合,不包含在上述复合体中,细胞色素 c 从复合体Ⅲ中的细胞色素 c_1 获得电子传递到复合体Ⅳ。

复合体Ⅳ,又称细胞色素氧化酶。人体复合体Ⅳ由 Cyt a 和 Cyt a_3 等 13 个亚基组成,其辅基包括血红素 a、血红素 a_3 和铜离子 Cu_A、Cu_B。其功能是还原型细胞色素 c 携带的电子先传递给 Cu_A,再传递给血红素 a,然后再传递给血红素 a_3 和 Cu_B,最终使 O_2 生成 H_2O,复合体Ⅳ也有质子泵功能,每传递 $2e^-$ 将 $2H^+$ 泵至膜间隙。

(三)线粒体内两条主要的呼吸链及各传递体的排列顺序

存在于线粒体内膜上的四种酶复合体、CoQ 及细胞色素 c 按一定排列顺序可构成两条电子传递链,即 NADH 电子传递链和 $FADH_2$ 电子传递链,或者称为 NADH 呼吸链和 $FADH_2$ 呼吸链。

呼吸链中各个递氢体与电子传递体的位置是根据各个氧化还原对的标准氧化还原电位从低到高排列的(表 8-2)。

表 8-2　呼吸链中各氧化还原对的标准氧化还原电位

氧化还原对	$E^{0'}$
NAD^+ / $NADH+H^+$	−0.32
FMN / $FMNH_2$	−0.30

续表

氧化还原对	$E^{0'}$
$FAD / FADH_2$	-0.18
$Q_{10} / Q_{10}H_2$	$+0.045$
$Cyt\ b\ Fe^{3+} / Fe^{2+}$	$+0.07$(或0.10)
$Cyt\ c_1\ Fe^{3+} / Fe^{2+}$	0.215
$Cyt\ c\ Fe^{3+} / Fe^{2+}$	0.235
$Cyt\ aa_3\ Fe^{3+} / Fe^{2+}$	0.29
$\frac{1}{2}O_2 / H_2O$	0.82

注：$FAD / FADH_2$ 的测定值为游离辅基的 $E^{0'}$，当辅基与酶蛋白结合后，$E^{0'}$ 值在 $0.0\sim+0.3V$。

表 8-2 中数据表明，氧化还原电位越高，氧化性越强，氧化还原电位越低，还原性越强。电子总是从低电位物质转移到高电位物质，即从电子供体向电子受体传递。

1. NADH 呼吸链

NADH 呼吸链应用最广，糖、脂肪、蛋白质三大营养物质氧化分解中脱下的氢，绝大部分是通过 NADH 呼吸链来传递。这条呼吸链由复合体Ⅰ、复合体Ⅲ、复合体Ⅳ、CoQ、细胞色素 c 组成。其排列顺序如下：

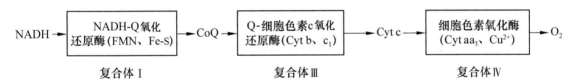

电子的传递是由各复合物的辅基来完成的，其传递过程如图 8-7 所示。

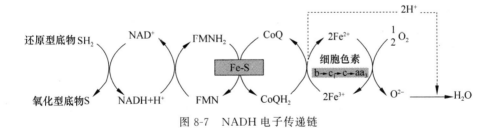

图 8-7 NADH 电子传递链

在生物氧化中大多数脱氢酶都是以 NAD^+ 为辅酶，底物脱下的氢原子由 NAD^+ 接受生成 $NADH+H^+$，在 NADH-CoQ 还原酶的作用下，脱下的氢经 NADH 呼吸链传递，最后激活氧生成水。

2. $FADH_2$ 呼吸链

在代谢中有些以 FAD 为辅基的脱氢酶，如琥珀酸脱氢酶、脂酰 CoA 脱氢酶。底物脱下的氢传给初始受体 FAD，然后进入呼吸链进行传递，因此 $FADH_2$ 呼吸链又称为琥珀酸氧化呼吸链。

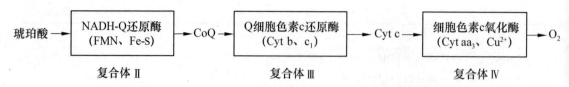

FADH$_2$ 呼吸链是由复合体 II、复合体 III、复合体 IV、CoQ、细胞色素 c 组成,其排列顺序和电子传递过程如图 8-8 所示。

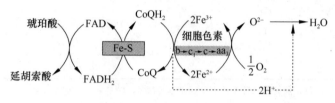

图 8-8　FADH$_2$ 电子传递链

（四）胞液中 NADH 进入线粒体的穿梭机制

生物氧化除了在线粒体内产生 NADH 外,在胞液中也存在以 NAD$^+$ 为辅酶的脱氢酶,当辅基与酶蛋白结合后,如 3-磷酸甘油醛脱氢酶和乳酸脱氢酶,NAD$^+$ 接受电子和质子后形成 NADH。因线粒体内膜对物质的转移有高度的选择性,NADH 不能自由通过线粒体内膜,必须借助特殊的转运系统来实现。细胞内存在有不同的转运机制使 NADH 进入线粒体,这就是线粒体的穿梭作用。在动物的骨骼肌和脑组织中是通过 **α-磷酸甘油穿梭**（glycerol-α-phosphate shuttle）的方式,而在肝脏和心肌中则是以 **苹果酸穿梭**（malate shuttle)的方式来分别完成这一过程的。

1. α-磷酸甘油穿梭作用

α-磷酸甘油穿梭作用是通过 α-磷酸甘油将胞液中 NADH 的氢带入线粒体内（图 8-9）。

磷酸二羟丙酮在胞液中 α-磷酸甘油脱氢酶(辅酶为 NAD$^+$)的催化下,由 NADH+H$^+$供氢生成 α-磷酸甘油,后者进入线粒体内膜,在线粒体内膜上的 α-磷酸甘油脱氢酶(其辅酶为 FAD)催化下重新生成磷酸二羟丙酮和 FADH$_2$。FADH$_2$ 进入 FADH$_2$ 电子传递链,磷酸二羟丙酮穿出线粒体可继续参与穿梭。

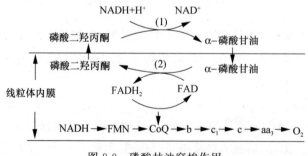

图 8-9　磷酸甘油穿梭作用

(1) 胞液中 α-磷酸甘油脱氢酶；(2) 线粒体内膜上 α-磷酸甘油脱氢酶

2. 苹果酸穿梭作用

该作用通过苹果酸将胞液中 NADH 的氢带入线粒体内。胞液中生成的 NADH＋H⁺在苹果酸脱氢酶的催化下，与草酰乙酸反应生成苹果酸。苹果酸可透入线粒体内膜，再由苹果酸脱氢酶作用重新生成 NADH＋H⁺，进入 NADH 电子传递链。与此同时，生成的草酰乙酸不能穿出线粒体，需经谷草转氨酶（GOT）催化，生成天冬氨酸后逸出线粒体。在线粒体外的天冬氨酸再由胞液中的谷草转氨酶催化，重新生成草酰乙酸继续参与穿梭（图 8-10）。

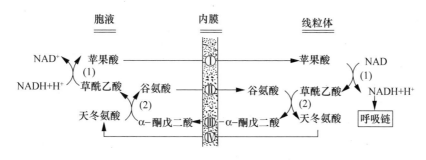

（1）苹果酸脱氢酶；（2）谷草转氨酶 Ⅰ、Ⅱ、Ⅲ、Ⅳ为转运载体

图 8-10　苹果酸穿梭作用

第四节　生物氧化中能量的生成与利用

一、生物氧化中自由能变化

生物氧化过程中发生的生化反应的能量变化与一般化学反应一样可用热力学上的自由能变化（ΔG）来描述。当 ΔG 为负值时，是放能反应，可以产生有用功，反应可自发进行；若 ΔG 为正值时，是吸能反应，为非自发反应，必须供给能量反应才可进行，其逆反应是自发的。在一个氧化还原反应中，可从反应物的标准氧化还原电势 E^0 计算出这个氧化还原反应的自由能变化（ΔG^0）。

ΔG^0 与氧化还原电势的关系如下：

$\Delta G^0 = -nF\Delta E^0$，其中 n 表示转移的电子数，F 为法拉第常数（1 法拉第＝96 485 C/mol），ΔE^0 的单位为 V，ΔG^0 的单位为 J/mol。当 ΔE^0 为正值时，ΔG^0 为负值，是放能反应，反应能自发进行；ΔE^0 为负值时，ΔG^0 为正值，是吸能反应，反应不能自发进行。

在电子传递体系中，我们可以利用上述公式，根据呼吸链中各传递物间氧化还原电位差计算出电子传递过程中释放的自由能变化。根据计算结果可以知道释放或转移的自由能能否足够储存到 ATP 中。

二、高能键及高能化合物

在生物氧化中，有些化合物的个别化学键自由能很高，当其发生水解或基团转移反应时，释放或转移的自由能很多，远高于其他普通化学键。生物氧化中化合物水解时，每摩尔释放出的自由能大于 21kJ 时,该化合物称为高能化合物,被水解的化学键称为**高能键**(energy-rich bond),常用符号"～"表示。

在生物体内具有高能键的化合物有很多。根据键的特性可分为以下类型:

1. 磷氧键型(-O～P)

属于这种键型的化合物很多,又可分成下列几种类型:

(1) 酰基磷酸化合物

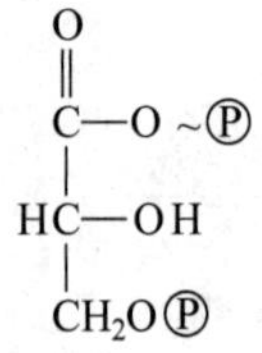

1,3-二磷酸甘油酸 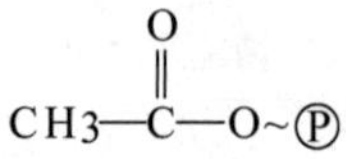　　乙酰磷酸 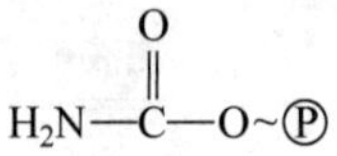　　氨甲酰磷酸

(2) 焦磷酸化合物

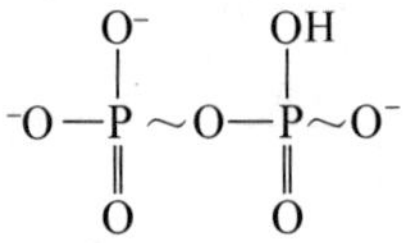

焦磷酸　　核苷　核苷一磷酸(NMP)　核苷二磷酸(NDP)　核苷三磷酸(NTP)

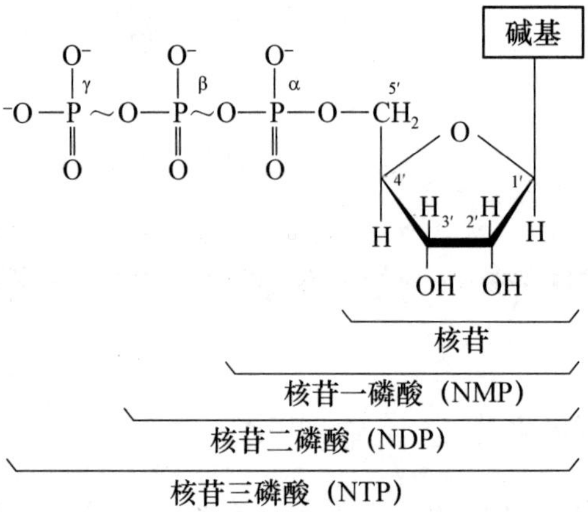

(3) 烯醇式磷酸化合物

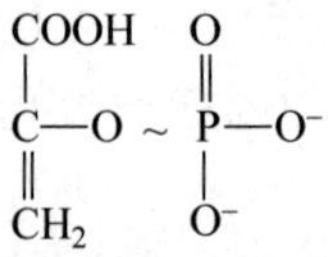

磷酸烯醇式丙酮酸

2. 氮磷键型

胍基磷酸化合物属于此类。

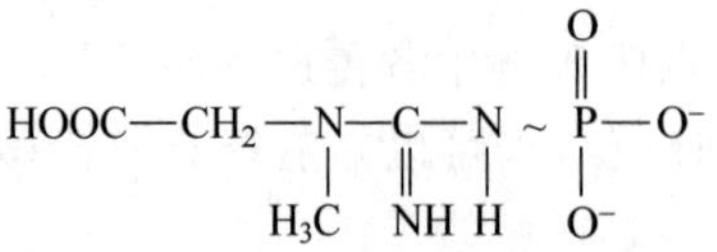

磷酸肌酸 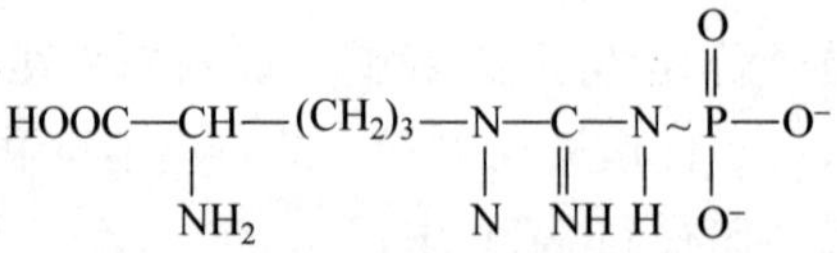　　磷酸精氨酸

3. 硫酯键型

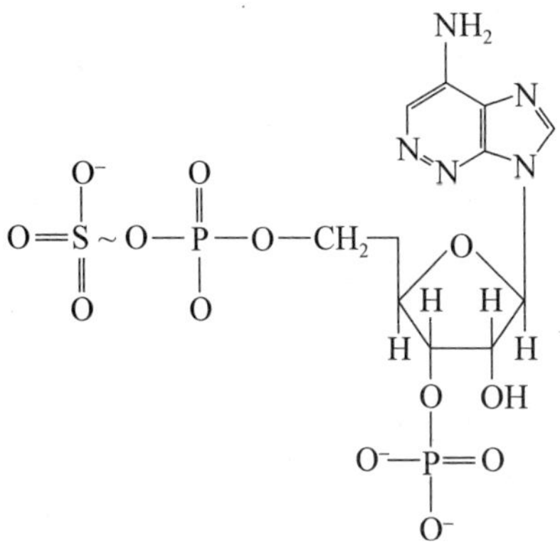

3′-磷酸腺苷-5′-磷酰硫酸（活性硫酸基）

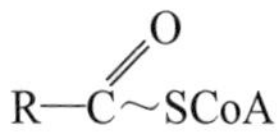

R—C—SCoA （酰基辅酶A）

4. 甲硫键型

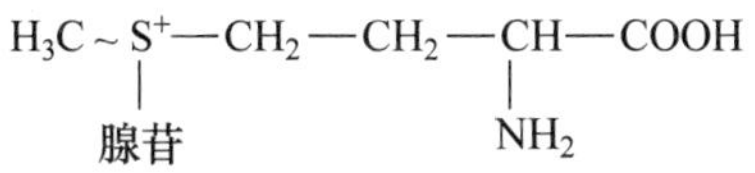

$$H_3C \sim S^+ — CH_2 — CH_2 — CH — COOH$$

腺苷　　　　　　　　　NH_2

S-腺苷蛋氨酸(活性蛋氨酸)

三、 ATP 的特殊作用

在物质代谢中,氧化放能反应和生物合成等需能反应互相联系。但在多数情况下,产能反应和需能反应之间不直接偶联,彼此间的能量供求关系主要通过 ATP 进行传递。放能反应通过氧化磷酸化合成 ATP 贮存能量,需能反应则通过 ATP 水解直接供能。在生理条件下,ATP 约带 4 个空间距离很近的负电荷,它们之间相互排斥,要维持这种状态则需要大量的能量,而当末端两个磷酸酐键(β 和 γ)水解时,有大量的自由能释放出来。

$$ATP + H_2O \longrightarrow ADP + Pi, \quad \Delta G^{0'} = -30.5\,kJ/mol$$

$$ADP + H_2O \longrightarrow AMP + Pi, \quad \Delta G^{0'} = -30.5\,kJ/mol$$

机体内有很多磷酸化合物,其中一些磷酸化合物释放的 $\Delta G^{0'}$ 值高于 ATP 释放的自由能,而一些磷酸化合物释放的 $\Delta G^{0'}$ 值低于 ATP 释放的自由能(表 8-3)。

表 8-3　某些磷酸化合物水解的标准自由能变化

化合物	$\Delta G^{0'}/(kJ/mol)$
磷酸烯醇式丙酮酸	−61.9
1,3-二磷酸甘油酸	−49.3
磷酸肌酸	−43.1
乙酰磷酸	−42.3
磷酸精氨酸	−32.2
ATP → ADP+Pi	−30.5
葡萄糖-1-磷酸	−20.9
果糖-6-磷酸	−15.9
葡萄糖-6-磷酸	−13.8
1-磷酸甘油	−9.2

四、ATP 的生成

在生物体内 ADP 与具有高能磷酸键的磷酸基团结合可生成 ATP,此过程称为磷酸化作用。磷酸化作用有底物水平磷酸化和氧化磷酸化两种方式。

(一)底物水平磷酸化

当底物发生脱氢或脱水时,使其分子内部能量重新分布而形成高能磷酸键(或高能硫酯键),然后高能键转移给 ADP(或 GDP)生成 ATP(或 GTP)的反应称为**底物水平磷酸化**(substrate level phosphorylation)。如糖酵解途径的中间产物磷酸烯醇式丙酮酸和 1,3-二磷酸甘油酸都含高能磷酸键,它们水解时 $\Delta G^{0'}$ 分别为 $-61.9\mathrm{kJ/mol}$ 和 $-49.3\mathrm{kJ/mol}$,而 ATP 末端的高能磷酸键形成仅需要吸能 $30.5\mathrm{kJ/mol}$。所以其分子中高能磷酸键可直接转移给 ADP(或 GDP)而生成 ATP(或 GTP),发生底物水平磷酸化反应。

(1)1,3-二磷酸甘油酸 + ADP $\underset{\text{3-磷酸甘油酸激酶}}{\rightleftharpoons}$ 3-磷酸甘油酸 + ATP

(2)磷酸烯醇式丙酮酸 + ADP $\underset{\text{丙酮酸激酶}}{\rightleftharpoons}$ 烯醇式丙酮酸 + ATP

(3)琥珀酰辅酶 A + H_3PO_4 + GDP $\underset{\text{琥珀酸硫激酶}}{\rightleftharpoons}$ 琥珀酸 + 辅酶 A + GTP

$$ADP + GTP \rightleftharpoons ATP + GDP$$

底物水平磷酸化生成 ATP 不需要经过呼吸链的传递过程,也不需要消耗氧气,也不需要利用线粒体 ATP 酶系统。因此,生成 ATP 的速度较快,但生成量不多。在机体缺氧或无氧条件下,底物水平磷酸化无疑是一种生成 ATP 的快捷方式。

(二)氧化磷酸化

氧化磷酸化又称为电子传递水平磷酸化,是指代谢底物在生物氧化中脱掉的氢,经呼吸链传递给氧,化合成水的过程中释放的能量与 ADP 磷酸化生成 ATP 相偶联的过程。氧化磷酸化是在线粒体中进行的,是需氧生物体中 ATP 的主要来源。

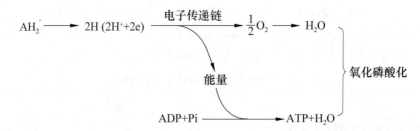

1. 氧化磷酸化的偶联部位

呼吸链在传递电子的同时释放能量,但并不是每一个传递部位都可以生成 ATP。将呼吸链中能够产生足够的能量使 ADP 磷酸化的部位称为氧化磷酸化的偶联部位,也即能生成 ATP 的部位。根据热力学测定,当电子从 NADH 经过呼吸链传递到氧时,有三处可以产生 ATP,分别是复合体Ⅰ、复合体Ⅲ、复合体Ⅳ。当电子从 $FADH_2$ 经过呼吸链传递到氧时,有两处可以产生 ATP,分别是复合体Ⅲ和复合体Ⅳ。

2. 氧化磷酸化生成 ATP 的分子数

1940 年,Ochoa 等人用组织匀浆和组织切片做实验材料,首先测定了呼吸过程中 O_2 消耗和 ATP 生成的关系,结果表明,在 NADH 呼吸链中,每消耗 1mol 原子氧,约生成

2.5mol ATP；在 $FADH_2$ 呼吸链中，每消耗 1mol 原子氧，约生成 1.5mol ATP。这种消耗原子氧摩尔数和产生 ATP 摩尔数的比例关系称为磷-氧比（P/O）。磷-氧比又可视为一对电子通过呼吸链传至 O_2 所生成 ATP 的分子数。

现在的观点认为，以 P/O 值为依据计算氧化磷酸化产生的 ATP 分子数并不准确，而应考虑一对电子经过呼吸链到 O_2，有多少质子从线粒体基质泵出，因为 ATP 的生成与泵出的质子数有定量关系。最新结果显示，每对电子通过复合体 I 时有 4 个质子从基质泵出，通过复合体 III 时有 4 个质子从基质泵出，通过复合体 IV 时有 2 个质子从基质泵出。由于这些质子的泵出，便形成了跨膜的质子梯度。合成 1 分子 ATP 需要 3 个质子通过 ATP 合酶返回基质来驱动，同时，生成的 ATP 从线粒体基质进入胞质还需要消耗 1 个质子来运送，所以，每产生 1 分子 ATP 需要 4 个质子，因此，一对电子从 NADH 到 O_2 将产生 2.5 分子 ATP，而一对电子从 $FADH_2$ 到 O_2 将产生 1.5 分子 ATP。

3. 氧化磷酸化的机制

关于氧化和磷酸化的偶联，科学家曾提出了三种假说，即化学偶联假说、构象偶联假说和化学渗透假说。

化学偶联假说是 E. Slater 在 1953 年提出的，他认为在电子传递过程中生成高能中间物，再由高能中间物裂解释放的能量驱动 ATP 的合成。这一假说可以解释底物磷酸化，但在电子传递体系的磷酸化中尚未找到高能中间物。

构象偶联假说是 P. Boyer 在 1964 年提出的，他认为电子传递使线粒体内膜的蛋白质构象发生变化，由低能构象变为高能构象，后者再将能量传递给 ATP 合酶，推动了 ATP 的生成。这一假说有一定的实验依据，即电子沿呼吸链传递时，观察到线粒体内膜上有些蛋白质构象发生变化，但由于证据不足得不到公认。

化学渗透假说是 Peter Mitchell 于 1961 提出的，该假说认为，电子经呼吸链传递释放的能量，可将 H^+ 从线粒体内膜的基质侧泵到膜间腔中，线粒体内膜不允许 H^+ 自由回流，使膜间腔中的 H^+ 浓度高于基质中的 H^+ 浓度，于是产生质子电化学梯度。当 H^+ 顺梯度经 ATP 合酶返回基质时，质子跨膜梯度中所蕴含的能量便推动 ADP 和 Pi 作用生成 ATP（图 8-11）。即把电子传递过程中产生的电化学势能转化成化学能，储存到 ATP 分子中。

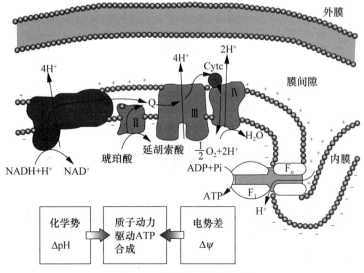

图 8-11　化学渗透学说机制

化学渗透假说得到广泛的实验支持,但化学渗透假说未能解决 H^+ 被泵到膜间的机制和 ATP 合成的机制问题。

1994 年,J. Walker 等发表了 0.28nm 分辨率的牛心线粒体 F_1-ATP 合酶的晶体结构。高分辨的电子显微镜研究表明,ATP 合酶含有像球状把手的 F_1 头部、横跨内膜的基底部 F_o 和将 F_1 与 F_o 连接起来的柄部三部分(图 8-12)。

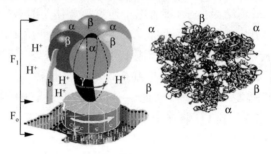

图 8-12　ATP 合酶的结构

F_1 的相对分子质量为 380 000,含有 9 个亚基,生理作用是催化 ATP 合成;F_o 的相对分子质量为 25 000,由 3 种疏水亚基组成并镶嵌在线粒体内膜中,形成 ATP 合酶的质子通道。

F_1 的 3 个 α 亚基和 3 个 β 亚基交替排列,形成橘子瓣样结构。γ 和 ε 亚基结合在一起,位于 $α_3β_3$ 的中央,构成可以旋转的“转子”,F_1 的 3 个 β 亚基均有与腺苷酸结合的部位,并呈现 3 种不同的构象。其中与 ATP 紧密结合的称为 β-ATP 构象,与 ADP 和 Pi 结合较疏松的成为 β-ADP 构象,与 ATP 结合力极低的称为 β-空构象。质子流通过 F_o 的质子通道,c 亚基环状结构的扭动使 γ 亚基构成的“转子”旋转,引起 $α_3β_3$ 构象的协同变化,使 β-ATP 构象转变为 β-空构象并放出 ATP。当 β-ADP 构象转变为 β-ATP 构象时,使结合在 β 亚基上的 ADP 和 Pi 结合成 ATP(图 8-13)。

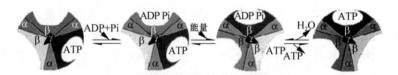

图 8-13　ATP 合酶的 β 亚基经“结合变构”机制合成 ATP

ATP 合酶的构象变化解释了 ATP 生成的机制。

4. 氧化磷酸化的抑制作用

一些化合物对氧化磷酸化有抑制作用,根据其作用机制不同,分为解偶联剂、氧化磷酸化抑制剂和电子传递抑制剂。

(1)解偶联剂:解偶联剂是指使氧化磷酸化电子传递过程和 ADP 磷酸化为 ATP 的过程不能发生偶联反应的物质。即对电子传递过程没有抑制作用,但抑制 ADP 磷酸化生成

ATP 的作用,使产能过程和贮能过程相脱离,使电子传递产生的自由能都变为热能。目前已发现了多种解偶联剂,如 2,4-二硝基苯酚、双香豆素等。

（2）氧化磷酸化抑制剂：这类抑制剂既抑制氧的利用又抑制 ATP 的形成,但不直接抑制电子传递链上载体的作用。这种抑制剂的作用方式是直接干扰 ATP 的生成过程,即干扰由电子传递的高能态形成 ATP 的过程,结果也使电子传递不能进行。寡霉素就属于此类抑制剂。

（3）电子传递抑制剂：电子传递抑制剂是阻断电子传递链上某一部位电子传递的物质。由于电子传递被阻断使物质氧化过程中断,磷酸化无法进行,故该类抑制剂同样也可抑制氧化磷酸化。目前已知的电子传递链抑制剂有以下几种,其作用部位如图 8-14 所示。

① 鱼藤酮、阿密妥、粉蝶霉素 A 等,该类抑制剂专一结合于 NADH-CoQ 还原酶中的铁硫蛋白上,从而阻断电子传递。鱼藤酮是一种植物毒素,常用作杀虫剂;阿密妥属于巴比妥类安眠药;粉蝶霉素 A 结构类似辅酶 Q,因此在电子传递中与辅酶 Q 有竞争作用。

② 抗霉素 A,该物质有阻断电子从细胞色素 b 到细胞色素 c_1 的传递作用。

③ 氰化物（CN^-）、CO 及 N_3^- 等,该类抑制剂可与氧化型细胞色素氧化酶牢固结合,阻断电子传至氧的作用。

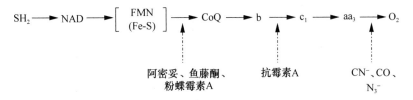

图 8-14 电子传递抑制剂在电子传递链中的抑制部位

氰化物是重要的工业原料。木薯、苦杏仁、桃仁、白果中都含有氰化物。氰化物进入人体或动物体过多时,可因 CN^- 与细胞色素氧化酶的高铁（Fe^{3+}）结合成氰化高铁细胞色素 c 氧化酶,使细胞色素氧化酶失去传递电子的能力,致使呼吸链中断,细胞窒息死亡。

治疗氰化物中毒的一般原则是先给中毒者注射亚硝酸钠,使部分亚铁血红蛋白氧化成高铁血红蛋白（注意亚硝酸钠不可注射过量,以致高铁血红蛋白产生过多,机体失去运氧能力）。当高铁血红蛋白的含量达到血红蛋白总量的 20%～30% 时,就能成功夺取已与细胞色素氧化酶（Cyt aa_3）结合的 CN^-,使 Cyt aa_3 恢复活力。生成的氰化高铁血红蛋白不稳定,在数分钟后又能逐渐解离放出 CN^-,此时再注射硫代硫酸钠,在肝脏中硫氰生成酶的催化下可将 CN^- 转变为无毒的硫氰化合物随尿排出,达到彻底解毒的目的。具体反应过程如图 8-15 所示。

5. 氧化磷酸化的调节

氧化磷酸化是 ATP 的主要生成方式,生物体内 ATP 生成量的多少取决于氧化磷酸化的速率。机体根据自身能量的需求,通过调节氧化磷酸化的速率来调节 ATP 的生成量。电子的传递和 ADP 的磷酸化是氧化磷酸化的根本,通常线粒体中氧的消耗量是被严格控制的,其消耗量取决于 ADP 的含量,因此 ADP 是调节机体氧化磷酸化速率的主要因素。细胞内 ADP 的浓度以及 ATP/ADP 的比值能够迅速感应机体能量状态的变化。

细胞内存在着三种腺苷酸,即 ATP、ADP、AMP,统称为腺苷酸库。为了从量上表示细胞内 ATP—ADP—AMP 的能量情况,1968 年 Atkinson 和 Walton 提出了能荷的概念,能

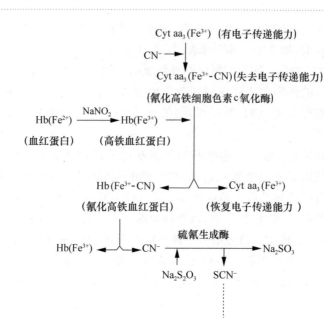

图 8-15　细胞色素氧化酶的中毒与解毒

荷为高能磷酸键在总的腺苷酸库中所占的比例，可用下式表示：

$$能荷 = \frac{[ATP] + 0.5[ADP]}{[ATP] + [ADP] + [AMP]}$$

　　式中能荷的大小取决于 ATP 和 ADP 的多少。由于 ATP 含两个高能键，ADP 含一个高能键，所以一个 ADP 相当于 0.5 个 ATP。当细胞内全部腺苷酸均以 ATP 的形式存在时，能荷最大，能荷值为 1.0；全以 AMP 形式存在时，能荷值为零；当全以 ADP 形式存在时，能荷值为 0.5。三者并存时，能荷随三者含量的比例而变化，范围为 0～1.0。正常情况下大多数细胞的能荷处于 0.8～0.9。研究发现，生物体内 ATP 的生成和消耗是与细胞内能荷状态相呼应的。当能荷高时，生物体内 ATP 的生成过程被抑制，而 ATP 的利用过程被激发；当能荷值低时，其效应则相反，这说明生物体内 ATP 的生成和利用有自我调节与控制的作用。

五、 ATP 的利用

　　ATP 是具有两个高能磷酸键的高能磷酸化合物，在生物体代谢过程中，能量的释放、贮存和利用都是以 ATP 为中心，ATP 水解成 ADP 和磷酸释放出大量自由能，用以维持生物体各种生理活动，如肌肉的收缩、离子平衡、吸收、分泌、合成代谢、维持体温和生物电等活动（图 8-16）。

　　严格来说，ATP 不是能量的贮存物质，而是能量的携带者或传递者。它可将高能磷酸键转移给肌酸生成**磷酸肌酸**（creatine phosphate，CP）。但磷酸肌酸所含的高能磷酸键不能直接应用，需用时磷酸肌酸把高能磷酸键转移给 ADP 生成 ATP，以维持机体的正常生理活动，这一反应由肌酸磷酸激酶催化。磷酸肌酸只通过这唯一的途径转移其磷酸基团，因此它是 ATP 高能磷酸基团的贮存库。

　　另外，生物体内有些合成反应不一定直接利用 ATP 提供能量，而是由其他三磷酸核苷

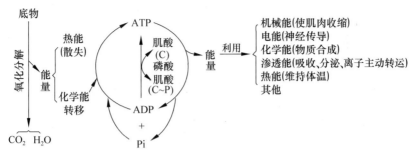

图 8-16　体内能量的转移、贮存和利用

作为能量的直接来源。如 UTP 用于多糖的合成，CTP 用于磷脂的合成，GTP 用于蛋白质的合成等。但物质氧化时释放的能量大多是首先合成 ATP，然后，再由 ATP 将高能磷酸键转移给 UDP、CDP 或 GDP，生成相应的 UTP、CTP 或者 GTP。

$$ATP + UDP \rightleftharpoons ADP + UTP$$
$$ATP + GDP \rightleftharpoons ADP + GTP$$
$$ATP + CDP \rightleftharpoons ADP + CTP$$

第五节　其他生物氧化体系

生物氧化主要在线粒体内进行，但线粒体外也可进行，二者参与反应的酶和反应过程都不相同。线粒体外的氧化是由微粒体、过氧化物酶体及超氧化物酶体中的需氧脱氢酶和氧化酶等组成的氧化体系(非线粒体氧化体系)，催化非营养物质(如药物、毒物等)的氧化，不伴有 ATP 的生成，与药物、毒物或代谢物的生物转化过程有关。

一、微粒体氧化体系

1. 单加氧酶
微粒体内有一类重要的氧化酶，它的功能是催化有关的底物分子，加上一个氧原子使其羟化(加氧氧化)，所以这种氧化酶又称 **单加氧酶**(monooxygenase)或称 **羟化酶**(hydroxylase)。由于此酶催化氧分子中一个氧原子加到底物分子上，而另一个氧原子被氢(来自 NADPH + H$^+$)还原成 H_2O_2，因此又称此酶为 **混合功能氧化酶**(mixed function oxidase，MFO)。

2. 双加氧酶
双加氧酶(dioxygenase)催化氧分子中的两个氧原子加到底物中带双键的两个碳原子上。如 β 胡萝卜素经双加氧酶的催化转变为视黄醛。

二、过氧化物酶体中的氧化体系

过氧化物酶体是一种特殊的细胞器，存在于动物组织的肝、肾、中性粒细胞和小肠黏膜细胞中。过氧化物酶体中含有多种催化生成 H_2O_2 的酶，也含有分解 H_2O_2 的酶，可氧化氨基酸、脂肪酸等多种底物。

过氧化物酶是生物组织中广泛存在的一种酶，在辣根中含量很高，辣根可用作制备此酶的原料。过氧化物酶是一种高度耐热的酶，即使在 100℃经短时间加热后还能保持其活性。因此在水果、蔬菜加工中常以该酶活性的有无作为热烫是否适度的指标。

三、 超氧化物酶体中的氧化体系

超氧化物歧化酶(superoxide dismutase,SOD),是一类广泛存在于动植物及微生物中的含金属酶类。真核细胞浆内的 SOD 含 Cu、Zn。相对分子质量 32 000,由两个亚基组成,每个亚基含 1 个铜和 1 个锌。线粒体内的 SOD 含锰,由 4 个亚基组成。细胞中还有一类含铁的 SOD 呈黄色。牛肝中发现另一类 SOD 含有钴和锌。它们共同的功能是催化超氧阴离子自由基的歧化反应:

$$O_2^- \cdot + O_2^- \cdot + 2H^+ \xrightarrow{\text{超氧化物歧化酶}} H_2O_2 + O_2$$

体内常见的自由基除超氧离子自由基外,还有羟基自由基、过氧化氢自由基等。它们是机体正常或异常反应的产物。自由基在体内非常活泼,参与一系列反应,生成多种脂质过氧化物,这些物质能交联蛋白质、脂类、核酸及糖类,使生物膜变性,致使组织破坏和老化。正常生理状态下,自由基不断产生,也不断被清除。老年时自由基的清除能力减弱,脂类过氧化物堆积,导致机体衰老。SOD 的歧化反应使自由基生成 H_2O_2 和 O_2 而被清除,从而阻止自由基的连锁反应,对机体起到保护作用。

本章小结

生物氧化 是营养物质在生物体内氧化分解的共同途径,也是生物体获得能量的主要方式。生物氧化是在一系列酶的催化下完成的,条件温和,二氧化碳的释放、水的生成及能量的生成不是同步进行的,有能量的释放和储存。

生物氧化中 CO_2 的生成 是物质转变成含有羧基的中间产物后经脱羧反应而产生的。

生物氧化中水的生成 主要是通过物质脱下的氢经传氢体先形成质子,失去的电子经一系列的电子传递体传给氧形成氧负离子,最后质子与氧负离子结合而产生的。

生物氧化中 ATP 的生成 主要是通过电子传递链氧化磷酸化产生的。电子传递链存在于线粒体内膜上,由多个组分组成,以四个复合体和两个游离载体的形式存在。线粒体内底物脱下的氢(NADH 和 $FADH_2$)和电子经电子传递链传给氧生成水,释放的能量用于将质子从内膜内侧泵到内膜外侧。内膜外侧的质子在质子电位梯度的推动下经 ATP 合成酶上的质子通道返回到内膜的内侧,推动 ATP 的合成。

复习思考题

1. 什么是生物氧化?生物氧化与体外物质氧化的不同点是什么?
2. 简述 NADH 和 $FADH_2$ 呼吸链的组成成分、各组分的作用及其排列顺序。
3. 胞液中的 NADH 是如何进入线粒体的?
4. 生物体内 ATP 是如何生成的?呼吸链中电子传递过程与磷酸化是怎样偶联的?

第九章 糖代谢

本章导读

　　糖类是动物机体重要的组织结构成分,也是主要的能量物质,动物体近70%的能量由糖类分解提供。动物体内的糖代谢过程主要有:糖原的分解与合成、糖的无氧分解、糖的有氧分解、磷酸戊糖途径和糖异生作用等。本章重点阐述了糖原的合成与分解过程,详细阐述并比较了葡萄糖的无氧分解和有氧分解的具体反应过程及特点,补充说明了磷酸戊糖途径的反应过程及生理意义。此外,还介绍了糖异生作用的反应过程及生理意义。最后分析了糖代谢各途径之间的联系与调节。通过本章学习要弄明白以下几个问题:①在动物体内,糖原是如何进行分解和合成的? 糖原代谢如何进行调节?②糖的无氧分解和有氧分解具体的反应过程是什么? 有何特点?③磷酸戊糖途径的反应过程是什么? 有何生理意义?④糖异生作用的反应过程是什么? 有何生理意义?⑤动物机体维持血糖稳定的机制和意义。

第一节 概 述

一、 糖代谢概况

　　由于不同动物的消化系统特点存在差异,动物获取糖的途径也有所不同。对大多数动物而言,食物中含有大量的淀粉、糖原和少量的蔗糖、麦芽糖以及乳糖等寡糖,这些糖可经消化道直接吸收;另外一些动物体内的糖主要由非糖物质经体内转化而成。不同的动物种类,两个途径主次有别,这种差异从动物的食物结构上也能区分出来:以富含淀粉食物为主的单胃杂食动物,其体内糖的来源以肠道消化吸收为主,猪是这类动物的典型代表;而以富含纤维素食物为主的反刍动物,其体内的糖主要由非糖物质转化而成。这是因为,一方面反刍动物食物中含有大量不能被动物本身消化吸收为糖的纤维素,糖和淀粉的含量极少;另一方面,这类动物具有庞大的瘤胃,其中有大量与动物共生的微生物和原生动物,瘤胃微生物可帮助反刍动物消化纤维素等高等动物不能消化的成分,并把它们转化为挥发性脂肪酸、菌体蛋白等,挥发性脂肪酸和菌体蛋白再成为反刍动物的主要养料,所以反刍动物体内的糖主要由体内非糖物质转化而成。马、驴、兔等为中间类型。

　　食物中的淀粉经消化道淀粉酶和双糖酶分解成单糖,由小肠吸收,首先经门静脉进入肝脏。葡萄糖通过肝静脉进入血液系统成为血糖,血液循环将葡萄糖运送到机体各组织细胞供其利用。在细胞内,葡萄糖可经有氧分解或无氧分解途径为机体提供能量;也可转变成脂肪、非必需氨基酸等非糖物质。在肝脏和肌肉内,葡萄糖可合成糖原贮存。糖原是糖在体内的储藏形式。图 9-1 是糖在动物体内的一般代谢概况。

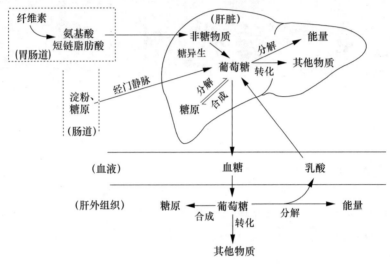

图 9-1　糖在动物体内的一般代谢概况

二、　血糖

　　临床上的血糖专指血液中的葡萄糖,血糖的测定也只测葡萄糖的含量。事实上,血液中有多种糖及其酯,但除葡萄糖外,其他糖及其酯含量非常少,所以血糖主要是指血液中的葡萄糖。

　　血糖是一项重要的生化指标。每一种动物血糖的正常值都是相对恒定的,仅在很窄的范围内变动(表 9-1)。人体空腹的血糖正常值为 3.9~6.1mmol/L。

表 9-1　一些家畜血糖的含量

动　物		血糖含量/(mg/dL)	平均值/(mg/dL)	资料来源
哺乳仔猪(20~40 日龄)		100~139	122	
后备小猪(65~112 日龄)		70~111	91	
猪(肥育)		39~100	70	
马	公	71~113	92	北京农学院
	母	74~89	82	
骡	公	66~102	84	
	母	57~110	83	
水牛		42~46	44	湖南农学院

续表

动 物	血糖含量/(mg/dL)	平均值/(mg/dL)	资料来源
乳牛	35～55		
牦牛	48～90		中国人民解放
绵羊	35～60		军兽医大学
山羊	45～60		
驴(怀孕期)	95～111		中国农业科学院 兰州兽医研究所

　　血糖浓度的恒定,是由于各种糖代谢途径受到严格调控,致使血糖的生成与分解形成动态平衡的结果(图9-2)。血糖的来源主要有肠道吸收、糖异生以及肝糖原的分解等。血糖的去路则是机体各组织细胞对葡萄糖的利用,包括分解供能、转变成其他非糖物质以及合成糖原等。当血糖含量过高,超过**肾糖阈**(renal threshold of glucose)时,糖就出现在尿中,这一症状称为糖尿。血糖从尿中排出是一种异常现象,正常动物尿液中检测不出血糖。所以,血糖浓度相对恒定是体内糖代谢动态平衡的反映,血糖含量是反映机体糖代谢状况的一项重要指标。

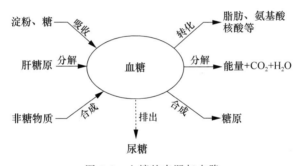

图 9-2　血糖的来源与去路

◀◀ 思政元素卡片9-1　培养辩证思维和树立辩证唯物主义观点 ▶▶

　　葡萄糖是动物体能量的重要来源,为各种组织和脏器的正常运作提供动力,因此血糖必须保持在一定水平才能维持动物体正常生命活动。血糖的产生和利用处于动态平衡,血糖浓度的相对稳定是体内糖代谢动态平衡的反映。

　　以血糖水平为杠杆的糖代谢调节体现了生物界的一切都在永恒变化,蕴含物质世界发展规律的哲学思想,提示我们要养成辩证思维能力和协调统一的团结精神。

第二节　糖原的合成与分解

　　糖原属动物性储存多糖,也称动物淀粉,是葡萄糖在动物体内的储存形式。糖原由 α-D-葡萄糖基组成,并主要以 α-1,4 糖苷键连成长链,分支处通过 α-1,6 糖苷键连接,结构与支链淀粉相似,只是糖原分支程度更高和分子排列更加紧密,糖原遇碘反应呈红色。糖原主要分布于动物肝脏和肌肉组织,其含量分别可达湿重的 10% 和 1%～2%。所以肝组织糖原浓度最高,而肌肉组织含量最多。肝糖原主要用于补充血糖,维持血糖恒定,肌糖原主要为肌肉组织提供能量。

一、 糖原的合成

由葡萄糖合成糖原的过程,称为**糖原生成**(glycogenesis)。肝外组织可利用血糖合成糖原,而肝组织除了利用血糖外,也可利用非糖物质经**糖异生**(glyconeogenesis)来合成糖原。糖原合成的具体过程如下。

1. 葡萄糖-6-磷酸的生成

葡萄糖在己糖激酶催化下磷酸化生成葡萄糖-6-磷酸。

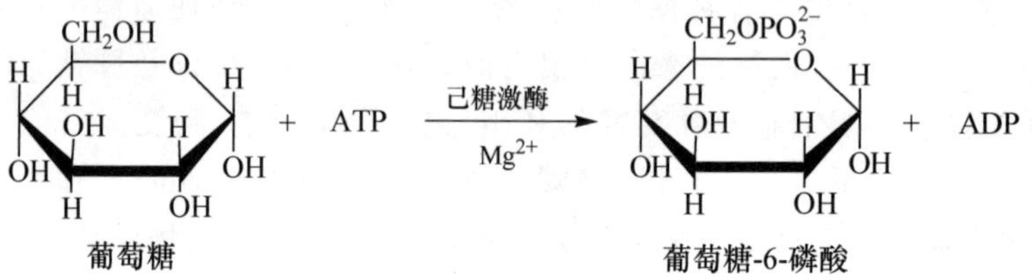

这是一耗能的不可逆反应,是机体利用葡萄糖所必需。反应由**己糖激酶**(hexokinase)或**葡萄糖激酶**(glucokinase)催化。己糖激酶广泛存在于以糖为能源的细胞中,在肝脏、肌肉、脑等组织部位最多。已知其有四种同工酶,Ⅰ、Ⅱ、Ⅲ型主要存在于肝外组织,其对葡萄糖 K_m 值较低;Ⅳ型主要存在于肝脏,特称为葡萄糖激酶,对葡萄糖的 K_m 值较大。近年来,研究人员使用基因组方法来表征各种脊椎动物物种和近亲属中的己糖激酶基因,发现有相似的己糖激酶基因,命名为己糖激酶结构域蛋白1,被认为是第五种己糖激酶。己糖激酶的活性受反应产物葡萄糖-6-磷酸的别构抑制,而葡萄糖激酶却不受别构抑制。肝细胞富含葡萄糖激酶,恰好葡萄糖激酶的 K_m 值较大,而且其活性不受葡萄糖-6-磷酸影响。这一特点有利于高浓度葡萄糖转变成糖原,这也是肝脏贮存的糖原浓度高于肌肉的重要原因。

2. 葡萄糖-1-磷酸的生成

由磷酸葡萄糖变位酶的催化,葡萄糖-6-磷酸转变为葡萄糖-1-磷酸。

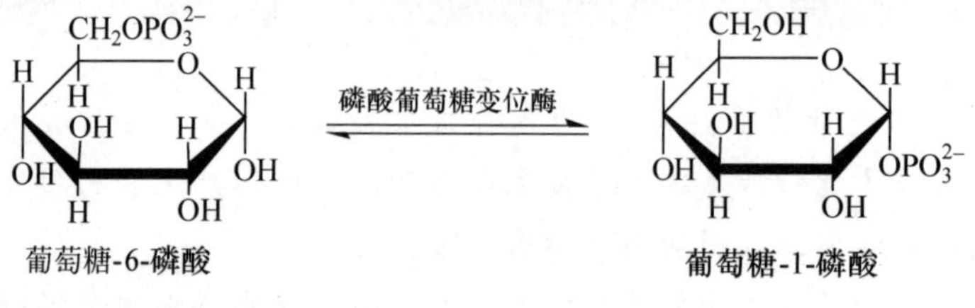

3. 二磷酸尿苷葡萄糖的生成

在**二磷酸尿苷葡萄糖焦磷酸化酶**(UDP-glucose pyrophosphorylase)的催化下,葡萄糖-1-磷酸与三磷酸尿苷(UTP)合成二磷酸尿苷葡萄糖(UDP-G)。

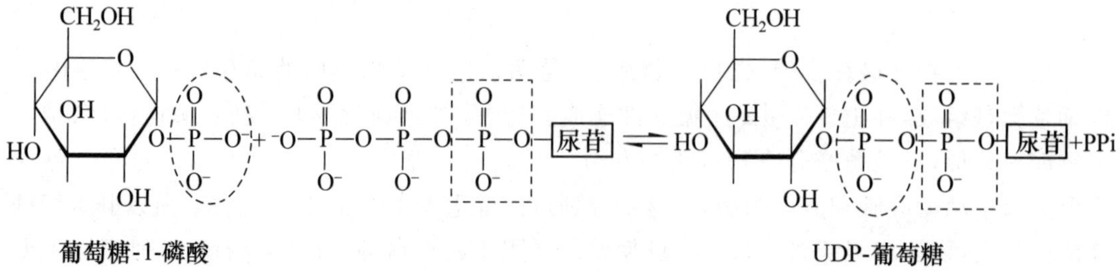

反应生成的焦磷酸(PPi),水解后生成正磷酸,使整个反应不可逆。形成的 UDP-G 是葡萄糖合成糖原的重要活性形式。

4. 糖原的生成

这一步骤包括两个反应:第一个反应是将 UDP-G 上的葡萄糖基转移到糖原分子支链的非还原端,UDP-G 葡萄糖基上的 C1 与糖原分子支链非还原端葡萄糖残基上的 C4 连接,形成 α-1,4-糖苷键,使糖链延长。催化该反应的酶是 **UDP-葡萄糖-糖原葡糖基转移酶**(UDP-glucose-glycogen glucosyltransferase),也称**糖原合酶**(glycogen synthase)。

UDP-葡萄糖

糖原
(n个残基)

糖原
(n+1个残基)

UDP

糖原合酶只能催化 UDP-G 的葡萄糖基以 α-1,4-糖苷键连接到至少含有 4 个葡萄糖残基的引物上,不能从头合成糖原。引物的合成,是由 William J. Whelan 博士在 1984 年发现的**糖原生成起始蛋白**(glycogenin)来完成。这种蛋白具有自动催化作用,可催化 UDP-G 上的葡萄糖基以共价键方式连接到自身 194 位酪氨酸残基的酚羟基上,并再连续催化 7 个 UDP-G 上的葡萄糖基,以 α-1,4-糖苷键的方式连接到第一个葡萄糖残基上而形成引物。糖原合酶借助引物就可以合成糖原分子。事实上,糖原合酶与糖原生成起始蛋白是紧密结合在一起的复合体,以糖原生成起始蛋白为核心(图 9-3)进行糖原的合成,复合体的数目等于糖原分子的数目,一旦复合体分离,就不再进行糖原合成作用。

另一个反应是产生分支糖原。由于糖原合酶只能催化 α-1,4-糖苷键形成,不能形成 α-1,6-糖苷键,也就是不能产生分支。糖原分支的形成由**分支酶**(branching enzyme)催化产生,分支酶又称为**淀粉-α(1,4)→α(1,6)糖基转移酶**[amylo-(1,4→1,6)-transglycosylase]。当糖基转移酶催化葡聚糖链延长至 11 个葡萄糖残基后,分支酶从其末端约含 7 个葡萄糖残基处切开糖苷键,再以 α-1,6-糖苷键方式接回到糖原分子上,产生分支,新的分支点必须与其他分支点至少有 4 个葡萄糖残基的距离(图 9-4)。糖原分支非常重要,分支的增加使得糖原结构更加紧凑,溶解度增加。

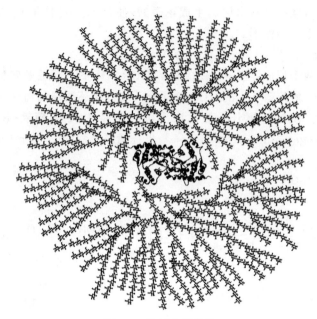

图 9-3　糖原分子结构

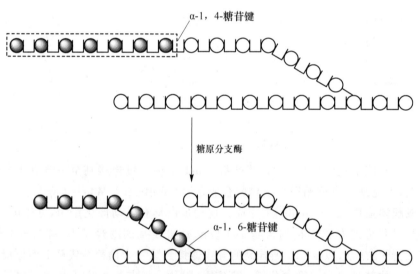

图 9-4　糖原新分支的形成

糖原的合成是一个耗能过程(图 9-5),从葡萄糖开始到成为糖原分子的葡萄糖残基共有两处消耗能量,其中一处是葡萄糖的磷酸化,消耗 1 分子的 ATP;另一处是由 UTP 提供能量用于形成葡萄糖的活性形式 UDP-G。因为 UDP 再生必须由 ATP 提供能量,所以糖原的合成,引物每增加一分子葡萄糖残基需消耗 2 分子的 ATP。

二、 糖原分解

糖原分解(glycogenolysis)一般是指肝组织中的糖原在酶促作用下分解成葡萄糖的过程。广义的糖原分解是指糖原分解成单糖并进入糖代谢的过程,它也包括肌糖原的分解。糖原分解从其分支末端即非还原末端开始,由多个酶参与完成。其中**糖原磷酸化酶**

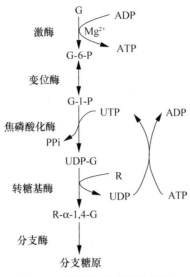

图 9-5 糖原合成过程示意图

(glycogen phosphorylase)和**淀粉-α-1,6-葡萄糖苷酶**(amylo-α-1,6-glucosidase)或称**葡萄糖苷酶**(glucosidase)是该途径所特有的酶。糖原分解的具体过程如图 9-6 所示。

1. 葡萄糖-1-磷酸的生成

在磷酸参与下,磷酸化酶催化糖原非还原端 α-1,4-糖苷键断裂,生成一分子的葡萄糖-1-磷酸和比原来少一个葡萄糖残基的糖原。磷酸化酶是糖原分解作用的关键酶,但它不能水解 α-1,6-糖苷键。并且当一条支链被磷酸化酶水解到距离 α-1,6 糖苷键分支点约 4 个葡萄糖残基时,由于位阻问题,磷酸化酶也不能再继续水解该支链的 α-1,4-糖苷键,这种短分支也被称为**极限分支**(limit branch),它需要借助另一些酶促反应的帮助才能继续分解。

2. 葡萄糖的生成

以 α-1,6-糖苷键连接含有 4 个葡萄糖残基的极限分支短链需由两步酶促反应来协助完成:第一个反应是糖基转移反应,将极限分支短链非还原端的三个葡萄糖残基以 α-1,4-糖苷键连接到另一个分支末端;转移糖基后剩下的以 α-1,6-糖苷键连接的一个葡萄糖残基经酶促水解反应切下,生成葡萄糖(图 9-6)。在 *E.coli* 及其他细菌中,两个反应分别由 **4-α-D-葡聚糖转移酶**(4-α-D-glucanotransferase)和**淀粉-α-1,6-葡萄糖苷酶**(amylo-α-1,6-glucosidase)或称**葡萄糖苷酶**(glucosidase)来完成,但在哺乳类和酵母则是由**脱支酶**(debranching enzyme)来催化完成,脱支酶是一种具备两种活性的双功能酶。脱支酶是真核生物所有酶中,目前唯一已知的作为活性单体具有多个催化位点的酶。

糖原分子在磷酸化酶和脱支酶协同作用下,最终分解成葡萄糖-1-磷酸和极少量的葡萄糖。

葡萄糖-1-磷酸由磷酸葡萄糖变位酶催化转变成葡萄糖-6-磷酸,在肝脏、肾脏和肠中,葡萄糖-6-磷酸再由**葡萄糖-6-磷酸酶**(glucose-6-phosphatase)水解去磷酸生成葡萄糖。葡萄糖-6-磷酸酶是一种内质网酶,仅在肝脏、肾脏和肠中存在,而肌肉中不含葡萄糖-6-磷酸酶,所以肌糖原分解不能直接补充血糖。

$$葡萄糖-1-磷酸 \longrightarrow 葡萄糖-6-磷酸$$
$$葡萄糖-6-磷酸 + H_2O \longrightarrow 葡萄糖 + Pi$$

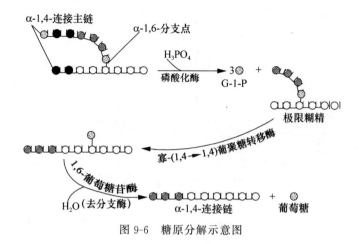

图 9-6　糖原分解示意图

　　肝脏中的葡萄糖磷酸酶是肝糖原分解和葡萄糖异生产生血糖的关键,该酶活性的高低对维持血糖的稳定具有重要意义。

三、 糖原代谢调节

　　糖原合酶与糖原磷酸化酶分别是糖原合成和糖原分解的限速酶,它们都可以通过变构效应和共价修饰两种方式进行活性的调节。当大量糖原合酶处于活化时,糖原磷酸化酶则多处于无活性状态,反之亦然,它们不会同时被激活或同时被抑制。在肌肉中,糖原的合成与分解主要是为肌肉储备和提供能量;在肝脏中,糖原合成与糖原分解主要是为了维持血糖浓度的相对恒定(图 9-7)。因此糖原代谢在两种组织中的调节也有一定的区别。

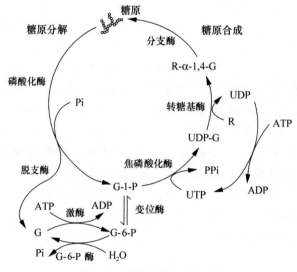

图 9-7　糖原的分解与合成

（一）糖原代谢的限速酶调节

1. 糖原磷酸化酶活性的调节

糖原磷酸化酶由两个完全相同的亚基组成,它有三种同工酶,分别称为肌型、肝型和脑型。糖原磷酸化酶活性的共价修饰调节方式是磷酸化和去磷酸化。磷酸化酶的第 14 位丝氨酸羟基被磷酸化后是活性型,也称糖原磷酸化酶 a。第 14 位丝氨酸羟基没被磷酸化时是无活性型,又称磷酸化酶 b。两种形式的磷酸化酶可以通过**磷酸化酶激酶**(phosphorylase kinase)和**蛋白磷酸酶 1**(protein phosphatase-1)或称**磷蛋白磷酸酶 1**(phosphoprotein phosphatase 1,PP 1)催化相互转变,进而调节糖原的分解。另外,静息期肌肉中的糖原磷酸化酶 b 还受到变构效应剂的调节。AMP 和 IMP 是它的变构效应激活剂,而葡萄糖-6-磷酸、ATP 和 ADP 则是它的变构效应抑制剂(图 9-8)。肌肉在静息期时,细胞内能量丰富,ATP 水平高,与糖原磷酸化酶的变构位点结合后,使糖原磷酸化酶失活,肌糖原的分解停止;当肌肉剧烈运动,ATP 迅速地水解成 AMP,大量的 AMP 积聚并与变构位点结合而激活糖原磷酸化酶 b,则加速肌糖原分解,为肌肉提供能量。

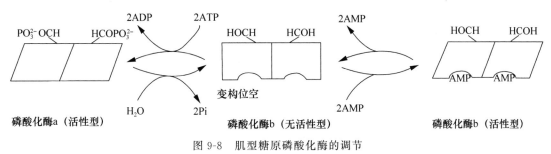

图 9-8　肌型糖原磷酸化酶的调节

肝型糖原磷酸化酶与肌型相似,受共价修饰调节和变构调节,但主要变构调节物为葡萄糖而不是 AMP。在肝脏中,当血糖浓度正常时,葡萄糖进入肝细胞并和糖原磷酸化酶 a (活性型)的变构位点结合,使糖原磷酸化酶 a 构象发生变化,导致磷酸化的 Ser^{14} 残基暴露,便于蛋白磷酸酶 1 催化糖原磷酸化酶 a 脱磷酸基而转变成糖原磷酸化酶 b(图 9-9),停止肝糖原的分解。

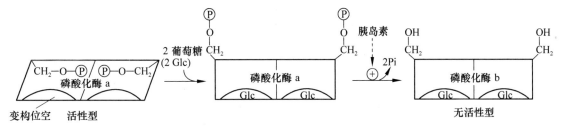

图 9-9　肝型糖原磷酸化酶的调节

在糖原磷酸化酶的活性调节中,起决定性作用的是磷酸化和去磷酸化的共价修饰,变构调节起辅助和补充作用。

2. 糖原合酶活性的调节

糖原合酶是由相同亚基组成的四聚体,分子量约为 340 kD,每个亚基上均有多个 Ser 残基。与磷酸化酶相似,也是以磷酸化和去磷酸化的共价修饰调节为主,辅以变构效应来调节其活性(图 9-10)。与磷酸化酶不同的是,磷酸化型是无活性的糖原合酶,又称糖原合酶 b。非磷酸化的糖原合酶是有活性的糖原合酶,又称糖原合酶 a。糖原合酶活性的共价修饰调节机制还未能完全阐明。糖原合酶的变构调节剂主要是葡萄糖-6-磷酸,高浓度的葡萄糖-6-磷酸可以激活糖原合酶 b。此外,由于糖原合酶的 K_m 值与糖原分子的大小有关,K_m

随糖原分子增大而增加,所以糖原合酶也受糖原的反馈抑制。

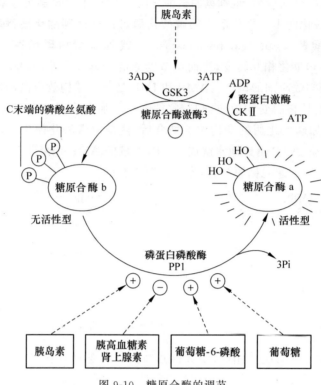

图 9-10 糖原合酶的调节

(二)激素对糖原代谢的调节

激素调节是一种高级别的调节方式,激素的信号可通过一系列连续酶促反应使其作用不断放大,这种连锁放大的反应系统即称为级联系统(cascade system)。激素可通过级联系统共价修饰关键酶活性和调节酶的量。影响糖原代谢的激素主要有肾上腺素、胰高血糖素和胰岛素。肾上腺素主要作用于肌肉组织促进糖原的分解,而胰高血糖素和胰岛素主要调节肝脏中糖原合成和分解的平衡。

动物受到应激刺激而使肌肉剧烈运动时,分泌的肾上腺素和胰高血糖素通过信号转导系统使靶细胞内的 cAMP 浓度迅速提高,cAMP 是**蛋白激酶 A**(protein kinase A,PKA)的激活剂,其激活蛋白激酶 A 后,一方面使有活性的糖原合酶 a 磷酸化为无活性的糖原合酶 b(图 9-11);另一方面又使无活性的磷酸化酶激酶 b 磷酸化为有活性的磷酸化酶激酶 a。后者又催化糖原磷酸化酶,从无活性的糖原磷酸化酶 b 磷酸化为有活性的糖原磷酸化酶 a,最终结果是抑制糖原生成,促进糖原分解。肝糖原分解为葡萄糖并释放入血,使血糖浓度升高,肌糖原分解则用于肌肉收缩。

胰岛素也是通过级联放大系统来进行糖原代谢调节,结果主要是促进糖原的合成。胰岛素通过酪氨酸蛋白激酶途径激活**胰岛素敏感蛋白激酶**(insulin-sensitive protein kinase)。它可以通过磷酸化修饰抑制糖原合酶激酶(GSK3)、降低糖原合酶磷酸化,同时能催化蛋白磷酸酶 1(PP1)磷酸化,使其活化,活性的蛋白磷酸酶 1 使糖原合酶、磷酸化酶激酶 a 和磷酸化酶 a 去磷酸化,进而加速糖原的合成,抑制糖原的分解(图 9-12)。

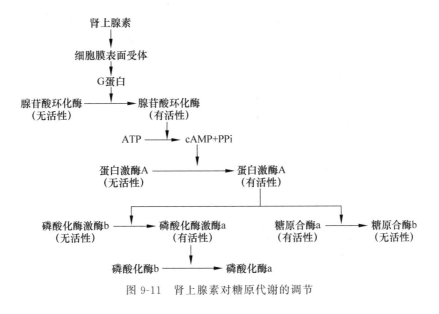

图 9-11　肾上腺素对糖原代谢的调节

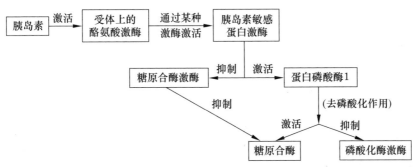

图 9-12　胰岛素对糖原合成的促进途径

　　上述这种用一个酶活化下一个酶的级联机制,是一种迅速放大调节物浓度的有效方式。正是这种级联机制,使得激素对糖原代谢的调节具有微量高效的特点。

(三) 神经对糖原代谢的调节

　　磷酸化酶激酶是一种依赖 Ca^{2+} 的蛋白激酶,受到浓度约为 $1\mu mol/L$ 的 Ca^{2+} 调控。磷酸化酶激酶在蛋白激酶 A 的催化下,由 ATP 磷酸化才能转变为高活性的形式。Ca^{2+} 在其中起激活剂的作用,Ca^{2+} 对磷酸化酶激酶的活化有特殊的生理意义。因为肌肉的收缩正是由神经冲动引起的胞浆内 Ca^{2+} 浓度的短暂升高而启动的。因此,糖原降解的速度和肌肉收缩之间通过 Ca^{2+} 发生关联。糖原降解为肌肉收缩提供了能源保证。

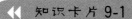 知识卡片 9-1　　　　　糖原累积症

第三节　葡萄糖的分解

糖重要的生理功能之一就是为机体提供能量。糖的分解途径是能量代谢的核心,是掌握物质代谢的关键和基础。

一、葡萄糖的无氧分解

葡萄糖的无氧分解又称**糖酵解**(glycolysis),是指在无氧条件下,葡萄糖经一系列酶促反应分解为丙酮酸并产生少量 ATP 的过程。由于这一过程与微生物的生醇发酵过程类似,因此也称为糖酵解。糖酵解过程主要由 Embden、Meyerhof 和 Parnas 三位科学家首先发现,因此也称 **EMP 途径**(Embden-Meyerhof-Parnas pathway)。

◄◄ **知识卡片 9-2**　　　　　　　　**糖酵解的研究历程**　　　　　　　　▶▶

(一)糖酵解的过程

下面以葡萄糖为例介绍糖酵解过程,整个反应过程可人为地划分成两个阶段。

1. 第一阶段:葡萄糖分解成丙酮酸

(1)磷酸化:这一反应与糖原生成作用相同,由己糖激酶或葡萄糖激酶催化,需要 ATP 和 Mg^{2+} 的参与,葡萄糖磷酸化为葡萄糖-6-磷酸。

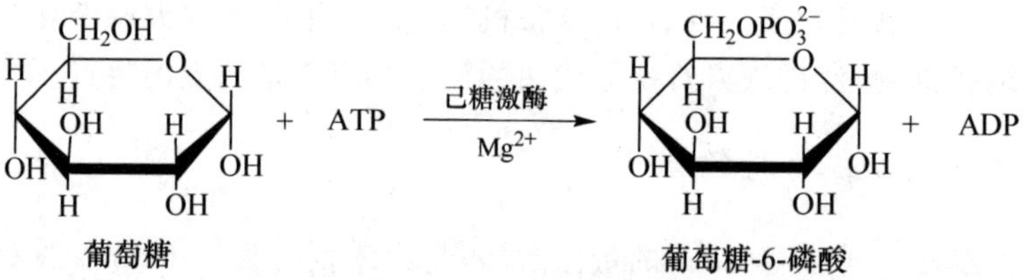

葡萄糖　　　　　　　　　　葡萄糖-6-磷酸

(2)异构化:由**磷酸葡萄糖异构酶**(glucosephosphate isomerase)催化,葡萄糖-6-磷酸转变成果糖-6-磷酸。

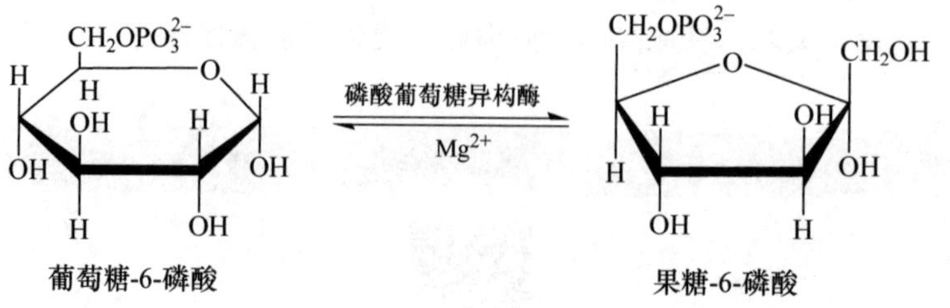

葡萄糖-6-磷酸　　　　　　　　　　果糖-6-磷酸

磷酸葡萄糖异构酶具有绝对专一性和立体异构专一性,葡萄糖-6-磷酸、景天庚酮糖-7-磷酸、赤藓糖-4-磷酸等都是其竞争性抑制剂,而这几种糖都是磷酸戊糖途径的中间产物。

（3）再磷酸化：由**磷酸果糖激酶Ⅰ**（phosphofructokinaseⅠ，PFKⅠ）催化，果糖-6-磷酸转化为果糖-1,6-二磷酸。反应需要 ATP 和 Mg^{2+}，是一个耗能的不可逆反应。磷酸果糖激酶Ⅰ是一种变构酶，在糖酵解途径是极其重要的调控点。高浓度的 ATP、柠檬酸和长链脂肪酸对该酶有抑制作用，而 ADP 和 AMP 有激活作用。

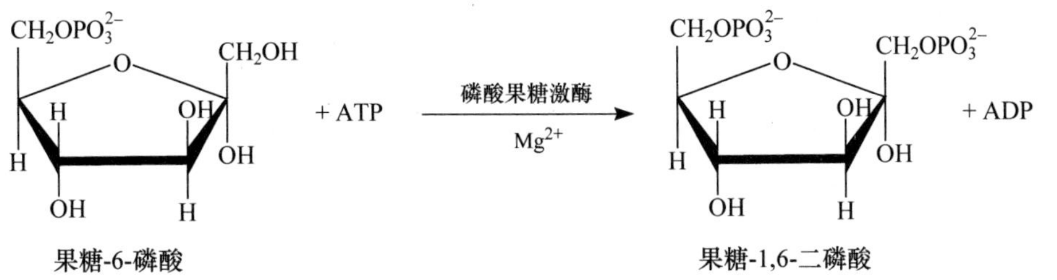

果糖-6-磷酸　　　　　　　　　　　　　果糖-1,6-二磷酸

（4）裂解：由**醛缩酶**（aldolase）催化，果糖-1,6-二磷酸裂解成磷酸二羟丙酮和 3-磷酸甘油醛。

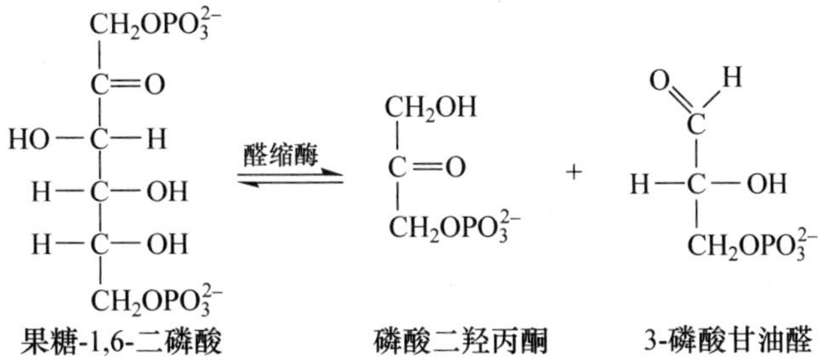

果糖-1,6-二磷酸　　　磷酸二羟丙酮　　　3-磷酸甘油醛

（5）异构化：果糖-1,6-二磷酸裂解后形成的 2 分子磷酸三碳糖中，只有 3-磷酸甘油醛能继续进入糖酵解途径，磷酸二羟丙酮必须转变为 3-磷酸甘油醛才能进入糖酵解途径。该反应由**磷酸丙糖异构酶**（triosephosphate isomerase）催化。

磷酸二羟丙酮　　　　　　　　　　　3-磷酸甘油醛

（6）脱氢、磷酸化：**3-磷酸甘油醛脱氢酶**（glyceraldehyde 3-phosphate dehydrogenase，GAPDH）催化 3-磷酸甘油醛脱氢并磷酸化成 1,3-二磷酸甘油酸。NAD^+ 是 3-磷酸甘油醛脱氢酶的辅酶，底物脱氢被 NAD^+ 接受并生成 NADH。

3-磷酸甘油醛　　　　　　　　　　　　　　1,3-二磷酸甘油酸

（7）磷酸基团转移：1,3-二磷酸甘油酸是高能化合物，**磷酸甘油酸激酶**（phosphoglycerate kinase，PGK）将其 C1 上的磷酸基团转移至 ADP，生成 ATP 和 3-磷酸甘

油酸。该反应为糖酵解的第一步产能反应。

$$
\begin{array}{c}
\overset{O}{\overset{\|}{C}}\sim OPO_3^{2-} \\
HC-OH \\
CH_2OPO_3^{2-}
\end{array}
\; + \; ADP
\quad
\xrightarrow[Mg^{2+}]{磷酸甘油酸激酶}
\quad
\begin{array}{c}
COO^- \\
H-C-OH \\
CH_2OPO_3^{2-}
\end{array}
\; + \; ATP
$$

1,3-二磷酸甘油酸　　　　　　　　　3-磷酸甘油酸

如果细胞中有砷酸盐存在,在反应(6)中无机砷将与无机磷竞争,使 3-磷酸甘油醛脱氢酶催化的反应生成物是 1-砷-3-磷酸甘油酸。在溶液系统中,后者立刻自动水解生成 3-磷酸甘油酸和砷酸,但不产生 ATP。这是砷中毒的原因之一。

(8) 变位:3-磷酸甘油酸在**磷酸甘油酸变位酶**(phosphoglycerate mutase)作用下,C3上的磷酸基转移到 C2,生成 2-磷酸甘油酸。反应需要 Mg^{2+}。

$$
\begin{array}{c}
COO^- \\
HC-OH \\
CH_2OPO_3^{2-}
\end{array}
\quad
\xrightleftharpoons[Mg^{2+}]{磷酸甘油酸变位酶}
\quad
\begin{array}{c}
COO^- \\
H-C-OPO_3^{2-} \\
CH_2OH
\end{array}
$$

3-磷酸甘油酸　　　　　　　　　2-磷酸甘油酸

(9) 脱水:在**烯醇化酶**(enolase)作用下,2-磷酸甘油酸脱水生成高能的**磷酸烯醇式丙酮酸**(phosphoenolpyruvate,PEP)。反应需要 Mg^{2+} 或 Mn^{2+},氟化物是烯醇化酶的强烈抑制剂。

$$
\begin{array}{c}
COO^- \\
HC-OPO_3^{2-} \\
CH_2OH
\end{array}
\quad
\xrightleftharpoons[Mg^{2+}或Mn^{2+}]{烯醇化酶}
\quad
\begin{array}{c}
COO^- \\
C\sim OPO_3^{2-} \\
\|\\
CH_2
\end{array}
\; + \; H_2O
$$

2-磷酸甘油酸　　　　　　　　　磷酸烯醇式丙酮酸

2-磷酸甘油酸脱水引起分子内部原子重排,使得生成的磷酸烯醇式丙酮酸标准自由能变化大于 2-磷酸甘油酸,成为高能化合物。

(10) 由**丙酮酸激酶**(pyruvate kinase)催化,磷酸烯醇式丙酮酸的能量转移至 ADP,生成丙酮酸和 ATP。这是糖酵解的第二步产能反应。

$$
\begin{array}{c}
COO^- \\
C\sim OPO_3^{2-} \\
\|\\
CH_2
\end{array}
\; + \; ADP
\quad
\xrightarrow[Mg^{2+}或Mn^{2+}]{丙酮酸激酶}
\quad
\begin{array}{c}
COO^- \\
C=O \\
CH_3
\end{array}
\; + \; ATP
$$

磷酸烯醇式丙酮酸　　　　　　　　　丙酮酸

丙酮酸激酶是一种调节酶,反应需要 Mg^{2+} 或 Mn^{2+},与己糖激酶和果糖-6-磷酸激酶一样,当细胞中 ATP 浓度高或脂肪酸、柠檬酸、乙酰 CoA 和丙酮酸等能量物质较多时,丙酮酸激酶活性受到抑制,相反,当果糖-1,6-二磷酸和磷酸烯醇式丙酮酸浓度增高时,丙酮酸激酶被激活。

2. 第二阶段:丙酮酸的去路

从葡萄糖到丙酮酸的酵解过程,在生物界都是极其相似的。丙酮酸以后的途径却随着机体所处的条件和具体的生物体各不相同。在包括人在内的动物体内,无氧条件下丙酮酸的去路主要是生成乳酸;而在其他生物中,例如在酵母中,在无氧条件下,丙酮酸则转变为

乙醇和二氧化碳。

（11）**乳酸脱氢酶**（lactate dehydrogenase，LDH）利用第（6）步 3-磷酸甘油醛脱氢反应生成的 NADH 还原丙酮酸，生成乳酸和 NAD^+。

$$
\begin{array}{l}
COO^- \\
\;|\\
C=O \\
\;|\\
CH_3 \\
\text{丙酮酸}
\end{array}
+ NADH + H^+
\xrightleftharpoons{\text{乳酸脱氢酶}}
\begin{array}{l}
COO^- \\
\;|\\
H-C-OH \\
\;|\\
CH_3 \\
\text{乳酸}
\end{array}
+ NAD^+
$$

以上是无氧条件下的葡萄糖分解的具体过程。由于无氧或缺氧，3-磷酸甘油醛脱氢生成的 NADH 不能继续氧化再生成 NAD^+，NAD^+ 的缺乏势必影响 3-磷酸甘油醛脱氢而导致糖酵解的终止，生成乳酸这一反应能确保细胞在无氧条件下利用糖酵解产生能量。

糖酵解的总反应式：葡萄糖＋2ADP＋2 H_3PO_4→2 乳酸＋2ATP＋2H_2O

糖酵解途径的全过程见图 9-13。糖酵解的另一个入口是糖原。糖原在磷酸化酶作用下，产生的葡萄糖-1-磷酸可以经异构酶转变为葡萄糖-6-磷酸而进入糖酵解途径，这一过程不消耗 ATP。

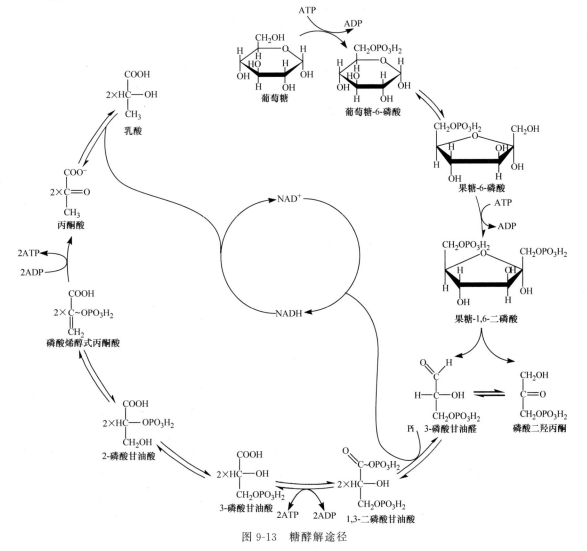

图 9-13　糖酵解途径

（二）糖酵解的生理意义

葡萄糖在酵解途径的准备阶段，经两次磷酸化消耗 2 分子 ATP。在产能阶段，1 个丙糖有两次产能反应，每次产生 1 分子 ATP，两个丙糖共产生 4 分子 ATP。所以葡萄糖酵解净获得 2 分子 ATP。如果按糖原中的葡萄糖残基进行计算，由于从糖原生成葡萄糖-6-磷酸不消耗 ATP，因此，净获得的 ATP 数等于 3（表 9-3）。

表 9-3　糖酵解过程中 ATP 的消耗与产生

反　　应	ATP
葡萄糖→葡萄糖-6-磷酸	—1
果糖-6-磷酸→果糖-1,6-二磷酸	—1
$2\times1,3$-二磷酸甘油酸⇌2×3-磷酸甘油酸	2×1
$2\times$磷酸烯醇式丙酮酸⇌$2\times$丙酮酸	2×1
葡萄糖+2ADP+2 H_3PO_4＝2 乳酸+2ATP+2H_2O	2

从糖酵解过程来看，葡萄糖并未彻底分解，产生的能量也不多，特别是对需氧生物而言，似乎它的意义并不大，但事实并非如此。

首先，糖酵解是一条古老的代谢途径，在所有细胞生物中都存在。推测在生命出现之初，在缺氧环境下，糖酵解是维持生命的产能方式。随着环境的变化，大气中氧气随之增加，生物才在糖酵解的基础上发展出有氧代谢。因此可以认为没有酵解也就没有有氧分解。作为一条基本的代谢途径，其中的一些中间产物可作为合成其他物质的原料，如丙酮酸可转变为丙氨酸或乙酰 CoA，后者是脂肪酸合成的原料，这样就把糖酵解和其他途径联系起来了。

其次，需氧生物在一些特殊条件下，糖酵解仍然能提供重要的应急能量，使得需氧生物可以耐受短时的缺氧。如为剧烈运动的肌肉组织系统、离体组织或器官和休克的机体等提供一定的能量。

最后，动物机体的少数组织，如视网膜、神经、睾丸、肾髓质等常由糖酵解提供部分能量。另外，成熟的红细胞则由于没有线粒体而完全依赖糖酵解来提供能量。

（三）糖酵解的调节

糖酵解过程有三个反应是不可逆的，催化它们的酶是可调节的寡聚酶。因此，主要通过调节催化三个不可逆反应的酶活性来控制糖酵解过程。

1. 己糖激酶与葡萄糖激酶的调节

己糖激酶是糖酵解途径的第一个酶，也是糖酵解途径的关键酶。如前所述，己糖激酶与葡萄糖激酶同属己糖激酶同工酶，己糖激酶的活性受反应产物葡萄糖-6-磷酸的别构抑制，而葡萄糖激酶却不受别构抑制。这种同工酶差异与其所在组织生理功能密切相关。

葡萄糖激酶对底物的低亲和力与肝脏的生理功能密切相关，对于机体血糖稳定极为重要。平时细胞中葡萄糖激酶活性不高，肝脏对血糖的降解很少。但进食后血糖升高，肝脏中的葡萄糖激酶就会活跃起来，将葡萄糖磷酸化。因为葡萄糖激酶不受反应产物抑制，所以能够快速降低血糖。生成的大量葡萄糖-6-磷酸不仅可以通过糖酵解途径氧化分解，还可以进入磷酸戊糖途径，或者合成糖原。否则，光靠糖酵解是不足以快速降低血糖的。

　　同样,骨骼肌中的己糖激酶对底物亲和力高,又有产物抑制,也与其生理功能一致。骨骼肌运动时大量消耗葡萄糖,底物浓度可能会暂时降低。酶的低 K_m 可以保证反应速度不会显著下降,以提供充足的能量。而当产物葡萄糖-6-磷酸积累的时候,就说明已经不需要高速酵解了,所以酶活性下降,以免浪费。

　　另外,葡萄糖激酶是可诱导的酶,血浆中葡萄糖的浓度升高可以诱导葡萄糖激酶的合成,而且胰岛素也可以促进其合成。

2. 磷酸果糖激酶Ⅰ的调节

　　一般认为糖酵解的速度主要由磷酸果糖激酶Ⅰ的活性来调节。磷酸果糖激酶Ⅰ受多种因素的控制,柠檬酸是它的变构抑制剂,AMP、ADP、果糖-1,6-二磷酸和果糖-2,6-二磷酸则是它的变构激活剂,而 ATP 则有双重性,低浓度的 ATP 对磷酸果糖激酶Ⅰ有激活作用,高浓度的 ATP 则相反(图 9-14)。这是因为磷酸果糖激酶Ⅰ有两个 ATP 结合位点:一是在酶的活性中心,ATP 作为底物结合的位点;另一个是在酶的调节部位,ATP 作为调节物结合的位点。两位点对 ATP 的亲和力不一样,活性中心位点对 ATP 的亲和力高,随着 ATP 浓度的升高,酶活力也升高,但尽管调节部位对 ATP 的亲和力较低,在 ATP 浓度较高的时候也能与之结合而抑制酶的活性。

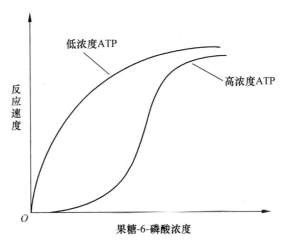

图 9-14　ATP 对磷酸果糖激酶Ⅰ的调节

　　果糖-2,6-二磷酸是磷酸果糖激酶Ⅰ最有效的激活剂。果糖-2,6-二磷酸由**磷酸果糖激酶Ⅱ**(phosphofructokinase Ⅱ,PFKⅡ)催化果糖-6-磷酸生成,其作用是一方面增加磷酸果糖激酶Ⅰ对果糖-6-磷酸的亲和力,另一方面与 AMP 一起降低 ATP 和柠檬酸对磷酸果糖激酶Ⅰ的抑制作用,所以微量的果糖-2,6-二磷酸即可发挥效应。

3. 丙酮酸激酶的调节

　　丙酮酸激酶所催化的反应也是糖酵解调节的重要位点。果糖-1,6-二磷酸是丙酮酸激酶的变构激活剂,通过前馈调节来加速葡萄糖的酵解。ATP、丙氨酸是丙酮酸激酶的抑制剂,因为丙氨酸可由丙酮酸氨基化而来,丙氨酸浓度升高即代表丙酮酸浓度高,丙氨酸作为一种反馈抑制物来调节丙酮酸激酶的活性。丙酮酸激酶还受到磷酸化或去磷酸化的调节,磷酸化是其非活化形式,去磷酸化是其活化形式。

二、 葡萄糖的有氧分解

在有氧条件下,葡萄糖彻底分解生成 H_2O 和 CO_2 的过程,称为糖的有氧分解或**有氧氧化**(aerobic oxidation)。有氧分解是需氧生物获得能量的主要方式,其产能比糖酵解高近20倍。

糖的有氧分解过程在细胞的胞浆和线粒体两个区域中进行。整个过程可分成三个阶段:第一阶段在胞浆中进行,由葡萄糖生成丙酮酸。其过程与糖酵解一样,也称为酵解阶段。第二阶段在线粒体中进行,即丙酮酸氧化生成乙酰 CoA。第三阶段还是在线粒体中进行,乙酰 CoA 经三羧酸循环氧化成 H_2O 和 CO_2。下面主要介绍有氧分解的第二和第三阶段。

(一)丙酮酸氧化生成乙酰 CoA

在真核生物中,丙酮酸进入线粒体基质,在**丙酮酸脱氢酶系**(pyruvate dehydrogenase system,PDH)作用下,生成乙酰 CoA。

$$CH_3-\overset{O}{\overset{\|}{C}}-COOH + HSCoA \xrightarrow[\text{丙酮酸脱氢酶复合体}]{NAD^+ \quad NADH+H^+} CH_3-\overset{O}{\overset{\|}{C}}\sim S\text{-}CoA + CO_2$$

丙酮酸　　　　　　　　　　　　　　　　　　　　　　乙酰CoA

丙酮酸脱氢酶系是体内为数不多的多酶复合体之一,它由三种酶和多种辅助因子组成(表9-4)。丙酮酸氧化由多个反应所组成,其过程十分复杂,包括丙酮酸脱羧形成羟乙基、羟乙基氧化成乙酰基并转给硫辛酸、乙酰基从硫辛酸上转至 CoA 和还原型硫辛酸的再生等多个步骤(图9-15)。整个反应过程从底物与多酶复合体结合开始,到产物 CO_2、NADH 及乙酰 CoA 生成,没有中间产物的释放。

表 9-4 　大肠埃希菌的丙酮酸脱氢酶系

酶	辅助因子	催化的反应
丙酮酸脱氢酶(E_1)	TPP、L、CoA-SH、FAD、	丙酮酸脱羧形成乙酰基
二氢硫辛酰转乙酰酶(E_2)	NAD^+、Mg^{2+}	乙酰基转到 CoA
二氢硫辛酰脱氢酶(E_3)		硫辛酸再生

丙酮酸氧化反应是不可逆反应,丙酮酸脱氢酶系受多种因素的影响,该步骤也是糖有氧分解的重要控制点。

(二)三羧酸循环

三羧酸循环以乙酰 CoA 与草酰乙酸缩合成一个含有三个羧基的柠檬酸开始,经多步反应重新回到草酰乙酸的环状代谢途径,故称为**三羧酸循环**(tricarboxylic acid cycle,TCA cycle)或**柠檬酸循环**(citric acid cycle)。它由科学家 Krebs 用实验证明而来,因此也称为Krebs 循环。经过此循环后乙酰 CoA 被彻底分解成二氧化碳和水,同时释放能量。此循环包括 8 个连续的反应。

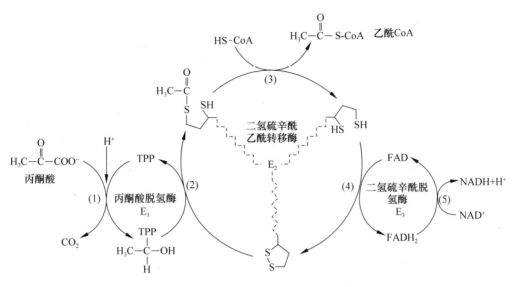

图 9-15　丙酮酸脱氢酶复合体的作用机制

知识卡片 9-3　　Krebs 与"三羧酸循环"的发现

1. 三羧酸循环的具体反应过程（图 9-16）

（1）柠檬酸的生成

由**柠檬酸合酶**（citrate synthase）催化乙酰 CoA 与草酰乙酸缩合生成柠檬酸。该反应是三羧酸循环的重要调节点，该不可逆反应保证三羧酸循环的单向进行。

柠檬酸合酶是由两个亚基组成的二聚体，其活性中心处有草酰乙酸和乙酰 CoA 两个结合位点，但乙酰 CoA 的结合位点是在草酰乙酸与柠檬酸合酶结合之后诱导产生的。这是一个典型的诱导契合模型。柠檬酸合酶是三羧酸循环的限速酶，其活性受 ATP、NADH、琥珀酰 CoA、酯酰 CoA 等的抑制。

（2）异柠檬酸的生成

柠檬酸转变成异柠檬酸的反应由**顺乌头酸酶**（aconitase）催化。

$$\text{柠檬酸} \underset{\text{Fe}^{2+}}{\overset{-H_2O}{\underset{\text{顺乌头酸酶}}{\rightleftharpoons}}} \text{顺乌头酸} \underset{\text{Fe}^{2+}}{\overset{+H_2O}{\underset{\text{顺乌头酸酶}}{\rightleftharpoons}}} \text{异柠檬酸}$$

一些灭鼠药的主要成分是氟乙酸,氟乙酸是顺乌头酸酶的抑制剂,它是一些植物含有的有毒小分子,当被动物吸收后,在硫激酶作用下生成氟乙酰 CoA,氟乙酰 CoA 是乙酰 CoA 的类似物,在柠檬酸合酶催化下与草酰乙酸结合生成氟柠檬酸,氟柠檬酸是顺乌头酸酶的强烈抑制剂,这使得三羧酸循环受到抑制,动物中毒死亡。氟乙酰 CoA 与草酰乙酸结合生成氟柠檬酸的合成也被称为致死性合成。

（3）α-酮戊二酸的生成

反应由**异柠檬酸脱氢酶**（isocitrate dehydrogenase）催化异柠檬酸脱氢,首先形成草酰琥珀酸中间产物,后者迅速脱羧生成 α-酮戊二酸。该反应为 β-氧化脱羧,反应中氢的受体为 NAD^+。

$$\text{异柠檬酸} + NAD^+ \xrightarrow{\text{异柠檬酸脱氢酶}} \alpha\text{-酮戊二酸} + NADH + H^+ + CO_2$$

异柠檬酸脱氢酶有两种:一种以 NAD^+ 为辅酶,另一种则以 $NADP^+$ 为辅酶。对 $NADP^+$ 专一的酶既存在于线粒体中,也存在于胞浆中,它有着不同的代谢功能。对 NAD^+ 专一的酶位于线粒体中,它是三羧酸循环中重要的酶。

异柠檬酸脱氢酶是一个变构调节酶。ADP、Mg^{2+}、NAD^+ 是其激活剂,ATP、NADH 是其抑制剂。

（4）琥珀酰 CoA 生成

该反应属于 α-氧化脱羧,由一种完全类似于丙酮酸脱氢酶系的 **α-酮戊二酸脱氢酶系**（α-ketoglutarate dehydrogenase system）催化,α-酮戊二酸经脱氢、脱羧后生成琥珀酰 CoA。α-酮戊二酸脱氢酶系由 α-酮戊二酸脱氢酶、转琥珀酰酶和二氢硫辛酸脱氢酶三种酶组成,也需要 TPP、硫辛酸、CoASH、FAD、NAD^+ 及 Mg^{2+} 六种辅助因子的参与;该酶系同样受产物 NADH、琥珀酰-CoA 及 ATP、GTP 的反馈抑制。

$$\alpha\text{-酮戊二酸} + NAD^+ + HSCoA \xrightarrow{\substack{\alpha\text{-酮戊二酸}\\\text{脱氢酶复合体}}} \text{琥珀酰CoA} + NADH + H^+ + CO_2$$

(5) 琥珀酸生成

在**琥珀酰 CoA 合成酶**(succinyl CoA synthetase,SCS)〔又称**琥珀酸硫激酶**(succinate thiokinase)〕的作用下,琥珀酰 CoA 水解生成琥珀酸。在该反应中,硫酯键水解所释放的能量用于合成 GTP,这是三羧酸循环中唯一的底物水平磷酸化直接产生高能磷酸化合物的反应。

$$\begin{array}{c} \underset{\text{琥珀酰CoA}}{\begin{array}{c} O \\ \parallel \\ C\text{-}S\text{-}CoA \\ | \\ CH_2 \\ | \\ CH_2 \\ | \\ COO^- \end{array}} + GDP + Pi \underset{}{\overset{\text{琥珀酰CoA合成酶}}{\rightleftharpoons}} \underset{\text{琥珀酸}}{\begin{array}{c} COO^- \\ | \\ CH_2 \\ | \\ CH_2 \\ | \\ COO^- \end{array}} + GTP + HSCoA \end{array}$$

$$GTP + ADP \xrightarrow{\text{核苷二磷酸激酶}} GDP + ATP$$

(6) 延胡索酸的生成

琥珀酸脱氢生成延胡索酸,反应由**琥珀酸脱氢酶**(succinate dehydrogenase)催化,该酶位于线粒体内膜,辅酶为 FAD,有严格的立体异构专一性,仅催化琥珀酸脱氢成为延胡索酸(反丁烯二酸)。丙二酸、戊二酸等是琥珀酸脱氢酶的竞争性抑制剂。

$$\underset{\text{琥珀酸}}{\begin{array}{c} COO^- \\ | \\ CH_2 \\ | \\ CH_2 \\ | \\ COO^- \end{array}} \underset{\text{琥珀酸脱氢酶}}{\overset{FAD \quad FADH_2}{\rightleftharpoons}} \underset{\text{延胡索酸}}{\begin{array}{c} {}^-OOC \quad\quad H \\ \diagdown \;\; / \\ C \\ \parallel \\ C \\ / \;\; \diagdown \\ H \quad\quad COO^- \end{array}}$$

(7) 苹果酸的生成

延胡索酸酶(fumarase)也有严格的立体异构专一性,催化延胡索酸与水结合,只生成 L-苹果酸。

$$\underset{\text{延胡索酸}}{\begin{array}{c} {}^-OOC \quad\quad H \\ \diagdown \;\; / \\ C \\ \parallel \\ C \\ / \;\; \diagdown \\ H \quad\quad COO^- \end{array}} + H_2O \underset{}{\overset{\text{延胡索酸酶}}{\rightleftharpoons}} \underset{\text{苹果酸}}{\begin{array}{c} COO^- \\ | \\ HO\text{—}C\text{—}H \\ | \\ CH_2 \\ | \\ COO^- \end{array}}$$

(8) 草酰乙酸的生成

这是三羧酸循环的最后一步。由**苹果酸脱氢酶**(malate dehydrogenase)催化苹果酸生成草酰乙酸,NAD^+ 接受脱下的氢生成 NADH。

$$\underset{\text{苹果酸}}{\begin{array}{c} COO^- \\ | \\ HO\text{—}C\text{—}H \\ | \\ CH_2 \\ | \\ COO^- \end{array}} \underset{\text{苹果酸脱氢酶}}{\overset{NAD^+ \quad NADH+H^+}{\rightleftharpoons}} \underset{\text{草酰乙酸}}{\begin{array}{c} COO^- \\ | \\ O\text{=}C \\ | \\ CH_2 \\ | \\ COO^- \end{array}}$$

三羧酸循环总化学反应式为：

$$CH_3CO{\sim}SCoA+3NAD^++FAD+GDP+Pi+2H_2O{\rightarrow}2CO_2+3NADH+FADH_2+GTP+3H^++CoA-SH$$

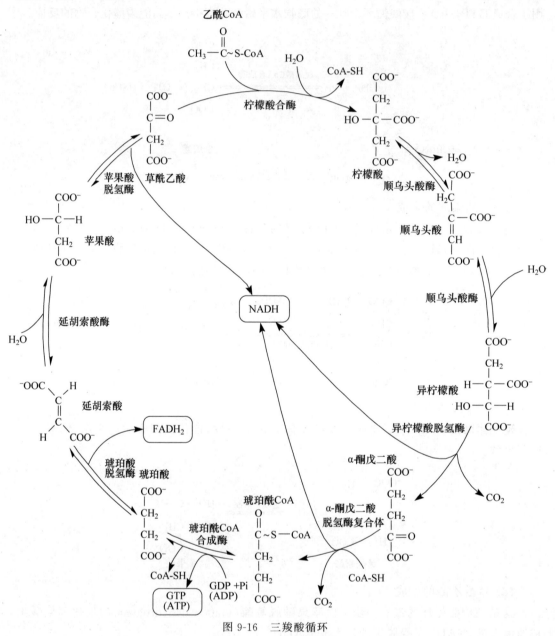

图 9-16　三羧酸循环

2. 三羧酸循环的特点

(1) 从合成柠檬酸开始,经过两次脱羧[反应(3)、(4)],四次脱氢[反应(3)、(4)、(6)、(8)]和一次磷酸化[反应(5)]完成循环。

(2) 三羧酸循环的四次脱氢,产生3分子NADH和1分子FADH$_2$,还有一次底物水平磷酸化产生1分子GTP。在线粒体内,NADH和FADH$_2$经氧化磷酸化作用分别产生2.5分子ATP和1.5分子ATP,GTP在能量上与ATP相等。因此,三羧酸循环氧化2分子乙酰 CoA 可以获得的能量为：$2×(3×2.5+1.5+1)=20$ 分子 ATP。

（3）从乙酰 CoA 碳架的净利用来看，乙酰 CoA 进入三羧酸循环后，由于经过两次脱羧，其最终氧化成两分子 CO_2。可以认为三羧酸循环所消耗的底物只有乙酰 CoA 一个，其他成员可以重复利用。

（4）尽管三羧酸循环可认为只分解乙酰 CoA 一种底物，但体内的乙酰 CoA 不仅由糖产生，脂肪、蛋白质的体内分解产物都可生成乙酰 CoA。所以三羧酸循环是糖、脂、蛋白质三大类营养物的共同代谢途径，也是它们的最终分解途径。

（5）三羧酸循环不仅是葡萄糖生成 ATP 的主要途径，也是脂肪、氨基酸等最终氧化分解产生能量的共同途径，是三大类营养物代谢联系的枢纽。从物质代谢的整个系统看，三羧酸循环具有双重性：一方面它是乙酰 CoA 彻底分解成水和二氧化碳并产生能量的途径；另一方面循环中多个中间成员是生物合成的前体来源（图 9-17），如草酰乙酸、α-酮戊二酸可用于合成天冬氨酸和谷氨酸，柠檬酸、琥珀酰 CoA 分别是脂肪酸和卟啉合成的前体物。

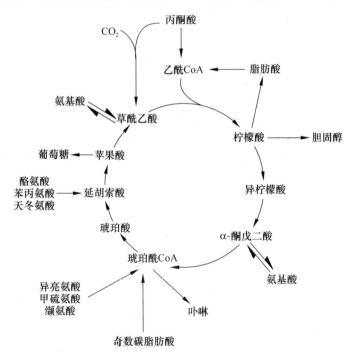

图 9-17 三大类营养物代谢联系的枢纽

3. 三羧酸循环的回补反应

由于三羧酸循环中间产物大多可作为体内一些重要物质合成的前体，一旦它们被用于合成其他物质，三羧酸循环中间产物浓度的下降势必会影响三羧酸循环的继续进行。因此，这些中间产物必须能够不断得到补充才能维持三羧酸循环的正常进行。

三羧酸循环的中间产物可由多个反应的产物回补，其中最主要的是由糖提供的丙酮酸转变成草酰乙酸。

（1）丙酮酸在**丙酮酸羧化酶**（pyruvate carboxylase）催化下形成草酰乙酸。生物素是该酶的辅基，在反应中起着羧基中间载体的作用，反应还需要乙酰 CoA 参与。

（2）天冬氨酸和谷氨酸由脱氨基作用形成草酰乙酸和 α-酮戊二酸以补充三羧酸循环。而异亮氨酸、缬氨酸和苏氨酸、甲硫氨酸在分解过程中形成琥珀酰 CoA 来补充三羧酸循环。

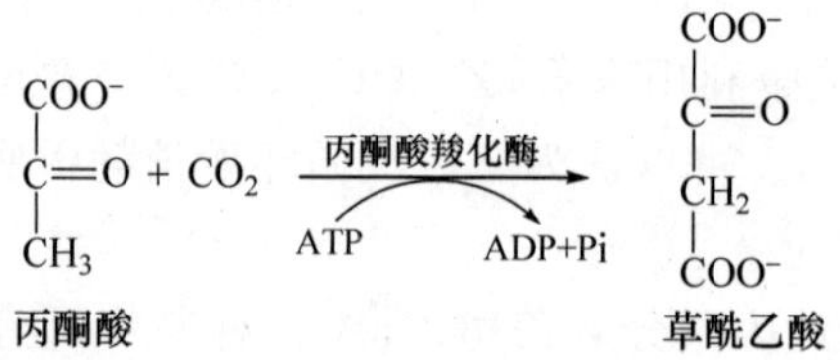

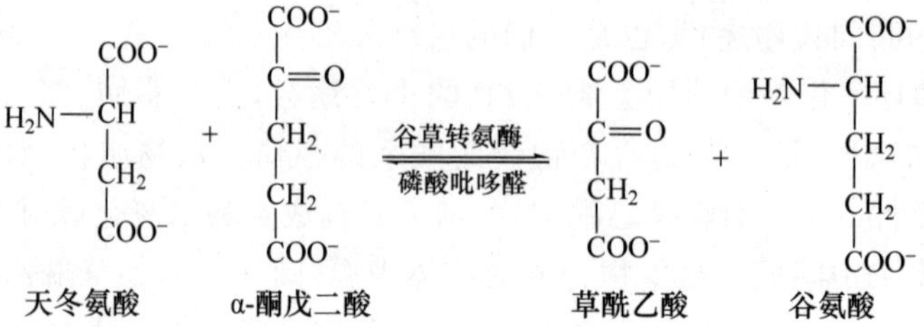

（三）葡萄糖有氧分解产能的推算

葡萄糖有氧分解过程中与能量产生和消耗有关的反应见表 9-5。需要说明的是,胞浆中的 NADH 产能和线粒体中的不太一致。根据 NADH 上的 H^+ 进入线粒体方式的不同,可分别产生 2.5 分子 ATP 或 1.5 分子 ATP,这是葡萄糖有氧分解产能不是一个确定值的原因。

表 9-5　葡萄糖有氧分解产能的推算

阶　段	反　应	辅　酶	ATP 的消耗或生成
糖酵解	葡萄糖→葡萄糖-6-磷酸		−1
	果糖-6-磷酸→果糖-1,6-二磷酸		−1
	2×3-磷酸甘油醛 ⟺ 2×1,3-二磷酸甘油酸	2×NADH	2×(1.5 或 2.5)
	2×1,3-二磷酸甘油酸 ⟺ 2×3-磷酸甘油酸		2×1
	2×磷酸烯醇式丙酮酸 ⟺ 2×丙酮酸		2×1
丙酮酸氧化脱羧	2×丙酮酸→2×乙酰 CoA	2×NADH	2×2.5
三羧酸循环	2×异柠檬酸→2×α-酮戊二酸	2×NADH	2×2.5
	2×α-酮戊二酸→2×琥珀酰 CoA	2×NADH	2×2.5
	2×琥珀酰 CoA→2×琥珀酸		2
	2×琥珀酸→2×延胡索酸	2×FADH_2	2×1.5
	2×苹果酸→2×草酰乙酸	2×NADH	2×2.5
	葡萄糖→CO_2 + H_2O	总计	30 或 32

葡萄糖体内彻底分解成 H_2O 和 CO_2 的总反应是:

$C_6H_{12}O_6 + 6O_2 + 30(32)ADP + 30(32)H_3PO_4 \longrightarrow 6CO_2 + 6H_2O + 30(32)ATP$

据测定,葡萄糖彻底分解成 H_2O 和 CO_2 时,$\Delta G^{0'}$ 为 −2840kJ/moL,ATP 生成 ADP 的 $\Delta G^{0'}$ 为 −30.56kJ/moL。体内葡萄糖彻底分解时共储能 30.56kJ/mol×30(32) = 916.8 (977.92)kJ/moL。能量获得的效率为 32(34)％[916.8 (977.92)/2840],其效率相当高,一般装置很难达到。

（四）葡萄糖有氧分解的调节

葡萄糖有氧分解与糖酵解是紧密相关的,糖酵解中三个关键环节的调节,对葡萄糖有氧分解同样有效。此外,糖有氧分解的调节还有丙酮酸脱氢酶系、柠檬酸合酶、异柠檬酸脱氢酶和 α-酮戊二酸脱氢酶系的调节。

1. 丙酮酸脱氢酶系的调控

一方面,丙酮酸脱氢酶系的产物 NADH 和乙酰 CoA 通过与 NAD^+ 和 CoA-SH 竞争结合酶活性部位而反馈抑制酶系的活性。另一方面,酶系也可通过磷酸化和去磷酸化作用来调节其活性。**丙酮酸脱氢酶激酶**(pyruvate dehydrogenase kinase,PDK)使酶系磷酸化而抑制其活性,**丙酮酸脱氢酶磷酸酶**(pyruvate dehydrogenase phosphatase,PDP)则使磷酸化的丙酮酸脱氢酶去磷酸化而激活。Ca^{2+} 有活化丙酮酸脱氢酶磷酸酶的作用(图 9-18)。

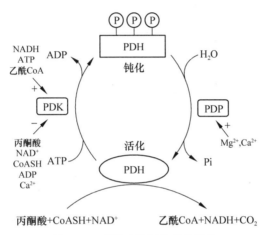

图 9-18　丙酮酸脱氢酶系的调控

2. 柠檬酸合酶、异柠檬酸脱氢酶和 α-酮戊二酸脱氢酶系的调控

三个酶都是催化三羧酸循环中的不可逆反应的酶。因此,无论对局部的三羧酸循环反应,或者对整个葡萄糖有氧分解来讲,都是重要的调节部位。

(1) 柠檬酸合酶。ATP、AMP 为柠檬酸合酶的变构调节物,分别是后者的抑制剂和激活剂。脂酰 CoA 作为乙酰 CoA 的类似物,通过竞争方式抑制柠檬酸合酶的活性。柠檬酸合酶的激活可生成大量的柠檬酸,但并不一定加速三羧酸循环,因为柠檬酸易于从线粒体中进入细胞液,并分解出乙酰 CoA 用于脂肪酸的合成,所以对加速三羧酸循环的意义不大。

(2) 异柠檬酸脱氢酶。ADP 是异柠檬酸脱氢酶的变构激活剂,NADH 和琥珀酰 CoA 则对异柠檬酸脱氢酶有抑制作用。

(3) α-酮戊二酸脱氢酶系。该酶系受其产物 NADH 和琥珀酰 CoA 的抑制。同样,ATP 有抑制该酶系的作用,而 AMP 则激活该酶系的活性。

三、 磷酸戊糖途径

磷酸戊糖途径(pentose phosphate pathway,PPP)又称**磷酸己糖旁路**(hexose monophosphate shunt,HMS)、**磷酸葡萄糖酸支路**(phosphogluconate shunt)、**磷酸戊糖循环**(pentose phosphate cycle)等名称。

糖的有氧分解主要是为机体提供碳架和能量。在生命活动中,还进行着大量的物质合成,而物质合成的过程除需要 ATP 外,还需要还原力。还原力的提供是靠糖分解的另外一种途径来完成的,它就是磷酸戊糖途径。该途径在胞浆中进行,是由酵解途径的分支开始,然后再返回所形成的环式体系,即从葡萄糖-6-磷酸开始,经过一系列酶促反应,又转变成 3-磷酸甘油醛和果糖-6-磷酸并返回酵解途径,故又称为磷酸己糖旁路(hexose monophosphate shunt,HMS)。途径中的重要中间产物是 NADPH 及核糖-5-磷酸,全过程中无 ATP 生成。磷酸戊糖途径主要在肝脏、脂肪组织、哺乳期的乳腺、肾上腺皮质、性腺、骨髓和红细胞等物质合成旺盛的组织中发生。

(一) 磷酸戊糖途径的反应过程

为了便于分析,一般把磷酸戊糖途径划分为氧化和非氧化两个阶段。

1. 氧化阶段

这一阶段从葡萄糖-6-磷酸开始,经脱氢、水合、再脱氢脱羧三步酶促反应,生成磷酸戊糖。该阶段的两次脱氢均由 NADP$^+$ 作为受体,生成的 NADPH 为还原性生物合成提供还原力。

6-磷酸葡萄糖酸-δ-内酯的生成是磷酸戊糖途径反应的第一步,由**葡萄糖-6-磷酸脱氢酶**(glucose-6-phosphate dehydrogenase)催化葡萄糖-6-磷酸脱氢生成。该酶是磷酸戊糖途径的限速酶,此酶活性受 NADPH 浓度调节,NADPH 浓度升高抑制酶的活性;相反,则激活酶的活性。因此磷酸戊糖途径主要受体内 NADPH 需求量的影响。

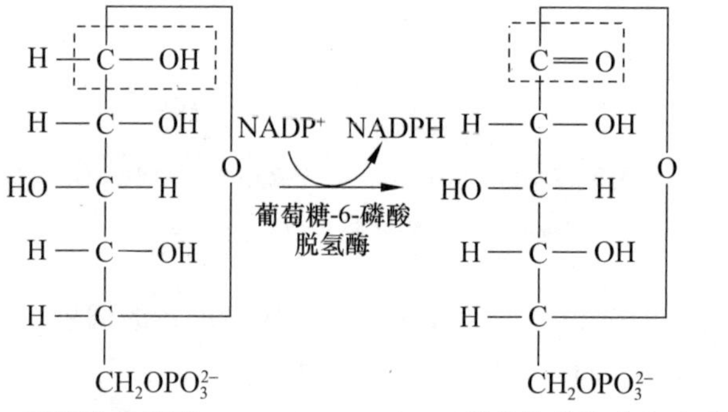

葡萄糖-6-磷酸 → 6-磷酸葡萄糖酸-δ-内酯

第二步是**内酯酶**(lactonase)催化 6-磷酸葡萄糖酸-δ-内酯水解生成 6-磷酸葡萄糖酸。

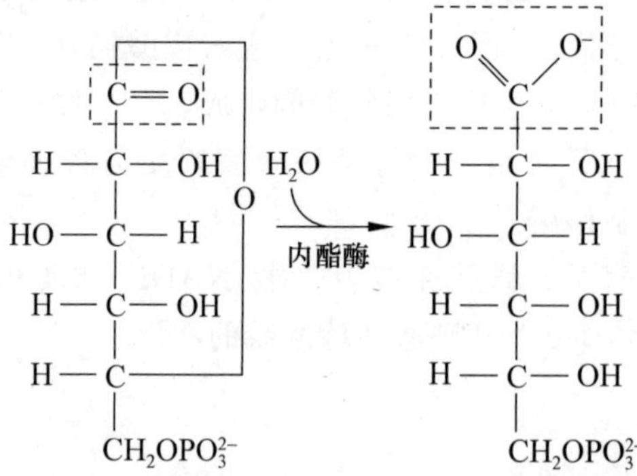

6-磷酸葡萄糖酸-δ-内酯 → 6-磷酸葡萄糖酸

第三步是 **6-磷酸葡萄糖酸脱氢酶**(6-phosphogluconate dehydrogenase)催化 6-磷酸葡萄糖酸脱氢、脱羧,生成核酮糖-5-磷酸。与第一步反应相似,反应的氢受体也是 NADP$^+$。

2. 非氧化阶段

这一阶段由一系列复杂的反应组成,参与的酶有**核酮糖-5-磷酸异构酶**(ribulose-5-phosphate isomerase)、**核酮糖-5-磷酸差向异构酶**(ribulose-5-phosphate epimerase)、**转酮酶**

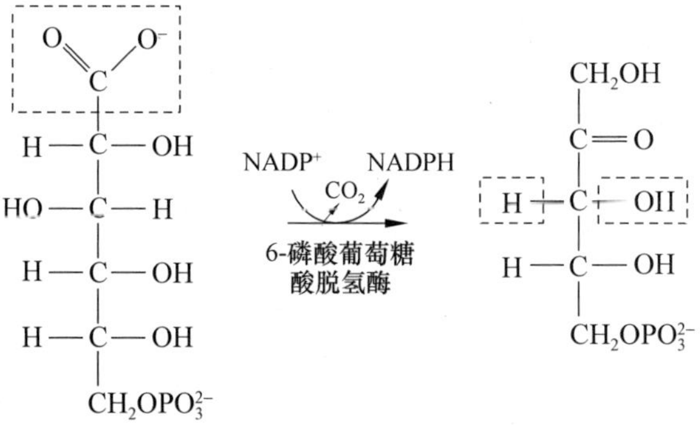

$$\text{6-磷酸葡萄糖酸} \xrightarrow[\text{6-磷酸葡萄糖}\atop\text{酸脱氢酶}]{NADP^+ \quad NADPH \atop CO_2} \text{核酮糖-5-磷酸}$$

6-磷酸葡萄糖酸（左侧结构） **核酮糖-5-磷酸**（右侧结构）

（transketolase）、**转醛醇酶**（transaldolase）四种。四种酶相互配合，将第一阶段生成的核酮糖-5-磷酸转变成核糖-5-磷酸及糖酵解的中间产物 3-磷酸甘油醛和果糖-6-磷酸。

　　反应从核酮糖-5-磷酸开始，由核酮糖-5-磷酸异构酶和核酮糖-5-磷酸差向异构酶催化，将核酮糖-5-磷酸异构成核糖-5-磷酸及木酮糖-5-磷酸。

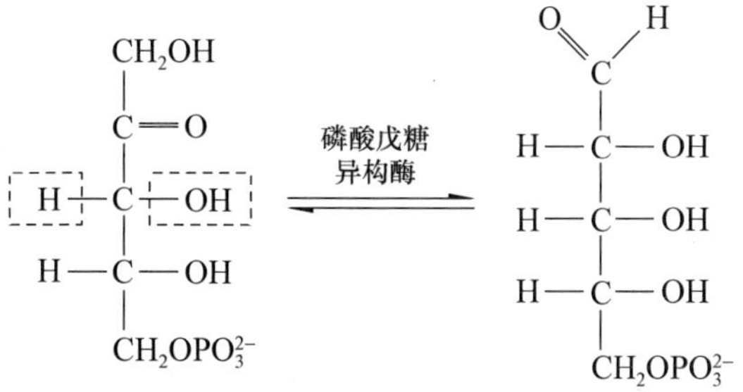

$$\text{核酮糖-5-磷酸} \xrightarrow[\text{异构酶}]{\text{磷酸戊糖}} \text{核糖-5-磷酸}$$

核酮糖-5-磷酸 **核糖-5-磷酸**

$$\text{核酮糖-5-磷酸} \xrightarrow[\text{差向异构酶}]{\text{磷酸戊糖}} \text{木酮糖-5-磷酸}$$

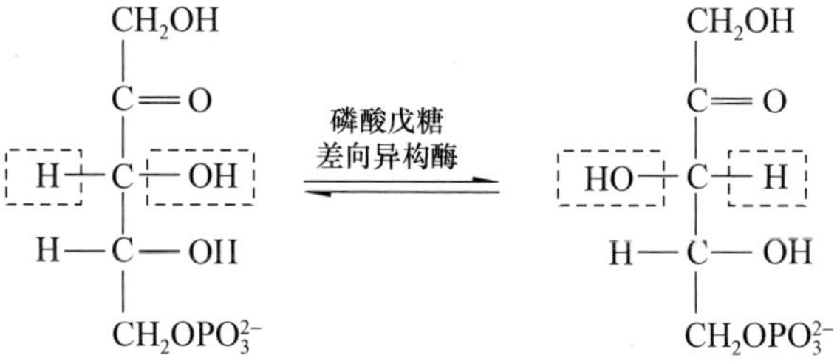

核酮糖-5-磷酸 **木酮糖-5-磷酸**

　　由转酮醇酶催化，木酮糖-5-磷酸上的酮醇基转到核糖-5-磷酸上，生成三碳的 3-磷酸甘油醛和七碳的景天庚酮糖-7-磷酸。

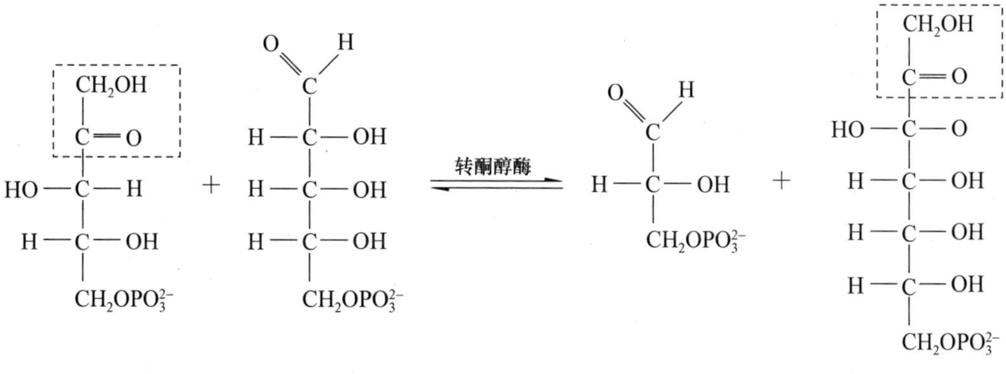

$$\text{木酮糖-5-磷酸} + \text{核糖-5-磷酸} \xrightarrow{\text{转酮醇酶}} \text{3-磷酸甘油醛} + \text{景天庚酮糖-7-磷酸}$$

木酮糖-5-磷酸 **核糖-5-磷酸** **3-磷酸甘油醛** **景天庚酮糖-7-磷酸**

由转醛醇酶催化,景天庚酮糖-7-磷酸上的二羟丙酮基转到 3-磷酸甘油醛,生成赤藓糖-4-磷酸和果糖-6-磷酸。

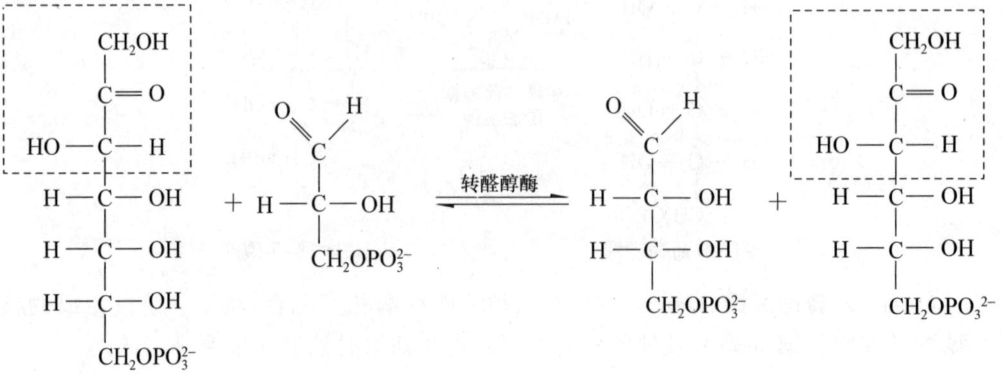

景天庚酮糖-7-磷酸　　　3-磷酸甘油醛　　　　赤藓糖-4-磷酸　　　果糖-6-磷酸

由转酮醇酶催化,木酮糖-5-磷酸上的酮醇基转到赤藓糖-4-磷酸,生成 3-磷酸甘油醛和果糖-6-磷酸。

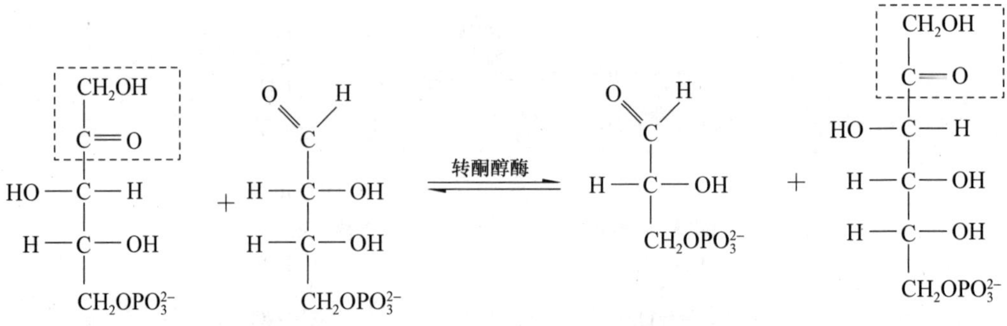

木酮糖-5-磷酸　　　赤藓糖-4-磷酸　　　　3-磷酸甘油醛　　　果糖-6-磷酸

磷酸戊糖途径的整个历程如图 9-19 所示。

磷酸戊糖途径的总反应式:

$$6\text{G-6-P} + 12\text{NADP}^+ + 7\text{H}_2\text{O} \longrightarrow 5\text{F-6-P} + 6\text{CO}_2 + 12\text{NADPH} + 12\text{H}^+ + \text{Pi}$$

(二)磷酸戊糖途径的调控

在生理条件下,磷酸戊糖途径的第一步反应,即葡萄糖-6-磷酸的脱氢反应属于限速反应,是该途径中的一个重要调控点。其调控因子是 NADP^+。因为 NADP^+ 在葡萄糖-6-磷酸氧化形成 6-磷酸葡萄糖酸-δ-内酯的反应中起电子受体的作用。形成的还原型 NADPH与 NADP^+ 争相与酶的活性部位结合从而引起酶活性的降低,即竞争性抑制葡萄糖-6-磷酸脱氢酶及 6-磷酸葡萄糖酸脱氢酶的活性。所以 NADP^+/NADPH 的比值直接影响葡萄糖-6-磷酸脱氢酶的活性。实验表明,只要 NADP^+ 的浓度稍高于 NADPH,即能够使葡萄糖-6-磷酸脱氢酶激活,从而保证所产生的 NADPH 能够及时满足还原性生物合成的需要。所以说 NADP^+ 的水平对磷酸戊糖途径在氧化阶段产生 NADPH 的速度和机体在生物合成时对 NADPH 的利用形成偶联关系。由于转酮醇酶和转醛醇酶反应都是可逆反应。因此根据细胞代谢的需要,磷酸戊糖途径和糖酵解途径可灵活地相互协调。

磷酸戊糖途径中葡萄糖-6-磷酸的去路,可受到机体对 NADPH、核糖-5-磷酸和 ATP 不

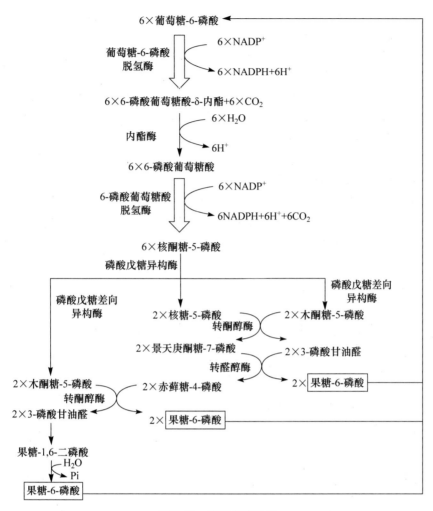

图 9-19 磷酸戊糖途径

同需要的调节。

在细胞分裂时期,因为需要核糖-5-磷酸合成 DNA 的前体核苷酸,机体对核糖-5-磷酸的需要远超过对 NADPH 的需要。这时大量葡萄糖-6-磷酸通过糖酵解途径转变为果糖-6-磷酸和 3-磷酸甘油醛,由转酮醇酶和转醛醇酶将 2 分子果糖-6-磷酸和 1 分子 3-磷酸甘油醛通过逆向磷酸戊糖途径反应生成 3 分子核糖-5-磷酸。

$$5 \times 葡萄糖\text{-}6\text{-}磷酸 + ATP \longrightarrow 6 \times 核糖\text{-}5\text{-}磷酸 + ADP + H^+$$

当机体对 NADPH 的需要和对核糖-5-磷酸的需要处于平衡状态时,这时磷酸戊糖途径的氧化阶段处于优势。通过这一阶段形成 2 分子 NADPH 和 1 分子核糖-5-磷酸。

$$葡萄糖\text{-}6\text{-}磷酸 + 2NADP^+ + H_2O \longrightarrow 核糖\text{-}5\text{-}磷酸 + 2NADPH + 2H^+ + CO_2$$

当机体能量供应充分时,脂肪组织需要大量的 NADPH 作为还原力来合成脂肪酸,此时,机体磷酸戊糖途径加强,最终使 1 分子葡萄糖-6-磷酸被彻底氧化为 6 分子 CO_2,同时产生 12 分子 NADPH,为脂肪酸的合成提供足够的还原力。

(三)磷酸戊糖途径的生理意义

磷酸戊糖途径是糖除三羧酸循环以外的彻底氧化途径,具有重要的生理意义。

1. 为细胞提供 NADPH

细胞可利用的能量主要有两种:一种是由 NADH 经呼吸链产生的高能化合物 ATP;另一种是 NADPH。NADPH 与 NADH 除了结构组成不一样外,它们在功能上也有重要区别,NADH 氧化主要通过呼吸链产生 ATP;而 NADPH 是细胞中易于利用的还原当量,它的氧化主要为还原性生物合成及保证生物活性物质上羟基的还原状态提供氢和电子。磷酸戊糖途径中的酶类在乳腺、肾上腺皮质、性腺、骨髓等物质合成旺盛的组织中活性很高,主要是因为这些组织中脂肪酸和类固醇的合成需要较高还原力。在红细胞中,由于需要大量的还原型谷胱甘肽来保持红细胞结构的完整性,因此其磷酸戊糖途径也较为活跃。相反,在骨骼肌组织中磷酸戊糖途径的活性很低。

2. 为细胞核苷酸的合成提供核糖-5-磷酸

细胞的增殖、更新需要大量的核苷酸用于合成 CoA、NAD^+、FAD、RNA 和 DNA 等各种衍生物。核糖-5-磷酸是核苷酸从头合成途径的原料。体内的核糖-5-磷酸主要是由磷酸戊糖途径产生的。

3. 该途径与糖的有氧分解和糖酵解相互联系

此途径中最后生成的果糖-6-磷酸与 3-磷酸甘油醛都是糖有氧分解和糖酵解途径的中间产物,它们可进入这些途径进一步代谢。另外,转酮醇酶和转醛醇酶所催化反应的可逆性,使得体内含 3~7 个碳的糖分子可以相互转变。

四、 其他糖的代谢

可被动物吸收的单糖除了葡萄糖以外,还有果糖、半乳糖和甘露糖等,它们均可通过相应的转变过程,最终进入糖酵解途径(图 9-20)。

1. 果糖

果糖主要由存在于水果、蔬菜、蜂蜜中的蔗糖分解生成。果糖可由己糖激酶催化,生成果糖-6-磷酸后进入糖酵解途径。

$$果糖 + ATP \longrightarrow 果糖\text{-6-}磷酸 + ADP$$

这一反应在体内多种组织均可进行,但由于己糖激酶对果糖的亲和力远低于葡萄糖,因此,在以葡萄糖为主的正常膳食中,机体对果糖的磷酸化效率较低。

在小肠、肝、肾细胞中,果糖还可由**果糖激酶**(fructokinase)催化生成果糖-1-磷酸。

$$果糖 + ATP \xrightarrow{\text{果糖激酶}} 果糖\text{-1-}磷酸 + ADP$$

果糖-1-磷酸再由**果糖-1-磷酸醛缩酶**(fructose-1-phosphate aldolase)催化裂解生成甘油醛和磷酸二羟丙酮。甘油醛可由**甘油醛激酶**(glyceraldehydes kinase)催化生成 3-磷酸甘油醛后进入糖酵解途径,而磷酸二羟丙酮即可直接进入糖酵解途径。

$$果糖\text{-1-}磷酸 \longrightarrow 磷酸二羟丙酮 + 甘油醛$$

$$甘油醛 + ATP \longrightarrow 3\text{-}磷酸甘油醛 + ADP$$

由于 1-磷酸果糖醛缩酶催化效率较低,过量摄入果糖可引起果糖-1-磷酸累积,严重的可导致肝脏损害,出现低血糖、呕吐等症状。

2. 半乳糖

半乳糖是糖脂、糖蛋白和乳糖的组成成分。体内半乳糖主要来自对动物乳汁中乳糖的水解吸收,其进入糖代谢的途径较为复杂,具体过程如下:

由**半乳糖激酶**(galactokinase)催化半乳糖磷酸化,生成半乳糖-1-磷酸。

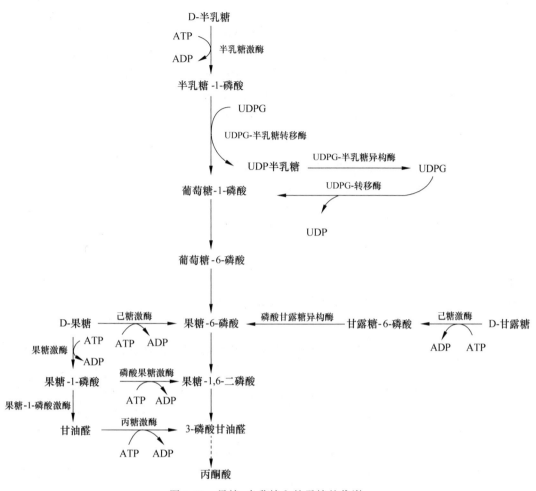

图 9-20 果糖、半乳糖和甘露糖的代谢

$$半乳糖 + ATP \longrightarrow 半乳糖 -1- 磷酸 + ADP$$

半乳糖-1-磷酸可在**半乳糖-1-磷酸尿苷酰转移酶**(galactose-1-phosphate uridylyl transferase)催化下与二磷酸尿苷葡萄糖交换糖基,生成葡萄糖-1-磷酸和二磷酸尿苷半乳糖(UDPGal)。

$$二磷酸尿苷葡萄糖 + 半乳糖 -1- 磷酸 \rightleftharpoons 葡萄糖 -1- 磷酸 + 二磷酸尿苷半乳糖$$

葡萄糖-1-磷酸可沿糖原分解途径继续代谢。而二磷酸尿苷半乳糖可由**二磷酸尿苷半乳糖 4-差向异构酶**(UDP-galactose 4-epimerase)催化,异构为 UDP-葡萄糖(UDPG)。

$$UDP- 半乳糖 \rightleftharpoons UDP- 葡萄糖$$

UDP-葡萄糖再经 **UDP-葡萄糖焦磷酸化酶**(UDP-glucose pyrophosphorylase)催化转变成葡萄糖-1-磷酸。

$$UDP- 葡萄糖 \rightleftharpoons 葡萄糖 -1- 磷酸 + UDP$$

这样 1 分子半乳糖可转变为 1 分子葡萄糖-6-磷酸而进入糖代谢途径,而由于二磷酸尿苷葡萄糖可以从二磷酸尿苷半乳糖再生,因此二磷酸尿苷葡萄糖并无净消耗,即相当于整个过程是不断地把半乳糖-1-磷酸转变为葡萄糖-6-磷酸。

3. 甘露糖

动物体内的甘露糖主要来自糖蛋白和个别多糖的分解,一些水果中也含少量游离的甘露糖。甘露糖先由己糖激酶磷酸化成甘露糖-6-磷酸,然后再经**磷酸甘露糖异构酶**(phosphomannose isomerase)催化,异构成果糖-6-磷酸而进入葡萄糖代谢。

$$甘露糖 + ATP \longrightarrow 甘露糖\text{-}6\text{-}磷酸 + ADP$$
$$甘露糖\text{-}6\text{-}磷酸 \Longleftrightarrow 果糖\text{-}6\text{-}磷酸$$

◀◀ 知识卡片 9-4　　　　**半乳糖血症**　　　　▶▶

第四节　糖　异　生

由非糖物质转变为葡萄糖或糖原的过程称为**糖异生**。通过糖异生生成葡萄糖的重要原料有生糖氨基酸、丙酸和乳酸等。糖异生主要在肝脏中进行,其次是肾脏的皮质部,脑、骨骼肌和心肌中则较少进行。

一、糖异生的反应过程

无论哪一种非糖物质异生成葡萄糖,都是按糖酵解的逆过程来进行的。在此,以丙酮酸异生成葡萄糖为例,说明糖异生的反应过程。糖酵解是一放能过程,而糖异生是一需能过程,所以由丙酮酸异生成葡萄糖并不是糖酵解过程的简单逆转。但是,酵解过程中从葡萄糖到丙酮酸的多个反应都是可逆反应,不可逆反应只有三处:

$$葡萄糖 + ATP \longrightarrow 葡萄糖\text{-}6\text{-}磷酸 + ADP$$
$$果糖\text{-}6\text{-}磷酸 + ATP \longrightarrow 果糖\text{-}1,6\text{-}二磷酸 + ADP$$
$$磷酸烯醇式丙酮酸 \longrightarrow 丙酮酸 + ATP$$

解决这三个反应的逆转也就可以使丙酮酸转变为葡萄糖。这里需要通过另外的酶促反应来完成。由不同的酶催化两条途径上的一对方向相反、代谢上不可逆的反应形成的循环,称为底物循环(substrate cycle)。

1. 丙酮酸"逆转"为磷酸烯醇式丙酮酸

这一过程也称丙酮酸羧化支路,由两个酶促反应组成。首先,由存在于线粒体基质的**丙酮酸羧化酶**(pyruvate carboxylase)催化,利用 ATP 提供的能量使丙酮酸羧化成草酰乙酸。该反应与三羧酸循环补足反应中介绍的丙酮酸羧化相同,生成的草酰乙酸是三羧酸循环和糖异生作用的共同中间产物。

$$丙酮酸 + CO_2 + ATP + H_2O \longrightarrow 草酰乙酸 + ADP + Pi$$

随后,由**磷酸烯醇式丙酮酸羧激酶**(phosphoenolpyruvate carboxykinase)催化,利用 GTP 提供的能量使草酰乙酸转变成磷酸烯醇式丙酮酸。

$$草酰乙酸 + GTP \longrightarrow 磷酸烯醇式丙酮酸 + GDP + CO_2$$

催化上述反应的酶在细胞中的存在部位,随物种类的不同而不同。在大鼠和小鼠肝细胞中仅分布于胞浆中,在鸟类和兔的细胞中仅分布于线粒体,而在人和豚鼠的细胞中则细胞质与线粒体中均有分布。

在磷酸烯醇式丙酮酸羧激酶仅分布于胞浆的情况下,丙酮酸羧化支路的两个酶促反应并不能顺利地偶联在一起。因为丙酮酸羧化酶仅存在于线粒体内,它催化生成的草酰乙酸并不能自由进出线粒体,而糖异生作用的大多步骤又是发生在胞浆,所以草酰乙酸要通过相应的转变及转运过程进出线粒体,才能被进一步利用。

草酰乙酸转运到细胞质中有两种途径:第一种是经苹果酸脱氢酶催化,将草酰乙酸还原成苹果酸,然后穿过线粒体膜进入细胞质,再由细胞质中的苹果酸脱氢酶催化,重新生成草酰乙酸后,再由磷酸烯醇式丙酮酸羧激酶作用生成磷酸烯醇式丙酮酸。这样通过苹果酸的穿梭作用,一方面将草酰乙酸带出线粒体膜供糖异生所用,同时又把线粒体内的 NADH 转换为细胞质中的 NADH,使 1,3-二磷酸甘油酸还原成 3-磷酸甘油醛,从而保证了糖异生的顺利进行(图 9-21)。第二种途径是经谷草转氨酶的催化,草酰乙酸从谷氨酸接受氨基生成天门冬氨酸后再穿出线粒体,胞浆中的天门冬氨酸再经谷草转氨酶催化脱氨基成草酰乙酸。

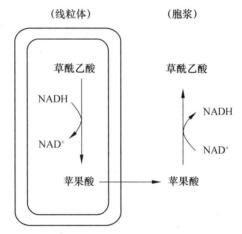

图 9-21　草酰乙酸从线粒体转运至胞浆示意图

当机体糖供应不足时,由氨基酸等非糖物质转变成丙酮酸时,草酰乙酸主要经苹果酸穿梭作用转运出线粒体。当消除糖酵解过度积累的乳酸时,由于乳酸在细胞质中脱氢生成丙酮酸和 NADH,胞浆中有足够的 NADH 用以还原 1,3-二磷酸甘油酸,草酰乙酸则主要经天冬氨酸穿梭作用转运出线粒体。

2. 果糖-1,6-二磷酸"逆转"为果糖-6-磷酸

在糖酵解途径中果糖-6-磷酸生成果糖-1,6-二磷酸是一个由 ATP 推动的放能反应。但细胞在使它们逆转时,并不是用一个吸能反应来逆转,而是利用另外一个放能反应来实现。即在果糖-1,6-二磷酸酶的催化下,果糖-1,6-二磷酸 C1 位的磷酸酯键水解生成果糖-6-磷酸并释放能量,从而利用一个简单的酶促水解反应来使果糖-1,6-二磷酸"逆转"为果糖-6-磷酸。

$$果糖-1,6-二磷酸 + H_2O \longrightarrow 果糖-6-磷酸 + Pi$$

果糖-1,6-二磷酸酶受 AMP、果糖-2,6-二磷酸的强烈抑制;相反,能被 ATP、3-磷酸甘油和柠檬酸激活。

3. 葡萄糖-6-磷酸"逆转"葡萄糖

与果糖-1,6-二磷酸酶催化的反应相类似,葡萄糖-6-磷酸酶催化葡萄糖-6-磷酸生成葡萄糖。

$$葡萄糖-6-磷酸 + H_2O \longrightarrow 葡萄糖 + Pi$$

完成了糖酵解中三个不可逆反应的逆转过程,也就使丙酮酸转变为葡萄糖。丙酮酸经糖异生作用生成葡萄糖的总反应式为:

$$2\,丙酮酸 + 4ATP + 2GTP + 2NADH + 6H_2O \longrightarrow 葡萄糖 + 4ADP + 2GDP + 2NAD^+ + 6Pi$$

糖酵解途径与糖异生途径中酶系统的差异见表9-6,它们也都是各自途径中的关键酶,是整个途径的调节位点。

表 9-6　糖酵解途径与糖异生途径酶系统的差异

糖酵解途径	糖异生途径
己糖激酶(或葡萄糖激酶)	葡萄糖-6-磷酸酶
磷酸果糖激酶	果糖-1,6-二磷酸酶
丙酮酸激酶	丙酮酸羧化酶和磷酸烯醇式丙酮酸羧激酶

糖酵解和糖异生的全过程可以概括为图 9-22,其中下行是糖酵解途径,上行是糖异生途径,三步不可逆反应用虚线箭头标出。

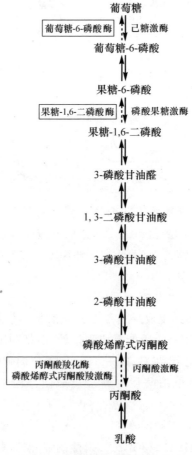

图 9-22　糖酵解和糖异生途径

二、 糖异生的生理意义

1. 维持血糖的恒定

作为体内糖来源之一的糖异生途径,对维持血糖恒定有着非常重要的作用。一方面,对于反刍动物而言,由于食物中缺乏淀粉和动物性糖原,其体内的糖主要靠瘤胃中产生的低级脂肪酸和氨基酸沿糖异生途径合成葡萄糖,其中,以丙酸为主要原料。另一方面,动物机体的某些组织,如大脑几乎完全是以血糖为主要能源的,当机体长时间处于饥饿状态时,必须由非糖物质形成葡萄糖以补充血糖的消耗,进而维持血糖的恒定。

2. 有效处理和利用乳酸

动物在过度使役、奔跑等剧烈运动下,机体供氧量不足,肌肉组织的糖酵解作用就增强,导致大量乳酸产生。乳酸是糖代谢产生的一种废物,机体需要及时处理。积累的乳酸主要靠肝脏的糖异生将乳酸转变成葡萄糖以补充血糖。

由肌肉组织糖酵解产生的乳酸,经血液循环被带到肝脏,在肝脏中乳酸经糖异生生成葡萄糖,之后又经血液循环回到肌肉组织而被利用(图 9-23),如此构成一个循环,称为**乳酸循环**(lactate cycle)。该过程于 1912 年被 C. F. Cori 和 G. T. Cori 最先发现,因此也被称为 Cori 循环。该循环的生理意义在于:利于体内乳酸的再利用,防止发生乳酸中毒,促进肝糖原的不断更新。

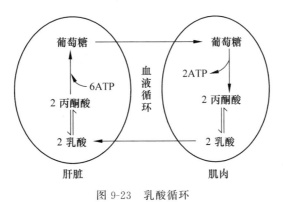

图 9-23 乳酸循环

思政元素卡片 9-2   糖代谢的循环体系与物质的高效节约利用

三羧酸循环是从乙酰 CoA 与草酰乙酸缩合成一个含有三个羧基的柠檬酸开始,经多步反应重新回到草酰乙酸。**乳酸循环**指的是由肌肉组织糖酵解产生的乳酸,经血液循环被带到肝脏,在肝脏中经糖异生作用生成葡萄糖,之后又经血液循环回到肌肉组织而被利用,如此构成一个循环。底物循环是由不同的酶催化两条途径上的一对方向相反、代谢上不可逆的反应形成的循环体系,这种循环体系避免了底物的无效循环,便于单向代谢调控。

糖代谢中的这些循环体系充分体现了生命活动的精确控制和动物体高效节约利用物质的原则,启发我们要高效节约利用资源。

第五节 糖代谢各途径之间的联系与调节

糖代谢由多条代谢途径组成,包括糖原的合成与分解,糖酵解与糖的有氧分解,磷酸戊糖途径以及糖异生等。事实上,各条代谢途径既相互联系又相互影响,它们构成一个有机的整体。

一、 糖代谢各种途径之间的相互联系

尽管糖代谢途径错综复杂,其生理功能也各不相同,但共同的中间产物把不同的代谢途径紧密地联系在一起,成为一个有机的整体。糖代谢中各个途径的相互联系见图 9-24。

糖代谢中的第一个重要的共同中间产物是葡萄糖-6-磷酸,它是所有糖代谢途径的交汇点。从分解方向看,葡萄糖或糖原先是转变为葡萄糖-6-磷酸,之后或经糖酵解途径及有氧氧化途径分解产能,或经磷酸戊糖途径为核酸的合成提供原料以及为生物合成代谢提供还原力。

第二个重要的共同中间产物是 3-磷酸甘油醛,它是糖酵解、有氧氧化以及磷酸戊糖途径的交汇点。

第三个重要的共同中间产物是丙酮酸。糖原或葡萄糖分解至丙酮酸,一方面,在无氧情况下,丙酮酸接受 3-磷酸甘油醛脱下的氢被还原为乳酸,在有氧情况下,3-磷酸甘油醛脱下的氢经呼吸链与氧结合生成水,而丙酮酸也进入线粒体,氧化脱羧生成乙酰 CoA,之后经三羧酸循环彻底氧化为 CO_2 和 H_2O;另一方面,丙酮酸也是糖异生的重要中间产物,许多非糖物质经丙酮酸异生成糖。

这些共同的中间产物使糖代谢各途径之间相互联系起来,同样,也将蛋白质和脂肪的代谢产物联系在一起,使机体成为一个有机的整体。

二、 糖代谢的调节

糖代谢途径的协调是以血糖和能量水平为杠杆,通过对各关键酶的调控来维持动态平衡,而关键酶的调控是通过重要的代谢中间产物和激素共同参与的多层次调节来实现的。

(一) 糖代谢各种途径间的相互调节

糖作为六大类营养素之一,其作用主要体现在能量供应上。当糖供应充足时,机体能量丰富,糖的分解产能途径就减慢,而糖的贮备和转化成非糖物质的途径则加快。相反,当糖供应不足时,糖的分解产能过程就加快,贮备的糖被动员,非糖物质转变成糖的途径也加速。

ATP 是糖原分解的关键酶(磷酸化酶)的抑制剂,也是糖酵解的关键酶(磷酸果糖激酶)和有氧氧化的关键酶(丙酮酸脱氢酶系、柠檬酸合酶、异柠檬酸脱氢酶和 α-酮戊二酸脱氢酶系)的抑制剂,而 ADP 则是这些酶的激活剂。当细胞内 ATP 浓度低而 ADP 浓度高时,糖原分解作用加强,糖酵解和有氧氧化的速度都加快,进而将 ADP 转变为 ATP,以提高细胞的能量水平;相反,当 ATP 浓度高 ADP 浓度低时,上述过程均减慢,从而使细胞的能量水平降低。

1861 年 Louis Pasteur 发现酵母在缺氧情况下消耗的葡萄糖比氧充足时多,通入氧气,

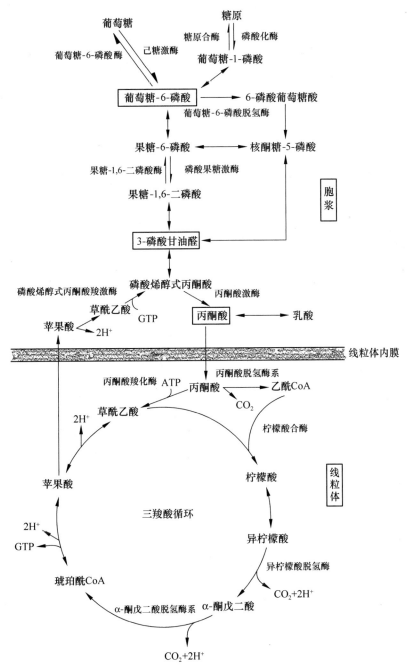

图 9-24　糖代谢中各条途径的相互联系

则葡萄糖消耗减少,抑制发酵。这就是所谓的巴斯德效应,这种效应在动物体内也存在。当动物轻度运动时,氧气供应充足,糖主要进行有氧氧化,酵解作用受到抑制,而在剧烈运动时,肌肉中氧气供应不足,糖有氧氧化受到限制,而酵解作用加强。

　　巴斯德效应的机制,迄今未能完全阐明。目前大家趋于认为:在氧气充足的条件下,线粒体内的有氧氧化能充分地进行,此时,胞浆中的 ADP 和无机磷酸大量进入线粒体以生成 ATP,而生成的 ATP 又从线粒体回到胞浆,使胞浆中的 ATP 浓度升高,ADP 浓度下降。

ATP 和 ADP 的这种浓度变化将抑制磷酸化酶和磷酸果糖激酶，从而抑制了糖酵解作用；反之，当细胞缺氧时，则胞浆中 ATP 浓度下降，ADP 浓度上升，从而使酵解作用加快。

糖代谢重要代谢中间产物可以调节各代谢途径的速率和方向。如当体内 ATP 和血糖水平较高时，葡萄糖-6-磷酸浓度会升高累积，可变构抑制己糖激酶活性，降低糖酵解速率，同时又可变构抑制磷酸化酶活性，激活糖原合酶活性，使代谢转向糖原合成，加快糖原合成。

（二）激素对糖代谢的调节

机体的各种代谢以及各器官之间的精确协调主要依靠激素的调节。肾上腺素、胰高血糖素、糖皮质激素、胰岛素、甲状腺素和生长激素是对糖代谢调节有重要影响的激素。

1. 肾上腺素

肾上腺素（adrenaline，AD）具有促进肝糖原分解，抑制糖原合成和促进糖异生的作用。即肾上腺素通过作用于肝细胞和肌肉细胞膜上的相应受体，激活 cAMP-蛋白激酶信号转导系统，进而激活磷酸化酶和抑制糖原合酶，最终引起糖原分解，升高血糖。肾上腺素主要在应急状态下对糖代谢发挥调节作用，对常规进食等引起的血糖波动没有太大影响。

2. 胰高血糖素

胰高血糖素（glucagon）是体内升高血糖的主要激素。血糖降低或血液内氨基酸含量升高都会引起胰高血糖素分泌增加。其升高血糖的机制包括：

（1）作用于肝细胞膜上相应的受体，激活 cAMP 依赖的蛋白激酶，从而抑制糖原合酶和激活磷酸化酶，迅速使肝糖原分解，血糖升高。

（2）通过抑制果糖-6-磷酸激酶Ⅱ，激活果糖双磷酸酶Ⅱ，从而减少果糖-2,6-二磷酸的合成，后者是果糖-6-磷酸激酶Ⅰ的变构激活剂，又是果糖双磷酸酶Ⅰ的抑制剂，于是糖酵解被抑制，糖异生加强。

（3）促进磷酸烯醇式丙酮酸羧激酶的合成；抑制肝脏 L 型丙酮酸激酶；加速肝细胞对血液中氨基酸的摄取，从而增强糖异生过程。

3. 糖皮质激素

糖皮质激素（glucocorticoids，GC）主要作用是促进糖异生，引起血糖升高。其作用机制主要是：①促进肝外组织蛋白质的分解，分解产生的氨基酸转移至肝脏，为糖异生提供原料；②诱导糖异生途径中四个关键酶的合成，其中主要是磷酸烯醇式丙酮酸羧激酶的生成，通过增加这些酶的含量进而促进糖异生过程；③抑制肝外组织摄取和利用葡萄糖。在糖皮质激素存在时，其他促进脂肪动员的激素作用加强，使血液中游离脂肪酸升高，从而间接抑制周围组织对葡萄糖的摄取和利用。

4. 胰岛素（insulin）

胰岛素（insulin）是体内唯一降低血糖的激素，也是唯一同时促进糖原、脂肪和蛋白质合成的激素。胰岛素对糖代谢的调节是多方面的。

（1）促进葡萄糖通过细胞膜进入细胞，加速细胞对葡萄糖的利用，其中包括糖原的合成、糖的分解以及糖转变成脂肪、蛋白质等，并抑制糖异生。

（2）通过增强磷酸二酯酶的活性，降低细胞中 cAMP 水平，从而使糖原合酶活性增强，磷酸化酶活性降低，进而加速糖原合成，抑制糖原分解。

（3）通过激活丙酮酸脱氢酶，加速使丙酮酸氧化为乙酰 CoA，从而加快糖的有氧氧化。

（4）抑制肝内糖异生。通过抑制磷酸烯醇式丙酮酸羧激酶的合成，促进氨基酸进入组织并合成蛋白质,从而通过减少肝糖异生的原料等途径来实现对糖异生的抑制。

(5)通过抑制脂肪组织内的激素敏感性脂肪酶,减缓脂肪动员的速率,进而加强相应组织对葡萄糖的利用。

5. 甲状腺素(thyroxine)

甲状腺素是甲状腺激素之一,由氨基酸和碘组合而成。甲状腺素有促进细胞代谢,增加氧消耗,刺激组织生长、成熟和分化的功能,并且有助于肠道中葡萄糖的吸收。垂体前叶的**促甲状腺激素**(thyroid stimulating hormone,TSH)能促进它的分泌。

据报道,左旋甲状腺素可以使下丘脑-垂体-靶腺轴激素的分泌量增加,使孕妇机体内因甲状腺功能减退症导致的甲状腺素分泌不足状况得到有效纠正,进一步使糖代谢恢复正常;与此同时,左旋甲状腺素可以使孕妇的 TSH 水平得到有效改善,使孕妇机体甲状腺激素水平得到有效提升,进而使磷酸激酶的活性得到有效提升,并使肠道葡萄糖吸收功能增强。此外,左旋甲状腺素能明显增强孕妇机体儿茶酚胺的敏感程度,大大加快糖原分解速度,充分发挥控制血糖及降低血糖的作用。

6. 生长激素(growth hormone,GH)

生长激素是由腺垂体 GH 细胞分泌的具有 191 个氨基酸的非糖化多肽,呈脉冲式分泌。GH 对人体作用广泛,既能促进生长,又能调节代谢。GH 对糖代谢的作用比较复杂,其对维持正常血糖浓度起重要作用。通常情况下,GH 可减少外周组织对葡萄糖的利用,也可降低细胞对胰岛素的敏感性,表现为抗胰岛素样作用。

GH 对糖代谢影响有短期及长期效应的区别,短期注射 GH 可产生暂时性低血糖,但长期 GH 升高则可致血糖上升,如肢端肥大症患者 GH 浓度长期明显高于正常人,血糖水平偏高,糖耐量普遍减低,约 20% 患者将发生糖尿病。但也有人报道 GH 对血糖并无影响,只是使胰岛素水平升高;在对 GH 转基因和荷载 GH 分泌性肿瘤大鼠的观察中,也发现高浓度的 GH 对血糖无影响。

GH 的升糖作用主要体现在 3 个方面:①GH 对维持细胞膜转运葡萄糖的功能有重要调控作用,葡萄糖在正常情况下不能进入细胞,只有与细胞膜上**葡萄糖载体**(glucose transporter,GLUT)结合后,方能进入细胞,GH 能降低 GLUT-1 蛋白含量及其 mRNA 表达水平,从而降低葡萄糖与 GLUT-1 结合并阻止葡萄糖进入细胞进行氧化,引起血糖升高。②GH 可以诱导脂肪细胞膜产生一种葡萄糖转运限制因子,并使脂肪组织非酯化脂肪酸动员增加,血液循环中脂肪酸浓度增加可使某些组织糖摄入及氧化受到抑制而升高血糖。③GH 可以通过抑制胰岛素诱导磷脂酶 C 活性直接对抗胰岛素对葡萄糖代谢的促进作用而升高血糖。

本章小结

动物体内的糖代谢途径　主要有糖原的分解与合成、糖的无氧分解、糖的有氧分解、磷酸戊糖途径和糖异生等。各代谢途径的速度和方向可通过重要的代谢中间产物和激素分别以别构调节和共价修饰方式对其关键酶进行调控。糖代谢途径的协调是以血糖和能量水平为杠杆的,维持其动态平衡。

糖原的合成与分解　是一对对立统一的糖代谢途径。当体内糖供应过剩时,可转变成糖原贮存起来。糖原合成的关键酶是糖原合酶,其活性主要由胰岛素通过去磷酸化修饰激活。糖原主要贮存在肝脏和骨骼肌,肝中的糖原主要用于维持血糖含量的稳定,而肌肉中的糖原主要为肌肉运动提供能量。当体内糖供应不足时,贮存的糖原可以分解,糖原分解的关键酶是糖原磷酸化酶,其活性主要受胰高血糖素磷酸化修饰激活。

糖异生　是指机体由非糖物质合成糖的过程,这也是反刍动物体内糖来源的重要途径,也是机体缺糖时维持血糖平衡的重要途径。

糖的无氧分解　也称糖酵解,是指在无氧条件下,葡萄糖经一系列酶促反应,最终生成乳酸和少量 ATP 的过程。

糖的有氧分解　是指在有氧条件下,葡萄糖彻底分解为 CO_2 和 H_2O,并产生大量能量的过程。这个过程包括糖酵解、丙酮酸氧化脱羧和三羧酸循环三个阶段。葡萄糖分解途径是机体产生 ATP 的主要途径,其中的三羧酸循环也是脂类及氨基酸彻底分解产能的共同途径。

磷酸戊糖途径　是葡萄糖代谢途径的一个分支,其主要作用是产生物质合成所需的还原型 NADPH 和核酸合成的重要原料核糖-5-磷酸。

复习思考题

1. 在葡萄糖的有氧氧化过程中,哪些步骤进行脱氢反应?哪些步骤进行脱羧反应?
2. 磷酸戊糖途径有何特点?该途径有何生理意义?
3. 为什么说三羧酸循环是糖、脂肪和蛋白质三大物质代谢的共同通路?
4. 糖酵解途径有哪些调节酶?它们如何对糖酵解进程进行调控?
5. 三羧酸循环的生物学意义有哪些?
6. 简要说明三羧酸循环的调控部位及其调节方式。
7. 糖异生是如何绕过糖分解代谢中的三个不可逆反应过程的?
8. 简述细胞内的能量水平对糖代谢途径的影响。

第十章 脂类代谢

本章导读

　　脂类是动物机体的主要储能物质,其分解、合成与机体的能量状态有直接的关系,也关系到现代生活中能量过剩的一系列疾病。本章重点介绍脂肪分解与合成代谢发生的部位及过程,进一步认识糖类与脂类代谢间的联系,了解肝脏在脂肪酸分解过程中的重要地位,即酮体的生成与利用;介绍了脂类的消化、吸收与运输方式,了解脂类物质在体内的布局;最后简要介绍了磷脂和胆固醇的合成与分解。通过本章的学习需要掌握以下知识:①脂蛋白的功能。②脂肪分解过程,重点关注 β-氧化是如何进行的。③酮体生成与利用的过程及其意义。④脂肪酸合成过程,为什么有动物必需脂肪酸的概念?⑤了解磷脂、胆固醇的代谢过程。

第一节 概 述

一、 脂类在体内的分布

　　根据脂类在生物体内存在形式的不同,可将其分为储存性脂类和结构性脂类。在高等动物体内,三酰甘油是主要的储存脂类。这些脂肪主要存在于皮下、大网膜、肠系膜、肾脏和心脏周围等部位,这些组织中脂肪含量可达 80%(以干重计)或更多。结构性脂类主要是类脂,分布于动物细胞的质膜结构中,包括细胞膜、内质网、高尔基体、核膜、线粒体等各种含有质膜结构的部位。原生质中的脂类不是以脂肪滴的形式存在,而是与蛋白质结合以脂蛋白的形式存在。动物体内的储存脂类含量常随机体营养状况的改变而变化,特别是皮下、大网膜和肠系膜中的脂肪。结构性脂类在细胞内的含量非常恒定,几乎不受营养条件的影响。

二、 脂类的生理功能

（一）氧化供能

1g 脂肪在体内完全氧化释放出约 37.6kJ 的热量。而 1g 糖或蛋白质彻底氧化只能提供约 17kJ 的能量。其原因是脂肪分子中碳氢氧的组成比例不同，即三酰甘油中的脂肪酸是高度还原的，以硬脂酰三酰甘油（分子式：$C_{57}H_{110}O_6$）来计算，C：H：O 的比例接近 $10:18:1$，而糖分子中 C：H：O 一般为 $1:2:1$，所以脂肪氧化时提供的能量比糖氧化所提供的能量多。

正常情况下，动物脂肪含量占体重的 $10\%\sim14\%$。由于脂肪酸的长烃链不能形成氢键，所以脂肪和其他脂类均属于疏水性物质，易彼此结合，也易与类固醇或氨基酸上的其他疏水性基团结合，贮存时不需结合水而体积小。而糖原是亲水性的，约结合其自身 2 倍质量的水，贮存 1g 脂肪所占体积仅为 $1.2cm^3$，是同重量糖原所占体积的 1/4。所以，作为能源贮备物质，贮存脂肪的效率约为贮存糖原的 9 倍。正因为如此，动物只能贮存少量的糖原却能贮存大量脂肪。动物肝和肌肉中储存的糖原所含的能量，不足一天的能量需求。相反，同一个体所含的三酰甘油提供的能量却足够其饥饿时存活数周。因此空腹时，机体所需的能量 50% 以上是由储存的脂肪供给，如果断食数天，机体所需的绝大部分能量来源于脂肪供给。如果机体总是处于饥饿状态，贮存的脂肪会显著减少，机体逐渐消瘦。而动物摄入的总能量物质（包括糖和脂肪等）超过其所消耗量时，脂肪的存储将大大增加。因此，动物贮存脂肪的量是随营养条件的不同而经常改变的。

（二）细胞组成的必要成分

类脂是细胞中各种生物膜和原生质的主要组成成分，又称为原生质脂。类脂中的磷脂、糖脂、胆固醇及其酯是各种组织细胞的必要结构成分。在各种质膜中，类脂约占膜重量的一半或更多。脂类在细胞内与蛋白质结合形成复合体，构成各种生物必需的结构。脂肪酸碳链的长短和饱和度直接影响生物膜的流动性，也可影响各种质膜结构的功能，含碳链短、双键多的脂肪酸多时，膜的流动性增加。膜的流动性对维持膜的正常生理功能具有重要意义。

另外，磷脂、胆固醇和脑苷脂等也是神经髓鞘的主要成分，具有绝缘作用，对神经细胞的兴奋和定向传导具有重要影响。脂肪酸的衍生物二酰甘油，则是钙信号系统中的重要成员，在机体内起到传递信息的作用。

（三）供给必需脂肪酸

动物体可以合成脂肪酸，但以饱和脂肪酸和含一个双键的脂肪酸为主，对于多不饱和脂肪酸而言，机体可以利用延长和脱饱和作用，能合成部分多不饱和脂肪酸，如 ω-7 以上系列的多不饱和脂肪酸（离羧基最远的甲基碳是 ω-1，第二个甲烯基碳原子是 ω-2，ω-3 系列是指第三个碳原子开始有双键的一系列脂肪酸）；但有些多不饱和脂肪酸，如 ω-6 和 ω-3 系列的脂肪酸动物体是不能合成的，因此这些不饱和脂肪酸必须从食物中获得，这些机体不能合成的脂肪酸被称为必需脂肪酸。正常情况下，动物体也可利用这些必需脂肪酸再合成相应系列的多不饱和脂肪酸。动物脂肪中必需脂肪酸很少，而植物油中所含的必需脂肪酸却较多，这是植物油营养价值较高的一个原因。

（四）保护机体组织

脂肪组织的导热性差，存在于皮下的脂肪可减少体内热量散失，利于防寒和维持体温的恒定。存在于组织脏器之间的脂肪组织，因其较为柔软，可减少器官与器官间的摩擦，并缓冲外力对内脏器官（特别是肾脏）的冲击力，使其免受损伤。

（五）协助脂溶性维生素的吸收

维生素 A、D、E、K 等脂溶性维生素必需溶解于食物的油相中，才能同油脂一起被吸收。当饲料中缺乏脂类，或脂类消化、吸收不良时，可导致某些脂溶性维生素的不足或缺乏。

第二节　脂类的吸收和转运

一、脂类的消化吸收

动物食物中的脂类主要是三酰甘油，其次是少量的磷脂和胆固醇等。在胃中，分泌的**胃脂肪酶**（gastric lipase）能够水解三酰甘油，产物主要为游离脂肪酸、单酰甘油和二酰甘油。接着这些产物进入小肠，到十二指肠处有胰液和胆汁流入，而胰液中含有**胰脂肪酶**（pancreatic lipase）、**磷脂酶 A_2**（phospholipase A2）、**胆固醇酯酶**（cholesterol esterase）和**辅脂肪酶**（colipase）等消化酶，因脂肪不溶于水，而消化酶是水溶性的，脂肪的水解发生在脂水界面上，消化的速度取决于脂水界面的表面积；胆汁中含有胆汁酸盐，有较强的乳化作用，能使疏水的三酰甘油及胆固醇酯等乳化成小脂滴，增加酶与底物脂类物质的接触，利于脂类的消化和吸收。胰脂肪酶对三酰甘油的第 1 位和第 3 位酰基起作用，水解产物为 1,2-二酰甘油、2-单酰甘油和脂肪酸，脂肪酸进而形成钠盐也成为乳化剂。乳化作用虽然增加了脂滴的表面积，但乳化剂对蛋白质有变性作用，辅脂肪酶可与脂肪酶形成 1∶1 的复合物，固定于脂质-水界面上，又能防止脂肪酶的变性。

脂类经上述各种消化酶作用形成脂肪酸、单酰甘油、溶血磷脂、游离胆固醇和甘油等物质，与胆盐、磷脂酰胆碱和胆固醇等组成混合微粒，并被小肠黏膜细胞吸收。被吸收进来的长链脂肪酸又被重新合成三酰甘油，并同磷脂、胆固醇、胆固醇酯和脂溶性维生素以及载脂蛋白共同组成乳糜微粒，胞吐到细胞间隙，进入小肠绒毛的中央乳糜管，汇入腹腔的淋巴管，经胸导管进入血液循环。而小分子脂肪酸不经淋巴管吸收，而是直接进入血管经门静脉进入肝脏，再由肝脏流入血液运至全身各组织器官。脂类消化及吸收过程见图 10-1。

二、脂类在体内的贮存和动员

脂肪组织是脂肪贮存的主要场所，因此常将脂肪组织看作贮存脂肪的仓库（脂库）。在皮下、肾周围、肠系膜和大网膜等部位贮存的脂肪最多。脂肪的贮存对人及动物的供能（特别在不能进食时）具有重要意义。

动物贮存脂肪的性质随动物种类而不同，这与各种动物的食物、环境条件、习惯、糖合

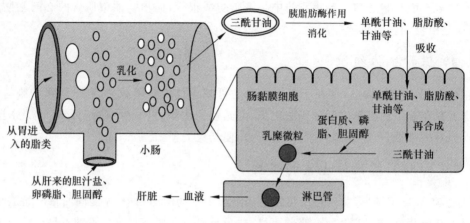

图 10-1　脂类消化吸收示意图

成脂肪的饱和度以及对吸收脂肪的改造程度有关。如给猪喂花生和大豆时,则猪体脂肪中不饱和脂肪酸比例就高一些。这与花生油中所含的棕榈油酸甘油酯和豆油中所含的油酸、亚麻油酸的甘油酯较多有关。

　　动物机体根据生理需要,能够随时调整脂肪动员的强度。一般情况下,动物饱食后,脂肪贮存超过动员及利用,使贮存脂增加而变得肥胖。而这种脂肪贮存的量可以很大,如肥猪的贮存脂量可高达体重的 50%。饥饿或患慢性病时,脂肪动员加强,贮存脂量显著减少而变得消瘦。而类脂的含量与脂肪不同,随营养状况而变化的波动很低。

三、 脂类的运输和脂蛋白

　　动物体消化吸收的脂类需要运送到各组织中构成细胞成分或氧化利用,也可把其中的脂肪贮存到脂肪组织中。同时,又要把动物体利用糖与蛋白质等原料合成的脂肪和其他脂类从各组织中转运出来。这些过程都需通过血液循环来完成,血液中的脂类均以脂蛋白的形式进行运输。

(一) 血脂与血浆脂蛋白

　　血浆中所含的脂类统称为血脂。血脂主要包括脂肪(包括三酰甘油、二酰甘油、单酰甘油)、磷脂(包括卵磷脂、溶血卵磷脂、脑磷脂、神经磷脂等)、游离脂肪酸、胆固醇和胆固醇酯等。血脂虽然只占机体脂类总量的一小部分,但在一定程度上反映出体内脂类的代谢状况。因此血脂的种类和含量的变化,可作为评估动物代谢类型和疾病诊断的参考依据。例如,与肥胖型猪种相比,瘦肉型品种猪其血液中三酰甘油含量较低。

　　血浆脂类种类繁多,结构和功能各异,但其共同特点是难溶于水,而各种脂类物质生理功能的发挥依赖于其在血液中的运转情况。**血浆脂蛋白**(plasma lipoprotein)就是由血浆中脂类和特殊蛋白质组成的可溶性生物大分子,也是脂类在血浆中运输的重要形式。

（二）血浆脂蛋白的分类

1．电泳法

电泳法分类的基础是基于各类血浆脂蛋白中载脂蛋白种类的不同。在一定条件下,载脂蛋白表面所带的电荷不同,并且颗粒大小也有差异,因此在电场中的迁移速度不同而互相分开。血浆脂蛋白经电泳后,再经脂类染色剂染色,从阴极向阳极依次可分为四个区带:乳糜微粒、β-脂蛋白、前β-脂蛋白及α-脂蛋白,其中乳糜微粒在原点不动。

2．超速离心法

超速离心法的分类基础是血浆脂蛋白分子密度的差异。各种血浆脂蛋白具有不同的化学组成,使得不同脂蛋白具有各自的密度,即蛋白质含量越多,密度越大。通过对血浆脂蛋白在特定密度溶液中进行超速离心,可将血浆脂蛋白分为四大类:密度小于 $0.95g/mL$ 的**乳糜微粒**(chylomicron,CM)、密度介于 $0.95\sim1.006g/mL$ 的**极低密度脂蛋白**(very low density lipoprotein,VLDL)、密度介于 $1.006\sim1.063g/mL$ 的**低密度脂蛋白**(low density lipoprotein,LDL)以及密度介于 $1.063\sim1.210g/mL$ 的**高密度脂蛋白**(high density lipoprotein,HDL)。

除上述四类主分法外,还有进一步细分的,即从低密度脂蛋白中分出密度介于 $1.006\sim1.019g/mL$ 的**中密度脂蛋白**(intermediate density lipoprotein,IDL)。把高密度脂蛋白再分为两个亚类:HDL_2($1.063\sim1.125g/mL$)和 HDL_3($1.125\sim1.210g/mL$)。

由于超速离心法和电泳法分离血浆脂蛋白所依据的物理参数不同,得到的脂蛋白排列顺序有所差异。两种不同分类方法下,四类血浆脂蛋白的对应关系是:乳糜微粒相同,极低密度脂蛋白对应前β-脂蛋白,低密度脂蛋白对应β-脂蛋白,高密度脂蛋白对应α-脂蛋白。

不同物种间脂蛋白的组成比例有所不同。与人相比,大多数动物,如马、犬、猫等血液中α-脂蛋白浓度较高,而β-脂蛋白浓度较低。

（三）血浆脂蛋白的构成

1．血浆脂蛋白的组成

所有的血浆脂蛋白均由脂类和蛋白质组成。人血浆脂蛋白的分类、性质、组成及功能等如表 10-1 所示。各种脂蛋白所含的脂类种类相同,即都含有三酰甘油、磷脂、胆固醇和胆固醇酯,但其含量和比例差别较大。原因为脂蛋白中的脂类的来源不同,且这些脂类又经常被组织摄取,或氧化分解,或构成组织成分,或贮存于脂肪组织中。因此,随着食物中脂类的含量和种类、饲喂后的时间、动物的生理状况、年龄等因素的不同,其成分不仅不断变动,而且含量也时有增减,变动范围很大。例如,肉食动物与草食动物相比,血脂含量高且更易变化。

血浆脂蛋白中的蛋白部分被称为**载脂蛋白**(apolipoprotein,apo),不同脂蛋白间的载脂蛋白不仅存在量的差异,而且具有质的差异。如 apo B 48 仅存在于乳糜微粒中,而 apo A II 则主要存在于高密度脂蛋白中。目前发现的人载脂蛋白至少有 20 种。依据 Alaupovic 的建议,可分为 apo A、apo B、apo C、apo D 和 apo E 等几大类,有的大类又可分为若干亚类,如 apo C 可分为 CI、CII和 CIII,而 CIII又可根据所含唾液酸的数目不同,进一步分为 CIII0、CIII1 和 CIII2。

表 10-1　人血浆脂蛋白的分类、性质、组成及功能

分　类	密度法 电泳法	乳糜微粒	极低密度脂蛋白前 β-脂蛋白	低密度脂蛋白 β-脂蛋白	高密度脂蛋白 α-脂蛋白
性质	密度/(g/mL)	<0.95	0.95～1.006	1.006～1.063	1.063～1.210
	颗粒直径/nm	80～500	25～80	20～25	7.5～10
	沉降漂浮性(S_f)	>400	20～400	0～20	沉降
	电泳位置	原点	α_2-球蛋白	β-球蛋白	α_1-球蛋白
组成/%	蛋白质	0.5～2	5～10	20～25	50
	三酰甘油	80～95	50～70	10	5～8
	磷脂	5～7	15	20	25
	胆固醇	1～4	15	45～50	20
	游离型	1～2	5～7	8	5
	酯化型	3	10～12	40～42	15～17
载脂蛋白组成/%	apo A I	7	<1	—	65～70
	apo A II	5	—		20～25
	apo A IV	10			
	apo B 100	—	20～60	95	
	apo B 48	9			
	apo C I	11	3		6
	apo C II	15	6	微量	1
	apo C III	41	40		4
	apo D				3
	apo E	微量	7～15	<5	2
合成部位		小肠黏膜细胞	肝细胞	血浆	肝、肠
功能		转运外源性三酰甘油及胆固醇	转运内源性三酰甘油及胆固醇	转运内源性胆固醇向组织	转运各组织的胆固醇到肝脏

2. 血浆脂蛋白的结构

各类血浆脂蛋白的结构存在若干差异,但也有共同的基本特征。血浆脂蛋白一般呈球状,颗粒内部由不溶于水的非极性脂类物质(三酰甘油和胆固醇酯)组成中心核,如 CM 和 VLDL 内部主要是三酰甘油,LDL 和 HDL 内部则主要是胆固醇酯。颗粒外表由单层两性脂类(磷脂和游离胆固醇)和载脂蛋白组成。这些两性脂类和蛋白质分子的极性基团向外,与水分子相互作用,增加了溶解度;而疏水基团则指向颗粒内部,与脂类中心核相互作用,起到稳定微粒的作用。

在颗粒外表面的载脂蛋白中既有镶嵌于外壳中结合紧密的内在载脂蛋白,也有与外壳结合较松散的外在载脂蛋白。内在载脂蛋白在血液运输和代谢过程中从不脱离脂蛋白分子,如 VLDL 和 LDL 中的 apo B 100;外在载脂蛋白在血液运输和代谢过程中可在不同脂蛋白之间转移,促进脂蛋白的成熟和代谢,如 apo E 和 apo C。血浆脂蛋白的结构见图 10-2。

3. 载脂蛋白的功能

脂蛋白中的载脂蛋白组成上的差异导致不同脂蛋白在代谢途径和生理功能有很大不同。人体血液中的蛋白质数以百计,但多数不具有结合和运转脂类的功能。从已经阐明的绝大多数载脂蛋白的一级结构来看,载脂蛋白具有**两性 α-螺旋**(amphipathic α-helix)结构,

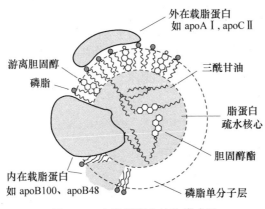

图 10-2 血浆脂蛋白结构模式图

即沿螺旋轴同时存在亲脂的非极性面和亲水的极性面,该结构有利于载脂蛋白结合脂类,稳定脂蛋白的结构,完成其结合和运转脂类的功能。人血浆中载脂蛋白的种类、性质和功能见表 10-2。

表 10-2　人血浆脂蛋白中载脂蛋白的种类、性质和功能

载脂蛋白	相对分子质量	分　布	功　能	主要合成部位
apo A Ⅰ	28 000	CM、HDL	激活 LCAT,识别 HDL 受体	小肠黏膜细胞
apo A Ⅱ	17 000	CM、HDL	稳定 HDL 结构,激活 HL	小肠黏膜细胞
apo A Ⅳ	46 000	CM	辅助激活 LPL	小肠黏膜细胞
apo B 100	512 000	VLDL、IDL、LDL	识别 LDL 受体	肝
apo B 48	264 000	CM	促进 CM 合成	肠黏膜细胞
apo C Ⅰ	7 000	CM、VLDL、HDL	激活 LCAT	肝
apo C Ⅱ	9 000	CM、VLDL、HDL	激活 LPL	肝
apo C Ⅲ	9 000	CM、VLDL、HDL	抑制 LPL,抑制肝 apo 受体	肝
apo D	33 000	HDL	转运胆固醇酯,参与神经损伤修复	肠、肝、肾、脑
apo E	38 000	CM、VLDL、IDL、HDL	识别 LDL 受体	肝

除了具有结合功能外,载脂蛋白还作为脂类代谢酶的调节因子而发挥作用,如 apo C Ⅱ是**脂蛋白脂肪酶**(lipoprotein lipase,LPL)的激活因子;apo A Ⅰ 是**卵磷脂-胆固醇脂酰转移酶**(lecithin-cholesterol acyltransferase,LCAT)的激活因子;apo A Ⅱ 能激活**肝脂肪酶**(hepatic lipase,HL),促进 HDL 的成熟,加速 IDL 转变为 LDL 等。

载脂蛋白还具有引导脂蛋白去识别相应受体的作用。现已发现,在不同组织中至少发现 7 种不同的脂蛋白受体。如 apo AI 参与 HDL 受体识别,apo B100 和 apo E 参与识别 LDL受体。这些过程是脂蛋白代谢的主要途径之一,说明载脂蛋白影响和决定着脂蛋白的代谢。

(四)血浆脂蛋白的生理功能

血浆脂蛋白在体内运输脂类时发生较为复杂的生化过程,不仅脂蛋白分子本身发生变化,也涉及许多脂蛋白分子以外的因子,如许多酶类和脂蛋白受体等。关于血浆脂蛋白的功能研究已经取得了巨大的进展。各类血浆脂蛋白的生理功能分述如下:

1. 乳糜微粒

乳糜微粒(CM)是在小肠上皮细胞中合成,是机体转运食物中三酰甘油的主要形式。

其组成中含有大量脂肪(约占 90%)和少量的蛋白质。小肠黏膜上皮细胞将从食物中吸收的脂类(如单酰某油、脂肪酸、胆固醇及溶血磷脂等)重新合成酯类,再裹上由内质网合成的蛋白质、磷脂、胆固醇等外壳组分,形成乳糜微粒。新生的乳糜微粒带有独有的 apo B 48,也含有少量的 apo A Ⅰ 和 apo A Ⅱ,由黏膜细胞的浆膜分泌到中心乳糜管,并从胸导管进入血液循环(图 10-3)。

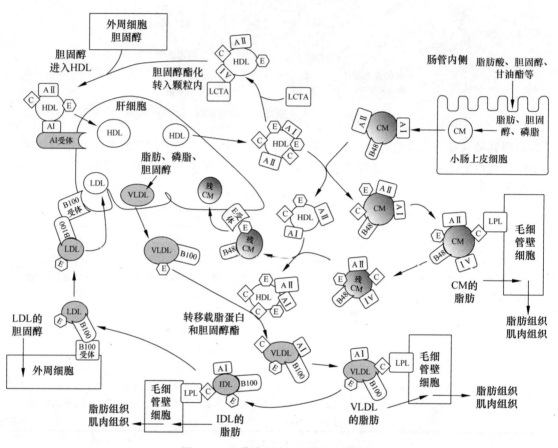

图 10-3　血浆脂蛋白功能转化示意图

乳糜微粒在血液中运输时,从 HDL 中获得 apo E 和 apo C,尤其是 apo C Ⅱ,转变为成熟的乳糜微粒。apo C Ⅱ 是脂蛋白脂肪酶的激活因子,能促使乳糜微粒中的脂肪水解。而脂蛋白脂肪酶(LPL)通过氨基多糖锚定在毛细血管内皮细胞的血管腔面上,特别是与脂肪的储存、利用和代谢关系密切的组织,如脂肪组织、骨骼肌、心肌及乳腺等组织中含量丰富。

成熟乳糜微粒在循环过程中,脂肪部分不断地被水解,产生的游离脂肪酸与清蛋白结合以增加溶解度,结果脂肪被组织摄取和利用,其相对含量减少,颗粒明显变小,胆固醇和胆固醇酯的含量相对丰富和增加,颗粒密度有所增加。apo A 和 apo C 也逐渐离开乳糜微粒回到 HDL,而 apo E 和 apo B48 仍保留在乳糜微粒中,形成**乳糜微粒残粒**(chylomicron remnant)。肝细胞含有 apo E 受体,可摄取乳糜微粒残粒,利用其中的三酰甘油、磷脂和胆固醇。总之,乳糜微粒的主要功能是运载外源性脂类,特别是三酰甘油。

由于乳糜微粒颗粒很大、反光性强,动物进食后,乳糜微粒含量高而使血浆混浊,但乳糜微粒中的脂肪在血浆中分解较快,数小时后,血浆便又澄清,这种现象称为脂肪廓清。给反刍动物饲喂低脂类饲料时,血浆中几乎不含乳糜微粒。

2. 极低密度脂蛋白

极低密度脂蛋白(VLDL)主要由肝细胞合成(少量来自肠黏膜细胞),主要成分也是脂肪,占50%～60%,而磷脂和胆固醇含量比乳糜微粒多。肝细胞利用自身合成的apo B100、apo E与三酰甘油、磷脂和胆固醇组装成新生的VLDL,其合成过程及分泌过程与合成乳糜微粒的过程类似,并直接分泌入血液循环。极低密度脂蛋白是转运内源性脂肪的主要运输形式。

新生的VLDL在血液中的经历与乳糜微粒相似,也接受来自HDL的apo,转变为成熟的VLDL,并被脂肪酶水解以供组织利用,随着水解过程的持续进行,颗粒体积变小,载脂蛋白、磷脂和胆固醇的含量相对增加,颗粒密度变大,转变为IDL。降解形成的IDL,一部分经Apo E介导的受体途径为肝细胞摄取利用。剩余未被肝细胞摄取的IDL,进一步受LPL作用,apo被转出,变为密度更大且仅含apo B100分子的LDL。换言之,LDL是在血液中由VLDL转变产生的。VLDL在血液中的半衰期为6～12h。正常情况下,空腹时血液中含有VLDL,其浓度与血液的三酰甘油的水平呈明显的正相关。

肝脏在脂肪代谢中具有重要作用。肝细胞中三酰甘油代谢活跃,能够把进入肝脏的脂类迅速合成VLDL而被运走,所以正常情况下,肝内脂肪含量并不高。但有些情况下,如高脂膳食、饥饿或糖尿病等所致的脂肪动员增强时,对肝脏的三酰甘油供应增加,以致相对含量升高。另外,在肝炎等所致的肝功能损伤及胆碱缺乏等情况下,由于肝细胞中载脂蛋白和磷脂合成障碍,导致脂蛋白形成减少,结果出现脂肪在肝中含量升高。长时间的脂肪过度蓄积将损害肝细胞的功能,最终形成脂肪肝。

3. 低密度脂蛋白

低密度脂蛋白(LDL)是血液中极低密度脂蛋白在循环过程中去掉部分脂肪及少量蛋白质后的残余部分。由于水解掉了一部分脂肪,故低密度脂蛋白中脂肪含量较少,而胆固醇与磷脂的含量相对增加,并且继续存在于循环系统中,为机体各组织提供胆固醇的主力成分。虽然全身各组织几乎均能自身合成胆固醇,但多数仍不同程度地依赖肝脏合成的胆固醇。因此认为,低密度脂蛋白是向肝外组织运送胆固醇(主要是胆固醇脂)的工具。

在正常情况下,大约2/3的LDL通过其受体介导的途径降解,其余的主要通过巨噬细胞等非受体介导途径清除。LDL受体能特异地识别apo B100,几乎分布于全身各组织细胞,但以肝细胞中最为丰富,约占全身LDL受体总数的3/4,因此肝是降解LDL的最主要器官。肾上腺、卵巢和睾丸等器官摄取和降解LDL的能力也较强,以利于利用胆固醇合成类固醇激素。

LDL在血浆中的半衰期为2～4天,是血液中胆固醇最主要的存在形式。血液中总胆固醇水平与低密度脂蛋白的含量成正比。LDL也被认为是致动脉粥样硬化的危险因子。

4. 高密度脂蛋白

高密度脂蛋白(HDL)主要在肝脏中生成和分泌,小肠也能少量合成。新生成的HDL呈盘状,最初在细胞内由蛋白质、磷脂及胆固醇形成高密度脂蛋白,其表面的apo AⅠ是卵磷脂-胆固醇脂酰转移酶(LCAT)的激活因子。

LCAT是由肝合成后分泌入血的。在血液中LCAT被apo AⅠ激活,催化HDL表面的磷脂酰胆碱第2位上的脂酰基被转移到游离胆固醇的第3位羟基上,形成胆固醇脂,成脂后因失去极性而移入脂蛋白内核,HDL表面游离胆固醇浓度降低,并促进外周组织游离胆固醇向 HDL 流动。HDL 内部的胆固醇酯逐渐增加,新生的盘状 HDL 就逐渐转变为成熟的球状 HDL,即颗粒较小、密度较大的 HDL_3。随着胆固醇酯含量的增加,颗粒变大,密度变小,逐步转变为 HDL_2。肝细胞的 apo A I 受体结合成熟的 HDL,吞入肝内,完成胆固醇由肝外组织向肝脏的转运。而 LDL 是将胆固醇运向肝外组织,这种相互转运,既保证了全身各种组织对胆固醇的需要,又避免外周组织因胆固醇过量而致病,对胆固醇在体内的平衡具有重要的生理意义。

HDL 作为 apo E 和 apo C 的储存库,使 apo E 和 apo C 不断穿梭于 CM、VLDL 和 HDL 之间,完成各种脂蛋白的转变和合理利用。这也说明,各类脂蛋白的代谢并不是彼此孤立的,而是相互联系和相互促进,彼此协调配合,共同完成血浆中脂类的转运和代谢。

◀◀ 知识卡片 10-1   脂肪肝   ▶▶

肝脏是脂类代谢的重要场所。肝脏中合成的脂类是以脂蛋白的形式被运出肝外,而磷脂是合成脂蛋白不可缺少的原料。因此,当肝中磷脂合成减少或合成的脂肪过多时,肝中的脂肪就不能被顺利运出,引起脂肪在肝中堆积,称为脂肪肝。脂肪肝影响肝细胞的功能,进而使肝细胞坏死,结缔组织增生,形成肝纤维化,继续发展造成肝硬化。

形成脂肪肝的原因有两方面:一方面是脂肪合成过多。从饲料中摄取过量的糖类和脂肪,这些物质进入肝脏,使肝脏脂肪合成增多;饥饿、创伤及糖尿病等原因使脂肪组织脂肪动员增加,大量游离脂肪酸进入肝脏重新合成脂肪,这两个原因引起肝中脂肪合成增加;如果肝脏中脂肪酸氧化利用受阻,也相对引起肝内脂肪合成过多。另一方面是肝脏输出脂肪障碍。肝内形成的脂肪需要形成脂蛋白(主要是 VLDL)才能被运出,但肝内载脂蛋白缺少或 VLDL 的形成受阻时,肝中脂肪的运出发生障碍。肝内脂蛋白形成减少的主要原因有:①饲料中蛋白质缺乏使肝内氨基酸供应减少,影响脂蛋白的形成;②肝功能损伤引起的三酰甘油与载脂蛋白结合障碍;③磷脂酰胆碱合成障碍,合成磷脂需要必需脂肪酸和胆碱,胆碱直接来自食物或由某些氨基酸(特别是甲硫氨酸或丝氨酸)在体内转变而来。因此,当胆碱和必需脂肪酸缺乏时,磷脂在肝内合成就会减少,以致影响脂蛋白的合成。此外,维生素 B_{12} 和叶酸是转甲基作用的必要因素(即合成胆碱的辅助因素)。因此,治疗脂肪肝时应该根据病因,添补这些物质以有利于治疗。另外,肌醇也有防治脂肪肝的作用,可能是合成肌醇磷脂,利于脂蛋白合成和脂类的运输。多种不饱和脂肪酸也有抗脂肪肝的作用。

第三节   脂肪的分解

储存于脂库中的脂肪不断动员以供分解、氧化,同时又不断把食物中提供的脂肪进行储存而得到补充,使各组织中的脂肪不断进行自我更新。正常情况下,脂肪的分解与合成始终处于动态平衡。

脂肪分解是机体提供能量的重要手段之一。脂肪分解不像糖一样能够在无氧条件下进行,必须有充分的氧气才能分解。大多数组织细胞都能以脂肪酸为能源,甚至有的组织,如心肌和骨骼肌以脂肪酸为主要能源。而成熟的红细胞因为没有线粒体不能以脂肪酸氧化来供能,只能利用糖酵解。由于脂肪酸不易穿过血脑屏障,脑组织基本上不能利用脂肪酸氧化产能,但能利用**酮体**(ketone body)供能。

一、 脂肪的动员

贮存在脂肪细胞中的三酰甘油在体内氧化时,首先需要脂肪酶的催化作用,最终水解成甘油和脂肪酸,这个过程称为**脂肪动员**。

水解脂肪的酶有多种,除了活性受调节的脂肪酶外,还有活性较高的二酰甘油酶和单酰甘油酶,分别特异性地作用于不同酯化程度的甘油酯分子上,而对 3 个酰基链的水解顺序取决于相关脂肪酶的特异性。脂肪水解过程见图 10-4。

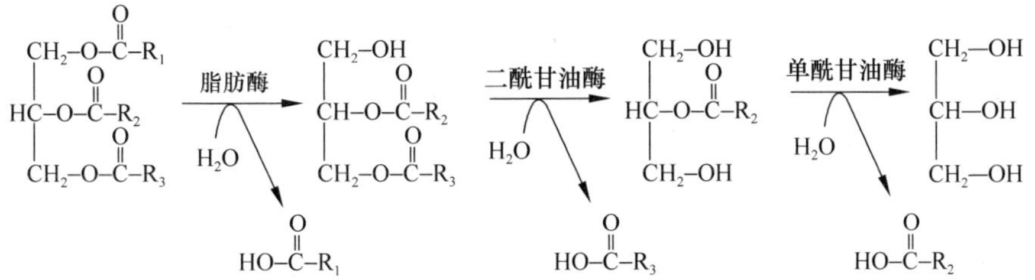

图 10-4 脂肪的水解

脂肪的水解也发生在脂蛋白脂肪酶作用下的乳糜微粒、极低密度脂蛋白等处,生成的甘油和脂肪酸被组织摄取,再利用或分别进行氧化分解。甘油可溶于水,分子又小,极易扩散进入血液,运至肝脏重新用以合成三酰甘油或异生成糖。而脂肪酸水溶性较低,在血液中**游离脂肪酸**(free fatty acid,FFA)的最大溶解度约为 10^{-3} mmol/L,而脂肪酸与血液中的血清白蛋白结合后,其有效溶解度可达 2mmol/L,即白蛋白有助于脂肪酸溶解度的提高。

二、 甘油的代谢

脂肪水解产生的甘油,在肝、肾及泌乳期的乳腺等细胞中,由 ATP 供能,Mg^{2+} 为激活剂,在**甘油激酶**(glycerol kinase)作用下生成 α-磷酸甘油,再由磷酸甘油脱氢酶催化,以 NAD^+ 为辅酶,脱氢生成磷酸二羟丙酮,后者可循糖酵解途径进行代谢。当脂肪大量动员时,甘油主要经糖异生途径生成葡萄糖或糖原。当葡萄糖供应充分时,来自脂肪库的甘油被氧化分解,在供氧不足时,生成乳酸,提供少量能量;在供氧充足时,可经三羧酸循环彻底氧化生成二氧化碳和水,并提供大量能量。但在脂肪分子中甘油只占很少的一部分,能量供应的主体还是脂肪酸部分。磷酸二羟丙酮也可再转变为磷酸甘油后重新用以合成三酰甘油。磷酸甘油经磷酸酶水解可生成甘油。甘油的代谢过程如图 10-5 所示。

三、 脂肪酸的分解代谢

除脑组织外,脂肪酸在许多组织细胞内都能进行氧化分解,提供能量。脂肪酸是心肌、肝脏、骨骼肌和肾脏等组织的主要能量来源,但以肌肉组织和肝脏最为活跃。尤其在饥饿时,大多数组织均以脂肪酸为能量获取主要来源,以减少葡萄糖的用量,保证大脑的葡萄糖供应。脂肪酸的氧化分解主要发生在细胞的线粒体中,氧化作用从脂肪酸的 β 碳原子开始,因此称为 β-氧化。

脂肪酸的氧化包括脂肪酸的活化,活化的脂肪酸经载体协助进入线粒体,脂肪酸经 β-

氧化生成乙酰 CoA,以及乙酰 CoA 经三羧酸循环彻底氧化分解成二氧化碳和水等过程。在氧化过程中逐步释放能量,并产生大量 ATP。

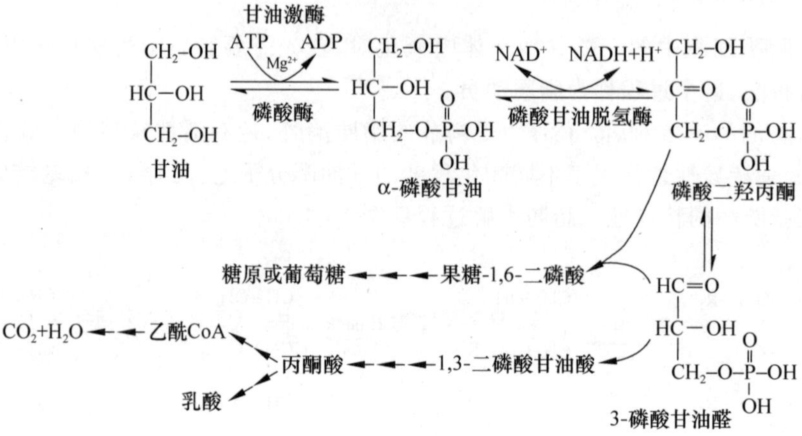

图 10-5 甘油的代谢过程

知识卡片 10-2 脂肪酸氧化方式的提出

1904 年,德国生物化学家 Franz 和 Knoop 为了阐明脂肪酸在体内的分解方式,进行了一系列动物实验。由于苯基在体内不能被分解,他们将脂肪酸末端接上苯环后的食物喂狗,即用 ω(最后一个)碳原子被苯环标记的脂肪酸喂狗,再从它们的尿中分离含苯基的代谢物。这是 Knoop 首次用化学标记来示踪物质的代谢途径。结果发现,饲喂用苯基标记的含奇数碳原子的脂肪酸时,尿液中可检测到**苯甲酸**(benzoic acid)的甘氨酰胺衍生物**马尿酸**(hippuric acid);如果用苯基标记的含偶数碳原子的脂肪酸来饲喂动物,尿中可检测到**苯乙酸**(phenylacetic acid)的甘氨酰胺衍生物**苯乙尿酸**(phenylaceturic acid)。分析原因为分解产生的终产物苯甲酸、苯乙酸,在肝脏中发生生物转化后分别与甘氨酸结合,生成马尿酸和苯乙尿酸后排出体外。

Knoop 据此推断脂肪酸是每次分解出一个二碳片断而逐步降解的,并且认为脂肪酸的氧化是从羧基端 β 碳原子开始的。否则,苯乙酸会进一步氧化成苯甲酸。在 1941 年,德国科学家 Schoeuheimer 通过给小鼠饲喂用氘标记的硬脂酸实验后,进一步证实了 Knoop 的β-氧化学说,即 β-氧化途径是发生在肝及其他细胞线粒体内的一系列不断去除二碳单元的酶促反应过程。

脂肪酸 β-氧化的发现,鼓励我们在追求科学真理的道路上,要敢于尝试和探索。

(一)脂肪酸的活化

利用脂肪酸的第一步是将其活化生成脂酰 CoA,该反应由内质网和线粒体外膜上的脂酰 CoA 合成酶(也称脂肪酸硫激酶)催化,由 ATP 水解供能,消耗两个高能键,释放的自由能一部分转存到高能硫酯键中,生成脂酰 CoA。

$$RCOOH + ATP + HSCoA \xrightarrow{\text{脂酰 CoA 合成酶}} RCO \sim SCoA + AMP + PPi$$

（二）脂酰 CoA 进入线粒体

大多数脂酰 CoA 在线粒体外生成,而氧化作用是在线粒体内进行的。由于 CoA 及其衍生物均不能直接穿过线粒体内膜,长碳链脂酰 CoA 必须通过一种特异的转运载体透过线粒体内膜,这个载体就是 L-3-羟-4-三甲氨基丁酸,也称**肉碱**(carnitine)。脂酰 CoA 的酰基转移到肉碱的羟基上生成脂酰肉碱,脂酰肉碱的合成如图 10-6 所示。

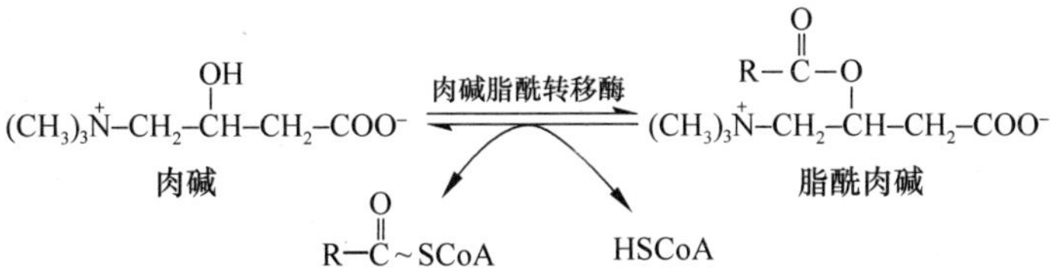

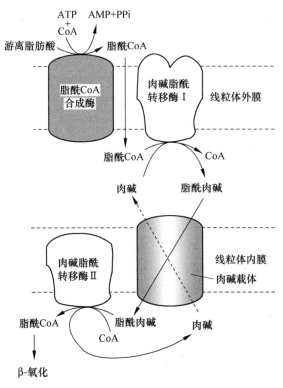

图 10-6　脂酰肉碱的合成

此转运过程发生在线粒体的内膜内侧和外膜内侧。肉碱与脂酰 CoA 在肉碱脂酰转移酶Ⅰ催化下,释放 CoA,生成脂酰肉碱;随即在肉碱载体蛋白的协助下,通过线粒体内膜,在肉碱脂酰转移酶Ⅱ的催化下,脂酰肉碱脱去肉碱,又重新形成脂酰 CoA。这样线粒体外的长碳链脂酰 CoA 被转入线粒体内,开始通过 β-氧化途径进行作用。脂酰 CoA 进入线粒体的机制如图 10-7 所示。

图 10-7　脂酰 CoA 由肉碱协助进入线粒体的机制

而短或中链脂酰 CoA 分子(10 个碳链以下)就不依赖肉碱传递,可直接进入线粒体进行氧化。

（三）脂肪酸的 β-氧化过程

1. 偶数碳饱和脂肪酸的氧化

进入线粒体内的脂酰 CoA，在基质中经一系列酶促反应进行氧化分解，脂酰 CoA 每进行一次 β-氧化，即要经过脱氢、加水、再脱氢和硫解四步反应，同时生成 1 分子二碳单位的乙酰 CoA 和比原来少两个碳原子的脂酰 CoA，如此反复进行，直至脂酰 CoA 全部分解成乙酰 CoA。其详细过程如下：

（1）脱氢氧化。脂酰 CoA 在**脂酰 CoA 脱氢酶**（acyl CoA dehydrogenase）催化下，在 α、β 碳原子上各脱去一个氢原子，生成反式 α、β 烯脂酰 CoA，此反应中的脱氢酶以黄素腺嘌呤二核苷酸（FAD）为辅基，生成的 $FADH_2$ 经过呼吸链传递生成 H_2O 和 ATP。

在线粒体中，催化第一步脱氢反应的脂酰 CoA 脱氢酶有多种，分别对短碳链、中碳链和长碳链的脂酰 CoA 具有不同的专一性，催化长碳链脂肪酸氧化的酶与膜结合，而催化中碳链及短碳链酰基 CoA 氧化的酶位于线粒体基质中，属于可溶性蛋白。这种特性对脂肪酸分解具有一定的适应作用。

（2）加水。α、β 烯脂酰 CoA 在**烯脂酰 CoA 水合酶**（enoly CoA hydratase）催化下，在其双键上加一分子水，生成 L-β-羟脂酰 CoA。

（3）再脱氢。L-β-羟脂酰 CoA 在 **L-β-羟脂酰 CoA 脱氢酶**（L-β-hydroxyacyl CoA dehydrogenase）催化下，脱去 β-碳原子与 β-羟基上的各一个氢原子，生成 β-酮脂酰 CoA，该脱氢酶的辅酶为 NAD^+，生成的 $NADH+H^+$ 经过呼吸链传递生成 H_2O 和 ATP。

（4）硫解。β-酮脂酰 CoA 在 **β-酮脂酰 CoA 硫解酶**（β-ketoacyl-CoA thiolase）催化下，与 HSCoA 作用，断开 α、β 之间的碳碳键，分解生成 1 分子乙酰 CoA 和 1 分子较原来少两个碳原子的脂酰 CoA。硫解反应与水解反应的不同之处是，碳链断裂时释放的能量以高能硫酯键形式留在了脂酰 CoA 内，而没有以热能的形式释放出来。

综上所述，1 分子脂酰 CoA 经过上述四步反应，产生 1 分子乙酰 CoA 和 1 分子比原来少两个碳的脂酰 CoA，新生成的脂酰 CoA 可再重复上述一系列反应过程。含偶数碳的脂肪酸共进行 $\frac{n}{2}-1$ 轮反应，将完全分解为乙酰 CoA。乙酰 CoA 可进入三羧酸循环彻底氧化成 CO_2 和 H_2O 并释放能量，乙酰 CoA 也可参与其他合成代谢。在循环过程中脱下的氢，经呼吸链传递生成 H_2O 并释放能量。脂酰 CoA 的 β-氧化反应过程如图 10-8 所示。

（5）脂肪酸彻底分解所提供 ATP 的数量　脂肪酸经 β-氧化分解成若干个乙酰 CoA 和还原型辅酶，线粒体基质中的还原型辅酶经过内膜上的呼吸链传递，生成 H_2O 和 ATP，乙酰 CoA 再经三羧酸循环氧化，最终生成 CO_2 和 H_2O。以棕榈酸（十六烷酸）为例来看，棕榈酸彻底氧化共需经过 7 次 β-氧化过程，每进行一次 β-氧化可生成 1 分子乙酰 CoA、1 分子 $FADH_2$、1 分子 $NADH+H^+$。因此总的结果如下：

棕榈酰 CoA + 7FAD + 7NAD$^+$ + 7CoA + 7H$_2$O $\longrightarrow$ 8 乙酰 CoA + 7FADH$_2$ + 7NADH + 7H$^+$

每分子 $NADH+H^+$ 经氧化后可产生 2.5 分子 ATP，而每分子 $FADH_2$ 则产生 1.5 分子 ATP。故 7 分子 $NADH+H^+$ 产生 17.5 分子 ATP，7 分子 $FADH_2$ 产生 10.5 分子 ATP；每分子乙酰 CoA 经三羧酸循环氧化时可产生 10 分子 ATP，故 8 分子乙酰 CoA 可产生 80 分子 ATP。以上总共产生 108 分子 ATP。但脂肪酸活化生成脂酰 CoA 时要消耗两个高能键，因此，彻底氧化 1 分子棕榈酸净生成 106 分子 ATP。

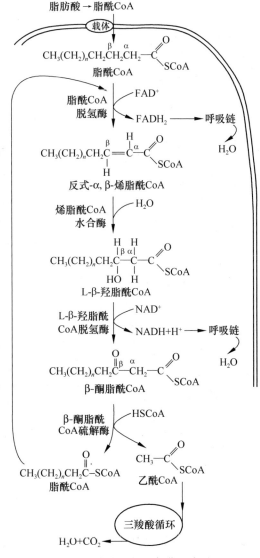

图 10-8　脂肪酸的 β-氧化反应过程

2. 不饱和脂肪酸的氧化

在线粒体内，不饱和脂肪酸与饱和脂肪酸一样经 β-氧化而被利用。首先脂肪酸需要激活，在无双键处先经 β-氧化，可生成在近酰基端含双键的中间产物，之后需要一个异构酶和一个还原酶作用，变成正常 β-氧化的底物后继续进行 β-氧化。如**油酰 CoA**（oleoyl CoA，顺-9-十八碳烯脂酰 CoA）经过 3 次 β-氧化生成顺-3-十二碳烯脂酰 CoA，而 β-氧化过程中的烯脂酰 CoA 水化酶，需要的底物是反-2-烯脂酰 CoA，因此，顺-3-十二碳烯脂酰 CoA 需要由**烯脂酰 CoA 异构酶**（enoyl CoA isomerase）的催化，转变成反-2-十二碳烯脂酰 CoA，然后开始进行第 4 次 β-氧化的第二步过程，与正常的 β-氧化相比少进行第一步的脱氢过程，代替的是异构反应，之后分解过程和 β-氧化完全一样。

多不饱和脂肪酸的氧化过程更复杂一些，如**亚油酰 CoA**（linoleoyl CoA，顺-9,12-十八碳二烯脂酰 CoA）与上面的反应一样进行到第 4 次 β-氧化，到第 5 次 β-氧化的第一次脱氢后生成反-2-顺-4-十碳二烯脂酰 CoA，此时需要 2,4-二烯酸 CoA 还原酶的催化，由辅酶Ⅱ供氢，生成反-

3-十碳烯脂酰 CoA,再由烯脂酰 CoA 异构酶使之变成反-2-十碳烯脂酰 CoA,变成正常的 β-氧化的底物,继续 β-氧化过程,直至彻底分解成乙酰 CoA。亚油酰 CoA 的氧化分解过程见图 10-9。

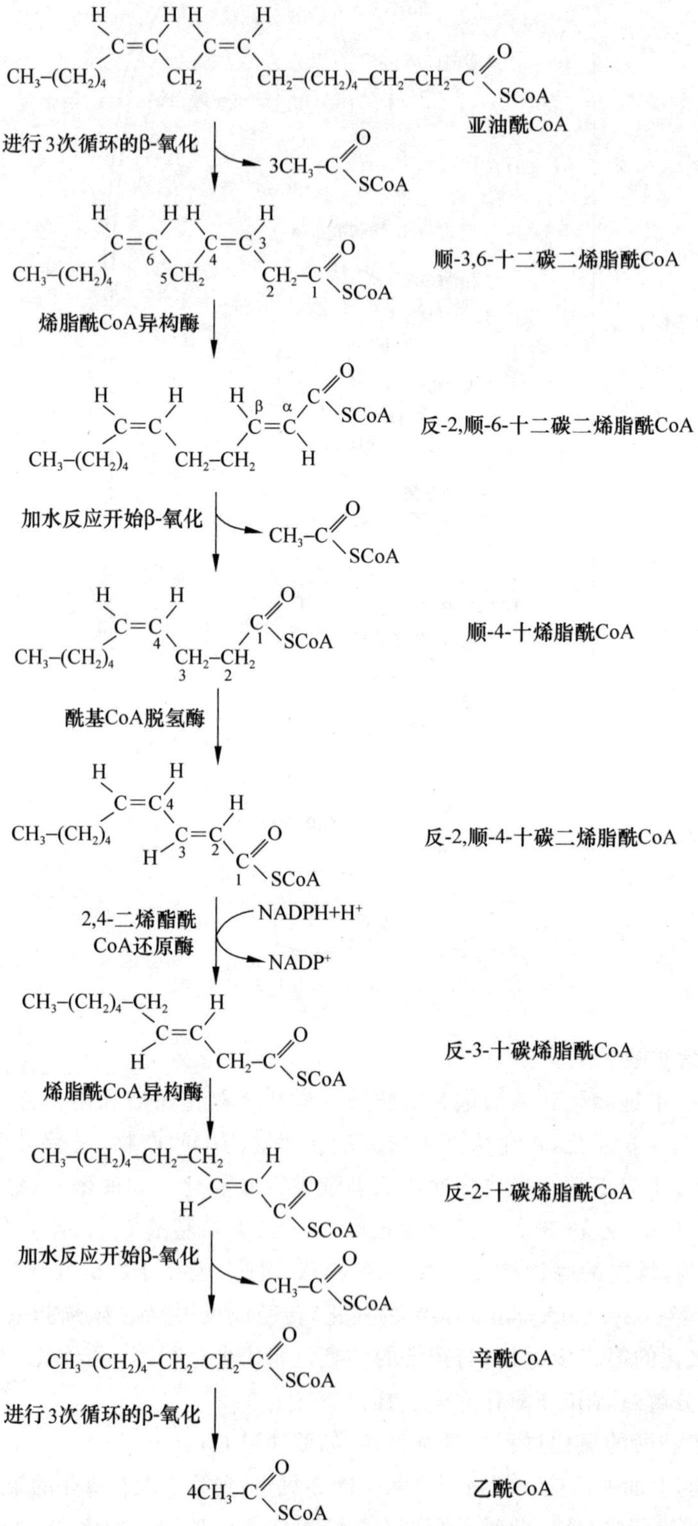

图 10-9　亚油酰 CoA 的氧化分解过程

3. 奇数碳链脂肪酸的氧化

天然存在的脂肪酸绝大多数是偶数碳链脂肪酸,奇数碳链脂肪酸在哺乳动物组织中十分罕见,但奇数碳链脂肪酸的代谢对反刍动物较为重要。如在反刍动物瘤胃中,发酵产生的低级脂肪酸组成中,乙酸占 70%,丙酸占 20%,丁酸占 10%,奇数碳链脂肪酸氧化提供的能量相当于它们所需能量的 25%。此外,体内异亮氨酸、缬氨酸和甲硫氨酸分解过程中脱氨基后的碳架,经过一系列代谢过程也会产生丙酰 CoA。长链奇数碳链脂肪酸在开始分解时与偶数碳链脂肪酸一样,直到剩下末端的三个碳原子,即生成丙酰 CoA 时,就停止进行 β-氧化。而丙酰 CoA 需要被羧化生成甲基丙二酸单酰 CoA 后继续进行代谢。现将丙酸代谢介绍如下。

丙酸与前面叙述的脂肪酸活化一样首先在丙酰 CoA 合成酶(硫激酶)催化下,由 ATP 水解供能,把 CoA 替换至羧基的羟基上,生成丙酰 CoA。然后丙酰 CoA 在丙酰 CoA 羧化酶催化下,与 CO_2 作用生成甲基丙二酸单酰 CoA,这与其他羧化反应一样,也需消耗 ATP,并需生物素参与。生成的甲基丙二酸单酰 CoA 在甲基丙二酸单酰 CoA 变位酶的作用下,通过分子内部的重新排列,C2 上的 -CO-SCoA 转移到 C3 上来,于是甲基丙二酸单酰 CoA 转变为琥珀酰 CoA,这个变位酶的辅酶为维生素 B_{12}。琥珀酰 CoA 是三羧循环中的一个成员,可异生成葡萄糖或糖原,或者氧化分解为 CO_2 和 H_2O。

现在已知反刍动物体内的葡萄糖,约 50% 来自丙酸,其余大部分来自氨基酸,可见丙酸代谢对反刍动物非常重要。奇数碳链脂酰 CoA 和丙酸的具体氧化反应过程见图 10-10。

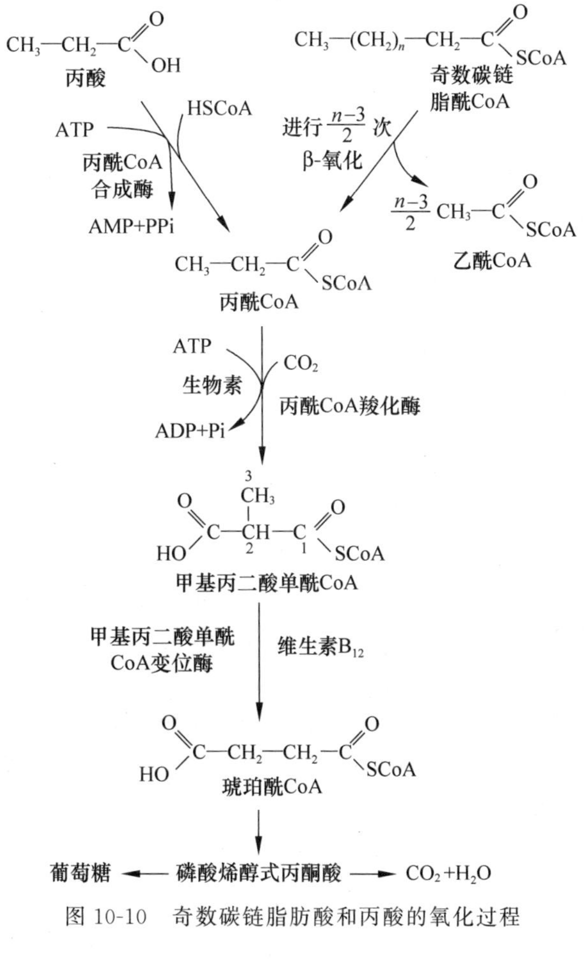

图 10-10　奇数碳链脂肪酸和丙酸的氧化过程

(四) 脂肪酸的其他氧化方式

脂肪酸的氧化除 β-氧化作用外,在动物体内还有 α-氧化和 ω-氧化方式。

1. 脂肪酸的 α-氧化

在动物肝和脑组织中,存在脂肪酸的 α-氧化途径。该途径发生在线粒体和内质网中,以游离脂肪酸为底物,由单加氧酶和脱羧酶参与,分子氧间接参与氧化过程。即在脂肪酸的 α-碳原子上先羟化生成羟脂酸,再脱氢生成酮脂酸,最后脱羧生成少一个碳原子的脂肪酸。每进行一次氧化过程,从脂肪酸的羧基端减掉一个碳原子,生成缩短一个碳原子的脂肪酸和 CO_2。如植烷酸等带支链的脂肪酸分子先通过 α-氧化的方式进行分解,然后剩下的脂肪酸部分如符合要求即可进行 β-氧化。可能的反应过程如下:

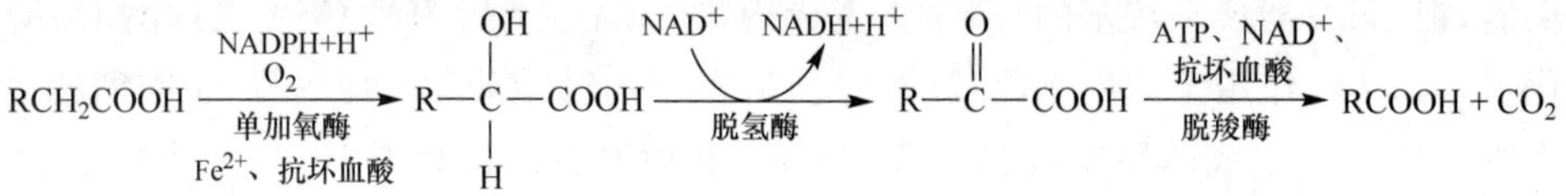

$$RCH_2COOH \xrightarrow[\substack{单加氧酶 \\ Fe^{2+}、抗坏血酸}]{\substack{NADPH+H^+ \\ O_2}} R-\underset{\underset{H}{|}}{\overset{\overset{OH}{|}}{C}}-COOH \xrightarrow[脱氢酶]{NAD^+\ NADH+H^+} R-\overset{\overset{O}{||}}{C}-COOH \xrightarrow[脱羧酶]{\substack{ATP、NAD^+、\\抗坏血酸}} RCOOH + CO_2$$

2. 脂肪酸的 ω-氧化

在动物肝脏的微粒体中,存在着一种酶系,能够将中链脂肪酸末端的碳原子(即 ω 位)氧化成羟基,再进一步氧化成 ω-羧基,变成 α,ω-二羧酸。二羧酸形成后转入线粒体内,以后可在两端任何一个羧基端进行 β-氧化,最后转变成琥珀酰 CoA,进入三羧酸循环被彻底氧化。ω-氧化的反应过程如下:

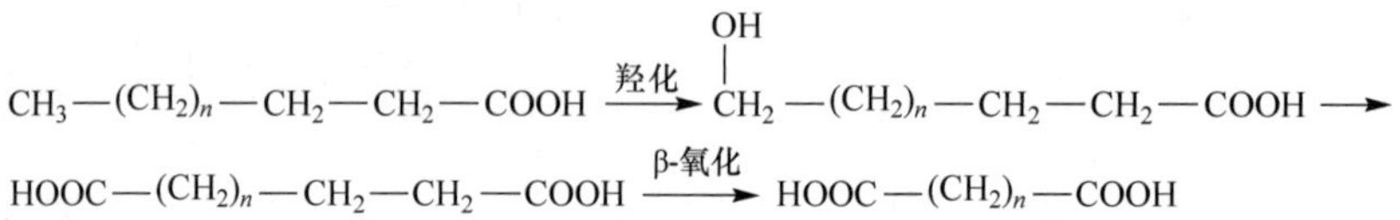

$$CH_3-(CH_2)_n-CH_2-CH_2-COOH \xrightarrow{羟化} \overset{\overset{OH}{|}}{CH_2}-(CH_2)_n-CH_2-CH_2-COOH \longrightarrow$$

$$HOOC-(CH_2)_n-CH_2-CH_2-COOH \xrightarrow{β-氧化} HOOC-(CH_2)_n-COOH$$

(五) 酮体的生成和利用

在正常情况下,脂肪酸在心肌、骨骼肌等组织中能被彻底氧化为 CO_2 和 H_2O,但在肝细胞中的氧化则不很完全,经常出现一些脂肪酸氧化的中间产物,即**乙酰乙酸**(acetoacetate)、**β-羟丁酸**(β-hydroxybutyrate)和**丙酮**(acetone),这三种物质统称为酮体。其中以 β-羟丁酸含量最多,约占总量的 70%,乙酰乙酸约占 30%,丙酮含量极微。肝脏生成的酮体要转运到肝外组织去利用,因此正常血液中含有少量的酮体。

1. 酮体的生成

在肝脏线粒体内,脂肪酸 β-氧化生成的乙酰 CoA 有一些不进入三羧酸循环分解,而是由硫解酶催化,使 2 分子乙酰 CoA 缩合成 1 分子乙酰乙酰 CoA,再与 1 分子乙酰 CoA 缩合成 **β-羟-β-甲基戊二酸单酰 CoA**(β-hydroxy-β-methyl-glutaryl-CoA,HMG-CoA)。该反应由 HMG-CoA 合成酶催化,反应需 1 分子水,同时消耗一个高能硫酯键,是不可逆反应,此反应也是酮体生成的关键步骤。HMG-CoA 在裂合酶作用下裂解成乙酰乙酸和乙酰 CoA。乙酰乙酸在肝脏中由 β-羟丁酸脱氢酶催化,还原成 β-羟丁酸。乙酰乙酸还可自动脱羧生成丙酮。正常情况下,丙酮的生成量很少。但在重症糖尿病时,乙酰乙酸和丙酮的浓度都会升高。酮体生成过程如图 10-11 所示。

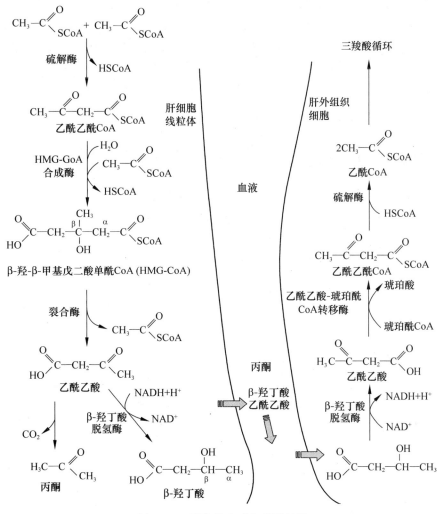

图 10-11 酮体的生成和利用过程

2. 酮体的利用

在肝脏中生成酮体的酶活力较高,但缺乏利用酮体的酶,肝脏产生的 β-羟丁酸和乙酰乙酸能为许多肝外组织(包括心、脑、肾、骨骼肌等)提供能量,尤其是当葡萄糖供应不足时,在肝脏线粒体内生成的酮体会迅速进入血液循环,运送到肝外组织进行氧化供能。

酮体在肝外组织的线粒体中进行代谢。β-羟丁酸由 β-羟丁酸脱氢酶催化,生成乙酰乙酸,其辅酶为 NAD^+。乙酰乙酸再由**乙酰乙酸-琥珀酰 CoA 转移酶**(acetoacetate-succinyl-CoA transferase,又称辅酶 A 转硫酶)催化生成乙酰乙酰 CoA 和琥珀酸,其中琥珀酰 CoA 作为 CoA 的供体,该酶主要分布在利用酮体的组织中,肝中没有此酶。乙酰乙酰 CoA 继续在乙酰乙酰 CoA 硫解酶的作用下生成 2 分子乙酰 CoA,后者进入三羧酸循环被氧化成 CO_2 和 H_2O,并释放出能量。少量的丙酮可以转变为丙酮酸或乳酸后再进一步代谢。酮体的分解利用见图 10-11。

3. 酮体生成的生理意义

酮体是脂肪酸在肝脏氧化分解过程中产生的正常中间代谢物,是肝脏输出能源的一种形式。动物饥饿时,血糖含量可降低 20%～30%,而血浆脂肪酸和酮体含量可分别提高 5

倍和 20 倍。这时动物可优先利用酮体以节约血糖,从而满足大脑等组织对葡萄糖的需求。在动物饥饿 48 h 后,大脑可利用酮体代替其所需葡萄糖量的 25%~75%。酮体是水溶性小分子,能通过肌肉毛细血管壁和血脑屏障,因此成为适合肌肉和脑组织利用的能源物质。由此可见,与长链脂肪酸相比,酮体能更为有效地代替葡萄糖。机体的这种安排只是把脂肪酸的氧化分解集中在肝脏进行,由肝脏先把它"消化"成为酮体,以利于其他组织更好地利用。

知识卡片 10-3　　　　　酮体症

第四节　脂肪的合成

　　动物体在一定时间内摄入的供能物质超过其消耗时,体内就会合成脂肪,引起体重增加,脂肪主要贮存在脂肪组织中。脂肪的合成有两种途径:一种是直接利用饲料中吸收进来的脂肪组分转化为自身的脂肪;另一种是将糖或氨基酸的碳架转变为脂肪,这是体内脂肪的主要来源。虽然机体的许多组织,如肾、脑、肺、乳腺等组织均能合成脂肪,但脂肪组织和肝脏是体内合成脂肪的主要场所。不同动物合成脂肪的主要组织及主要的合成原料见表 10-3。动物体合成脂肪的直接原料是 α-磷酸甘油和脂酰 CoA。这两种物质均可由糖代谢的中间产物转化而来。

表 10-3　不同动物合成脂肪的主要组织及主要的合成原料

动　物	主要合成组织	主要合成原料
绵羊	脂肪组织	乙酸
乳牛	脂肪组织	乙酸
猪	脂肪组织	葡萄糖
兔	肝脏和脂肪组织	葡萄糖
鼠	肝脏和脂肪组织	葡萄糖
鸡	肝脏	葡萄糖

一、α-磷酸甘油的生物合成

　　动物体内糖分解代谢的中间产物磷酸二羟丙酮,在磷酸甘油脱氢酶催化下可还原成 α-磷酸甘油,用于脂肪合成。此外,从食物中消化吸收的甘油和脂肪分解产生的甘油,在某些组织(如肝、肾等)中由甘油激酶催化,可生成 α-磷酸甘油,但脂肪组织及肠黏膜中不含甘油激酶,这些组织不能利用甘油合成脂肪。α-磷酸甘油的生成过程见图 10-5。

二、 脂肪酸的生物合成

早在 1945 年，David Rittenberg 等人通过同位素标记技术证明，脂肪酸生物合成的缩合单位是乙酸的衍生物。随后的研究表明，脂肪酸合成需要乙酰 CoA 和碳酸氢盐。说明脂肪酸的合成过程与脂肪酸的氧化过程有相似之处，但两种途径无论从在细胞内的定位和反应所需的酶系来看，并不是简单的逆行过程。

脂肪酸合成是利用乙酰 CoA 在细胞质中进行的，首先合成饱和的直链十六碳脂肪酸，即棕榈酸，其他脂肪酸则是通过对棕榈酸的修饰而生成，如在线粒体和微粒体中，每次添加一个二碳单位来延伸得到不同长短的脂肪酸，然后再通过脱氢作用，得到部分不饱和脂肪酸。

（一）合成脂肪酸的原料及脂肪酸合酶

生物合成脂肪酸的直接原料是乙酰 CoA，因此凡是在体内能分解成乙酰 CoA 的物质（如糖、氨基酸的碳骨架等）都能合成脂肪酸，其中葡萄糖是乙酰 CoA 的主要来源。糖转变成乙酰 CoA 是在线粒体内进行的，而饱和脂肪酸的生物合成主要是经过细胞内的非线粒体合成途径，即在细胞质中乙酰 CoA 在脂肪酸合酶复合体的催化下完成的。

1. 乙酰 CoA 的来源

葡萄糖经酵解途径分解后，生成丙酮酸，进入线粒体氧化脱羧生成乙酰 CoA。脂肪酸也是经活化后，转运到线粒体内，经 β-氧化分解生成乙酰 CoA。而脂肪酸的合成却是在细胞质中进行的，因此需要把乙酰 CoA 转移出去，可是乙酰 CoA 不能直接透过线粒体膜，这就需要相应的转运系统来完成。具体转运过程为：在线粒体内乙酰 CoA 与草酰乙酸缩合生成柠檬酸，柠檬酸由载体协助透过线粒体膜到达胞液中，然后在柠檬酸裂解酶催化下，由ATP 水解供能，分解生成乙酰 CoA 和草酰乙酸，该乙酰 CoA 即可作为合成脂肪酸的原料，用于合成脂肪酸。而胞液中的草酰乙酸不能透过线粒体膜，需在苹果酸脱氢酶的催化下，转变成苹果酸，此过程需要辅酶Ⅰ的参与，苹果酸也可直接进入线粒体，但这个过程生成的苹果酸主要由苹果酸酶催化，由辅酶Ⅱ接受氢，氧化脱羧生成丙酮酸，然后丙酮酸进入线粒体，再经丙酮酸羧化酶的催化生成草酰乙酸，完成该循环，此过程称为**柠檬酸-丙酮酸循环**（citrate pyrurate cycle）。通过这一循环过程，使线粒体内的乙酰 CoA 源源不断地进入胞液中，以合成脂肪酸。柠檬酸-丙酮酸循环见图 10-12。

成年反刍动物的乙酰 CoA 来源与非反刍动物有所不同，不是从葡萄糖转变而来的，而是来自乙酸。这是因为在成年反刍动物，如乳牛、绵羊和山羊等非泌乳期的乳腺中，柠檬酸裂解酶和苹果酸酶的活性都很低，即由柠檬酸裂解生成乙酰 CoA 的量很少，因此从葡萄糖分解生成的乙酰 CoA 来合成脂肪酸的可能性很小；相反，瘤胃中产生的大量乙酸可用来合成乙酰 CoA。研究表明，几乎所有 14 碳以下的脂肪酸和 50％的 16 碳脂肪酸由乙酸来合成，少量的由 β-羟丁酸合成。

2. NADPH 的来源

与糖相比，脂肪酸是高度还原的，因而合成过程中需要有多次加氢还原反应，该反应的直接供氢体是 NADPH。脂肪酸合成所需的 NADPH 主要有两个来源：一是在柠檬酸-丙酮酸循环过程中，苹果酸在苹果酸酶作用下生成丙酮酸时生成的 NADPH；二是磷酸戊糖途径中生成的大量 NADPH 来提供。

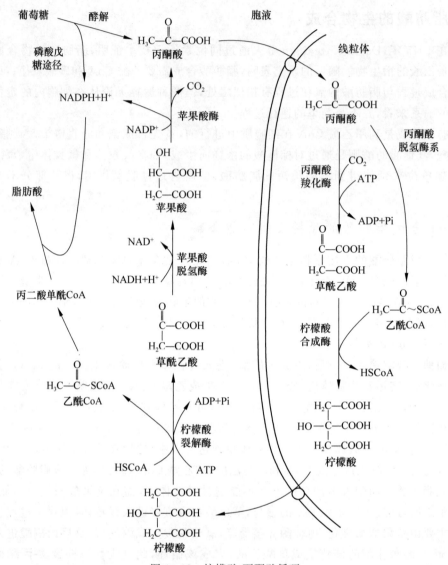

图 10-12　柠檬酸-丙酮酸循环

3. 脂肪酸合酶

脂肪酸合酶在植物和大肠埃希菌中是由不同的 7 种多肽链聚合而成的多酶复合体。而在哺乳动物中这种复合体呈红色颗粒,是二聚体,每个亚单位由含 7 种酶活性(乙酰转移酶、丙二酸单酰转移酶、β-酮脂酰合酶、β-酮脂酰还原酶、β-羟脂酰脱水酶、烯脂酰还原酶和硫酯酶)的单条肽链和酰基载体蛋白组成,每个亚单位相对分子质量为 26 万。该肽链包括三个结构域,其中结构域Ⅰ中含有 β-酮脂酰合酶、丙二酸单酰转移酶和乙酰转移酶,结构域Ⅱ内含有 β-羟脂酰脱水酶、烯脂酰还原酶和 β-酮脂酰还原酶,硫酯酶在结构域Ⅲ中,酰基载体蛋白在Ⅱ、Ⅲ结构域之间,两个亚单位之间呈头尾相连排列。哺乳动物脂肪酸合酶结构示意图见图 10-13。

(二)脂肪酸合成过程

体内脂肪酸的合成是一个相当复杂的过程,每次增加一个二碳单位,碳链不断地延长。

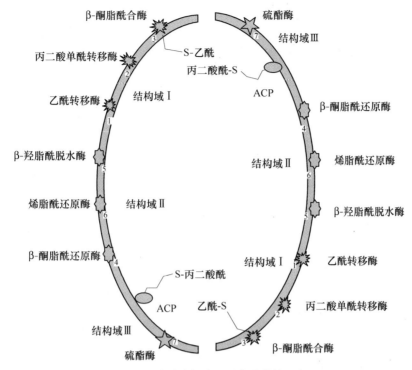

图 10-13 哺乳动物脂肪酸合酶结构示意图

虽然所需的碳源均来自乙酰 CoA,但合成过程中直接参与合成反应的乙酰 CoA 仅有 1 分子,其余乙酰 CoA 需先在**乙酰 CoA 羧化酶**(acetyl CoA carboxylase)作用下,先羧化成**丙二酸单酰 CoA**(malonyl CoA)后才能进入脂肪酸的合成途径。

1. 丙二酸单酰 CoA 的合成

乙酰 CoA 在乙酰 CoA 羧化酶催化下,固定 CO_2 生成丙二酸单酰 CoA。此酶的辅酶是生物素,生物素以共价键将其羧基与羧化酶相连接。羧化过程分两步进行,首先在 ATP 水解作用下,使 CO_2 连接在生物素分子上;然后再转移给乙酰 CoA 形成丙二酸单酰 CoA。该反应不可逆,且需 Mg^{2+}、Mn^{2+} 等参与,该羧化酶为别构酶,也是反应的限速酶,柠檬酸为其别构激活剂,棕榈酰 CoA 为其别构抑制剂。具体反应如下:

$$\underset{\text{乙酰CoA}}{H_3C-\overset{O}{\overset{\|}{C}}\sim SCoA} \xrightarrow[\text{乙酰CoA羧化酶}]{\overset{CO_2\quad ATP}{\overset{\text{生物素}}{\longrightarrow}}\overset{ADP+Pi}{\quad}} \underset{\text{丙二酸单酰CoA}}{HO-\overset{O}{\overset{\|}{C}}-H_2C-\overset{O}{\overset{\|}{C}}\sim SCoA}$$

2. 脂肪酸的合成

脂肪酸合成从乙酰 CoA 与丙二酸单酰 CoA 缩合开始。由于缩合时伴有脱羧反应,所以虽然 2 碳单位和 3 碳单位相加,而产物为 4 碳单位的中间产物。以后不断加上 3 碳单位的丙二酸单酰 CoA 的同时伴有脱羧,所以中间产物均为偶数碳原子,直至合成结束。

脂肪酸合成过程中,多个合成有关的酶集合在一起,使碳链在整个合成过程中都不以游离状态存在,中间产物都结合在载体蛋白上,该蛋白称为**酰基载体蛋白质**(acyl carrier protein,ACP)。ACP 是一种对热稳定的蛋白质,大肠埃希菌的 ACP 是由 77 个氨基酸残基组成的单链多肽,其相对分子质量为 10 000,在其第 36 位丝氨酸残基的羟基上通过磷酸酯键与其辅基相连,辅基为 4-磷酸泛酰基巯基乙胺,其结构见图 10-14。

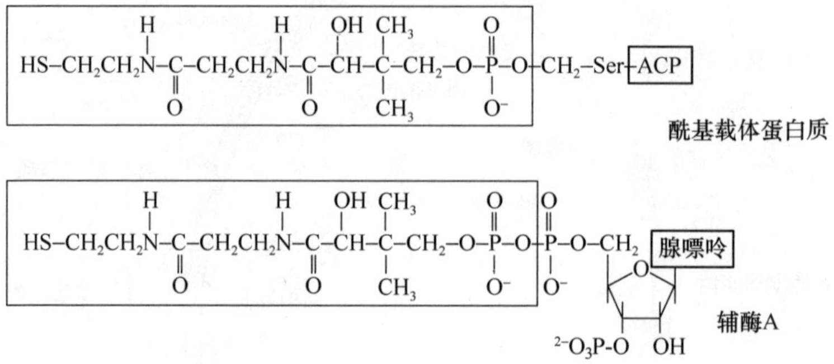

图 10-14　ACP 和 CoA 的结构

而辅基 4-磷酸泛酰巯基乙胺也是辅酶 A 的成分,其巯基是酰基载体蛋白上的活性基团,和 CoA 一样可作为酰基载体,能与脂肪酸的羧基以硫酯键相连,起到固定酰基的作用,而 ACP 又牢固地结合于脂肪酸合酶复合体当中,可使酰基轮流传送到每个酶上进行反应,成为合成脂肪酸装配线的重要组成部分。

下面以大肠埃希菌为例,介绍脂肪酸的具体合成过程。

（1）起始反应

在乙酰转移酶的催化下,把乙酰 CoA 分子中连在 CoA 巯基上的乙酰基转移给 ACP 的巯基,之后乙酰基很快又转移到 β-酮脂酰合酶(缩合酶)活性中心的半胱氨酸的巯基上,形成乙酰-缩合酶复合体,而 ACP 上的巯基被空出来。见图 10-15 中的反应①和②。

（2）丙二酸单酰基的转移

丙二酸单酰 CoA 的丙二酸单酰基从 CoA 的巯基上脱离,转移到反应②空出来的 ACP 的巯基上,反应由丙二酸单酰转移酶催化,反应见图 10-15 中的③。生成的丙二酸单酰 ACP 是脂肪酸合成中的关键中间产物。

直接利用自由的乙酰 CoA 的唯一步骤仅出现在脂肪酸合成的起始反应①中,其后丙二酸单酰 ACP 作为碳链延长的供体单位。

（3）缩合反应

由 β-酮脂酰合酶催化,乙酰基从缩合酶的巯基,转移到连接在 ACP 巯基上的丙二酸单酰基的第二个碳原子上,生成 β-酮丁酰 ACP,同时脱掉丙二酸上的羧基并放出 CO_2,释放的 CO_2 是来自乙酰 CoA 羧化生成丙二酸单酰 CoA 时加进去的二氧化碳,所以合成的脂肪酸中的碳架只来源于乙酰基。反应见图 10-15 中的④。

（4）第一次还原反应

β-酮丁酰 ACP 加氢还原为 β-羟丁酰 ACP 过程中,供氢体为 $NADPH+H^+$,而不是脂肪酸降解过程时生成的 NADH,反应由 β-酮脂酰还原酶催化。反应见图 10-15 中的⑤。

（5）脱水反应

β-羟丁酰 ACP 在 β-羟酯酰脱水酶的作用下,经脱水作用而形成 α,β-反烯丁酰 ACP。反应见图 10-15 中的⑥。

（6）第二次还原反应

α,β-反烯丁酰 ACP 由烯脂酰还原酶催化,同样由 $NADPH+H^+$ 提供氢,还原为丁酰 ACP。至此,从两个碳原子的乙酰 CoA 延长到了四个碳原子的丁酰 ACP,见图 10-15 中的反应⑦。

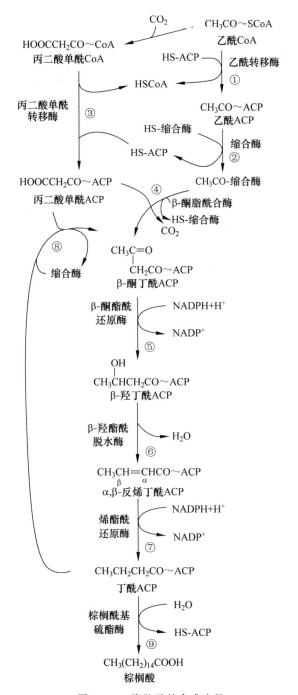

图 10-15 脂肪酸的合成途径

此后,丁酰 ACP 中的丁酰基如同上述反应②中的乙酰基一样,先转到缩合酶上,再转移到另一分子丙二酸单酰 ACP 上,见图 10-15 中的⑧所指的位置,然后经过还原、脱水、再还原,即⑤⑥⑦反应形成 6 碳的中间产物己酰 ACP,此中间产物再继续加到丙二酸单酰 ACP 上,在细胞质中直至最终合成棕榈酰 ACP。

（7）水解或硫解反应

从乙酰 CoA 缩合开始,在每次反应循环中,ACP 携带一个丙二酸单酰基,使脂酰基链延长两个碳原子,进行 7 次这样的循环合成棕榈酰 ACP。然后经**棕榈酰基硫酯酶**（palmitoyl thioesterase）水解硫酯键,消耗 1 分子水生成棕榈酸,即脂肪酸合成途径的正常产物,见图 10-15 中的⑨反应,而脂肪酸合酶复合体则重新进入新一轮循环。

综上所述,由乙酰 CoA 和丙二酸单酰 CoA 合成棕榈酸的总反应式为:

$$乙酰\ CoA + 7\ 丙二酸单酰\ CoA + 14\ NADPH + 14\ H^+ \longrightarrow 棕榈酸 + 7CO_2 + 8HSCoA + 14NADP^+ + 6H_2O$$

3. 脂肪酸碳链的延长

脂肪酸合酶复合体在催化长链脂肪酸合成过程中,常停止于 16 碳的棕榈酸阶段,其原因尚不清楚,但体内还有 18 碳、20 碳,以致 24 碳的脂肪酸。这些脂肪酸的合成都需在棕榈酸碳链的基础上进一步延长,碳链延长反应可在线粒体或微粒体(内质网系)中进行。

由微粒体酶系催化合成硬脂酸的酰基载体不是 ACP 而是 CoA,2 碳单位供体仍为丙二酸单酰 CoA,由 NADPH + H$^+$ 供氢,同样经过缩合、还原、脱水、还原等反应过程。每次延长两个碳原子,主要延长至 18 碳的硬脂酸,最多可延长至 24 碳的脂肪酸。这是碳链延长的主要途径。

线粒体系统中棕榈酰 CoA 的延长是通过与乙酰 CoA 缩合生成 β-酮酯酰 CoA,之后经过类似于 β-氧化的逆过程,即经过还原、脱水、再还原变成增加两个碳原子的硬脂酰 CoA,与 β-氧化不同的是,反应中以 FAD$^+$ 作辅酶的步骤换成了以 NADPH + H$^+$ 作为供氢体,其催化酶为烯脂酰 CoA 还原酶,反应过程见图 10-16。通过上述过程可以衍生出 24 碳、26 碳的脂肪酸,但以硬脂酸较多。

4. 脂肪酸的脱饱和

哺乳动物细胞微粒体中含有一些脂肪酸脱饱和酶,有着不同链长的脱饱和专一性,分别命名为 Δ^9、Δ^6、Δ^5 和 Δ^4 脂酰 CoA 脱饱和酶,但没有 Δ^9 以上部位的脱饱和酶,也就是说双键只能在 Δ^9 与羧基碳之间形成,因此只能合成部分不饱和脂肪酸,如棕榈油酸和油酸等。

脱饱和酶是混合功能氧化酶的一种,以 NADH 供氢,黄素蛋白和细胞色素 b$_5$ 作为电子传递体,反应需要激活分子氧,最后生成水。硬脂酸脱饱和转变为油酸的过程见图 10-17。

碳链的延长体系与脱饱和体系联合作用,可产生一系列不饱和的脂肪酸。但棕榈酸是动物体内可利用的最短脂肪酸,所以不能形成某些长度碳链更高位上带双键的脂肪酸。植物组织含有 Δ^9 以上位置上形成双键的脱饱和酶,可以合成动物体必需的脂肪酸,这也是评价植物油营养价值高低的重要指标之一。当然必需脂肪酸的来源并不只有植物,动物体也会含有一定量的必需脂肪酸,特别是以必需脂肪酸含量高的植物为食的动物,其体内含量也高一些。

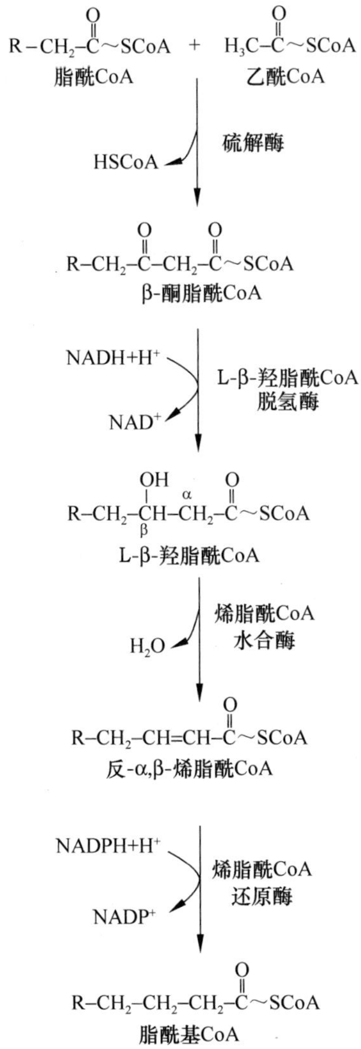

$$R-CH_2-\overset{O}{\underset{}{C}}\sim SCoA \quad + \quad H_3C-\overset{O}{\underset{}{C}}\sim SCoA$$

脂酰CoA　　　　　乙酰CoA

HSCoA ↙　↓ 硫解酶

$$R-CH_2-\overset{O}{\underset{}{C}}-CH_2-\overset{O}{\underset{}{C}}\sim SCoA$$

β-酮脂酰CoA

NADH+H⁺ ↘　↓ L-β-羟脂酰CoA
NAD⁺ ↗　　　脱氢酶

$$R-CH_2-\overset{OH}{\underset{\beta}{C}}H\overset{\alpha}{-}CH_2-\overset{O}{\underset{}{C}}\sim SCoA$$

L-β-羟脂酰CoA

H₂O ↘　↓ 烯脂酰CoA
　　　　水合酶

$$R-CH_2-CH=CH-\overset{O}{\underset{}{C}}\sim SCoA$$

反-α,β-烯脂酰CoA

NADPH+H⁺ ↘　↓ 烯脂酰CoA
NADP⁺ ↗　　　还原酶

$$R-CH_2-CH_2-CH_2-\overset{O}{\underset{}{C}}\sim SCoA$$

脂酰基CoA

图 10-16　线粒体中脂肪酸的延长途径

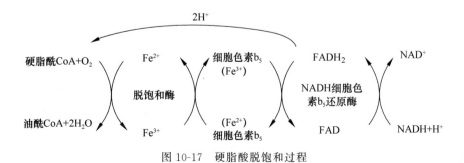

图 10-17　硬脂酸脱饱和过程

三、三酰甘油的生物合成

哺乳动物体内的大部分组织都能合成三酰甘油,但合成的主要器官是肝脏、小肠和脂肪组织,其中脂肪组织是专门合成、储存和水解甘油三酰的主要部位。三酰甘油以脂滴形式储存在细胞质中,并包被有膜脂和蛋白质,脂组织中的三酰甘油不断地合成和分解,处于动态平衡。三酰甘油在骨骼肌和心肌中也有一定储存,但只供局部消耗。肝脏合成的三酰甘油主要用于生成血浆脂蛋白,而不用于能量储存。

在细胞内质网内,用来合成三酰甘油的脂肪酸可以来自食物、自身合成或脂肪的降解。合成三酰甘油的直接前体是脂酰CoA和α-磷酸甘油,磷脂酸是其重要的中间产物。

(一)二酰甘油途径

这是肝细胞和脂肪细胞的主要合成途径。α-磷酸甘油在大部分组织中由磷酸二羟丙酮还原而来,磷酸二羟丙酮由糖的分解及异生得到,反应见图10-4。在肝脏细胞中,甘油可被甘油激酶磷酸化而得到α-磷酸甘油。α-磷酸甘油和脂酰CoA经磷酸甘油转酰基酶的催化,将2分子脂酰基转移到磷酸甘油分子上生成磷脂酸(α-磷酸二酰甘油),后者经磷酸酶水解脱去磷酸生成二酰甘油,在二酰甘油转酰基酶的作用下,二酰甘油再与另1分子脂酰CoA作用生成三酰甘油(脂肪)。脂肪合成的二酰甘油途径见图10-18。

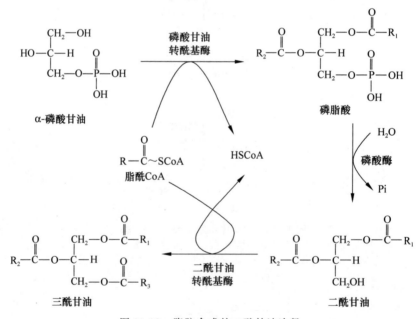

图10-18　脂肪合成的二酰甘油途径

脂肪的生物合成主要在肝脏和脂肪组织中进行,其中的脂肪酸主要是软脂酸、硬脂酸、棕榈油酸和油酸。

(二)单酰甘油途径

在小肠黏膜上皮内,消化吸收的单酰甘油常作为合成三酰甘油的前体。即单脂酰甘油经转酰基酶催化,加上2分子脂酰CoA生成三酰甘油,过程如下:

$$\underset{\text{单酰甘油}}{R_2\text{-C-O-C-H}\ \overset{O}{\underset{}{}}\ \begin{matrix}CH_2\text{-OH}\\ \\CH_2\text{-OH}\end{matrix}} \xrightarrow[\text{转酰基酶}]{\text{单酰甘油}} \underset{\text{二酰甘油}}{R_2\text{-C-O-C-H}\ \begin{matrix}CH_2\text{-O-C-}R_1\\ \\CH_2\text{-OH}\end{matrix}} \xrightarrow[\text{转酰基酶}]{\text{二酰甘油}} \underset{\text{二酰甘油}}{R_2\text{-C-O-C-H}\ \begin{matrix}CH_2\text{-O-C-}R_1\\ \\CH_2\text{-O-C-}R_3\end{matrix}}$$

$$\underset{\text{脂酰CoA}}{R\text{-C}\sim\text{SCoA}}\quad \text{HS CoA}\qquad\qquad \underset{\text{脂酰CoA}}{R\text{-C}\sim\text{SCoA}}\quad \text{HSCoA}$$

四、 脂肪代谢的调节

动物根据机体的能量状况随时对代谢进行调整。脂肪代谢也根据个体饮食状态通过一系列复杂的激素信号通路及各成分的反馈机制进行调控。在脂肪组织中,脂肪在不停地合成与分解。当合成大于分解时,脂肪在体内沉积;分解大于合成时,机体脂肪减少。动物体脂的变化受多种因素的影响,除遗传因素外,最主要的是供能物质的摄入量和机体能量消耗之间的平衡。动物机体脂肪代谢的最终去向受脂肪代谢过程中关键酶的活性以及相关激素的直接调节。

激素敏感脂肪酶是调节脂肪动员的关键位点。在某些激素的作用下,如肾上腺素、胰高血糖素等的作用下,激活腺苷酸环化酶,使细胞内 cAMP 浓度升高,进而激活蛋白激酶 A,此酶使激素敏感脂肪酶磷酸化,被磷酸化后的激素敏感脂肪酶活性升高,加速脂肪水解,游离脂肪酸和甘油含量增加,相应组织对脂肪酸的利用率也升高;相反,胰岛素、前列腺素等激素抑制腺苷酸环化酶的活性,同时激活 cAMP 磷酸二酯酶的活性,加速水解 cAMP,使其浓度下降,降低蛋白激酶 A 的活性,抑制脂肪分解。而甲状腺素是通过促进肾上腺素的作用和抑制 cAMP 磷酸二酯酶的活性来达到促进脂肪分解的效果。

在脂肪酸分解过程中,肉碱脂酰转移酶Ⅰ是另一个限速关键。其活性升高,能加快脂酰 CoA 转移到线粒体内,加速 β-氧化过程,促进脂肪酸的分解,此酶受丙二酸单酰 CoA 的反馈抑制。

乙酰 CoA 羧化酶是脂肪酸合成的关键酶,控制着丙二酸单酰 CoA 的浓度,该酶活性升高会加速脂肪酸的合成,此酶有无活性的单体型和有活性的多聚型。柠檬酸或异柠檬酸能够使其变成有活性的多聚体,而长链脂酰 CoA 通过变构方式可反馈抑制乙酰 CoA 羧化酶。此酶也会因被磷酸化而失去活性,蛋白激酶 A 活性高时,也使乙酰 CoA 羧化酶磷酸化抑制其活性,在加速脂肪分解的同时抑制脂肪的合成。长链脂酰 CoA 也抑制柠檬酸从线粒体内向线粒体外的转移,降低柠檬酸对乙酰 CoA 羧化酶活性的刺激作用。胰岛素通过激活此酶来加强脂肪的蓄积。

当脂肪酸 β-氧化过程加强或主要是糖分解产生的乙酰 CoA 增加,加速了三羧酸循环,生成的 NADH 增加,通过呼吸链生成的 ATP 也随着增加。能荷过剩时,乙酰 CoA 一面抑制 β-氧化过程中最后一步反应的硫解酶的活性,减少乙酰 CoA 的生产,也减少脂酰 CoA 的分解,还抑制三羧酸循环中的异柠檬酸脱氢酶的活性,减缓三羧酸循环的速度,减少能量的生产,使柠檬酸浓度升高,加快柠檬酸转出线粒体,加速脂肪酸的合成,储存能量。脂肪代谢调节过程如图 10-19 所示。

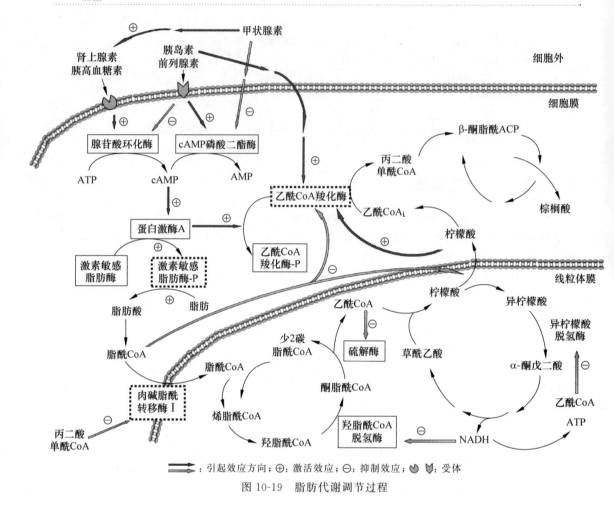

图 10-19　脂肪代谢调节过程

第五节　类脂的代谢

　　脂类可按极性分为两大类:极性脂类,在同一分子中同时含有亲水和疏水基团的脂类,如磷脂、胆固醇等;非极性脂类,如三酰甘油和胆固醇酯等。类脂是指三酰甘油以外的脂类,动物体内的类脂种类很多,本节主要对其中的磷脂与胆固醇的代谢进行分述。

一、磷脂的代谢

　　磷脂中富含不饱和脂肪酸,富于流动性。不同组织中磷脂的代谢速度不同,如肝细胞中的卵磷脂代谢更新很快,其半衰期少于 24h,但脑组织中脑磷脂的半衰期长达几个月。动物体内能合成磷脂,不需从饲料中直接摄取。但如果饲料中缺乏合成磷脂的原料(如甲硫氨酸等)时,也可形成脂肪肝及其他缺乏磷脂的代谢障碍。

　　几乎所有哺乳动物体内都有合成磷脂的酶系。除了小肠黏膜细胞和肝细胞外,其他组织合成的磷脂,基本上被该组织细胞所利用,既不需要从血液中摄取磷脂,也不向血液中释放,自身处于分解与合成的平衡状态。而肝脏和小肠黏膜细胞除合成自身所需要的磷脂外,把合成的磷脂与脂肪一同形成脂蛋白,进入血液循环,为各组织所利用。如小肠黏膜细胞合成的磷脂与吸收进来的脂肪、胆固醇等形成乳糜微粒,经淋巴管进入血液,运到各组织并被摄取利用。肝细胞合成的磷脂与脂肪等脂类物质形成极低密度脂蛋白,释放入血,为相应组织所利用。肝脏是磷脂合成最活跃的器官,它是血液中磷脂的主要来源;胰脏、肾上腺和肺次之,肌肉合成磷脂的速度最慢。

主要的磷脂有甘油磷脂和神经鞘磷脂两类,下面只对甘油磷脂的代谢进行介绍。

(一)甘油磷脂的生物合成

甘油磷脂由甘油、脂肪酸、磷酸、胆碱和胆胺等构成,其中必需脂肪酸须由饲料提供外,其他原料可在体内合成。蛋白质分解产生的丝氨酸及蛋氨酸也是磷脂合成的必备原料。

1. 生成 1,2-二酰甘油

此过程与脂肪合成的过程类似,可由 3-磷酸甘油在转酰基酶的作用下,以脂酰 CoA 为酰基供体,转移两分子脂酰基生成磷脂酸,再由磷酸酶水解生成 1,2-二酰甘油。反应过程见图 10-18。

2. 胆胺与胆碱的合成

丝氨酸经脱羧作用变成乙醇胺,而乙醇胺在 S-腺苷甲硫氨酸的转甲基作用下,转 3 次甲基生成胆碱(图 10-20)。

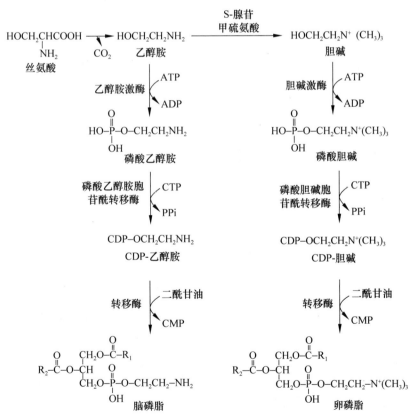

图 10-20 脑磷脂和卵磷脂的合成

3. 卵磷脂和脑磷脂的合成

胆碱或乙醇胺的羟基在激酶的作用下被 ATP 磷酸化,生成磷酸胆碱或磷酸乙醇胺。

之后在胞苷酰转移酶的作用下，磷酸胆碱或磷酸乙醇胺的磷酰基团攻击 CTP，释放 PPi，生成 CDP-胆碱或 CDP-乙醇胺。此反应是限速反应。CDP-胆碱在转移酶的作用下，释放 CMP，把胆碱转移到 1,2-二酰甘油的 3-羟基上生成卵磷脂。CDP-乙醇胺的乙醇胺被转移到 1,2-二酰甘油的 3-羟基上生成脑磷脂（图 10-20）。

在肝脏线粒体内磷脂还可以通过另一条旁路合成，即丝氨酸磷脂直接脱羧基生成脑磷脂，脑磷脂再甲基化即可生成卵磷脂。

4. 磷脂酰丝氨酸和磷脂酰肌醇的合成

在哺乳动物中，磷脂酰丝氨酸的主要来源是通过将磷脂酰乙醇胺的极性头部基团置换成丝氨酸来合成的，此反应不需要 ATP 等高能键提供能量来进行，是可逆反应。在内质网内，磷脂酸先与 CTP 作用生成胞苷二磷酸二酰甘油，再与游离的肌醇反应释放 CMP，生成磷脂酰肌醇。磷脂酰肌醇中**磷脂酰肌醇-4,5-二磷酸**（phosphatidylinositol 4,5-biphosphate，PIP_2）在细胞信号转导过程中起着重要作用，当细胞受到相应激素作用时，其水解产物**肌醇-1,4,5-三磷酸**（inositol 1,4,5-trisphosphate，IP_3）可促进内质网内的 Ca^{2+} 的释放。

在磷脂生物合成的途径中，CTP 是关键的化合物，它既是合成中间产物的必要组成成分，又为合成反应提供了所需的能量。

（二）磷脂的降解

哺乳动物组织中存在**磷脂酶**（phosphatidase），这些磷脂酶具有降解磷脂及生成其他生理活性物质的作用。不同的磷脂酶具有特异性作用于磷脂分子内特定部位的功能，如有水解磷脂分子中羧基酯键的，也有水解磷脂键的酶。这些酶被分别命名为磷脂酶 A_1、A_2、B_1、B_2、C 和 D 等。现以卵磷脂为例，说明其降解途径（图 10-21）。

磷脂酶 A 可分为磷脂酶 A_1 和 A_2，都以卵磷脂为底物。磷脂酶 A_1 催化水解磷脂第 1 位酯键，产生 1 分子脂肪酸和溶血卵磷脂 2（2-脂酰甘油磷酸胆碱）。磷脂酶 A_2 催化水解磷脂第 2 位酯键，产生 1 分子脂肪酸和溶血卵磷脂 1（1-脂酰甘油磷酸胆碱）。此酶也存于蛇毒、蜂毒中，由于溶血磷脂是一种较强的乳化剂，具有溶血作用，故被蛇咬伤后引起溶血现象。

磷脂酶 B 亦称溶血磷脂酶。其中磷脂酶 B_1 催化磷脂酶 A_2 作用后的产物 1-脂酰甘油磷酸胆碱上的第 1 位酯键的水解。磷脂酶 B_2 作用于磷脂酶 A_1 作用后的产物 2-脂酰甘油磷酸胆碱上的第 2 位酯键，产物为 1 分子脂肪酸和甘油磷酸胆碱。

磷脂酶 C 作用于磷脂分子的第 3 位磷酸酯键，生成二酰甘油和磷酸胆碱。一些激素通过调节此酶的活性，对 PIP_2 作用，控制二酰甘油和三磷酸肌醇等第二信使的生成，进而影响细胞内代谢。此酶也存在于蛇毒及细菌毒素中。

磷脂酶 D 作用于有机基团和磷酸根之间的磷脂键，水解生成磷脂酸及胆碱。该酶也能催化转磷脂酰基反应，将卵磷脂上的磷脂酰基转移至别的含羟基化合物（如甘油、乙醇胺、丝氨酸等）上，进行磷脂之间的转变。

二、 胆固醇的代谢

胆固醇有两种存在形式：一是代谢形式的游离胆固醇，二是储存形式的酯化胆固醇，又

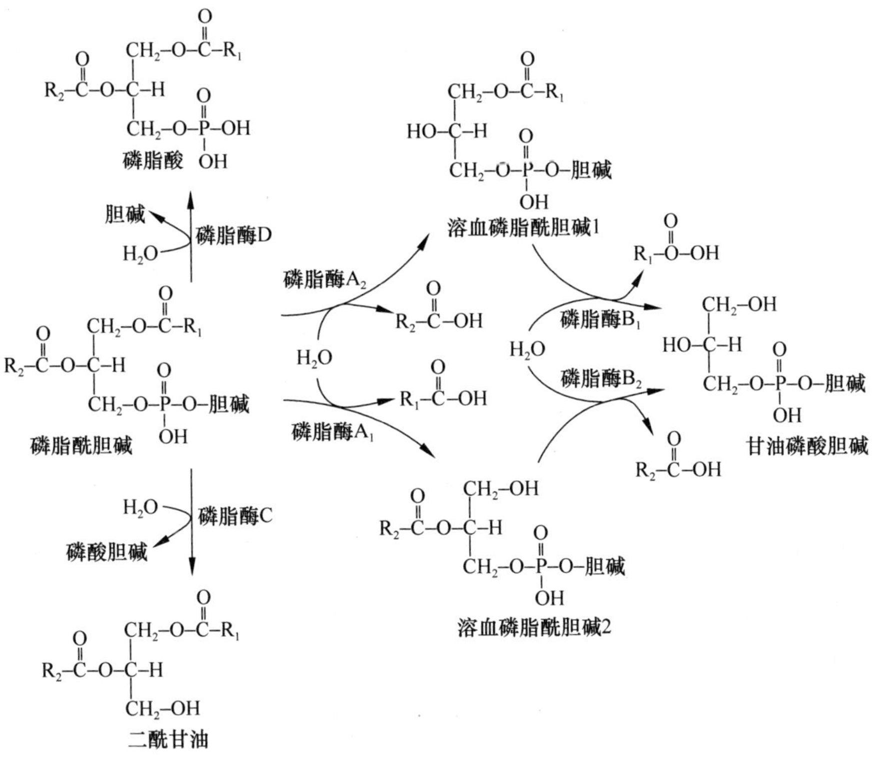

图 10-21　甘油磷脂的分解

称胆固醇酯。动物血液中游离胆固醇约占 1/3，胆固醇酯约占 2/3。

（一）胆固醇的生物合成

除成年脑组织和成熟红细胞外，动物体内几乎所有的组织和细胞均能合成胆固醇，但各器官和组织的合成能力有明显差异，肝脏是合成胆固醇的主要场所。胆固醇的结构很复杂，在体内合成机制也较复杂，胆固醇分子的所有碳原子均来自体内糖及脂肪在代谢过程中分解生成的乙酰 CoA，氢原子主要来自磷酸戊糖途径中生成的 NADPH。胆固醇合成过程中的相关酶系存在于胞液和内质网上，因此合成的前期反应是在胞液中完成，后期在内质网膜上完成。胆固醇合成过程可概括为三个阶段。

1. 甲基二羟戊酸的生成

由乙酰 CoA 在硫解酶作用下，先缩合成乙酰乙酰 CoA，再与 1 分子乙酰 CoA 缩合成 β-羟基-β-甲基戊二酸单酰 CoA（HMG-CoA），上述两步反应与肝内酮体的生成相同，但它们是两条不同的代谢途径。胆固醇的合成发生在胞液中，经过内质网还原酶的催化。而酮体是在肝线粒体内合成的，由裂合酶催化最终生成酮体。在胞液中 HMG-CoA 经 HMG-CoA 还原酶催化，由 NADPH 供氢，释放出 CoA，还原为**甲基二羟戊酸**（methyldihydroxyvaleric acid，MVA），此反应不可逆，是调节胆固醇合成的关键步骤，还原酶的活性受多种因子的调控。

2. 鲨烯的生成

6 个碳原子的 MVA 在 ATP 供能条件下，在蛋白激酶作用下生成 5-焦磷酸 MVA。在脱羧酶作用下，5-焦磷酸 MVA 与 ATP 作用并脱去 CO_2 和 H_2O，生成**异戊烯焦磷酸**

（isopentenyl pyrophosphate，IPP）。IPP 在异构酶作用下，生成**二甲基丙烯焦磷酸**（dimethylallyl pyrophosphate，DPP），IPP 与 DPP 缩合生成**二甲基辛二烯焦磷酸**（geranyl pyrophosphate，GPP），GPP 与另一分子 IPP 缩合生成**三甲基十二碳三烯焦磷酸**（farnesyl pyrophosphate，FPP）。两分子 FPP 在鲨烯合成酶催化下，脱去两分子焦磷酸缩合成**鲨烯**（squalene）。反应过程见图 10-22。

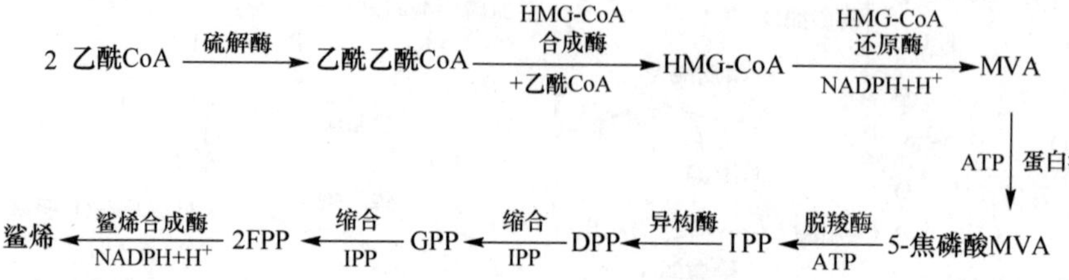

图 10-22　鲨烯的合成过程

3. 胆固醇的生成

在内质网内，鲨烯再经氧化、环化、脱甲基、还原等一系列反应，先后生成羊毛固醇、酵母固醇等，最终生成 27 个碳原子的胆固醇。反应过程见图 10-23。

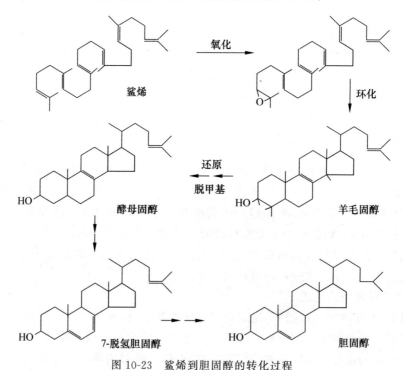

图 10-23　鲨烯到胆固醇的转化过程

（二）胆固醇生物合成的调节

正常情况下，机体内胆固醇合成受到严格的调控，以保持胆固醇浓度的恒定。

HMG-CoA 还原酶在胆固醇合成过程中具有重要调节作用。任何改变此酶活性的因素，都会显著影响胆固醇的合成。该酶的 871 位丝氨酸的磷酸化和脱磷酸化是快速调节其活性的重要方式之一。在蛋白激酶作用下，该酶磷酸化后丧失活性，且磷酸化后酶蛋白易于降解。许多激素对该酶的活性也有影响,如胰岛素能促进该酶的脱磷酸化作用,可增加胆固醇的合成;甲状腺素也有促进该酶的活性及增加该酶的合成,使胆固醇合成加强,但更能促进胆固醇在肝脏转化为胆汁酸,最终使胆固醇含量降低。肾上腺素也能促进此酶的合成,而使胆固醇合成加快。

胆固醇的生物合成还受一种胆固醇载体蛋白的控制,它可与鲨烯结合成水溶性中间产物,促进下一步催化反应的发生。肝中胆固醇的合成还受脂肪代谢的影响,当脂肪动员加强时,不仅使血中三酰甘油升高,胆固醇合成也明显增加。

摄入含胆固醇的食物后,使肝中胆固醇含量升高,可反馈抑制 HMG-CoA 还原酶的活性而减缓胆固醇的合成。也可通过抑制 LDL 受体蛋白的合成来减少胆固醇的内吞作用。摄入含纤维素多的食物或某些药物,可增加胆汁酸的排出,并加速胆固醇在肝中转变成胆汁酸,从而降低血清中胆固醇的含量。

存在于脂蛋白中的胆固醇,在卵磷脂-胆固醇脂酰转移酶(LCAT)的催化下,转移卵磷脂 2 位上的脂肪酸形成胆固醇酯以利于运输和储存。细胞内的胆固醇酯是由脂酰 CoA 和胆固醇在**脂酰 CoA -胆固醇酰基转移酶**(acyl CoA-cholesterol acyltransferase,ACAT)催化下合成的,细胞内的胆固醇水平是该酶活性的重要调解因子,对维持胆固醇的平衡发挥重要作用。胆固醇酯经胆固醇酯酶的催化,水解为游离胆固醇和脂肪酸。胆固醇的酯化和胆固醇酯的水解反应见图 10-24。

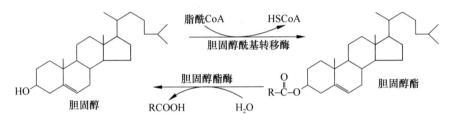

图 10-24　胆固醇的酯化和水解反应

(三)胆固醇的转化与排泄

胆固醇结构中的环戊烷多氢菲核在体内不能被彻底分解,它们只能以胆固醇原或转化产物的形式排出体外。经过改造(如氧化、还原)的胆固醇转化产物不仅是胆固醇的排泄形式,也是重要的生理活性物质。胆固醇的转化产物包括胆汁酸、维生素 D_3 和类固醇激素。

1. 胆汁酸

在肝脏中,胆固醇经羟化酶等作用氧化成各种胆酸和脱氧胆酸,它们可再与甘氨酸、牛磺酸等结合形成结合胆酸,如胆酸与甘氨酸结合生成甘氨胆酸,与牛磺酸结合生成牛磺胆酸等,共同成为胆汁酸的主要成分。胆汁酸常以钠盐或钾盐的形式存在,称为胆汁酸盐,胆汁酸盐是胆汁的重要组成部分,由于其分子结构中同时存在疏水和亲水基团,因而具有较强的表面活性作用。胆汁酸经胆管排入肠道,促进脂类的乳化,有利于脂类的水解和消化吸收。

大部分的胆汁酸被肠壁细胞重新吸收,经门静脉进入肝脏再利用,这一循环称为"肝肠循环"。一少部分胆汁酸在肠道内转变成粪固醇和粪胆酸排出体外。

2. 维生素 D_3

在皮肤细胞内的 7-脱氢胆固醇经紫外线照射转变成维生素 D_3(又称胆钙化醇),之后在肝脏及肾脏中分别进行羟化，生成具有生理活性的 $1,25\text{-}(OH)_2\text{-}D_3$。因此，动物经常接触日光照射，能够获取较多的活性维生素 D_3，进而促进机体钙磷代谢。

3. 类固醇激素

所有的类固醇激素均由胆固醇转化而来。类固醇激素依其合成部位可分为肾上腺皮质激素和性激素。在肾上腺皮质合成的激素主要包括在球状带合成的盐皮质激素（如醛固酮），在束状带合成的糖皮质激素（如皮质醇和皮质酮），由网状带合成的雄激素（如雄酮）等；由性腺合成的性激素主要有睾丸间质细胞合成的睾丸酮，卵巢合成的雌激素和孕酮。另外，母畜在妊娠期间，胎盘能够合成雌三醇等。常见类固醇激素的生成过程和结构式如图 10-25 所示。

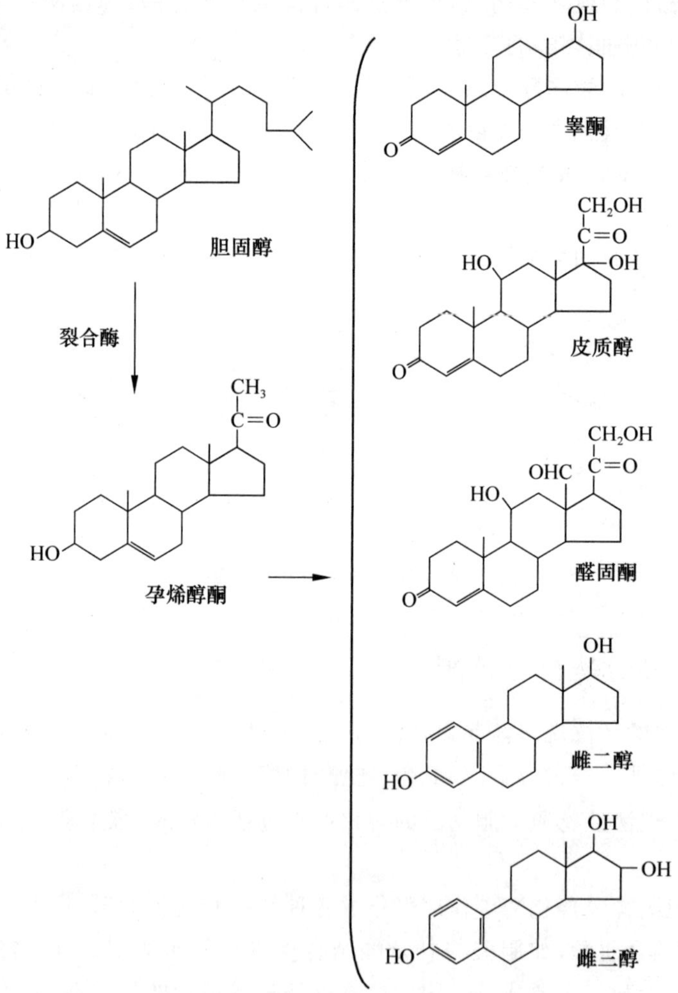

图 10-25　常见类固醇激素的生成和结构式

类固醇激素的合成过程比较复杂，并具有组织和器官的特异性，合成反应可分为前期的共同反应和后期的特异反应。激素转化过程先由胆固醇开始到孕烯醇酮，是反应的共同阶段，由线粒体内的裂合酶来催化，此酶由多种酶组合而成；之后的反应开始出现组织特异性，生成不同的激素，发挥不同的生理功能。各种类固醇激素都经肝脏进行生物转化，变为无活性的衍生物，如醛固酮、皮质醇、皮质酮和睾丸酮的转化产物为 17-酮类固醇和 17-羟类固醇,这些产物主要经肾脏随尿排出。

类固醇激素功能广泛,如糖皮质激素对机体糖、脂肪和蛋白质代谢均具有重要调节作用。盐皮质激素是维持动物机体电解质平衡和体液容量的重要激素。性激素对性器官的发育、生殖细胞的形成和副性征的出现有促进作用;另外,还可促进机体脂类、蛋白质的合成等。

本章小结

脂类消化、吸收和转运 小肠是脂类消化和吸收的主要场所,在肠道内先分解,吸收后在肠细胞内再重新合成。脂类物质吸收后,通过血液系统和淋巴系统运输到全身。

脂蛋白 由脂类和载脂蛋白组成,主要包括 CM、VLDL、VDL 和 HDL 4 种脂蛋白,不同的脂蛋白有不同的结构特点和功能。

脂肪分解 脂肪可分解为甘油和脂肪酸。甘油可经转变为磷酸二羟丙酮后进入糖酵解途径。

脂肪酸分解 先经过活化,进入线粒体,经 β-氧化(包括脱氢、加水、再脱氢和硫解)途径,变成乙酰 CoA,进入三羧酸循环彻底氧化,同时释放大量能量供机体利用。

肝脏对脂肪利用 生成酮体向肝外组织提供有效能量。

脂肪酸的合成 是在胞液中以乙酰 CoA 为原料,经过酶促反应(包括加氢、脱水、再加氢和最后硫解),延长碳链而成,由 $NADPH+H^+$ 提供还原氢。

磷脂代谢 在磷脂合成过程中,CTP 既是合成中间产物的必要成分,又为合成反应提供能量。磷脂的降解是在不同的磷脂酶催化下完成的。

胆固醇代谢 大部分组织优先利用外源性胆固醇,而胆固醇的合成从胞浆开始,后转至内质网中完成,以乙酰 CoA 为碳源,由 $NADPH+H^+$ 提供还原氢,在一系列酶促反应下完成。胆固醇在体内可转化为胆汁酸、维生素 D_3 和类固醇激素等重要生物活性物质。

复习思考题

1. 简述脂类物质的组成和重要生理功能。
2. 简述血浆脂蛋白的主要分类、代谢途径和主要生理功能。
3. 比较脂肪酸 β-氧化和合成途径的主要区别。
4. 什么是酮体?从代谢角度阐述酮病发生的原因及机制。
5. 脂肪酸氧化时,脂酰 CoA 是如何进入线粒体的?
6. 何为柠檬酸-丙酮酸循环?其主要生理意义是什么?
7. 胆固醇在体内可以转变为哪些生物活性物质?这些物质有何作用?
8. 磷脂的分解与合成有哪些生理意义?

第十一章　氨基酸代谢

本章导读

氨基酸是体内重要的含氮小分子,主要功能是用于蛋白质、多肽和某些重要含氮物质的合成。本章重点阐述氨基酸的分解代谢途径,简单介绍氨基酸的合成途径。通过本章学习要弄明白以下几个问题:①氨基酸的代谢途径主要有哪些?②氨基酸如何脱去氨基?氨基酸脱去氨基后剩余的碳骨架如何代谢?③机体如何解除氨的毒性?④氨基酸的侧链基团如何进行代谢?代谢产物有何生理功能?⑤氨基酸的生物合成途径主要有哪些?

氨基酸是蛋白质的基本组成单位,是重要的含氮小分子物质。蛋白质在体内先被消化分解为氨基酸,然后进一步代谢,氨基酸代谢是整个蛋白质分解代谢的核心内容。机体蛋白质的更新和氨基酸的分解都需要食物蛋白质来补充。因此,在介绍氨基酸代谢之前,先对蛋白质的营养作用及其营养学价值等进行简要概述。

第一节　蛋白质概述

一、蛋白质的营养作用

动物为了维持正常的生存和生长,必须不断从食物中获取蛋白质。蛋白质是生命的物质基础,具有多种生物学功能,在动物体内主要表现为以下三个方面。

1. 参与组织细胞的生长、更新和修补

蛋白质是动物组织细胞的主要组成成分,约占组织细胞干重的50%。动物饲料中必须添加适宜的蛋白质才能满足其生长发育的需要,尤其对处在发育期的幼龄动物和患病动物而言,添加足够数量和高质量的蛋白质显得更为重要。

2. 转化成其他营养物质和生理活性物质

体内蛋白质分解后的产物可以转化为糖或脂肪,还可转化为嘌呤、嘧啶,用于核酸的合成。此外,蛋白质也可转化成其他一些生理活性物质,如胺类、神经递质和激素等,参与机体生理功能的调控。

3. 氧化供能

蛋白质也是机体的能源物质,1g 蛋白质在体内氧化分解可以产生 17.5kJ 的能量,其释放的能量与葡萄糖相当。一般情况下,蛋白质供给的能量占食物总供热的 $10\%\sim15\%$。当机体糖或脂肪缺乏时,蛋白质可以代替它们进行分解供能。

二、 氮平衡

蛋白质的含氮量约为 16%,饲料中的氮绝大部分都在蛋白质中,蛋白质在体内代谢后产生的含氮物质主要以尿、粪、汗等形式排出。因此,测定机体每天从饲料摄入的氮和每天排泄物(包括尿、粪、汗等)中的氮含量,即氮平衡实验,可以反映动物体内蛋白质的合成与分解状况。**氮平衡**(nitrogen balance)有以下三种情况。

1. 氮总平衡

机体每日摄入氮量与排出氮量大致相等,表示体内蛋白质合成量与分解量接近,称为**氮总平衡**(nitrogen general balance)。该情况多见于除孕畜之外的正常成年动物。

2. 氮正平衡

机体每日摄入氮量大于排出氮量,表明体内蛋白质合成量大于分解量,称为**氮正平衡**(nitrogen positive balance)。该情况多见于处于生长和发育阶段的动物,如发育的胚胎、妊娠时期的母畜、生长期的动物和久病恢复时期的动物等。此阶段机体需要合成大量蛋白质,以保证组织生长和发育,因此必须补充足够的蛋白质以满足机体生理需要。

3. 氮负平衡

机体每日摄入氮量小于排出氮量,表明体内蛋白质合成量小于分解量,称为**氮负平衡**(nitrogen negative balance)。该情况常见于衰老机体、长期饥饿或消耗性疾病等。即使在这种状态下,动物每天也要摄入一定量的蛋白质,才能保证正常的代谢需求。

三、 蛋白质的营养价值

对动物生产来讲,要讲究饲料的科学配方,尤其是蛋白质的科学配比,这是保证动物健康发育的前提。摄入动物体内的氨基酸不可能全部用于合成蛋白质,这是因为饲料蛋白质中的氨基酸种类和含量与动物自身组成的蛋白质存在差异,一部分消化吸收来的氨基酸在体内分解,不能用于机体蛋白质的合成。因此,不同饲料蛋白质的利用率就存在差别,**营养价值**(nutrition value)也不相同。利用率高的蛋白质对机体来说其营养价值也高。蛋白质的营养价值可用蛋白质的**生理价值**(physiological value)或称蛋白质的**生物学价值**(biological value)来表示。蛋白质的生理价值是指被消化吸收的食物或饲料蛋白质经代谢转化为机体组织蛋白的利用率,即氮的保留量占吸收量的百分率。

$$蛋白质的生理价值 = \frac{氮的保留量}{氮的吸收量} \times 100$$

(氮的保留量 = 摄入氮 − 粪中氮 − 尿中氮,氮的吸收量 = 摄入氮 − 粪中氮)

蛋白质的生理价值最高为 100,最低为 0,其数值的高低取决于蛋白质中氨基酸的组成及含量。

　　组成蛋白质的氨基酸根据动物机体需要程度的不同可分为必需氨基酸和非必需氨基酸。机体本身可以合成,不必由食物供给的氨基酸称为**非必需氨基酸**(non-essential amino acid);而动物机体需要,但自身不能合成或合成量不足以满足需要,必须由食物蛋白质提供的氨基酸称为**必需氨基酸**(essential amino acid,EAA),常见的有 8 种:赖氨酸、色氨酸、苯丙氨酸、甲硫(蛋)氨酸、苏氨酸、亮氨酸、异亮氨酸、缬氨酸。

　　食物中蛋白质的生理价值主要取决于机体必需氨基酸的种类和数量。必需氨基酸的组成与机体蛋白质越接近,就越容易被机体吸收利用,氮的保留量就高,其生理价值也高。但任何一种食物中的蛋白质不可能满足机体的全部需要,这是因为某种蛋白质中通常是某些氨基酸含量较多,而另外一些氨基酸缺乏,造成其生理价值偏低。如果根据个体的营养需要,合理地将几种蛋白质配合使用,使其所含必需氨基酸成分相互补充,就能大大提高其生理价值,即蛋白质的**互补作用**(supplementary action)。例如,谷类蛋白质含赖氨酸较少,而含色氨酸较多;相反地,某些豆类蛋白质含赖氨酸较多,而含色氨酸较少。如将它们按一定比例混合使用,就可取长补短,相互补充,大大提高饲料的生理价值。

　　此外,组氨酸和精氨酸在多数动物幼龄时期其体内合成量常不能满足生长发育的需要,也必须由食物提供,称为半必需氨基酸。不同动物的必需氨基酸也不尽相同,例如雏鸡还需要甘氨酸,而对于成年反刍动物,其瘤胃微生物可以合成机体所需的所有氨基酸,就无必需氨基酸和非必需氨基酸之分。

第二节　氨基酸的一般分解代谢

　　动物体内,经消化道消化、吸收的外源性氨基酸与体内合成或组织蛋白分解产生的内源性氨基酸混合在一起,存在于细胞内液、血液和其他体液中。这些氨基酸只是来源不同,在代谢上没有差别,共同参与体内的代谢活动,称为**氨基酸代谢池**或**氨基酸代谢库**(amino acid metabolic pool)。对于反刍动物而言,氨基酸的来源还可来自瘤胃微生物蛋白质。微生物蛋白质是小肠吸收氨基酸的主要来源,就多数日粮而言,瘤胃中合成的微生物蛋白占进入小肠总氨基酸氮的 60%~85%。

　　氨基酸的主要功能是合成体内的各种蛋白质、多肽和某些重要含氮物质。与糖或脂肪不同,从食物中获取的多余氨基酸不能在体内储存或直接排出体外,而是将被进一步地代谢转化。组成蛋白质的氨基酸有20多种,它们的化学结构不同,在代谢方式上也存在差异。但这些氨基酸都含有 α-氨基(脯氨酸含有亚氨基)和 α-羧基,因此,在代谢上也有相同的代谢途径——脱氨基作用和脱羧基作用,总称为氨基酸的一般分解代谢。

　　氨基酸的分解代谢是蛋白质降解的继续,主要在肝脏、肾脏和肌肉等组织中进行。大多数氨基酸的分解代谢首先是脱去氨基形成 α-酮酸和氨,生成的 α-酮酸可再转变为氨基酸,或进入糖酵解、三羧酸循环等途径进一步代谢氧化供能,转变为糖或脂肪;氨可转化成其他含氮化合物或以适当的形式排出体外;少数氨基酸还可以通过特殊的代谢途径转化成胺类、一碳单位等,再用于一些激素、生物碱等生理活性分子的合成。动物体内氨基酸代谢的概况见图 11-1。

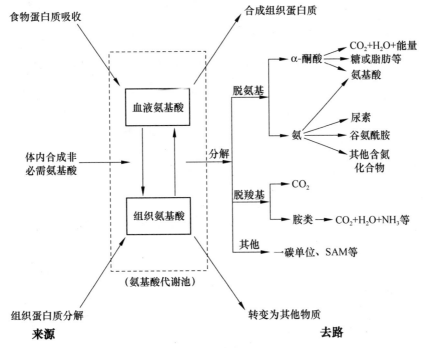

图 11-1　动物体内氨基酸代谢概况

一、氨基酸的脱氨基作用

氨基酸的**脱氨基作用**（deamination）是氨基酸分解代谢的主要方式，即在酶的催化下，氨基酸脱去 α-氨基生成氨和相应 α-酮酸的过程。根据脱氨基反应的特点，可分为氧化脱氨基作用、转氨基作用和联合脱氨基作用等，体内多数氨基酸主要以联合脱氨基方式脱去氨基。

（一）氧化脱氨基作用

氧化脱氨基作用（oxidative deamination）是指在氨基酸氧化酶作用下，氨基酸脱掉氨基生成氨和相应 α-酮酸的过程。动物体内参与氧化脱氨基作用的酶主要有 **L-氨基酸氧化酶**（L-amino acid oxidase）、**D-氨基酸氧化酶**（D-amino acid oxidase）和 **L-谷氨酸脱氢酶**（L-glutamate dehydrogenase）等，其中前两种酶在体内的作用都不大，而 L-谷氨酸脱氢酶广泛存在于肝脏、肾脏和脑等组织中，作用最为重要。

L-谷氨酸脱氢酶是以 NAD^+ 或 $NADP^+$ 为辅酶的不需氧脱氢酶，具有较强的活性和专一性，催化 L-谷氨酸脱氢、脱氨基生成 α-酮戊二酸和氨。该酶是由 6 个相同亚基组成的别构酶，相对分子量约为 330 000。ADP、GDP 是其别构激活剂，而 ATP、GTP 是其别构抑制剂。当细胞内能量较低时，能加速 L-谷氨酸脱氢酶催化谷氨酸的氧化脱氨基作用，增加氨基酸的氧化供能；而当细胞内能量较高时，则利于谷氨酸的合成。因此，L-谷氨酸脱氢酶不仅在氨基酸分解中起作用，在氨基酸合成中也起重要作用。

$$
\begin{array}{c}
\text{L-谷氨酸} \\
\begin{array}{l}
\text{COOH} \\
\text{H}_2\text{N}-\text{C}-\text{H} \\
\text{CH}_2 \\
\text{CH}_2 \\
\text{COOH}
\end{array}
\end{array}
\; + \text{NAD}^+ + \text{H}_2\text{O}
\xrightleftharpoons{\text{L-谷氨酸脱氢酶}}
\begin{array}{c}
\text{α-酮戊二酸} \\
\begin{array}{l}
\text{COOH} \\
\text{C}=\text{O} \\
\text{CH}_2 \\
\text{CH}_2 \\
\text{COOH}
\end{array}
\end{array}
\; + \text{NADH} + \text{H}^+ + \text{NH}_3
$$

(二) 转氨基作用

1. 转氨基作用

转氨基作用(transamination)是指 α-氨基酸和 α-酮酸之间的氨基转移反应,即一种 α-氨基酸的氨基转移到某一 α-酮酸的酮基上,生成了相应 α-酮酸和另一种氨基酸的过程。

$$
\begin{array}{l}
\text{COOH} \\
\text{H}_2\text{N}-\text{C}-\text{H} \\
\text{R}_1
\end{array}
\; + \;
\begin{array}{l}
\text{O} \\
\text{R}_2-\text{C}-\text{COOH}
\end{array}
\xrightleftharpoons{\text{转氨酶}}
\begin{array}{l}
\text{O} \\
\text{R}_1-\text{C}-\text{COOH}
\end{array}
\; + \;
\begin{array}{l}
\text{COOH} \\
\text{H}_2\text{N}-\text{C}-\text{H} \\
\text{R}_2
\end{array}
$$

上述反应是可逆的,反应的实际方向取决于四种反应物的相对浓度。因此,转氨基作用既是体内氨基酸的分解过程,也是某些非必需氨基酸合成的重要途径,通过转氨作用可以调节体内非必需氨基酸的种类和数量,满足体内蛋白质合成的需求。动物体内除赖氨酸、苏氨酸、脯氨酸、羟脯氨酸外,其余氨基酸均可按此方式进行转氨基作用。

2. 转氨基作用的机制

维生素 B$_6$ 的磷酸酯——**磷酸吡哆醛**(pyridoxal phosphate,PLP)是**转氨酶**(transaminase)或称**氨基转移酶**(aminotransferase)的辅酶。在转氨基反应中,磷酸吡哆醛结合在转氨酶活性中心的赖氨酸 ε-氨基上,先从氨基酸接受氨基生成**磷酸吡哆胺**(phosphate pyridoxamine),同时氨基酸失去氨基转变成 α-酮酸。磷酸吡哆胺又可将氨基转移给另一种 α-酮酸重新变成磷酸吡哆醛,而 α-酮酸接受氨基后生成相应的氨基酸。因此,在转氨基过程中,磷酸吡哆醛和磷酸吡哆胺相互转变,起着传递氨基的作用(图 11-2)。

3. 转氨酶

转氨酶的种类很多,广泛分布于动物、植物和微生物中,目前已经发现 50 多种。动物体内肝、心、脑、肾等组织中转氨酶含量很高。转氨酶对于氨基的供体要求不严格,一般以谷氨酸为氨基的供体,但转氨酶对另一底物要求严格,具有很强的专一性,大多数转氨酶以 α-酮戊二酸作为氨基的受体。大部分氨基酸都有其特异的转氨酶。动物体内分布最广泛、作用最重要的转氨酶是**谷丙转氨酶**(glutamic pyruvic transaminase,GPT)和**谷草转氨酶**(glutamic oxaloacetic transaminase,GOT)。

谷丙转氨酶又称为**丙氨酸氨基转移酶**(alanine transaminase,ALT),催化丙氨酸与 α-酮戊二酸之间的氨基转移反应,该酶在肝脏中活性最高,对氨在体内的转运起重要作用。谷草转氨酶又称为**天冬氨酸氨基转移酶**(aspartate transaminase,AST),催化天冬氨酸与 α-酮戊二酸之间的氨基转移反应,该酶在许多组织中都有较高的活性,不仅调节谷氨酸和天冬氨酸的代谢平衡,还参与糖代谢过程中的苹果酸-天冬氨酸穿梭作用。

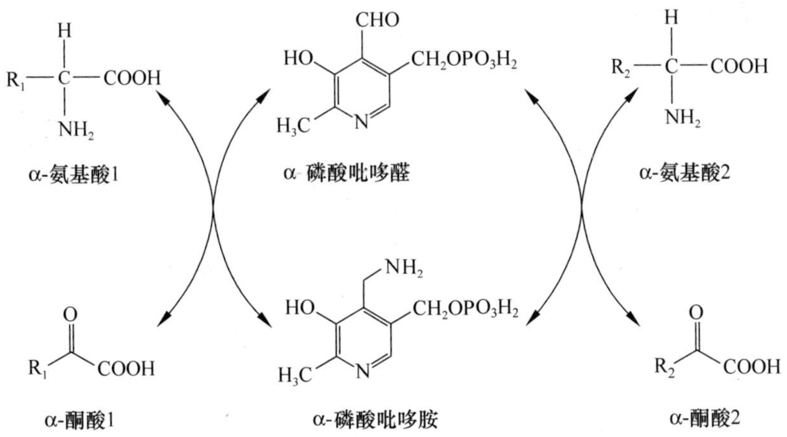

图 11-2　磷酸吡哆醛(胺)传递氨基的作用

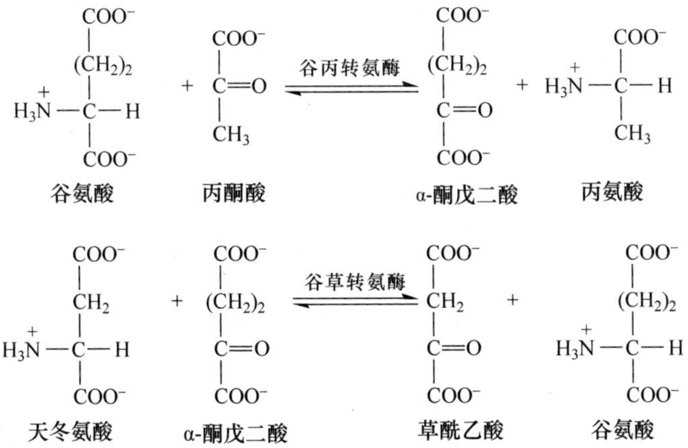

正常情况下,转氨酶主要存在于细胞内,血清中的活性很低。如果某种原因造成组织细胞受到损伤,细胞膜通透性增高时,大量转氨酶释放进入血液致使血清中活性显著升高。例如,患急性肝炎或其他肝脏疾病时,血清 GPT 活性明显升高;患心肌梗死疾病者血清中 GOT 活性明显上升。因此,临床上可通过检测血清中转氨酶活性的变化来诊断疾病。

(三) 联合脱氨基作用

动物体内的 L-谷氨酸脱氢酶具有较强的专一性,一般只催化谷氨酸氧化脱氨,而对其他氨基酸作用不大;转氨基作用虽然普遍存在,但只是氨基的转移,并没有把氨基真正脱去。因此,通过前两种方式不能满足机体脱氨基的需要。机体内大多数氨基酸则主要采用**联合脱氨基作用**(combined deamination)的途径脱去氨基。体内联合脱氨基作用主要有以下两种反应类型。

1. 氧化脱氨基作用和转氨基作用偶联的联合脱氨基作用

在体内各种特异性转氨酶的催化下,大多数氨基酸首先经转氨基作用,将 α-氨基转移给 α-酮戊二酸生成 L-谷氨酸,再通过 L-谷氨酸脱氢酶进行氧化脱去氨基,生成游离氨和 α-酮戊二酸,而重新生成的 α-酮戊二酸可以再继续用于转氨基作用(图 11-3)。该方式的联合脱氨基作用主要在肝、肾、脑等组织中进行,反应过程是可逆的,通过其逆反应可用于体内某些非必需氨基酸的合成。

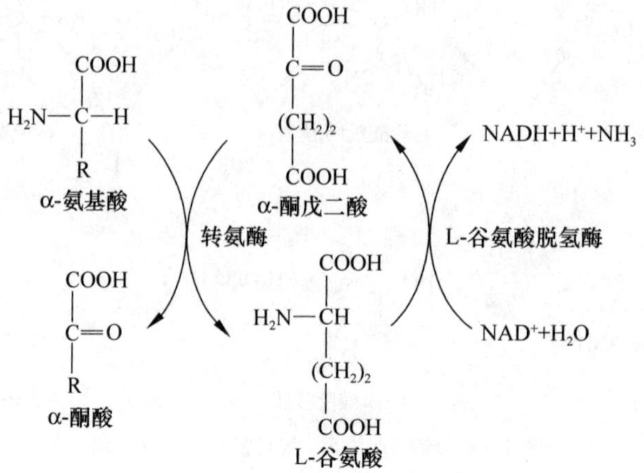

图 11-3 联合脱氨基作用示意图

2. 转氨基作用和嘌呤核苷酸循环偶联的联合脱氨基作用

骨骼肌、心肌等组织中 L-谷氨酸脱氢酶含量少、活性低,氨基酸难以通过上述联合脱氨方式进行脱氨基作用。而在这些组织中的**腺苷酸脱氨酶**(adenylate deaminase)、**腺苷酸代琥珀酸合成酶**(adenylosuccinate synthetase)和**腺苷酸代琥珀酸裂解酶**(adenylosuccinate lyase)等酶的含量及活性都很高,存在另外一种**嘌呤核苷酸循环**(purine nucleotide cycle,PNC)的氨基酸脱氨基方式(图 11-4)。

在嘌呤核苷酸循环中,氨基酸首先通过连续两次的转氨基作用,将氨基转移给草酰乙酸生成天冬氨酸,然后再转移到**次黄嘌呤核苷酸**(inosine monophosphate,IMP)上,生成**腺嘌呤核苷酸**(adenosine monophosphate,AMP),最后 AMP 脱去氨基重新生成次黄嘌呤核苷酸,完成氨基酸的脱氨基作用。IMP 可再参加循环,而反应中生成的延胡索酸则可经三羧酸循环转变成草酰乙酸,再次参加转氨基反应。

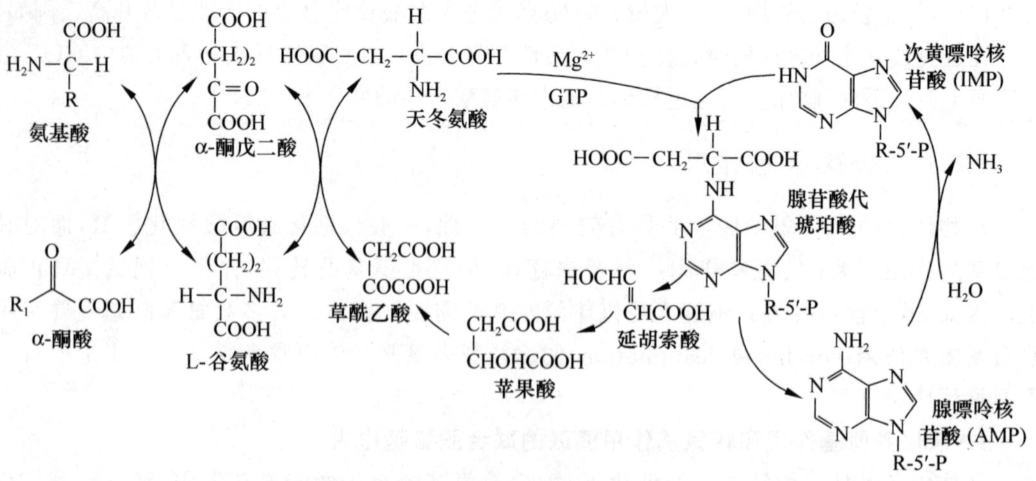

图 11-4 嘌呤核苷酸循环示意图

嘌呤核苷酸循环不仅把氨基酸代谢与核苷酸代谢联系起来,也把氨基酸代谢与糖代谢、脂代谢相互联系,这对肌肉组织代谢具有重要意义。当肌肉活动增加时,依赖嘌呤核苷酸循环补充草酰乙酸,从而加强三羧酸循环,为机体提供更多的能量。AMP 脱氨酶遗传缺陷患者容易出现疲劳,且运动后常出现痛性痉挛现象。

二、 氨基酸的脱羧基作用

氨基酸的脱羧基作用(decarboxylation)是指在**脱羧酶**(decarboxylase)的作用下,氨基酸脱去 α-羧基生成 CO_2 和相应胺类物质的过程。催化此反应的脱羧酶具有较高的专一性,除个别氨基酸脱羧酶外,一般一种脱羧酶只催化一种氨基酸脱羧,而且仅作用于 L-氨基酸,其辅酶是磷酸吡哆醛。常见的胺类及其氨基酸前体如表 11-1 所示。

表 11-1 常见的胺类及其氨基酸前体

氨基酸名称	胺类名称	胺类结构式
丝氨酸	乙醇胺	$CH_2OHCH_2NH_2$
缬氨酸	丁胺	$(CH_3)_2CHCH_2NH_2$
异亮氨酸	异戊胺	$(CH_3)_2CH(CH_2)_2NH_2$
甲硫氨酸	甲硫基丙胺	$CH_3SCH_2(CH_2)_2NH_2$
赖氨酸	尸胺	$H_2N(CH_2)_5NH_2$
鸟氨酸	腐胺	$H_2N(CH_2)_4NH_2$
精氨酸	精胺	$H_2N(CH_2)_3NH(CH_2)_4NH(CH_2)_3NH_2$
	亚精胺	$H_2N(CH_2)_4NH(CH_2)_3NH_2$
苯丙氨酸	苯乙胺	$C_6H_5(CH_2)_2NH_2$
酪氨酸	酪胺	$C_6H_5OH(CH_2)_2NH_2$
色氨酸	色胺	$C_6H_4NHCHC(CH_2)_2NH_2$

脱羧基作用是氨基酸分解代谢的次要途径,仅部分氨基酸才发生此种代谢。氨基酸脱羧后形成的胺类物质,含量虽然不高,但大多具有特殊生理功能,常被称为生物胺。以下为体内常见的几种重要胺类物质。

(一) γ-氨基丁酸

在**谷氨酸脱羧酶**(glutamate decarboxylase)催化下,谷氨酸脱去羧基生成 **γ-氨基丁酸**(γ-aminobutyric acid,GABA)。动物体内 GABA 在脑中的含量最多,是中枢抑制性神经递质,通过抑制突触的传导功能进而抑制神经的兴奋性,具有镇静、催眠、抗惊厥、降血压等的生理作用。

谷氨酸 —(谷氨酸脱羧酶,CO_2)→ γ-氨基丁酸 (GABA)

知识卡片 11-1　　　　　　　　　γ-氨基丁酸

GABA 是中枢神经系统中重要的抑制性神经递质,具有健脑益智、抗癫痫、促进睡眠、美容润肤、延缓脑衰老、降血压、改善和保护肾功能、抑制脂肪肝及肥胖症,活化肝功能等生理作用。每日补充微量的 GABA 有利于心脑血压的缓解,促进体内氨基酸代谢的平衡,调节免疫功能。

GABA 具有很高的生理活性,参与多种代谢活动,是目前研究比较深入的非蛋白氨基酸。临床上,GABA 用于治疗和预防肝昏迷和脑血管障碍引起的各种疾病;治疗小儿麻痹症、脑出血;煤气中毒解毒剂。GABA 还应用于功能性食品行业,例如 GABA 营养补充剂、GABA 功能性饮料等。

(二)5-羟色胺

色氨酸经羟化及脱羧反应后生成 **5-羟色胺**(5-hydroxytryptamine,5-HT),广泛分布于体内各组织中,特别是大脑皮质和神经突触内含量最高。5-羟色胺也是一种神经递质,对大脑具有抑制作用,与睡眠、疼痛和体温调节有密切关系。中枢神经系统中 5-HT 含量及功能异常可能与精神病、偏头痛等疾病有关。外周组织中的 5-羟色胺还具有强烈的收缩血管功能,可引起血压升高。

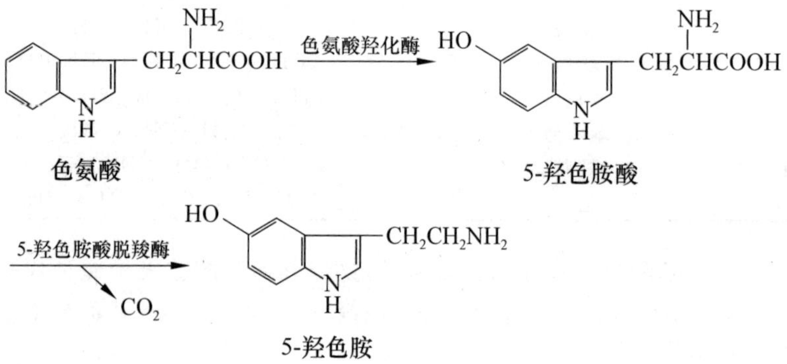

色氨酸 　　　色氨酸羟化酶　　　5-羟色胺酸

5-羟色胺酸脱羧酶 　CO₂　5-羟色胺

(三)组胺

组氨酸在**组氨酸脱羧酶**(histidine decarboxylase)催化下脱羧生成**组胺**(histamine)。组胺主要由肥大细胞产生,在体内分布广泛,皮肤、肺、肝、脑及胃黏膜等组织中含量较高,对机体的过敏反应和炎症调节有重要作用。组胺有强烈的扩血管作用,使小动脉、小静脉和毛细血管舒张,增加毛细血管的通透性,引起血压下降和局部水肿,严重时能导致机体休克。组胺对血管以外的平滑肌有兴奋作用,可引起支气管哮喘、胃肠绞痛。此外,组胺还具有刺激胃蛋白酶和胃酸分泌的功能。

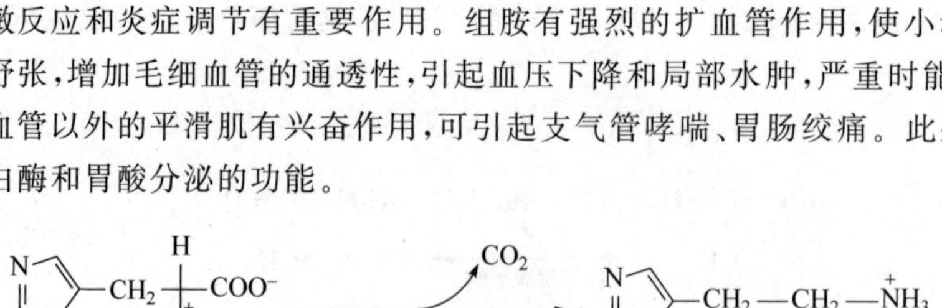

组氨酸 　　　组氨酸脱羧酶　　　组胺

(四)多胺

多胺(polyamine)是一类含有两个或多个氨基的有机化合物,其合成原料主要为鸟氨酸,合成的关键酶是**鸟氨酸脱羧酶**(ornithine decarboxylase)。体内的多胺主要包括**精脒**

（spermidine）、**精胺**（spermine）、**尸胺**（cadaverine）、**腐胺**（putrescine）等。在生理 pH 下，多胺分子常带有较多的正电荷，与带负电荷的 DNA、RNA 结合后，能促进蛋白质和核酸的生物合成，是调节细胞增殖、分化和生长的重要物质。精液、生长旺盛的胚胎、再生肝、生长激素作用的细胞和肿瘤细胞、癌细胞等的多胺含量较高。临床上常测定血或尿中多胺的含量，以其作为诊断肿瘤及其病情变化的辅助指标。多胺合成过程如图 11-5 所示。

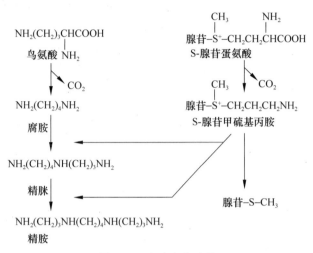

图 11-5 多胺合成过程

◀◀ 知识卡片 11-2 多 胺 ▶▶

在生长旺盛的肿瘤、癌细胞中，多胺的合成和分泌都明显增加，即多胺与细胞恶性增殖现象密切相关，因此多胺已成为抗癌药物研发的靶向目标之一。抗癌药物通过抑制多胺生物合成酶；作用于吸收系统，抑制多胺在细胞膜间的转运，阻断外源性多胺的摄入，从而降低细胞内多胺浓度来抑制癌细胞生长。尤其是模仿天然多胺的功能，控制多胺代谢而设计合成的多胺类抗癌分子是目前研究的热点。

（五）牛磺酸

牛磺酸（taurine）广泛分布于动物组织细胞内，特别是神经、肌肉和腺体内含量最高。体内的牛磺酸主要由半胱氨酸生成。半胱氨酸先氧化成磺酸丙氨酸，再由**磺酸丙氨酸脱羧酶**（sulfonic acid alanine decarboxylase）催化脱去羧基生成牛磺酸。牛磺酸具有多种生理功能，如牛磺酸与游离胆汁酸结合生成的结合型胆汁酸，能够促进脂肪、钙等营养物质的消化和吸收；抗氧化作用，即可以稳定细胞膜功能，对神经、心肌、肝等多种细胞具有保护作用；调节相应腺体释放激素，参与机体生长的调节；促进神经系统的生长发育和细胞增殖与分化，影响脑功能和智力；增加白细胞数量，提高吞噬细胞对病菌的杀伤力，提高机体免疫力等。

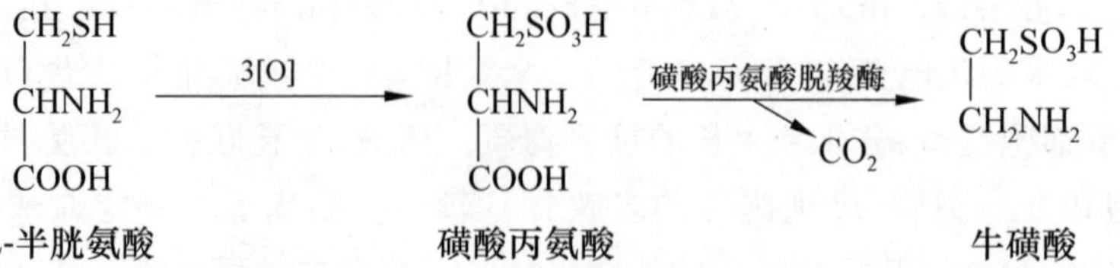

$$\underset{\text{L-半胱氨酸}}{\overset{\displaystyle \begin{array}{c}CH_2SH\\|\\CHNH_2\\|\\COOH\end{array}}{}} \xrightarrow{3[O]} \underset{\text{磺酸丙氨酸}}{\overset{\displaystyle \begin{array}{c}CH_2SO_3H\\|\\CHNH_2\\|\\COOH\end{array}}{}} \xrightarrow[\displaystyle -CO_2]{\text{磺酸丙氨酸脱羧酶}} \underset{\text{牛磺酸}}{\overset{\displaystyle \begin{array}{c}CH_2SO_3H\\|\\CH_2NH_2\end{array}}{}}$$

胺类物质虽然具有重要的生理功能,但在体内聚集过多时,会对机体产生毒害作用,能引起机体神经系统和心血管系统功能异常。因此,正常情况下,这些胺类物质发挥生理作用后,会在**胺氧化酶**(amine oxidase)的催化下转变为醛,再进一步氧化成酸,最后经三羧酸循环彻底氧化分解成 CO_2 和 H_2O(图 11-6)。

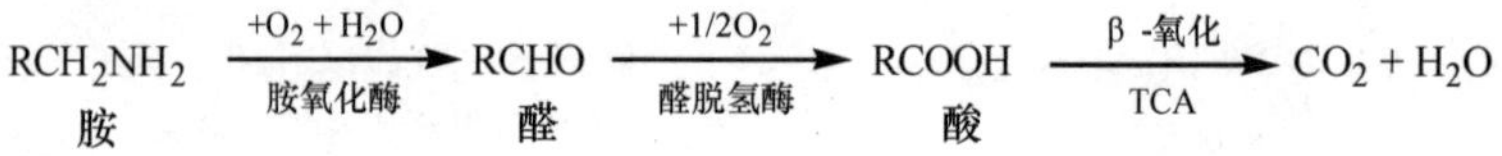

$$\underset{\text{胺}}{RCH_2NH_2} \xrightarrow[\text{胺氧化酶}]{+O_2+H_2O} \underset{\text{醛}}{RCHO} \xrightarrow[\text{醛脱氢酶}]{+1/2O_2} \underset{\text{酸}}{RCOOH} \xrightarrow[\text{TCA}]{\beta\text{-氧化}} CO_2+H_2O$$

图 11-6　胺类氧化分解示意图

第三节　氨的代谢

一、体内氨的来源和去路

(一)氨的来源

1. 氨基酸代谢

氨基酸脱氨基后产生的氨是体内氨的主要来源。此外,氨基酸脱羧基后所生成的胺类,在胺氧化酶催化下,也可分解产生少量氨。

2. 肠道吸收

一方面,氨基酸在肠道细菌作用下经腐败作用产生氨;另一方面,血液中尿素扩散渗透进入肠道,在大肠埃希菌脲酶的作用下水解生成氨。肠道产生的氨较多,可以通过细胞膜进入血液中。

3. 肾远曲小管上皮细胞分泌

谷氨酰胺在谷氨酰胺酶催化下水解生成谷氨酸和氨。正常情况下,这些氨不进入血液,而是分泌到肾小管管腔中,与尿中的 H^+ 结合生成 NH_4^+,然后以铵盐的形式由尿排出体外,这种作用对调节机体的酸碱平衡有重要意义。例如,酸性尿可促使氨形成铵盐,利于肾小管上皮细胞中氨扩散到尿中;而碱性尿则作用相反,不利于氨的排出,从而使氨被吸收到血液中,引起血氨浓度升高。

4. 其他

体内的嘌呤、嘧啶分解时产生少量的氨;肌肉、神经组织中的腺苷酸脱氨后也可以产生一定量的氨。

(二)氨的去路

氨是有毒物质,尤其是高等动物的脑组织对氨极为敏感,当血氨含量较高时,常引起机体神经系统功能紊乱,严重时导致动物死亡。例如,给家兔注射氯化铵溶液时,当血氨浓度达到 50mg/L 时,家兔就会中毒致死。正常情况下,动物体内有一系列去除氨的代谢机制,使血氨维持较低水平。不同种类的动物处理氨的方式也不同,其中哺乳动物体内的氨的主要去路有:在肝脏中合成尿素,随尿排出,这是氨代谢的主要途径;一部分氨可以合成谷氨酰胺和天冬酰胺,也可合成其他非必需氨基酸或含氮化合物;少量的氨以铵盐的形式随尿排出体外。

二、 氨的转运

由于氨的毒性,各组织产生的氨不能以游离形式直接存在于血液中,而是转化成无毒的谷氨酰胺或丙氨酸进行运输,其中以谷氨酰胺的转运为主。

(一)谷氨酰胺转运氨的作用

谷氨酰胺的合成和分解是由不同酶催化的不可逆反应。在脑、肌肉等组织中,氨与谷氨酸在**谷氨酰胺合成酶**(glutamine synthetase,GS)催化下生成谷氨酰胺。谷氨酰胺是机体需要的一种蛋白质氨基酸,没有毒性。因此,合成谷氨酰胺是体内迅速解除氨毒的一种方式。

$$
\underset{\text{Glu}}{\begin{array}{c} \text{COOH} \\ | \\ H_2N-C-H \\ | \\ (CH_2)_2 \\ | \\ \text{COOH} \end{array}} +NH_3 \underset{\text{谷氨酰胺酶}}{\overset{\text{ATP 谷氨酰胺 ADP+Pi}}{\overset{\text{合成酶}}{\rightleftharpoons}}} \underset{\text{Gln}}{\begin{array}{c} \text{COOH} \\ | \\ H_2N-C-H \\ | \\ (CH_2)_2 \\ | \\ \text{CONH}_2 \end{array}} +H_2O
$$

谷氨酰胺经血液输送至肝或肾,再经**谷氨酰胺酶**(glutaminase)催化水解,重新生成谷氨酸和氨。氨在肝脏中合成尿素;在肾脏中生成铵盐随尿排出。当体内酸过多时,通过增强肾小管上皮细胞中谷氨酰胺酶的活性,加快谷氨酰胺的分解,从而增加氨的生成和排出。排出的 NH_3 和尿液中的 H^+ 生成 NH_4^+,从而调节动物机体的酸碱平衡。

谷氨酰胺对氨具有运输、储存和解毒作用。因此,正常情况下,血液中谷氨酰胺的浓度远高于其他氨基酸。临床上,对于氨中毒的患者可服用或输入谷氨酸盐,以降低血氨的浓度。

(二)丙氨酸-葡萄糖循环

丙氨酸是氨的一种暂时储存和运输的形式。在肌肉中,氨基酸经转氨基作用将氨基转移给丙酮酸生成丙氨酸,即氨基酸脱下的氨以丙氨酸形式经血液循环运至肝脏。在肝脏中,丙氨酸通过联合脱氨基作用重新生成氨和丙酮酸,释放出的氨用于尿素的合成,而丙酮酸经糖异生途径转变成葡萄糖,经血液运输到肌肉组织。肌肉收缩时,葡萄糖沿分解途径又转变成丙酮酸。此循环往复进行,使丙氨酸和葡萄糖在肌肉、血液和肝之间转运氨,因此,称为**丙氨酸-葡萄糖循环**(alanine glucose cycle)(图 11-7)。通过此途径,不仅把肌肉中的氨以无毒的丙氨酸形式运输到肝脏进一步代谢,同时又为肌肉提供了葡萄糖,有利于维持血糖稳定和肌肉的活动。

三、 尿素的合成——鸟氨酸循环

氨基酸脱氨产生的游离氨必须转变为无毒的物质排出,才能消除它对机体的危害。哺

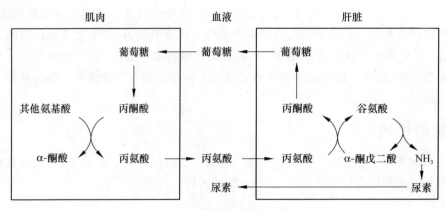

图 11-7 丙氨酸-葡萄糖循环示意图

乳动物体内氨主要的代谢去路是经**鸟氨酸循环**(ornithine cycle)合成**尿素**(urea)。尿素是中性、无毒、易溶于水的物质,经血液循环运输到肾脏后随尿排出体外。肝脏是最主要的尿素合成器官,此外,肾脏和脑等组织也能合成少量尿素。

◄◄ 知识卡片 11-3　　　　鸟氨酸循环的发现　　　　►►

(一) 鸟氨酸循环的反应过程

鸟氨酸循环主要包括以下 4 个步骤。

1. 氨甲酰磷酸的合成

来自外周组织或肝脏自身代谢生成的 NH_3 和 CO_2,首先通过线粒体膜进入线粒体基质,在**氨甲酰磷酸合成酶 I**(carbamoyl phosphate synthetase I,CPS-I)的催化下,合成氨甲酰磷酸。此反应是一个不可逆反应,需要消耗 2 个高能磷酸键,是控制尿素合成的限速步骤。

$$NH_3 + CO_2 + H_2O + 2ATP \xrightarrow[\text{N-乙酰谷氨酸(N-AGA)}]{\text{氨基甲酰磷酸合成酶 I (CPS-I)}} H_2N-\overset{\overset{O}{\|}}{C}-O\sim\textcircled{P} + 2ADP + Pi$$

氨甲酰磷酸

CPS-I 在肝线粒体中含量丰富,是尿素合成的关键酶。该酶只有在别构激活剂 **N-乙酰谷氨酸**(N-acetylglutamate acid,N-AGA)存在时才能发挥作用。N-AGA 与 CPS-I 结合后可诱导酶构象发生改变,增加 CPS-I 与 ATP 的亲和力。当氨基酸分解旺盛时,产生的大量谷氨酸和乙酰 CoA 作用生成 N-AGA,从而激活 CPS-I,加快尿素合成。某些先天性遗传病患者由于缺乏氨甲酰磷酸合成酶,**尿素循环**(urea cycle)受到阻断,导致血氨增高,产生脑中毒症状,即 Ⅱ型先天性高氨血症(congenital hyperammonemia,type Ⅱ)。

2. 瓜氨酸的合成

氨甲酰磷酸是性质活泼的高能磷酸化合物。在**鸟氨酸转氨基甲酰酶**(ornithine

carbamoyl transferase,OCT)的催化下,氨甲酰磷酸将氨甲酰基转移给**鸟氨酸**(ornithine, Orn)合成**瓜氨酸**(citrulline,Cit)。此反应也是在线粒体内进行的不可逆反应,是氨在肝细胞内生成尿素的关键步骤。胞液中的鸟氨酸必须首先通过线粒体膜上的特异转运系统进入线粒体内才能使该反应得以发生。特殊的转运蛋白**瓜氨酸-鸟氨酸交换体**(citrulline-ornithine exchanger)催化瓜氨酸和鸟氨酸的反向转运。此外,OCT 是肝脏含量最丰富的特异性酶类,是检测肝胆疾病的敏感指标之一。

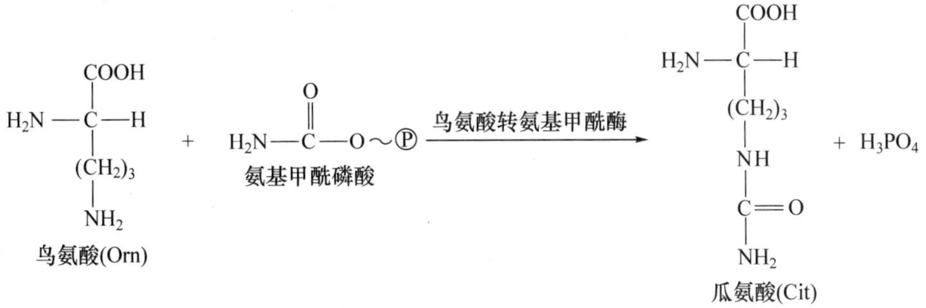

3. 精氨酸的合成

　　鸟氨酸循环的后几步反应都是在胞液中进行的。因此,瓜氨酸在线粒体内合成后,要被转运到线粒体外。进入胞液中的瓜氨酸在**精氨琥珀酸合成酶**(argininosuccinate synthase,ASS)的催化下,与天冬氨酸(Asp)缩合成精氨琥珀酸。这是一步高耗能的反应,水解 ATP 中的 2 个高能磷酸键。精氨琥珀酸合成酶活性相对较小,是尿素合成的限速酶。精氨琥珀酸在**精氨琥珀酸裂解酶**(argininosuccinate lyase,ASL)催化下再分解为精氨酸和延胡索酸。

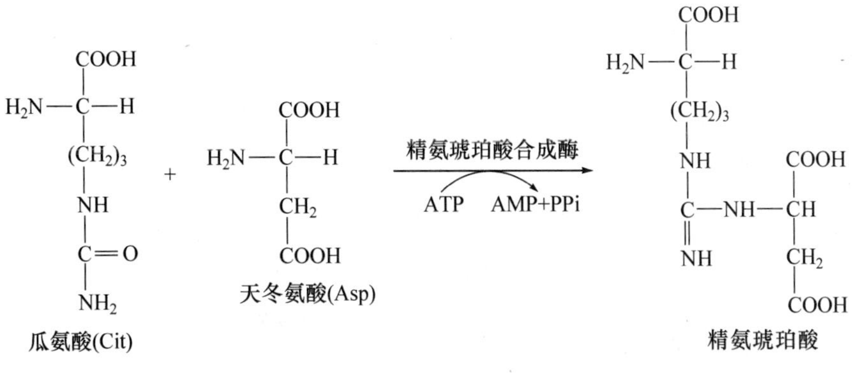

　　在上述两步反应中,天冬氨酸是氨基的直接供体。各种氨基酸脱下的氨基经连续的转氨基作用后形成天冬氨酸,再用于尿素的合成。而反应中生成的延胡索酸经三羧酸循环变为草酰乙酸,再与谷氨酸进行转氨作用又变成天冬氨酸,可以继续参加精氨琥珀酸的合成。这样,通过延胡索酸和天冬氨酸就使尿素循环和三羧酸循环密切联系在一起。

4. 尿素的合成

　　精氨酸在**精氨酸酶**(arginase)催化下水解生成尿素和鸟氨酸。反应中生成的尿素经血液循环转运至肾脏,随尿液排出体外。鸟氨酸则可再进入线粒体内用于瓜氨酸的合成,反应往复进行。

　　综合上述反应,尿素合成的整个反应过程只消耗了氨、CO_2、ATP 和天冬氨酸,而鸟氨

精氨琥珀酸 —精氨琥珀酸裂解酶→ 精氨酸 + 延胡索酸

精氨酸 + H₂O —精氨酸酶→ 鸟氨酸 + 尿素

酸、瓜氨酸、精氨酸没有净减少或净增加,它们只是这个循环中的催化剂。尿素分子中的两个氮原子,一个来自游离氨,另一个来自天冬氨酸的 α-氨基。天冬氨酸失去的 α-氨基可由其他氨基酸通过转氨基作用重新获得。因此,尿素分子中的两个氮原子都是直接或间接来源于氨基酸。此外,尿素的合成是耗能过程,每合成 1 分子尿素需消耗 3 分子 ATP(4 个高能磷酸键)(图 11-8)。鸟氨酸循环的前两步反应发生在线粒体内,后几步反应都是在胞液中完成的,生成的尿素是哺乳动物体内蛋白质代谢的最终产物,通过血液循环转运至肾脏后被排出体外。

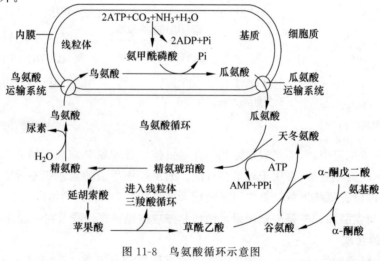

图 11-8 鸟氨酸循环示意图

(二) 鸟氨酸循环的意义

鸟氨酸循环对动物具有十分重要的生理意义。每合成 1 分子尿素需要消耗 2 分子氨和

1分子二氧化碳。这样,通过鸟氨酸循环不但消除了氨的毒性,还可以清除体内的一部分二氧化碳,减少机体酸中毒的发生。

(三) 尿素合成的调节

尿素合成的速度受多种因素的调节。正常情况下,机体尿素的合成维持在适宜的水平,以保证机体及时地解除氨毒。

1. 食物蛋白质的含量

食物中蛋白质含量可以影响尿素的合成速度。例如,高蛋白食物使尿素合成速度加快;而低蛋白食物使尿素合成速度减慢。

2. 尿素合成酶系

参与尿素合成的各种酶活性差异很大,其中精氨琥珀酸合成酶的活性最低,是尿素合成的限速酶。此外,氨甲酰磷酸的生成是尿素合成的重要步骤,氨基甲酰磷酸合成酶Ⅰ是该步骤的关键酶,N-乙酰谷氨酸能增强该酶的活性。

3. 鸟氨酸循环的中间产物

实验证明,鸟氨酸、瓜氨酸、精氨酸等鸟氨酸循环中间产物的浓度均可影响尿素的合成速度。例如,供给充足的精氨酸可加速尿素的生成。精氨酸是 N-乙酰谷氨酸合成酶的变构激活剂,故临床上治疗血氨升高、肝昏迷患者常补充精氨酸,以促进尿素合成,降低血氨浓度。

◀◀　知识卡片 11-4　　　　高血氨症　　　　　　▶▶

第四节　α-酮酸的代谢

动物体内的各种氨基酸经脱氨基作用后,剩余的部分生成相应的 α-酮酸(即氨基酸的碳骨架)。α-酮酸可进一步转化生成 α-酮戊二酸、乙酰辅酶 A 等三羧酸循环的中间产物(表 11-2)。这些 α-酮酸具体代谢途径各不相同,但都有以下 3 种去路。

表 11-2　氨基酸代谢中间产物一览表

氨基酸	代谢中间产物
丙氨酸、丝氨酸、半胱氨酸、胱氨酸、甘氨酸、苏氨酸	丙酮酸
苯丙氨酸、酪氨酸、亮氨酸、赖氨酸、色氨酸	乙酰乙酰辅酶 A
甲硫氨酸、异亮氨酸、缬氨酸	琥珀酰辅酶 A
苯丙氨酸、酪氨酸	延胡索酸
精氨酸、脯氨酸、组氨酸、谷氨酰胺、谷氨酸	α-酮戊二酸
天冬氨酸、天冬酰胺	草酰乙酸

一、 生成非必需氨基酸

动物体内的转氨基作用和联合脱氨基作用都是可逆反应,因此,氨基酸即可通过脱氨基作用分解,也可以通过 α-酮酸还原加氨或转氨作用合成氨基酸。正常情况下,二者处于动态平衡。当体内氨基酸过多时,氨基酸的脱氨基作用加强,分解加速;相反,当机体氨基酸缺乏,需要氨基酸合成时,氨基化作用就相应加强。但 α-酮酸接受氨基后只能转变成非必需氨基酸,不能合成必需氨基酸。这是因为体内不能合成与必需氨基酸相对应的 α-酮酸,或者这些 α-酮酸在体内不能稳定存在。因此,必需氨基酸只能从食物中获取。

二、 转变成糖或脂类

组成蛋白质的大多数氨基酸都可转变为糖代谢的某些中间产物。例如,丙氨酸脱氨基后生成的丙酮酸,谷氨酸生成的 α-酮戊二酸以及天冬氨酸生成的草酰乙酸等,能够经糖异生途径生成葡萄糖,即氨基酸的**生糖作用**(glucogenesis),这些能够转变为糖的氨基酸称为**生糖氨基酸**。组成蛋白质的氨基酸大多都是生糖氨基酸,它们在体内可按糖代谢途径进行代谢。

有些氨基酸经脱氨基作用生成的 α-酮酸,在体内进一步代谢后只能转化为乙酰 CoA,可用于合成酮体或脂肪酸等脂类物质,这是氨基酸的**生酮作用**(ketogenesis),这类氨基酸被称为**生酮氨基酸**。生酮氨基酸只有亮氨酸和赖氨酸两种,它们在体内可以按照脂肪酸代谢途径进行代谢。

此外,体内还有一些氨基酸既可以转化为葡萄糖,也可以转化为酮体等物质,如色氨酸、苯丙氨酸、酪氨酸和异亮氨酸,它们被称为**生糖兼生酮氨基酸**(glucogenic and ketogenic amino acid)。它们进一步代谢时,或按糖代谢途径进行,或按脂肪酸代谢途径进行。氨基酸分类情况见表 11-3。

表 11-3　生糖、生酮以及生糖兼生酮氨基酸分类表

类　别	氨基酸
生糖氨基酸	甘氨酸、丝氨酸、缬氨酸、组氨酸、精氨酸、半胱氨酸、脯氨酸、丙氨酸、谷氨酸、谷氨酰胺、天冬氨酸、天冬酰胺、蛋氨酸
生酮氨基酸	亮氨酸、赖氨酸
生糖兼生酮氨基酸	异亮氨酸、苯丙氨酸、酪氨酸、苏氨酸、色氨酸

三、 彻底氧化分解成 H_2O 和 CO_2

彻底氧化分解成水和二氧化碳是 α-酮酸代谢的重要去路。动物体内的各种氨基酸虽然氧化分解途径各不相同,但它们脱氨基后的终产物,除乙酰乙酰辅酶 A 外,其余都是糖酵解或三羧酸循环的中间产物,且乙酰乙酰辅酶 A 也可分解为乙酰辅酶 A,这些中间产物最后均可在三羧酸循环中彻底氧化分解,生成 H_2O 和 CO_2,并释放出能量。图 11-9 为氨基酸碳骨架的代谢去向。

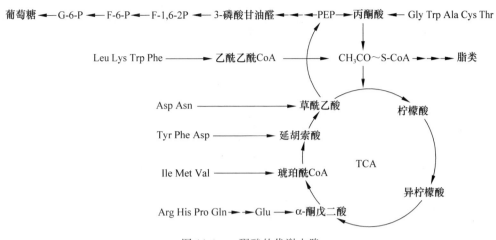

图 11-9　α-酮酸的代谢去路

第五节　个别氨基酸的代谢

动物体内的氨基酸除了共同的代谢途径外,由于化学结构的不同,许多氨基酸还有各自特殊的代谢途径,而且各代谢途径之间还存在着密切的联系,一些代谢中间产物还有特殊的生理功能。一般来讲,非必需氨基酸代谢相对简单,而必需氨基酸的代谢较为复杂。

一、一碳单位的代谢

某些氨基酸在代谢过程中生成的含有一个碳原子的基团,称为**一碳单位**(one carbon unit)或**一碳基团**(one carbon group)。体内的一碳单位有多种形式,如甲基—CH_3、亚甲基(又称甲烯基)—CH_2—、次甲基(又称甲炔基)—$CH=$、甲酰基—CHO、亚氨甲基—$CH=NH$、羟甲基—CH_2OH、氨基甲基—CH_2NH_2 等。这些一碳单位经转移后可参与体内一些重要物质的生物合成。凡是与一碳单位转移和代谢有关的反应,统称为一碳单位的代谢。甘氨酸、丝氨酸、组氨酸、色氨酸、甲硫(蛋)氨酸等氨基酸的代谢与一碳单位的代谢有关。

(一)一碳单位的载体

一碳单位在体内不能以游离形式存在,常被一碳单位转移酶的辅酶——**四氢叶酸**(5,6,7,8-tetrahydrofolic acid,THFA 或 FH_4)携带进行转运和代谢。因此,FH_4 是一碳单位的载体。四氢叶酸是叶酸的衍生物,是在**二氢叶酸还原酶**(dihydrofolate reductase,DHFR)催化下经两步还原反应转变而成。四氢叶酸分子上的 N^5,N^{10} 位是携带一碳单位的位置(表 11-4)。

四氢叶酸

表 11-4　一碳单位与四氢叶酸的结合位点

一碳单位种类	与四氢叶酸结合位点	存在形式
甲基($-CH_3$)	N^5	$N^5-CH_3-FH_4$
甲烯基($-CH_2-$)	N^5 和 N^{10}	$N^5,N^{10}-CH_2-FH_4$
甲炔基($-CH=$)	N^5 和 N^{10}	$N^5,N^{10}=CH-FH_4$
甲酰基($-CHO$)	N^{10}	$N^{10}-CHO-FH_4$
亚氨甲基($-CH=NH$)	N^5	$N^5-CH=NH-FH_4$

(二)一碳单位的来源和相互转变

一碳单位主要来源于丝氨酸的分解代谢。此外,甘氨酸、组氨酸和色氨酸分解代谢也可产生少量一碳单位。动物体内的一碳单位分别处于甲酸、甲醛不同的氧化水平,在适当条件下,这些一碳单位通过相应的氧化还原反应可以进行相互转变(图 11-10),但转化为 $N-CH_3-FH_4$ 的反应基本是不可逆的。生成的 $N-CH_3-FH_4$ 用于同型半胱氨酸甲基化为蛋氨酸和 FH_4 的再生。

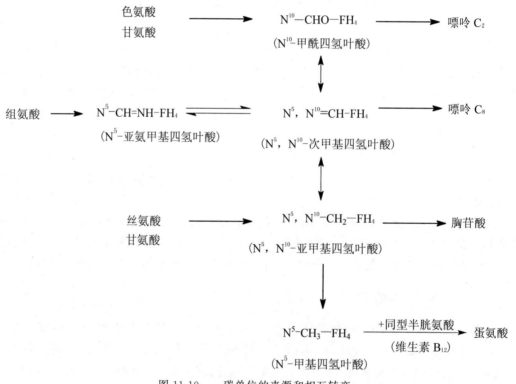

图 11-10　一碳单位的来源和相互转变

(三)一碳单位的生理功能

1. 作为嘌呤和嘧啶的合成原料

一碳单位在核酸合成中起着重要作用,与细胞增殖、组织生长和机体发育等生理功能密切相关。例如,$N^{10}-CHO-FH_4$ 和 $N^5,N^{10}=CH-FH_4$ 分别参与嘌呤环中 C_2 和 C_8 原子的合成;$N^5,N^{10}-CH_2-FH_4$ 提供甲基参与 dTMP 的合成。

一碳单位代谢发生障碍时会产生疾病,例如叶酸、维生素 B_{12} 缺乏会引起**巨幼细胞贫血**（megaloblastic anemia）。临床上使用的某些抗菌、抗肿瘤药物（如磺胺类、氨甲蝶呤等）就是通过抑制细菌及肿瘤细胞内叶酸、四氢叶酸的合成,干扰一碳单位的代谢,使核酸合成受阻而达到治疗的目的。

2. 参与体内的甲基化反应

一碳单位 N^5—CH_3—FH_4 可直接提供甲基参与体内多种重要功能物质的合成,如肾上腺素、胆碱、胆酸等的合成。

二、 含硫氨基酸的代谢

甲硫(蛋)氨酸、半胱氨酸、胱氨酸分子中都含有硫原子,统称为含硫氨基酸。甲硫(蛋)氨酸可转变为半胱氨酸和胱氨酸,半胱氨酸和胱氨酸也可以互变,但半胱氨酸和胱氨酸不能转变成甲硫(蛋)氨酸。

（一）甲硫(蛋)氨酸的代谢

1. 甲硫(蛋)氨酸与转甲基作用

甲硫(蛋)氨酸分子中含有与硫原子相连的甲基(S-甲基),可参与体内的多种转甲基反应,生成含甲基的生理活性物质。但甲硫(蛋)氨酸在转甲基之前,必须先在**腺苷转移酶**（adenosyltransferase）催化下与 ATP 反应生成 **S-腺苷甲硫氨酸**（S-adenosylmethionine, SAM）。SAM 中的甲基被高度活化,称为**活性甲基**（active methyl group）,因此,SAM 常被称为活性甲硫(蛋)氨酸。

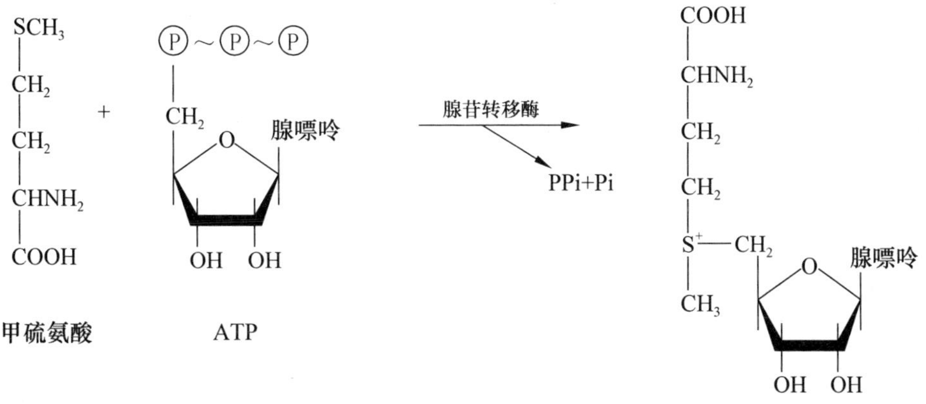

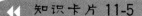

SAM 是体内最主要的甲基直接供体,参与几十种重要甲基化合物的合成,例如肌酸、胆碱、肾上腺素等。甲基化作用是体内重要的代谢反应,具有广泛的生理意义。核酸和蛋白质通过甲基化修饰,进而影响二者之间的相互作用及基因的表达。此外,在进行生物转化时,一些活性物质也可经过甲基化反应消除其活性或毒性。

知识卡片 11-5　　　　S-腺苷甲硫氨酸

2. 蛋氨酸循环

在**甲基转移酶**（methyltransferase）催化下，SAM 将甲基转移给相应甲基受体使其甲基化，SAM 则转变成 **S-腺苷同型半胱氨酸**（S-adenosylhomocysteine，SAH），再进一步脱去腺苷生成同型半胱氨酸，后者在 $N^5—CH_3—FH_4$ 转甲基酶作用下重新获得甲基转变为甲硫氨酸（蛋氨酸），这个过程称为**蛋氨酸循环**（methionine cycle）（图 11-11）。虽然通过此循环可以生成甲硫氨酸，但体内不能合成同型半胱氨酸，只能由甲硫氨酸转变生成，所以体内实际上不能合成甲硫氨酸。

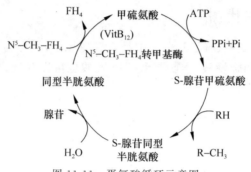

图 11-11　蛋氨酸循环示意图

在蛋氨酸循环中，$N^5—CH_3—FH_4$ 为 SAM 提供甲基，是甲基的间接供体。这样，甲硫氨酸分子中甲基可间接通过四氢叶酸由其他非必需氨基酸提供，避免了甲硫氨酸的大量消耗。此外，此循环有利于四氢叶酸的再生和利用。催化同型半胱氨酸转变成甲硫氨酸反应的酶是 $N^5—CH_3—FH_4$ 转甲基酶，又称为**甲硫氨酸合成酶**（methionine synthetase），其辅酶是维生素 B_{12}。当维生素 B_{12} 缺乏时，$N^5—CH_3—FH_4$ 上的甲基不能转移而在体内堆积，阻断蛋氨酸循环，四氢叶酸不能游离出来，影响一碳单位的代谢，从而造成核酸合成障碍，细胞分裂受阻，引起巨幼细胞贫血。

（二）半胱氨酸和胱氨酸的代谢

半胱氨酸和胱氨酸可通过氧化还原反应相互转变。体内多种酶的活性基团就是半胱氨酸残基上的巯基，如乳酸脱氢酶、琥珀酸脱氢酶等，这些酶因此也被称为"巯基酶"。有些毒物（如 Pb^{2+}、Hg^{2+} 等）往往就是结合在酶分子的巯基上，从而抑制酶的活性。

$$
\begin{array}{ccc}
H_2C—S\vdash H\ \ \ \ H\dashv S—CH_2 & & H_2C—S—S—CH_2 \\
H_2N—C—H\ \ \ \ +\ \ \ \ H_2N—C—H & \underset{+2H}{\overset{-2H}{\rightleftharpoons}} & H_2N—C—H\ \ \ H_2N—C—H \\
COOH\ \ \ \ \ \ \ \ \ \ \ \ \ \ COOH & & COOH\ \ \ \ \ \ \ \ \ \ \ COOH \\
\text{半胱氨酸} & & \text{胱氨酸}
\end{array}
$$

1. 谷胱甘肽的代谢

谷胱甘肽（glutathione，GSH）是一种含 γ-酰胺键的小分子三肽，由谷氨酸、半胱氨酸及甘氨酸组成，它的活性基团是半胱氨酸残基上的巯基。GSH 通过 **γ-谷氨酰基循环**（γ-glutamyl cycle）（图 11-12）合成，此循环由 Meister 提出，又称 Meister 循环。γ-谷氨酰基循环有双重作用：一是谷胱甘肽的再合成；二是通过谷胱甘肽的合成与分解将外源氨基酸主动转运到细胞内。

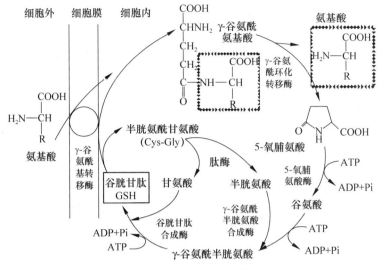

图 11-12　γ-谷氨酰基循环

谷胱甘肽是机体重要的含-SH 化合物,有还原型和氧化型两种形式,在**谷胱甘肽还原酶**(glutathione reductase)的催化下,通过脱氢和加氢反应互相转化。在生理条件下,还原型谷胱甘肽占绝大多数,细胞中 GSH 与 GSSG 的比例约为 100∶1。

GSH 广泛分布于机体各器官内,是体内重要的抗氧化剂和自由基清除剂,在维持细胞生物功能方面发挥重要作用。GSH 能激活多种酶,促进糖、脂肪及蛋白质代谢,影响细胞的代谢过程;GSH 通过巯基与自由基、重金属等结合,从而把体内有毒有害的物质转化为无害的物质,起到解毒作用;此外,GSH 还具有保护肝细胞、促进胆酸代谢、预防过敏、灭活激素等功能。

◀◀ 知识卡片 11-6　　　**谷胱甘肽**　　　▶▶

2. 硫酸根的代谢

半胱氨酸在体内直接脱去巯基和氨基后生成丙酮酸、氨和硫酸根。生成的硫酸根大部分以无机硫酸盐形式随尿排出,一小部分则经 ATP 活化转变成 **3′-磷酸腺苷-5′-磷酰硫酸**(3′-phosphoadenosine-5′phosphosulfate,PAPS)。"活性硫酸根"PAPS 性质较活泼,可参与硫酸角质素、硫酸软骨素等分子的合成,用于蛋白质、糖和脂类的硫酸化。此外,类固醇激素、酚类等物质能与 PAPS 结合形成硫酸酯而排出体外,即 PAPS 在肝脏的生物转化中起重要作用。

三、 芳香族氨基酸的代谢

(一) 苯丙氨酸的代谢

苯丙氨酸和酪氨酸结构相似。正常情况下,体内的苯丙氨酸主要转变为酪氨酸,然后再进一步代谢。催化此反应的酶是**苯丙氨酸羟化酶**(phenylalanine hydroxylase,PAH),这是一种单加氧酶,其辅酶为四氢生物蝶呤。该反应不可逆,因此酪氨酸不能变为苯丙氨酸。

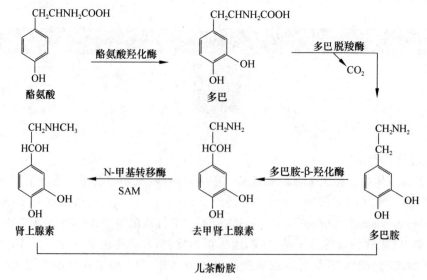

(二) 酪氨酸的代谢

1. 合成儿茶酚胺

酪氨酸在**酪氨酸羟化酶**(tyrosine hydroxylase)催化下生成 **3,4-二羟苯丙氨酸**(3,4-dihydroxyphenylalanine),即**多巴**(dopa)。多巴再通过脱羧酶作用转变为**多巴胺**(dopamine,DA)。在肾上腺髓质中,多巴胺被羟化生成**去甲肾上腺素**(noradrenaline),再经**N-甲基转移酶**(N-methyltransferase)催化,由活性蛋氨酸提供甲基,转变成**肾上腺素**(adrenaline)。多巴胺、去甲肾上腺素和肾上腺素统称为**儿茶酚胺**(catecholamine)。酪氨酸羟化酶是儿茶酚胺合成的限速酶,受终产物的反馈调节作用。儿茶酚胺的合成见图 11-13。

图 11-13 儿茶酚胺的合成

2. 合成黑色素

在黑色素细胞内酪氨酸发生羟化反应生成多巴，多巴进一步氧化生成**多巴醌**（dopa quinone）。这种多巴醌不稳定，能自发进行一系列反应生成**吲哚-5,6-醌**（Indole-5,6-quinone），皮肤中的**黑色素**（melanin）即为吲哚醌的聚合物（图 11-14）。

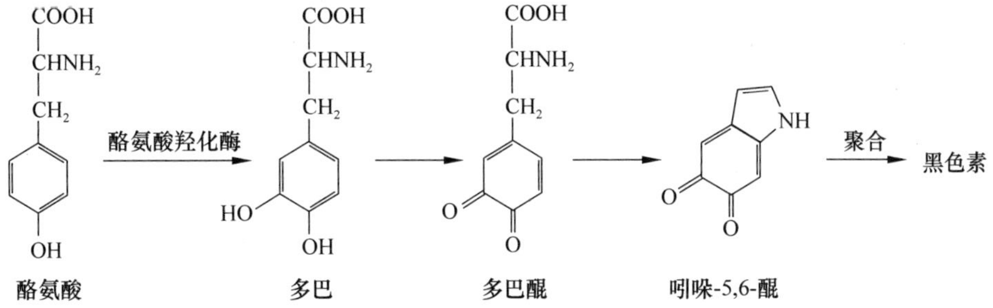

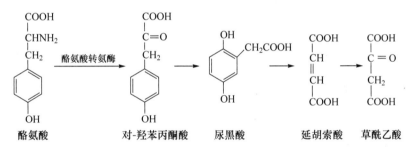

图 11-14　黑色素的合成途径

3. 转变为尿黑酸进入糖脂代谢途径

除上述代谢途径外，酪氨酸还可在**酪氨酸转氨酶**（tyrosine transaminase）的催化下，脱去氨基生成**对羟基苯丙酮酸**（p-hydroxyphenylpyruvate），再进一步转化为**尿黑酸**（homogentisic acid）。后者在**尿黑酸酶**（homogentisatase）及异构酶等的作用下，生成延胡索酸和草酰乙酸（图 11-15），进入糖代谢或脂类代谢途径中继续分解。

图 11-15　酪氨酸转变为草酰乙酸的代谢途径

◄◄ **知识卡片 11-7**　　　**芳香族氨基酸代谢异常与疾病发生**　　　►►

（三）色氨酸的代谢

色氨酸除可氧化脱羧生成 5-羟色胺外，还可通过**色氨酸加氧酶**（tryptophan oxygenase）的作用生成一碳单位；色氨酸是一种生糖兼生酮氨基酸，经多步代谢可分解成丙酮酸与乙酰乙酰辅酶 A；色氨酸还可转变成少量的尼克酸。

四、肌酸和肌酐的代谢

在动物的肝脏和肾脏中，以甘氨酸为碳骨架，由精氨酸提供脒基，S-腺苷蛋氨酸供给甲基,在脒基转移酶和甲基转移酶的催化下可合成**肌酸**(creatine,又称甲基胍乙酸)。肌酸广泛分布于骨骼肌、心肌、大脑等组织中,尤其以肌肉中含量最高。

肌酸在**肌酸激酶**(creatine phosphohinase,CPK)催化下生成**磷酸肌酸**(creatine phosphate,CP)。肌酸和磷酸肌酸都是能量储存、利用的重要化合物,可以相互转化。当体内能量较高时,ATP 将其高能磷酸基团转移给肌酸,形成磷酸肌酸,将能量贮存于肌肉组织内。当肌肉收缩时,磷酸肌酸水解释放磷酸基团,生成 ATP 供机体使用。肌酸分子内脱水环化生成**肌酐**(creatinine),或磷酸肌酸脱磷酸变为肌酐,随尿排出体外(图 11-16)。正常机体每日尿中排出的肌酐量较为恒定。当肾严重病变时,肌酐排泄障碍,引起血液中肌酐浓度升高。因此,临床上可通过检测血或尿中肌酐含量来诊断疾病。

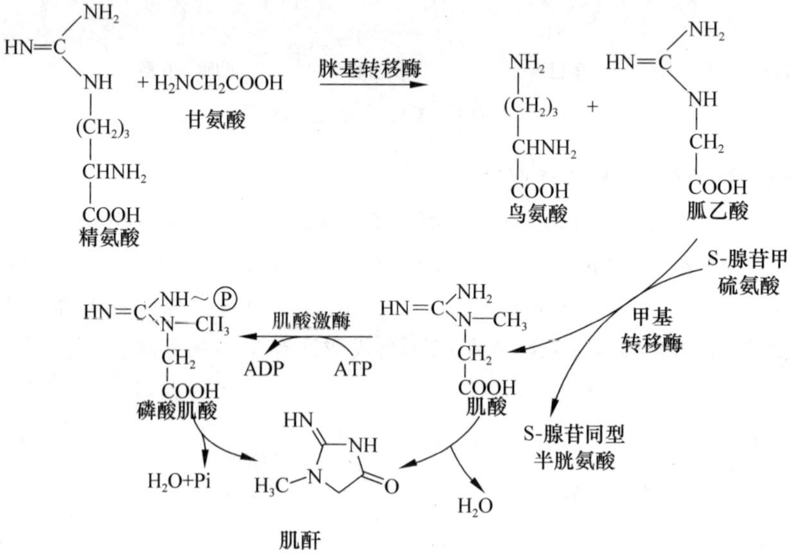

图 11-16　肌酸的代谢

知识卡片 11-8　　　　　　肌酸

第六节　氨基酸的生物合成

通过对氨基酸生物合成的研究发现,植物和微生物一般能够合成所需要的所有氨基酸,但哺乳动物一般只能合成部分非必需氨基酸,必须从外界食物中获取必需氨基酸。不同种类氨基酸的合成途径不同,而且同一种氨基酸在不同生物中合成途径也不完全相同。

氨基酸是由氨基和 α-酮酸(碳骨架)形成的化合物,在进行生物合成时,许多氨基酸可提供氨基,其中谷氨酸是最主要的供体;碳骨架可来自糖酵解、三羧酸循环、磷酸戊糖途径等反应的中间产物,如 α-酮戊二酸、草酰乙酸、丙酮酸等。根据合成氨基酸的碳骨架来源不同,可将氨基酸分成丙氨酸族、丝氨酸族、天冬氨酸族、谷氨酸族、芳香族氨基酸和组氨酸等。同一族中，氨基酸有共同的碳骨架来源。

一、 丙氨酸族氨基酸的合成

丙氨酸族包括丙氨酸、缬氨酸和亮氨酸，它们的生物合成途径存在一定联系，共同碳骨架来源于糖酵解生成的丙酮酸。首先丙酮酸通过转氨基作用生成丙氨酸，或经还原、变位、脱水等几步反应生成 α-酮异戊酸。α-酮异戊酸是分支部位，可以直接经转氨反应生成缬氨酸，或者与乙酰辅酶 A 结合进入亮氨酸支路合成亮氨酸（图 11-17）。

二、 丝氨酸族氨基酸的合成

丝氨酸族包括丝氨酸、甘氨酸和半胱氨酸，均以乙醛酸为碳骨架。乙醛酸经转氨作用形成甘氨酸，再经水化后可转变为丝氨酸，最后经硫化反应生成半胱氨酸（图 11-18），但动物体内的半胱氨酸一般是通过甲硫氨酸降解途径来合成。

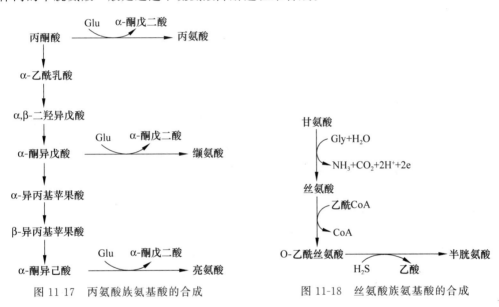

图 11-17　丙氨酸族氨基酸的合成　　　　图 11-18　丝氨酸族氨基酸的合成

三、 天冬氨酸族氨基酸的合成

天冬氨酸族包括天冬氨酸、天冬酰胺、赖氨酸、甲硫氨酸、苏氨酸和异亮氨酸。这些氨基酸共同的碳骨架来自三羧酸循环中的草酰乙酸。天冬氨酸可由谷草转氨酶（GOT）催化草酰乙酸与谷氨酸合成，也可由天冬酰胺水解生成。天冬氨酸被还原成的同型丝氨酸分别进入 Met、Thr 和 Ile 支路合成相应的氨基酸。它们之间的合成关系见图 11-19。

四、 谷氨酸族氨基酸的合成

谷氨酸族有谷氨酸、谷氨酰胺、脯氨酸、羟脯氨酸和精氨酸，它们的共同碳骨架来源于三羧酸循环的中间产物 α-酮戊二酸。α-酮戊二酸首先与 NH_3 在谷氨酸脱氢酶催化下生成谷氨酸，再结合一分子 NH_3 生成谷氨酰胺。谷氨酰胺是很好的氨基供体，可以用于多种含氮化合物（例如氨基酸、碱基等）的合成反应。对于哺乳动物，内源性精氨酸的合成主要源

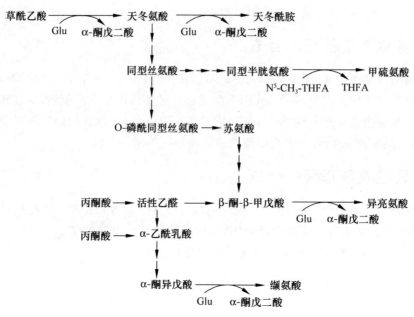

图 11-19　天冬氨酸族氨基酸的合成

自肾近曲小管中瓜氨酸的转化,瓜氨酸则由肠道内的谷氨酸和谷氨酰胺合成。它们之间的合成关系见图 11-20。

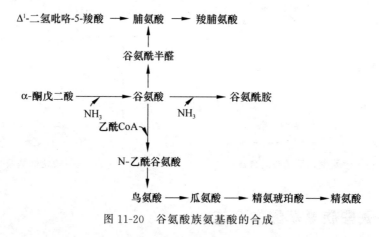

图 11-20　谷氨酸族氨基酸的合成

五、芳香族氨基酸和组氨酸的合成

芳香族氨基酸包括苯丙氨酸、酪氨酸和色氨酸,碳骨架来自糖代谢的中间产物赤藓糖-4-磷酸和磷酸烯醇丙酮酸(PEP)。首先 PEP 与赤藓糖-4-磷酸缩合生成**莽草酸**(shikimate),再合成**分支酸**(branched acid),此过程称为莽草酸途径。分支酸是芳香族氨基酸合成反应的共同前体物,分别经色氨酸支路、苯丙氨酸支路和酪氨酸支路生成相应的氨基酸。

组氨酸的合成过程较复杂,需要磷酸核糖、ATP、谷氨酸和谷氨酰胺的参与。它们之间的合成关系见图 11-21。

各种氨基酸的合成途径和相互关系见图 11-22。来自呼吸作用或光合作用的碳骨架,经过一系列的代谢途径形成相应的酮酸,最后经转氨作用生成相应氨基酸。

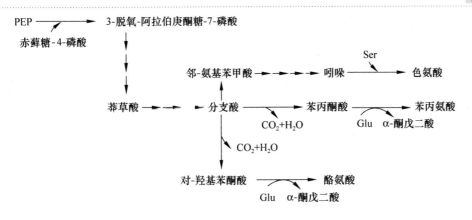

图 11-21　芳香族氨基酸与组氨酸的合成

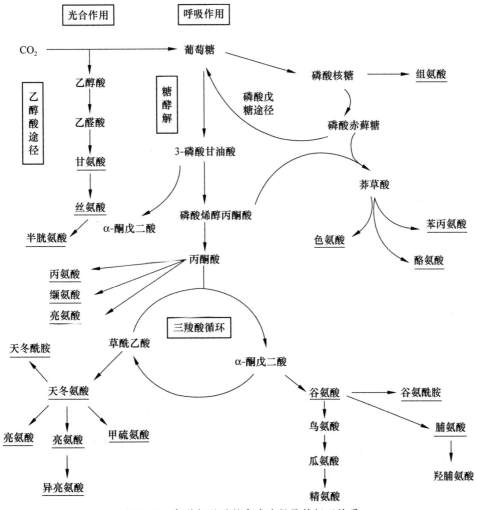

图 11-22　各种氨基酸的合成途径及其相互关系

本章小结

蛋白质概述　蛋白质是体内的能源物质,具有参与组织细胞的生长、更新、修补等功能;还可以转化成其他含氮类化合物及生理活性物质。蛋白质的生理价值主要取决于必需氨基酸的组成及含量。

氨基酸的一般分解代谢　各种氨基酸虽然化学结构不同,但具有脱氨基和脱羧基相同的代谢途径。脱氨基作用分为氧化脱氨基、转氨基和联合脱氨基三种形式,是氨基酸分解代谢的主要方式。氨基酸脱羧后形成的胺类物质,具有调控机体生理活动的特殊功能。

氨的代谢　动物体内氨基酸代谢产生的氨主要通过谷氨酰胺或丙氨酸-葡萄糖循环在血液中运输。大部分氨到达肝脏后经鸟氨酸循环合成尿素,解除氨的毒性;一部分氨用于非必需氨基酸或含氮化合物的合成;少量的氨在肾脏中以铵盐的形式随尿排出体外。

α-酮酸的代谢　氨基酸经脱氨基作用后生成的 α-酮酸,主要的代谢途径有合成非必需氨基酸;转变成糖或脂类;氧化分解。

特殊氨基酸的代谢　丝氨酸、甘氨酸、组氨酸、色氨酸等代谢过程产生的一碳单位,是碱基合成的原料,还可以参与体内的甲基化反应。含硫氨基酸通过蛋氨酸循环相互转化,通过四氢叶酸间接影响一碳单位的代谢,还参与谷胱甘肽的合成及硫酸根的代谢。芳香族氨基酸的代谢涉及多种激素的合成过程。肌酸和磷酸肌酸是氨基酸的衍生物,在能量储存、利用过程中发挥重要作用。

氨基酸的生物合成　氨基酸的生物合成需要氨基和碳骨架。其中碳骨架来源于糖酵解、三羧酸循环、磷酸戊糖途径等代谢途径中的中间产物;所需的氮主要由 NH_3 提供,通过还原性氨基化、氨基转移、氨基酸的相互转化等作用进行氨基酸的合成。

复习思考题

1. 蛋白质的营养作用有哪些?
2. 体内氨基酸的来源与去路主要有哪些?
3. 什么是必需氨基酸和非必需氨基酸?
4. 氨基酸的一般分解代谢有哪些方式?
5. 什么是鸟氨酸循环? 它有何生物学意义?
6. 动物如何清除体内的 NH_3?
7. 举例说明胺类物质是如何生成的? 它有何生理功能?
8. 什么是一碳单位? 一碳单位的代谢有何重要作用?
9. 蛋氨酸在动物体内是否能够合成? 为什么?

第十二章　核苷酸代谢

本章导读

　　核酸经核酸酶、核苷酸酶及核苷酶的依次作用，最终分解为戊糖、磷酸和碱基，其中磷酸和戊糖可被再利用，大部分碱基则被分解排出体外。本章重点阐述嘌呤碱基和嘧啶碱基的分解代谢，以及核苷酸生物合成的两条基本途径（"从头合成"和"补救合成"）。通过本章的学习需了解和掌握几个问题，并具有相应的能力：①核酸降解代谢的一般过程是什么？②对比分析嘌呤碱基和嘧啶碱基分解代谢的产物分别是什么？③核苷酸的"从头合成"和"补救合成"两条基本途径包括哪些步骤？④通过本章的学习，具备分析和解决与核苷酸代谢相关的实际问题的能力，同时树立辩证唯物主义的世界观、人生观和价值观。

第一节　核苷酸的分解代谢

　　核苷酸是构成核酸的基本结构单位，主要由机体细胞自身合成，少量来自食物的消化吸收，不属于营养必需物质。核苷酸代谢在动物机体代谢调节、能量供应及转换等方面具有重要作用。动物体内含有很多分解核酸的**核酸酶**（nuclease）。核酸酶根据作用底物的不同可分为**核糖核酸酶**（RNase）和**脱氧核糖核酸酶**（DNase）两类，前者水解 RNA，后者水解 DNA。核酸酶又可按水解位置不同分为**核酸内切酶**（endonuclease）和**核酸外切酶**（exonuclease），它们将核酸水解为核苷酸。核苷酸由**核苷酸酶**（nucleotidase）催化分解为核苷和磷酸。核苷又可由**核苷酶**（nucleosidase）继续分解为戊糖（核糖或脱氧核糖）和含氮碱基（嘌呤碱或嘧啶碱）。按催化反应的不同，分解核苷的酶可分为两类：一类是**核苷磷酸化酶**（nucleoside phosphorylase），该酶广泛存在于生物体内，催化可逆反应，将核苷分解为含氮碱基和戊糖-1-磷酸；另一类是**核苷水解酶**（nucleoside hydrolase），主要存在于植物和微生物体内，该酶只作用于核糖核苷，催化不可逆反应，产物是含氮碱基和核糖，核酸在体内的降解过程如图 12-1 所示。

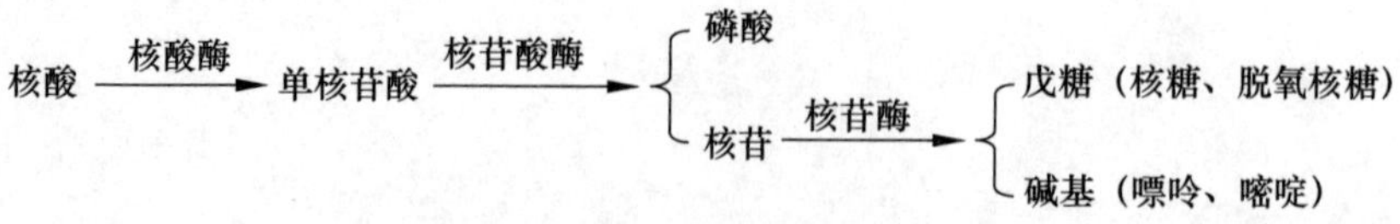

核酸 →(核酸酶) 单核苷酸 →(核苷酸酶) { 磷酸 / 核苷 →(核苷酶) { 戊糖（核糖、脱氧核糖） / 碱基（嘌呤、嘧啶）

图 12-1 核酸的降解

一、 嘌呤碱的分解代谢

腺嘌呤和鸟嘌呤具有类似的分解代谢过程,但在不同种类生物体内的代谢终产物不完全相同。人类、灵长类、鸟类、爬行动物及大部分昆虫体内嘌呤分解的最终产物是尿酸,其他哺乳动物以尿囊素为最终产物,两栖类和大多数鱼类以尿素为最终产物,而硬骨鱼则以尿囊酸的形式排出体外。嘌呤的分解过程主要经过脱氨、氧化等反应生成**次黄嘌呤**(hypoxanthine)和黄嘌呤等中间产物继续进行代谢。**腺嘌呤脱氨酶**(adenine deaminase)的活性较低,而**腺苷酸脱氨酶**(adenylate deaminase)和**腺嘌呤核苷脱氨酶**(adenosine deaminase)的活性较强。因此,体内腺嘌呤的脱氨反应可从腺嘌呤核苷酸和腺嘌呤核苷开始。**鸟嘌呤脱氨酶**(guanine deaminase)的活性较强,它催化的反应从鸟嘌呤开始。分解过程中生成的次黄嘌呤在**黄嘌呤氧化酶**(xanthine oxidase)催化下生成黄嘌呤,继续氧化则生成尿酸。嘌呤碱的分解过程见图 12-2。

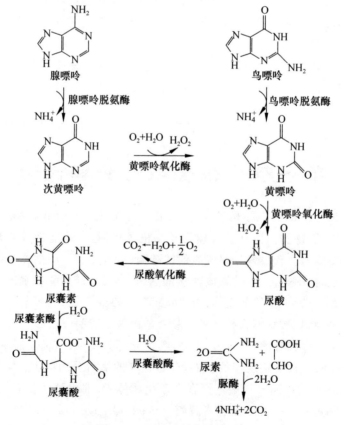

图 12-2 嘌呤碱的分解过程

人体内嘌呤的分解代谢主要在肝、小肠和肾中进行,产生的尿酸随尿排出。若尿酸在体内过量积累,血中尿酸浓度过高,尿酸盐晶体沉积于关节、软组织、软骨和肾等处,引起关节疼痛、尿路结石和肾脏疾病等症状,称为**痛风**(gout)。**别嘌呤醇**(allopurinol)与次黄嘌呤结构相似,对黄嘌呤氧化酶有很强的抑制作用,因此能减少体内尿酸的生成,临床上常用它治疗痛风症。

二、 嘧啶碱的分解代谢

嘧啶碱的分解代谢主要在肝中进行。胞嘧啶首先水解脱氨生成尿嘧啶。尿嘧啶和胸腺嘧啶被还原分别生成二氢尿嘧啶或二氢胸腺嘧啶,然后开环。胞嘧啶和尿嘧啶生成 β-丙氨酸、氨和二氧化碳,而胸腺嘧啶生成 β-氨基异丁酸,可进一步代谢,也有小部分直接随尿排出体外(图 12-3)。

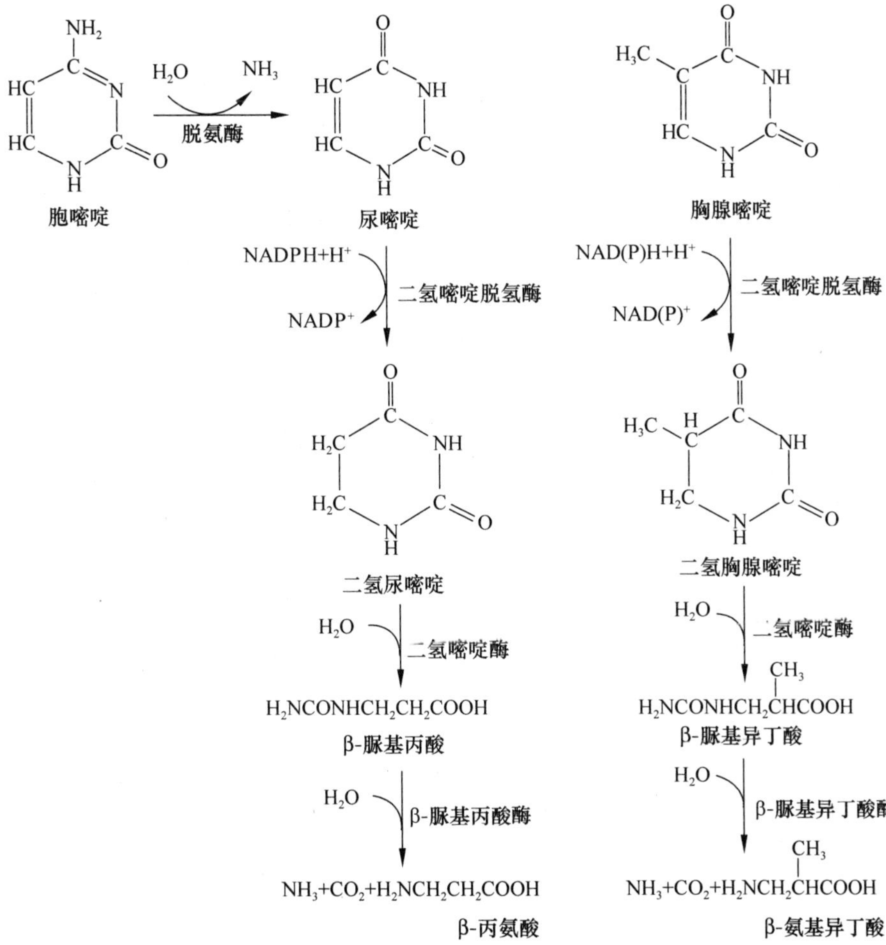

图 12-3　嘧啶碱的分解代谢

第二节　核苷酸的合成代谢

在生物体内,无论是嘧啶核苷酸还是嘌呤核苷酸,其合成代谢都有两条不同的途径:一条是以磷酸核糖、氨基酸、二氧化碳和一碳单位等这些小分子前体物质为原料从头合成核苷酸,该途径称为**从头合成**(de novo synthesis);另一条是以磷酸核糖和已有的碱基为原料进行合成,称为**补救途径**(salvage pathway)。两条途径在不同组织中的重要性不同,如肝主要以从头合成途径为主,而在脑、骨髓等组织只能通过补救途径合成核苷酸。一般来说,在各种生物中主要发生的是从头合成途径。

同位素标记实验证明,动物细胞几乎不能以食物中的核苷酸作为核酸合成的原料,这也表明从头合成途径是合成 DNA 或 RNA 的主要方式。从食物中摄取的核苷酸绝大部分被降解而排出体外,这也是目前所谓的核酸补品难以进补的原因。畜禽虽然可以通过消化饲料获得核苷酸,但却很少直接利用这些核苷酸来合成核酸,而主要是利用氨基酸等原料在体内从头合成,其次是利用体内游离的碱基或核苷酸通过补救途径合成。

一、嘌呤核苷酸的合成代谢

(一)嘌呤核苷酸的从头合成过程

动物体内,嘌呤核苷酸中的嘌呤环由多种小分子物质逐步组装而成(图 12-4)。此过程主要在肝脏胞液中进行,其次是在小肠黏膜及胸腺。

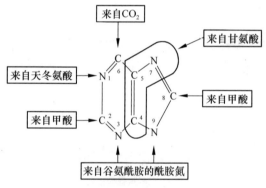

图 12-4 嘌呤环上各原子的来源

嘌呤核苷酸的合成不是先形成游离的嘌呤,然后生成核苷酸,而是直接形成**次黄嘌呤核苷酸**(inosine monophosphate,IMP,也称肌苷酸),然后再转变为其他嘌呤核苷酸。整个合成过程可概括为以下步骤:

(1) IMP 的合成过程(图 12-5)。

(2) 由 IMP 转变成腺嘌呤核苷酸(AMP)和鸟嘌呤核苷酸(GMP)的过程(图 12-6)。

(3) 其他嘌呤核苷酸的合成。AMP、GMP 生成后,在核苷酸激酶作用下,由 ATP 提供磷酸基团可进一步生成 ADP、GDP、ATP 和 GTP。

(二)嘌呤核苷酸从头合成的特点

(1) 生物体内不是先合成嘌呤碱基,而是以 **5-磷酸核糖-1-焦磷酸**(5-phosphoribosyl-1-pyrophosphate,PRPP)为基础,不断添加原子或基团,逐渐形成嘌呤的基本框架结构。

(2) 由 PRPP 提供核苷酸的磷酸及核糖部分。

(3) 先由谷氨酰胺、甘氨酸和一碳单位等形成闭合的五元环,然后再由天冬氨酸、CO_2 和一碳单位参与进来形成闭合的六元环。

(4) 首先合成 IMP,然后再转变为 AMP 和 GMP。

(三)嘌呤核苷酸从头合成的调节

嘌呤核苷酸的从头合成途径是体内提供核苷酸的主要来源。机体通过调控其合成速率来满足核苷酸的需要量。由于机体精确的调节而使核苷酸的量不会不足,也不会过剩。嘌呤核苷酸的从头合成途径主要受终产物的反馈抑制(图 12-7)。

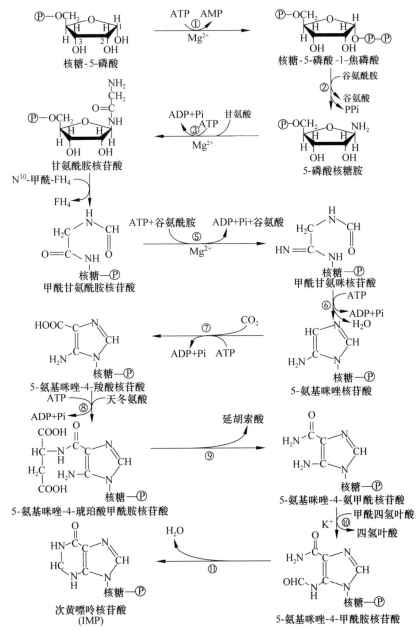

①PRPP 合成酶；②谷氨酰胺-PRPP 转氨酶；③甘氨酰胺核苷酸合成酶；④甘氨酰胺核苷酸转甲酰基酶；⑤甲酰甘氨酰胺核苷酸转氨酶；⑥5-氨基咪唑核苷酸合成酶；⑦羧化酶；⑧合成酶；⑨裂解酶；⑩转甲酰基酶；⑪IMP 合成酶

图 12-5　次黄嘌呤核苷酸的合成

（1）AMP、GMP 和 IMP 对 PRPP 合成酶和谷氨酰胺-PRPP 转氨酶有抑制作用。

（2）过量的 AMP 能抑制腺苷琥珀酸合成酶的活性，进而控制 AMP 的生成，但不影响 GMP 的生成；过量的 GMP 能抑制 IMP 脱氢酶的活性，进而控制 GMP 的生成，但不影响 AMP 的生成。

（3）GTP 能促进 AMP 的生成，ATP 也可促进 GMP 的生成，这种交叉调节作用对维持 ATP 和 GTP 含量的平衡具有重要意义。

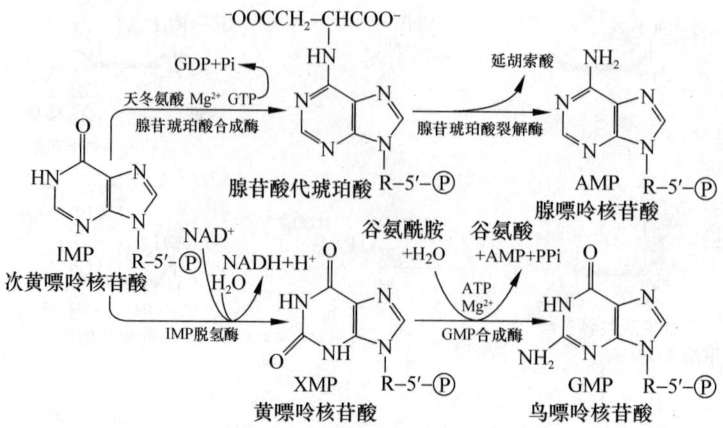

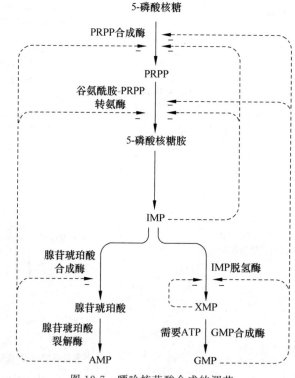

图 12-6 由 IMP 合成 AMP 及 GMP

图 12-7 嘌呤核苷酸合成的调节

（四）嘌呤核苷酸的补救合成

在生物体内,除了上述从头合成途径外,还有补救合成途径,即机体可重新利用体内分解代谢产生的嘌呤或嘌呤核苷,进行嘌呤核苷酸的合成。补救合成主要在动物肝脏中进行。核苷磷酸化酶能够利用现有的各种碱基生成核苷和磷酸,该催化反应可逆。生成的腺苷在腺苷激酶催化下生成腺苷酸,但体内缺乏其他嘌呤核苷的激酶。

动物肝脏中还有两种特异催化嘌呤核苷酸补救合成反应的酶,即**腺嘌呤磷酸核糖转移酶**(adenine phosphoribosyl transferase,APRT)和**次黄嘌呤/鸟嘌呤磷酸核糖转移酶**

（hypoxanthine-guanine phosphoribosy transferase，HGPRT）。它们催化的反应如下：

$$腺嘌呤 + PRPP \xrightarrow{\text{腺嘌呤磷酸核糖转移酶}} AMP + PPi$$

$$鸟嘌呤 / 次黄嘌呤 \xrightarrow{\text{次黄嘌呤 / 鸟嘌呤磷酸核糖转移酶}} GMP/IMP + PPi$$

上述反应中 APRT 受 AMP 的反馈抑制，HGPRT 受 IMP 和 GMP 的反馈抑制。

通过补救合成途径，一方面机体可以节省能量和一些氨基酸的消耗；另一方面，体内某些组织器官，如脑、骨髓等缺乏有关酶，不能从头合成嘌呤核苷酸，只能通过该途径进行嘌呤核苷酸的合成。

二、 嘧啶核苷酸的合成代谢

同位素示踪实验证明，嘧啶核苷酸中嘧啶环的合成原料来自氨甲酰磷酸和天冬氨酸。而氨甲酰磷酸的合成则以谷氨酰胺和二氧化碳为原料（图 12-8）。与嘌呤核苷酸一样，体内嘧啶核苷酸的合成也有两条途径，即从头合成和补救合成。

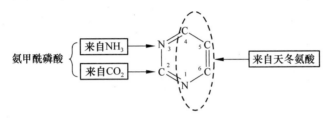

图 12-8　嘧啶环上各原子的来源

（一）嘧啶核苷酸的从头合成过程

1. 尿嘧啶核苷酸的合成

尿嘧啶核苷酸的合成见图 12-9。合成过程中的第一个酶是氨甲酰磷酸合成酶Ⅱ，该酶

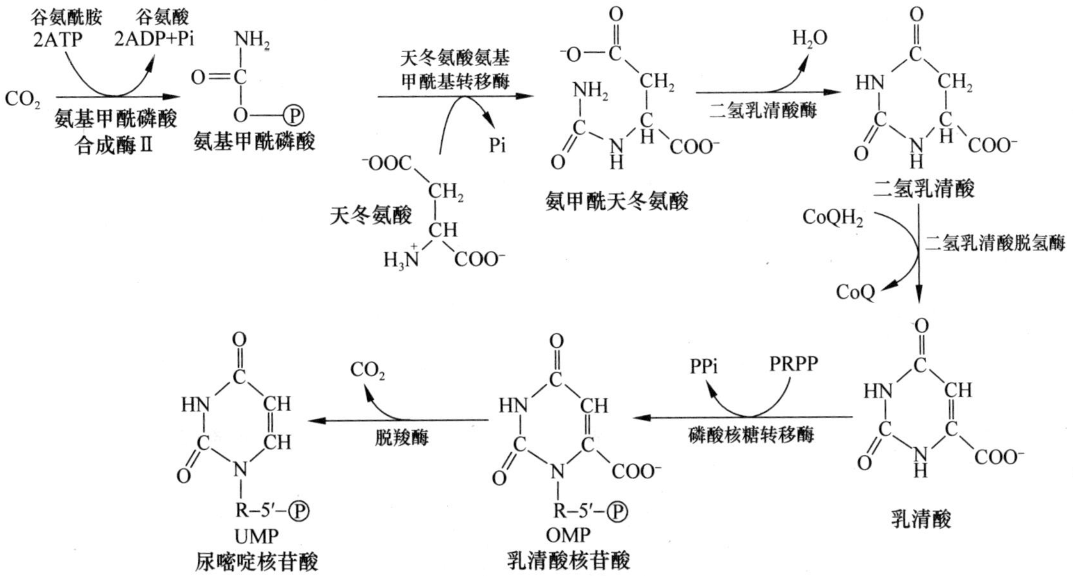

图 12-9　嘧啶核苷酸的合成

与氨甲酰磷酸合成酶Ⅰ不同。两种酶催化合成的产物虽然都是氨甲酰磷酸,但它们是两种不同性质的酶,其生理意义也不相同:氨甲酰磷酸合成酶Ⅰ参与尿素的合成,这是肝细胞独特的一种功能,是细胞高度分化的结果,因而氨甲酰磷酸合成酶Ⅰ的活性可作为肝细胞分化程度的指标之一;氨甲酰磷酸合成酶Ⅱ参与嘧啶核苷酸的合成,与细胞增殖过程中核酸的合成有关,它的活性可作为细胞增殖程度的指标之一。

生成的 UMP 可在核苷酸激酶的作用下,以 ATP 为磷酸供体,经两步磷酸化生成 UTP。

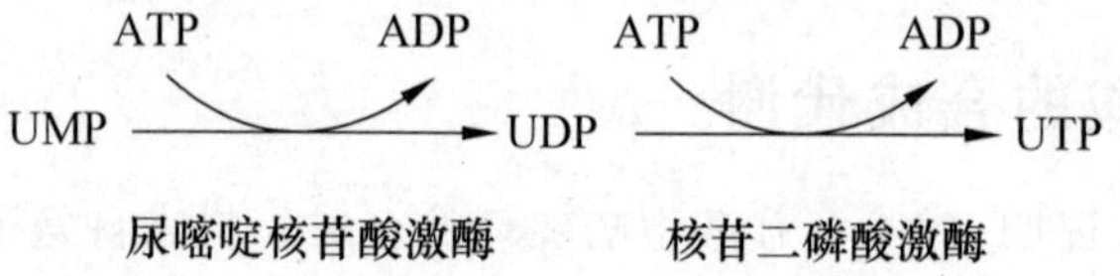

$$UMP \xrightarrow[\text{尿嘧啶核苷酸激酶}]{ATP \quad ADP} UDP \xrightarrow[\text{核苷二磷酸激酶}]{ATP \quad ADP} UTP$$

2. 胞嘧啶核苷酸的合成

尿嘧啶、尿嘧啶核苷和尿嘧啶核苷酸都不能氨基化变成相应的胞嘧啶化合物,只有尿嘧啶核苷三磷酸才能氨基化生成胞嘧啶核苷三磷酸。在细菌体内尿嘧啶核苷三磷酸可以直接与氨作用,而在动物体内则需由谷氨酰胺提供氨基,由 ATP 提供能量,并在 CTP 合成酶作用下生成 CTP。

反应如下:

$$UTP + 谷氨酰胺 + ATP \xrightarrow{CTP 合成酶} CTP + 谷氨酸 + ADP + Pi$$

CTP 可在磷酸酶作用下,逐步脱磷酸生成 CDP、CMP。

(二)嘧啶核苷酸从头合成的特点

(1)嘧啶环的原子或基团来自氨甲酰磷酸和天冬氨酸。

(2)与嘌呤核苷酸不同,嘧啶核苷酸合成时首先合成嘧啶环,之后再与 PRPP 提供的磷酸核糖结合形成 β-N-糖苷键。

(3)首先合成的是尿嘧啶核苷酸,其他核苷酸由尿嘧啶核苷酸转变而来。

(三)嘧啶核苷酸从头合成的调节

嘧啶核苷酸的从头合成过程主要通过以下几个方面进行调节。

(1)氨甲酰磷酸合成酶Ⅱ受 UMP 的反馈抑制,直接影响尿嘧啶核苷酸的生成。

(2)天冬氨酸转氨甲酰酶受 CTP 和 UMP 的反馈抑制,影响尿嘧啶核苷酸和胞嘧啶核苷酸的合成。

(3)CTP 合成酶受 CTP 的反馈抑制,直接影响胞嘧啶核苷酸的合成。

(四)嘧啶核苷酸的补救合成

嘧啶磷酸核糖转移酶是嘧啶核苷酸补救合成的主要酶,但该酶对胞嘧啶不起作用。它催化的反应如下:

$$嘧啶 + PRPP \xrightarrow{嘧啶磷酸核糖转移酶} 嘧啶核苷酸 + PPi$$

尿苷磷酸化酶和尿苷激酶也都是参与补救合成的酶,它们催化的反应分别如下:

$$尿嘧啶 + 核糖 \text{-}1\text{-} 磷酸 \xrightarrow{尿苷磷酸化酶} 尿嘧啶核苷 + Pi$$

$$尿苷(胞苷) + ATP \xrightarrow{尿苷激酶} CMP(UMP) + ADP$$

三、脱氧核糖核苷酸的合成代谢

DNA 是由各种脱氧核糖核苷酸组成的,包括嘌呤脱氧核苷酸和嘧啶脱氧核苷酸。脱氧核糖核苷酸的合成,不是先将核糖直接还原生成脱氧核糖,而是由核糖核苷酸还原形成,并且主要发生在二磷酸核苷水平上,而脱氧胸腺嘧啶核苷酸的生成是个例外。

(一)脱氧核糖核苷酸的还原

催化核糖核苷酸还原的酶系包括**核糖核苷酸还原酶**(ribonuleotide reductase)、**硫氧还蛋白**(thioredoxin)和**硫氧还蛋白还原酶**(thioredoxin reductase)等。核糖核苷酸还原酶催化二磷酸核苷酸的直接还原,以氢取代其核糖分子中 C_2 上的羟基。氢来自 NADPH + H^+,并通过一个类似于电子传递链的途径传递给核糖。这一反应过程比较复杂,其总反应和氢的传递过程如图 12-10 所示。

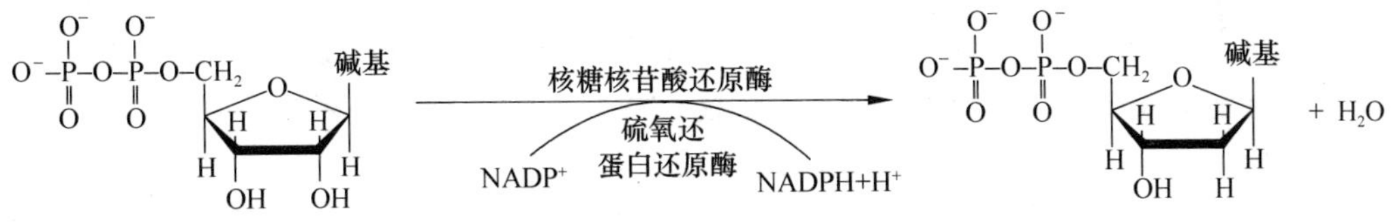

图 12-10　脱氧核糖核苷酸的生成

核糖核苷酸还原酶是一种变构酶,包括 B_1、B_2 两个亚基,相对分子质量为 245 000,只有 B_1 和 B_2 结合时才具有酶活性。在 DNA 合成旺盛、分裂速度较快的细胞中,核糖核苷酸还原酶体系活性较强。

还原产物 dADP、dGDP、dCDP、dUDP 在不同的激酶作用下,可分别转变成相应的 dATP、dGTP、dCTP、dUTP,也可在磷酸酶的作用下,水解为相应的 dAMP、dGMP、dCMP、dUMP。

(二)脱氧胸腺嘧啶核苷酸的合成

脱氧胸腺嘧啶核苷酸(dTMP)不能由二磷酸胸腺嘧啶核苷还原生成,它只能由脱氧尿嘧啶核糖核苷酸(dUMP)甲基化产生。dUMP 可来自 dUDP 的脱磷酸作用或 dCMP 的脱氨基作用产生。催化脱氧胸腺嘧啶核苷酸合成的酶是**胸腺嘧啶核苷酸合成酶**(thymidylate synthetase),它由 N^5,N^{10}-甲烯四氢叶酸提供甲基(图 12-11)。

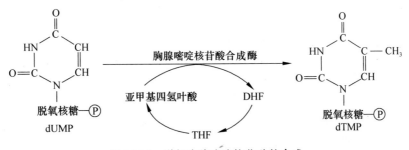

图 12-11　脱氧胸腺嘧啶核苷酸的合成

在激酶的作用下,dTMP 可以逐步磷酸化依次生成脱氧胸腺嘧啶核苷二磷酸(dTDP)

和脱氧胸腺嘧啶核苷三磷酸(dTTP)。

本章小结

核酸的降解代谢 核酸经核酸酶、核苷酸酶及核苷酶的依次作用,最终分解为戊糖、磷酸和碱基,其中磷酸和戊糖可再被利用,大部分碱基则被分解排出体外。

嘌呤碱基的分解代谢 嘌呤碱基的分解主要经脱氨、氧化等反应,生成次黄嘌呤和黄嘌呤等中间产物,最终大多以尿酸的形式排出体外。

嘧啶碱基的分解代谢 不同的嘧啶碱基代谢产物不一样,胞嘧啶和尿嘧啶最终生成 β-丙氨酸、氨和 CO_2,胸腺嘧啶则生成 β-氨基异丁酸、氨和 CO_2。

嘌呤核苷酸的从头合成途径 嘌呤核苷酸"从头合成"途径的起始物是 5-磷酸核糖焦磷酸,经一系列酶促反应后形成次黄嘌呤核苷酸(IMP),再由 IMP 转变为腺嘌呤核苷酸(AMP)和鸟嘌呤核苷酸(GMP)。

嘧啶核苷酸的从头合成途径 嘧啶核苷酸的合成则是先形成嘧啶环,然后与磷酸核糖作用形成乳清酸核苷酸,再转化为其他嘧啶核苷酸。在核糖核苷酸还原酶系催化下,二磷酸核苷转变为脱氧核糖核苷酸。

核苷酸的补救合成 核苷酸部分降解的产物(包括核苷和碱基)被循环利用,重新转变成核苷酸的过程。

复习思考题

1. 嘌呤核苷酸和嘧啶核苷酸分解的大致过程如何? 其分解的最终产物都有哪些?
2. 简述嘌呤核苷酸从头合成途径。
3. 嘌呤环和嘧啶环上各个原子的来源如何? 它们合成的共同原料是什么?
4. 简述嘌呤核苷酸补救合成途径的生理意义。
5. 简述嘧啶核苷酸从头合成途径的大致过程。
6. 脱氧胸腺嘧啶核苷酸是如何合成的?

第十三章 物质代谢的联系与调节

本章导读

　　动物机体物质代谢的基本目标是产生 ATP、还原性辅酶（NADPH）及生成生物合成所需的小分子前体。本章首先重点阐明了糖、脂肪、蛋白质、核苷酸代谢之间的相互联系。糖代谢是各类物质代谢网络的"核心"，糖可以转变成脂类，可以为非必需氨基酸的合成提供"碳骨架"，为细胞合成核苷酸提供核糖等原料。其次，概括性地说明了动物机体是如何通过代谢调节使物质代谢保持稳态的。代谢调节可通过代谢产物、激素和神经递质对酶活性和酶含量进行调节，以保持动物机体代谢的稳态运行。通过本章学习要弄明白以下问题：①糖、脂肪、蛋白质、核酸各代谢途径之间的相互关系是什么？②代谢调节有哪些特点？代谢调节的基本方式有哪些？③细胞水平的代谢调节有哪些方式？④能够通过本章学习，深刻理解机体在饥饿、饱食状态时，机体是如何对物质代谢进行整体调节的。

　　新陈代谢是生命机体活细胞中进行的化学反应的总称，是细胞中各种生物分子合成、分解和利用过程的总和。代谢是生物体内物质的运动形式，一切生物的生命活动都靠正常的代谢来维持。只要生命现象存在，新陈代谢就存在；新陈代谢一旦停止，生命即死亡。

　　物质代谢、能量代谢与代谢调节是生命存在的三大要素。机体代谢之所以能够顺利进行，生命之所以能够健康延续，并能适应千变万化的体内外环境，除了具备完整的糖类、脂类、蛋白质与氨基酸、核苷酸与核酸等物质代谢以及与之偶联的能量代谢外，是因为机体还存在着复杂完整的代谢调节网络。另外，各种代谢途径的整合也必然要与动物的总体生长目标、代谢基本策略相一致。各种代谢物的中间代谢在细胞中同时进行，代谢过程不仅井然有序，有条不紊，而且相互交叉、协调配合。

第一节 物质代谢的联系

体内物质代谢途径是以通用反应组分作为分子基础而有机整合的代谢网络,因而物质代谢具有通用性和整体性。其通用性具体表现为:①各代谢中间产物的通用性。无论是体外摄入的营养物质还是组织代谢产物,相同化学结构物质都参与到共同的代谢池中进行代谢。②代谢途径之间的通用性。由于糖、脂、蛋白质分解代谢有共同的通路,任何一种供能物质的代谢占优势,就会影响其他供能物质的降解。比如,乙酰 CoA 是糖类、脂类和氨基酸代谢相互联系的枢纽点。③能量流通形式的一致性。分解代谢产生的能量以 ATP 的形式储存,合成代谢所需的能量也以 ATP 的形式提供,ATP 是生物体内能量的"流通货币"。④合成代谢还原力的共有性。分解代谢的脱氢酶常以 NAD^+ 和 FAD^+ 为辅酶,合成代谢的还原酶常以 NADPH 作为辅酶来提供还原力。

物质代谢的整体性表现为:①机体内各种物质代谢途径相互沟通、相互依存,各种物质代谢之间相互联系构成统一的整体。②尽管机体各组织器官的代谢因细胞结构、功能不同而各具特点,但它们之间的物质代谢是相互支持和联系的。③不同水平的精细调节机制使各种物质代谢的强度、方向和速率能够适应内外环境的变化,保证机体各种物质的代谢在各种内外环境下有条不紊地进行。

动物机体中各种物质的代谢活动高度协调,通过共同中间代谢物,可互相转变,各条途径相互关联整合成有序而复杂的代谢网络。下面仅就动物机体内四种生物分子(糖类、脂类、蛋白质、核酸)代谢途径之间的联系做一概括性介绍,以进一步认识机体代谢的通用性和整体性。

一、 糖代谢与氨基酸代谢的相互联系

糖可以转变为蛋白质。糖是动物体最重要的能源和碳源,其中一些中间代谢产物可为氨基酸合成提供碳骨架,经转氨基作用可生成相应的非必需氨基酸。例如,糖在有氧分解代谢过程中产生的丙酮酸、α-酮戊二酸和草酰乙酸均可通过转氨基作用,分别生成丙氨酸、谷氨酸和天冬氨酸,然后用于合成蛋白质。同时在糖分解代谢过程中释放的能量以 ATP 的形式储存,用于氨基酸和蛋白质的合成。但在动物体内,必需氨基酸只能从食物中摄取。

蛋白质也可以转变为糖。组成机体蛋白质的 20 种基本氨基酸,除生酮氨基酸外,氨基酸在脱氨基后都可转变为相应的 α-酮酸,这些 α-酮酸可转变成三羧酸循环的中间代谢物,如丙酮酸、α-酮戊二酸和草酰乙酸,再通过糖异生作用转变成糖类。食物中的蛋白质不能被糖、脂类代替,而蛋白质却能代替糖和脂肪提供能量。

二、 糖代谢与脂代谢的相互联系

糖类和脂类物质可以相互转变,这是因为二者在代谢过程中存在共同的中间代谢产物,如乙酰 CoA、磷酸二羟丙酮等。

糖类可以转变为脂肪。当机体摄入糖类时,超过体内能量消耗,会转化成肝糖原和肌糖原储存起来;再有多余糖类会生成脂肪储存起来。糖酵解过程生成磷酸二羟丙酮及丙酮酸,磷酸二羟丙酮可还原为甘油;丙酮酸经氧化脱羧后转变为乙酰 CoA,然后再缩合生成脂肪酸。甘油和脂肪酸缩合成脂肪。这也是摄入高糖膳食机体会长胖的原因。

动物体内脂肪转变成糖是有条件和限度的。脂肪分解产生的甘油可以经甘油激酶催化生成 α-磷酸甘油，再转变为磷酸二羟丙酮（它是糖酵解与糖异生途径的共同中间代谢物），然后沿糖异生途径生成糖。在动物体内，脂肪酸通过 β-氧化生成乙酰 CoA，乙酰 CoA 经三羧酸循环氧化生成二氧化碳和水，生成糖的机会很少，根本原因是乙酰辅酶 A 不能转变成丙酮酸。虽然同位素实验表明，脂肪酸在动物体内也可以转变成糖，但这种情况需要有其他物质来补充三羧酸循环中的有机酸，即动物体内脂肪酸不能净生成糖。脂肪分解产生少量的甘油，但能产生大量的乙酰辅酶 A。因此，脂肪绝大部分不能转变成糖。

此外，脂肪分解的程度及能否顺利进行，还依赖于糖代谢的正常进行。如冬季动物长期处于饥饿状态时，体内无糖可供利用，引起体内糖异生大量进行，大量脂肪分解，同时生成大量的酮体，超过肝外组织利用酮体的能力，甚至引起酮症酸中毒。

三、　氨基酸代谢与脂代谢的相互联系

脂肪只能转变为部分非必需氨基酸。脂肪代谢的水解产物甘油可以转变为丙酮酸，经三羧酸循环转变为草酰乙酸、α-酮戊二酸，这些产物接受氨基转变为相应的丙氨酸、天冬氨酸与谷氨酸，用于蛋白质合成。脂肪分解的脂肪酸经 β-氧化作用生成乙酰 CoA，之后进入三羧酸循环转变成天冬氨酸及谷氨酸。但这种由脂肪酸合成氨基酸碳链结构的可能性是受限制的。即由乙酰 CoA 进入三羧酸循环形成氨基酸时，需要消耗三羧酸循环中的有机酸，如果没有其他来源补充，反应将不能进行。动物体不易利用脂肪酸合成蛋白质，这是因为必需氨基酸（The、Trp、Tyr、His）很难从脂肪酸合成，这样便造成各氨基酸浓度的不平衡，因此很难由脂肪酸大量合成实用的蛋白质。

在动物体内，蛋白质能转变成脂肪。生酮氨基酸在代谢过程中能生成乙酰乙酸，再由乙酰乙酸硫解生乙酰 CoA 用于合成脂肪酸。生糖氨基酸通过丙酮酸可以转变为甘油，也可经氧化脱羧后转变为乙酰 CoA 用于合成脂肪酸。生糖兼生酮氨基酸在分解代谢中能够直接生成糖异生的前体及乙酰 CoA 等脂类合成前体。

另外，磷脂分子中的胆胺或胆碱，主要是由丝氨酸转变而成。丝氨酸在脱去羧基后形成胆胺，后者是脑磷脂的组成成分。胆胺在接受 S-腺苷甲硫氨酸给出的甲基后形成胆碱，后者是卵磷脂的组成成分。

四、　核酸代谢与糖代谢、脂代谢及蛋白质代谢的相互联系

一方面，核酸是细胞中重要的遗传物质，它通过控制蛋白质的合成，影响细胞的组成成分和代谢类型。核酸及核苷酸在协调代谢方面起着重要作用。例如，ATP 是能量和磷酸基团转移的重要物质，UTP 参与单糖的转变和多糖的合成，CTP 参与卵磷脂的合成，GTP 供给蛋白质合成时所需要的能量，cAMP 是激素的第二信使。此外，许多重要的辅酶，如辅酶 A、NAD^+、$NADP^+$ 及 FAD 都是腺嘌呤核苷酸的衍生物，腺嘌呤核苷酸还可以转变为组氨酸等。

另一方面，核酸本身的合成又受到其他物质特别是蛋白质的作用和控制。例如，戊糖、甘氨酸、谷氨酸及天冬氨酸为嘌呤和嘧啶核苷酸的合成提供了原始材料，用于合成核酸。核酸的合成除需要酶催化外，还需要多种蛋白质因子参与作用。

综上所述，动物机体内四种生物分子（糖、脂、蛋白质、核酸）之间的转化是双向的，但途径却不一样。这种相互联系的途径意味着生命是由各代谢途径中关键酶的活性所调控的。

相反的两个途径必须进行相反的调控，才能使代谢沿着一个方向进行。例如，糖原分解与糖原合成是互为相反的代谢途径，且都在细胞质中进行，调控过程必须是相反的，即分解启动时，合成关闭；分解关闭时，合成启动。否则，机体将做无用功。

　　动物机体复杂完整的代谢网络中，不同代谢途径可通过交汇位点上关键的中间产物进行相互影响和转化。通过这些处于交汇位点上分子及其所连接的代谢途径，机体可以从总体上调节物质代谢与能量代谢的走向。其中处于交汇点的重要产物有：葡萄糖-6-磷酸、丙酮酸、乙酰 CoA、磷酸烯醇式丙酮酸、α-酮戊二酸、草酸乙酸及磷酸二羟丙酮等。

　　图 13-1 简要总结了糖类、脂类、蛋白质及核酸代谢的相互关系，四者的代谢过程形成复杂的网络，它们之间可以相互转化、相互制约。三羧酸循环不仅是各类物质代谢的共同途径，也是它们之间相互联系的枢纽。

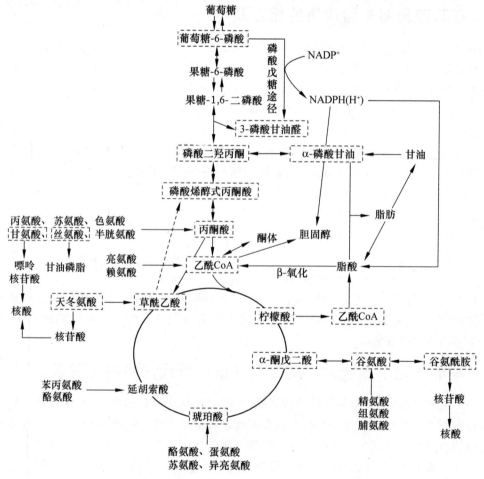

图 13-1　糖类、脂类、蛋白质及核酸代谢的相互关系

第二节　物质代谢的调节

　　在正常情况下，为适应内、外环境的不断变化，机体能够及时调节物质代谢的强度、速率和方向，以保持机体内环境的稳定及代谢的顺利进行，在整体上保持代谢的动态平衡。

机体对物质代谢的精细调节过程称为代谢调节。生物体内的代谢调节可在不同水平进行。单细胞生物主要通过细胞内代谢物的浓度的变化对酶活性及含量进行调节,称为细胞水平调节。细胞水平调节是生物为适应外界环境变化所进行的最原始、最基础的调节。随着生物进化、多细胞生物体的形成,分化产生了内分泌细胞与神经细胞。同时体内大多数细胞已不再与外界环境直接接触,它们对内、外环境的适应与调节就靠某些内分泌细胞分泌的激素作用于靶细胞来影响酶的活性,通过协调细胞、组织以及器官之间的代谢,进而调节体内代谢。高等生物则出现了更复杂、更高级的由细胞内酶、激素及神经系统共同构成的综合调节网络,即整体水平调节。其中神经调节具有快速、准确的特点,激素对代谢的调节作用则相对持久、广泛,且其调节网络要比单细胞生物存在的调节更加精细、完善,并且随着生物进化程度的提高,其调节网络也更复杂、精确。

　　就动物机体而言,代谢调节可分为三个不同水平。由简单向复杂,由低级向高级依次表现为:细胞水平的调节、激素水平的调节和整体水平的调节(图 13-2)。它们之间又是层层相扣,密切关联的,即后一级水平的调节往往通过前一级水平的调节而发挥作用。

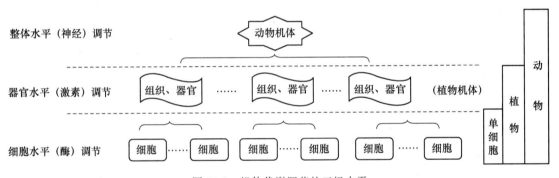

图 13-2　机体代谢调节的三级水平

　　从进化及分子水平来看,酶的细胞水平调节是基础。细胞水平的调节主要表现在细胞利用质膜将细胞分隔成若干小室,将互相干扰的代谢途径分隔开,然后在质膜上有选择地设置某些分子的通道,从而进行代谢控制。激素水平调节是动物机体通过体液进行远距离细胞间的调节。神经调节是动物特有的远距离、快速的调节。神经系统通过下丘脑促激素释放激素、脑垂体促激素及相应腺体分泌的激素等来实现整体的代谢调节。无论是哪一层次的调节,最终都要表现在被调节细胞内酶活性的增强或抑制上来。主要通过对酶存在部位的分隔定位、酶活性的激活与抑制、酶含量的诱导与阻遏、反应过程的前馈与反馈等多种形式进行精确细微的代谢调节,从而使复杂多样的代谢途径有条不紊、协调有序地进行。

一、　细胞水平的调节

　　细胞水平的调节,本质上是指细胞内酶的调节,包括酶的分布、活性和含量等调节过程。

(一)酶在细胞内的隔离分布

　　真核细胞内有多种酶催化不同的化学反应,这些酶在细胞内的分布是不均匀的,即往往隔离分布在不同的亚细胞结构中,同一代谢途径所涉及的酶类常常组成酶体系,分布于细胞的特定区域或亚细胞结构中(表 13-1)。例如,糖酵解酶系、糖原合成及分解酶系、脂肪酸合成酶系均存在于胞液中,三羧酸循环酶系、脂肪酸 β 氧化酶系则分布于线粒体中,而核酸合成酶系绝大部分集中于细胞核内(表 13-1)。

酶在细胞内的隔离分布使有关代谢途径分别在细胞不同区域内进行,这样不致使各代谢途径互相干扰。例如脂肪酸的合成是以乙酰辅酶 A 为原料在胞浆内进行,而脂肪酸 β 氧化生成乙酰辅酶 A 则是在线粒体内进行,这样,二者不致互相干扰,产生乙酰辅酶 A 无意义循环。细胞的区域化保证了代谢途径的定向性和有序性,也保证了代谢定位和控制调节及反应的条件,使合成途径和分解途径彼此独立,分开进行;同时将酶、辅酶和底物高度浓缩,可更有效地提高局部范围内代谢的速度。而某些催化一种物质逐级代谢的酶往往又组成多酶体系在细胞内集中分布,这不仅可以避免各种酶催化的代谢过程互相干扰,而且利于对代谢进行调节,如丙酮酸脱氢酶系。

但分隔不是截然分开,各代谢途径之间往往相互联系。细胞膜和细胞器膜还可以控制膜内外的物质运输,通过控制底物及代谢产物的进出,即在亚细胞结构之间穿梭,以调节细胞内物质的代谢,从而组成机体复杂的代谢调节网络。

表 13-1　真核细胞内酶的区域化分布

代谢途径	酶的分布	代谢途径	酶的分布
嘌呤核苷酸合成	胞液	糖酵解	胞液
嘧啶核苷酸合成	胞液、线粒体	戊糖磷酸途径	胞液
蛋白质合成	内质网、胞液	糖异生	胞液
糖原合成	胞液	脂肪酸 β 氧化	线粒体
脂肪酸合成	胞液	多种水解酶	溶酶体
胆固醇合成	内质网、胞液	柠檬酸循环	线粒体
磷脂合成	内质网	氧化磷酸化	线粒体
血红素合成	胞液、线粒体	尿素合成	胞液、线粒体

(二) 细胞水平调节的位点——"关键酶"的调节

体内代谢是一系列酶促反应的总和。代谢途径是指体内物质在代谢过程中,由许多酶促反应组成的一系列有秩序、依次发生、连续的化学反应。根据酶的作用方式把酶分为两种——静态酶和调节酶。静态酶催化的反应速度快、可逆,能迅速达到反应平衡。调节酶的分子结构因为受到调节因子(如激活剂、抑制剂)的影响,酶活性发生改变,调节酶具有催化中心和调控中心。调节酶通常是一个代谢途径的限速酶,对代谢途径的反应速度和代谢方向具有调节控制作用。整个代谢途径的速度往往取决于代谢途径中催化活力最低、米氏常数最大的酶,即催化反应速度最慢的酶的活性,它起着限制反应速度的作用,该酶称为**"限速酶"**(rate-limiting enzyme),代谢调节就是通过这些酶活性的改变来发挥调节作用的。但因为代谢途径经常有交叉与分支,因此每条酶促代谢反应途径都有相应的限速酶,所以整个代谢途径中会有多个限速酶。限速酶往往是催化各代谢途径反应的第一个酶,决定着多酶体系催化代谢反应的方向。而整个代谢途径的限速酶统称为**"关键酶"**(key enzyme)。关键酶调节是细胞水平调节的作用位点。控制某一代谢途径的速率时,往往只需控制这一代谢途径的几个关键酶即可,而不必控制代谢途径中所有酶的活性。常见代谢途径的关键酶如表 13-2 所示。

表 13-2 各代谢途径的关键酶

代谢途径	关键酶
糖酵解	己糖激酶、磷酸果糖激酶和丙酮酸激酶
TCA 循环	柠檬酸合成酶、异柠檬酸脱氢酶和 α-酮戊二酸脱氢酶系
糖异生	丙酮酸羧化酶、磷酸烯醇式丙酮酸羧激酶、果糖-1,6-二磷酸酶、葡萄糖-6-磷酸酶
糖原合成	糖原合成酶
糖原分解	磷酸化酶
脂肪酸合成	乙酰 CoA 羧化酶
脂肪分解	激素敏感性脂肪酶
酮体生成	HMG-CoA 合成酶
胆固醇合成	HMG-CoA 还原酶
尿素合成	氨基甲酰磷酸合成酶Ⅰ、精氨酸代琥珀酸合成酶
嘧啶核苷酸合成	氨基甲酰磷酸合成酶Ⅱ（哺乳动物）、天冬氨酸氨基甲酰转移酶（细菌）
嘌呤核苷酸合成	磷酸核糖焦磷酸合成酶

代谢途径的限速酶具有以下特点：①所催化的反应速率最慢，因此决定整个代谢途径的速率；②一般催化单向反应或平衡反应，因此它的活性决定代谢途径的方向；③关键酶多为寡聚酶，其活性受多种调节方式影响；④一个代谢途径的第一个酶及分支代谢中分支后的第一个酶，通常就是限速酶。

（三）酶活性的调节方式

机体内酶活性的大小受 pH、温度、K_m 等条件影响。正常情况下，动物的体温、pH 变化很小，底物浓度的变化也不足以使酶达到其生理活性的极限。体内大多数酶的底物浓度接近 K_m 值，这有助于动物机体在应对中间产物发生改变时，对反应产物生成率进行被动调控。动物体内酶活性的调节主要体现在对限速酶活性、浓度的调控，且以酶分子的结构为基础进行调节。酶活性的高低与酶分子结构密切相关，一切导致酶结构或构象改变的因素都会影响酶的活性，因而存在多种酶活性的调节机制，其中以酶原的激活、关键酶的"变构调节"与"共价修饰调节"以及同工酶调节等方式为主。这些调节以现有的酶原或酶为对象，一般在数秒或数分钟内即可完成，因此是一种快速调节。酶含量的调控是通过诱导增加该酶蛋白的合成或降解速度来改变细胞内酶含量的调节，这种调节一般需要数小时或几天才能完成，因此是一种缓慢调节。

1. 酶原的激活

有些酶以无活性酶原的形式存在。酶原经过选择性蛋白水解作用后可形成或暴露酶的活性中心，转变为有活性的酶。酶以酶原的形式分泌，不仅利于机体在受到损伤或生理需要时酶催化活性的快速发挥，而且可以保护分泌酶原的器官不被损伤。如胰腺分泌的消化酶类，通常是以酶原的形式分泌，在肠道中被激活，如果被不正确地提前激活，则会导致代谢紊乱，如急性胰腺炎。

2. 酶的变构调节

变构调节通过变构效应改变关键酶活性，是生物界普遍存在的代谢调节方式。酶分子非催化部位（变构中心，酶活性中心以外的部位）被细胞内某些代谢物质或第二信使可逆非共价结合后，引起酶分子空间构象的轻微改变，从而引起酶活性的改变，这种现象称为变构调节（变构激活和变构抑制）。变构调节表现为酶分子亚基的聚合或解聚。引起酶分子构象改变的物质称为变构剂,变构剂一般都是小分子物质。变构调节剂往往是代谢途径的终产物或代谢中间产物,其微小的浓度变化就可以通过变构效应迅速影响酶活性,因而变构调节是一种快速、灵敏地调节反应速度、方向以及能量平衡代谢的有效方式。

变构调节可以通过代谢终产物反馈抑制(feedback inhibition)反应途径中酶的活性,使代谢物不致生成过多;变构调节使能量得以有效利用,不致浪费。例如,在脂肪酸合成过程中,其终产物常可使该途径中催化起始反应的限速酶反馈变构抑制,长链脂酰 CoA 能抑制乙酰 CoA 羧化酶的活性,从而抑制脂肪酸的合成;体内高浓度的胆固醇可抑制肝中胆固醇合成的限速酶 HMG-CoA 还原酶的活性,进而防止胆固醇的过多堆积;在糖的分解代谢过程中,足够多的 ATP 能变构抑制磷酸果糖激酶的活性,葡萄糖-6-磷酸能抑制己糖激酶的活性,从而抑制葡萄糖的进一步氧化分解,使机体维持在相对恒定的生理状态;而 ADP、AMP 浓度的升高可激活磷酸果糖激酶的活性,进而加强糖的氧化并提供能量。变构调节可以使不同的代谢途径相互协调。柠檬酸既可以别构活化乙酰辅酶 A 羧化酶,利用多余的乙酰辅酶 A 促进脂肪酸的合成,又可以变构抑制磷酸果糖激酶-1 的活性,从而抑制糖的氧化。

体内一些代谢途径中的变构酶及其变构效应剂总结见表 13-3。

表 13-3　一些代谢途径中的变构酶及其变构效应剂

代谢途径	变构酶	变构激活剂	变构抑制剂
糖酵解	己糖激酶	AMP、ADP、Pi	G-6-P
	磷酸果糖激酶-Ⅰ	F-2,6-BP	柠檬酸
	丙酮酸激酶		ATP,乙酰 CoA
三羧酸循环	柠檬酸合酶	AMP	ATP,长链脂酰 CoA
	异柠檬酸脱氢酶	AMP,ADP	ATP
糖异生	丙酮酸羧化酶	乙酰 CoA,ATP	AMP
糖原分解	磷酸化酶 b	AMP,G-1-P,Pi	ATP,G-6-P
脂酸合成	乙酰辅酶 A 羧化酶	柠檬酸,异柠檬酸	长链脂酰 CoA
氨基酸代谢	谷氨酸脱氢酶	ADP,亮氨酸,蛋氨酸	GTP,ATP,NADH
嘌呤合成	谷氨酰胺 PRPP 酰胺转移酶		AMP,GMP
嘧啶合成	天冬氨酸转甲酰酶		CTP,UTP
核酸合成	脱氧胸苷激酶	dCTP,dATP	dTTP

3. 酶的共价修饰调节

酶蛋白肽链上的一些基团与某些化学基团发生可逆性共价结合,引起酶分子结构改变而影响酶活性的方式称为共价修饰调节,也称为化学修饰调节。酶的共价修饰主要以磷酸化与去磷酸化最为常见。在动物体内,酶蛋白肽链上丝氨酸、苏氨酸、酪氨酸等残基上的羟基是磷酸化修饰的位点,可受蛋白激酶催化、消耗 ATP 而被磷酸化,反之,也可受磷酸酶水解重新脱去磷酸而发生去磷酸化作用;酶蛋白分子也可通过腺苷酸化和去腺苷酸化而被共价修饰。细胞内一些可被化学修饰调节的酶归纳见表 13-4。

表 13-4　部分可被化学修饰调节的酶

酶	化学修饰类型	酶活性改变
糖原磷酸化酶	磷酸化/脱磷酸	激活/抑制
磷酸化酶 b 激酶	磷酸化/脱磷酸	激活/抑制
糖原合酶	磷酸化/脱磷酸	抑制/激活
丙酮酸脱羧酶	磷酸化/脱磷酸	抑制/激活
磷酸果糖激酶	磷酸化/脱磷酸	抑制/激活

续表

酶	化学修饰类型	酶活性改变
丙酮酸脱氢酶	磷酸化/脱磷酸	抑制/激活
HMG-CoA 还原酶	磷酸化/脱磷酸	抑制/激活
HMG CoA 还原酶激酶	磷酸化/脱磷酸	激活/抑制
乙酰 CoA 羧化酶	磷酸化/脱磷酸	抑制/激活
脂肪细胞三酰甘油脂肪酶	磷酸化/脱磷酸	激活/抑制
黄嘌呤氧化脱氢酶	SH/-S-S-	脱氢酶/氧化酶

　　酶的共价修饰调节是动物体内快速调节酶活性的一种重要方式，是激素发挥作用的基础。酶经共价修饰磷酸化后，其催化活性或被激活或被抑制，从而实现体内酶活性的快速调节，这也是衔接激素调控代谢酶活性的重要方式。蛋白激酶和蛋白磷酸酶系统通过参与调节激素或第二信使诱发细胞内级联反应的发生，对复杂的环境信息进行加工和整合，使细胞产生精确的应答反应（图 13-3）。

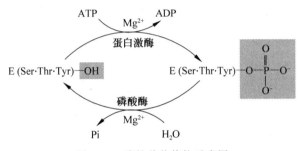

图 13-3　酶的共价修饰示意图

　　共价修饰酶大多以无活性（或低活性）与有活性（或高活性）两种形式存在，其互变的可逆双向反应又由不同的酶催化，且伴有共价键的变化。磷酸化需经激酶催化且有放大效应，其调节效率要比酶的变构调节效率高，磷酸化虽需消耗 ATP，但其 ATP 的消耗量远比酶蛋白的生物合成少得多，而且比酶蛋白生物合成的调节要迅速，又有放大效应，因此共价修饰调节是体内酶活性较经济、高效率的调节方式，且共价修饰调节又受到上一级水平激素调节的调控。

　　肌肉中的糖原磷酸化酶是典型的共价修饰实例（图 13-4）。糖原磷酸化酶有两种存在形式，即无活性的磷酸化酶 b 与有活性的磷酸化酶 a，前者肽链上特定丝氨酸残基上的—OH 在磷酸化酶 b 激酶的催化下，消耗 ATP 使之磷酸化而转变成高活性的磷酸化酶 a 二聚体，二分子二聚体还可再聚合成有活性的磷酸化酶 a 四聚体。反之，该酶蛋白分子经磷酸

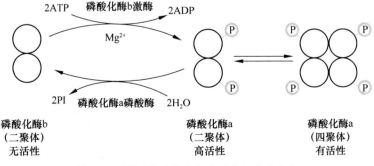

图 13-4　糖原磷酸化酶的磷酸化与去磷酸化

酶催化脱去磷酸即可使该酶失活。磷酸化酶 b 激酶也有两种形式。在依赖 cAMP 的蛋白激酶作用下转变为具有活性的磷酸型磷酸化酶 b 激酶；在磷酸蛋白磷酸酶-1 催化下去磷酸基变为无活性形式。

　　有些酶往往可以同时存在两种方式的调节。例如，糖原磷酸化酶 b 既可被 AMP 和 Pi 别构激活，被 ATP 和葡萄糖-6-磷酸别构抑制，也可受磷酸化酶 b 激酶的催化发生磷酸化而激活，进行共价修饰调节。目前已知可以受共价修饰调节的酶几乎都是别构酶。而别构调节是细胞的基本调节方式，对维持机体物质代谢和能量的平衡起重要作用。但当别构调节剂浓度很低而不能很好发挥作用时，体内少量激素的释放即可通过一系列级联式的酶促共价修饰使酶从无活性变成有活性进而发挥高效调节作用。例如，在应激情况下，少量肾上腺素的释放，可促使细胞内 cAMP 浓度增高，再通过一系列的酶促共价修饰调节很快使无活性的磷酸化酶 b 转变成有活性的磷酸化酶 a，使有活性的糖原合成酶磷酸化为无活性的糖原合成酶，从而抑制糖原合成、加速糖原的分解，升高血糖浓度以满足机体在应急情况下对能量的需求。因此体内关键酶、限速酶的活性受别构与共价修饰两种方式的调节，二者相辅相成，使体内的新陈代谢得以正常进行。

4. 同工酶对代谢的调节

　　在机体代谢过程中，同工酶起着分工调节的作用。例如，Ⅰ～Ⅲ型己糖激酶和葡萄糖激酶(即Ⅳ型己糖激酶)均可催化葡萄糖的磷酸化，但己糖激酶的 K_m 为 0.01～0.1mmol/L，且受反应产物葡萄糖-6-磷酸的反馈抑制，而葡萄糖激酶的 K_m 为 10～20mmol/L，且不受反应产物葡萄糖-6-磷酸的反馈抑制。肝脏中存在的是以葡萄糖激酶为主，因此只有在饱食后血糖浓度升高时，肝脏才能加强对葡萄糖的代谢活化作用，促使其转变成糖原储存，而大脑等大多数组织则以己糖激酶为主，因此即使在饥饿和血糖浓度下降的情况下，仍能对葡萄糖保持较大的亲和力，催化葡萄糖氧化分解代谢供应能源。

5. 能荷对代谢的调节

　　在代谢中，有相当一部分反应是由细胞内能量状态所控制的。例如，高浓度的 ATP 可直接加速那些需能反应；另外，一些途径的关键性酶可受 ATP 或 AMP 的调节以达到控制整个代谢途径的目的。细胞能量状态的一个重要指标是能荷，其表示为：

$$能荷 = \frac{[ATP] + 1/2[ADP]}{[ATP] + [ADP] + [AMP]}$$

　　从式中可见，能荷的大小决定于 ATP 和 ADP 的多少。能荷的数值在 0(全是 AMP)和 1(全为 ATP)之间变化。D. Atkinson 曾通过实验证明，高能荷可抑制产生 ATP 的途径，而促进利用 ATP 的途径。将这些途径的反应速率对能荷作图，则曲线在靠近能荷为 0.9 处最陡，通常它们在此处相交(图 13-5)。显然，控制这些途径的关键酶正好将细胞内能量变化保持在相当小的范围内。换言之，细胞的能荷也像 pH 一样，受到缓冲作用的保护。大多数细胞的能荷为 0.85～0.95。例如，糖酵解中的磷酸果糖激酶和柠檬酸循环中的柠檬酸合成酶，这两个酶分别是这两条途径中的关键酶，它们的活性都受能荷的调节。磷酸果糖激酶(四聚体酶)受高水平 ATP 的抑制，ATP 可降低此酶对其底物果糖-6-磷酸的亲和力。高浓度的 ATP 将酶与底物结合的双曲线变成 S 形曲线(图 13-6)。ATP 的抑制可被 AMP 所逆转，因此，当细胞能荷低时，分解反应(糖酵解途径)被促进，从而保证细胞获得必需的 ATP 供应。这种根据细胞内能荷的高低而开启或关闭反应的调控方式称为能荷调节，这是细胞内一种十分灵敏的酶水平调节方式。

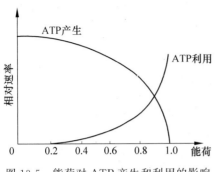

图 13-5 能荷对 ATP 产生和利用的影响

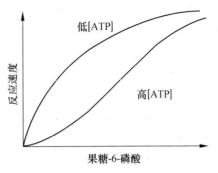

图 13-6 磷酸果糖激酶的变构调节

6. NADH/NAD$^+$ 比对代谢的调节

在细胞中,NADH 和 NAD$^+$ 不仅参与能量代谢,而且还与氧化还原反应有关。因此,保持一定的 NADH/NAD$^+$ 比值对正常的细胞代谢是必需的。NADH 主要由糖酵解和柠檬酸循环生成,因此,NADH 的过量可直接反馈抑制这两条途径,即通过抑制酵解途径中的磷酸果糖激酶、柠檬酸循环中的异柠檬酸脱氢酶和 α-酮戊二酸脱氢酶的活力,最终维持 NADH 和 NAD$^+$ 的正常比值。细胞内很多小分子物质的氧化还原反应是与 NADH 或 NAD$^+$ 相偶联的。因此,正常的 NADH/NAD$^+$ 比值对很多小分子物质的代谢也是非常重要的。例如,肝脏细胞对乙醇的解毒过程就需 NAD$^+$ 和丙酮酸的共同参与,使乙醇降解,同时代偿性地产生无毒的乳酸,乳酸的形成又使 NADH 的浓度降至正常范围之内。

7. 金属离子的调节作用

许多酶的活性需要一定浓度的金属离子来维持。尽管很多离子浓度的平衡机制还不清楚,但对这些离子的生化功能了解得却很多。例如,Na$^+$ 对细胞外液的渗透压的维持和对维持神经肌肉的正常应激性有重要作用;K$^+$ 对糖原的合成、细胞内渗透压、神经肌肉的正常兴奋性具有重要作用;Mg^{2+} 是细胞内许多酶的激活剂,所有的激酶都需要 Mg^{2+} 作为辅助因子。Ca^{2+} 浓度的调节直接影响着肌细胞是否处于收缩状态;Zn^{2+}、Fe^{2+}、Cu^{2+} 等微量金属离子都有其相应的辅基功能参与代谢活动。

(四)酶含量的调节

酶在细胞内含量的变化是酶水平调节的另一种重要方式,它包括酶合成的调节和酶降解的调节。

1. 酶蛋白合成的诱导和阻遏

酶蛋白的合成过程就是编码其基因表达的过程,因此酶蛋白合成量的调节实质上是它的编码基因的表达调节。基因表达有组成性表达和适应性表达,适应性表达又可以表现为诱导和阻遏表达(有关基因表达调节内容详见第 17 章)。因此,细胞内有些酶蛋白的量不受外界因素的影响,酶可恒定表达,这些酶可称为**组成酶**(constitutive enzyme);有些酶可因外界因素的诱导而增加,则该酶可称为**诱导酶**(inducible enzyme);某种酶可因外界因素的影响而消失或减少,则该酶可称为**阻遏酶**(repressible enzyme)。比如,当给小鼠饲喂高脂肪、低碳水化合物日粮以取代其正常平衡日粮时,肝组织中的脂肪酸合成酶系含量就会明显减少;可诱导合成糖异生关键酶,而催化糖酵解和三羧酸循环代谢途径中的酶,其酶蛋白合成量通常不受代谢状态的影响,十分稳定。一般来说,保持机体基本能源供给的酶通常是组成酶。

可诱导酶和可阻遏酶通常是细胞内代谢途径的关键酶,通过诱导增加酶浓度或阻遏减少酶浓度从而增加关键酶的活性,调节相应代谢途径的方向和代谢速率。

例如,饥饿时,血糖严重下降可刺激糖皮质激素分泌,后者可诱导糖异生关键酶的合成,糖异生加强,增加血糖供给;药物对酶蛋白的合成有诱导作用,一些催眠药物可诱导葡萄糖醛酸转移酶的生成,使肝对这类药物的生物转化能力增强,久服便可以引起耐药。代谢物,尤其是代谢途径中的小分子终产物,对酶蛋白有反馈阻遏作用。HMG-CoA 还原酶是胆固醇合成中的调节酶,在肝脏中该酶可被血液中的胆固醇浓度反馈阻遏。

2. 酶蛋白降解的调节

酶或蛋白质在细胞内的降解是普遍存在的一个事实。例如,鼠肝内的蛋白质在 4~5 天内便置换约 50%。其中有的酶(如诱导酶)降解速度较快,即代谢调节中的关键酶大多寿命较短,这使得它们的浓度可迅速改变。有的酶(如组成酶)往往很少降解,即常见代谢途径中的酶寿命较长,以维持物质转化的通道恒定。酶的这种降解调节与合成调节密切配合,使细胞功能更好地适应内外环境的变化。

自噬(autophagy)和**泛素-蛋白酶体系统**(ubiquitin-proteasome system,UPS)是生物体内蛋白质降解的两种主要途径。自噬是真核细胞在**自噬相关基因**(autophagy related gene,Atg)的调控下利用溶酶体降解自身细胞质蛋白和受损细胞器的过程。自噬可防止细胞损伤,促进细胞在营养缺乏的情况下存活,并对细胞毒性刺激做出反应。自噬包括生理条件下的基础型自噬和应激条件下的诱导型自噬。前者是细胞的自我保护机制,有益于细胞的生长发育,保护细胞防止代谢应激和氧化损伤,对维持细胞内稳态以及细胞产物的合成、降解和循环再利用具有重要作用;但自噬过度可能导致代谢应激、降解细胞成分,甚至引起细胞死亡等。泛素是存在于所有真核细胞中的小分子蛋白质,在蛋白质降解方面起着重要作用(相关详细内容见第 17 章)。泛素可由多种酶催化使之与靶蛋白结合(图 13-7),结合了泛素的蛋白质,可被细胞内由多种水解酶组成的蛋白酶体迅速降解。细胞液中蛋白质的半衰期由其氨基末端残基的种类所决定(表 13-5),如以甲硫氨酸为氨基末端残基的酵母蛋白,其半衰期超过 2 h,而以精氨酸为氨基末端的半衰期仅约 2min。

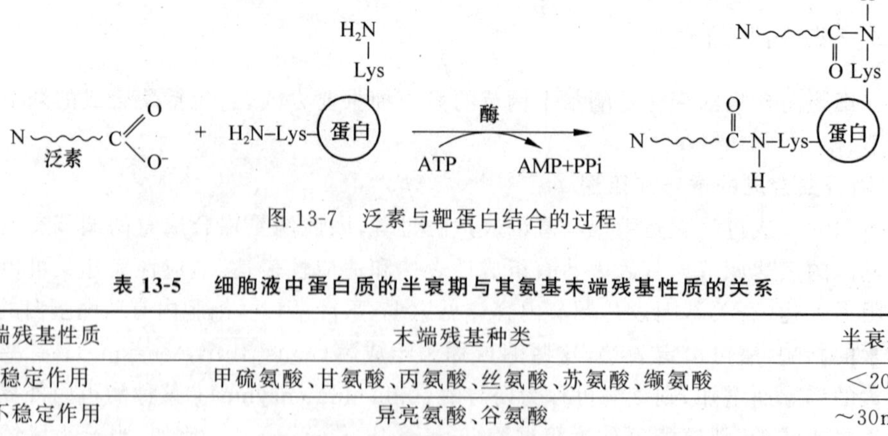

图 13-7　泛素与靶蛋白结合的过程

表 13-5　细胞液中蛋白质的半衰期与其氨基末端残基性质的关系

末端残基性质	末端残基种类	半衰期
起稳定作用	甲硫氨酸、甘氨酸、丙氨酸、丝氨酸、苏氨酸、缬氨酸	<20h
起不稳定作用	异亮氨酸、谷氨酸	~30min
	酪氨酸、谷酰胺	~10min
	脯氨酸	~7min
起极度不稳定作用	亮氨酸、苯丙氨酸、天冬氨酸、赖氨酸	~3min
	精氨酸	~2min

二、 激素水平的调节

激素是由特定细胞(内分泌细胞及内分泌腺)合成与分泌的化学物质。它随血液循环运至全身各处,作用于特定的组织或细胞(靶组织或靶细胞),通过与其受体的特异识别与结合调节物质代谢或基因表达。激素调节是影响细胞中酶活性和酶含量的一种调节方式,最终引起细胞物质代谢沿着一定方向进行并产生特定生物学效应。激素作用的特点是微量、高效且有放大效应;有组织特异性和效应性,即不同激素作用于不同的组织产生不同的生物效应。激素发挥调节作用首先需与相应受体识别结合,这种结合具有高度亲和性和饱和性的特点。激素产生的生物效应取决于激素与受体结合的量,而不单纯决定于激素的量或血液中的浓度。

根据激素受体在细胞中的定位,可将激素的作用机制分成两大类:一类是通过与细胞膜上相应受体结合而发挥作用的水溶性激素。例如,蛋白质类激素(胰岛素、胰高血糖素、生长激素)、肽类激素(生长因子)、儿茶酚胺类激素(肾上腺素、去肾上腺素)等,这类激素可溶于水,但不能通过细胞膜的磷脂双分子层而进入靶细胞内。水溶性激素作为第一信使可与膜上受体结合,除可使靶细胞膜发生某些结构和功能的变化外,主要通过跨膜传递将所携带的信息传递到细胞内,通过 G 蛋白及第二信使如 $cAMP$、$cGMP$、IP_3、Ca^{2+},再经蛋白激酶 PKA、PKG、PKC 等,引起一些靶酶的磷酸化与去磷酸化共价修饰调节而产生生物效应。另一类是通过与靶细胞内的受体结合而发挥作用的脂溶性激素。例如,类固醇激素、甲状腺素、维生素 D_3、视黄醇等,可直接进入细胞内,与胞质受体特异结合形成活性复合物,由于受体构象改变可从胞质移入细胞核中,作用于染色体 DNA 上**激素反应元件**(hormone response element,HRE),促进或抑制相邻结构基因转录的开放或关闭,从而发挥对细胞代谢的调节作用。肾上腺糖皮质激素诱导糖异生关键酶合成的增加即通过此机制。激素信号转导概况如图 13-8 所示。

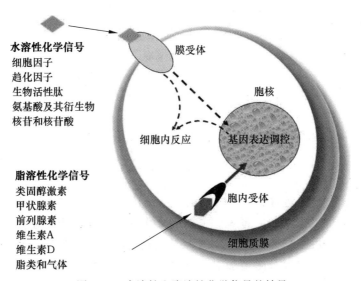

图 13-8　水溶性和脂溶性化学信号的转导

三、整体水平的调节

　　神经和激素对内外环境的改变有非常敏感的反应,并根据这些改变来调节代谢过程,使机体成为一个整体,各个组织器官的代谢互相协调配合,以适应环境的变化。内、外环境的变化首先作用于动物的中枢神经系统,当中枢神经细胞受到刺激时,它们或通过神经的传导及神经递质的释放,对效应器(内分泌腺)发挥直接调节作用;或通过促进和抑制某些激素的释放,协调各内脏系统及各内分泌腺的功能状态,进行间接代谢调节。所释放出的激素通过化学修饰影响酶活性,进而改变物质代谢的速率和方向。动物机体常常会发生诸如饥饿、饱食、应激、疾病等情况,整体调节在这些情况下表现得尤为明显。

(一)饥饿时的代谢调节

　　动物饥饿时,物质代谢的特点是:第一,优先保证把葡萄糖供给大脑和绝对需要利用葡萄糖的组织(如红细胞);第二,优先保护机体蛋白质,尽量减少体蛋白降解,把燃料利用从葡萄糖转向脂肪酸和酮体。饥饿状态下物质代谢概况见图13-9。

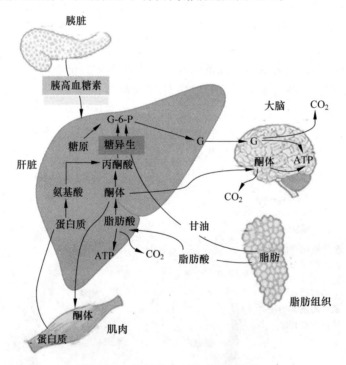

图 13-9　饥饿状态下物质代谢概况

　　动物机体通常在停止进食12～16h后处于空腹状态,24h后进入早期饥饿状态,两种状态下肠道内都无营养物质吸收。动物停止进食12h后,体内肝糖原总量理论上已完全耗尽,但事实上,在动物饥饿早期,其血糖浓度仅趋向降低,机体尚清醒并能维持生命,这主要是胰高血糖素以及肾上腺素分泌增加对代谢调节的结果。这些激素促进肝糖原分解和糖异生,在短期内维持血糖浓度的恒定。饥饿早期物质代谢的特点是优先保证把葡萄糖供给大脑和绝对需要利用葡萄糖的组织。但从理论上来说,肝糖原储备半天时间即会耗尽。此时肌肉分解增加,肌肉释出的谷氨酰胺进入肠黏膜减少,被肝脏和肾脏摄取增多,通过糖异生作用而促进合成葡萄糖,所以饥饿时,体内糖异生作用明显增强,以饥饿 16～36h 增加最多,但长期饥饿 3 天以上,糖异生的速率会相对减弱。

随着饥饿时间延长,肝糖原被消耗殆尽,糖皮质激素也开始发挥作用。此时,体内能源代谢进一步发生变化,机体内对燃料的利用更多地从葡萄糖转向脂肪酸和酮体,维持血糖浓度的低水平是饥饿时机体综合调节的重要目标。虽然心肌、骨骼肌等组织可以利用脂肪酸、酮体或氨基酸来氧化分解供能、维持生命,但少量葡萄糖的存在仍是氧化分解酮体与脂肪酸的必要条件,因为酮体与大量乙酰辅酶 A 的氧化,还必须依赖由葡萄糖转变生成的草酰乙酸结合后,才能进入三羧酸循环彻底氧化分解,此时蛋白质分解速度减慢以保留对生命重要的蛋白质,因此肝中糖异生也减慢,而脂肪动员分解进一步加快,大脑及外周组织利用酮体和脂肪酸氧化分解供能也进一步加强,可占能量来源的 85% 以上,这对饥饿时保障中枢神经系统(尤其是大脑)的能量供应是十分必要的。一般只有血糖浓度下降到 40% 时,机体才会出现心悸、出汗、脸色苍白的低血糖症状,但只要有水供应,饥饿半个月机体仍可维持最低限度的生命活动。总之,饥饿时机体各组织的主要供能物质是贮存的脂肪和蛋白质,其中脂肪约占能量来源的 85% 以上。但长期饥饿使大量的脂肪动员分解易引起酮症酸中毒,而组织蛋白质的大量降解,会导致机体负氮平衡,大大降低体质和机体的抵抗力。当体内脂肪消耗殆尽,蛋白质消耗到一临界点时,生命也就随时终止。

(二) 饱食时的代谢调节

在动物饱食状态下,血糖浓度升高,刺激胰岛细胞使体内胰岛素分泌增强,胰高血糖素分泌减少,代谢变化以合成代谢占优。饱食状态下物质代谢概况如图 13-10 所示。

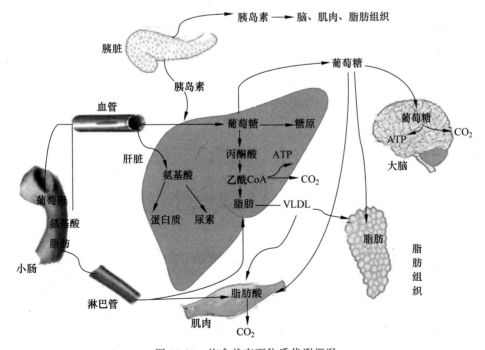

图 13-10　饱食状态下物质代谢概况

进食后高血糖刺激胰岛素分泌,胰岛素促进组织对糖的吸收。一部分糖被运送到大脑作为能源,另一部分被运送到肌肉和脂肪组织利用。胰岛素水平升高,糖原合成增加,降低血糖水平。通过胰岛素对代谢关键酶的化学修饰,糖酵解增强,同时抑制糖异生过程。如果摄入过多的糖,除了合成糖原储备外,多余的糖会转化成脂肪作为能源储备。过量的葡萄糖在肝内氧化成乙酰辅酶 A,后者合成脂肪酸,以三酰甘油形式输出到 VLDL 中,再运到脂肪和肌肉组织内。肝脏和脂肪细胞的脂肪合成加强,同时脂肪动员减少,各组织对脂肪酸利用减少,肝中 β-氧化降低,酮体生成减少。进食后脂肪合成加强也受食物中养分的影响。如果摄入高糖食物,脂肪酸合成酶活性明显增加,脂肪合成加强;而进食高脂的食物后情形恰好相反,这是由于长链脂酰辅酶 A 的反馈抑制所致。多余的脂肪以乳糜微粒形式由小肠经淋巴管吸收到肝脏和肌肉组织中。

胰岛素能使饱食后升高的血糖浓度恢复到正常水平,甚至使血糖回落至过低水平。而过低的血糖浓度又可以刺激间脑的糖中枢,通过交感神经刺激肾上腺素分泌,使血糖浓度恢复至正常水平。总之,通过神经系统的协调、激素交互作用调节酶活性,使机体得以维持血糖水平恒定。

(三) 应激时的代谢调节

应激(stress)是机体对一些身体、精神、情绪上受到的有害刺激(包括内部的和外部的刺激),如受到创伤、手术、缺氧、寒冷、休克、感染、剧烈疼痛、中毒、强烈情绪激动等情况下所做出的一系列的"紧张反应",是一种整体神经综合应答反应调节过程,它使机体全身紧急动员渡过"难关"。其中包括交感神经和下丘脑-垂体-肾上腺皮质轴兴奋,最后引起一系列激素的分泌增加和减少。交感神经兴奋引起肾上腺素和胰高血糖素分泌增加,这些激素可激活糖原磷酸化酶,同时抑制糖原合成酶,使机体肝糖原分解加强,糖异生加速;胰高血糖素和皮质醇分泌增多,促使肌肉蛋白分解和肝中糖异生作用加速;肾上腺皮质激素及生长激素使周围组织对糖的利用降低,这对保证大脑及红细胞的供能有重要意义。最终使血糖不断得到补充。由于胰岛素等分泌相应减少,脂肪动员增强,蛋白质分解加强,同时抑制相应的合成代谢。生成的脂肪酸一部分被组织氧化;另一部分进入肝脏合成脂蛋白或酮体而输出,然后再被外周组织利用。此时,血浆游离脂肪酸水平升高,成为心肌、骨骼肌、肾等组织的主要能量来源。肌肉释放丙氨酸等氨基酸增加,向肝脏提供更多的糖异生原料,同时尿素生成及尿氮排出增加,呈负氮平衡。

应激时机体代谢趋向于分解代谢,合成代谢受到抑制。应激时动物机体的代谢变化概括见表 13-6。通过神经、激素、酶活性的整体代谢调节,最终使血中葡萄糖、脂肪酸、酮体、氨基酸等浓度相应升高,使机体各组织能及时得到充足能源和营养物质的供应,有效应对紧急状态。

表 13-6 应激时动物机体的代谢变化

内分泌腺/组织	代谢改变	血中激素或代谢物含量
垂体前叶	肾上腺皮质激素分泌增加	生长激素分泌增加
	肾上腺皮质激素含量上升	生长激素含量上升
胰腺 α-细胞	胰高血糖素分泌增加	胰高血糖素含量上升
β-细胞	胰岛素分泌受到抑制	胰岛素含量下降
肾上腺髓质	去甲肾上腺素及肾上腺素分泌增加	肾上腺素含量上升
皮质	皮质醇分泌增加	皮质醇含量上升

续表

内分泌腺/组织	代谢改变	血中激素或代谢物含量
肝脏	糖原分解增加 糖原合成减少 糖异生增强	葡萄糖含量上升
	脂肪酸 β-氧化增强 酮体生成增加	酮体含量上升
肌肉	糖原分解增加	
	葡萄糖的摄取利用下降	乳酸含量上升
	蛋白质分解增加	氨基酸含量上升
	脂肪酸 β 氧化增强	
脂肪组织	脂肪分解增强 葡萄糖的摄取利用下降 脂肪合成减少	游离脂肪酸含量上升 甘油含量上升

但机体应付应激的能力是有一定限度的,长期的应激消耗,机体会呈现消瘦、乏力等现象。最终导致机体衰竭甚至危及生命。

◀◀ 知识卡片 13-1　新兴研究工具——代谢组学 ▶▶

代谢组学(metabonomics)的概念来源于代谢组。**代谢组**(metabolome)是指某一生物或细胞在某一特定生理时期内所有的低相对分子质量代谢产物。代谢组学则是对某一生物或细胞在某一特定生理时期内所有低相对分子质量代谢产物同时进行定性和定量分析的一门新学科。它是寻找代谢物与生理病理变化的相对关系的研究方式,是系统生物学的组成部分,以组群指标分析为基础,以高通量检测和数据处理为手段,以信息建模与系统整合为目标。其研究对象大都是相对分子质量小于 1000 的小分子物质。先进分析检测技术结合模式识别和专家系统等计算分析方法是代谢组学研究的基本方法,通常分为以下两种:

(1) **代谢物指纹分析**(metabolomic fingerprinting),采用液相色谱-质谱联用(LC-MS)的方法,比较不同血样中各自的代谢产物以确定其中所有的代谢产物。从本质上来说,代谢指纹分析是指比较不同个体中代谢产物的质谱峰,最终了解不同化合物的结构,建立一套完备的识别这些不同化合物特征的分析方法。

(2) **代谢轮廓分析**(metabolomic profiling),研究人员假定了一条特定的代谢途径,并对此进行更深入的研究。

代谢组学是继基因组学和蛋白质组学之后新近发展起来的一门学科。基因组学和蛋白质组学分别从基因和蛋白质层面探寻生命的活动,而实际上细胞内许多生命活动是发生在代谢物层面的,如**细胞信号**(cell signaling)释放、能量传递、细胞间通信等都是受代谢物调控的。基因与蛋白质的表达紧密相连,而代谢物则更多地反映了细胞所处的环境,这又与细胞的营养状态,药物和环境污染物的作用,以及其他外界因素的影响密切相关。代谢组反映营养、胁迫或者疾病状态的速度比转录组或者蛋白质组要快得多。因此有人认为,"基因组学和蛋白质组学告诉你什么可能会发生,而代谢组学则告诉你什么确实发生了。"

代谢组学提供了一种更加直接的生理状态检测方式。

目前,代谢组学还处于初生阶段,但是其在疾病预测与诊断方面表现出良好的发展势头和应用前景。疾病会导致机体病理生理过程变化,引起代谢产物发生相应的改变,通过对某些代谢产物进行分析,并与正常人的代谢产物比较,寻找疾病的生物标记物,将提供一种较好的疾病诊断方法。相信随着其方法的不断完善和优化,代谢组学研究必将成为人类更高效、准确地诊断疾病的一种有力手段。

本章小结

物质代谢联系　体内物质代谢途径是有机整合的代谢网络。这个网络的整合需要共同的分子基础、中间代谢产物、两用途径的功能基础和隔而不闭的亚细胞结构基础。

糖代谢是各类物质代谢网络的"核心",而三羧酸循环是代谢的共同途径,也是它们之间相互联系的枢纽。动物体内糖可以转化成脂和蛋白质,但脂类转化成糖是有条件的。糖的分解产物可为氨基酸和核苷酸的合成提供原材料。

物质代谢恒态　各物质代谢途径的中间产物需在一定的条件下维持稳定的水平以保证代谢的有序运行,这种动态的稳定是机体代谢的基本状态,需要代谢的调节来维持。

代谢调节实质　代谢调节的实质就是对细胞代谢途径中酶的调节,是对酶活性和酶含量的调节。

代谢调节方式　代谢调节分为细胞、激素及整体三个水平进行。细胞水平是最基本的调节方式,是对细胞内代谢途径的关键酶的活性的调节,而对酶的变构调节和共价修饰是主要方式。

复习思考题

1. 论述糖、脂肪、蛋白质、核酸各代谢途径之间的相互关系。
2. 生物机体的代谢调节有哪些特点？代谢调节的基本方式有哪些？
3. 细胞水平的代谢调节有哪些方式？试举例说明。
4. 简述动物饥饿状态下代谢调节的特点。

第十四章　DNA 的生物合成

本章导读

　　DNA 的生物合成是中心法则的重要组成部分,主要包括 DNA 复制、DNA 修复合成和逆转录合成 DNA 等过程。首先,本章阐述了原核生物 DNA 复制过程及其高保真机制,介绍了真核生物 DNA 复制的特点,真核生物 DNA 末端的端粒复制是其主要复制特点。其次,介绍了逆转录合成 DNA,为了解基因重组技术奠定基础。最后介绍了 DNA 损伤和修复机制。通过本章学习要弄明白以下几个问题:①DNA 复制是如何找到、识别复制起始部位的? 复制过程是如何保证遗传信息的稳定传代的? ②真核生物染色体末端端粒是如何复制的? ③哪些因素诱导了 DNA 损伤突变,有哪些突变类型? 它们又是如何修复的? ④对了解逆转录病毒传代、体外 DNA 扩增有哪些帮助?

　　DNA 贮存的遗传信息表现为特定的核苷酸排列顺序,在细胞分裂前通过 DNA 的**复制**(replication),将遗传信息由亲代传递给子代,在后代个体发育过程中,遗传信息自 DNA **转录**(transcription)给 RNA,并指导蛋白质的合成,进而执行各种生物功能,让后代表现出与亲代相似的遗传性状。20 世纪 50 年代,F. Crick 提出了遗传信息的传递方向,即从 DNA 到 RNA 再到蛋白质。1971 年,F. Crick 又加以补充,即某些生物用 RNA 贮存遗传信息,该 RNA 也具备复制能力,并且还可作为模板逆转录合成 DNA。这就是所谓的生物学"中心法则"。

第一节　DNA 的复制

　　生物体内或细胞内 DNA 的生物合成主要包括 DNA 复制、DNA 修复合成和逆转录合成 DNA 等过程。DNA 复制是指 DNA 双链在细胞分裂间期进行的以亲代 DNA 为模板按照碱基互补配对原则合成子代 DNA 的过程。通过复制使 DNA 的量成倍增加，这是细胞分裂的物质基础。那么 DNA 以怎样的方式复制？复制过程中需要哪些物质参与？真核生物和原核生物的 DNA 复制过程是否相同？本节将阐述这些问题。

一、 DNA 复制方式

Watson 和 Crick 在提出 DNA 双螺旋结构模型时指出，DNA 由两条互补的脱氧核苷酸链组成，一条 DNA 链上的核苷酸排列顺序决定了双螺旋 DNA 上另一条链的排列顺序。这就说明 DNA 的复制是以原来存在的分子为模板合成新链。因此他们推测 DNA 在复制时首先两条链之间的氢键断裂致使两条链分开，然后以每一条链分别作为模板各自合成一条新的 DNA 链，这样在新合成的子代 DNA 分子中，一条链来自亲代 DNA，另一条链是新合成的，这种复制方式称为**半保留复制**（semi-conservative replication）。

这种半保留复制具有重要的生物学意义，生物体的遗传特征是以特定的碱基排列顺序贮存在 DNA 分子中，DNA 以半保留方式进行复制的结果是：亲代 DNA 分子的一条 DNA 链保留在子代 DNA 分子中，子代 DNA 分子的碱基排列顺序与亲代 DNA 分子完全相同，可使遗传信息准确地传递给子代细胞，保持其遗传的相对稳定性。这种复制方式是 DNA 复制的一个主要特征。

> ◀◀ **思政元素卡片 14-1　培养科学探索精神——DNA 复制机制的阐明** ▶▶

1953 年，Watson 和 Crick 发现的 DNA 双螺旋模型，不仅标志着探明了 DNA 分子的结构，更重要的是它还提示了 DNA 的复制机制：在复制过程中各以双螺旋 DNA 的其中一条链为模板合成其互补链，新生的互补链与母链构成子代 DNA 分子。在发表 DNA 双螺旋结构论文后不久，《自然》杂志随后又发表了 Crick 的另一篇论文，阐明了 DNA 的半保留复制机制。1958 年，Matthew Meselon 和 Franklin Stahl 将大肠埃希菌培养于含有 ^{15}N 标记的 NH_4Cl 培养基中，繁殖了 15 代，使所有的大肠埃希菌 DNA 被 ^{15}N 所标记，即得到 ^{15}N-DNA。然后将细菌转移到含有 ^{14}N 标记的 NH_4Cl 培养基中进行培养，在不同培养代数时，收集细菌并裂解细胞，用氯化铯（CsCl）**密度梯度离心法**（density gradient centrifugation）观察 DNA 所处的位置。由于 ^{15}N-DNA 的密度比普通 DNA（^{14}N-DNA）的密度大，在氯化铯密度梯度离心时，两种密度不同的 DNA 分布在不同的区带中。实验结果表明：在全部由 ^{15}N 标记的培养基中得到的 ^{15}N-DNA 显示为一条重密度带，位于离心管的管底。当转入 ^{14}N 标记的培养基中繁殖一代后，得到了一条中密度带，这是 ^{15}N-DNA 和 ^{14}N-DNA 的杂交分子。第二代有中密度带及低密度带两个区带，这表明它们分别为 $^{15}N/^{14}N$-DNA 和 $^{14}N/^{14}N$-DNA。随着在 ^{14}N 培养基中培养代数的增加，低密度带增加，而中密度带逐渐减少，离心结束后，从管底到管口，CsCl 溶液密度分布从高到低形成密度梯度，不同重量的 DNA 分子就停留在与其相当的 CsCl 密度处，在紫外光下可以看到 DNA 分子形成的区带（图 14-1）。为了证实第一代杂交分子确实是一半 ^{15}N-DNA 一半 ^{14}N-DNA，将这种杂交分子加热变性，对变性前后的 DNA 分别进行 CsCl 密度梯度离心，结果变性前的杂交分子为一条中密度带，变性后则分为两条区带，即重密度带（^{15}N-DNA）及低密度带（^{14}N-DNA）。

这些结果巧妙地证明了 DNA 半保留式的复制机制。1968 年,日本生化学家 R. T. Okazaki 则发现 DNA 有一条是"不连续"复制的。复制时,在 DNA 模板链上会先合成一些短的片段,再经连接酶作用形成新的一条 DNA 链。这些短片段就被称为"冈崎片段"。

　　DNA 复制机制的阐明过程体现了重大科研成果都是在吸收、继承前人成果的基础上大胆创新取得的,科学发展是螺旋式上升的,科学进步要求科学家拥有求真务实、尊重科学的精神与态度,启迪人们不畏艰难、勇敢创新、力争向上。

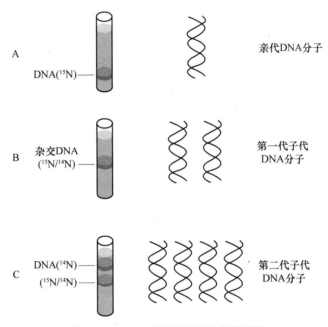

图 14-1　DNA 半保留复制的实验证据

二、　DNA 复制的一般过程

　　DNA 复制是一个半不连续的复制过程。DNA 复制由特定的复制起始点开始。这个位点区域由富含 A/T 碱基对的特殊碱基序列组成,能够结合各种蛋白质因子,有助于解开螺旋并启动复制。复制开始时,双链打开,形成**复制叉**(replicative fork)。两条单链分别做模板,各自指导合成一条新的 DNA 链。在 DNA 两条链中,一条链的走向是 $5'{\to}3'$ 方向,另一条链的走向是 $3'{\to}5'$ 方向,而生物体内 DNA 聚合酶只能催化 DNA 从 $5'{\to}3'$ 方向合成。那么,两条方向不同的链怎样才能同时作为复制的模板呢? 日本学者冈崎解释了这个问题。原来,在以 $3'{\to}5'$ 方向的母链为模板时,复制合成出一条 $5'{\to}3'$ 方向的**前导链**(leading strand),前导链的前进方向与复制叉打开方向是一致的,因此前导链的合成是连续进行的;而另一条母链 DNA 是 $5'{\to}3'$ 方向,它作为模板时,复制出一条由许多 $5'{\to}3'$ 方向的不连续片段组成的新链,叫作**滞后链**(lagging strand),滞后链的复制方向与复制叉的打开方向相反。滞后链只能先以片段的形式合成,这些片段叫作**冈崎片段**(Okazaki fragment)。原核生物的冈崎片段含有 1000~2000 个核苷酸,而真核生物的冈崎片段一般含有 100~200 个核苷酸。最后再将多个冈崎片段连接成一条完整的链。由于前导链的合成是连续进行的,而滞后链的合成是不连续进行的,所以从整个复制过程上来看,DNA 的复制属于**半不连续复制**(semi-discontinuous replication)(图 14-2)。这也是 DNA 复制的一个主要特征。

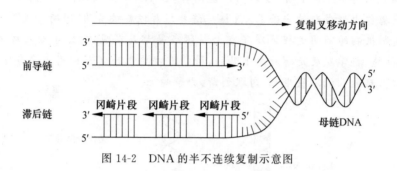

图 14-2　DNA 的半不连续复制示意图

三、 DNA 复制的起始点和方向

　　复制是从 DNA 分子上的特定部位开始的,这一部位叫作**复制起始点**(origin of replication),常用 ori 或 O 表示。DNA 复制从起始点开始直到终点为止,每个这样的 DNA 单位称为复制单元或**复制子**(replicon)。在原核细胞中,每个 DNA 分子只有一个复制起始点,因而只有一个复制子,而在真核生物中,DNA 的复制是从许多起始点同时开始的,所以每个 DNA 分子上有许多个复制子。细菌、病毒和线粒体只有单一复制子。一般一个完整的复制子在一个细胞周期中只复制一次。

　　所有基因组 DNA 的复制起点都处于双螺旋结构内部。DNA 复制起始点有特殊的结构,例如,大肠埃希菌染色体 DNA 复制起始点 *oriC* 包含一系列对称排列的反向重复序列,即**回文结构**(palindrome),其中有 9 个核苷酸或 13 个核苷酸组成的重复保守序列,这些部位是大肠埃希菌中 DnaA 蛋白识别的位置,大肠埃希菌染色体 DNA 是环状双链 DNA,它的复制是典型的"θ"形复制(由于形状像希腊字母 θ)。从一个起点开始,同时向两个方向进行复制,当两个复制方向相遇时,复制就停止。而有些生物的 DNA 复制起始区是一段富含 A/T 的区段。这些特殊结构是参与 DNA 复制起始过程中酶和蛋白质分子识别和结合的位点。DNA 复制起始后复制的方向有以下几种情况。

　　1. 定点双向复制

　　复制时,DNA 从起始点向两个方向解链,形成两个延伸方向相反的复制叉,两个叉均参与 DNA 复制并以几乎相等的速率移动,这种复制称为**双向复制**(bidirectional replication)。这是大多数生物 DNA 复制采用的方式。

　　2. 定点单向复制

　　复制从一个起始点开始,以同一方向生长出两条链,形成一个复制叉。某些质粒 DNA,比如质粒 ColE1 就是个典型的例子。

　　3. 两点开始单向复制

　　腺病毒 DNA 的复制是从两个起点开始的,形成两个复制叉,各以一个单一方向复制出一条新链。

　　总的来说,DNA 复制的起点及方向在原核细胞与真核细胞是不同的,同属于原核生物或真核生物的不同种属也有相当的差异。

四、复制的化学反应

DNA 复制的化学本质是酶促 DNA 聚合反应。就是以亲代 DNA 为模板,按照碱基互补配对原则,在 DNA 聚合酶作用下将游离的四种脱氧单核苷酸(dATP、dGTP、dCTP、dTTP)聚合成 DNA 链的过程。这是一个非常复杂的酶促反应,需要多种酶和蛋白质参与。DNA 合成的总反应可用下式表示:

$$(dNMP)_n + dNTP \rightarrow (dNMP)_{n+1} + PPi$$

其反应机制是:在模板链指导下,新生链的 3′-OH 对游离的脱氧核糖核苷三磷酸 5′端的 α-磷酸进行亲核攻击并形成 3′,5′-磷酸二酯键,释放焦磷酸(PPi),结果在 3′末端加上了一个新的核苷酸(图 14-3),因此,合成方向是 5′→3′ 方向聚合生长方式。焦磷酸被焦磷酸酶催化水解生成无机磷酸,焦磷酸水解反应的自由能是负值,有利于驱动 DNA 的合成。

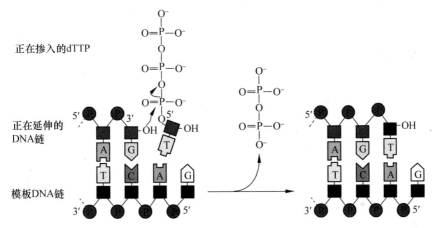

图 14-3　复制过程中磷酸二酯键的生成

五、参与复制的主要酶类

DNA 复制的反应体系包括下列成分:①底物,dATP、dTTP、dGTP 和 dCTP;②DNA 聚合酶,催化 dNTP 加到生长链的 3′端;③模板,解开成单链的 DNA 母链;④引物,具有 3′-OH 的一段 RNA;⑤Mg^{2+},为聚合酶发挥催化活性所必需;⑥其他酶和蛋白质因子。

DNA 复制过程需要多种酶和蛋白因子参与。如在 *E. coli* 中,DNA 复制需要 30 多种不同的蛋白质,大多数是复制叉处 DNA 合成直接或间接需要的。

(一) DNA 聚合酶

DNA 聚合酶(DNA polymerase,DNA pol)以完整的 DNA 链为模板催化底物 dNTP 分子聚合形成互补链的一类酶,被称为依赖 DNA 的 DNA 聚合酶或简称 DNA 聚合酶。此酶的特点是需要 DNA 模板;需要 RNA 或 DNA 作为**引物**(primer),换言之,DNA 聚合酶不能从头催化 DNA 的合成;催化 dNTP 加到引物的 3′-OH 末端,因而 DNA 合成的方向是 5′→3′;它属于多功能酶,它们在 DNA 复制和修复过程的不同阶段发挥作用。

1. 原核生物的 DNA 聚合酶

目前,已知至少有 5 种 DNA 聚合酶,这 5 种酶的功能特点见表 14-1。1957 年,Arthur Kornberg 等人在大肠埃希菌的提取液中发现了一种催化 DNA 合成的酶,即现在的 DNA

聚合酶Ⅰ（DNA pol Ⅰ）。20世纪70年代，又在大肠埃希菌中发现了DNA聚合酶Ⅱ（DNA pol Ⅱ）和聚合酶Ⅲ（DNA pol Ⅲ）。

表 14-1　大肠埃希菌 DNA 聚合酶的性质

比较项目	DNA pol Ⅰ	DNA pol Ⅱ	DNA pol Ⅲ	DNA pol Ⅳ	DNA pol Ⅴ
分子量	109kD	88kD *	129.9kD *	38.6kD	15.29kD†
聚合酶活性($5' \rightarrow 3'$)	+	+	+		
外切核酸酶活性($3' \rightarrow 5'$)	+	+	+	−	−
外切核酸酶活性($5' \rightarrow 3'$)	+	−	−		
主要功能	切除引物，后随链的合成	损伤修复	复制	SOS 修复	SOS 修复

注：* 仅聚合活性亚基，polⅡ和 pol Ⅲ共用许多亚基，包括β、γ、δ、δ'、χ和ψ。† 仅 d 亚基。

（1）DNA 聚合酶Ⅰ

DNA 聚合酶Ⅰ是一条包含928个氨基酸残基的多肽，其分子量为109kD，通常呈球形，直径约为6.5nm，每分子含有一个锌原子。该酶具有三种活性：即$5' \rightarrow 3'$聚合酶活性、$3' \rightarrow 5'$外切核酸酶活性和$5' \rightarrow 3'$外切核酸酶活性，每种酶活性分别占据着一个活性中心。用木瓜蛋白酶或胰蛋白酶可以将 DNA 聚合酶Ⅰ酶解为两个大小不等的片段。碳端是一个大片段（第324~928残基），由两个结构域组成，称作 Klenow 片段，包含聚合酶活性和$3' \rightarrow 5'$外切核酸酶活性；氨端小片段（第1~323残基）具有$5' \rightarrow 3'$外切核酸酶活性。

DNA 聚合酶Ⅰ的$3' \rightarrow 5'$外切核酸酶活性能识别并切除位于生长链3'端的错配核苷酸，每次切除一个核苷酸。该活性只对单链 DNA 起作用。在正常聚合条件下，该酶$3' \rightarrow 5'$外切核酸酶活性很低，一旦出现碱基错配，DNA 聚合酶Ⅰ的聚合酶活性就被抑制，聚合反应立即停止，其$3' \rightarrow 5'$外切核酸酶活性将这个错配的核苷酸切除，然后恢复其聚合酶活性，继续进行聚合反应。因此，DNA 聚合酶Ⅰ的$3' \rightarrow 5'$外切核酸酶活性有利于保证 DNA 复制的高度忠实性。

DNA 聚合酶Ⅰ的$5' \rightarrow 3'$外切核酸酶活性能从5'末端切下单个核苷酸或一段寡核苷酸。它只作用于双链 DNA，与双螺旋 DNA 结合并切除以 DNA 为模板合成的 RNA 引物。另外，由于$5' \rightarrow 3'$外切核酸酶活性能跳过几个核苷酸起作用，因此能切除由紫外线照射而形成的胸腺嘧啶二聚体，所以 DNA 聚合酶Ⅰ在 DNA 损伤的修复中起重要作用。

DNApol Ⅰ的$5' \rightarrow 3'$聚合活性和$5' \rightarrow 3'$外切酶活性协同作用，可使 DNA 一条链上的切口从5'向3'方向移动，这种反应叫作**缺刻平移**（nick translation），利用此反应可在体外对 DNA 片段进行放射性同位素标记，制成**探针**（probe），进行核酸的分子杂交实验，这是现代分子生物学中的一项重要技术。

研究表明，DNA pol Ⅰ并不是 DNA 复制过程中的主要酶，它的作用主要与 DNA 损伤后的修复有关。

（2）DNA 聚合酶Ⅱ

DNA polⅡ的分子量为120 kD。DNA 聚合酶Ⅱ具有聚合酶活性和$3' \rightarrow 5'$外切核酸酶活性，但无$5' \rightarrow 3'$外切核酸酶活性。DNA polⅡ活力比 DNA pol Ⅰ高，其真正的功能也未完全清楚，可能在损伤修复中有特殊作用。

（3）DNA 聚合酶Ⅲ

DNA 聚合酶Ⅲ和 DNA 聚合酶Ⅱ一样，具有聚合酶活性和$3' \rightarrow 5'$外切核酸酶活性，但无$5' \rightarrow 3'$外切核酸酶活性。DNA 聚合酶Ⅲ的全酶分子量为827 kD，全酶是由10种亚基

(αβγδδ′εθτχψ)组成的不对称异源二聚体(图 14-4),含有锌原子。α、ε 和 θ 三种亚基组成全酶的**核心酶**(core enzyme),其中 α 亚基具有 DNA 聚合酶活性;ε 亚基具有 3′→5′ 外切核酸酶活性和碱基选择功能,是复制保真性所必需;θ 亚基可能起组装作用;而两个 β 亚基像夹子一样夹住模板并转移到核心酶上;由 γ、δ、δ′、χ、ψ 和 τ 亚基组成的 γ-复合物能促进全酶组装至模板,并增强核心酶活性。两个 β 亚基在 DNA 链上滑动,保持酶与模板的紧密结合,进行 DNA 的复制。

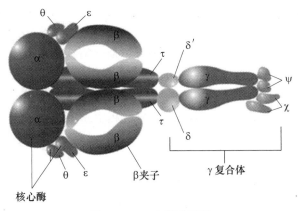

图 14-4　DNA 聚合酶Ⅲ

大肠埃希菌含 DNA pol I最多,而 DNA pol Ⅱ、DNA pol Ⅲ仅分别为它的 1/4 和 1/20。但 Pol Ⅲ 的活性很强,聚合速度为 DNA pol I 的 15～50 倍,为 DNA pol Ⅱ 的 6～25 倍。所以,一般认为,DNA pol I的主要功能是去除 RNA 引物,并将冈崎片段之间的间隙补齐;而 DNA pol Ⅲ 主要负责复制叉处的 DNA 复制。其性质、在复制过程中的作用比较见表 14-1。

2. 真核生物的 DNA 聚合酶

真核生物至少有 10 种不同 DNA 聚合酶,表 14-2 列出各种酶的功能,分别是 DNA 聚合酶 α、β、γ、δ、ε、ζ、η、θ、ι、κ。其中,pol α 和 pol δ 参与染色体 DNA 复制;pol γ 参与线粒体 DNA 复制;polε 与 DNA 损伤修复、校读和填补缺口有关,pol β 只在其他聚合酶无活性时才发挥作用。

表 14-2　真核生物 DNA 聚合酶的功能

酶的名称	功　能
polα	引物合成及部分滞后链合成
polβ	碱基切除修复
polγ	线粒体 DNA 复制
polδ	主要复制酶
polε	复制或修复
polζ	损伤修复
polη	损伤修复
polι	损伤修复
polκ	碱基删除和替代

(二) 拓扑异构酶

复制过程中,由于双链的解旋,复制叉向前推进会造成其前方 DNA 分子拧紧、打结、缠绕、连环等现象，形成正超螺旋，必须由**拓扑异构酶**（topoisomerase）来解决。拓扑异构酶可通过催化 DNA 链的瞬时断裂和闭合来释放超螺旋产生的扭转张力，使复制能顺利进行。该酶兼有内切酶和连接酶的活性，是完成复制所必需的一种酶。拓扑异构酶有两种类型。

1. 拓扑异构酶 I

只切断双链 DNA 中的一条链，催化超螺旋松弛，反应不需要 ATP 供能。

2. 拓扑异构酶 II

也称 DNA **促旋酶**（gyrase），切断 DNA 分子的两条链，催化 DNA 的正超螺旋转变为负超螺旋，反应需要 ATP 水解供能。负超螺旋的结构状态能降低互补碱基间氢键断开时所需的能量，便于 DNA 解链。在无 ATP 时，该酶只是如拓扑异构酶 I 一样催化超螺旋结构的松弛。

拓扑异构酶 I 和拓扑异构酶 II 广泛存在于原核细胞和真核细胞中，这类酶不仅与 DNA 的复制有关，而且在遗传重组、DNA 的损伤修复过程中起重要作用。

（三）解旋酶

DNA 复制开始时，局部的 DNA 双链必须打开，这主要通过**解旋酶**（helicase）来完成。解旋酶又称解链酶或 DnaB 蛋白，是用于解开 DNA 双链的酶蛋白，每解开一对碱基，需消耗两分子 ATP，能以 $500 \sim 1\,000\,bp/s$ 的速率沿 DNA 链解旋和解链。解旋酶位于复制叉前，催化复制叉前面的双螺旋 DNA 解旋，形成单链 DNA，便于 DNA pol III 和引物酶作用。大肠埃希菌的 DnaB 蛋白是一种能使 DNA 双向解链的解旋酶。

（四）引物酶

已知的 DNA 聚合酶都不能从头合成 DNA 链，只能延长已有的带有 $3'$-OH 的 DNA 或 RNA 链。在复制起始时，由**引物酶**（primase）以解旋后的单链 DNA 为模板，以四种核糖核苷酸（ATP、GTP、CTP 和 UTP）为原料，催化合成一小段 RNA **引物**（primer），用以引发 DNA 合成，所以引物酶也称为引发酶。它是 DNA 合成所必需的。引物的 $5'$ 端含有三个磷酸残基，$3'$ 端为游离的羟基。

引物酶是仅用于特定环境下的 RNA 聚合酶，即仅用于合成 DNA 复制所需短的线状 RNA 引物。不同于催化转录过程的 RNA 聚合酶。在 *E. coli* 中，引物酶是 *dnaG* 基因的产物 DnaG 蛋白，一个 60 kD 的单链多肽（比 RNA 聚合酶小得多）。引物酶与复制起始复合物短暂结合，通常合成 $11 \sim 12$ 碱基的引物。

（五）DNA 连接酶

在 DNA 复制中，DNA **连接酶**（ligase）起最后接合缺口的作用，它催化 DNA 双链中的一条单链缺口处游离的 $3'$ 末端-OH 与 $5'$ 末端磷酸形成磷酸二酯键，从而把两段相邻的 DNA 链连成完整的链。连接反应需要消耗能量，动物细胞和噬菌体 DNA 连接酶需要 ATP 供能，细菌 DNA 连接酶起作用需要 NAD^+。

DNA 连接酶一般只能连接碱基互补的双链中的单链缺口，但来自 T4 噬菌体的 DNA 连接酶能催化 DNA 双链间的连接。连接酶在 DNA 修复、重组和剪接中起缝合缺口作用，是一种重要的基因工程工具酶。

六、 原核生物 DNA 的合成过程

DNA 复制的全部过程可以分成三个阶段：起始（引发）、延伸和终止。第一个阶段为起始阶段，包括起始点识别、引发体形成、引物合成。第二阶段为 DNA 链的延长，包括前导链及滞后链的形成。第三阶段为 DNA 复制的终止阶段。本节以**大肠埃希菌**（*E. coli*）染色体的复制为例来说明原核生物 DNA 的复制过程。

（一）复制的起始

1. 起始位点的识别

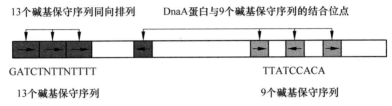

图 14-5　大肠埃希菌 *ori*C 位点特征

在细菌和大多数病毒中，特异的 DNA 序列决定了复制的起始。*E. coli* 中 *ori*C 位点是其 DNA 复制的唯一起点。*ori*C 序列至少由 245 个碱基组成，包含两组主要重复序列，一组为三个富含 A-T 的 13bp 重复序列，其起点 GA 位点处的腺嘌呤甲基化与 DNA 复制的启动有关；另一组为四个 9bp 的反向重复序列，是 DnaA 蛋白的结合位点（图 14-5）。

DnaA 蛋白是由相同亚基组成的四聚体。当 DnaA 蛋白辨认并结合 *ori*C 上的四个 9bp 序列时，启动 DNA 复制。20～40 个 DnaA 蛋白与 DNA 结合形成 DNA-蛋白质复合体结构（图 14-6A），在 HU 蛋白和 ATP 分子参与下，DnaA 识别 13bp 重复序列并导致其变性、*ori*C 局部解链，形成起始复合物（图 14-6B）。

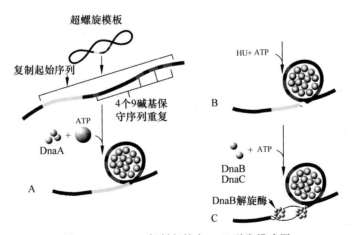

图 14-6　*E. coli* 复制起始点 *ori*C 引发模式图

2. 预引发体形成

DnaB 和 DnaC 蛋白形成一个复合物，其中 6 个 DnaC 单体与每一个 DnaB 六聚体结合。形成一个 480kD 的蛋白复合体，相当于一个半径 6nm 的球。DnaB 蛋白和 DnaC 蛋白复合体结合于初步解开的双链（图 14-6C），解开双螺旋；DnaC 蛋白的作用是将 DnaB 蛋白运送到复制模板,并协助 DnaB 蛋白起作用。DnaB 需要利用 ATP 供能,作用于氢键,使 DNA 双链变成两条单链并形成两个复制叉。然后**单链 DNA 结合蛋白**(single stranded DNA binding protein,SSB)结合在单链 DNA 上,使其维持单链状态和免受胞内核酸酶的降解。但 DNA 在复制之前必须去掉 SSB。体外实验表明,拓扑异构酶Ⅱ能促进解螺旋酶的解链。

到此时,DnaA、DnaB、DnaC、HU 蛋白、促旋酶(拓扑异构酶)和 SSB 这 6 种蛋白共同形成了预引发体,其前提条件是 DnaA 已经结合于 9bp 重复序列位点。预引发体形成过程中各种蛋白的作用总结见表 14-3。

表 14-3 在 *oriC* 上预引发过程所需的六种蛋白

蛋 白	功 能
DnaA	协同结合于 9bp 和 13bp 重复顺序
DnaB	结合于 DnaA 上,提供解旋酶活性
DnaC	和 DnaB 形成复合体
HU	组蛋白样蛋白,激发复合体形成
Gyrase	促旋酶,解除正超螺旋,引入负超螺旋
SSB	稳定单链

3. 形成引发体,合成引物

预引发体进一步与引物酶组装成**引发体**(primosome)。在 SSB 和促旋酶的参与下,引发体可在单链 DNA 上移动,在 DnaB 的作用下识别 DNA 复制起始点。引发体先在前导链上由引物酶催化合成 RNA 引物,此过程称为**转录激活**(transcriptional activation)。引发体在滞后链上沿 $5' \rightarrow 3'$ 方向相对移动,并在模板链上断断续续地引发生成滞后链的引物 RNA,供 DNA 聚合酶Ⅲ合成冈崎片段使用。

RNA 引物形成后,DNApol Ⅲ组装到引物 RNA 上,DNA pol Ⅲ的亚基组装成非对称 DNApol Ⅲ二聚体,在它的催化下,将第一个脱氧核苷酸按碱基互补原则加在 RNA 引物 $3'$-OH 端,从而进入 DNA 链的延伸阶段。

E. coli DNA 复制的起始过程可以简单概括如下:DNA 复制起始过程至少有 9 个不同的蛋白或酶参与(表 14-4)。首先,DnaA 蛋白辨认结合 *oriC* 的重复序列,并与 DNA 形成复合物,引起解链;DnaB 在 DnaC 的辅助下结合于初步打开的双链,并用其解旋酶活性解开双链;拓扑异构酶通过切断、旋转和再连结作用,使 DNA 正超螺旋变为负螺旋;单链结合蛋白结合在已开链的 DNA 模板上,使 DNA 在一定的范围内保持开链状态;引物酶介入,形成引发体,催化 NTP 的聚合,生成引物;DNApol Ⅲ组装到引物 RNA 上,完成复制体的组装。

表 14-4 *E coli* 复制起始时所需的蛋白及其功能

蛋白质	分子量/kD	亚基数量	功 能
DnaA 蛋白	52	1	辨认 ori C,引起解链
DnaB(解旋酶)	300	6	解开双链
DnaC	29	1	辅助 DnaB
HU	19	2	DNA 结合蛋白,刺激复制起始
DnaG(引物酶)	60	1	合成 RNA 引物

续表

蛋白质	分子量/kD	亚基数量	功　能
单链结合蛋白	75.6	4	结合单链 DNA
RNA 聚合酶	454	5	促进 DnaA 活性
DNA 促旋酶(DNA 拓扑异构酶 II)	400	4	将 DNA 解链产生的正超螺旋解旋
Dam 甲基化酶	32	1	甲基化 oriC 位点 5′-GATC-3′序列

目前已知,DNA 复制的起始阶段是可调节的。现在已知复制的起始受 DNA 甲基化的影响,并且能与细菌的质膜发生相互作用,刚完成复制以后,DNA 呈现半甲基化,也就是说亲代链有甲基化的 *oriC* 序列,新合成的子代链没有甲基化。半甲基化的 *oriC* 序列通过与质膜相互作用会隐藏一段时间。过后 *oriC* 序列从质膜释放出来,Dam **甲基化酶**(methylase)必须将其完全甲基化以后,才能再次与 DnaA 蛋白结合。

(二) 复制的延伸

1. 超螺旋的转型

DNA 解链时必然会产生正超螺旋,当达到一定程度后就会造成复制叉难以继续前进。而实际上细胞内 DNA 复制没有因出现这些拓扑学问题而停止。在快速生长的原核生物中,在起始点上可以连续地开始新的 DNA 复制,即在 DNA 第一轮复制完成之前就开始启动下一轮复制。那么,正超螺旋是如何解除的呢? 其解除机制包括以下两点:

(1) DNA 在生物细胞中本身就是负超螺旋状态,当 DNA 解链而产生正超螺旋时,可以被原来存在的负超螺旋所中和。

(2) DNA 拓扑异构酶 I 可打开一条链,使正超螺旋状态转变成松弛状态;同时 DNA 拓扑异构酶 II(旋转酶)也可在复制叉前方将负超螺旋引入双链 DNA。

2. DNA 复制的延伸

复制的延伸过程包括新 DNA 链的延伸和复制叉的移动。以复制叉向前移动的方向为标准,以 3′→5′走向的链为模板,DNA 以 5′→3′方向连续合成的链,称为**前导链**(leading strand);另一条 5′→3′走向的链为模板,DNA 以 5′→3′方向合成,但与复制叉移动的方向正好相反,随着复制叉的移动会形成许多不连续的冈崎片段,最后冈崎片段再连成一条完整的 DNA 链,该链称为**滞后链**(lagging strand)。因此,这种 DNA 复制的过程是一个半不连续性复制过程。

由于两条新 DNA 链以相反的方向合成,复制复合体的一个酶单位伴随解链向前移动并合成前导链,那么另一个酶单位就需相对于 DNA 沿着裸露的单链"向后"移动。当一个冈崎片段合成完成后,下一个冈崎片段的合成需要在一个新位置开始,这需要合成滞后链的酶相对于 DNA 改变位置。随着复制复合体沿 DNA 移动,DNA 复制完成一个冈崎片段合成后可能会发生两种情况:一是它可能与模板分离,组装一个新的复合物来延伸下一个冈崎片段;二是同一个复合物被再次利用。

那么大肠埃希菌染色体 DNA 进行复制时,滞后链的合成如何与前导链的合成相协调呢? 大肠埃希菌染色体 DNA 进行复制时,DNA 聚合酶 III 是主要的复制酶,而且是与引发体、解链酶等构成的一个复制体。DNA 聚合酶 III 是由多亚基组成的不对称二聚体,通过复制体它可能同时负责前导链和滞后链的复制,由于滞后链的模板 DNA 在 DNA 聚合酶 III 全酶上绕转了 180°而形成一个环,因此冈崎片段的合成方向能够与前导链的合成方向以及复制体移动方向保持一致。随着 DNA 聚合酶 Ⅲ 向前移动,前导链的合成逐渐延长的同时,冈崎片段也在不断延长,这个环也在不断扩大。当冈崎片段合成到前一个片段的 5′端时,这个环就释放出来,由于复制叉向前移动又产生了一段滞后链的模板,由引发体合成新的引物,滞后链模板重新环绕 DNA 聚合酶 Ⅲ 形成一个新的环,进行新的冈崎片段的合成。由此不难看出,滞后链的合成需要周期性的引发,因此其合成进度总是与前导链相差一个冈崎片段的长度。冈崎片段完成后,其 5′端的 RNA 引物由 DNA 聚合酶 Ⅰ 的 5′→3′外切酶活性切除,由此造成的空隙再由 DNA 聚合酶 Ⅰ 的 5′→3′聚合活性催化 dNTP 填补。最后冈崎片段间缺口由 DNA 连接酶连接形成完整的滞后链。所以 DNA 的复制是在 DNA 聚合酶 Ⅲ 和 DNA 聚合酶 Ⅰ 互相配合下完成的。

那么复制体又是如何识别起始冈崎片段合成的位置呢? 在 *oriC* 位点上,DnaB 能推动复制叉前移,同时 DnaB 也能激活引物酶,DNA 引物酶偶尔与解旋酶结合,在位于滞后链的引发体处合成一段引物,合成引物后引物酶可将模板链提起(或成环),使 RNA 引物 3′端位于聚合酶Ⅲ处,然后再折 180°与前端未解链的双链 DNA 在同一方向上,这样滞后链的合成可以和前导链的合成在同一方向上进行,随后引物酶释放。DNA 聚合酶 Ⅲ β 亚基就会将核心酶移到引物处,利用引物 3′-OH 合成冈崎片段。因此,对于滞后链冈崎片段的合成,DNA 聚合酶 Ⅲ 全酶会发生部分去组装和再组装的循环过程。当一个冈崎片段复制完成后,复制暂停,核心酶亚单位与 β 亚基解离,并且释放合成的冈崎片段,然后结合一个新的 β 亚基,开始下一个冈崎片段的合成。

简言之,在 DNA 复制延伸过程中,DNA 滞后链与前导链的合成不同步。前导链的合成是由 DnaG 在复制起始位点附近合成 1 个 RNA 引物,然后由 pol Ⅲ 把 dNTP 加到该引物上。滞后链的合成不连续,产生许多冈崎片段,DNA pol Ⅰ 切除冈崎片段上的 RNA 引物,并补上一小段 DNA 序列,由 DNA 连接酶把两个片段相连。原核生物 DNA 的复制过程见彩图 14-7。

(三) 复制终止

E.coli 的 DNA **复制终止位点**(terminus,ter)在 *oriC* 区的对面。在终止点两侧各有几个短序列,如 ter*E*、*D*、*A*(图 14-8)。当一侧复制叉前进得快,而另一侧前进得慢时,快侧复制酶则会在 ter 位点停止,等待慢侧跟上,ter 位点处似乎构成一个"陷阱"区。终止序列可被 Tus 蛋白(*tus* 基因编码)识别,并与之结合,形成 Tus-*ter* 复合物,通过阻止解旋酶的解旋而制止复制叉的前进,即复制叉可以进入但不能出来。在整个染色体被复制后,两个环状的双螺旋 DNA 分子从拓扑学上看像一个连环那样链接在一起,链接的两个染色体在 DNA 拓扑异构酶催化下分开。*E.coli* 染色体 DNA 复制终止过程见图 14-9。

复制终止后,新合成的 DNA 还需要加工:一是由甲基化酶催化碱基甲基化,以防止**限制性内切核酸酶**(restriction endonuclease)降解 DNA;二是通过多种不同的 DNA 修复机制对新合成 DNA 中的碱基错误进行修复。

(四) 确保 DNA 复制高保真性的机制

为保证物种的遗传稳定性,DNA 复制必须有极高的精确度。研究表明,在原核生物中,每 $10^8 \sim 10^{10}$ 个被复制的碱基对中只有 1 个发生错配。在长期的进化中,DNA 复制过

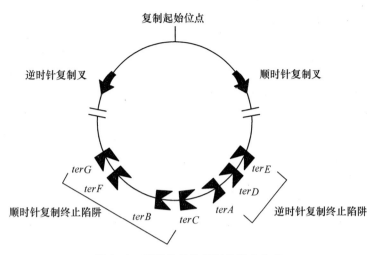

图 14-8　细菌染色体复制的终止位点

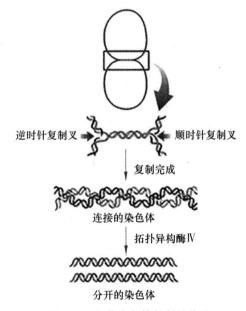

图 14-9　细菌染色体复制的终止

程形成了一系列保真机制,保证复制准确和遗传稳定。

(1) DNA 复制时严格按照碱基互补配对原则合成新的 DNA 序列,这对于保证复制的忠实性至关重要。

(2) DNA 聚合酶在复制延长中对碱基选择功能降低了错配率。

(3) DNA 聚合酶的 $3' \rightarrow 5'$ 外切核酸酶功能可以检测并消除偶然出现的错误。

(4) DNA 聚合酶的聚合功能必须有 RNA 引物的存在。DNA 复制开始时掺入的核苷酸容易出错,DNA 合成起始时及冈崎片段合成开始时都要有 RNA 引物,在引物上进行 DNA 的延伸,由于引物最终会被 DNA 聚合酶水解掉,其中可能存在的错配随后由 DNA 聚合酶合成的短 DNA 片段所代替,从而保证了复制的正确,误差率最终可达 $10^{-10} \sim 10^{-9}$。

(5) 细胞内具有完整的 DNA 修复机制,具有校正新合成 DNA 中的错误碱基以及修复

DNA 损伤的能力。

七、 真核生物的 DNA 复制

真核生物比原核生物复杂得多,其 DNA 分子比原核生物 DNA 分子大得多,如动物细胞 DNA 分子大约由 10^{10} 个碱基对组成,相当于细菌 DNA 的 1000 倍;同时,由于真核 DNA 和核小体在一起,因此在 DNA 复制过程中,也要合成组蛋白,亲代 DNA 的组蛋白仍保留和 DNA 复制子的结合,而新合成的组蛋白则和子代链结合。但 DNA 复制的基本过程和原核生物相似。在此仅介绍一些重要的特点和区别。

(一) 真核生物 DNA 复制特点

(1) 真核生物每个染色体有多个起始点,属于多复制子复制。用放射自显影方法在哺乳动物染色体上可以看到许多复制泡,每个复制泡都有固定的起点,然后双向伸展,与相邻的复制泡会合。在复制完成时,多个复制叉相遇并汇合连接成连续的 DNA 子代链(图 14-10)。同时,细胞学研究表明,不同的染色体区域并非完全同时开始复制,即复制有时序性,复制子以分组方式激活而不是同步起动。起始时间与染色体的性质相关,一般常染色质的复制早于异染色质。

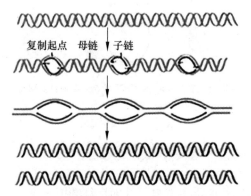

复制起点　母链　子链

图 14-10　真核生物 DNA 的多点双向复制

(2) 真核生物 DNA 复制只发生在细胞周期的 S 期,一次复制开始后在完成前不再进行复制,原核生物多重复制同时进行。

(3) 真核生物的聚合酶没有 5′-3′ 外切酶活性,需要 Rnase HI 和 FEN1(flap endonuclease I)的蛋白切除 5′端引物。

(4) 复制的起始需要 DNA polα(引物酶活性)和 DNA polδ(解螺旋酶活性)参与,还有拓扑异构酶和众多**复制因子**(replication factor,RF)的参与。

(5) DNA 复制伴随组蛋白的合成。

真核生物 DNA 需要与组蛋白紧密结合,包被在核小体中。研究表明,解聚游离的亲代组蛋白直接转移到刚出现的子代前导链上,而滞后链则由新合成的组蛋白组装。发生在细胞质中的组蛋白合成与发生在细胞核中的 DNA 复制协同进行。

(6) **增殖细胞核抗原**(proliferation cell nuclear antigen,PCNA)在复制起始和延长中起关键作用。

在复制叉及 RNA 引物生成后,由 DNA polδ 通过 PCNA 的协同作用,逐步取代 DNA

polα 负责前导链的合成。PCNA 能形成环状夹子以增强 DNA polδ 的持续合成能力。而滞后链的合成仍由 DNA polα 负责,也是通过不连续的方式合成冈崎片段(100～200 个核苷酸),然后除去引物,由 DNA 连接酶连接成完整的 DNA 链。DNA polδ 具有校正功能。

(7) 真核生物染色体末端的端粒及端粒酶对保证染色体复制的完整性有重要意义。

(二) 端粒复制

1. 端粒

真核生物染色体是线性 DNA,它的两端的特殊结构叫作端区或**端粒**(telomere),它由重复的 DNA 序列和结合蛋白组成,可以保护染色体末端,维持基因组完整性。在形态学上,染色体末端膨大成粒状,这是因为 DNA 末端与蛋白紧密结合,像两顶帽子那样盖在染色体两端,因而得名。

端粒 DNA 包括双链区和 3′末端单链区[彩图 14-11(a)],由富含 G 碱基的寡核苷酸重复序列组成,如酵母的端区重复序列是 5′-G(10)T(3)-3′,哺乳类动物仓鼠和人类的端粒 DNA 是 TTAGGG 重复序列,重复数可多达数十甚至上百次,并且可形成反折式的二级结构。端粒末端单链 50～300 个富含 G 核苷酸的 G-尾序列折回到双链区,形成独特的 T 环结构[彩图 14-11(b)]。G-尾序列也可以折叠成四股螺旋结构,称为 G-四链体[彩图 14-11(c)]。每四个 G 环成一圈,通过 Hoogsten 氢键形成环状平面排列四联结构(quartet),四联结构堆积、分子内折叠形成稳定紧密的 G-四联体。这些紧密而稳定的结构形成了端粒帽子样结构,阻止端粒酶接近。端粒结合蛋白主要包括 CST 和 Shelterin 两类复合物。CST 复合物包含 CDC13/CTC1-STN1-TEN1 等蛋白,CST 负责端粒酶引起端粒延伸和 C 链填充合成;而 Shelterin 复合物包括 TRF1(端粒重复结合因子 1)、TRF2(端粒重复结合因子 2)、TIN2(TRF1 相互作用核蛋白 2)、RAP1(rif 相关蛋白)、POT1(端粒保护)和 TPP1(端粒保护蛋白 1)等组分,其中 TRF2 是必需的。Shelterin 的功能是保护端粒,避免 DNA 损伤、调节端粒长度。

2. 端粒酶

端粒酶(telomerase)是真核生物体内一种特殊的反转录酶,由蛋白质和 RNA 两部分组成(彩图 14-12)。蛋白质从 N 端到 C 端,依次为中度保守的 TEN 结构域、RNA 结合结构域、保守的反转录酶结构域和低保守的 C 端结构域,具有反转录酶活性,它的底物是 5′dNTP 和端粒 3′末端序列。RNA 具有二级结构,包含许多元件:5′端有保守的假结构域、5′边界元件,有一段双链序列可作为延伸端粒 DNA 重复序列的模板区,还有反转录酶结合和催化结构域 CR4-CR-5;3′端有保守的 H/ACA 结构域,可以结合一些辅助蛋白[辅助蛋白包括 dyskerin、核仁蛋白 10(NOP10)、非组蛋白 2(NHP2)、编码 H/ACA 核糖核蛋白复合物亚单位 1(GAR1)等,可形成复合物调节端粒酶的合成、亚细胞定位和功能]。端粒酶 RNA 的大小和序列因动物种类不同而不同,成熟的酿酒酵母端粒酶 RNA(TLC1 RNA)包含 1167 个核苷酸残基序列。哺乳动物的端粒酶 RNA 明显变短,为大约 450 个核苷酸残基序列。

端粒酶在正常人体组织中的活性受到抑制,在肿瘤中可被重新激活。端粒酶的功能,就是把 DNA 复制的缺陷填补起来,即把端粒修复延长,可以让端粒不会因细胞分裂而有所损耗,使得细胞分裂的次数增加。端粒酶在保持端粒稳定、基因组完整、细胞长期的活性和潜在的继续增殖能力等方面有重要作用。

3. 端粒复制过程

对于线性基因组,其滞后链的末端是无法完整复制的,每轮复制损失 30～250 个的核苷酸。这样随着体细胞的分裂,端粒会持续缩短,造成复制性衰老。当细胞端粒缩至一定程度,细胞停止分裂,处于静止状态。端粒的长短和稳定性决定了细胞寿命。对于大多数体细胞来说,端粒磨损是一种控制其分裂潜力的机制,但对于需要多次增殖的干细胞来说,必须设法维持端粒长度。

那么,如何来防止端粒缩短呢?当真核生物染色体 DNA 采取线性复制方式,子链 5′端的一段 RNA 引物被水解后,留下的空隙,可通过端粒酶的爬行式复制(彩图 14-13)而不缩短。**端粒酶**以自身携带的 RNA 为模板,互补结合亲代模板链 DNA,在模板链 DNA 的 3′-OH 末端延长 DNA,添加末端重复序列,直达细胞所需长度,用其回折的 3′端启动合成 DNA 来填补空隙,以此保障染色体的平均长度。

在肿瘤发生过程中,少数肿瘤的端粒复制还可以通过非端粒酶依赖方式进行,通过类似同源重组的方式交换延伸(alternative lengthening)。

八、逆转录

所谓**逆转录**(reverse transcription),顾名思义,与转录过程相反,转录是以 DNA 为模板指导合成 RNA 的过程,逆转录则是在逆转录酶的作用下以 RNA 为模板指导合成 DNA 的过程。逆转录是 DNA 的另一种合成途径。逆转录现象是分子生物学研究中的重大发现,这表明 RNA 不仅可以是遗传信息的基本携带者,还能通过逆转录的方式将遗传信息传递给 DNA,即 RNA 兼有遗传信息传递与表达的功能。

1. 逆转录酶

逆转录酶(reverse transcriptase,RT)是一种依赖 RNA 的 DNA 聚合酶,能催化以单链 RNA 为模板合成双链 DNA 的反应。此酶广泛存在于 RNA 病毒中。逆转录酶已成为分子生物学研究中的重要工具,是一种获取基因工程目的基因的重要方法。

逆转录酶具有多种功能,兼有多种酶活性:即 RNA 指导的 DNA 聚合酶活性,将单链 DNA 分子拷贝成 DNA-RNA 杂合分子;DNA 指导的 DNA 聚合酶活性,将单链 DNA 分子拷贝成双链 DNA 分子;**核糖核酸酶 H**(RNase H)活性,降解 DNA-RNA 杂合分子中的 RNA,它可以从 5′→3′和 3′→5′两个方向水解杂合分子的 RNA;DNA 内切酶活性和 DNA 旋转酶活性等。逆转录酶缺乏校对(3′-5′核酸外切酶)功能,所以容易出错。这也是很多病毒容易突变进化的原因。

2. 逆转录过程

由逆转录酶催化的 DNA 合成过程包括以下反应:①以单链 RNA 为模板,在逆转录酶的 RNA 指导的 DNA 聚合酶活性催化下,合成一条单链 cDNA,产物为 DNA-RNA 杂合分子;②杂合分子中的 RNA 链被逆转录酶的 RNase H 活性水解;③以新合成的单链 cDNA 为模板,利用逆转录酶的 DNA 指导的 DNA 聚合酶活性催化合成其互补 DNA 链,从而产生双链 DNA 分子(图 14-14)。

3. 逆转录病毒

RNA 病毒的基因组是 RNA 而不是 DNA,其遗传方式是通过逆转录酶将亲代的 RNA 逆转录成 DNA 后,由 DNA 转录出子代的 RNA,故称为**逆转录病毒**(retrovirus)。许多逆转录病毒有致癌作用,称为 RNA 肿瘤病毒。引起艾滋病,即**获得性免疫缺陷综合征**(acquired immune deficiency syndrome,AIDS)的**人类免疫缺陷病毒**(human immunodeficiency virus,HIV)就是一种逆转录病毒。

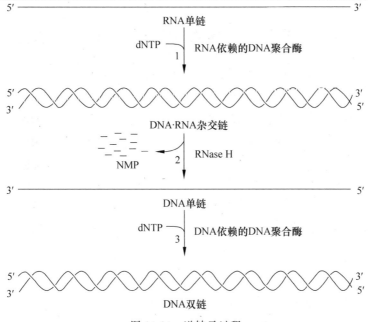

图 14-14　逆转录过程

　　RNA 病毒感染活细胞后,首先要经逆转录成为双链 DNA,然后再通过基因重组方式,加入宿主细胞基因组,并随宿主细胞复制和表达。这种重组方式称为整合。整合是逆转录病毒生活周期中的必要步骤,因为逆转录病毒的 DNA 只有在整合进宿主细胞的 DNA 后才能转录,而且病毒基因的整合可能是病毒致癌的重要方式。对逆转录病毒的研究,拓宽了病毒致癌理论,人们期望通过寻找逆转录酶的专一性抑制剂来防治癌症。

九、 线粒体 DNA 复制

　　线粒体 DNA(mitochondrial DNA,mtDNA) 编码呼吸链体系中与氧化磷酸化过程相关的多个成员,线粒体基因组的完整性对于生物体的生存有重要意义。mtDNA 复制以 D 环复制方式进行(图 14-15)。

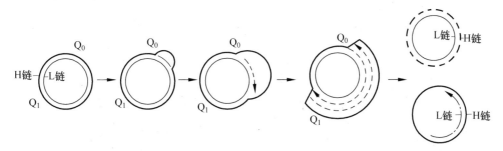

图 14-15　D 环复制模式图

线粒体复制的特点、机制及进展等内容详见二维码链接的数字资源。

线粒体复制

第二节 DNA 的损伤与修复

DNA 复制严格遵守碱基互补规律,这是生物遗传保守性的分子基础,是维持物种相对稳定的主要因素。但在生物进化过程中,DNA 复制可因 DNA 聚合酶的作用引发偶然的错误,也可由于环境因素,诸如辐射、紫外线、化学诱变剂等引起 DNA 碱基序列上的某些错误。这些错误如果未被纠正而保留下来,对机体细胞而言,可改变子代细胞的表型特征,甚至造成严重的功能障碍;对生殖细胞来说,则可能改变生物后代的基因型和表型。在很多情况下,细胞具有校正或修复这些损伤的能力,这是生物在长期进化过程中获得的一种保护功能。当然,有些损伤不能被完全修复,就成为所谓的突变。

一、 DNA 损伤(突变)

(一)突变的定义

个别脱氧核糖核苷酸残基甚至片段 DNA 在构成、复制或表型功能上的异常变化,称为**突变**(mutation),也称 **DNA 损伤**(DNA damage),即由于遗传物质结构改变而引起遗传信息的改变。

(二)突变的意义

DNA 突变对生物可能产生致死性或使之丧失某些功能,可能导致相应蛋白质一级结构改变,从而引起生物特征或性状发生变异。当 DNA 的突变发生在对生命过程至关重要的基因上时,有些将导致细胞及个体的死亡,甚至使物种被淘汰;有些将成为某些疾病的发病基础,造成遗传性疾病;有些突变只是导致基因型改变,使个体间出现多态性;还有些突变是无害的,甚至可能使机体产生某些优势,利于物种的生存,使生物进化。因此 DNA 的突变为自然选择和生物进化提供了分子基础。

(三)引发突变的因素

DNA 可发生自然突变,也可由某些化学或物理因素诱发突变。

1. 自发突变

大多数的突变属于自发突变,发生频率为 10^{-9} 左右。但由于高等生物基因组庞大,细胞繁殖速度快,因此它的作用也是不可低估的。

(1)自发脱碱基:由 N-糖苷键自发断裂引起嘌呤或嘧啶碱基脱落。

(2)自发脱氨基:胞嘧啶自发脱氨基可生成尿嘧啶,腺嘌呤自发脱氨基可生成次黄嘌呤。

(3)复制错配:由于复制时碱基配对错误引起的损伤,该情况发生频率较低。

2. 诱发突变

多种物理和化学因素会使 DNA 产生突变。紫外线、电离辐射、X 射线等物理因素能引起 DNA 损伤。其中 X 射线和电离辐射常引起 DNA 链的断裂,而紫外线常引起嘧啶二聚体的形成(图 14-16),如

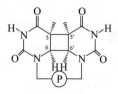

图 14-16 嘧啶二聚体

形成 TT、TC、CC 等二聚体。这些嘧啶二聚体由于形成了共价键连接的环丁烷结构,因而会引起复制障碍。

化学因素包括化工原料、化工产品和副产品、各种工业排放物、农药、食品防腐剂、添加剂或汽车排放的废气等。有关化学因素对 DNA 损伤的认识最早来自对化学武器杀伤力的研究,以后对癌症化疗、化学致癌作用的研究使人们更加重视突变剂或致癌剂对 DNA 的作用。

(1) 脱氨剂:如亚硝酸与亚硝酸盐,可加速胞嘧啶(C)脱氨基生成尿嘧啶(U),腺嘌呤(A)脱氨基生成次黄嘌呤(I)。

(2) 烷基化剂:这是一类带有活性烷基的化合物,可提供甲基或其他烷基,引起碱基或磷酸基的烷基化,甚至可引起邻近碱基的交联。一些抗癌药物,如环磷酰胺、苯丁酸氮芥、丝裂霉素等,某些致癌物,如二乙基亚硝胺等均属此类。

(3) 碱基类似物:人工合成的一些碱基类似物常用作突变剂或抗癌药物。如 **5-溴尿嘧啶**(5-bromouracil,5-BU)、**5-氟尿嘧啶**(5-fluorouracil,5-FU)、**2-氨基腺嘌呤**(2,6-diaminopurine,2-AP)等,可掺入 DNA 分子中引起损伤或突变。

(4) 断链剂:如过氧化物/含巯基化合物等,可引起 DNA 链的断裂。

(四) 突变的类型

主要有**点突变**(point mutation)、**缺失**(deletion)、**插入**(insertion)、**重排**(rearrangement)等。

1. 点突变

(1) **转换**(transition):发生在同型碱基之间,即一种嘧啶(或嘌呤)替换另一种嘧啶(或者嘌呤)。

(2) **颠换**(transversion):发生在异型碱基之间,嘧啶被嘌呤更换或嘌呤被嘧啶所替换。转换和颠换都会产生新的碱基对,出现 DNA 分子上的碱基**错配**(mismatch),该现象称为点突变。如果点突变发生在基因编码区,可导致其所编码的氨基酸发生改变。

人血红蛋白基因突变是典型的与疾病有关的点突变例子。正常人血红蛋白 β 亚基基因的第 6 号氨基酸密码子的编码碱基序列是 CTC,当突变成 CAC,仅一个碱基的改变,就导致相应的 mRNA 上的密码子由 GAG 变成 GUG,使对应的 β 亚基上的第 6 号谷氨酸残基变成缬氨酸残基。与正常血红蛋白相比,这种血红蛋白的理化性质和携氧功能发生了明显变化,其红细胞脆性增加,最终因严重溶血而导致贫血,即镰刀形红细胞贫血。

2. 缺失和插入

(1) 缺失:一个碱基或一段核苷酸链从 DNA 大分子中消失。

(2) 插入:原来没有的一个碱基或一段核苷酸链插入到 DNA 大分子中间。

缺失或插入能导致阅读框改变,又称为**框移**或**移码突变**(frame shift mutation),即三联体密码的阅读方式改变,从而使蛋白质的氨基酸排列顺序改变,最终影响蛋白质的功能。若插入或缺失 3 个或 $3n$ 个核苷酸,则不一定引起框移突变。

3. 重排

重排是指是 DNA 分子内发生较大的交换。移位的 DNA 可以在新位点上颠倒方向反置或**转位**(transposition),也可以在染色体之间发生交换重组。

二、 DNA 修复

DNA 修复(DNA repairing)是细胞对 DNA 受损伤后的一种反应,这种反应可使 DNA 结构恢复原样,重新恢复它原来的功能;但有时并非能完全消除 DNA 的损伤,只是使细胞能够耐受这种损伤而继续生存,但是可能在适合的条件下显示出来(如细胞的癌变等)。如果细胞不具备修复功能,就无法应付经常发生的 DNA 损伤事件,就不能生存。细胞内有一系列起修复作用的酶系,能够对产生的损伤实施补救。修复的主要类型有**光修复**(light repairing)、**切除修复**(excision repairing)、**重组修复**(recombination repairing)和 SOS 修复。对不同的 DNA 损伤,细胞可以有不同的修复反应,其中以切除修复最为重要。

(一) 光修复

光修复,也称直接修复,是直接将突变的碱基转变成正常碱基的修复方式,是通过**光修复酶**(photolyase)催化完成的。

这是最早发现的 DNA 修复方式。此酶能特异性识别紫外线造成的 DNA 上相邻嘧啶共价结合的二聚体,并与其结合,这步反应不需要光;结合后如受可见光(最有效波长为 400nm 左右)照射就能被激活,将二聚体分解为两个正常的嘧啶单体,然后光修复酶从已修复好的 DNA 上脱落(图 14-17)。后来发现类似的修复酶在动植物中普遍存在,人体细胞中也有发现。

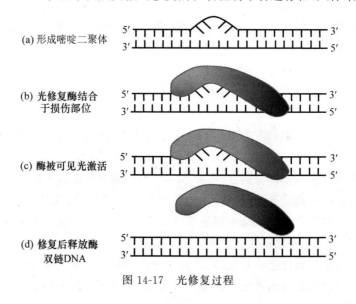

(a) 形成嘧啶二聚体

(b) 光修复酶结合于损伤部位

(c) 酶被可见光激活

(d) 修复后释放酶双链DNA

图 14-17　光修复过程

(二) 切除修复

切除修复(excision repairing)是指对 DNA 的损伤部位先行切除,再进行正确的合成并填补被切除的片段。切除修复主要由 DNA pol Ⅰ及连接酶执行修复功能。该修复方式普遍存在于生物界,是哺乳动物 DNA 损伤的主要修复方式,对多种 DNA 损伤(包括碱基脱落形成的无碱基位点、嘧啶二聚体、碱基烷基化、单链断裂等)都能起修复作用。

基本步骤包括识别 DNA 的损伤位点,将有损伤的 DNA 片段切除;在 DNA pol Ⅰ的催化下,以完整的互补链为模板,按 $5' \rightarrow 3'$ 方向合成 DNA 链,填补已切除的空隙;再由 DNA 连接酶将新合成的 DNA 片段与原来的 DNA 断链连接起来。

1. 核苷酸切除修复

胸腺嘧啶二聚体的损伤也可以通过核苷酸切除系统进行修复。在 $E.coli$ 和其他原核生物中,是从损伤核苷酸的 $5'$ 端第 8 个磷酸二酯键和 $3'$ 端第 5 个磷酸二酯键切开,切掉一个包含损伤核苷酸在内的 $12 \sim 13$ 个核苷酸片段(取决于损伤核苷酸的数量是 1 个还是 2 个)。在真核生物中,是从损伤核苷酸的 $5'$ 端第 22 个磷酸二酯键和 $3'$ 端第 6 个磷酸二酯键切开,切掉一个包含损伤核苷酸在内的 $28 \sim 29$ 个核苷酸片段。

2. 碱基切除修复

该修复作用可将错配或产生变化的碱基切除和替换。DNA **糖基化酶**(glycosylase)能识别 DNA 中的损伤碱基,水解这种碱基的 N-糖苷键并将其除去,形成的脱嘌呤或脱嘧啶部位通常称为"无碱基"部位或 **AP 位点**(apurinic or apyrimidinic site,AP)。然后由 **AP 核酸内切酶**(AP endonuclease)切去含有 AP 位点的脱氧核糖-5-磷酸,在 DNA 聚合酶作用下重新合成一个正确的核苷酸,最后通过 DNA 连接酶将切口连接。

3. 错配修复

在 $E.coli$ 中还存在一种**错配修复**(mismatch repair)机制,它通过 3 个蛋白质(MutS、MutH 和 MutL)校正新合成链与模板链之间错配的碱基对。该修复系统是建立在 DNA 出现甲基化的基础上,只校正新合成的 DNA。这是因为 DNA 甲基化滞后于 DNA 的合成,新的子代 DNA 链在大部分合成时期里保持着非甲基化状态,而含有所需要甲基化碱基的亲代链是充分甲基化的。识别的非甲基化序列就作为修复的目标链。修复过程包括切除一段含有错配碱基的非甲基化序列,然后重新合成一段正确的碱基序列来替换被切除的碱基序列(图 14-18)。错配修复系统具有既能识别非甲基化序列又能识别新合成的子代链中错

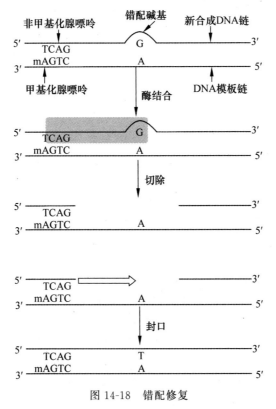

图 14-18　错配修复

配碱基对的能力,因此未甲基化的序列不需要紧靠着错配碱基,因为错配碱基与该序列之间的间隔 DNA 序列可以被外切核酸酶切除,是从 5′ 还是从 3′ 方向切除取决于错误碱基的相对位置。

(三)重组修复

重组修复(recombination repairing)是一种类似遗传重组的修复机制。当 DNA 分子的损伤面较大,还来不及修复完善就进行复制时,损伤部位因无模板指引,复制出来的新子链会出现缺口,这时由重组蛋白 RecA 的核酸酶活性将另一股正常的母链与该缺口部分进行交换,以填补缺口。正常母链产生的缺口位于正常子链相应的对侧,可通过 DNA 聚合酶利用正常子链作为模板复制 DNA 来填补,连接酶封口,DNA 得到修复(图 14-19)。

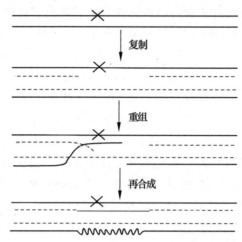

×—DNA 链受损伤的部位;虚线—通过复制新合成的 DNA 链;锯齿线—重组后缺口再合成的 DNA 链

图 14-19　重组修复

在重组修复过程中,原来的损伤段并未除去。如果损伤只发生在双链 DNA 中的一股单链,则下一轮的复制损伤链就只占 DNA 的 1/4,不断复制后,其比例就越来越低,最终也就几乎不影响正常的生理过程,损伤的效应就得到"稀释"。有时,损伤本身在子代细胞中还可能通过切除修复而恢复正常。

(四)SOS 修复

SOS 修复是指 DNA 受到严重损伤、细胞处于危急状态时所诱导的一种 DNA 修复方式。修复结果只是能维持基因组的完整性,提高细胞的生成率,但留下的错误较多,故又称为**易错修复**(error prone repair)。

DNA 分子受到长片段高密度损伤时,DNA 复制过程在损伤部位受到抑制,损伤不能被切除修复或重组修复,核酸内切酶、外切酶作用造成损伤处的 DNA 链空缺,再由损伤诱导的一种特异性较低的 DNA 聚合酶(聚合酶Ⅳ和Ⅴ),以及重组酶等催化空缺部位 DNA 的合成,最终保持 DNA 双链的完整性,使细胞得以生存。正常情况下,参与 DNA 损伤修复的一些 SOS 基因共同受一个由 lexA 基因编码的 LexA 阻遏蛋白的控制,当紫外线照射造成DNA 损伤时,recA 编码的 RecA 蛋白产生蛋白水解酶活性,使 LexA 蛋白水解失活,导致 SOS 基因转录表达,并对损伤的 DNA 进行修复(彩图 14-20)。虽然通过 SOS 修复,复制能够继续,细胞也可存活,但是,DNA 保留的错误较多,易引起较广泛、长期的突变。例如,紫外线诱发的细菌突变、细胞癌变,以及着色性干皮病等。**着色性干皮病**(xeroderma pigmentosum,XP)是人们发现的第一个 DNA 修复缺陷性遗传病,患者皮肤和眼睛对太阳光特别是紫外线十分敏感,身体曝光部位的皮肤干燥脱屑、色素沉着,容易发生溃疡,皮肤癌发病率高,病人细胞对嘧啶二聚体和烷基化的清除能力降低。

本章小结

DNA 的生物合成　DNA 是主要的遗传物质,DNA 的生物合成有三种方式,即 DNA 自我复制,RNA 逆转录为 DNA,DNA 损伤修复。

DNA 复制　细胞通过 DNA 复制将遗传信息由亲代传递给子代。DNA 以半保留方式进行复制,复制过程是半不连续的过程,复制的化学本质是酶促 DNA 聚合反应,主要通过 DNA 聚合酶来完成,同时需要多种酶和蛋白因子参与。

DNA 复制过程　包括起始、延伸和终止 3 个连续过程。起始的关键找到起始点,形成引发体,为后续 DNA 聚合反应提供 3′-OH;延伸是按照碱基互补配对原则,发生酶促 DNA 聚合,生成新的子代链的过程;终止是新生子代 DNA 双链与亲代双链脱离,遗传信息复制完成。

端粒复制　是逆转录过程,是真核生物染色体 DNA 复制的主要特点,与生物发育和寿命密切相关。

DNA 复制的高保真机制　DNA 复制具有一定高保真机制,但在复制过程中因自然环境和理化因素诱导会发生损伤突变,进而引发遗传疾病和癌变,在长期进化过程中,细胞形成了一定的损伤修复机制。

损伤修复　DNA 损伤包括点突变、缺失、插入、重排。修复包括纠错和易错修复机制。

复习思考题

1. 简述大肠埃希菌 DNA 复制的起始过程。
2. 简述原核生物 DNA 聚合酶的特性和功能。
3. 简述原核生物和真核生物 DNA 复制的区别。
4. DNA 复制的高保真机制有哪些?
5. 逆转录病毒是如何进行 DNA 复制的?
6. 简述 DNA 损伤的类型和特点。
7. 生物体有哪些 DNA 损伤与修复机制?

第十五章　RNA 的生物合成

本章导读

　　RNA 的生物合成是生物信息表达的关键步骤，主要包括转录、转录后加工、RNA 复制等过程。本章将重点阐述原核生物的转录过程，分析真核生物转录的特点及不同 RNA 前体的转录后加工方式。此外，将介绍病毒 RNA 的复制形式。通过本章课程的学习，需要掌握以下几个问题：①转录的特点有哪些？②原核生物 RNA 的转录过程可分为哪几个阶段？③真核生物转录与原核生物的区别有哪些？④三种主要 RNA 前体的转录后加工有哪些形式？⑤不同 RNA 病毒产生 mRNA 的方式有何区别？

　　转录是 DNA 指导下的 RNA 合成。即以 DNA 作为模板，4 种核糖核苷酸(NTPs)为底物，在 RNA 聚合酶的催化下，聚合成 RNA。但事实远非那么简单，因为遗传信息并非全部同时表达。也就是说不是一次把所有的遗传信息都转录，而是按时、按需只转录其中的一部分。遗传信息的表达受到严格地调控，在转录环节中，定时、定点地把所要的遗传信息从 DNA 转录成 RNA 是其基本要求。因此，转录是按需要以特定的一段 DNA 为模板，在 RNA 聚合酶作用下合成出对应 RNA 的过程。RNA 的生物合成有以下基本特点：

　　(1) 转录需要 DNA 作为模板。在一个转录单元里，体内的转录只以其中的一条 DNA 单链作为模板，这种转录方式称为不对称转录。通常把作为模板的链称为模板链、无意义链或负链，而把非模板链称为编码链、有意义链或正链。

　　(2) RNA 聚合酶利用基本原料 ATP、UTP、GTP 和 CTP 进行 RNA 的合成，Mg^{2+} 或 Mn^{2+} 能促进聚合反应。

　　(3) 与 DNA 聚合酶只能在引物上延伸出新链不同，RNA 聚合酶能在没有引物存在的条件下起始一条新链的合成。

　　(4) 与 DNA 聚合相似，RNA 链也是从 5′端向 3′端延长。

　　(5) 转录主要有四个步骤：①RNA 聚合酶识别 DNA 上特定的位点并与之结合；②起始；③延伸；④终止及释放。

第一节　RNA 聚合酶

　　RNA 聚合酶是以 DNA 一条链上的某一区段作为模板,催化 RNA 生成的酶。原核生物与真核生物的 RNA 聚合酶在分类、分子结构和分子特性方面均明显不同。

一、原核生物 RNA 聚合酶

　　从 *E. coli* 中提取的 RNA 聚合酶是目前已知最大的酶分子之一,相对分子质量约为 465×10^3,负责 *E. coli* 中所有 mRNA、tRNA 和 rRNA 的转录。RNA 聚合酶称为**全酶**(holoenzyme),含有 5 个亚基,包括 2 个 α 亚基、1 个 β 亚基、1 个 β′ 亚基和 1 个 σ 亚基。在全酶分子中,还发现另一个功能并不清楚的相对分子质量较小的蛋白质亚基,称为 ω 亚基(表 15-1)。

　　σ 亚基很容易从全酶中分离出来,因此也被称为 σ 因子。缺少 σ 亚基的 RNA 聚合酶($\alpha_2\beta\beta'$)称为**核心酶**(core enzyme)。在不同细菌中得到的 RNA 聚合酶,其 α、β 和 β′ 亚基的大小比较恒定,但 σ 亚基有较大的差异,且在同一种细菌中也有多种不同的 σ 亚基。σ 亚基的主要功能是识别和确定转录起始位点,同时转录方向也与该亚基有关。用 RNA 聚合酶全酶进行体外转录实验,可得到特定的 RNA 产物;而只用核心酶进行实验时,由于模板链和起始点选择的不确定性,RNA 产物有很大随机性。另外,当转录进入延伸阶段时,σ 亚基就从全酶分子上解离下来。通过产生不同的 σ 亚基来识别不同类型的起始信号,是调节基因表达的方式之一。

　　识别起始信号后,转录的主要步骤由核心酶完成。核心酶上的 β 亚基参与底物(包括前体核苷三磷酸和转录形成的 RNA 链)的结合,催化磷酸二酯键形成;β′ 亚基结合 DNA 模板;α 亚基参与 DNA 双螺旋的局部解链和之后的双螺旋恢复(表 15-1)。

表 15-1　*E. coli* RNA 聚合酶的结构和功能

亚　基	基　因	分子量/kD	数　目	组　分	可能的功能
α	*rpo*A	40	2	核心酶	酶的装配,与启动子上游元件及活化因子结合
β	*rpo*B	155	1	核心酶	催化磷酸二酯键形成,结合底物(核苷酸)
β′	*rpo*C	160	1	核心酶	结合 DNA 模板
σ	*rpo*D	32~92	1	σ 因子	识别并结合转录起始位点
ω	*rpo*Z	9	1	核心酶	保护 β′ 亚基、帮助 β′ 亚基折叠和协助 RNA 聚合酶组装等

　　转录是一个复杂的系统,除 RNA 聚合酶外,还需要多种蛋白质因子的参与。如参与转录过程的抗终止因子和参与终止的 ρ 因子等。

二、真核生物 RNA 聚合酶

　　真核生物 RNA 聚合酶与原核生物 RNA 聚合酶有较大区别,它没有与原核生物相对应的 σ 亚基,在选择和结合起始信号时,需要各种转录因子的参与。已知真核细胞中有三种 RNA 聚合酶,分别称为 **RNA 聚合酶 I**(RNA Pol I)、**RNA 聚合酶 II**(RNA Pol II)和

RNA 聚合酶Ⅲ（RNA Pol Ⅲ）。三种 RNA 聚合酶分别负责不同 RNA 的转录。三种酶的结构均比较复杂，分子量都在 500kDa 左右，由 12 个以上的亚基组成。人们对各亚基的功能还了解得不多，其中一些亚基与原核生物 RNA 聚合酶中的 α、β 和 β′ 亚基同源，功能也相似。三种 RNA 聚合酶的主要区别之一是它们对 **α-鹅膏蕈碱**（α-amanitine）的敏感性不同。真核生物 RNA 聚合酶的性质见表 15-2。

表 15-2　真核生物的 RNA 聚合酶

RNA 聚合酶种类	RNA Pol Ⅰ	RNA Pol Ⅱ	RNA Pol Ⅲ
分布部位	核仁	核质	核质
合成的 RNA 类型	45S rRNA (28S、18S、5.8S)	hnRNA (mRNA、snRNA)	tRNA、5S rRNA、snRNA
对 α-鹅膏蕈碱的敏感性	不敏感	高度敏感	中度敏感

RNA 聚合酶Ⅰ分布在核仁中，负责转录合成一个包含 5.8S rRNA、18S rRNA 和 28S rRNA 序列的前体 rRNA，经加工可以产生以上 3 种 rRNA；该酶对 α-鹅膏蕈碱不敏感，10^{-3} mol/L 以上浓度的 α-鹅膏蕈碱才表现出对此酶的轻微抑制作用。RNA 聚合酶Ⅱ存在于核质中，负责转录合成**核内不均一 RNA**（heterogeneous nuclear RNA，hnRNA），即 mRNA 前体和大多数核内小分子 RNA（small nuclear RNA，snRNA）；该酶对 α-鹅膏蕈碱最为敏感，$10^{-9} \sim 10^{-8}$ mol/L 浓度的 α-鹅膏蕈碱就会抑制该酶。RNA 聚合酶Ⅲ存在于核质中，对 α-鹅膏蕈碱的敏感性介于 RNA 聚合酶Ⅰ和Ⅱ之间，其功能是负责 tRNA、5S rRNA 以及部分 snRNA 的转录合成。

第二节　RNA 转录过程

RNA 转录时，需要转录因子协助 RNA 聚合酶结合于 DNA 的启动子区域，启动转录起始，再进行链的延伸，最后终止转录。为方便描述一些 DNA 特殊序列在被转录 DNA 上的位置，通常把转录起始的第一个核苷酸定为 +1。碱基逐一向**下游**（downstream）的编号为正，而碱基逐一向**上游**（upstream）的编号为负。

一、启动子与转录因子

研究发现，RNA 聚合酶需要识别 DNA 上的特殊序列，并与之结合来启动转录。这样一段作为起始信号的 DNA 序列被称为**启动子**（promoter）。利用 RNA 聚合酶与启动子可以稳定结合的特点，使用 DNase Ⅰ 进行**足迹法**（footprinting）分析和 DNA 测序可以确定启动子的序列结构。

转录因子（transcriptional factor，TF）主要是指真核生物 RNA 聚合酶在起始转录时需要的蛋白质（因子），真核生物 RNA 聚合酶Ⅰ、Ⅱ和Ⅲ的转录因子分别用 TF Ⅰ、TF Ⅱ和 TF Ⅲ表示。原核生物 RNA 聚合酶的 σ 亚基，只是由于常与核心酶一起被分离而当作 RNA 聚合酶的组分，其实也属于转录因子，常被称为 σ 因子。

在研究基因转录时，通常把包括启动子在内，影响 DNA 转录的序列称为**顺式作用元件**（cis-acting element）。而把包括转录因子在内，能直接或间接地识别或结合在各类顺式作用元件核心序列上，影响转录的蛋白质因子称为**反式作用因子**（trans-acting factor）。

（一）原核生物启动子

对数以百计原核生物的启动子进行分析发现，启动子长度大多为 20bp～200bp。在启动子的序列结构上有两个保守区，分别被称为 **Pribnow 框**（Pribnow box）和 **Sextama 框**（Sextama box）（图 15-1）。

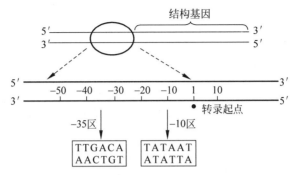

图 15-1　原核生物启动子的序列特征

1. Pribnow 框

位于－10 位点附近，在－4 到－13 的范围内，所以又称－10 序列，是 RNA 聚合酶的牢固结合位点，简称结合位点。Pribnow 框的**共同序列**（consensus sequence）为 TATAAT。由于富含 A・T，因此是 RNA 聚合酶结合后解开 DNA 链形成**转录泡**（transcription bubble）的理想位点。

2. Sextama 框

位于－35 位点附近，所以又称－35 序列。Sextama 框的共同序列为 TTGACA。RNA 聚合酶借助 σ 亚基识别该位点，因此又称为 RNA 聚合酶**识别位点**（recognition site），简称识别位点。

研究发现，－10 序列和－35 序列附近的突变会影响启动子活性。－10 序列突变仅降低 DNA 双螺旋的解链速度，不影响 RNA 聚合酶与启动子的结合速度，而－35 序列突变与－10 序列突变造成的影响则刚好相反。研究表明，RNA 聚合酶通过 σ 亚基识别－35 序列，引导 RNA 聚合酶与启动子结合，然后在－10 序列处对 DNA 进行局部解链。

用不同的碱基替代 Pribnow 框和 Sextama 框之间的碱基序列进行转录实验，发现突变序列对启动转录效率影响不大，但两个序列之间的距离对转录效率影响显著。天然启动子两个序列之间的距离大多为 15～20bp。研究表明，当距离为 17bp 时，转录效率最高。据此推测，Pribnow 框和 Sextama 框之间距离的远近是决定启动子强度的因素之一。

（二）真核生物启动子

在真核生物中，与三种 RNA 聚合酶相对应，启动子也有三类。

1. RNA 聚合酶 I 的启动子（启动子 I）

启动子 I 由两个转录控制区构成，一个位于－31 到＋6 区域，称为**核心启动子**（core promoter）；另一个位于－180 至－107 区域，称为**上游控制元件**（upstream control element，UCE）。核心启动子是 RNA 聚合酶转录所必需的序列，而上游控制元件可使转录效率提高 10～100 倍。

2. RNA 聚合酶Ⅱ的启动子（启动子Ⅱ）

RNA 聚合酶Ⅱ担负着众多蛋白质编码基因的 mRNA 转录,其启动子结构也最为复杂,由多种顺式作用元件组合而成。参与 RNA 聚合酶Ⅱ启动的各类转录因子也数目众多,分为**通用因子**(general factor)、**上游因子**(upstream factor)及**可诱导因子**(inducible factor)三大类。比较大量的真核生物启动子Ⅱ后发现,它主要由 **TATA 框**(TATA box)、上游启动子成分和**增强子**(enhancer)三个转录控制区构成。

(1) TATA 框:又称 Hogness 框或 Goldberg-Hogness 框,为大多数真核生物所具有,也称基本启动子。其共同序列为 TATA T(A)AT(A)。离体转录试验表明,RNA 聚合酶Ⅱ与 TATA 框牢固结合之后转录才能开始,而缺少 TATA 框的基因可以从一个以上的位点开始转录。可见 TATA 框除位置在−25 外,其功能与结构均类似于原核生物的−10 序列,决定着 RNA 聚合酶Ⅱ转录的起始位置和起始点的选择。最先与 TATA 框结合的是 TFⅡD,它由 **TATA 结合蛋白**(TATA-binding protein,TBP)和多种 **TBP 相关因子**(TBP-associated factor,TAF)复合而成。

一些真核生物基因启动子没有 TATA 框,其基因表达过程可能存在着其他的替代机制,这种机制可能涉及另外一些转录因子以及它们与某些 DNA 序列的共同作用。如在鼠类发现的末端脱氧核苷酸转移酶 TdT 基因,它的启动子就缺少 TATA 框,但它有一个 GCCCTCATTCTGGAGAC 序列位于−6 到+11 处,被称为**起始子**(initiator,Inr)。Inr 同样可以与包括 TFⅡD 和多种 TBP 联结因子结合,以指导 RNA 聚合酶Ⅱ启动转录。

(2) 上游启动子成分:真核生物有许多类型的上游启动子成分,它们可能控制着转录起始的效率与频率。**CAAT 框**(CAAT box)、**GC 框**(GC box)和八聚体基序(octamer motif,OCT)是较为普遍的上游启动子成分。CAAT 框中的共同序列为 GGT(C)CAATCT,一般位于−75 附近。GC 框和八聚体基序的共同序列分别为 GGGCGG 和 ATGCAAAT。上游启动子成分影响着启动子的效率、频率,但不影响启动子的特异性。

(3) 增强子:许多真核生物启动子可被上游相隔数千个碱基的**远上游序列**(far upstream sequence)所增强,这种远离转录起始点、具有增强启动子转录活性的调控元件被称为**增强子**(enhancer)。增强子的碱基序列长 100~200bp,内含多个对增强子总体活性起作用的 8~12bp 的核心序列。增强子序列有的是通用型,有的则具有细胞特异性。研究发现,增强子作用有以下特点:

① 对所有相连的基因均有增强效应,但对依赖于 TATA 框启动的转录增强效应更大。

② 虽然增强子序列靠近 TATA 框的容易起始转录,但由于 DNA 的折叠,增强子与结构基因在空间上的距离可能很近。因此增强作用同样有效,即**增强子的活性与距离无关**。

③ 增强子可能位于被它调控基因的上游或下游,具体表现**与位置无关**。

④ 增强子的方向颠倒后并不影响它的功能,表现出**无方向性**,但效率有区别。

⑤ 增强子通过与反式作用因子的识别或结合而发挥作用。

3. RNA 聚合酶Ⅲ启动子（启动子Ⅲ）

RNA 聚合酶Ⅲ负责转录 5S rRNA、tRNA 基因、腺病毒 RNA 和部分 snRNA 基因。除 snRNA 基因启动子属上游启动子外,其余的启动子均属**下游启动子**(downstream promoter),即启动子Ⅲ在基因的内部,又称为**内部启动子**(intragenic promoter)。同是内部启动子,5S rRNA 的启动子与 tRNA 基因也各不相同,因此启动子Ⅲ的结构有三种类型。

5S rRNA 基因启动子位于+50~+83 附近,分为+50~+60 的 A 区、+70~+80 的**中间元件**(intermediate element)及+80~+90 的 C 区(图 15-2)。tRNA 和腺病毒 VA 等

基因的启动子也是由不连续的两个区域组成,与 5S rRNA 相似,靠近 5′端方向的称为 A
区,靠近 3′端方向的称为 B 区(图 15-2)。

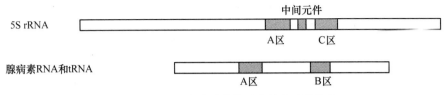

图 15-2　RNA 聚合酶Ⅲ转录内部启动子结构

RNA 聚合酶Ⅲ借助三种转录因子来识别两种内部启动子,5S rRNA 转录启动需要 TF
Ⅲ A、TF Ⅲ B、TF Ⅲ C 的参与。tRNA 基因则仅需 TF Ⅲ B、TF Ⅲ C 两类转录因子,有的
甚至只需要 TF Ⅲ C 一个因子的参与。

snRNA 基因启动子含有 3 个上游元件,包括 TATA 框、**近端序列元件**(proximal
sequence element,PSE)和八聚体基序元件。无论是由 RNA 聚合酶Ⅱ还是 RNA 聚合酶Ⅲ
转录的 snRNA 基因都含有这三种结构。由哪一种聚合酶来转录哪一种 snRNA 基因,可能
由一些转录因子的专一性所决定。

(三) 转录因子

转录因子(transcriptional factor,TF)主要是指真核生物 RNA 聚合酶在起始转录时需
要的蛋白质(因子),属于反式作用因子。真核生物 RNA 聚合酶Ⅰ、Ⅱ和Ⅲ的转录因子分别
用 TF Ⅰ、TF Ⅱ和 TF Ⅲ表示。TF Ⅱ包括 TF Ⅱ D、TF Ⅱ A、TF Ⅱ B、TF Ⅱ F、TF Ⅱ E 和
TF Ⅱ H,各因子的功能详见表 15-3。原核生物 RNA 聚合酶的 σ 亚基(σ 因子),只是由于常
与核心酶一起被分离而当作 RNA 聚合酶的组分,其实也属于转录因子。

转录因子包括通用转录因子和特异性转录因子。通用转录因子又称为基本转录因子,
是 RNA 聚合酶结合启动子所必需的一组蛋白质因子,可与 RNA 聚合酶和转录起始点一起
形成转录起始复合物。特异性转录因子为个别基因转录所必需,决定该基因表达的时间和
空间特异性。

表 15-3　参与 RNA 聚合酶Ⅱ转录的 TF Ⅱ

转录因子	亚基数	功能
TF Ⅱ D	14	TBP 亚基结合 TATA 盒;其他亚基统称为 TAF,辅助 TBP 与 DNA 的结合
TF Ⅱ A	3	稳定 TF Ⅱ D-DNA 复合物
TF Ⅱ B	1	与 TBP 结合,吸引 RNA-pol Ⅱ和 TF Ⅱ F 结合到启动子区域
TF Ⅱ E	2	吸引 TF Ⅱ H,具有 ATPase 及解链酶活性
TF Ⅱ F	2	结合 RNA-pol Ⅱ,并在 TF Ⅱ B 帮助下阻止 RNA-pol Ⅱ与非特异性 DNA 序列相结合
TF Ⅱ H	12	在启动子区解开 DNA 双链,使 RNA-pol Ⅱ磷酸化

二、 原核生物转录过程

(一) 原核生物的转录起始

在原核生物中,转录的起始过程可用三个重要的标志性事件划分为三个阶段。

1. RNA 聚合酶结合到识别位点上

启动子的识别主要由 σ 亚基负责。σ 亚基与核心酶形成全酶后,与非特异性 DNA 序列的结合力显著下降,这就使得全酶有可能在 DNA 上快速滑动,并迅速找到启动子。当 σ 亚基遇上其识别位点时,全酶就与−35 序列发生特异性结合,其结合力比没有 σ 亚基时大幅提高。全酶牢固地与结合位点结合形成**封闭型启动子复合物**(closed-promoter complex)。

2. 形成开放型启动子复合物

σ 亚基识别−35 序列并与之结合,酶分子也随之与−10 序列牢固结合,并在起始位点周围解开 12bp~17bp 的局部短链,形成**开放型启动子复合物**(open-promoter complex),也就是所谓的**转录泡**。

3. 三元复合物的形成

在开放型启动子复合物中,相对应的核苷酸进入 RNA 聚合酶上的起始位点和延长位点,由作为催化中心的 β 亚基催化起始位与延长位的两个核苷酸形成转录 RNA 的首个磷酸二酯键。新生 RNA 链 5′端的三磷酸核苷酸通常是嘌呤核苷酸,其中 G 比 A 更常见。随着第一个 RNA 的 3′,5′-磷酸二酯键的生成,σ 亚基即从全酶上解离,转录开始进入延长阶段。此时启动子复合物中的 RNA 聚合酶、DNA 模板和新生的 RNA 链组成了所谓的**三元复合物**(ternary complex)(图 15-3)。

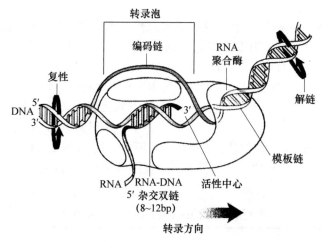

图 15-3　原核生物 RNA 转录形成的三元复合物

(二) 原核生物的转录延伸

第一个 RNA 的 3′,5′-磷酸二酯键的生成和 σ 亚基从全酶解离,标志着转录启动的结束和延伸的开始。解离下来的 σ 亚基又可与另一个核心酶结合成全酶,进行下一个转录的起始。由于缺少 σ 亚基,核心酶与 DNA 的结合表现为非特异性结合,这有利于核心酶沿 DNA 链移动。

RNA 的转录延伸过程比较简单。转录起始后,生成的 RNA 3′端就成了起始位,进入延长位的三磷酸核苷酸由 DNA 模板决定,碱基必须与模板链互补,不合适的被排斥出外,合适的被 β 亚基接受,并催化与 RNA 的 3′端形成磷酸二酯键。新生成 RNA 的最初 9 个核苷酸的连接并不需要核心酶的移动,期间还有可能出现不能继续延长,导致启动失败的情况。启动成功后,核心酶就沿模板链从 3′端向 5′端移动,合适的三磷酸核苷酸不断地被连接到 RNA 上,RNA 也就从 5′端向 3′端不断被延长(图 15-4)。由于转录泡含 12~17bp 的 DNA 解旋区,RNA-DNA 的杂交区也仅为 8~12bp。

据测定,E.coli 的转录速度是每秒 30~40 个核苷酸,但转录并不是以恒定的速度进行。在 DNA 不同的区段会时快时慢,延时现象是延长阶段的重要特点。研究发现,当核心酶通过一段富含 G—C 碱基对的模板后 8 至 10 个碱基,就会出现一次延时等待。实验表明,模板的 G—C→A—T 突变,可导致延时减少;而 A—T→G—C 突变,则导致延时增加。延时可能在 RNA 链的终止和释放过程中起重要作用。

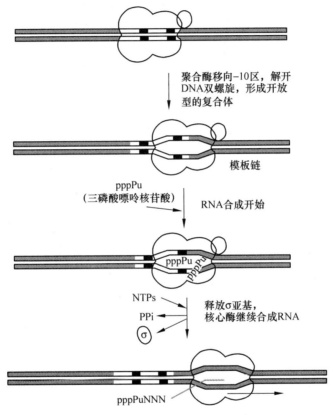

图 15-4　原核生物的起始和延伸

(三) 原核生物的转录终止

通过比较原核生物 RNA 终止位点附近的序列,研究发现介导转录终止的信号存在于 RNA 聚合酶已经转录过的序列之中。这种提供终止信号的特殊序列被称为**终止子**(terminator)。

终止子共同的序列特征是:在转录终止点上游一个可以使转录出的 RNA 形成发夹结构的反向重复序列,又称回文结构。也就是一段中间由几个碱基隔开,两端方向相反的碱基互补序列(图 15-5)。

```
· · · TTTCCGAGG · · · · CCTCGGAAA · · · · ·
· · · AAAGGCTCC · · · · GGAGCCTTT · · · · ·
```

图 15-5　反向重复序列

根据终止子的终止作用是否需要蛋白质因子的参与,将其分为两类:一类是不需要蛋白质因子参与就能实现转录终止的终止子;另一类则是需要蛋白质因子参与才能实现转录终止的终止子。这种参与转录终止的蛋白质因子又称 **ρ 因子**(ρ factor)。

不依赖 ρ 因子的终止子的回文结构中富含 G—C 碱基对,在下游常有 6～8 个 A 碱基,使得转录出的 RNA 形成茎环结构,3′端富含 U 碱基(图 15-6)。该结构可阻止 RNA 聚合酶的前进,从而发生转录延时现象。转录过程的高度延时,以及 DNA-RNA 杂交区又刚好有 6～8 个 A-U 碱基对,A-U 的不稳定性,促使 DNA-RNA 的解链。而 DNA-RNA 的解链又导致了三元复合物的解体,最终 RNA 聚合酶也从 DNA 上解离下来,实现了转录的终止。

对于依赖 ρ 因子的终止子,其序列中 G—C 碱基对含量相对较少,在回文序列下游中连续的 A 碱基也少,没有固定特征序列(图 15-7)。因此,如果没有 ρ 因子的帮助,仅仅靠终止子序列就不能实现转录的终止。ρ 因子由 rho 基因编码,其活性形式为六聚体,它有 NTPase 和促进转录终止两种活性。据推测,转录起始不久,ρ 因子就与正在合成中的 RNA 链结合,沿 RNA 的 5′端向 3′端方向追赶 RNA 聚合酶,并促使 NTP 水解释放能量。在终止子处由于转录有较长时间的延时,使得 ρ 因子与 RNA 聚合酶相遇,引发转录的终止。

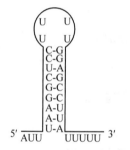

图 15-6　不依赖 ρ 因子的终止子

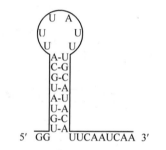

图 15-7　依赖 ρ 因子的终止子

三、 真核生物转录过程

1. 真核生物的转录起始

真核生物启动子区域有多种顺式作用元件,包括增强子、调控序列和可诱导元件等。每一种顺式作用元件都有一种被称为反式作用因子的蛋白质与之相对应。各种因子间的识别、结合以及因子与元件之间的识别和结合,确保了转录在时间和空间上的准确性。真核生物 RNA 聚合酶不能直接与 DNA 分子结合,需要在众多转录因子的协助下,才可形成转录起始复合物。研究得较为深入的是 RNA-polⅡ与一些通用转录因子的直接或间接结合。在转录起始阶段,第一个结合到启动子上的转录因子是 TFⅡD,通过其 TBP 亚基与 TATA 框结合。在 TFⅡA 的帮助下 TF IID 结合到启动子上,之后 TFⅡB 加入进来,随后是 TF IIF 和 RNA-polⅡ,最后结合上来的是 TF IIE 和 TF IIH。TF IIH 是最大、最复杂的转录因子,不仅能借助水解 ATP 获得能量参与启动子解链,而且能够催化 RNA-polⅡ多个位点发生磷酸化,使起始复合物改变构象而进入活性转录状态。以上过程足见真核生物转录起始的复杂性。

2. 真核生物的转录延伸

真核生物转录延伸过程与原核生物大致相似,但因有核膜相隔,没有转录与翻译同步的现象。且 RNA 聚合酶前移处处都遇上核小体,延伸过程中可观察到核小体的移位和解聚现象。

3. 真核生物的转录终止

由于真核生物基因在转录后很快就进行加工,很难确定原初始转录物的 3′ 端,因此关于真核生物转录的终止机制还不甚了解。真核生物有 3 种 RNA 聚合酶,它们的转录终止不尽相同。有迹象表明 RNA 聚合酶Ⅰ和 RNA 聚合酶Ⅲ的转录都终止于特定的终止信号,但 RNA 聚合酶Ⅰ的转录终止需要终止因子的参与,而 RNA 聚合酶Ⅲ的转录终止类似于原核生物中不依赖 ρ 因子的终止机制。

RNA 聚合酶Ⅱ转录的 mRNA 绝大多数具有多聚 A(poly A)尾巴。研究发现,在 mRNA 3′ 端读码框后,常有一组被称为修饰点的 AAUAAA 共同序列,修饰点之后是 GUGUGUG 序列(单细胞真核生物除外)。当 RNA 聚合酶Ⅱ转录越过修饰点一定距离后,mRNA 就被从修饰点切下,随即进行 poly A 的加工,此时转录还在进行,继续转录几百甚至上千个核苷酸后才终止下来(图 15-8)。

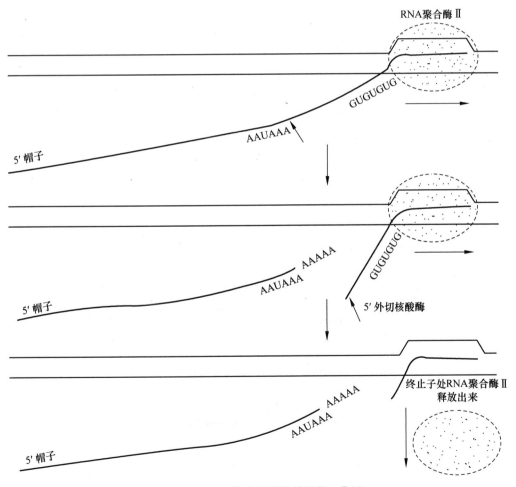

图 15-8　RNA 聚合酶Ⅱ的转录终止作用

第三节　RNA 转录后的加工

转录生成的 RNA 大多是没有活性的**初级转录物**(primary transcripts),也称前体 RNA。对初级转录物进行加工,使其具备活性的过程称为 RNA 的成熟或**转录后加工**(post-transcriptional processing)。转录后加工的常见方式有:剪切或剪接、向 5′端或 3′端添加核苷酸、对核苷酸碱基或糖苷进行修饰等。

一、原核生物的转录后加工

原核生物没有细胞核结构,通常 mRNA 还未转录完成,核糖体就结合上去开始蛋白质的翻译过程,所以大多数原核生物 mRNA 一般不需要加工。但原核生物的 rRNA 和 tRNA 都要经过加工后才具有活性。

1. mRNA 加工

原核生物的 mRNA 寿命非常短,其半衰期通常仅为几分钟。这与原核生物的 mRNA 转录物根本不需要或很少需要加工有关,也使其基因表达的调控变得简单有效。当机体不再需要某种蛋白质时,只要关闭其 mRNA 的转录即可。原核生物 mRNA 加工的典型例子来自核糖体大亚基蛋白(L7/L12、L10)与 RNA 聚合酶(β、β′)组成的多顺反子操纵子。两类蛋白质同在一个转录单元被转录出来,由 RNase Ⅲ 将两类蛋白质的 mRNA 切开,各自分开翻译。这种加工可以很好地解决两类蛋白质在不同需要量时,通过分别控制其翻译过程以满足各自的生理需要。

2. rRNA 加工

rRNA 的加工与核糖体的组装一并进行。原核生物的 rRNA 共有三种,即 16S rRNA、23S rRNA 和 5S rRNA。在 E.coli 中,三种 rRNA 的基因同在一个转录单元,其中还包含一个或多个 tRNA 基因,各基因之间由间隔区分开(图 15-9)。rRNA 基因首先转录为一个 30S rRNA 前体,可能先经过甲基化修饰,再由 RNase Ⅲ、RNase P、RNAase F、RNAase E 等进行剪切,并释放出 5S、16S 和 23S 三个 rRNA 的前体分子。前体分子中的多余部分由 RNA 酶 M5、M16、M23 切除后成为有活性的 rRNA。

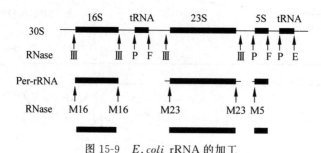

图 15-9　E.coli rRNA 的加工

3. tRNA 加工

原核生物的 tRNA 基因成簇地被转录在一条 RNA 中。不但同一种 tRNA 的几个基因拷贝可以在同一转录单元,不同的 tRNA 基因也可以在同一转录单元,甚至一些 tRNA 基因还与 rRNA 组成一个转录单元。tRNA 的加工过程涉及多种酶的参与,可对前体 tRNA 进行外切、内切以及对每一特定 tRNA 类型进行独特碱基修饰等(图 15-10)。tRNA 的转录后加工过程主要有：两端多余序列的切除；3′端的加工并生成 CCA 结构；核苷酸的修饰和异构化。

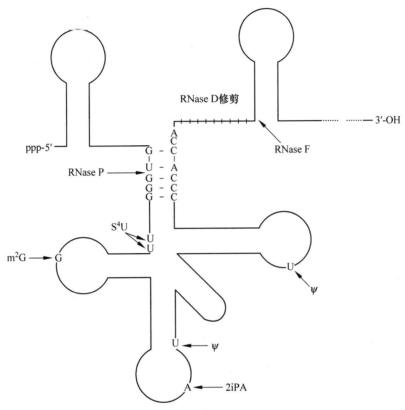

ψ—假尿苷；2iPA—2-异戊烯基腺苷；m^{2}G—2′-O-甲基鸟苷；S^{4}U—4-硫代尿苷

图 15-10 *E.coli* tRNA^{Tyr} 的加工

tRNA 5′端多余序列的切除由 RNase P 完成。RNase P 属于内切酶，全酶由酶蛋白和 RNA 组成。研究发现，RNase P 中的 RNA 部分能够加工出成熟 tRNA 的 5′端，所以 RNase P 本质上属于**核酶**(ribozyme)。3′端的加工比较复杂，先由 RNase F 切除 3′端大部分的多余序列，再由外切酶 RNase D 对其 3′端进行修剪。如果 3′端已经存在 CCA 结构，就修剪到 CCA 完成 3′端的加工；如果 3′端没有 CCA 结构，还需 **tRNA 核苷酸转移酶**(tRNA nucleotidyl transferase)利用 CTP 和 ATP 聚合出 3′端的 CCA 结构。成熟的 tRNA 中含有大量的稀有碱基，它们都由专一性非常强的 tRNA 修饰酶修饰特定碱基而产生。如 tRNA 甲基化酶利用 **S-腺苷甲硫氨酸**(S-adenosylmethionine，SAM)作为甲基供体催化 tRNA 中 G 碱基的甲基化；tRNA 假尿嘧啶核苷合酶催化 tRNA 中的尿苷转变为假尿苷。

二、 真核生物的转录后加工

真核生物基因大多数是**断裂基因**(interrupted gene)，因此其转录后加工过程要比原核生物更为复杂。其中最主要的区别体现在前体 mRNA 的加工上。原核生物的 mRNA 几乎不需要加工，而真核生物需多个步骤才能完成 mRNA 的加工过程。原核生物几乎不需要剪接，而真核生物的剪接加工却是一种重要和复杂的加工方式。

（一）mRNA 加工

由真核生物 RNA 聚合酶Ⅱ转录的初始产物统称为**核内不均一 RNA**（heterogeneous nuclear RNA,hnRNA），那些即将被加工成 mRNA 分子的 hnRNA 被称为前体 mRNA。新生的 hnRNA 很快被蛋白包裹形成**核内不均一 RNA 蛋白**（heterogeneous nuclear ribonucleoprotein,hnRNP）颗粒，这有助于保持 hnRNA 的单链状态，使得各种加工反应易于进行。

真核生物的 mRNA 与原核生物有很大不同。首先，真核生物的 mRNA 没有自由的 5′端。人们用 RNase 处理成熟的 mRNA 时，得到的是一个 N^7-甲基鸟苷酸以 5′-5′三磷酸二酯键相连的二核苷酸，这种结构被称为帽子。其次，大多数真核生物 mRNA 3′端都有大约 200bp 核苷酸构成的多聚腺苷酸（polyA）尾巴。再次，就是前体 mRNA 中存在一些不在蛋白质模板 mRNA 中出现的序列，即**内含子**（intron）或称**介入序列**（intervening sequence）。所以前体 mRNA 需要经过 5′端加帽、3′端剪切及加上多聚腺苷酸（polyA）尾巴、剪接外显子和内含子、核苷酸编辑以及甲基化修饰等加工后才能变为成熟的 mRNA 分子。

1. 5′端加工

5′端的帽子结构共有三种（图 15-11），分别称为帽子 0、帽子 1 和帽子 2。帽子 0 也称基本型。5′端帽子结构的形成过程是由一系列酶促反应实现的。

① mRNA5′端的 pppN-在 RNA 三磷酸酶作用下脱去 Pi，形成 pp-Np-。

② 在鸟苷酸基转移酶（戴帽酶）作用下，GTP 与 5′端 pp-Np-反应形成 G-ppp-N-。

③ 在鸟嘌呤-7-甲基转移酶作用下，由 S-腺苷甲硫氨酸提供甲基，在鸟嘌呤的 N^7 上甲基化，产生 m^7-G-ppp-N-（帽子 0）。

④ 在帽子 0 的基础上，由核苷 2′-O 甲基转移酶转移甲基，使初始转录物上第一个核苷酸的 2′-OH 甲基化，生成 m^7-G-ppp-Nm（帽子 1），这是除单细胞真核生物外其他真核生物的主要帽子形式。

⑤ 在帽子 1 基础上，再由核苷 2′-O 甲基转移酶甲基化第二个核苷酸的 2′-OH 产生 m^7-G-ppp-N1mpN2m（帽子 2）。

帽子结构具有屏蔽 5′端核酸外切酶、稳定 mRNA 的作用，同时对 mRNA 及其前体的其他反应如剪接、转运和翻译也都十分重要。

2. 3′端加工

RNA 聚合酶Ⅱ转录出的 mRNA 绝大多数具有 poly（A）尾巴，这种结构并不是从 DNA 转录而来，而是当转录越过修饰点一定距离后，前体 mRNA 就被从修饰点切下，然后随即由 **RNA 末端腺苷酸转移酶**（RNA terminal riboadenylate transferase）催化 ATP，在 mRNA3′端逐个添加腺苷酸形成 polyA 尾。3′端的多聚腺苷酸化反应在细胞核中开始，在细胞质中继续进行。

$$前体\ mRNA + nATP \longrightarrow 前体\ mRNA(A)_n + nPPi \quad (n\ 为\ 20 \sim 250)$$

3. 外显子的拼接

真核生物基因大多数是不连续基因，初始转录产物中外显子被内含子分开。成熟 RNA 仅由外显子连接而成，这就需要将前体 RNA 中的内含子去除，并把外显子拼接才能产生成熟的 RNA 分子。这种剪除内含子又连接外显子的过程称为 **RNA 剪接**（RNA splicing）。剪接是所有不连续基因的加工步骤。除去内含子的加工方式有：**类型 1**（group Ⅰ）、**类型 2**

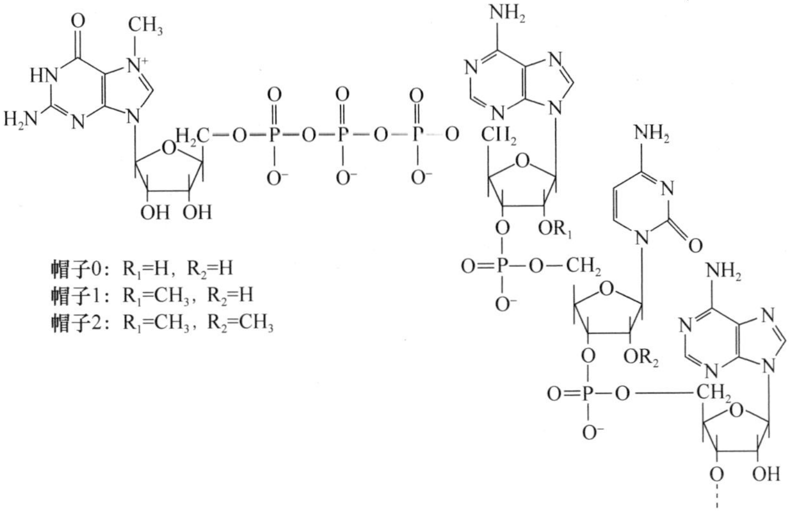

帽子0: $R_1=H$, $R_2=H$
帽子1: $R_1=CH_3$, $R_2=H$
帽子2: $R_1=CH_3$, $R_2=CH_3$

图 15-11　真核生物 mRNA 5′端 3 种不同的帽子结构

(group Ⅱ)、**核 mRNA**(nuclear mRNA)以及核 tRNA 四种类型。其中类型 1、2 的剪接方式属于**自我剪接**(self-splicing)。细胞器基因及低等真核生物的 rRNA 基因属第 1 类剪接方式,个别细菌和噬菌体也属于此类;类型 2 剪接方式仅见于某些真菌线粒体基因和植物的叶绿体基因。

(1) 类型 1 的剪接:酵母细胞色素 b 基因、细胞色素 c 氧化酶亚基 a 基因等细胞器基因,它们的内含子 5′端剪接点和 3′端剪接点的序列绝大部分为 U↓・・・・・・・・・・G↓,此外在内含子中还有四个由 10~12 核苷酸组成的比较保守序列以及能与两个剪接点边界序列配对的序列,该段序列被称为**内部引导序列**(internal guide sequence,IGS)。借助保守序列的配对,在空间结构上形成一个所谓中部核心结构,使得位于内含子序列中靠近 5′拼接点的内部引导序列能与两个拼接点的边界序列配对,将两个剪接点拉在一起便于磷酸二酯键的切断和再连接。

类型 1 的剪接过程由转酯反应组成,转酯反应需要鸟苷酸或鸟苷、一价阳离子及二价阳离子的存在,不需要任何蛋白质参与,属**自动催化**(auto-catalysis)反应。首先,鸟嘌呤核苷的-OH 与内含子 5′端磷酸(左侧剪接点)发生亲核反应,断开原有的 3′-5′磷酸二酯键,鸟嘌呤核苷以磷酯键连接于内含子 5′端,上游外显子的 3′端生成-OH,完成第一次转酯过程。几乎同时,新生的-OH 以第一次转酯类似的方式在内含子 3′端(右侧剪接点)进行第二次转酯,结果是内含子被切下,两个外显子被连接起来(图 15-12)。

被切下的线性内含子,在 5′端包括之前反应加入的鸟苷酸在内的第 15 个核苷酸处再发生第三次转酯反应,切下 15 个核苷酸的片段后闭合成环。环形内含子再次发生转酯反应,切下一个 4 个核苷酸片段后生成稳定的线形产物,这就是被命名为 L-19 的核酶。由于转酯反应过程中并没有发生水解反应,所以整个剪接过程并不需要能量。

(2) 类型 2 的剪接:真菌线粒体基因和植物叶绿体基因的剪接属于类型 2 剪接。类型 2 剪接基因的内含子结构比类型 1 更复杂,除 5′端剪接点和 3′端剪接点序列为↓GUGCG・・・・・・・・・(Y)$_n$AU↓(Y＝嘧啶)外,内含子中距 3′端剪接点 6~12 核苷酸处,有一段 PyPuPyPyTAPy(Py＝嘧啶、Pu＝嘌呤)的保守序列。

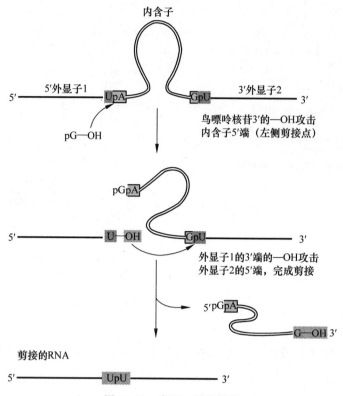

图 15-12　类型 1 剪接过程

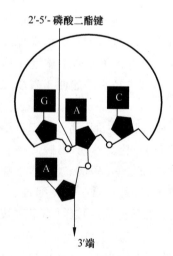

图 15-13　套索结构

与类型 1 剪接类似,类型 2 剪接过程同属自动催化的转酯反应,不需要鸟嘌呤核苷参与,仅需要 Mg^{2+}。借助保守序列 A 上的 2′-OH 对左侧剪接点 5′磷酸基发动亲核攻击,结果 A 除原有的 3′-5′磷酸二酯键外,又通过 2′-5′磷酸二酯键连接到内含子的 5′端,产生一个**套索**(lariat)结构(图 15-13)。所以这一保守序列也称**分支点序列**(branch-point sequence),作为分支点的 A 恒定不变。保守的 A 通常不参与二级结构的碱基配对,这保证了它发动转酯反应的功能。第二次转酯反应也与第一次相偶联,由第一外显子的 3′端-OH 亲核攻击右侧剪接点,切下内含子,并连接两个外显子完成剪接(图 15-14)。

(3) 核 mRNA 的剪接:hnRNA 中的前体 mRNA 剪接与类型 2 相似。对多种真核细胞编码蛋白质的基因分析发现,连接前后两个外显子的内含子,其剪接点碱基顺序有一定的规律。前体 mRNA 内含子切口的两端均为 5′-GU 和 AG-3′。这种规律也称为 Breathnach-Chambon 规则或 GU-AG 规则。在内含子 3′端上游 30～40 核苷酸处,有一保守序列 PyXPyTPuAPy,其中的 A 是剪接过程中 RNA 产生套索的分支点。

前体 mRNA 剪接需要多种**富含 U 的小核核糖核蛋白**(uridine-rich small nuclear ribonucleoproteins,U snRNPs)参与。U1、U2、U4、U5 和 U6 与其他非 snRNP 蛋白质**剪接**

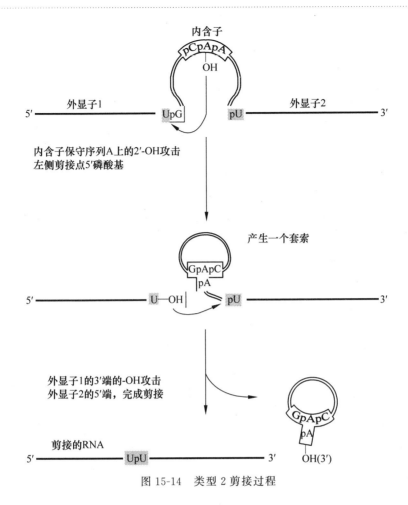

图 15-14 类型 2 剪接过程

因子（splicing factor，SF）在前体 mRNA 剪接点装配成**剪接体**（spliceosome），用以剪接前体 mRNA。

剪接过程与类型 2 相似，区别仅为一个是自身催化完成，另一个由剪接体完成。

4. 反式剪接和选择性剪接

在 RNA 加工过程中，剪接通常是指剪去同一转录产物内分隔相邻外显子的内含子，并把相邻的两个外显子连接起来的顺式剪接。但研究发现，生物体内存在着多种灵活的剪接方式，即反式剪接和选择性剪接。

反式剪接是指将两个独立转录基因产物的外显子剪接在一起。1986 年，W. J. Murphy 和 R. E. Sutton 等人几乎同时证明反式剪接方式的存在。研究发现，**锥虫**（trypanosome）的全部 mRNA 中都含有一段其基因序列中没有的碱基序列，随后发现这段特殊的序列在染色体上呈连续重复排列。这段序列由 35 个碱基组成，被称为**小外显子**（miniexon）。转录时，小外显子单个转录产物为 135 个核苷酸，前 35 个核苷酸为小外显子，后 100 个核苷酸为内含子。内含子中存在真核生物典型的 5′剪接点，无 3′剪接点。研究表明，剪接产物是 Y 形结构，而非分子内顺式剪接的套索结构，证明剪接是分子间的反式剪接。

选择性剪接也属顺式剪接，但依剪接点的不同，可分为以下四种情况：

① 缺失外显子：选择性剪接某些外显子，而将某些外显子当成内含子丢掉。

② 保留内含子:在剪接过程中留下了某些内含子,使得内含子变成了外显子。

③ 缺失部分外显子:外显子内存在 5′剪接点或 3′剪接点,由于剪接点的偏移,造成外显子被多剪掉一部分。

④ 保留部分内含子:内含子中存在 5′剪接点或 3′剪接点,剪接点的偏移使内含子一部分变成外显子。

选择性剪接非常普遍,一个基因初始转录物在不同细胞类型、不同发育阶段等情况下被剪接出不同的基因产物,这在基因表达调控中有着重要的意义。

5. RNA 编辑

RNA 编辑(RNA editing)是指前体 mRNA 除经上述加帽、添尾、剪接等加工外,对其序列特定部位进行碱基的插入、剔除或置换的加工,最后生成具有正确翻译功能的模板 RNA 的过程。

例如,人的**载脂蛋白 B**(upolipoprotein B,apo B)有两种,相对分子质量为 512 000 的 apo B100 在肝细胞中合成,是参与内源性脂类运输的 VLDL 和 LDL 的组成成分;另一种相对分子质量为 240 000 的 apo B48 在小肠细胞中合成,是参与外源性脂类运输的乳糜微粒的组成成分。二者源自同一基因,由于该基因加工方式的不同而产生两种蛋白。在小肠中,由于存在催化胞嘧啶变成尿嘧啶的脱氨酶,使载脂蛋白 B 的 mRNA 第 2153 位密码子 CAA(编码谷氨酰胺)的 C 脱氨变成 U,结果 CAA 变成 UAA(终止密码),当蛋白质合成到此密码子时即终止,产生含 2152 个氨基酸残基的 apo B48。若编码 apo B 的 mRNA 未被编辑,翻译出来的就是含 4536 个氨基酸残基的 apo B100。类似的情况也存在于神经细胞中,谷氨酸受体前体 mRNA 上的一个 A 若变为 G,便会产生出一种不同构型的受体。RNA 编辑的生理意义与选择性剪接相似,即增加了基因产物的多样性,增大了 mRNA 的遗传信息容量。

6. 甲基化修饰

除了 5′端帽子结构中含有 2~3 个甲基化核苷外,前体 mRNA 中高达 0.1% 的 A 残基是甲基化修饰的。甲基化修饰需要由甲基化酶催化加工生成。在脊椎动物中,最常见的是在 A 残基的 N6 位进行甲基化修饰,特别是当 A 残基位于 5′-RRACX-3′序列中时。成熟 mRNA 中甲基化修饰的情况是高度保守的。

(二) rRNA 加工

真核生物的核糖体有四种 rRNA,其中 28S rRNA、5.8S rRNA、5S rRNA 存在于大亚基中,而 18S rRNA 存在于小亚基中。但 5.8S rRNA、18S rRNA 和 28S rRNA 基因组成一个转录单元,由 RNA 聚合酶 I 产生较大的前体 rRNA。不同生物三种 rRNA 组成的前体 rRNA 大小不尽相同,加工过程也略有差异。但甲基化修饰和切除间隔序列是其主要的加工方式,并且在**核仁小分子 RNA**(small nucleolar RNA,snoRNA)指导下进行。人类的 45S rRNA 前体上有 110 多个甲基化位点,几乎全部在核糖上,形成 2′-O-甲基核糖。这些甲基化位点可能是加工过程中酶的识别标志。随后 45S rRNA 前体在核酸酶顺序剪切下生成 18S rRNA、5.8S rRNA、28S rRNA,最后 5.8S rRNA 和 28S rRNA 通过碱基配对相互结合。

5S rRNA 基因由 RNA 聚合酶 Ⅲ 转录产生一个含 121 个核苷酸的转录产物,几乎不需加工就可和 28S rRNA、5.8S rRNA 以及相关蛋白质组装形成核糖体的大亚基。

真核生物的 rRNA 基因由于存在内含子,所以它们的加工也需要剪接过程,即按类型 1

的剪接方式进行剪接。

（三）tRNA 加工

真核生物前体 tRNA 的一般加工与原核生物类似,5′端和 3′端的附加序列由核酸内、外切酶清除；3′端的 CCA 结构由核苷酰转移酶催化 CTP 和 ATP 加上；稀有碱基和核糖由修饰酶来完成。此外,真核生物前体 tRNA 大多含有内含子,所以需要剪接加工。

真核生物前体 tRNA 内含子的剪接与 mRNA 和 rRNA 的不同,属于独特的核 tRNA 剪接类型。该剪接方式主要来自对酵母核 tRNA 基因的研究。酵母的核 tRNA 基因约有 400 个,其中 40 个是不连续基因,它们都在与反密码子相邻的 3′方向有一个 14bp～46bp 的内含子。除了携带同一种氨基酸的各种 tRNA 之外,不同氨基酸的 tRNA 的内含子序列没有相关性,即没有为剪接酶系所识别的一致序列。但各类内含子都具有与其 tRNA 反密码子互补的序列,并在二级结构中与反密码子配对。这使得前体 tRNA 中的反密码子总是处于双链 RNA 状态,从而受到保护而不受剪接酶系的破坏。前体 tRNA 的二级结构同样为三叶草结构,但由于含有内含子使其反密码环的柄部比成熟 tRNA 要长得多(图 15-15)。实验表明,剪接酶系识别的是共同的二级结构,而不是共同的内含子一致序列。

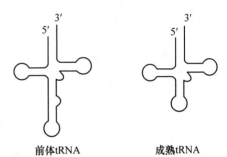

图 15-15　前体 tRNA 和成熟 tRNA 的二级结构

核 tRNA 的剪接分两步进行,第一步由一个特殊的核酸内切酶催化内含子两端的磷酸二酯键断裂,释放出一条线状内含子分子和两个由二级结构作用力连接在一起的"**tRNA 半分子**"(tRNA half-molecule)。tRNA 半分子很快又形成成熟 tRNA 分子的构象,但在反密码子环上留下一个切口,两个 tRNA 半分子之间没有共价键连接。第二步是由 RNA 连接酶所催化的依赖 ATP 的反应,将两个 tRNA 半分子连接在一起成为成熟的 tRNA 分子(图 15-16)。

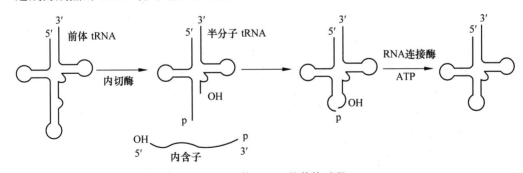

图 15-16　核 tRNA 的剪接过程

第四节　RNA 的复制

以 DNA 为模板合成 RNA 是生物界 RNA 合成的主要方式,但有些生物(如某些病毒和噬菌体)可以 RNA 为模板合成 RNA,称为 RNA 复制。某些病毒、噬菌体的遗传信息贮存在 RNA 分子中,当这些微生物侵入寄主细胞后可借助**复制酶**(replicase,又称 RNA 指导的 RNA 聚合酶)进行病毒 RNA 的复制。这种复制是在 RNA 指导的 RNA 聚合酶催化下完成的。

RNA 复制酶催化的合成反应以 RNA 为模板,由 5′向 3′方向进行 RNA 链的合成。RNA 复制酶缺乏校对功能的内切酶活性,因此 RNA 复制的错误率较高。RNA 复制酶只是特异地对病毒 RNA 起作用,而不会作用于宿主细胞中的 RNA 分子。

RNA 病毒的种类很多,其复制方式也多种多样。依照惯例把 mRNA 规定为(＋)RNA,其互补链为(－)RNA,根据 RNA 病毒和其 mRNA 的关系(彩图 15-17),D. Baltimore 于 20 世纪 70 年代初将 RNA 病毒分为 4 类。

1. 含正链 RNA 的病毒

这种类型的代表是**噬菌体 Qβ** 和**灰质炎病毒**(poliovirus)。它们进入宿主细胞后,(＋)RNA 充当 mRNA 首先合成复制酶(以及有关蛋白质),然后在复制酶作用下进行复制合成(－)RNA,再以(－)RNA 为模板合成(＋)RNA 组装成病毒颗粒。

2. 含负链 RNA 的病毒

这种类型的代表是**狂犬病病毒**(rabies virus)和**马水疱性口炎病毒**(vesicular stomatitis virus)。这类病毒侵入细胞后,借助于病毒带进去的复制酶合成出(＋)RNA,再以(＋)RNA 为模板合成病毒蛋白质,并与(－)RNA 组装成病毒。

3. 含双链 RNA 的病毒

这种类型的代表是**呼肠孤病毒**(reovirus)。这类病毒感染宿主后,以双链 RNA 为模板,在病毒复制酶的作用下,通过不对称转录合成出正链 RNA,并以正链 RNA 为模板翻译出病毒蛋白质。然后再合成病毒负链 RNA,形成双链 RNA 分子,与病毒蛋白一起组装成病毒颗粒。

4. 逆转录病毒

这种类型的代表是**白血病病毒**(leukemia virus)和**肉瘤病毒**(sarcoma virus)。这类病毒较特殊,它们通过一个 DNA 中间物来表达病毒(＋)RNA 的遗传信息。这个 DNA 中间产物是(＋)RNA 合成的模板。因此,逆转录病毒的信息流向从 RNA 到 DNA,再返回 RNA。

本章小结

RNA 的生物合成　合成 RNA 是 DNA 所携带遗传信息表达的第一步。转录是生物界 RNA 合成的主要方式,除此之外,某些 RNA 病毒和噬菌体还可在宿主细胞内通过复制进行 RNA 的合成。

转录　转录是以 DNA 的一条链为模板,在 RNA 聚合酶的作用下,利用 NTPs 为基本原料,按照碱基互补配对原则合成出对应 RNA 的过程。

RNA 转录过程　RNA 转录包括起始、延伸和终止三个阶段。在起始阶段,RNA 聚合酶识别并结合到 DNA 的启动子区域,并合成首个磷酸二酯键。在延伸阶段,RNA 聚合酶沿 DNA 链移动,通过形成磷酸二酯键,RNA 链从 5′端向 3′端不断延伸。在终止阶段,RNA 聚合酶遇到终止序列,促使 DNA-RNA 解链、RNA 聚合酶解离,实现转录终止。

RNA 转录后的加工 多数初始合成的 RNA 经过加工后才具备生物学功能。原核生物的初始 mRNA 基本不需要转录后加工,但真核生物的初始 mRNA 需要进行 5′端加帽、3′端加尾、剪切、剪接、编辑、甲基化修饰等加工过程。原核生物 tRNA 和 rRNA 的转录后加工方式与真核生物类似,主要包括向 5′端或 3′端添加核苷酸、剪切、剪接、修饰等。

RNA 复制 某些病毒和噬菌体的遗传信息载体是 RNA,它们可以自身 RNA 为模板在宿主细胞内进行 RNA 的复制。按照(+)RNA 可充当 mRNA 作为蛋白质合成模板这一惯例,RNA 病毒可分为 (+)RNA、(−)RNA、双链 RNA 和逆转录病毒四类。

复习思考题

1. 何谓转录? 比较原核生物和真核生物的转录过程,它们有哪些不同点?
2. 真核生物 mRNA 的转录后加工包括哪些内容?
3. 简述真核生物 mRNA 内含子的剪接机制。
4. RNA 转录有哪些特点?
5. 简述原核生物 RNA 聚合酶的组成及其作用。
6. 简述原核生物与真核生物启动子的结构特点及其功能。
7. RNA 病毒可分为哪几类? 分析不同 RNA 病毒产生 mRNA 的方式。

第十六章　蛋白质的生物合成

本章导读

　　蛋白质的生物合成也称翻译,是以 mRNA 为模板,将 mRNA 分子中以 4 种主要核苷酸编码的遗传信息翻译成蛋白质结构中氨基酸序列。本章首先交待了蛋白质合成体系;其次,重点阐述了原核生物蛋白质生物合成的过程,并介绍了真核生物蛋白质生物合成的特点;最后介绍了多肽链合成后的折叠和加工修饰及运输方式。通过本章学习要弄明白以下几个问题:①蛋白质生物合成的定义是什么? ②蛋白质生物合成参与的主要分子是什么? ③mRNA 分子中的遗传信息是如何准确翻译成氨基酸序列的? ④蛋白质生物合成的过程是什么? ⑤蛋白质合成后的加工方式有哪些?

第一节　蛋白质合成体系的分子基础

　　参与蛋白质合成的原料是 20 种氨基酸。合成过程以 mRNA 为模板,指导氨基酸在核糖体上依次聚集,作为特异的"搬运工具",tRNA 起携带氨基酸的作用,核糖体作为蛋白质的合成场所,以上蛋白质合成体系共同协调来完成蛋白质的合成过程。此外,蛋白质合成过程还需要多种蛋白质因子、酶类及供能物质等的参与。

◀◀　知识卡片 16-1　　　　　遗传密码的破译　　　　　　▶▶

　　1953 年,Watson 和 Crick 确立了 DNA 双螺旋结构模型,使人们认识到 DNA 携带着遗传信息,再通过 RNA 来控制蛋白质的生物合成。此后,许多科学家开始尝试用不同的方法去破译遗传密码。

　　1954 年,Gamov 首先提出,核酸分子中含有 4 种碱基,而蛋白质是由 20 种氨基酸所组成,4 种核酸要为 20 种氨基酸编码,不可能是一对一的关系。

1961 年，H. Matthaei 和 M. Nirenberg 采用大肠埃希菌无细胞翻译体系，将多聚 U（Poly U）和同位素标记的氨基酸加入其中，经过保温后发现溶液中有苯丙氨酸（Phe），实验表明：Poly U 合成的肽链全部是 Phe。随后又进一步证明：肽链上一个特定的氨基酸是由 mRNA 中以二个碱基形成的密码子来决定的。

1964 年，M. Nirenberg 等人还发现，密码子的读取方向是从 5' 端到 3' 端。

1966 年，经过几年的不懈努力，M. Nirenberg 和 G. Khorana 等多位科学家完成了全部遗传密码的破译，编制出遗传密码表。在 64 个密码子中，61 个密码子负责对 20 种氨基酸的翻译，1 个是起始密码子，3 个是终止密码子。

1968 年，M. Nirenberg、G. Khorana 和 R. Holley 共同荣获诺贝尔生理学或医学奖。

一、信使 RNA 与遗传密码

绝大多数生物用 DNA 携带遗传信息，但是 DNA 并不能直接指导蛋白质的生物合成。根据遗传中心法则，DNA 携带的遗传信息通过转录传递给 mRNA 分子，mRNA 再通过翻译将遗传信息传至蛋白质分子中。因此，mRNA 是蛋白质生物合成的模板。将编码一个多肽链的遗传单位称为顺反子。在原核细胞中，数个结构基因常常串联排列成为一个转录单位，转录生成的 mRNA 可编码几种功能相关的蛋白质，称为多顺反子 mRNA，转录后一般不需特别加工；而真核细胞结构基因的遗传信息是不连续的，mRNA 转录生成后需要经过加工、修饰才能作为翻译的模板。真核细胞一个 mRNA 只编码一种蛋白质，称为单顺反子 mRNA，但种类要比原核细胞多。

蛋白质的一级结构是由 20 种氨基酸构成的，而 DNA 是由 4 种核苷酸 A、T、C 和 G 构成的（在 mRNA 分子中 T 被 U 取代），这 4 种核苷酸序列是如何决定氨基酸的排列顺序？这就是蛋白质生物合成中遗传密码的翻译。

（一）遗传密码

遗传密码是指将 DNA 或 RNA 的核苷酸序列转译为蛋白质的氨基酸序列的对应关系法则。它决定肽链上每一个氨基酸和各氨基酸的合成顺序，以及蛋白质合成的起始、延伸和终止。假设用简单的数学方法推算，如果 1 种氨基酸由 1 个核苷酸所编码，4 个核苷酸只能编码 4 种氨基酸（$4^1=4$）；依次推算，1 种氨基酸由 2 个核苷酸所编码，也只能编码 16 种氨基酸（$4^2=16$）；如果采用 3 个核苷酸作为 1 种氨基酸的编码单位，则可编码 64 种氨基酸（$4^3=64$），可以满足 20 种氨基酸的编码需要。后来的研究充分证明：肽链上每个氨基酸的排列顺序是由 mRNA 上核苷酸排列顺序所决定的，因此我们把编码一种氨基酸的 3 个连续的核苷酸称为**三联体密码**（triplet code）或**密码子**（codon）。由 mRNA 中 4 种核苷酸 A、G、C、U 可组合形成 64 个三联体密码子，其中 61 个密码子可编码各种氨基酸，其余 3 个密码子 UAA、UAG、UGA 是**终止密码子**（termination codon），不编码任何氨基酸。在真核生物中，AUG 既是编码甲硫氨酸的密码子，又是多肽链合成的**起始密码子**（initiation codon）；而在原核生物中，GUG 有时也是起始密码子，但是作为起始密码子的 GUG 不代表缬氨酸，而代表甲酰蛋氨酸。在 1966 年，M. Nirenberg 和 G. Khorana 等科学家破译了全部遗传密码（表 16-1）。

表 16-1 遗传密码表

5′末端碱基		第二位核苷酸				3′末端碱基
		U	C	A	G	
第一位核苷酸	U	UUU 苯丙氨酸 UUC 苯丙氨酸 UUA 亮氨酸 UUG 亮氨酸	UCU 丝氨酸 UCC 丝氨酸 UCA 丝氨酸 UCG 丝氨酸	UAU 酪氨酸 UAC 酪氨酸 UAA 终止密码子 UAG 终止密码子	UGU 半胱氨酸 UGC 半胱氨酸 UGA 终止密码子 UGG 色氨酸	U C A G	第三位核苷酸
	C	CUU 亮氨酸 CUC 亮氨酸 CUA 亮氨酸 CUG 亮氨酸	CCU 脯氨酸 CCC 脯氨酸 CCA 脯氨酸 CCG 脯氨酸	CAU 组氨酸 CAC 组氨酸 CAA 谷氨酰胺 CAG 谷氨酰胺	CGU 精氨酸 CGC 精氨酸 CGA 精氨酸 CGG 精氨酸	U C A G
	A	AUU 异亮氨酸 AUC 异亮氨酸 AUA 异亮氨酸 AUG 甲硫氨酸或起始密码子	ACU 苏氨酸 ACC 苏氨酸 ACA 苏氨酸 ACG 苏氨酸	AAU 天冬酰胺 AAC 天冬酰胺 AAA 赖氨酸 AAG 赖氨酸	AGU 丝氨酸 AGC 丝氨酸 AGA 精氨酸 AGG 精氨酸	U C A G
	G	GUU 缬氨酸 GUC 缬氨酸 GUA 缬氨酸 GUG 缬氨酸	GCU 丙氨酸 GCC 丙氨酸 GCA 丙氨酸 GCG 丙氨酸	GAU 天冬氨酸 GAC 天冬氨酸 GAA 谷氨酸 GAG 谷氨酸	GGU 甘氨酸 GGC 甘氨酸 GGA 甘氨酸 GGG 甘氨酸	U C A G

(二)遗传密码的特点

1. 连续性与不重叠性

从 mRNA 的起始密码子 AUG 开始,沿 5′ 到 3′ 方向阅读,直至终止密码子为止,起始密码子与终止密码子之间的核苷酸序列,称为**开放阅读框**(open reading frame,ORF)。在 ORF 内读码以三个核苷酸组成的三联体密码为单位,即决定一个氨基酸的密码子。在两个密码子之间没有任何分隔符号,具有无标点性。因此正确的读码从起始密码子开始,依次连续阅读,直到终止密码子为止。如果 mRNA 链上有一个或非 $3n$ 个碱基的插入或缺失,会造成框移或移码,即发生下游翻译产物氨基酸的改变,由此造成的突变称为框移突变或称**移码突变**(frameshift mutation)。

在绝大多数生物中,是以不重叠连续阅读的方式进行读码的,即使在重叠基因中,也是从不同的起点开始,按各自的读框以三联体方式连续读码。

2. 简并性

在遗传密码中,除了色氨酸和甲硫氨酸仅有一个密码子为其编码外,其余同一种氨基酸可有几个密码子为其编码,这种现象称为遗传密码的**简并性**(degeneracy)(表 16-2)。例如,GGU、GGC、GGA、GGG 这 4 个密码子都可以编码甘氨酸,这 4 种密码子被称为**同义密码子**(synonymous codon),即为同一种氨基酸编码的不同密码子。在大多数情况下,密码子中的第三位碱基比前两个碱基的专一性小,即同义密码子的前两位碱基相同,仅仅第三位碱基有差异。如丙氨酸的密码子为 GCU、GCC、GCA、GCG;苏氨酸的密码子为 ACU、ACC、ACA、ACG,它们的前两个碱基均相同,而第三个碱基不同。这表明第三位碱基的改变并不改变密码子所编码的氨基酸,从而不影响所合成的蛋白质。因此,密码子的简并性在维持生物物种的稳定性上具有重要的生物学意义,即使有些突变也只是造成核酸序列的改变,而并不使蛋白质分子中氨基酸的序列发生变化。

表 16-2 氨基酸密码子的简并性

氨基酸	密码子数	氨基酸	密码子数
Ala	4	Leu	6
Arg	6	Lys	2
Asn	2	Met	1
Asp	2	Phe	2
Cys	2	Pro	4
Gln	2	Ser	6
Glu	2	Thr	4
Gly	4	Trp	1
His	2	Tyr	2
Ile	3	Val	4

3. 通用性

在 20 世纪 60 年代中期,遗传密码被破译后,大量生物的基因被测序,同时对蛋白质的研究也日渐深入,经过对大量核酸序列和蛋白质序列的比较发现,无论是病毒、原核生物还是真核生物都共用一套密码子,即所谓密码子的通用性。例如,将兔网织红细胞的核糖体与大肠埃希菌的 tRNA 及其他蛋白合成因子一起反应,可以合成血红蛋白,这说明大肠埃希菌的 tRNA 能够正确阅读血红蛋白 mRNA 上的密码子,进一步证明了密码子的通用性。密码子的通用性在进化论上阐明了各种生物都是从同一祖先进化而来的。

近些年研究发现,密码子的通用性也有例外。例如,在人线粒体中,UGA 编码 Trp(色氨酸),而并非终止密码子;AUA 编码 Met(甲硫氨酸),而非 Ile(异亮氨酸);AGA 和 AGC 与 UAA、UAG 都为终止密码子,不再编码 Arg(精氨酸);在酵母线粒体中,CUA 编码 Thr(苏氨酸)。而在支原体中,UGA 也被用于编码 Trp(色氨酸);在嗜热四膜虫中,终止密码子 UAA 被用来编码 Gln(谷氨酰胺)。在纤毛类原生动物中,UAA 和 UAG 编码 Glu。

除上述情况外,近年来还发现,在古细菌和真核细菌中,终止密码子 UGA、UAG 也可分别编码硒代半胱氨酸和吡咯赖氨酸。目前认为硒代半胱氨酸和吡咯赖氨酸是蛋白质中的第 21、22 种氨基酸。

4. 摆动性

在翻译过程中,氨基酸的正确加入需要靠 tRNA 上的反密码子与 mRNA 上的密码子以碱基配对方式辨认。密码子与反密码子之间以反平行方式进行互补配对,即反密码子的 5′端第一位碱基与密码子的第三位碱基配对(图 16-1)。

密码子与反密码子配对时,密码子的第一位和第二位碱基严格按照 Watson-Crick 碱基配对原则进行,而密码子的第三位碱基与反密码子的

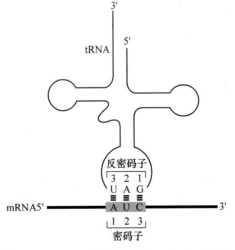

图 16-1 mRNA 上的密码子与 tRNA 上的反密码子之间的互补配对

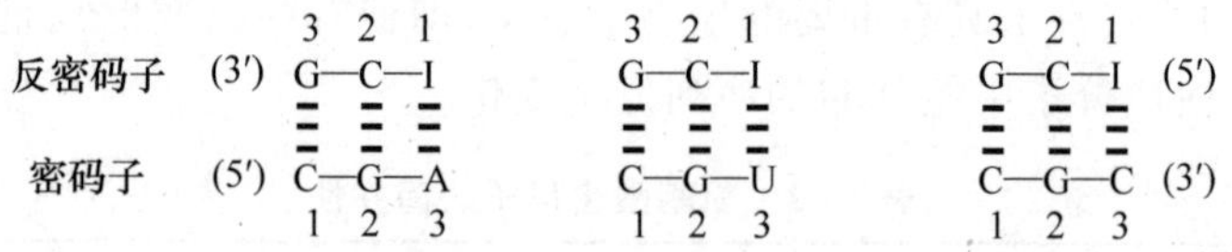

```
          3 2 1           3 2 1           3 2 1
反密码子 (3′) G—C—I      G—C—I      G—C—I  (5′)
密码子  (5′) C—G—A      C—G—U      C—G—C  (3′)
          1 2 3           1 2 3           1 2 3
```

图 16-2　tRNA 分子中的次黄嘌呤与密码子第三位碱基之间的配对

第一位碱基配对并不严格遵守这种原则,这种现象称为**摆动性**(wobble,或变偶性)。这种现象常见于密码子的第三位碱基与反密码子的第一位碱基之间,如 tRNA 分子组成中**次黄嘌呤**(I)常出现在反密码子的第一位,它可分别与密码子第三位碱基 A、U、C 形成碱基配对(图 16-2);如果反密码子的第一位是 U 可分别与密码子 A 或 G 配对,如果是 G 可识别 U 或 C,而 C 和 A 只能与 G 和 U 配对(表 16-3)。由此可见,由于摆动性的存在,使一种 tRNA 能够识别 mRNA 的多种简并密码子。

表 16-3　密码子与反密码子配对的摆动现象

tRNA 反密码子的第一位碱基	U	C	A	G	I
所识别的密码子的第三位碱基	A、G	G	U	U、C	U、C、A

二、 tRNA 与氨基酸转运

　　tRNA 分子结构中含有两个关键部位:一个是与 mRNA 分子的结合部位;另一个是与氨基酸的结合部位。对于组成蛋白质的 20 种氨基酸来说,每一种氨基酸至少有一种 tRNA 负责其转运。大多数氨基酸具有几种用来转运的 tRNA,一个细胞中,通常含有 50 个甚至更多的 tRNA 分子。为了准确地转运,每种 tRNA 必须能被很好地被识别。在书写 tRNA 时,通常将所转运的氨基酸写在 tRNA 的右上角,如 tRNA^{Ser} 和 tRNA^{Phe} 分别表示转运丝氨酸和苯丙氨酸的 tRNA。

　　tRNA 的 3′末端 CCA-OH 是氨基酸的结合部位。tRNA 的反密码子和 mRNA 上的密码子互补配对。这样由于密码-反密码-氨基酸之间的"对号入座",保证了从核酸到蛋白质信息传递的准确性。

三、 核糖体及其功能

　　1955 年,美国科学家 Paul Zamecnik 使用 C^{14} 标记的氨基酸在体外进行蛋白质合成实验时证明,含放射性标记的氨基酸与含有 RNA 称作**微粒体**(microsome)的细胞器结合后才产生游离的蛋白质。后来证明,微粒体其实是破碎细胞时产生的附着于核糖体蛋白上的内质网碎片。1957 年起,开始使用"**核糖体**"(ribosome)一词,它专指参与蛋白质合成场所中的核糖核蛋白颗粒。核糖体存在范围广泛,不仅在细胞内发现,而且一些细胞器如线粒体和叶绿体内也有发现。细菌和细胞器中的核糖体明显小于真核生物细胞的核糖体,但它们在结构上都是由大、小两个亚基组成的。

(一)核糖体的功能

　　核糖体是蛋白质生物合成的场所。核糖体相当于蛋白质的"装配机",能够促进 tRNA 携带的氨基酸缩合成肽链。在核糖体上有一系列与蛋白质合成有关的结合位点。例如原核细胞核糖体上有 3 个部位：结合氨酰 tRNA 的**氨酰部位**(aminoacyl site)，简称 A 位；结合肽酰-tRNA 的**肽酰部位**(peptidyl site)，简称 P 位。A 位和 P 位分别由 30S 的小亚基和 50S 的大亚基共同组成。另外，还有排除卸载 tRNA 的**排出位**(exit site)，简称 E 位，主要是由 50S 大亚基组成。而真核细胞核糖体没有 E 位。原核生物大小亚基三维构象不规则，在大小亚基结合处存在裂隙，是 mRNA 及 tRNA 结合的部位，即蛋白质生成部位。除此之外，核糖体上还有转肽酶的结合位点，能够将肽酰基转移到位于 A 位上的氨酰 tRNA 的氨基上，通过形成肽键使肽链得以延伸(图 16-3)。

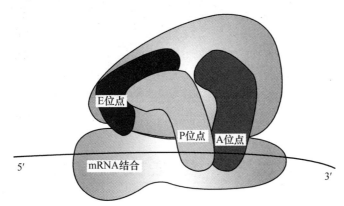

图 16-3　核糖体的主要结构功能域

(二) 多聚核糖体

在原核生物和真核生物的细胞中，都可以同时分离出三种类型的核糖体：核糖体、核糖体亚基和多聚核糖体。所谓的**多聚核糖体**(polyribosome 或 polysome)是指一条 mRNA 分子可同时与多个核糖体结合，呈串珠状，可以同时合成几条多肽链，从而提高蛋白质的合成速度(图 16-4)。无论是在原核细胞还是在真核细胞内，一条 mRNA 分子可附着 10～100 个核糖体，这些核糖体能依次与起始密码结合，沿 mRNA 的 5′→3′方向读码移动，同时合成肽链，至终止密码子处，肽链合成终止并从核糖体上释放。在多聚核糖体中，每个核糖体都能独自地合成一条完整的多肽链。例如，网织红细胞的多聚核糖体是由 5～6 个核糖体所组成。原核生物细胞中，在 DNA 转录生成 mRNA 的同时，核糖体就结合到 mRNA 上合成蛋白质，转录与翻译几乎是在同一部位进行，因而原核生物核糖体大都被固定在核基因组上；而在真核生物细胞中，多聚核糖体有的游离在细胞质中，有的附着在内质网上。图 16-5 为电镜下看到的结合在内质网上的核糖体。多聚核糖体的形成可以使蛋白质生物合成得以高速度、高效率进行。

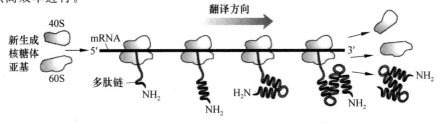

图 16-4　真核细胞中的多聚核糖体

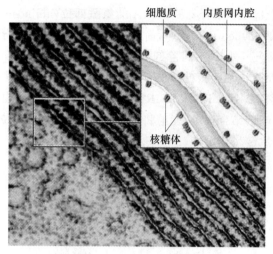

图 16-5　内质网上的核糖体

第二节　氨基酸的活化

一、 氨基酸的活化过程

作为蛋白质生物合成原料的氨基酸，只有与 tRNA 结合后才能被准确运送到核糖体上参与多肽链的合成。氨基酸在氨酰 tRNA 合成酶的催化下，与特异的 tRNA 结合成为氨酰 tRNA，将这一过程称为**氨基酸的活化**。每个氨基酸分子活化需要消耗两个高能磷酸键，氨基酸活化反应过程如下：

$$氨基酸 + tRNA + ATP \xrightarrow[\text{Mg}^{2+}]{\text{氨酰 tRNA 合成酶}} 氨酰 tRNA + AMP + PPi$$

上述反应又可分为两步：第一步，氨基酸的羧基与 ATP 的 α-磷酸基反应形成中间产物，即氨酰腺苷酸和焦磷酸。第二步，氨酰腺苷酸将氨基酰转移到它相应的特定 tRNA 上生成氨酰 tRNA，这一过程依据酶类别的不同而不同，氨酰 tRNA 合成酶可分为两类（表 16-4）。对于第一类酶是先把氨酰基转移到 tRNA3′ 端腺苷酸残基的 2′ 羟基后，再通过转酯化反应将其转移到 3′ 羟基上；而对于第二类酶是直接将氨酰基转移到 tRNA 末端腺苷的 3′ 羟基上。氨基酸在合成酶作用下活化的具体过程见图 16-6。

$$第一步：氨基酸 + ATP \xrightarrow{\text{氨酰 tRNA 合成酶}} 氨酰 AMP + PPi$$

$$第二步：氨基酰 \text{-}AMP + tRNA \xrightarrow{\text{氨酰 tRNA 合成酶}} 氨酰 tRNA + AMP$$

表 16-4　两类氨酰 tRNA 合成酶

氨酰 tRNA 合成酶 I 类	精氨酸、半胱氨酸、谷氨酰胺、谷氨酸、异亮氨酸、亮氨酸、甲硫氨酸、色氨酸、酪氨酸、缬氨酸
氨酰 tRNA 合成酶 II 类	丙氨酸、天冬氨酸、天冬酰胺、甘氨酸、组氨酸、赖氨酸、苯丙氨酸、脯氨酸、丝氨酸、苏氨酸

注：在此表中精氨酸代表精氨酰 tRNA 合成酶，依此类推。此分类适用于所有生物体。

在氨基酸活化过程中，反应是在细胞质中进行的。催化反应的氨酰 tRNA 合成酶具有高

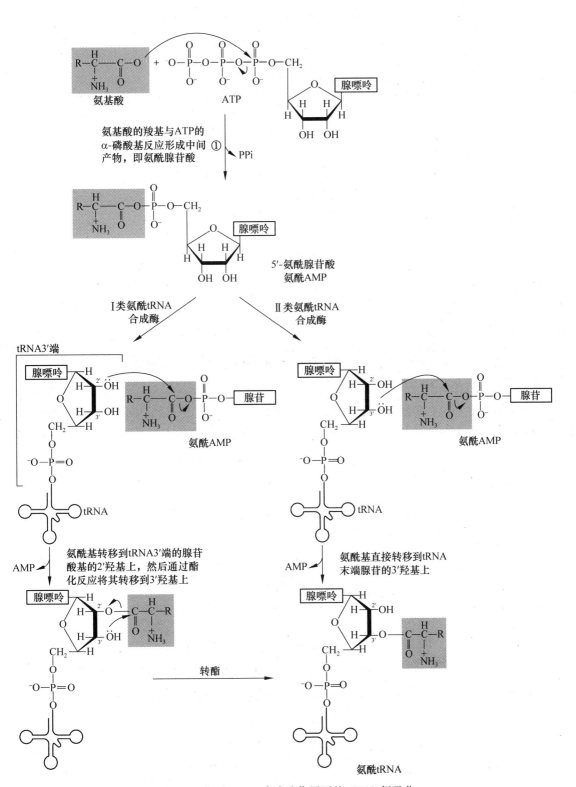

图 16-6　氨酰 tRNA 合成酶作用下的 tRNA 氨酰化

度的特异性,既能识别特异的氨基酸,又能识别携带该种氨基酸的特异 tRNA,特定的氨基酸能与相应的 tRNA 结合是蛋白质合成中的关键步骤,是遗传信息准确翻译的保障。

二、 起始肽链所需的氨酰 tRNA

在原核生物中,起始氨基酸是 N-甲酰甲硫氨酸(fMet),被特异的 tRNA 识别形成 N-甲酰甲硫氨酸-tRNA^{fMet}(fMet-tRNA^{fMet})后到达核糖体,它由两步反应合成。首先甲硫氨酸(Met)在 Met-tRNA 合成酶的催化下,Met 与 tRNA^{fMet} 结合:

$$Met + tRNA^{fMet} + ATP \longrightarrow Met\text{-}tRNA^{fMet} + AMP + PPi$$

然后,甲酰基转移酶从 N^{10}-甲酰四氢叶酸转移一个甲酰基到 Met 的氨基端。

$$N^{10}\text{-}甲酰四氢叶酸 + Met\text{-}tRNA^{fMet} \longrightarrow 四氢叶酸 + fMet\text{-}tRNA^{fMet}$$

通过甲酰基转移酶将 N-甲酰基加到甲硫氨酸的氨基上,使 fMet-tRNA^{fMet} 与核糖体的特殊位点结合,不仅防止 fMet 进入多肽内部,同时使 Met-tRNA^{Met} 或其他氨酰 tRNA 与核糖体特殊位点结合。

在真核生物中,蛋白质合成起始于甲硫氨酸。与甲硫氨酸结合的 tRNA 有两种:一种是具有起始功能的 tRNA$_i^{Met}$(i 代表 initiation),它与甲硫氨酸结合后,形成起始复合物;另一种 tRNA^{Met} 与甲硫氨酸结合后生成 Met-tRNA^{Met},只能参与肽链的延长。核糖体能够对氨酰 tRNA 的进位进行校正。

第三节 蛋白质生物合成过程

蛋白质的生物合成过程十分复杂,与 DNA 复制和转录生成 RNA 过程相似,蛋白质的合成即翻译过程包括**起始**(initiation)、**延长**(elongation)和**终止**(termination)三个阶段。翻译时,mRNA 上的读码方向是按 5′ 至 3′ 方向逐一阅读,从起始密码子 AUG 开始,直至终止密码子。对应多肽链的合成由 N 端向 C 端进行,从起始甲硫氨酸开始,直至终止密码子前一位密码子所编码的氨基酸为止。

◀◀ 知识卡片 16-2　　　蛋白质生物合成的研究　　　▶▶

一、 原核生物蛋白质生物合成的过程

早期对蛋白质生物合成的研究工作是利用大肠埃希菌的**无细胞体系**(cell-free system)进行的,因而对大肠埃希菌的蛋白质合成过程了解较多。本章以介绍翻译过程以原核生物为主,真核生物的翻译过程只作简单介绍。

(一)肽链合成起始

肽链合成的起始,是指 mRNA 和起始氨酰 tRNA 分别与核糖体结合形成翻译起始复合物的过程。起始复合物形成需要核糖体大、小亚基、模板 mRNA 和 fMet-tRNA^{fMet},还需要 GTP、Mg^{2+} 和 IF-1、IF-2、IF-3 三种**起始因子**(initiation factor,IF)参与。肽链合成起始

阶段的具体过程如下：

（1）30S 核糖体小亚基与起始因子 IF-1 和 IF-3 结合，IF-3 防止 30S 亚基和 50S 亚基提前结合，而 IF-1 结合在 A 位，阻止 tRNA 在翻译起始时与该位点结合。

（2）然后 30S 亚基再与 mRNA 结合。研究发现，原核生物 mRNA 能够准确定位与核糖体小亚基结合涉及以下两种机制：①在各种原核生物 mRNA 起始密码子 AUG 上游 8～13 个核苷酸部位，存在一段由 4～9 个核苷酸组成的一致序列，该序列富含嘌呤碱基，如-AGGAGG-，称为 **Shine-Dalgarno 序列**（**SD 序列**）。在原核生物小亚基中，16S rRNA 的 3′端有一富含嘧啶碱基的短序列，如-UCCUCC-，通过与 SD 序列碱基互补配对而使 mRNA 与小亚基结合，因而 SD 序列又称**核糖体结合位点**（ribosomal binding site，RBS）。一条多顺反子 mRNA 序列上每个基因的编码序列均拥有各自的 SD 序列和起始 AUG。②在 mRNA 序列上紧接 SD 序列后的一小段核苷酸序列，可被一种核糖体小亚基蛋白所识别并结合。通过上述 RNA-RNA、RNA-蛋白质相互作用，使得 mRNA 序列上的起始 AUG 可以在核糖体小亚基上准确定位，形成复合体。

（3）fMet-tRNA^{fMet} 与结合了 GTP 的 IF-2 结合，再与上一步形成的由 30S 亚基、IF-1、IF-3 和 mRNA 组成的复合物结合，并使其进入 P 位，于是使 fMet-tRNA^{fMet} 的反密码子与 mRNA 的起始密码子准确配对，进而促进 mRNA 的准确就位。

（4）上述结合了 mRNA、fMet-tRNA^{fMet} 的小亚基复合物再与 50S 核糖体大亚基结合，同时与 IF-2 结合的 GTP 被水解成 GDP 和 Pi，释放的能量促使 3 种 IF 从核糖体上解离，最后形成由 30S 亚基与 50S 亚基构成的 70S 核糖体、mRNA 及 fMet-tRNA^{fMet} 共同组成的复合物，称为翻译起始复合物。此时，结合起始密码子 AUG 的 fMet-tRNA^{fMet} 占据 P 位，A 位空留，对应于紧接在 AUG 后的密码子，为肽链延长做好了准备（图 16-7）。

（二）肽链延长

肽链延长是指在起始复合物形成后，氨基酸依次进入核糖体并聚合成多肽链的过程。延长过程需要**延长因子**（elongation factor，EF）的参与。这一过程是在核糖体上连续循环进行的，所以又称**核糖体循环**（ribosomal cycle）。广义的核糖体循环是指蛋白质生物合成的全过程，而从狭义上讲，每次核糖体循环可使肽链延长一个氨基酸。每个循环又分为三步，即进位、成肽和移位。

1. 进位

进位是指一个氨酰 tRNA 按照 mRNA 模板的指令进入并结合到核糖体 A 位的过程。翻译起始复合物形成后，首先将进入的氨酰 tRNA 与结合延长因子 EF-Tu 的 GTP 复合物结合，生成氨酰 tRNA-EF-Tu·GTP 复合物，然后再结合到核糖体 A 位上。随后，GTP 被水解，EF-Tu·GTP 复合物从核糖体上释放出来，在延长因子 EF-Ts 的帮助下，重新形成 EF-Tu·GTP 复合物进入下一轮反应。

经过一次核糖体循环后，核糖体 P 位将结合肽酰-tRNA，同样是 A 位空出。对应于 mRNA 中的下一组三联体密码，模板上的密码子决定了哪种氨酰 tRNA 进入 A 位。由于 EF-Tu 只与除起始 fMet-tRNA^{fMet} 以外的其他氨酰-tRNA 反应，所以起始 tRNA 不会结合到 A 位上，从而保证了 mRNA 内部的 AUG 不会被起始 tRNA 阅读。

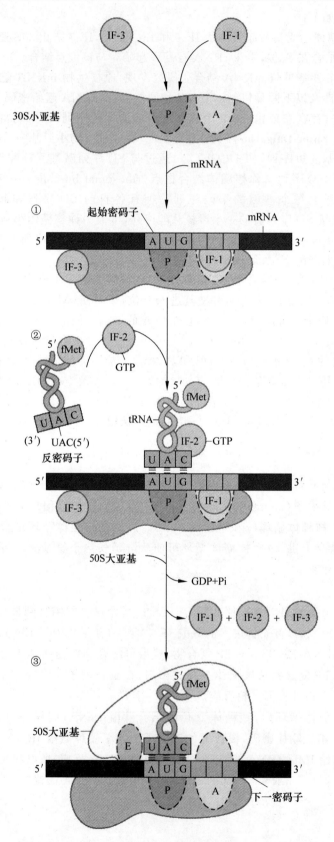

图 16-7　翻译起始复合物的形成

进位时需要延长因子 EF-T 参与。EF-T 为 EF-Tu 和 EF-Ts 亚基的二聚体,EF-Tu 结合 GTP 后与 EF-Ts 分离。氨酰 tRNA 在进入核糖体 A 位之前,必须首先与 EF-Tu-GTP 结合,然后以氨酰 tRNA-Tu·GTP 复合物形式进入并结合 A 位。EF-Tu 有 GTP 酶活性,能水解 GTP 释放能量,驱动 EF-Tu 和 GDP 从核糖体释出,重新形成 Tu-Ts 二聚体,并继续催化下一个氨酰 tRNA 进位(图 16-8)。

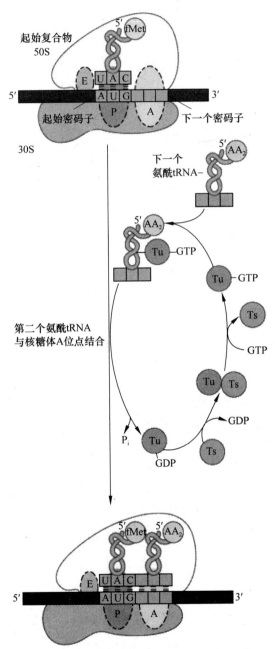

图 16-8 细菌肽链延伸的第一步反应:进位

2. 成肽

成肽是在肽基转移酶的催化下,核糖体 A 位与 P 位上 tRNA 所携带的氨基酸之间形成肽键。在这一过程中,位于 P 位上起始氨酰 tRNA 的 N-甲酰甲硫氨酰基(真核生物为甲硫氨酰基)或肽酰 tRNA 的肽酰基转移到 A 位,并与位于 A 位上氨酰 tRNA 的 α-氨基结合形成肽键,在 A 位形成二肽酰 tRNA,而 P 位的 tRNA 成为脱氨酰 tRNA(图 16-9)。实际上是 A 位上氨基酸的 α-氨基作为亲核试剂替换 P 位的 tRNA 并形成一个肽键。

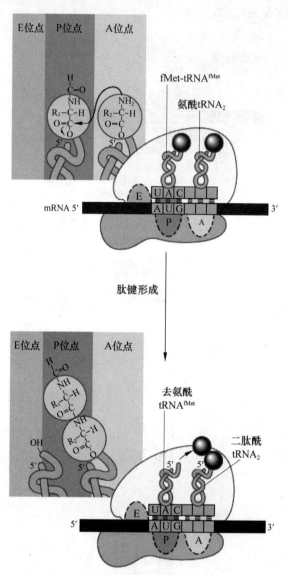

图 16-9　细菌肽链延伸的第二步反应:成肽

3. 移位

移位是肽键形成之后,核糖体向 mRNA 的 3′端移动一个密码子的过程。移位使仍与 mRNA 第二个密码子结合的二肽酰-tRNA 上的反密码子从 A 位移动到 P 位,结果使脱氨酰 tRNA 从 P 位移到 E 位,接着从 E 位脱离进入胞浆。移位需要延长因子(又称移位酶)的参与及由一分子 GTP 水解提供能量。此时 mRNA 的第三个密码子则位于 A 位,准备下一个氨酰 tRNA 的进位,并重复以上过程,使肽链不断延长(图 16-10)。

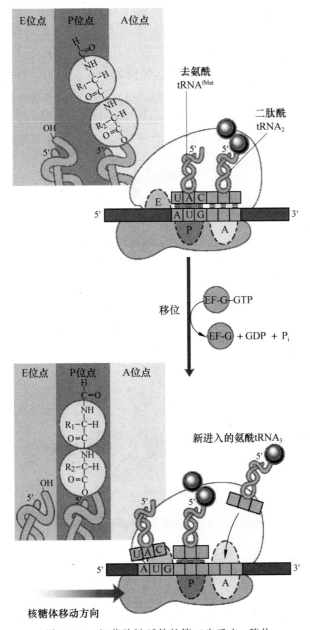

图 16-10 细菌肽链延伸的第三步反应：移位

（三）肽链终止

肽链的终止是指在肽链的延长过程中，核糖体 A 位出现 mRNA 的终止密码子 UAA、UAG 或 UGA 后，多肽链合成停止，肽链从肽酰-tRNA 中释出 mRNA，核糖体大、小亚基等分离的过程。肽链合成终止需要有**释放因子**（release factor，RF）的参与。原核生物有三种释放因子：RF-1、RF-2、RF-3。其中 RF-1 识别终止密码子 UAA、UAG；RF-2 识别终止密码子 UAA、UGA；RF-3 可与 GTP 结合形成复合体，并促进 RF-1 或 RF-2 与核糖体结合。

当终止密码子在核糖体 A 位出现时，终止密码子不被任何氨酰-tRNA 识别，只有释放因子能识别终止密码子而进入 A 位并与终止密码子结合。在原核生物中,进入 A 位的释放因子为 RF-1 或 RF-2。RF-1 或 RF-2 结合终止密码子后可使肽酰转移酶的构象发生改变,将转肽酶活性转变为水解酶活性,水解新生肽链与结合在 P 上的 tRNA 之间的酯键,释放出合成的肽链,并伴随着 RF-3 上的 GTP 水解,释放因子也被释放出核糖体,同时 mRNA、卸载的 tRNA 等也从核糖体脱离,核糖体大、小亚基解离,并可被重新利用。RF-3 可结合核糖体其他部位,有 GTP 酶活性,能介导 RF-1、RF-2 与核糖体的相互作用。紧接着核糖体进入下一轮蛋白质合成过程(图 16-11)。原核生物肽链合成过程中涉及的众多蛋白质因子见表 16-5。

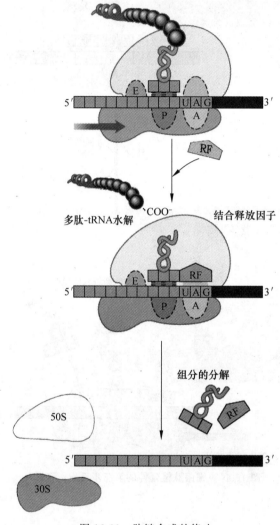

图 16-11　肽链合成的终止

表 16-5　参与原核生物翻译的各种蛋白质因子及其功能

作用阶段	因子名称	功　能
起始因子	IF-1	防止 tRNA 与 A 位提前结合
	IF-2	促进 fMet-tRNA^{fMet} 与 30S 核糖体小亚基结合
	IF-3	与 30S 亚基结合;防止 50S 亚基提前结合;增加 fMet-tRNA^{fMet} 在 P 位的特异性

作用阶段	因子名称	功　能
延长因子	EF-Tu	促进氨酰 tRNA 进入 A 位
	EF-Ts	调节亚基
	EF-G	有转位酶活性,促进 mRNA-肽酰-tRNA 由 A 位移至 P 位,促进 tRNA 卸载与释放
释放因子	RF-1	识别终止密码 UAA、UAG
	RF-2	识别终止密码 UAA、UGA
	RF-3	有 GTP 酶活性,能介导 RF-1 和 RF-2 与核糖体相互作用

二、 原核生物蛋白质生物合成的抑制剂

蛋白质生物合成的许多抑制剂都是抗生素。例如,四环素、链霉素、红霉素和嘌呤霉素等都能抑制蛋白质的合成。这些抑制剂是常用的治疗微生物感染的药物或被用作实验室抗菌剂。**抗生素**(antibiotics)的作用机制有多种方式,但最常见的是通过阻断原核生物的蛋白质合成,进而抑制其生长和繁殖,但并不影响真核生物宿主的蛋白质合成。因此抗生素是治疗原核生物感染的抗菌剂。下面简单介绍几种重要的蛋白质生物合成抑制剂。

1. 四环素

四环素(tetracycline)是由放线菌所产生。通过阻断氨酰-tRNA 与核糖体的 A 位结合,而能够抑制蛋白质的生物合成。但是四环素并不能透过真核细胞膜,因此只能对原核生物的蛋白质合成产生抑制作用。

2. 链霉素

链霉素(streptomycin)属于氨基糖苷类抗生素。是一种碱性三糖,在较低浓度下会造成遗传密码的错误翻译,在高浓度下抑制蛋白质合成的起始。链霉素的抗菌范围很广,但有轻微的毒性。

3. 红霉素

红霉素(erythromycin)属于大环内酯类抗生素。能够结合在核糖体 50S 亚基上,阻断多肽的合成,从而抑制革兰氏阳性细菌的生长。

4. 氯霉素

氯霉素(chloramphenicol)是广谱抗生素,通过阻断核糖体上肽基转移酶的活性,从而抑制蛋白质的合成。但不影响真核生物细胞质中蛋白质的合成。

5. 嘌呤霉素

嘌呤霉素(puromycin)是由链霉菌所产生。其结构与氨酰-tRNA 类似,能与核糖体的 A 位结合,可参与肽键的形成,起着肽酰基受体的作用,可以产生肽基嘌呤霉素。但是嘌呤霉素仅与 tRNA 的 3′ 端相似,它与肽的羧基末端结合后,却不参与核糖体的移位和分离,导致过早地使肽链合成终止。它对原核细胞和真核细胞的蛋白质合成都有抑制作用,因而不作为抗菌药,但对蛋白质合成机制的阐明有重要意义。常见的蛋白质合成抑制剂的结构式见图 16-12。

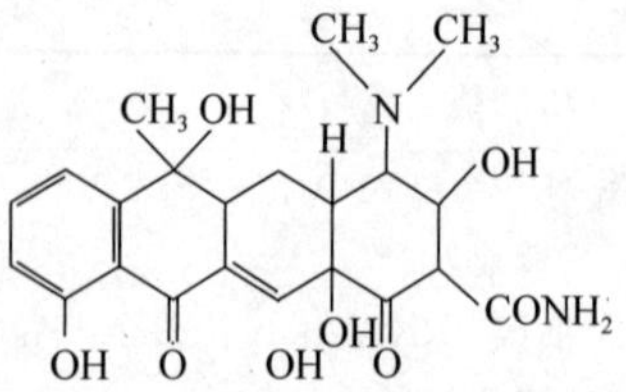

图 16-12 常见的几种蛋白质合成抑制剂的结构式

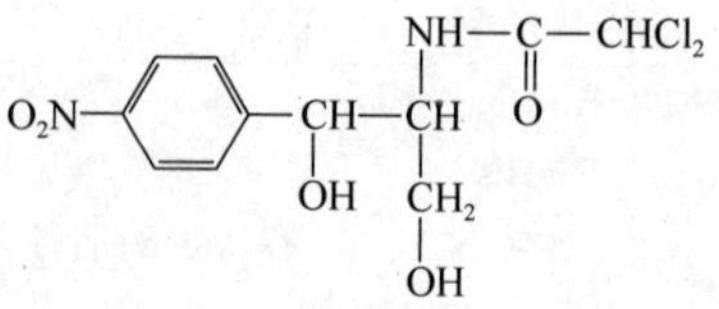

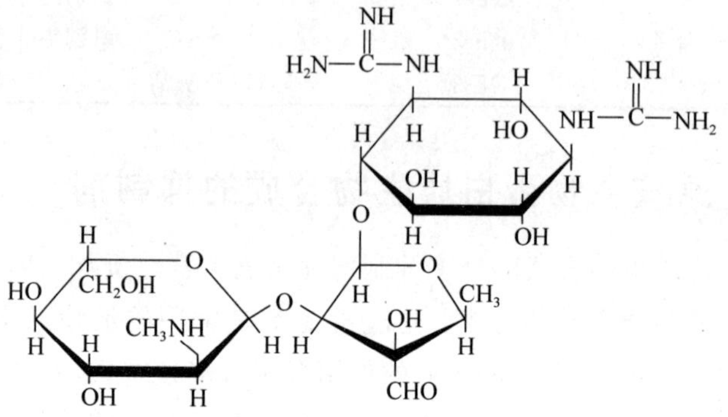

三、真核生物蛋白质生物合成的过程

真核生物的肽链合成过程与原核生物相似,只是其反应更复杂、反应过程涉及更多的**真核生物起始因子**(eukaryotic initiation factors,eIFs)参与(表 16-6)。

表 16-6 参与真核生物翻译的各种蛋白质因子及其功能

作用阶段	因子名称	功 能
起始因子	eIF-1	多功能,使小亚基沿 mRNA 扫描
	eIF-1A	使小亚基沿 mRNA 扫描
	eIF-2	促进 Met-tRNAi 与小亚基 P 位结合;水解 GTP
	eIF-2B	以 GTP 交换 eIF-2 上水解产生的 GDP
	eIF-3	阻止 40S 小亚基与 60S 大亚基结合
	eIF-4A	具有 RNA 解旋酶活性
	eIF-4B	结合 ATP 并促进 eIF-4A 与 mRNA 结合
	eIF-4E	具有结合 mRNA5′端帽子的活性
	eIF-4G	能与多种蛋白质(eIF-3、eIF-4A、PABP)结合,通过 eIF-连到 mRNA5′帽子周围
	eIF-5	促进小亚基与大亚基结合
	eIF-6	与 60S 大亚基结合,阻止大亚基与小亚基相结合
	PABP	与 poly(A)相结合的蛋白质
延长因子	eEF1-α	促进氨酰-tRNA 进入 A 位
	eEF1-βγ	调节亚基
	eEF-2	有移位酶活性,相当于 EF-G 的功能
释放因子	eRF	识别所有终止密码子

（一）肽链合成起始

在肽链合成的起始阶段，真核生物与原核生物差别较大。真核生物的核糖体较大，如核糖体为80S（分别是40S小亚基和60S大亚基）；起始甲硫氨酸不被甲酰化；起始因子种类更多更复杂。真核生物的mRNA为单顺反子（只含一条多肽链的遗传信息），起始AUG上游没有SD序列，但有7甲基三磷酸鸟苷形成的5′端"帽子"和多聚腺苷酸形成的3′端"polyA尾"结构，都参与形成翻译起始复合物。真核生物肽链合成的起始过程如下：

（1）43S前起始复合物的形成。起始因子eIF-1A、eIF-3与核糖体40S小亚基结合，eIF-6与核糖体60S大亚基结合，在这些因子的共同作用下，阻止大亚基与小亚基结合。其后在eIF-2B的作用下，eIF-2与GTP结合；随之，在其他eIF的参与下，Met-tRNAi^{Met}与结合了GTP的eIF-2共同结合于小亚基的P位，形成43S前起始复合物。与原核生物肽链起始不同，这一步43S前起始复合物中并没有mRNA的存在。

（2）mRNA定位于核糖体小亚基。真核生物mRNA起始密码子前没有SD序列，其在核糖体小亚基能够准确定位依赖于其对mRNA的扫描机制，即从5′端开始，直到遇到第一个AUG作为开始阅读框的起始信号。其中由多种蛋白质因子组成的帽子结合蛋白复合物（eIF-4F复合物）可能参与了扫描过程。eIF-4F复合物是由eIF-4E、eIF-4G、eIF-4A组成的三聚体复合物，它通过eIF-4E与mRNA5′端帽子结合。**polyA结合蛋白**（poly A binding protein，PAB）可与mRNA的3′端poly A尾结合。在eIF-4G和eIF-3作用下，结合了帽子的eIF-4E和结合了poly A的PAB与核糖体小亚基结合形成复合物。eIF-4A具有RNA解螺旋酶活性，与eIF-4E形成复合物后定位于mRNA起始密码子AUG上游的引导区。在eIF-4B的作用下，eIF-4A通过消耗ATP将mRNA引导区的二级结构解链，以利于Met-tRNAi^{Met}从5′到3′的方向沿mRNA进行扫描，直到起始AUG与Met-tRNAi^{Met}的反密码子配对结合，在真核生物mRNA的5′端可能存在多个AUG密码子，但起始密码子位于Kozak序列中。所谓**Kozak序列**是指起始密码子AUG周围的一段通用序列，即ACCAUGG。

（3）核糖体大亚基结合。已经结合mRNA、Met-tRNAi^{Met}的小亚基，在eIF-5的帮助下与60S大亚基结合，形成翻译起始复合物。同时GTP水解释放能量，促进各种eIF从核糖体释放（图16-13）。

（二）肽链延长

真核生物肽链延长过程和原核生物基本相似，只是反应体系和延长因子不同，有eEF-1和eEF-2两个延长因子，eEF-1由eEF-1A和eEF-1B组成，在延长中分别相当于原核生物中EF-Tu和EF-Ts的功能，eEF-2与EF-G功能相似。另外，真核细胞核糖体中没有E位，转位时脱氨酰的tRNA直接从P位脱落。

（三）肽链终止

真核生物翻译终止过程与原核生物相似，但只有1种释放因子eRF，可识别所有终止密码子，完成原核生物各类释放因子的功能。真核生物与原核生物肽链合成的主要步骤相

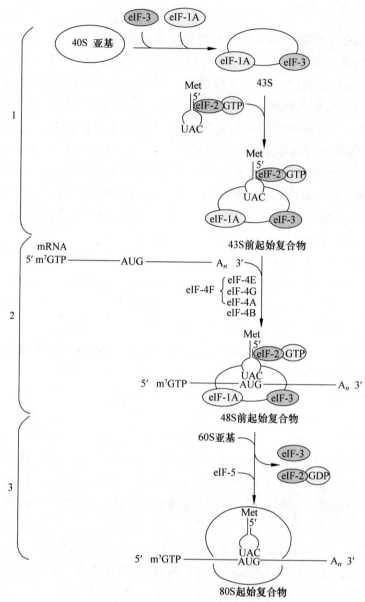

图 16-13 真核生物翻译起始的三个步骤

同,但也有许多差别(表 16-7)。

表 16-7 真核生物与原核生物肽链合成的区别

	原核生物	真核生物
mRNA	为多顺反子 转录后基本不加工 转录与翻译可同时进行	为单顺反子 转录后进行加帽、加尾及剪接修饰 mRNA 在核内合成,加工后进入胞液
核蛋白体	70S,小亚基 30S ＋大亚基 50S	80S,小亚基 40S＋大亚基 60S
tRNA	起始氨酰 tRNA 为 fMet-tRNA^{fMet}	起始氨基酰 tRNA 为 Met-tRNA$_i^{Met}$

续表

	原核生物	真核生物
起始阶段	起始氨酰 tRNA 为 fMet-tRNA^{fMet} 核糖体小亚基先与 mRNA 结合,再与 fMet-tRNA^{fMet} 结合 mRNA 的 SD 序列与 16S rRNA3′端的一段互补序列结合 有 3 种 IF 参与起始复合物	起始氨酰 tRNA 为 Met-tRNA$_i^{Met}$ 核糖体小亚基先与 Met-tRNA$_i^{Met}$ 结合,再与 mRNA 结合 mRNA 的帽子结构与帽子结合蛋白复合物结合 至少 10 种 eIF 参与起始复合物的形成
延长阶段	延长因子为 EF-Tu、EF-Ts 和 EF-G	延长因子为 eEF-1α、eEF-1βγ 与 eEF-2
终止阶段	释放因子为 RF-1、RF-2 和 RF-3	释放因子为 eRF

　　蛋白质生物合成需要消耗能量,每延长 1 个氨基酸需要活化氨酰 tRNA 消耗掉 2 个高能键,而进位、转位各需要消耗 1 个高能键。合成过程中,为了保证合成的蛋白不出现偏差,任何步骤出现差错都会通过水解清除,但要消耗能量,因此每合成增加 1 个肽键平均需要消耗 4 个高能磷酸键,这种磷酸键大多来源于 GTP 或 ATP 的水解。蛋白质是一类包含遗传信息的多聚分子,为了维护生物体遗传的稳定,多肽链在高速合成过程中的出错率低于 10^{-4}。

第四节　蛋白质生物合成后的折叠与修饰

　　由 mRNA 翻译出来的新生多肽链,一般都不具备蛋白质的生物学活性,必须经过折叠和修饰过程,才能成为具有生物活性的功能蛋白质。

一、新生多肽链的折叠

　　蛋白质的折叠对于翻译后形成功能性蛋白尤为重要。如果蛋白质折叠发生错误,其生物学功能就会受到影响或丧失,严重者甚至会引起疾病。新生多肽链在合成过程中或合成后,通过自身的相互作用,在合适的分子间形成氢键、离子键、范德华力以及疏水相互作用,形成有功能的天然构象,使储存在 mRNA 中的遗传信息以这种方式转变成蛋白质。那么新合成的蛋白质分子如何形成具有功能的空间结构? 以下介绍几种能够促进新生肽链正确折叠的生物大分子。

(一) 分子伴侣

　　分子伴侣(molecular chaperon)是细胞内一类保守的蛋白质,它不仅能识别肽链的非天然构象而且还能促进蛋白质各功能域和整体的正确折叠。分子伴侣具有的功能包括几个方面:①与待折叠蛋白暴露的疏水区结合并封闭这一区段;②为蛋白质的折叠创造隔离的环境,使之相互之间不发生干扰;③促使蛋白质折叠并防止其聚集;④出现应激刺激时,使发生折叠的蛋白质去折叠。细胞内的分子伴侣有两大类,一类是能与核糖体结合的分子伴侣,主要有**触发因子**(trigger factor,TF)和**新生链相关复合物**(nascent chain-associated complex,NAC);另一类是不能与核糖体结合的分子伴侣,主要有热休克蛋白、伴侣蛋白等。以下重点介绍不能与核糖体结合的分子伴侣。

1. 热休克蛋白

热休克蛋白(heat shock protein,HSP)是一类受应激刺激产生的蛋白质,高温应激可诱导机体合成该类蛋白质。HSP70、HSP40 和 Grp E 是大肠埃希菌中参与蛋白质折叠的三类热休克蛋白,不只在大肠埃希菌中,其他各类生物中都有这三类热休克蛋白质的同源蛋白。蛋白质翻译后的修饰过程中,这类热休克蛋白可帮助需要折叠的多肽链正确折叠成为有天然空间构象的蛋白质。

目前,人们对蛋白质折叠的掌握主要来自于对大肠埃希菌内蛋白质折叠的研究,而对真核细胞内蛋白质是如何折叠的还知之甚少。在大肠埃希菌内,HSP70 的编码基因为 Dna K。HSP70 包含两个主要功能域:一个是能够结合和水解 ATP 的 ATP 酶结构域,它位于 N-端,且序列高度保守;另一个为多肽链结合结构域,它位于蛋白质的 C-端。蛋白质的正确折叠需要这两个结构域的参与。在促进蛋白质折叠的过程中,单独的 HSP70 难以完成,需要辅助因子 HSP40 和 Grp E 的参与。在大肠埃希菌内,编码 HSP40 的基因为 Dna J,当 ATP 存在的条件下 Dna J 和 Dna K 能相互结合,抑制蛋白质的聚集;Grp E 能够与 HSP40 作用,两者通过改变 Dna K 的构象,而控制 Dna K 的功能,使 ATP 酶的活性发生变化。

热休克蛋白促进蛋白质折叠过程可通过 HSP70 反应循环来实现,具体步骤包括:①在大肠埃希菌内,基因 Dna J 首先结合未折叠或部分折叠的多肽链,同时将多肽链导向 Dna K-ATP 复合体,并同 Dna K 结合;②Dna J 不仅激活了 Dna K 内部的 ATP 酶,而且促使 ATP 水解生成 ADP,在能量帮助下,形成稳定的 Dna J-Dna K-ADP-多肽复合物;③在辅助因子 Grp E(也可能是 Dna J)的帮助下,ATP 会与多肽复合物中的 ADP 发生交换;④交换后的复合物变得不稳定且迅速解离,释放出完全折叠或已完成部分折叠的蛋白质,而未完成折叠的蛋白质可进入新一轮 HSP70 循环,完成全部折叠过程(图 16-14)。

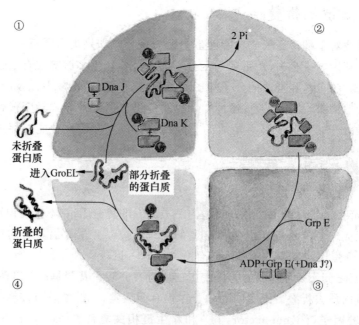

图 16-14 HSP70 反应循环示意图

知识卡片 16-3 热休克蛋白的早期发展简史

2. 伴侣蛋白

伴侣蛋白(chaperone)也属于分子伴侣家族,在大肠埃希菌中发现的 Gro EL 和 Gro ES 等家族,都可在真核细胞中找到与其同源的蛋白质 HSP60 和 HSP10。这一分子伴侣家族的主要作用是为不能自发折叠的蛋白质提供适宜的微环境,确保蛋白质折叠成天然空间构象。预计大肠埃希菌细胞中 10%～20% 的蛋白质折叠都必须得到这一家族蛋白的辅助。

Gro EL 是一种多聚体,由 14 个相同的亚基上下两圈组成的筒状空腔,空腔的出口在复合物的顶部。Gro ES 是一种圆顶状蛋白质,它包含 7 个相同的亚基,能够与 Gro EL 形成复合物 Gro EL-Gro ES。未折叠多肽链进入 Gro EL 的筒状空腔内部,Gro ES 瞬时封闭筒状空腔出口,使筒状空腔形成一种封闭的适宜未折叠多肽折叠的微环境。

Gro EL-Gro ES 复合物反应循环过程(图 16-15)包括:①未折叠的肽链进入由 Gro EL 复合体构成的空腔,而空腔底部由 Gro ES 复合体封闭;②Gro EL 复合体上半部分与 7 个 ATP 结合,而复合体的下部已结合 7 个 ADP 分子;③ATP 水解释放出能量,同时伴随释放 14 个 ADP 分子、7 个无机磷酸分子及 Gro ES;④Gro ES 与 7 个 ATP 共同结合于 Gro EL 的上半部分亚基,目的是封闭 Gro EL 空腔的上部出口;⑤位于上部的 ATP 水解释放能量,生成 ADP 与无机磷酸分子,ADP 仍结合于 Gro EL 复合体上,而无机磷酸分子释放,同时,另外的 7 个 ATP 分子与 Gro EL 下部的亚基发生结合;⑥未折叠的肽链进入空腔后,在密闭的 Gro EL 空腔内发生折叠,这时 Gro EL 顶部结构发生变化,开始大幅度地转动和向

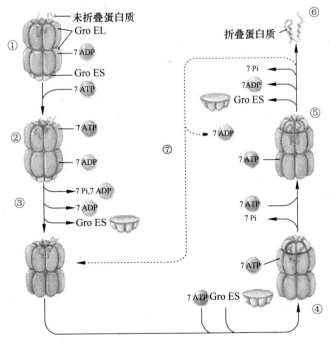

图 16-15 Gro EL-Gro ES 复合物反应循环

上移动,使空腔变大,其表面结构由疏水转变为亲水状态,更加利于肽链的折叠;⑦在腔内完成折叠后,以天然空间构象存在的蛋白质释放出去,而没有完成折叠的蛋白质可在下一轮继续循环,如此反复,直到形成天然空间构象为止。

事实上,分子伴侣并没有加快蛋白质折叠的速度,仅仅是通过去除不正确折叠,间接增加了功能性蛋白的折叠产率,从而提高了天然蛋白质的折叠。

(二) 二硫键异构酶

多肽链在折叠过程中,二硫键能否正确形成对分泌型蛋白质及细胞膜蛋白质具有重要意义。二硫键的形成过程主要发生在细胞的内质网。多肽链内部的半胱氨酸间很可能出现错配的二硫键,干扰蛋白质的正确折叠。**二硫键异构酶**(disulfide isomerase,PDI)在内质网腔中具有较高的活性,它可以催化肽链内错配的二硫键断裂,同时将其修正为正确的二硫键连接,最终形成具有稳定二硫键构象的天然蛋白质。

(三) 肽-脯氨酰顺反异构酶

脯氨酸属于亚氨基酸,在多肽链中肽与脯氨酸可形成肽键,且这类肽键包含顺反两种异构体,两者的空间构象有明显的区别。**肽-脯氨酰顺反异构酶**(peptide prolyl-cis-trans isomerase,PPI)具有促进顺反两种异构体相互转换的活性。在天然的蛋白质内,肽-脯氨酸间的肽键大多数为反式结构,顺式结构仅占 6% 左右。肽-脯氨酰顺反异构酶是一种重要的限速酶,决定着蛋白质三维构象形成的速度,当肽链最终结构需要表现顺式结构时,它发挥作用促使肽链内的脯氨酸形成正确折叠。

蛋白质的正确折叠除了需要酶、分子伴侣外,有些时候还需要另外一些特定的蛋白质存在的情况下才能折叠成正确构象,成为功能蛋白质。

二、 翻译后修饰

新生的多肽链大多数是没有生物学活性的,必须经过一次或多次加工修饰才能转变为具有活性的蛋白质,这一过程称为**翻译后修饰**(posttranslational modification)。主要的修饰方式有以下几类。

1. 氨基末端和羧基末端的修饰

在蛋白质合成中,所有新生多肽链的起始氨基酸都是从 N-甲酰甲硫氨酸(原核生物)残基或甲硫氨酸残基(真核生物)开始的。然而,细胞内的脱甲酰基酶或氨基肽酶可以去除甲酰基、甲硫氨酸或加入到 N-末端(有时也加入到 C-末端)的其他残基,因此它们并不出现在天然蛋白质中。在真核生物蛋白质中,约 50% 的 N-末端氨基在翻译后被乙酰化。C-末端羧基有时也会被修饰。

2. 信号序列的切除

分泌型蛋白和膜蛋白的氨基末端有一段序列为 15～30 个高度疏水的氨基酸组成的信号序列,它在引导细胞中蛋白质转运到达最终目的地发挥了重要作用。这段信号序列发挥完作用后被专一的肽酶除去。

3. 个别氨基酸的修饰

某些蛋白质的一些丝氨酸、苏氨酸及酪氨酸残基上的羟基,可通过激酶利用 ATP 进行磷酸化作用,生成磷酸丝氨酸、磷酸苏氨酸及磷酸酪氨酸残基,使其带上负电荷。对于不同的蛋白质这种修饰的意义不同。例如，牛奶中的酪蛋白具有许多磷酸丝氨酸残基，可与Ca^{2+}结合，有利于哺乳期的生物体获取营养。细胞内许多酶和调控蛋白的活性就是通过磷酸化和去磷酸化而得以调节。又如，血液凝固的关键成分凝血酶原，在羧化酶的作用下，其氨基末端区域的谷氨酸被羧基化，之后这些羧基可与Ca^{2+}结合，是启动凝血机制的关键。另外，有研究发现，一些蛋白中某些特定的酪氨酸发生磷酸化是正常细胞转化成癌细胞的重要步骤。

4. 连接糖类的侧链

在多肽链合成过程中或合成后，在专一酶的催化下，糖类侧链可连接到天冬酰胺残基上（N-连接寡糖），也可通过O-糖苷键与丝氨酸或苏氨酸的羟基相连，使多肽链糖基化，形成糖蛋白或蛋白聚糖，进而行使多种生物学功能。

5. 异戊二烯基的添加

许多真核生物的蛋白质可通过添加异戊二烯基的衍生物进行修饰。异戊二烯基的衍生物与蛋白质的半胱氨酸通过硫醚键相连。其来源为胆固醇生物合成的焦磷酸化中间产物转变而来。通过这种方式修饰的蛋白质有 Ras 蛋白、G 蛋白等。

6. 辅基的加入

许多蛋白质要发挥其生物活性需要辅基的加入，其结合方式多为共价结合。例如，乙酰 CoA 羧化酶与生物素的共价结合，细胞色素 c 与血红素的共价结合等。

7. 蛋白酶的加工

许多蛋白质最初合成的前体蛋白质较大且无活性，合成后需要经过蛋白酶的加工作用，转变为较小的、活性蛋白质形式。例如，一些激素、蛋白酶原等，常是先合成其无活性的前体形式，经过蛋白酶切去多余序列后产生活性蛋白质。

另外，真核细胞中某些多肽链，经翻译后蛋白酶加工，可产生几种不同性质的蛋白质或多肽。例如，促肾上腺皮质激素（adrenocorticotropic hormone，ACTH）、**β-促脂解激素**（β-lipotropin，β-LT）、**β-内啡肽**（β-endorphin）、**促黑激素**（melanocyte stimulating hormone，MSH）及 **α-内啡肽**（α-endorphin）等活性物质均来自于同一前体肽，即由 256 个氨基酸残基组成的**阿片促黑皮质素原**（proopiomelanocortin，POMC）。

8. 二硫键的形成

许多蛋白质折叠形成天然构象之后，链内或链间的半胱氨酸残基间有时会形成二硫键。二硫键的正确形成对稳定蛋白质的天然构象具有重要意义。

第五节　蛋白质的靶向输送

蛋白质在核糖体上合成后还需要定向输送到适当的目标部位才能行使生物学功能。因此，常将蛋白质生物合成后被定向输送到其发挥作用靶点的过程称为**蛋白质的靶向输送**（protein targeting）。蛋白质在核糖体经过翻译合成后还不具备活性，它经过分选、定向输送至特定部位才能发挥其活性功能，这种特定部位大致有三个去向：①直接释放入细胞液；②传递进入各类细胞器；③分泌至细胞外。在核糖体翻译合成后，停留在细胞液中的蛋白质直接释放入细胞液并行使其活性功能；而运送至胞外或细胞器的蛋白质须通过膜性结构，通过特定、复杂的靶向输送机制后才能顺利到达目的地。蛋白质经靶向输送进入指定部位的同时，伴随着蛋白质翻译后的修饰过程。

知识卡片 16-4 　　　　信号序列的发现

一、 靶向输送的信号存在于蛋白质 N 末端

需要靶向输送的蛋白质,其结构中必须存在分选信号,信号多以 N-端特异氨基酸序列的形式存在,能够引导蛋白质特异性地转移到靶部位,这种 N-端序列称作**信号序列**(signal sequence),该序列所包含的信息决定着蛋白质的靶向输送,其作为一种重要元件储存于蛋白质的一级结构之中。

具有不同靶向性的蛋白质其信号序列也不相同。大多数靶向部位为溶酶体、质膜及分泌至细胞外的蛋白质 N-端都有一条信号序列,长度 13~36 个氨基酸,该序列称为**信号肽**(signal peptide)。信号肽的特点包括:①信号肽 N-端多分布碱性氨基酸残基,如赖氨酸、精氨酸、组氨酸;②信号肽中段核心区多由疏水氨基酸残基组成,如亮氨酸、异亮氨酸等;③信号肽 C-端多分布一些极性大、侧链相对较短的氨基酸,如甘氨酸、丝氨酸等,同时在 C-端存在能够被**信号肽酶**(signal peptidase)切割的位点(图 16-16)。

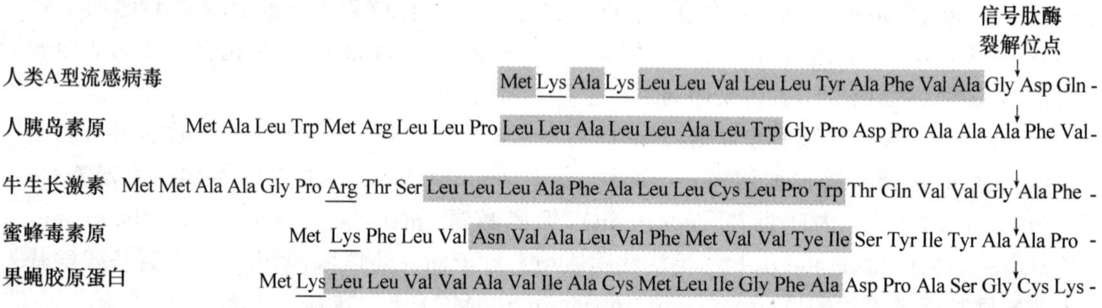

信号肽酶
裂解位点

人类A型流感病毒　　　Met Lys Ala Lys Leu Leu Val Leu Leu Tyr Ala Phe Val Ala Gly Asp Gln -

人胰岛素原　　Met Ala Leu Trp Met Arg Leu Leu Pro Leu Leu Ala Leu Leu Ala Leu Trp Gly Pro Asp Pro Ala Ala Ala Phe Val-

牛生长激素　　Met Met Ala Ala Gly Pro Arg Thr Ser Leu Leu Leu Ala Phe Ala Leu Leu Cys Leu Pro Trp Thr Gln Val Val Gly Ala Phe -

蜜蜂毒素原　　　　Met Lys Phe Leu Val Asn Val Ala Leu Val Phe Met Val Val Tye Ile Ser Tyr Ile Tyr Ala Ala Pro -

果蝇胶原蛋白　　　Met Lys Leu Leu Val Val Ala Val Ile Ala Cys Met Leu Ile Gly Phe Ala Asp Pro Ala Ser Gly Cys Lys -

阴影部分为疏水氨基酸残基,下划线部分为碱性氨基酸残基

图 16-16 　一些真核细胞分泌型蛋白质的信号肽序列

二、 细胞外蛋白质的靶向输送

真核细胞将蛋白质分泌至细胞外的靶向输送过程为:新合成的蛋白质在其信号肽序列引导下进入内质网内进行加工折叠,使其成为具有一定功能构象的蛋白质,然后在高尔基复合体内包装成分泌小泡,以这种形式转移到细胞膜,再分泌至细胞膜外。

多肽进入内质网的过程需要多种蛋白质的协同作用才能完成。这些协同蛋白包括:①**信号肽识别颗粒**(signal peptide recognition particle,SRP),它是由多肽亚基和 7SRNA 组成的复合体,这种复合体可以结合 GTP,具有 GTP 酶活性;②SRP 受体膜蛋白,它存在于内质网膜上,可以与 SRP 结合,因此又称为 SRP **对接蛋白**(docking protein,DP),DP 也可以结合 GTP,同样具有 GTP 酶活性;③位于内质网上的核糖体受体蛋白,也称内质网膜蛋白,它可以结合核糖体的大亚基使两个细胞器稳定结合;④肽转位复合物,它是一种多亚基的跨内质网膜蛋白,它能够为新生肽链形成跨内质网的蛋白质通道。

　　分泌型蛋白质前体多肽进入内质网的过程(图 16-17)包括：①分泌型蛋白质的 mRNA 首先与游离的核糖体结合，首先翻译合成出蛋白质的信号肽。②新合成的信号肽即与 SRP、GTP 及核糖体结合，形成核糖体-多肽-SRP 复合物。当肽链延伸至 70 个氨基酸残基大小时，信号肽完全脱离核糖体。由于此时信号肽与核糖体及 SRP 结合，多肽链的合成暂停。③通过 SRP 的导向作用，核糖体-多肽-SRP 复合物与内质网膜结合。④GTP 通过水解释放能量，促使 SRP 与信号肽及核糖体分离，导致多肽链继续延长。⑤核糖体大亚基与内质网上的核糖体受体结合，滑面内质网由于带有核糖体后变成了粗面内质网。⑥GTP 水解后释放能量，促使肽转位复合物打开跨越内质网膜的蛋白质通道，而新生成蛋白质信号肽通过此通道插入内质网膜。⑦新合成肽链发生转位，核糖体中延长中的多肽链也通过内质网膜蛋白质通道进入内质网内腔。⑧内质网内信号肽被信号肽酶切除并消化降解。⑨在内质网腔内，分子伴侣 HSP70 消耗 ATP，促使新合成多肽链正确折叠成为有功能的构象；内质网之外的核糖体及其他成分解聚后又重复上述过程，不断循环。

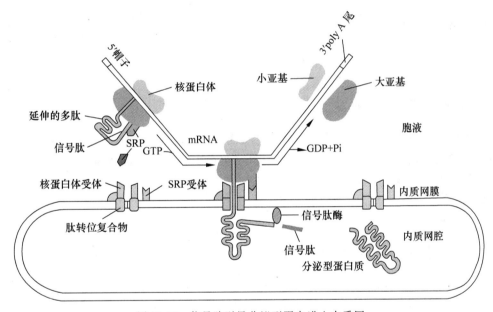

图 16-17　信号肽引导分泌型蛋白进入内质网

　　蛋白质在内质网内完成了出胞前的折叠工作后，在内质网内形成囊泡，以方便转移至高尔基复合体。转移后的囊泡会与顺面高尔基复合体的网状结构融合，同时将蛋白质转入高尔基中间膜囊完成糖基化修饰。糖基化修饰后的蛋白质形成分泌小泡，经由反面高尔基网状结构运送至细胞膜，通过细胞的胞吐作用将其分泌至细胞外。

三、　溶酶体蛋白质的靶向输送

　　输送至溶酶体的蛋白质，从合成到传递至高尔基体的过程与分泌至细胞外的蛋白质靶向输送过程相似。蛋白质进入高尔基体后首先糖基化，如它与甘露糖-6-磷酸结合，则会输送至溶酶体，这是由于甘露糖-6-磷酸是引导蛋白质定向输送的信号之一，它能被高尔基体网状结构上具有的甘露糖-6-磷酸受体所识别。输送至溶酶体的蛋白质与甘露糖-6-磷酸受体结合后，可以在高尔基体网状结构上包装成运输小泡，形成的运输小泡会以"出芽"方式分泌出高尔基体。运输小泡结合于分选小泡，受分选小泡内酸碱度的影响，运输小泡所含的蛋白质与其受体解离,这时甘露糖-6-磷酸上的磷酸基被磷酸酶所切割去除,避免了蛋白质与其受体的再度结合。分选小泡内含有受体的囊泡"出芽"离开,它将受体带回至高尔基体以备再次利用,而蛋白质通过囊泡的运输作用传送至目标溶酶体(图 16-18)。

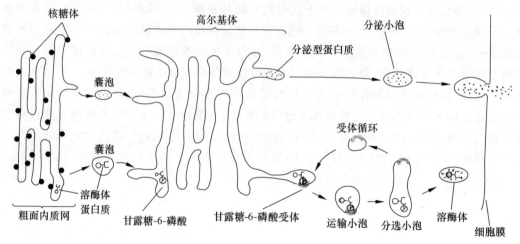

图 16-18　分泌型蛋白质与溶酶体蛋白质的靶向输送

四、 内质网蛋白质的靶向输送

内质网中含有分子伴侣,它可以帮助新生多肽折叠成具有天然构象的蛋白质。内质网蛋白与分泌型蛋白质的靶向输送类似,它们都经粗面内质网附着核糖体合成,然后进入内质网腔形成囊泡后输送至高尔基复合体,但内质网蛋白前体多肽 C-端含有一段滞留信号序列,这段信号序列的受体存在于高尔基复合体上,一旦两者相结合,内质网蛋白会随着囊泡定向地流回内质网。

五、 质膜蛋白质的靶向输送

靶向运输至质膜的蛋白质合成时,在粗面内质网上的跨膜机制与分泌至膜外的蛋白质在跨越内质网上的机制相类似,然而质膜蛋白质肽链并不能完全进入内质网腔内,而是锚定在内质网膜上。不同种类的跨膜蛋白质锚定在膜上的形式都不相同。如单次跨膜蛋白质除了 N-端的信号序列锚定在内质网膜之外,还存在一段由疏水氨基酸残基组成的跨膜序列,也称作终止转移序列,能与内质网膜结合。当肽链运送至内质网腔时,由于终止转移序列的疏水序列会与内质网膜上的脂质双分子层作用而牢固结合,结果导致运送的肽链不能进入内质网腔内,而形成了一种跨膜的锚定蛋白质。多次跨膜蛋白质由于内部的肽链中含有多个终止转移序列或信号序列,这种结构上的特点决定了它可在内质网膜上形成多次的跨膜结构。靶向输送至质膜的蛋白质以上述跨膜形式通过内质网膜"出芽",以囊泡的形式转移至高尔基复合体进行进一步加工,加工的囊泡转移至细胞膜,而到达细胞膜的囊泡会与细胞膜融合形成新的质膜。

六、 线粒体蛋白质的靶向输送

虽然线粒体本身含有 DNA、核糖体和 mRNA,能够进行蛋白质的生物合成,但是绝大多数线粒体内蛋白质是由细胞核内基因组所编码,在细胞液中游离的核糖体上进行合成、释放及靶向输送至线粒体内的。

　　线粒体中的蛋白质 90% 是以前体形式在细胞液内合成后靶向输送至线粒体的,如重要的氧化磷酸化蛋白等,这些蛋白质多定位于线粒体基质,另外一些定位在线粒体内、外膜及膜间隙部位,这些定位都是依据蛋白质 N-端相应的信号序列。以线粒体基质蛋白前体为例,它 N-端有保守的长 20～35 个氨基酸残基组成的信号序列,该序列称为导肽,导肽富含丝氨酸、苏氨酸及其他碱性氨基酸残基。蛋白质靶向输送至线粒体基质的过程(图 16-19)包括:①在细胞液内游离的核糖体内合成的线粒体蛋白质,首先与分子伴侣 HSP70 或**线粒体输入刺激因子**(mitochondrial import stimulatory factor,MSF)结合,以结合后形成的稳定未折叠形式转运至线粒体;②蛋白质通过本身的信号序列被线粒体外膜受体识别并结合到线粒体外膜上;③蛋白质在到达线粒体基质之前,要经过由线粒体内膜转运体和外膜转运体共同构成的跨线粒体膜的蛋白质通道,经过此通道后蛋白质以未折叠形式进入线粒体基质,同时 HSP70 脱离蛋白质释放入细胞液。④跨内膜化学梯度的能量与 HSP70 水解释放的能量共同帮助蛋白质进入线粒体;⑤线粒体内的蛋白酶切割前体蛋白的信号序列后,在分子伴侣的帮助下折叠成具有功能构象的蛋白质。进入线粒体内膜和间隙膜的蛋白质序列内除了导肽外,还包含另一类引导信号序列,它的作用是将蛋白质从基质输送至线粒体内膜或穿过内膜进入膜间隙(图 16-19)。

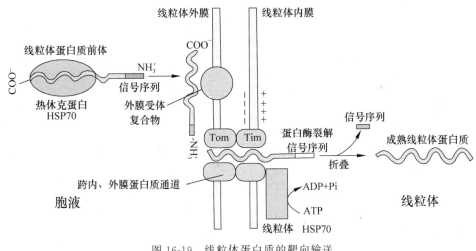

图 16-19　线粒体蛋白质的靶向输送

七、　细胞核蛋白质的靶向输送

　　细胞核内含有很多重要功能的蛋白质,如参与复制、转录及参与基因表达调控的多种酶等。这些蛋白质都是在细胞液中合成后,经核孔定向运输至细胞核内的。靶向输送入细胞核的蛋白质多肽链内都具有一段特异的**核定位序列**(nuclear localization signal,NLS)。NLS 在肽链内没有固定位置,与其他信号序列不同的是该蛋白质完成核内定位后 NLS 不被切除。NLS 通常由 4～8 个氨基酸残基构成的短序列,内部常常由带正电荷的赖氨酸、精氨酸组成。不同的 NLS 序列间没有相似性。真核细胞有丝分裂后期细胞核膜重建时,细胞液内具有 NLS 的蛋白质可以靶向进入细胞核内。向细胞核内靶向输送蛋白质时,常涉及几种蛋白因子的协同作用,这几种蛋白因子包括输入因子 α、输入因子 β 及 Ran 蛋白(小 GTP 酶)等。输入因子 α 和 β 常形成杂二聚体,作为输送至细胞核蛋白质的受体,专门识别结合

NLS 序列。细胞核蛋白质的靶向输送过程具体包括(图 16-20)：①细胞液内合成的输送至细胞核的蛋白质与输入因子形成的二聚体受体结合形成复合物，并以此为导向进入细胞核膜的核孔。②由 Ran 蛋白(小 GTP 酶)水解 GTP 释放能量，促使蛋白质与输入因子复合物跨过核孔，进入细胞核基质内；③转位过程，输入因子二聚体从导入复合物中解离，转移出核孔后被重新利用，输送至细胞核内的蛋白质定位于细胞核内部，序列内的 NLS 不被切除。

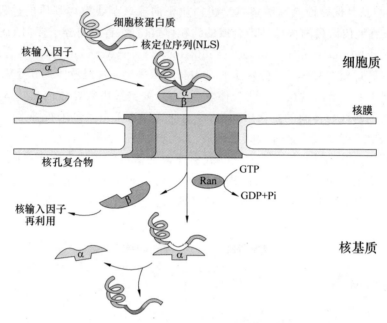

图 16-20　细胞核蛋白质的靶向输送

本章小结

蛋白质的生物合成　也称翻译，是以 mRNA 为模板，将 mRNA 分子中以 4 种核苷酸组成为代表的遗传信息翻译成蛋白质结构中氨基酸的排列顺序。

遗传密码　是指 mRNA 的核苷酸序列与所编码的氨基酸序列的对应关系。mRNA 在开放阅读框架区，以 3 个相邻的核苷酸为一组，代表一种氨基酸或其他信息，形成一套三联体密码子，由 64 个密码子组成。密码子的阅读方向是 5′ 到 3′。

氨基酸的活化　是指氨酰 tRNA 合成酶催化氨基酸和相应 tRNA 结合成为氨酰 tRNA 的过程。

蛋白质的生物合成过程　是个耗能的过程，可分为起始、延长、终止三个阶段。起始阶段是将活化的氨基酸组装形成起始复合物，为肽链的延伸提供正确的位点和提供肽键形成的羧基；延长过程是个"进位—成肽—移位"的三步循环过程；终止是肽链从合成部位脱离的过程。

多聚核糖体　是指一条 mRNA 分子可同时与多个核糖体结合，呈串珠状，可以同时合成几条多肽链，从而提高蛋白质的合成速度。

核糖体循环　是指在肽链合成的延长阶段，经过进位、成肽和转位 3 个步骤而使氨基酸依次进入核糖体并聚合多肽链的过程。每经过一次核糖体循环,肽链中增加一个氨基酸残基。

蛋白质折叠和修饰　多肽链合成后要经过适当折叠和加工修饰才能成为具有天然构象和生物活性的蛋白质的过程。这一过程需要分子伴侣和多种酶的参与。

蛋白质靶向运输　蛋白质合成被定向输送到靶位点的过程,称为靶向运输。信号肽在分泌型蛋白质的转运过程中起了重要的引导作用。

分子伴侣　是指细胞内一类可识别肽链的非天然构象、促进各功能域和整体蛋白质正确折叠的保守蛋白质。

复习思考题

1. 简述蛋白质生物合成体系的组成及其作用。
2. 什么是遗传密码? 其特点有哪些?
3. 密码子的简并性及摆动性的生物学意义是什么?
4. 简述蛋白质生物合成的起始、肽链延长和终止过程。
5. 比较原核生物与真核生物在蛋白质生物合成上的异同点。
6. 什么是多聚核糖体? 它有何生物学意义?
7. 什么是 SD 序列及其生物学意义?
8. 蛋白质合成后的加工方式有哪些?

第十七章　基因表达与调控

本章导读

　　基因表达是指基因经过转录和翻译表现出其生物学功能的整个过程。这一过程受到严密和精确的调控。基因表达的合理调控有利于生物适应环境,维持生长和发育。基因表达调控研究对维护生物健康、控制癌变和遗传疾病的发生以及改良育种都具有重要作用。本章首先介绍了基因表达的基本概念和原理,接着阐述了原核生物基因表达的调控,重点举例说明了转录水平的调控模式——操纵子模式,最后简要概述了真核生物基因表达的调控水平和方式。通过本章学习要弄明白以下几个问题:①了解基因表达的基本概念和时空特异性。②理解转录水平上原核生物基因表达的操纵子模式的原理和生物学意义。③了解真核生物基因表达调控的层次水平。

第一节　基因表达调控的基本概念与原理

一、基因表达的概念

　　基因表达(gene expression)是指储存遗传信息的基因经过转录和翻译表现出其生物学功能的整个过程。大多数基因的表达产物是蛋白质,部分基因如 rRNA 和 tRNA 基因的表达产物是 RNA。生物基因组的遗传信息并不是同时全部都表达出来的,即使极简单的生物,如最简单的病毒,其基因组所含的全部基因也不是以同样的强度同时表达。大肠埃希菌基因组中的基因,一般情况下只有 5%～10% 处于高水平转录状态,其他基因,有的处于较低水平表达,有的暂时不表达。哺乳类基因组更复杂,人的一个组织细胞中通常只有一部分基因表达,多数基因处于沉默状态。哺乳类细胞中开放转录的基因约有 1 万个,即使是蛋白质合成量比较多、基因开放比例较高的肝细胞,一般也只有不超过 20% 的基因处于表达状态。可见,基因表达是在一定的调节机制下进行的,以便生物更好地适应环境,维持其生长和发育的需要。

◀◀ 知识卡片 17-1　　　"基因"概念的提出 ▶▶

1865 年 2 月,遗传学奠基人孟德尔(Gregor Johann Mendel,1822—1884)在奥地利自然科学学会会议上报告了植物杂交试验的研究结果,次年刊发了著名的《植物杂交试验》论文,提出了遗传学的两个基本规律——基因的分离定律和基因的自由组合定律。他指出每一个生物性状都是通过遗传因子来传递的,遗传因子是独立的遗传单位。即把可观察的遗传性状和控制它的内在遗传因子区分开来,遗传因子作为基因的雏形名词诞生了。虽然孟德尔还不知道这种物质是以怎样的方式存在,也不知道它的结构,但孟德尔用"遗传因子"一词来提出它的论点,为现代基因概念的产生奠定了基础。遗传因子实际上是孟德尔根据其实验结果假想出来的,从那时起,遗传学家踏上了寻找基因实体的艰难历程。1903 年,萨顿(W. S. Sutton,1877—1916)和鲍维里(T. Boveri,1862—1915)两人注意到,杂交试验中遗传因子的行为与减数分裂和受精中染色体的行为非常吻合,他们提出了"遗传因子位于染色体上"的"萨顿-鲍维里假想"。他们根据各自的研究,认为孟德尔的"遗传因子"与配子形成和受精过程中的染色体传递行为具有平行性,并提出了遗传的染色体学说,认为孟德尔的遗传因子位于染色体上,即承认染色体是遗传物质的载体,第一次把遗传物质和染色体联系起来。这种假想很好地解释了孟德尔的两大规律,在以后的科学实验中也得到了证实。1909 年,丹麦遗传学家约翰逊(W. Johansen,1859—1927)在《精密遗传学原理》一书中提出"基因"概念,以此来替代孟德尔假定的"遗传因子"。从此,"基因"一词一直伴随着遗传学发展至今。

二、 基因表达的特点

1. 时间特异性或发育阶段特异性

生物体特异基因的表达按特定时程阶段顺序地进行,这种基因表达呈现严格的时间性,称为**阶段特异性**(stage specificity)或**时间特异性**(temporal specificity)。细胞分化发育的不同时期,基因表达的情况是不同的,这就是基因表达的阶段特异性。一个受精卵含有发育成一个成熟个体的全部遗传信息,在个体发育分化的各个阶段,各种基因极为有序地表达,一般在胚胎时期基因开放的数量最多,随着分化的发展,细胞中某些基因关闭,某些基因转向开放,胚胎发育不同阶段、不同部位的细胞中开放的基因及其开放的程度不一样,合成蛋白质的种类和数量也不相同,表现出基因表达调控在空间和时间上极高的有序性,从而逐步生成形态与功能各不相同、极为协调、有序的组织脏器。即使是同一个细胞,处在不同的细胞周期状态,其基因的表达和蛋白质合成的情况也不相同,这种细胞生长过程中基因表达调控的变化,正是细胞生长繁殖的基础。

2. 空间特异性或组织细胞特异性

生物个体的各种组织细胞一般都有相同的染色体数目,每个细胞中的 DNA 含量基本相近。经典的遗传学认为只有生殖细胞能够繁衍后代,随着科学的发展,能将生物的体细胞培育成为完整的个体。比如,成年山羊的乳腺细胞在适当的条件下,也能分化发育成山羊个体即克隆羊,这表明这些体细胞也像生殖细胞一样含有个体发育、生存和繁殖的全部遗传信息。但这些遗传信息的表达受到严格的调控,通常各组织细胞只合成其自身结构和功能所需要的蛋白质。在多细胞生物中,在某一发育、生长的阶段,同一基因产物在不同的组织器官中表达的数量不同;不同的基因产物在不同的组织器官中分布也不完全相同,这就是基因表达的**组织特异性**(tissue specificity)。这种基因产物在机体各空间部位特异出现而不平均分布的性质称为基因表达的**空间特异性**(spatial specificity)。

细胞特定的基因表达状态决定这个组织细胞特有的形态和功能。如果基因表达调控发生变化,细胞的形态与功能也会随之改变。例如,正常组织细胞转化为癌细胞的过程,就首先有基因表达方面的改变。比如,人体肝细胞在胚胎时期能合成**甲胎蛋白**(α-fetoprotein,AFP),成年后就很少合成 AFP 了,但当肝细胞转化成肝癌细胞时,编码 AFP 的基因又会开放,合成 AFP 的量会大幅度升高,因而它成为肝癌早期诊断的一个重要指标。

3. 组成性表达和适应性表达

生物只有适应环境才能生存。当周围的营养、温度、湿度、酸碱度等条件变化时,生物体就需要改变自身基因表达状况,以调整体内执行相应功能蛋白质的种类和数量,从而改变自身的代谢等以适应环境。生物体内的基因表达随环境变化的情况而呈现不同的表达结果。一些基因表达不大随环境变动而变化,这类基因表达称为**组成性表达**(constitutive expression)。其中某些基因表达产物是细胞或生物体整个生命过程中都必不可少的,这类基因可称为**持家基因**(housekeeping gene),这些基因中多数是在生物组织细胞,甚至在同一物种的细胞中都是持续表达的,可以看成是细胞基本的基因表达。但是组成性基因表达也不是一成不变的,其表达强弱也受一定机制的调控。另一些基因的表达易受环境变化的影响,这一类基因表达称为**适应性表达**(adaptive expression)。随环境条件变化,基因表达水平增高的现象称为**诱导**(induction),这类基因称为**可诱导的基因**(inducible gene);相反,随环境条件变化而基因表达水平降低的现象称为**阻遏**(repression),相应的基因称为**可阻遏的基因**(repressible gene)。

4. 受到多层次调控

基因表达在复制、转录、转录后加工、翻译和翻译后加工等水平上都可以进行调节,但转录水平的调节最为重要。基因结构的活化可暴露碱基,为 RNA 聚合酶有效结合创造条件。活化状态的基因表现为对核酸酶敏感、低水平甲基化等特征。转录起始调控是最有效的调控环节,主要是通过 DNA 与蛋白质以及蛋白质与蛋白质间的相互作用来调节 RNA 聚合酶的活性;转录后加工及转运调控是通过 RNA 编辑、剪接、转运等方式来完成的;翻译及翻译后加工调控可通过特异的蛋白因子阻断 mRNA 翻译、翻译后对蛋白的加工、修饰等过程。

三、 基因表达调控的基本原理

基因表达调控的实质是通过 DNA 与蛋白质以及蛋白质与蛋白质间的相互作用以实现对 RNA 聚合酶活性进行调节的过程。在同一条核酸链上起调控基因表达作用的核酸序列称为**顺式作用元件**(cis-acting element);能直接或间接地识别或结合在各类顺式作用元件核心序列上参与调控靶基因转录效率的蛋白质称**反式作用因子**(trans-acting factor)。核酸链上的顺式作用元件与反式作用因子相互作用进而调控基因表达。

(一) 顺式作用元件

所谓顺式作用元件是指可影响自身基因表达活性的 DNA 序列。顺式作用元件通常都是非编码序列,根据顺式作用元件在基因中的位置、转录激活的性质及发挥作用的方式,可将这些元件分为启动子、增强子及沉默子等。

1. 原核生物启动子

启动子(promoter)是 RNA 聚合酶结合并启动转录的特异 DNA 序列。这些序列中的碱基突变会影响 RNA 聚合酶与它结合,因此启动子是决定转录起始活性的基本元件。原核生物大多数基因表达调控是通过操纵子机制实现的。操纵子通常由 2 个以上的编码序列与启动序列、操纵序列以及其他调节序列在基因组中成簇串联组成。多种原核基因启动序列特定区域内,通常在转录起始点上游 -10 及 -35 区域存在一些相似序列(图 17-1),称为共有序列。大肠埃希菌及一些细菌启动序列的共有序列在 -10 区域是 TATAAT,又称 Pribnow 盒,在 -35 区域为 TTGACA,又称 Sextama 框。

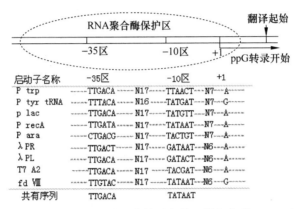

图 17-1 原核生物转录起始区保守序列

2. 真核生物启动子

真核生物基因启动子是 RNA 聚合酶结合位点周围的一组转录控制元件,包括转录起始位点,TATA 盒(位于转录起始位点上游 -25～-30bp),启动子与转录准确性和频率有关。除 TATA 盒外,GC 盒(GGGCGG)和 CAAT 盒(GCCAAT)也是很多基因常见的。

3. 增强子

增强子(enhancer)是指远离转录起始位点,决定基因表达的时间性和空间性,能增强启动子活性的 DNA 序列,它是转录因子结合的元件。具有以下特点:①可远距离作用且与方向无关。②发挥作用时需要转录因子的识别和结合,通过作用于启动子而调节转录的活性。③绝大多数基因的转录需要增强子的作用。

4. 沉默子

沉默子(scilencer)是与转录因子结合的 DNA 序列,能使基因转录水平降低或关闭。

(二)反式作用因子

习惯上将原核生物中的反式作用因子称为调节蛋白,主要有特异因子、**阻遏蛋白**(repressor)和**激活蛋白**(activator)等。特异因子决定 RNA 聚合酶对一个或一套启动序列的特异性识别和结合能力。阻遏蛋白可结合操纵序列,阻遏基因转录。激活蛋白可结合启动序列邻近的 DNA 序列,促进 RNA 聚合酶与启动序列的结合,增强 RNA 聚合酶的活性。

　　真核生物中的反式作用因子又称为**转录因子**(transcription factor,TF)。绝大多数真核生物转录调节因子由某一基因表达后,通过与特异的顺式作用元件相互作用(DNA-蛋白质相互作用)反式激活另一基因的转录,故又称反式作用因子。绝大多数转录因子在结合DNA前需通过蛋白质-蛋白质相互作用形成二聚体或多聚体。所谓二聚化是指两分子单体通过一定的结构域结合成二聚体,它是调节蛋白结合DNA时最常见的形式。由同种分子形成的二聚体称同二聚体,异种分子间形成的二聚体称异二聚体。除二聚化或多聚化反应,另外还有一些调节蛋白不能直接结合DNA,而是通过蛋白质-蛋白质相互作用间接结合DNA,调节基因转录。

　　转录因子的结构中至少包含有结合DNA的结构区(DNA**结构域**)和结合蛋白质的结构区(**转录激活域**)两个结构域。DNA结构域通常由60～100个氨基酸组成,共同特点是具有一些与DNA结合的螺旋区,并能形成二聚体。转录激活域是介导蛋白质与蛋白质相互作用的结构域,一般由30～100个氨基酸残基组成。根据氨基酸组成特点,转录激活域分为酸性激活域、谷氨酰胺富含区域及脯氨酸富含区域。

　　在此仅介绍常见的DNA结构域。

1. 螺旋-转角-螺旋

　　螺旋-转角-螺旋(helix-turn-helix)有3个螺旋:螺旋3是识别和DNA结合的区域,一般结合于大沟;螺旋1和2和其他蛋白质结合(图17-2)。

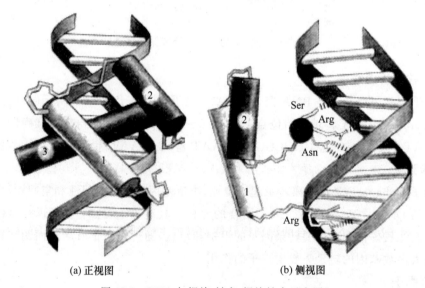

(a) 正视图　　　　　(b) 侧视图

图 17-2　DNA与螺旋-转角-螺旋结合示意图

2. 锌指结构

　　锌指(zinc finger)这个名称来源于它的结构,它由一小组保守的氨基酸和锌离子结合,在蛋白质中形成了相对独立的功能域,像一根根手指伸向DNA的大沟。有两种类型的DNA结合蛋白具有这种结构,一类是锌指蛋白,另一类是甾类激素受体。根据锌结合位点氨基酸的不同,可把锌指分成为2Cys/2His和2cys/2cys两类,前者为Ⅰ型,后者为Ⅱ型锌指。

3. 亮氨酸拉链

亮氨酸拉链(leucine zipper)是一种由富含亮氨酸的蛋白链形成的二聚体**模体**(motif)。

在某些 DNA 结合蛋白一级结构的 C 末端,亮氨酸总是有规律地每隔 7 个氨基酸就出现一次。蛋白质 α-螺旋每绕一圈为 3.6 个氨基酸残基。这种一级结构形成 α 螺旋时,每绕两圈出现一次,亮氨酸与螺旋轴平行而在外侧同一线上排列,且亮氨酸 R-基因上的分支侧链也露于螺旋之外呈规律性相间排列。所谓拉链是指两组走向平行,带亮氨酸的 α-螺旋形成的对称二聚体。每条肽链上的亮氨酸残基侧链上 R-基团的分支碳链刚好互相交错排列,像拉链一样,故而得名。亮氨酸拉链的侧翼是 DNA 结合功能区含有较多的 Lys 和 Arg。亮氨酸拉链结构常出现于真核生物 DNA 结合蛋白的 C 端,它们往往和癌基因的表达调控有关,因此受到研究者的重视。

4. 螺旋-环-螺旋

螺旋-环-螺旋(helix-loop-helix,HLH)蛋白具有一个共同的基序,该基序由 40~50 个氨基酸组成,含有 2 个**双极性**(amphipathic)α-螺旋,两个 α-螺旋由长度不等(12~28 个氨基酸)的连接区(环)相连,螺旋的一侧有疏水氨基酸残基,两条链依赖疏水氨基酸残基的相互作用可以形成同二聚体或异二聚体。每个螺旋区长 15~16 个氨基酸,其中有几个氨基酸残基是保守的。两个螺旋区之间的环使两个螺旋区可以彼此独立地相互作用。大部分 HLH 蛋白的 HLH 基序旁边都有一段高度碱性的氨基酸序列,这是与 DNA 结合所需的区域。

5. 同源结构域

同源结构域(homeodomain,HD)蛋白是由同源域基因编码的 60 个氨基酸的基序。此类结构域的 C 端部分形成 3 个 α-螺旋,其中螺旋 3 卧于大沟,结合其中的特异性碱基及磷酸骨架;N 端区域则深入小沟,提供辅助的亲和力,与真核生物发育有关。同源域基因很保守,几乎存在于所有真核生物中,由于最早是从果蝇**同源异形座位**(homeotic loci,该遗传位点的基因产物决定果蝇的躯体发育)中克隆得到而命名。

第二节　原核生物基因表达调控

原核生物没有细胞核,亚细胞结构及其基因组结构要比真核生物简单得多,所以原核生物的基因表达调控也较简单,主要发生在转录水平上。原核生物的基因表达有以下特点:

(1) σ 因子决定 RNA 聚合酶识别特异性。原核生物细胞仅含有一种 RNA 聚合酶,核心酶参与转录延长,全酶负责转录起始。在转录起始阶段,σ 亚基(又称 σ 因子)识别特异启动序列。不同的 σ 因子决定特异基因的转录激活,决定 tRNA、mRNA 和 rRNA 基因的转录。

(2) 阻遏蛋白与阻遏机制具有普遍性。阻遏蛋白是调节基因的负调控产物,起着阻止结构基因转录的作用。这种由阻遏蛋白引起的阻遏机制在原核生物基因表达调控中普遍存在。

(3) **操纵子**(operon)模型具有普遍性。除个别基因外,绝大多数基因的表达调节是以操纵子形式体现的。

本节将以乳糖(Lac)操纵子、色氨酸(Trp)操纵子为例重点介绍原核基因表达的操纵子调控模式。

一、 操纵子学说的提出

细菌能随环境的变化,迅速改变某些基因表达的状态。比如大肠埃希菌可以利用葡萄糖、乳糖、麦芽糖、阿拉伯糖等作为碳源而生长繁殖,当培养基中含有葡萄糖和乳糖时,细菌优先使用葡萄糖。当葡萄糖耗尽时,细菌停止生长,经过短时间适应后,就能利用乳糖,细菌继续呈指数式繁殖,这说明细菌体内的酶可以被诱导。为了证明诱导物的作用是诱导新合成酶而不是将已存在于细胞中的酶前体物转化成有活性的酶,把大肠埃希菌细胞放在加有放射性^{35}S 标记的氨基酸,但没有加任何半乳糖诱导物的培养基中繁殖几代后,然后再将这些带有放射活性的细菌转移到不含^{35}S、无放射性的培养基中,随着培养基中诱导物的加入,β-半乳糖苷酶便开始合成。分离 β-半乳糖苷酶,发现这种酶无^{35}S 标记。以上说明酶的合成不是由前体转化而来的,而是加入诱导物后新合成的。

大肠埃希菌利用乳糖至少需要两个酶,即促使乳糖进入细菌的**乳糖通透酶**(lactose permease)和催化乳糖分解的 **β-半乳糖苷酶**(β-galactosidase)。在环境中没有乳糖或其他 β-半乳糖苷时,大肠埃希菌合成 β-半乳糖苷酶量极少;加入乳糖 2~3 分钟后,细菌大量合成 β-半乳糖苷酶,此时细胞内 β-半乳糖苷酶的合成量可提高千倍以上,这是典型的诱导现象,也是研究基因表达调控极好的模型。针对大肠埃希菌利用乳糖的诱导现象,法国科学家 François Jacob 和 Jacques Monod 等人进行了一系列遗传学和生物化学研究,于 1961 年提出**乳糖操纵子**(lac operon)学说。二人因此获得 1965 年诺贝尔生理学或医学奖。

后来人们发现其他原核生物基因调控也有类似的操纵子组成。因此操纵子是原核生物基因表达调控的一种重要组织形式。

二、 乳糖操纵子

操纵子是指由操控基因序列和一系列紧密连锁的结构基因序列组成的转录功能单位,通常包括启动基因、操纵基因和结构基因。在操纵子的上游还有自己的调节基因。乳糖操纵子是大肠埃希菌中控制 β 半乳糖苷酶诱导合成的操纵子。

(一)组成

乳糖操纵子(图 17-3)从功能上可以分为结构基因和操控基因序列。

1. 结构基因

操纵子中被调控的能够编码蛋白质和酶的基因称为**结构基因**(structural gene)。一个操纵子中常含有 2 个以上的结构基因,有的可达十几个。

乳糖操纵子含有 lacZ、lacY 和 lacA 三个结构基因。lacZ 基因长 3510bp,编码 β-半乳糖苷酶,能以四聚体的活性形式催化乳糖转变为**别乳糖**(allolactose),别乳糖再分解为半乳糖和葡萄糖;lacY 基因长 780bp,编码乳糖通透酶,促使环境中的乳糖进入细菌;lacA 基因长 825bp,编码乙酰基转移酶,能以二聚体活性形式催化半乳糖的乙酰化。Z 基因 5′ 区具有 Shine-Dalgarno (SD)序列,为大肠埃希菌核糖体识别结合位点,当乳糖操纵子开放时,核糖体能结合在转录产生的 mRNA 上,并沿此 mRNA 移动,依次合成该基因群编码的三个酶蛋白。

2. 操控基因序列

操控基因序列是指能够调节结构基因表达的一些顺式调控元件,一般包括启动子(启动基因）、操纵基因和终止子。

（1）**启动子**（promoter，P）：操纵子中至少有一个启动子，一般在第一个结构基因 5′ 端上游，控制整个结构基因群转录。乳糖操纵子的启动子有识别、结合和起始三个区段，转录起始第一个碱基（通常标记位置为 +1）是 A。在 -10bp 附近有 Pribnow 盒，共有序列为 TATGTT；在 -35bp 处有 TTGACA 共有序列。不同的启动子序列不同，与 RNA 聚合酶的亲和力不同，启动转录的频率也不同。乳糖操纵子的启动子是一个较弱的启动子。

（2）**操纵基因**（operator，O）：是指能被调控蛋白特异性结合的一段 DNA 序列。乳糖操纵子的操纵基因位于启动子与结构基因 Z 之间，并与启动子序列部分重叠，可以结合阻遏蛋白抑制下游基因的转录。

（3）**终止子**（terminator，T）：是让 RNA 聚合酶转录终止的 DNA 序列。在一个操纵子中至少在结构基因群的下游有一个终止子。

乳糖操纵子中还有 cAMP 激活蛋白（cAMP activated protein，CAP）结合位点，是位于启动子上游的一段序列，与启动子有部分重叠，能与 CAP 特异结合，增强 RNA 聚合酶的活性，进而增强转录。

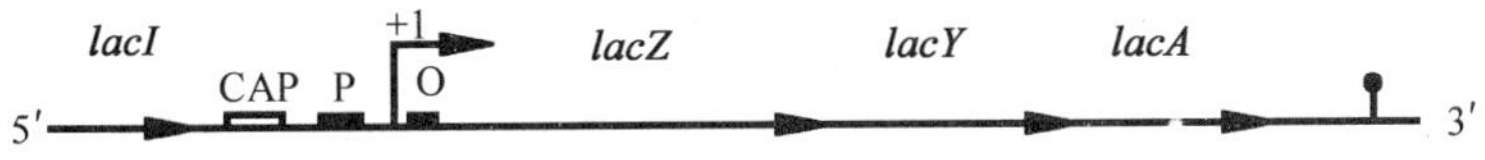

图 17-3　乳糖操纵子及调控的结构示意图

（二）操纵子的调节基因

调节基因（regulatory gene）是指编码能与操纵基因序列结合的调控蛋白基因。调节基因产物与操纵基因结合后会产生两种效应，一种是能减弱或阻止被调控基因转录，这种调控方式称为**负调控**（negative regulation），其调控蛋白称为**阻遏蛋白**（repressive protein）；另一种是与操纵子结合后能增强或启动被调控基因转录，这种调控方式称为**正调控**（positive regulation），其调控蛋白称为**激活蛋白**（activating protein）。

某些特定的物质能与调控蛋白结合，使调控蛋白的空间构象发生变化，从而改变其对基因转录的影响，这些特定物质可称为**效应物**（effector），其中凡能引起诱导作用发生的物质称为**诱导物**（inducer），能导致阻遏作用发生的物质称为**阻遏物**（repressor）。

在乳糖操纵子中，调控基因 lacI 位于启动子附近，能够编码产生由 347 个氨基酸组成的阻遏蛋白，介导基因表达的负调控，因此也有人称之为抑制基因。而乳糖（实际上是别乳糖）能够与阻遏蛋白结合起到**去阻遏作用**（derepression），诱导利用乳糖的酶类基因的转录。

（三）阻遏蛋白的负调控

当大肠埃希菌在没有乳糖的环境中生存时，乳糖操纵子处于阻遏状态（图 17-4）。此时调控基因在其自身启动子的控制下，低水平、组成性表达产生阻遏蛋白（抑制蛋白），每个细胞中仅维持约 10 个分子的阻遏蛋白。阻遏蛋白以四聚体形式与操纵序列结合，阻碍了 RNA 聚合酶与启动子的结合，因而阻止了基因的转录起始。

阻遏蛋白的阻遏作用不是绝对的，阻遏蛋白与操纵序列会偶尔解离，因此细胞中还有极低水平的 β-半乳糖苷酶及通透酶的生成。

当有乳糖存在时，乳糖受 β-半乳糖苷酶的催化转变为别乳糖（葡萄糖-1,6-半乳糖），别乳糖能够与阻遏蛋白结合,使后者构象变化,由四聚体解聚成单体,与操纵序列解离,基因转录开放,使 β-半乳糖苷酶在细胞内的含量可增加 1000 倍。这就是乳糖对乳糖操纵子的诱导作用(图 17-5)。

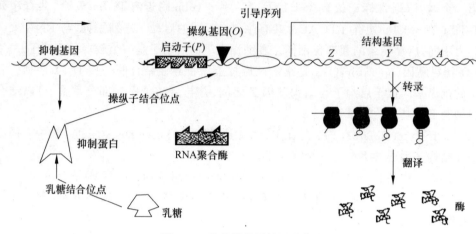

图 17-4　乳糖操纵子的阻遏作用

　　一些化学合成的乳糖类似物,不受 β-半乳糖苷酶的催化分解,却也能与阻遏蛋白特异性结合,使阻遏蛋白构象变化,诱导乳糖操纵子的开放。例如,**异丙基硫代半乳糖苷**(isopropylthio-β-D-galactoside,IPTG)就是很强的诱导剂。**5-溴-4-氯-3-吲哚-β-半乳糖苷**(5-bromo-4-chloro-3-indolyl-β-D-galactopyranoside,X-gal)也是一种人工化学合成的半乳糖苷,可被 β-半乳糖苷酶水解产生蓝色化合物,因此常用作 β-半乳糖苷酶活性的指示剂。IPTG 和 X-gal 在分子生物学和基因工程实验中已得到广泛应用。

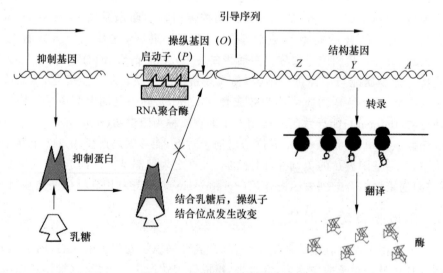

图 17-5　乳糖操纵子的诱导作用

(四) CAP 的正调控

　　CAP 能与启动子上游的 CAP 结合位点特异结合增强 RNA 聚合酶的转录活性(彩图 17-6)。研究表明,细菌中的 cAMP 含量与葡萄糖水平呈负相关,当细菌利用葡萄糖分解产生能量时,葡萄糖代谢产物会抑制 AMP 环化酶的活性,使 cAMP 生成减少,cAMP含量低;相反,当环境中无葡萄糖可供利用时,cAMP 含量就会升高。因此,细菌生长环境中的葡萄糖可以通过抑制 cAMP 的水平间接控制 CAP 的活性来调节下游结构基因的表达。葡萄糖的这种调节是由其代谢产物抑制引起的,因此也被称为代谢产物抑制。

　　由此可见,细菌的 lac 操纵子既受阻遏蛋白的负调控,又受 CAP 蛋白的正调控。其意义在于:乳糖操纵子的启动子是弱启动子,单纯因乳糖的存在发生去阻遏使 lac 操纵子转录开放,还不能使细菌很好利用乳糖,必须同时有 CAP 来加强转录活性,细菌才能合成足够的酶来利用乳糖。通过这种机制,细菌是优先利用环境中的葡萄糖,只有无葡萄糖而又有乳糖时,细菌才去充分利用乳糖。

　　细菌对葡萄糖以外的其他糖(如阿拉伯糖、半乳糖、麦芽糖等)的利用上也有类似于乳糖利用的情况,在阿拉伯糖操纵子、半乳糖操纵子中也有 CAP 结合位点,CAP 也起类似的正性调控作用。所以 CAP 的通用名称是**分解代谢物基因激活蛋白**(catabolite gene activator protein)。由此可见,CAP 结合位点就是一种起正性调控作用的操纵序列,CAP则是对转录起正性作用的调控蛋白。

　　综上所述,乳糖操纵子是属于**可诱导操纵子**(inducible operon),这类操纵子通常是关闭的,当受效应物作用后诱导开放转录。这类操纵子使细菌能适应环境的变化,有效地利用环境能提供的能源底物。

三、色氨酸操纵子

(一) 色氨酸操纵子的结构与阻遏蛋白的负性调控

　　色氨酸操纵子的结构(图 17-7)与乳糖操纵子相似,结构基因由合成色氨酸所需酶类的基因 E、D、C、B、A 等头尾相连排列组成,结构基因上游为启动子和操纵序列,不过其调控基因 *trpR* 的位置远离 P-O-结构基因群,在其自身启动子作用下,以组成性方式低水平表达47kD 的调控蛋白 R。

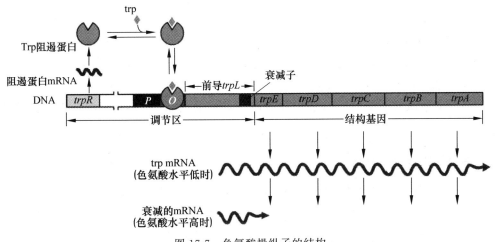

图 17-7　色氨酸操纵子的结构

　　色氨酸操纵子是属于一种可阻遏的负调控操纵子。低水平表达的阻遏蛋白 R 并不具有与操纵子结合的活性,只有当环境能提供足量的色氨酸时,R 与色氨酸结合后构象发生改变,才能与操纵序列特异性结合,阻遏结构基因的转录。因此这类操纵子通常是开放转录的,有效应物(色氨酸为阻遏剂)作用时则关闭转录,这一点与乳糖操纵子恰好相反。细菌中不少生物合成系统的操纵子都属这种类型,其调控可使细菌处在生存繁殖最经济最节省的状态。

(二)衰减子及其作用

实验研究表明,当色氨酸达到一定浓度,但还没有高到能够活化阻遏蛋白 R 使其起阻遏作用的程度时,产生色氨酸合成酶类的量已经明显降低,而且产生的酶量与色氨酸浓度呈负相关。这种调控现象受转录**衰减**(attenuation)机制的调节。

在色氨酸操纵子 O 区与第一个结构基因 *trpE* 之间有一段 162bp 的前导序列构成**衰减子**(attenuator)区域。研究表明,当色氨酸有一定浓度时,RNA 聚合酶的转录会终止在这里。这段序列编码区能够编码 14 个氨基酸的短肽,其中有 2 个色氨酸相连,在此编码区前有核糖体识别结合位点序列,提示这段短序列在转录后能被翻译。在衰减子区域的后半段有 4 个反向重复序列 1、2、3、4,在被转录生成 mRNA 后它们两两能够形成三个发夹结构(1-2、2-3、3-4),但由于序列 2、3 的重复使用,所以同时最多只能够形成两个发夹结构(图 17-8);如果序列 1、2 形成发夹结构,那么序列 2、3 就不能形成发夹结构,有利于序列 3、4 生成发夹结构;由于序列 4 后面紧跟一串 A(转录成 RNA 就是一串 U),所以由 3、4 形成的发夹结构实际上是一个终止结构,如果转录成 mRNA 时这个发夹结构形成,就能使 RNA 聚合酶停止转录而从 mRNA 上脱离下来。

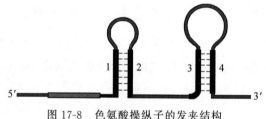

图 17-8　色氨酸操纵子的发夹结构

当色氨酸的浓度较低时,阻遏蛋白不与操纵序列结合,核糖体占据序列 1 的位置,衰减子区域序列 2 和 3 可以形成发夹(图 17-9),转录可以继续进行。到当色氨酸的浓度较高或很高时,核糖体能够很快地通过序列 1,并封闭序列 2,这种与转录偶联的过程导致序列 3、4 形成一个不依赖 ρ 因子的转录终止结构——衰减子(图 17-10),致使 RNA 聚合酶脱落和转录终止。转录衰减实质上是转录和前导肽翻译过程的偶联,是原核生物特有的转录调节机制。

四、 翻译水平的调控

翻译水平的调控通常是以类似于转录抑制的方式起作用,即"阻遏物"结合到翻译起始位点阻止翻译的起始。本节仅介绍核糖体蛋白质合成的反馈调控和反义 RNA 调控。

(一) *E.coli* 核糖体蛋白质合成的反馈调控

E.coli 核糖体蛋白质合成的反馈调控机制是研究最清楚的调控系统。

E.coli 有 7 个操纵子与核糖体蛋白质合成有关。每一种操纵子转录的 mRNA 都能被

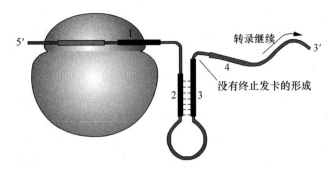

图 17-9　色氨酸操纵子转录过程中的发夹结构

图 17-10　色氨酸操纵子的衰减子发夹结构

同一操纵子编码的蛋白质识别并与其结合。如果某种核糖体蛋白质在细胞中过量积累,它们将与其自身 mRNA 结合,阻止这些 mRNA 进一步翻译成蛋白质。

　　mRNA 分子上与蛋白质结合的位点通常包括 mRNA 5′端的**非翻译区**(untranslated region,UTR),也包括启动子区域的 Shine-Dalgarno 序列。

(二) 反义 RNA 对翻译的调节

1. 反义 RNA

　　反义 RNA(antisense RNA)是与 mRNA 互补的 RNA 分子。它能与 mRNA 分子特异性互补结合,从而抑制该 mRNA 的加工与翻译。将人工合成的反义 RNA 基因导入细胞内转录出反义 RNA,即可抑制特定基因的表达,阻断该基因的功能。

2. 反义 RNA 的作用机制

　　(1) 反义 RNA 直接作用于靶 mRNA 的 SD 序列和(或)编码区,引起翻译的直接抑制或与靶 mRNA 结合后引起该双链 RNA 分子对 RNaseⅢ的敏感性增加,使其降解。

　　(2) 反义 RNA 与 mRNA 的 SD 序列上游非编码区结合,从而抑制靶 mRNA 的翻译功能。其作用可能是反义 RNA 与靶 mRNA 的上游序列结合后阻止了核糖体的结合。

　　(3) 反义 RNA 可直接抑制靶 mRNA 的转录。反义 RNA 和 mRNA 有不完全互补的序列,可形成双链 RNA 杂交体。而在 mRNA 上紧随杂交区之后的是一段富含 U 区。其结构类似于终止子结构,从而使转录开始不久后即终止。

第三节　真核生物基因表达调控

真核生物基因表达存在多层次的调控。真核生物细胞特有的核膜将细胞分为细胞核和细胞质两部分,使基因转录与翻译分别在细胞核与细胞质中进行,具有时间和空间上的不同;在真核生物细胞核内,几乎所有的 DNA 都与组蛋白结合(原核细胞的 DNA 则裸露着),形成染色质。染色质结构的变化可以调控基因表达;真核生物基因分散在整个基因组的各个染色体上,而不像细菌那样全部基因串在一起。所以真核生物不仅存在同一染色体上不同基因之间的调控问题,而且还存在不同染色体之间的基因调控问题;在真核生物中,基因的差别表达是细胞分化和功能的核心。真核生物细胞具有选择性激活和抑制基因表达的机制。如果基因在错误的时间或细胞中表达,或过量地表达,都会破坏细胞的正常代谢,甚至导致细胞死亡。因此,真核生物细胞的基因表达调控远比原核生物细胞的基因表达调控更为复杂。其调控可发生在染色体活化、基因转录激活、转录后加工、翻译及翻译后加工等多个水平。

一、 真核生物基因表达以正调节为主

真核生物基因的表达调控主要依赖一些具有转录激活特性的蛋白质分子。但在真核细胞中 RNA 聚合酶对启动子的亲和力很低,基本上不能独自靠其自身来起始转录,而是需要依赖多种激活蛋白的协同作用。真核基因调控中虽然也发现有负调控元件,但其存在并不普遍;真核基因转录表达的调控蛋白也有起阻遏或阻遏和激活作用兼而有之者,但总的来说,以激活蛋白的作用为主,即多数真核基因在没有调控蛋白作用时是不转录的,需要表达时就要有激活的蛋白质来促进转录,这样的正调节机制更为有效和经济。因此,大多数真核生物基因组转录调控以正调节机制为主。

二、 真核生物基因表达染色质水平的调控

染色质水平的调控主要机制是对组蛋白和 DNA 进行修饰,包括染色质重塑、组蛋白修饰、基因扩增、重排或化学改变及非编码 RNA 等。通过这些调控可激活染色质,为转录做准备。

1. 染色质重塑(chromatin remodeling)

染色质重塑是指染色质位置和结构的变化,主要涉及核小体的置换或重新排列。它改变了核小体在基因启动子区的排列,增加了基因转录装置和启动子的可接近性,能改变染色质对核酶的敏感性。染色质重塑需要染色质重塑复合体的结合,主要作用机制有两种:一是利用水解 ATP 的能量以非共价方式改变组蛋白与 DNA 的结合状态;二是通过共价修饰组蛋白或 DNA 来改变染色体结构,改变其转录活性。

2. 组蛋白修饰

组蛋白是碱性蛋白质,带正电荷,可与 DNA 链上带负电荷的磷酸基结合,从而遮蔽 DNA 分子,阻碍转录。组蛋白修饰包括赖氨酸氨基乙酰化及甲基化、精氨酸氨基甲基化、丝氨酸和苏氨酸羟基磷酸化、赖氨酸氨基泛素化等。组蛋白修饰改变了染色质的活性,组蛋白修饰对于基因表达影响的机制包括两种相互包容的理论。即:组蛋白的修饰直接影响染色质或核小体的结构,以及化学修饰征集了其他调控基因转录的蛋白质,为其他功能分

子与组蛋白结合搭建了一个平台。这些理论构成了"组蛋白密码"的假说。

3. 基因剂量与基因扩增

基因扩增（gene amplification）是指编码某一特异蛋白质的基因拷贝数选择性增加而其他基因并未按比例增加的过程。细胞中有些基因的需要量比另一些基因大得多，细胞保持这种特定比例的方式之一是基因剂量。例如，有 A、B 两个基因，假如它们的转录、翻译效率相同，若 A 基因拷贝数比 B 基因多 20 倍，则 A 基因产物也多 20 倍。组蛋白基因是基因剂量效应的一个典型实例。为了合成大量用于形成染色质的组蛋白，多数细胞含有数百个组蛋白基因拷贝。

基因剂量也可经基因扩增临时增加。两栖动物如蟾蜍的卵母细胞很大，是正常体细胞的 100 万倍，需要合成大量核糖体。核糖体含有 rRNA 分子，基因组中的 rRNA 基因数目远远不能满足卵母细胞合成核糖体的需要。所以在卵母细胞发育过程中，rRNA 基因数目临时增加了 4 000 倍。在基因扩增后，rRNA 基因拷贝数高达 2×10^6。这个数目可使卵母细胞形成 10^{12} 个核糖体，以满足胚胎发育早期蛋白质合成的需要。

在某些情况下，基因扩增也发生在异常细胞中。例如，人类癌细胞中的许多致癌基因经大量扩增后高效表达，导致细胞生长失控。有些致癌基因扩增的速度与病症的发展及癌细胞扩散程度高度相关。

4. DNA 重排

真核生物基因组中的 DNA 序列可发生重排，这是由特定基因组的遗传信息决定的，重排后的基因序列转录成 mRNA，翻译成蛋白质，在真核生物细胞生长发育中起关键作用。因此，尽管基因组中的 DNA 序列重排并不是一种普通方式，但它是有些基因调控的重要基础。

5. DNA 甲基化和去甲基化

在真核生物 DNA 分子中，少数胞嘧啶碱基第 5 碳上的氢被一个甲基取代，使胞嘧啶**甲基化**（methylation）。甲基化多发生在 CG 二核苷酸对上，有时 CG 二核苷酸对上的两个 C 都甲基化，称为完全甲基化。只有一个 C 甲基化称为半甲基化。甲基化酶可识别这种半甲基化 DNA 分子，使另一条链上的胞嘧啶也甲基化。

把甲基化和未甲基化的病毒 DNA 或细胞核基因分别导入活细胞，已甲基化的基因不表达，而未甲基化的能够表达。活跃表达的基因通常是甲基化不足的基因。表达活性与甲基化程度呈负相关。甲基化的程度可以在转录充分激活和完全阻遏之间起调节作用。

6. 非编码 RNA 参与调控染色质结构

非编码 RNA 可促进形成致密的染色质结构而形成基因沉默区；可招募染色质重塑复合体调控组蛋白修饰；可参调控 DNA 甲基化。通过这些方式来参与染色质结构的调控。

三、 真核生物基因转录水平的调控

在转录水平上，顺式作用元件和反式作用因子是最为重要的两个调控因素。不同的顺式作用元件组合可产生多种类型的转录调节方式；多种转录因子（反式作用因子）又可结合相同和不同的顺式作用元件。转录因子可以相互作用形成复合物，改变 DNA 的结合功能和转录激活的特性，从而在细胞核中形成一个转录因子调控网络。此外，转录因子本身作为蛋白质分子，它的一些修饰如磷酸化、乙酰化、亚基的结合和解离等都直接影响它的功能。

（一）转录因子影响转录效率

在真核细胞中 RNA 聚合酶通常不能单独发挥转录作用,必须依赖一种或多种激活蛋白即特异性转录因子的作用。转录因子的不同会导致转录效率的差异。

真核生物有三种 RNA 聚合酶分别控制 tRNA、mRNA 和 rRNA 这三种 RNA 的合成。与 RNA 聚合酶 I、II、III 相应的转录因子分别称为 TF I、TF II、TF III。转录因子可分为基本转录因子和位点特异性转录因子。基本转录因子是形成基本转录复合物的因子。位点特异性转录因子是结合于启动子上游调控区或增强子等顺式作用元件中特异性识别序列上的转录因子,可调节转录的时间、位置和活性等。

RNA 聚合酶 II 需要与多种 TF II 形成转录起始复合物来控制 mRNA 合成。

(1) 在转录前,TF II D 复合物含有两个部分,即 **TATA 盒结合蛋白**(TATA box binding protein,TBP)和 **TBP 相关因子**(TBP associated factors,TAFs)。TBP 可识别并结合 TATA 盒,并对抗组蛋白 H1 的作用而使染色质松开;TAFs 则介导其他位点特异性转录因子对基本转录复合物活性的调节。

(2) TF II-B 以其 C 端与 TBP-DNA 复合体结合,其 N 端则能与 RNA 聚合酶 II 结合,将 RNA 聚合酶 II 带到启动子的 TATA box。

(3) 接着 TF II-F 结合进来,TF II-F 能与 RNA 聚合酶形成复合体,还具有 DNA 解旋酶的活性,能解开前方的 DNA 双螺旋,在转录链延伸中起作用。这样,启动子序列就与 TF II-D、B、F 及 RNA 聚合酶 II 结合形成**转录前起始复合物**(pre-initiation complex,PIC)。

(4) TF II-H 是多亚基蛋白复合体,具有 DNA 解旋酶活性,能解旋启动子序列,且在转录的延伸过程中发挥作用,能催化 RNA-pol II 磷酸化,使起始复合物构象改变而进入活性转录状态。TF II-E 是两个亚基组成的四聚体,可募集 TF II H,有 ATP 酶、解旋酶功能。TF II-E 和 TF II-H 的加入就形成了完整的转录复合体,能转录延伸长链 RNA。TF II-A 能稳定 TF II-D 与 TATA 盒的结合,提高转录效率;但不是转录复合体所必需的。

通过上述过程,一个典型的转录复合体就形成了,但有的真核启动子不含 TATA 盒或不通过 TATA 盒开始转录的。例如,有的无 TATA 盒的启动子,而是靠 TF II-I 和 TF II-D 共同组成稳定的转录起始复合体开始转录的。由此可见真核转录起始的复杂性。

（二）RNA 聚合酶 II 的调控作用

RNA 聚合酶 II 的**羧基末端结构域**(C-terminal domain,CTD)对基因的转录有重要调控作用。CTD 拥有多个包含 7 氨基酸残基(Tyr—Ser—Pro—Thr—Ser—Pro—Ser)的重复序列,这些重复序列中 2 位和 5 位的丝氨酸是蛋白质的主要磷酸化位点,在 Thr 和 Tyr 位点有时也会发现有轻微的磷酸化现象。在真核生物细胞内,存在着两种不同的 RNA 聚合酶 II 类型:一种是 CTD 结构没有发生磷酸化或者发生轻微磷酸化的类型,被称为 RNAP II A;另一种是发生了高度磷酸化的类型,被称为 RNAP II O。这两种类型可以发生相互转换而共同参与 mRNA 转录和加工的偶联过程。

CTD 的磷酸化可促进转录的起始和延伸过程。CTD 的磷酸化导致其结构中部分脯氨酸的构象发生变化,使之更容易与其他转录因子结合,从而提供一个动态的有利于形成转录复合物的平台。在转录起始的初期,RNAP II A 与转录起始相关的顺式作用元件相互作用,并形成了稳定的转录起始复合物而聚集在转录的起始区。待转录起始以后,RNAP II A

转变为 RNAPⅡO 的形式,参与 mRNA 的转录延伸的过程中。到转录末期 mRNA 完成加工过程以后,RNAPⅡO 又会转变为 RNAPⅡA 的形式,从转录延伸的复合物中脱离下来并参与到下一次转录加工的循环反应中去。可以说,CTD 的磷酸化是 mRNA 转录作用起始的"开关"。RNA 聚合酶Ⅱ正是借助了 CTD 的磷酸化从而跨越了启动子障碍,引发出下游的转录合成和加工的诸多事件。

四、 真核生物基因转录后调控

真核基因转录产生的前体 mRNA,需要经过一系列的选择性加工和拼接,并运输到胞浆中,才能进行翻译。转录后调控主要影响真核 mRNA 的结构与功能,多种因素参与调控 mRNA 的加工、转运及其稳定性等。转录后加工过程详见第十五章有关转录的内容。在此仅就 mRNA 稳定性调控加以介绍。

mRNA 稳定性(半衰期)可显著影响基因表达,参与调控 mRNA 稳定性因素复杂多样,下面简要介绍几种主要调节因素。

(1) mRNA 自身的某些序列可调控 mRNA 稳定性。5′-端的帽子结构和 3′-端的 poly(A)尾结构可防止 mRNA 被酶解,从而增加 mRNA 的稳定性;3′-UTR 中的反向重复序列形成的茎环结构具有促进 mRNA 稳定的作用,而 3′-UTR 中的不稳定子序列,即 AU 富含元件可降低 mRNA 稳定性。

(2) mRNA 结合蛋白可调控 mRNA 稳定性。帽子结合蛋白、编码区结合蛋白、3′-UTR 结合蛋白以及 polyA 结合蛋白都能调节 mRNA 稳定性。

(3) 非编码 RNA 可促进 mRNA 降解来调节 mRNA 稳定性。一些非编码 RNA 可通过募集特定蛋白因子或通过竞争结合 RNA 稳定蛋白而促进 mRNA 降解。某些非编码小 RNA 分子可以通过**转录后基因沉默**(post-transcriptional gene silencing,PTGS)机制调节 mRNA 稳定性。人们广泛关注的非编码小 RNA 主要有**小干扰 RNA**(small interfering RNA,siRNA)和微小 RNA(microRNA,miRNA)。

siRNA 是双链小分子 RNA,其长度通常为 21～23bp,当细胞中导入这种与内源性 mRNA 编码区同源的双链 RNA 时,该 mRNA 发生降解而导致基因表达沉默,这种转录后基因沉默现象被称为 **RNA 干扰**(RNA interference,RNAi)。在 RNA 干扰中一个非常重要的酶是 RNase Ⅲ 核酶家族的核酸内切酶 Dicer。它可与双链 RNA 结合,并将其剪切成 21～23bp 及 3′ 端突出的小分子 RNA 片段,即 siRNA。siRNA 在细胞内 RNA 解旋酶的作用下解链成正义链和反义链,反义 siRNA 再与体内一些酶蛋白(包括内切酶、外切酶、解旋酶等)结合形成 **RNA 诱导沉默复合物**(RNA-induced silencing complex,RISC),RISC 与靶 mRNA 的同源区进行特异性结合,RISC 具有核酸酶的功能,在结合部位切割 mRNA,切割位点即是与 siRNA 中反义链互补结合的两端。被切割后的断裂 mRNA 随即降解。siRNA 不仅能引导 RISC 切割同源单 mRNA,而且可作为引物与靶 RNA 结合并在 RNA 聚合酶作用下合成更多新的 dsRNA,新合成的 dsRNA 再由 Dicer 切割产生大量的次级 siRNA,从而使 RNAi 的作用进一步放大,最终将靶 mRNA 完全降解。siRNA 只能导致靶标基因的降解,即为转录后调控。人们最初认识 siRNA 的作用是抑制转座子活性和病毒感染。目前发现,RNAi 机制普遍存在于动植物中,RNAi 机制中的一些分子,如内源性双链 RNA 及蛋白因子可在多种层次上对基因表达进行调控,其范围已经超越了转录后基因沉默。

miRNA 是一类长度很短的非编码调控单链小分子 RNA,长度 21～22 个核苷酸(少数小于 20 个核苷酸),能够通过与靶 mRNA 特异性的碱基配对引起靶 mRNA 的降解或者抑制其翻译,从而对基因表达进行调控。

五、 真核生物基因翻译水平的调控

(一) 蛋白因子的调节

蛋白因子在翻译水平至少以以下三种方式调节基因表达。

(1) **起始因子**(initiation factor)可通过蛋白激酶使其磷酸化,磷酸化后其活性下降,引起细胞内翻译抑制。

(2) 某些蛋白质可直接与 mRNA 结合,起翻译抑制作用。大多数这类蛋白能特异地结合到靶 mRNA 3′ 非翻译区。一旦结合后,就与其他一些已结合到 mRNA 上的翻译起始因子或 40S 核糖体小亚基结合,抑制翻译起始。

(3) 真核生物中存在着保守性结合蛋白,可以破坏起始因子 eIF4E 和 eIF4G 的相互作用。这种蛋白在哺乳动物中称为 **4E 结合蛋白**(eIF4E binding proteins,4E-BPs)。当细胞生长缓慢时,这些蛋白与 eIF4E 结合;当细胞受到刺激生长恢复或加快时,这种结合蛋白通过蛋白激酶依赖的方式进行磷酸化灭活。

(二) 小 RNA 分子能够调节翻译

miRNA 主要通过作用于靶基因 3′ 非翻译区来抑制靶基因的翻译,也可导致靶基因降解,即在转录水平后和翻译水平起作用。成熟的 miRNAs 是由较长的初级转录物经过一系列核酸酶剪切加工而产生的,随后组装成 RNA 诱导沉默复合体,通过碱基互补配对的方式识别靶 mRNA,并根据互补程度的不同指导沉默复合体降解靶 mRNA 或者阻遏靶 mRNA 的翻译。

六、 真核生物基因翻译后调控

从 mRNA 翻译成蛋白质,并不意味着基因表达调控的结束。直接来自核糖体的线性多肽链必须经过加工才具有活性。在蛋白质翻译后的加工过程中,还有一系列的调控机制。

(一) 翻译后的折叠加工和修饰

新合成的蛋白质分子需要经过折叠、加工及一些特定的修饰才能成为功能和结构完整的分子。新合成蛋白质的折叠必须有伴侣蛋白参与才能完成。有些膜蛋白、分泌蛋白,在其氨基端具有一段疏水性强的氨基酸序列,称为信号肽,用于前体蛋白质附着在细胞膜上。信号肽必须切除才具有功能。有些新合成的多肽和蛋白需要剪切才有活性。比如,多数新合成的酶都是以酶原的形式存在,没有酶活性或者仅具有较低的活性,通过剪切后,才能使酶原成为功能完整的酶。此外,还有一些特殊的加工修饰,如将乙酰基、甲基、磷酸基等加到氨基酸侧链上,或者加到氨基端或羧基端。很多细胞内的信号转导分子必须经过磷酸化后才具有信号转导的功能。这种修饰的方式是特异的,不同蛋白质可以有完全相同的修饰,相同的蛋白质可以有完全不同的修饰。有关翻译后的折叠加工和修饰方式的详细内容参见第十六章。

（二）蛋白质的转运

在真核生物细胞中,蛋白质分子的功能与其细胞内的定位密切相关。细胞通过各种各样的细胞器将数以万计的分子准确定位,使之在特定部位发挥功能。因此,一定功能的蛋白质分子必须被运送到细胞的特定场所才能发挥其作用。蛋白质在细胞质中的核糖体上合成后,运输到特定的细胞器中,例如线粒体、内质网等。另外一些则运送到细胞膜上或者分泌到胞外。这种新生蛋白质在细胞内的最终定位是由定位信号决定的。真核细胞中存在多种信号分子,例如线粒体滞留信号、核定位信号、内质网滞留信号以及高尔基体滞留信号等,分别指导蛋白质进入各个不同的细胞器中。有关蛋白质转运的详细内容参见第十六章。

（三）蛋白质的降解

蛋白质完成其功能后,或者发生了错误合成时均需要及时对其进行降解。真核细胞中存在多种蛋白质降解体系。其中泛素介导的蛋白降解系统目前研究得最为清楚。泛素为含 76 个氨基酸、大小约为 8.6 kDa 的蛋白质,在真核生物中普遍存在且高度保守。

泛素可将底物蛋白质泛素化。蛋白质泛素化是一种动态的翻译后修饰。泛素化涉及三个主要步骤:活化、结合和连接,分别由泛素激活酶、泛素结合酶和泛素连接酶执行。首先,通过泛素激活酶激活泛素与 ATP;接着,泛素结合酶的半胱氨酸活性位点与被泛素激活酶转移的泛素形成硫酯键;然后,泛素连接酶通过在泛素的 Gly76 的羧基与底物中的 Lys 的 ε-胺之间形成肽键而完成底物的泛素化。形成的靶蛋白-泛素复合体,被运送到蛋白酶体上,最终发生降解。

本章小结

基因表达　是指基因经过转录和翻译表现出其生物功能的整个过程,这一过程受到严密和精确的调控。

基因表达的时空特异性　是指基因组中的基因在不同的组织细胞和细胞分化发育的不同时期,表达的种类和强度都不相同。时空特异性也可称为阶段和组织特异性。

基因的组成性和适应性表达　生物只有适应环境才能生存。一些基因的表达不太受环境的影响,在细胞或生物体整个生命过程中都持续表达,称为组成性表达。另一些基因表达易随环境需要而变化,环境变化可诱导或阻遏其表达,称为适应性表达。

基因表达调控　是指生物体内基因表达的调节控制,使细胞中基因表达的过程在时间、空间上处于有序状态,并对环境条件的变化做出反应的复杂过程。可以在复制、转录、翻译等多级水平上进行,但转录是基因表达调控的基本调控点。

基因表达调控的基本原理　通过 DNA 与蛋白质以及蛋白质与蛋白质间的相互作用以实现对 RNA 聚合酶活性的有序调节。转录调控即通过所谓的顺式作用元件与反式作用因子之间,以及反式作用因子之间的相互作用进而调控基因表达。

顺式作用元件　是指在同一条核酸链上起调控基因表达作用的核酸序列。

反式作用因子　是指能直接或间接地识别或结合在各类顺式作用元件核心序列上参

与调控靶基因转录效率的蛋白质。

操纵子　是指由操控基因序列和一系列紧密连锁的结构基因序列组成的转录功能单位，通常包括启动基因、操纵基因和结构基因。操纵子调控是原核生物基因表达的主要调控方式。在同一启动子控制下，从结构基因群转录合成多顺反子RNA，可实现协调表达。调控方式主要有阻遏和诱导两种方式。

复习思考题

1. 什么是基因表达？简述基因表达的特点及其调控对生物体的重要性。
2. 比较真核和原核生物的基因表达和基因表达调控相似和不同之处。
3. 简述大肠埃希菌乳糖操纵子的调控过程。

参 考 文 献

图书文献

[1]　白波,高明灿.生理学[M].6版.北京：人民卫生出版社,2009.

[2]　查锡良.生物化学[M].7版.北京：人民卫生出版社,2011.

[3]　陈杰.家畜生理学[M].4版.北京：中国农业出版社,2008.

[4]　董晓燕.生物化学[M].北京：高等教育出版社,2010.

[5]　杜震宇.生物学科课程思政教学指南[R].上海：华东师范大学出版社,2020.

[6]　郭蔼光.基础生物化学[M].北京：高等教育出版社,2001.

[7]　胡兰.动物生物化学[M].2版.北京：中国农业大学出版社,2008.

[8]　贾弘禔.生物化学[M].北京：人民卫生出版社,2005.

[9]　金天明.动物生理学[M].北京：清华大学出版社,2012.

[10]　李刚,马文丽.生物化学[M].3版.北京：北京大学医学出版社,2013.

[11]　李留安,袁学军.动物生物化学[M].北京：清华大学出版社,2013.

[12]　李庆章,吴永尧.生物化学[M].北京：中国农业出版社,2004.

[13]　刘国琴,张曼夫.生物化学[M].2版.北京：中国农业大学出版社,2011.

[14]　刘维全.动物生物化学实验指导[M].4版.北京：中国农业出版社,2016.

[15]　刘祥云,蔡马.生物化学[M].3版.北京：中国农业出版社,2010.

[16]　刘约权,李贵深.实验化学[M].北京：高等教育出版社,2002.

[17]　龙良启,孙中武,宋慧.生物化学[M].北京：科学出版社,2005.

[18]　欧伶,俞建瑛,金新根.应用生物化学[M].北京：化学工业出版社,2001.

[19]　覃益民.生物化学[M].北京：化学工业出版社,2010.

[20]　童坦君.生物化学[M].2版.北京：北京大学医学出版社,2009.

[21]　汪玉松,邹思湘,张玉静.现代动物生物化学[M].3版.北京：高等教育出版社,2005.

[22]　王桂云,王桂兰,柳明洙.生物化学[M].3版.北京：人民军医出版社,2009.

[23]　王金胜,吕淑霞.基础生物化学[M].北京：中国农业出版社,2014.

[24]　王镜岩,朱圣庚,徐长法.生物化学[M].3版.北京：高等教育出版社,2007.

[25]　王希成.生物化学[M].北京：清华大学出版社,2010.

[26]　沃伊特.基础生物化学[M].朱德煦,郑昌学,译.北京：科学出版社,2003.

[27]　吴庆余.基础生命科学[M].2版.北京：高等教育出版社,2006.

[28]　吴梧桐.生物化学[M].4版.北京：人民卫生出版社,2001.

[29]　夏未铭.动物生物化学[M].北京：中国农业出版社,2006.

[30]　杨荣武.生物化学原理[M].3版.北京：高等教育出版社,2018.

[31]　杨志敏,蒋立科.生物化学[M].2版.北京：高等教育出版社,2010.

[32]　于自然,黄熙泰.现代生物化学[M].北京：化学工业出版社,2001.

[33]　张楚富.生物化学原理[M].北京：高等教育出版社,2003.

[34]　张丽萍,杨建雄.生物化学简明教程[M].5版.北京：高等教育出版社,2015.

[35]　张曼夫,生物化学[M].北京：中国农业大学出版社,2002.

[36]　张玉静.分子生物学[M].北京：高等教育出版社,2001.

[37]　赵宝昌.生物化学[M].2版.北京：高等教育出版社,2009.

[38]　赵文恩.生物化学[M].北京：化学工业出版社,2004

[39]　郑集,陈钧辉.普通生物化学[M].4版.北京：高等教育出版社,2007.

[40]　周爱儒,查锡良.生物化学[M].5版.北京：人民卫生出版社,2002

[41]　周春燕,药立波.生物化学与分子生物学[M].9版.北京：人民卫生出版社,2018.

[42]　周海梦,李森,陈清西.生物化学[M].北京：高等教育出版社,2017.

[43] 周顺伍.动物生物化学[M].3版.北京：中国农业出版社,2002.

[44] 朱圣庚,徐长法.生物化学 [M].4版.北京：高等教育出版社,2017.

[45] 朱玉贤,李毅,郑晓峰,等.现代分子生物学[M].4版.北京：高等教育出版社,2013.

[46] 邹思湘.动物生物化学 [M].5版.北京：中国农业出版社,2012.

[47] BERG J M, TYMOCZKO J L,STRYER L. Biochemistry [M]. 5th ed. New York：W H Freeman & Co,2002.

[48] CLARK D P. Molecular biology[M]. New York：Elsevier Inc,2010.

[49] GERALD K. Cell and molecular biology：concepts and experiment [M]. 6th ed. New York：John Wiley & Sons Inc,2009.

[50] KUCHEL P W. 生物化学[M].2版.姜招峰,译.北京：科学出版社,2002.

[51] LEHNINGER A L,NELSON D L,COX M M. Principles of biochemistry[M]. 3rd ed. New York：World Publisher,2000.

[52] MATHEWS C K. Biochemistry[M]. 3th ed. New York：Addison Wesley Longman,2000.

[53] MURRAY R K,GRANNER D K,RODWELL V W. 哈珀图解生物化学[M]. 北京：科学出版社,2010.

[54] NELSON D L,COX M M. Lehninger principles of biochemistry [M]. 5th ed. New York：W H Freeman and Company,2008.

[55] NELSON D L,COX M M. Lehninger 生物化学原理[M].3版.周海梦,昌增益,江凡,等译.北京：高等教育出版社,2005.

[56] WEAVER R F. Molecular biology[M]. 5th ed. New York：McGraw-Hill Inc,2012.

期刊文献

[1]   陈慧,唐莹,鲁一兵. Turner 综合征患者糖代谢紊乱发病机制的研究进展[J].医学综述,2020,26 (19)：3907-3911.

[2]   董惠均,赵鹏,王卉.均聚氨基酸及其应用[J].食品科学,2003,24(3)：163-165.

[3]   多乐,莫子艺,孔鹏.不同能量和蛋白质水平日粮对石岐杂鸡免疫器官发育及血液生化指标的影响[J].中国饲料,2011,4：36-39.

[4]   范卫星,何瑞国,胡骏鹏.朗德鹅血液性状与体脂沉积间相关关系的研究[J].饲料工业,2007,28 (15)：36-38.

[5]   黄卓烈,黎春怡.生物化学的课程特点及双语教学方法的探索[J].人力资源管理,2010,5：176 -178.

[6]   康苏娅,汪云.左旋甲状腺素对亚临床甲状腺功能减退孕妇妊娠结局及子代发育影响的前瞻性研究[J].中国生育健康杂志,2016(6)：519-523,533.

[7]   李庆章,高学军.动物生物化学的课程特点与学习方略[J].东北农业大学学报(社会科学版),2006,4 (3)：76-77.

[8]   刘应科,张知新,苏慧敏.生长激素缺乏症替代治疗对糖代谢影响研究进展[J].中日友好医院学报,2010,24(3)：180-182.

[9]   卢龙斗,杜启艳.操纵子概念[J].生物学杂志,2000,17(5)：10-11.

[10] 毛国祥,赵万里.太湖鹅、隆昌鹅及新太湖鹅生长规律研究[J].动物科学与动物医学,2001,18(2)：11-13.

[11] 宁宁,尉春艳,陈庆,等.增加左旋甲状腺素剂量对早期妊娠甲减控制不佳女性妊娠结局的影响[J].中国临床研究,2017(10)：1387-1389.

[12] 宋荣渊,王洪荣,王欢莉.不同能氮同步化释放日粮对泌乳奶牛生产性能和血液生化指标的影响[J].饲料工业,2010,31(23)：38-40.

[13] 王宗伟,牟晓玲,杨国伟.日粮营养素水平对东北肉鹅生长性能及血液生化指标的影响(1-28 日龄)[J].核农学报,2009(5)：891-897.

[14] 肖莉莉,黄原.线粒体 DNA 复制及其调控[J].中国生物化学与分子生物学报,2006,6：435-441.

[15] 袁小娟,吴希茜.甘氨酸的生理作用与应用[J].饮料工业,2011,14(7)：5-17.

[16] 张恩平,刘林丽.农业院校动物生物化学课程自主学习教学模式初探[J].家畜生态学报,2012,33(4):121-124.

[17] AMIR M,KHAN P, QUEEN A,et al. Structural features of nucleoprotein CST/Shelterin complex involved in the telomere maintenance and its association with disease mutations [J]. Cells,2020,9(2):359.

[18] BJEDOV I, DASGUPTA C N,SLADE D,et al. Involvement of *Escherichia coli* DNA polymerase IV in tolerance of cytoxic alkylating DNA lesions *in vivo*[J]. Genetics,2007,176(3):1431-1440.

[19] DOKSANI Y, WU J Y, DE LANGE T,et al. Super-resolution fluorescence imaging of telomeres reveals TRF2-dependent T-loop formation [J]. Cell,2013,155(2):345-356.

[20] KIM J K, LEE C,LIM S W,et al. Elucidating the role of metal ions in carbonic anhydrase catalysis [J]. Nat Commun,2020,11:4557.

[21] LI Q,ZHAO Q,ZHANG J,et al. The protein phosphatase 1 complex: is a direct target of AKT that links insulin signaling to hepatic glycogen deposition [J]. Cell Rep,2019,28(13):3406-3422.

[22] PODLEVSKY J D,CHEN J J. It all comes together at the ends: telomerase structure,function,and biogenesis [J]. Mutat Res,2012,730(1-2):3-11.

[23] ROAKE C M, ARTANDI S E. Regulation of human telomerase in homeostasis and disease [J]. Nat Rev Mol Cell Biol,2020,21(7):384-397.

[24] SRINIVAS N, RACHAKONDA S,KUMAR R. Telomeres and telomere length: a general overview [J]. Cancers,2020,12(3):558.

[25] SUN L,WANG Y,ZHOU T,et al. Glucose metabolism in Turner syndrome[J]. Front Endocrinol,2019,10:49.

[26] XU C,ZHANG Z. Comparative study of thyroid hormone and antithyroid antibody levels in patients with gestational diabetes mellitus and pregnant patients with diabetes [J]. Minerva Endocrinologica,2018,43(3):253-258.

[27] ZVEREVA M I, SHCHERBAKOVA D M,DONTSOVA O A. Telomerase: structure,functions,and activity regulation[J]. Biochemistry,2010,75(13):1563-1583.

中英文索引

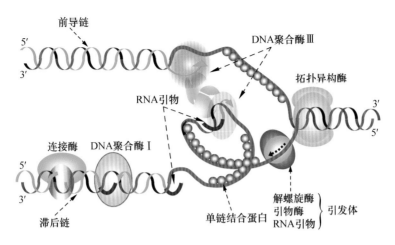

彩图 14-7 原核生物 DNA 复制示意图

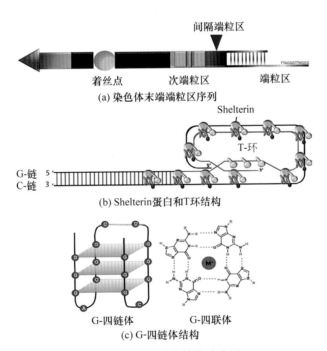

(a) 染色体末端端粒区序列

(b) Shelterin蛋白和T环结构

(c) G-四链体结构

彩图 14-11 端粒结构示意图

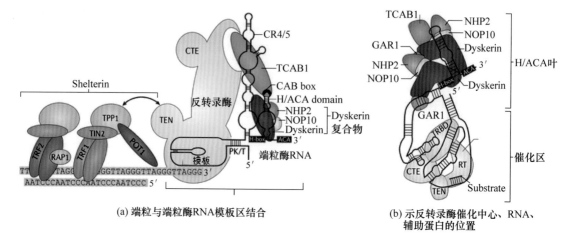

(a) 端粒与端粒酶RNA模板区结合

(b) 示反转录酶催化中心、RNA、辅助蛋白的位置

彩图 14-12　人端粒酶全酶结构示意图

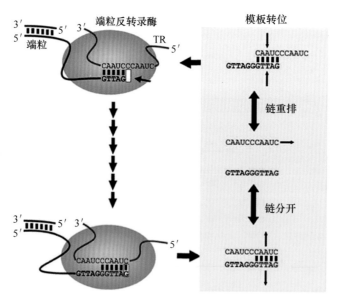

彩图 14-13　端粒酶的爬行模型

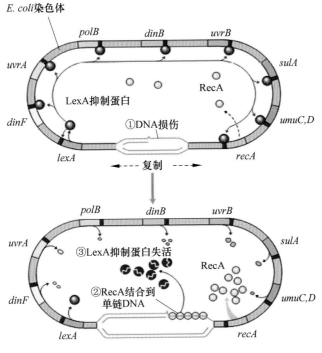

彩图 14-20　SOS 修复

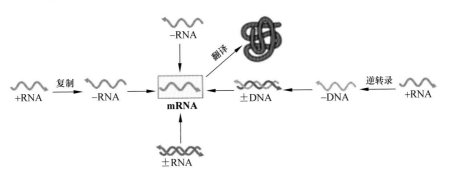

彩图 15-17　RNA 病毒产生 mRNA 的机制

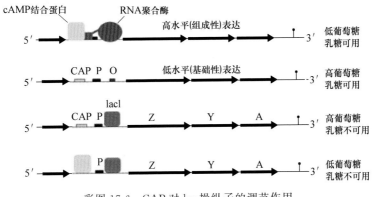

彩图 17-6　CAP 对 lac 操纵子的调节作用